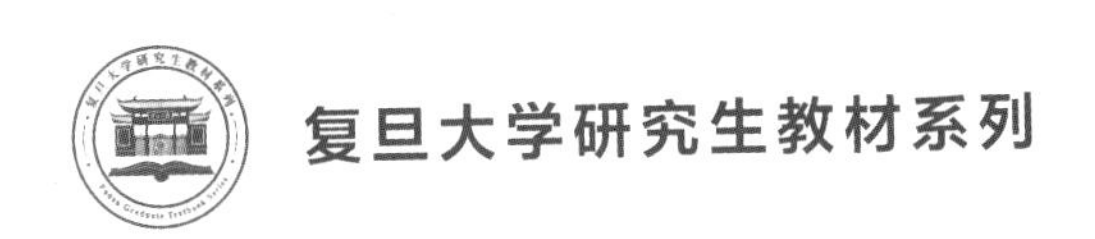

复旦大学研究生数学基础课程系列教材

随机过程基础

（第三版）

应坚刚 · 编著

Foundation of Stochastic Processes

復旦大學出版社

总　序

复旦大学数学科学学院（其前身为复旦大学数学系）一直有重视基础课教学、认真编辑出版优秀教材的传统. 当我于1953年进入复旦数学系就读时，苏步青先生当年在浙江大学任教时经多年使用修改后出版的《微分几何》教材，习题中收集了不少他自己的研究成果，就给我留下了深刻的印象. 那时，我们所用的教材，差不多都是翻译过来的苏联教材，但陈建功先生给我们上实函数论的课，用的却是他自编的讲义，使我受益匪浅. 这本教材经使用及修改后，后来也在科学出版社正式出版.

复旦数学系大规模地组织编写本科生的基础课程教材，开始于“大跃进”的年代. 当时曾发动了很多并未学过有关课程的学生和教师一起夜以继日地编写教材，大家的热情与干劲虽可佳，但匆促上阵、匆促出版，所编的教材实际上乏善可陈，疏漏之处也颇多. 尽管出版后一时颇得宣传及表彰，但并没有起到积极的作用，连复旦数学系自己也基本上没有使用过. 到了1962年，在“调整、巩固、充实、提高”方针的指引下，才以复旦大学数学系的名义，由上海科技出版社出版了一套大学数学本科基础课的教材，在全国产生了较大的影响，也实现了用中国自编的教材替代苏联翻译教材的目标，在中国高等数学的教育史上应该留下一个印记.

到了改革开放初期，由于十年“文革”刚刚结束，百废待兴，为了恢复正常的教学秩序，进一步提高教学质量，复旦数学系又组织编写了新一轮的本科基础课程教材系列，仍由上海科技出版社出版，发挥了拨乱反正的积极作用，同样产生了较大的影响.

其后，复旦的数学学科似乎没有再组织出版过系列教材，客观上可能是在种种评估及考核指标中教学所占的权重已较多地让位于科研，而教材（包括专著）的出版既费时费力，又往往得不到足够重视的缘故. 尽管如此，复旦的数学学科仍结合教学的实践，陆陆续续地出版了一些本科基础课程及研究生基础课程的新编教材，其中有些在国内甚至在国际上都产生了不小的影响，充分显示了复旦数学科学学院的教师们认真从事教学、积极编著教材的高度积极性，这是很难能可贵的.

现在的这套研究生基础课程教材，是复旦大学数学科学学院首次组织出版的研究生教学系列用书，对认真总结学院教师在研究生教学中的教学成果与经验、切实提高研究生的培养质量、积极参与研究生教育方面的学术交流，都将是一件既有深远意义又符合现实迫切需要的壮举，无疑值得热情鼓励和大力支持.

相信通过精心组织策划、努力提高质量，这套研究生基础课程教材丛书一定能够做到：

(i) 花大力气关注和呈现相应学科在理论与方法方面的必备基础，切实加强有关的训练，帮助广大研究生打好全面而坚实的数学基础.

(ii) 在内容的选取及编排的组织方面，避免与国内外已有教材的雷同，充分体现自己的水平与特色.

(iii) 符合认识规律，并经过足够充分的教学实践，力求精益求精、尽善尽美，真正对读者负责.

(iv) 根据需要与可能，其中有些教材在若干年后还可以通过改进与补充推出后续的版本，使相关教材逐步成为精品.

可以预期，经过坚持不懈的努力，这套由复旦大学出版社出版的教材一定可以充分展示复旦数学学科在研究生教学方面的基本面貌和特色，推动研究生教学的改革与实践，发挥它特有的积极作用.

李大潜

2021年4月22日

第三版前言

时间很快, 第二版出版已经过去六年了. 这次学院计划出研究生系列教材,《随机过程基础》列入其中, 准备出第三版. 所谓事不过三, 这该是讲义的最后一版了.

和写讲义不同, 修改是一件琐碎的事情. 多年来, 无论是在教学的间隙, 还是在生活的闲暇, 只要捕捉到讲义中的问题或者改进, 我就立刻打开随身电脑修改. 因此零星的修改几乎遍及全书, 无法一一叙述. 大的方面, 我做了三件事情. 首先, 调整并加入了三级目录, 使得讲义整体具有更好的可读性. 其次, 增加并调整了一些内容, 第二章的马氏链和 Poisson 点过程增加了一些内容: 第三章增加了 §3.7 一般随机分析理论的介绍, 可以用来初步了解这部分内容; 第四章马氏过程部分进行了大的调整, 顺序变成从具体到一般, 即从 Brown 运动到 Feller 过程再到一般右过程, §4.4 中的后两个小节, §4.5, §4.7 都是新写的内容. 最后, 增加了第五章, 介绍几个我认为概率专业的研究生应该了解的具体马氏过程. 所有这些放在一起算起来, 改动和增加的内容远超过一半, 应该可以称为新版了.

我要真诚地感谢为本讲义的写作提供过帮助的人和组织. 首先感谢数学学院给我再版的机会, 感谢国家自然科学基金, 本讲义写作的整个过程一直受到该基金[1]的资助. 感谢上海财经大学何萍教授使用并仔细地阅读了全书, 指出了无数笔误、错误及不清楚之处. 在 2021 年到 2022 年两年中, 我开了本科或者研究生的马氏过程、基础概率论、布朗运动与随机分析等课程, 内容基本上是在本讲义中选取的. 在每次课后, 我都会再次审视本讲义, 再一次进行整理改进, 感谢在读博士生郑玉书和钱东箭在阅读和听课过程中帮助检查了讲义的部分内容. 特别感谢两位同行兼老友, 中山大学任佳刚教授和北京师范大学的李增沪教授. 佳刚教授在 2021 年秋季将他的新著《随机过程教程》初稿赠送于我, 这本讲义与我的目标一致, 内容有重复, 但风格不同, 重点不同, 角度也有差别, 常带给我一些灵感, 我们就马氏过程的表述以及其他一些问题进行过讨论; 增沪教授曾经就第二章随机过程与第四章马氏过程的部分内容和我进行过一系列深入的讨论, 提出意见和建议, 促使我重新整理讲义的一些行文, 收获甚大. 另外还要感谢出版社, 特别是陆俊杰编辑的帮助, 他对原稿进行了细致的校对, 提出许多修改及排版建议.

这本讲义是从 1995 年开始写的, 到如今, 沧海桑田, 我已经快到退休年龄. 2020 年以来, 疫情肆虐人间, 难望尽头. 特别令我伤感的是本讲义合作者, 我的老同事, 老

[1]最近一次的自科基金项目号: 11871162

朋友, 浙江大学金蒙伟教授, 因病于去年 (2021 年)9 月去世. 他 "极聪明",[2] 性格极好, 乐于助人, 热爱数学与数学教学, 与其闲聊常有所得. 他的专业是泛函分析, 博士毕业于复旦, 本讲义的第一章概率论基础的初稿是在浙江大学开随机过程研究生课程时与他一起完成的. 这次新版时, 按规则需要合作者的亲属签字认可, 但我多次联系均未成功, 为了教材尽快出版, 我决定删去金蒙伟的名字, 虽有些许遗憾, 但这事本就如此而已, 在我内心里他永远是合作者.

写讲义是一件没有多少学术价值的事情, 我之所以乐此不疲, 一是因为自己的爱好, 二是写讲义的过程对自己有学习和提升的作用, 三是希望它能对学生有点用. 该讲义自自己任教起开始编写, 付诸很多的心血, 可以说竭尽全力, 但无奈学问无限而自己所知有限, 错误和不足总还是难免. 最后感谢所有的读者, 如发现错误, 请致信我的邮箱.

应坚刚

jgying@fudan.edu.cn.

太湖畔

2022 年仲夏

[2]这是牛津大学钱忠民教授的原话, 他是金蒙伟在湖州师专任教时的学生, 我的同行与合作者.

第二版前言

本教材离第一版出版已经 10 年了, 感谢学生和读者, 在使用的过程中发现很多错误和写得不合适的地方, 我们都一一做了修改. 细心的读者可以发现, 现在的版本与第一版相比，改动的地方还是比较多的, 希望对学习随机过程的学生和其他读者有所帮助.

本教材在复旦大学作为三门研究生课的教材. 第一门课是概率论与随机过程基础, 主要内容是第一章的测度与积分, 以及第二章的 Kolomogorov 定理和随机过程. 如果讲得比较细的话, 课时一般不够, 建议去掉 §1.4 的特征函数, 因为它一般包括在本科概率论之内, 第二章的 Poisson 过程与 Brown 运动可以取其一, 特别是如果下学期开随机分析课, 那么 Brown 运动可以留到那里讲. 第二门课是随机分析引论, 主要内容包括第一章的 §1.1 最后的单调类方法, §1.3 一致可积性定义和相关定理, 再加上 §1.4 特征函数唯一性定理以及 §1.5 条件数学期望, 再有第二章 §2.5 Brown 运动, 然后讲第三章随机分析基础. 在复旦大学, 这两门课也对高年级本科生开放, 感兴趣的本科生完全可以学好, 甚至比研究生学得更好. 第三门课是 Markov 过程, 主要内容是第二章的 §2.2 转移半群, §2.3 Markov 链以及第四章. 每门课大概都是 50 个课时, 这门课比较专业, 一般只有概率专业研究生才有兴趣, 所以通常是两年开一次.

再次感谢复旦大学出版社范仁梅和陆俊杰编辑帮助再版该讲义, 其实从我们内心来说, 对于正式出版讲义是感觉忐忑的, 因为觉得自己没有付出足够的时间去校对讲义, 其中总有很多错误, 再版也仍然有错误, 不是很负责任, 只能请读者和同仁原谅, 我们会在个人网页上公布勘误表以及更正的电子版.

应坚刚
2016/12/1

第一版前言

概率论是研究机会的学科, 有非常强的直观背景, 它起源于人类对赌博中机会的兴趣, 对它的一些问题的研究可追溯至几个世纪之前, 著名数学家 P. Fermat, B. Pascal, J. Bernoulli, P.S. Laplace 等都对概率论的发展作出过巨大贡献, 但为这一学科建立坚实的数学基础是在 20 世纪 30 年代, 苏联著名数学家 A.N.Kolmogorov 将概率论的大厦建立在测度论的基石上. 但我们不能忘记概率与测度不同的一面, 它有着深刻的且是严格的测度论公理体系所无法体现的直观背景.

此教材重点讲述马氏过程与鞅论, 考虑到大多数学生在本科时缺乏测度论的训练, 我们在第一章简要介绍测度论与概率论的基本概念与重要结果, 如 Carathéodory 扩张定理, Radon-Nikodym 定理, 随机变量及其分布, 条件数学期望等, 要注意的是没有对这些概念的真正理解, 是不可能真正理解现代随机过程理论的. 在第二章中, 我们将介绍 Kolmogorov 的相容性定理, 也是随机过程的构造定理, 以及一些常见的过程, 如平稳过程, 马氏链, 马氏过程, 独立增量过程, Poisson 过程, Brown 运动等. 在第三章中, 我们将给出鞅的定义, 讨论鞅的基本性质, 鞅不等式, 鞅与其他随机过程的关系, 以及鞅的正则化. 另外我们还将证明连续鞅有有限二次变差并定义随机积分, 介绍重要的 Itô 公式及其应用. 最后一章的内容是马氏过程与概率位势论.

该讲义前三章在浙江大学和复旦大学作为数学系研究生随机过程基础课的教材已经使用多年, 增加并修订了一些内容. 考虑到马氏过程的重要性, 还增加了第四章: Markov 过程基础, 讲述马氏过程, 强马氏性, 概率位势理论, Feller 过程和 Lévy 过程等, 这部分内容在复旦大学作为概率专业的专业选修课也讲过多次, 对于数学系研究生基础课可能过于专门化.

这里要感谢浙江大学的陈叔平教授, 他首先提议和鼓励我们为浙大数学系研究生开设这门课程并提供方便, 感谢赵敏智, 方兴, 张慧增, 何萍博士, 他们多次阅读此讲义并为讲义的修改提出了许多的重要意见, 感谢周梦, 吴小伟同学, 他们在阅读过程中也指出并改正了一些错误. 我们还要特别感谢汪嘉冈教授, 马志明教授和李贤平教授, 他们在百忙中仔细地阅读了全书并提出了许多重要的修改意见. 最后还要感谢复旦大学出版社的范仁梅女士为本书顺利出版提供的帮助. 讲义虽经不断的修改, 但错误依然难免, 如果读者发现其中的错误或有建议, 请直接和作者联系, 非常感谢.

应坚刚, 金蒙伟

2004/10/30

目录

第一章 概率论基础 1

1.1 引言 1

1.1.1 什么是概率 1

1.1.2 符号与约定 3

1.2 测度与积分 4

1.2.1 可测空间与测度 5

1.2.2 测度扩张定理 8

1.2.3 积分 19

1.2.4 Hahn 分解与 Radon-Nikodym 导数 27

1.3 概率空间与随机变量 35

1.3.1 概率空间 36

1.3.2 随机变量与分布 38

1.3.3 数学期望 42

1.4 随机序列收敛性 48

1.4.1 几种不同的收敛 48

1.4.2 大数定律与强大数定律 52

1.4.3 一致可积性 55

1.4.4 弱收敛与依分布收敛 57

1.5 特征函数 63

1.5.1 特征函数及其性质 63

1.5.2 唯一性与连续性 65

1.5.3 中心极限定理 68

1.5.4 Bochner-Khinchin 定理 69
1.5.5 Laplace 变换与母函数 71
1.6 条件期望 76
1.6.1 条件期望的定义与性质 76
1.6.2 正则条件分布 * 80

第二章 随机过程基础 84

2.1 随机过程及其构造 84
2.1.1 随机过程与例子 84
2.1.2 随机过程的有限维分布族 95
2.1.3 轨道空间 96
2.1.4 Kolmogorov 相容性定理 98
2.2 转移半群与马氏过程 105
2.2.1 转移半群 105
2.2.2 马氏性 107
2.2.3 马氏过程 109
2.3 马氏链 115
2.3.1 转移函数 115
2.3.2 常返与暂留 122
2.3.3 不可分常返马氏链的不变测度 127
2.3.4 更新定理与转移概率的平均极限 130
2.3.5 非周期 133
2.4 Poisson 过程与点过程 139
2.4.1 Poisson 过程 139
2.4.2 Poisson 点过程 141
2.4.3 时空点过程 145
2.5 Brown 运动 149
2.5.1 构造与性质 149
2.5.2 样本轨道的概率性质 158

第三章 随机分析基础 164

3.1 离散时间鞅论 164

3.1.1 鞅与鞅基本定理 165
3.1.2 鞅不等式与收敛定理 171
3.2 流与停时 179
3.2.1 流与停时 179
3.2.2 通常条件与首中时 181
3.2.3 循序可测 184
3.2.4 Choquet 的解析集与容度定理 * 186
3.3 下鞅的正则化 190
3.3.1 连续时间鞅 190
3.3.2 Doob 停止定理 193
3.3.3 局部鞅 199
3.4 随机积分与 Itô 公式 202
3.4.1 二次变差过程 202
3.4.2 随机积分 209
3.4.3 Itô 公式 218
3.5 Itô 公式的应用 223
3.5.1 连续局部鞅与 Brown 运动 223
3.5.2 Tanaka 公式 225
3.5.3 Girsanov 变换 226
3.5.4 鞅表示定理 230
3.6 随机微分方程 232
3.6.1 解与强解 233
3.6.2 存在唯一性基本定理 234
3.6.3 随机微分方程与鞅问题 235
3.6.4 Lipschitz 条件下的强解 238
3.7 一般随机分析理论简介 * 241
3.7.1 截面定理 241
3.7.2 随机积分 243
3.7.3 二次变差过程与可料投影 248
3.7.4 鞅的分解与 Itô 公式 253

第四章 马氏过程基础 **256**

4.1 回顾 Brown 运动 . . . 256

4.1.1 Brown 运动的马氏性 . . . 257

4.1.2 强马氏性与反射原理 . . . 260

4.1.3 暂留与常返 . . . 263

4.1.4 Dirichlet 问题的概率解 . . . 265

4.1.5 局部时与游程 . . . 267

4.2 Feller 过程与 Lévy 过程 . . . 276

4.2.1 Feller 半群与过程 . . . 276

4.2.2 半群与生成算子: Hille-Yosida 定理 . . . 282

4.2.3 Lévy 过程 . . . 287

4.2.4 Lévy 过程的 Itô 分解 . . . 294

4.3 右马氏过程 . . . 300

4.3.1 右假设 1 . . . 300

4.3.2 流的强化与强马氏性 . . . 303

4.3.3 右假设 2 . . . 306

4.3.4 广义生成算子 . . . 310

4.4 过分函数与精细拓扑 . . . 313

4.4.1 过分函数 . . . 313

4.4.2 精细拓扑 . . . 316

4.4.3 极集, 半极集与位势零集 . . . 321

4.4.4 常返与暂留 . . . 323

4.4.5 过分测度与能量泛函 . . . 329

4.5 不可分性 . . . 335

4.5.1 拓扑不可分 . . . 335

4.5.2 m-不可分 . . . 339

4.5.3 对称测度与平稳分布唯一性 . . . 342

4.6 马氏过程的变换 . . . 345

4.6.1 空间变换 . . . 345

4.6.2 Killing 变换 . . . 345

4.6.3 上鞅乘泛函与漂移变换 . . . 350

4.6.4 时间变换与从属变换 351
4.6.5 加泛函的 Revuz 测度 357
4.7 Ray 预解, Ray 过程与 Ray-Knight 紧化 * 363

第五章 马氏过程基础 (续) 366

5.1 一维扩散过程 366
5.1.1 尺度函数与速度测度 366
5.1.2 生成算子 373
5.2 连续时间马氏链 376
5.2.1 转移函数与其实现 376
5.2.2 速率函数与向后方程 380
5.2.3 从 Q-矩阵构造 Q-过程 387
5.3 交互粒子系统 394
5.3.1 生成子理论 394
5.3.2 粒子系统的构造 399
5.4 对称马氏过程与 Dirichlet 形式 411
5.4.1 Hilbert 空间上的闭对称形式 411
5.4.2 L^2 空间上的 Dirichlet 形式 415
5.4.3 正则性与 Dirichlet 形式的扩张 422
5.4.4 Beurling-Deny 分解 424
5.4.5 例 427

参考文献 440

第一章　概率论基础

在这一章中, 我们将考察概率论的基本概念, 它们也是随机分析理论的基础. 我们将简略而又系统地介绍测度论与概率论的重要概念和定理, 为了让此书尽量自我包含, 我们将简要地给予证明. 需要强调的是, 虽然这里我们在测度论基础上建立概率的概念, 但是概率的直观思想是远非测度论所能体现的, 所以读者不能省略对于初等概率论的系统学习和理解.

1.1　引言

1.1.1　什么是概率

什么是概率? 这是每个初学概率的人都会问的问题, 也是很多研究概率论的学者一生都困惑的问题, 也许 Kolmogorov 也是其中之一.

概率和其他数学分支一样基于公理, 但有不一样的地方. 对于数论和几何, 不管大家学得好不好, 也不会觉得什么是数和图形是个问题. 概率产生于人们对不确定性问题的兴趣. 一直以来, 人们通过考察许多经典的机会问题, 对于不确定性以及概率进行了广泛的讨论, 但现实世界中不确定性的多样化 (不确定) 使得人们对什么是概率并没有形成完全清晰和统一的认识, 例如掷一个骰子得 6 点的概率, 明天会下雨的概率, 某人在今后的十年中会得癌症的概率, 这些概率都是现实世界的问题, 但它们之间有本质的不同. 可以说每个人的心中都有自己对于概率的认识, 因此围绕什么是概率总有数不清的争议, 有些上升到哲学范畴.

最早记录的概率问题讨论是 1654 年法国数学家 Fermat 与 Pascal 的一些通信, 其中讨论赌博中几个问题的概率计算, 例如著名的分赌注问题. 但那时, 他们大概只是把它当作游戏, 后来随着概率论的理论与结果逐渐庞大, 人们自然想要寻找一个可靠的理论来描述与约束概率, 即公理化概率, 其中肯定有过许多不成功的尝试, 一直到 19 世纪末测度概念的诞生, 在 1933 年苏联数学家 Kolmogorov 的著名著作中, 把事件看成集合, 把概率看成测度, 建立起概率论的公理. 这样建立起来的概率论很快被数学界接受, 大家对应用严密的公理与数学方法来研究概率论非常满意, 以至于现在谈到概率论, 通常就是指 Kolmogorov 的公理概率论.

我们可以随心所欲地通过给出公理然后做形式的数学, 但是只有当该理论可以解释它怎么联系我们经验中所认识的概率时, 我们才有权称之为概率. 从某种意义上说, 大家普遍认为 Kolmogorov 的公理化概率有权被称为概率, 但在内心深处应该记得, 公理概率论是纯粹的数学, 它不是也不可能是现实世界的概率, 只能算是概率的一种很好的表达. 另外, Kolmogorov 的公理化概率是概率的一种公理化, 从数学角度看, 是迄今为止最成功的公理化概率, 它简洁漂亮, 结果丰富, 且可以满意地解释大多数概率问题.

从哲学的角度看, 公理概率论并不是无懈可击. Kolmogorov 本人在 20 世纪 60 年代的一次谈话中对概率论的迅速发展表示高兴的同时, 也对它与现实世界的脱节表示担忧, 他认为他的公理体系的概率论在纯数学这方面是如此成功, 使得数学家对理解怎么应用概率于现实世界失去了兴趣. 显然他不认为研究公理概率论就等同研究概率, 他自己之后的工作转向有限的情况, 例如研究有限序列的随机性判别问题. 在 Kolmogorov 原始的著作中 (见注释 1.2.1), 有限可加性是公理 V, (在空集处的) 连续性是公理 VI, 显然这两条放在一起与可列可加性等价. 也许在 Kolmogorov 的心中, 有限可加性是概率所必需的, 而连续性仅仅是数学上“刻意”的要求, 其中的概率含义并不明确.

另外, 公理化的概率有明确的边界, 而现实世界的概率或者说哲学的概率却没有明确的边界. 正是因为这样, 无论什么样的公理概率都不能说是最后的, 也不应该说是唯一的, 我们仍然需要不断地探索.

最后, 概率公理化从提出到现在已近百年, 如今的教材给人的印象是, 概率公理化是 Kolmogorov 一个人的功劳, 是他突然之间完成的, 其实仔细看历史, 并非如此, 公理化的过程是连续渐进的, 其中有其他很多人的功劳, 例如 Sergei Bernstein, Emile Borel, Francesco Cantelli, Maurice Fréchet, Paul Lévy, Antoni Lomnicki, Evgeny Slutsky, Hugo Steinhaus, Richard von Mises, Nobert Wiener 等. 举个例子, 在 1909 年 Borel 已经认识到概率需要可列可加性, 并由此把 Bernoulli 的大数定律推广为强大数定律. Fréchet 在其 1938 年的讲演中甚至认为 Borel 已经完成了概率的公理化, Kolmogorov 所做的是把几条公理放在那里, 告诉大家概率论有这些就恰好了. 即使列出所有的历史细节, 也很难让所有人对谁是概率公理化的主要贡献者有统一的认识. 也许这并不重要, 重要的是大家知道, A. N. Kolmogorov 在他几十页的著作里说清楚了概率的公理, 并且从这些公理出发说清楚了概率论最重要的概念, 包括期望, 条件期望等, 以及证明了最基本的定理, 包括相容性定理, 强大数定律等, 这无疑是里程碑式的, 独一无二的的贡献, 正是因为这些工作, 概率论才得以迅速发展.

1.1.2 符号与约定

在本书中, 符号会在定义时交代清楚, 一些基本符号介绍如下. 集合 $\mathbf{R}$ 表示实数集, $\mathbf{Q}$ 表示有理数集, $\mathbf{Z}$ 表示整数集, $\mathbf{N}$ 表示自然数集, $\mathbf{R}^+$ 表示非负实数集, 其他类似. 在不引起混淆时, 我们不区分 ∞ 与 $+\infty$. 符号 $\wedge$ 和 $\vee$ 表示两个实数取小和取大的运算. 符号 $\forall$ 表示 “对任何”, $\exists$ 表示 “存在”. 符号 C 表示连续函数空间, C_0 表示紧支撑连续函数空间, C_∞ 表示无穷远处趋于零的连续函数空间, C_b 表示有界连续函数空间. 符号 $:=$ 是 “被定义为” 的意思, 即把左边定义为右边; 符号 $\to$ 一般是指映射, 也指收敛, $\uparrow$, $\downarrow$ 分别指递增与递减收敛. 符号 $a \mapsto b$ 是指把 a 映射为 b. 凹凸性在各个教材中定义不一, 在本讲义中, 凸函数是指函数图像之上的区域凸的函数, 如 $y = x^2$. 在需要时, e^x 也可用 $\exp(x)$ 表示.

让我们先承认并叙述集合论中两个等价的公理, 选择公理和 Zorn 引理. 在后面会用到.

选择公理: 任何集合族有一个选择函数, 即若 $\{A_i : i \in I\}$ 是一个集合族, 那么存在映射 $f : \{A_i : i \in I\} \longrightarrow \bigcup_{i \in I} A_i$ 使得对任何 $i \in I$, $f(A_i) \in A_i$. 也就是说, 我们可以同时从每个集合中取出一个元素组成一个集合.

注意选择公理可以推出 Banach-Tarski 定理, 即三维空间的单位球可以分为五个部分然后通过刚体变换变成两个单位球. 这与直观矛盾, 所以一些数学家排斥选择公理. 在大多数数学家看来, 排斥选择公理的代价远远大于接受类似 Banach-Tarski 定理所导出的与直观相矛盾的事实. 但是我们在应用选择公理时还是需三思.

Zorn 引理: 设集合 A 是一个偏序集, 如果其中的任意全序子集有上界, 那么 A 有极大元, 即存在 $a \in A$ 使得 A 中没有比 a 更大的元素.

这里选择公理所涉及的概念只有集合和映射, 不需要太多解释. 对于 Zorn 引理, 有几个概念需要稍加解释. 偏序是数学的基础概念, 指满足传递性的一个关系, 但集合中的元素互相之间未必可比较. 若集合中的任何两个元素之间可比较, 那么此集合称为全序集. 一个集合的上界是指它不小于集合中的任何元素.

1.2 测度与积分

本讲义的目的是讲概率论与随机过程, 但故事要从集合的测度开始. 对一个集合赋予一个数并满足可加性, 作为集合的测度, 是法国数学家 Lebesgue 的伟大思想, 这是他在思考怎么重新构建函数积分时得到的绝妙思想. 微积分是继古希腊《几何原本》之后数学领域中的最伟大的成就, 其中积分的概念历经几个世纪才得以完善. 首先是 Newton 和 Leibniz 等在 17 世纪提出了积分的思想, 但直到 19 世纪才由 Riemann 给出严格的定义. Riemann 定义的积分非常自然, 他划分函数的定义域, 然后用竖的小矩形面积的和来逼近函数的面积, 以一维欧氏空间的 Riemann 积分为例,

$$\int_a^b f(x)dx = \lim_{\Delta \to 0} \sum_i f(\xi_i)(x_i - x_{i-1}), \tag{1.2.1}$$

其中 $\Delta = \{x_i\}$ 是区间的划分, ξ_i 是小区间 $[x_{i-1}, x_i]$ 上的一个点, 但这种逼近方法的缺点是几乎只有连续函数才能做到极限存在. 而 Lebesgue 的想法是通过划分函数的值域来划分定义域

$$\{x \in [a,b] : y_{i-1} \leqslant f(x) < y_i\},$$

然后一样用小矩形面积之和来逼近函数面积,

$$\int_a^b f(x)dx = \lim \sum_i y_{i-1} \cdot m(\{x \in [a,b] : y_{i-1} \leqslant f(x) < y_i\}), \tag{1.2.2}$$

其中右边的 m 代表集合的 Lebesgue 测度, 极限是对划分取的. 这种逼近方法不仅从理论上弥补了 Riemann 积分的缺点, 其极限存在的函数要远远多于连续函数类, 同时也为积分概念从欧氏空间到一般空间的推广作了铺垫. 但它的问题是我们需要重新认识集合大小也就是测度的概念. 本节就是要弄清楚什么是测度以及怎么从理论上构造测度这些问题.

让我们从一个非空集合开始来谈论其子集的测度. 比如对于实数这个集合, 区间长度这个概念是自然有的, 但是不是任何子集都有一个长度呢? 显然并不是任何赋值都可以作为长度的, 因为长度需要满足最直观的可加性, 也就是说不相交子集并的长度是这些子集长度的和. 可加性分有限可加 (有限个不相交子集) 和可列可加 (可列个不相交子集) 性, 尽管两者看起来类似, 但测度的定义要求有更强的可列可加性. 初学者很难真正理解为什么测度需要可列可加性, 只有在学习的过程中自己慢慢体会可列可加性对于整个理论体系是多么重要. 为了从理论上说清楚这些问题, 让我们从可测结构也就是抽象晦涩的 σ-代数开始.

1.2.1 可测空间与测度

用 Ω 表示一个任意给定的非空集合, 2^Ω 表示由 Ω 的子集全体组成的集合, 称为幂集, Ω 的一个子集类是指 2^Ω 的一个子集. 我们说一个子集类对集合的某种运算封闭, 是指此子集类中的集合经过此种运算后得到的集合还在此子集类内. 常用的集合运算如下:

(1) 补集: $A \mapsto A^c = \Omega \setminus A$.

(2) 有限并: $(A, B) \mapsto A \cup B$. 可列并: $\{A_n : n \subset \mathbf{N}\} \mapsto \bigcup_n A_n$. 任意并: $\{A_\lambda : \lambda \in \Lambda\} \mapsto \bigcup_\lambda A_\lambda$; 当上面运算中所涉及的集合不相交时, 分别称为不交有限并, 不交可列并, 不交任意并.

(3) 有限交: $(A, B) \mapsto A \cap B$; 可列交: $\{A_n : n \in \mathbf{N}\} \mapsto \bigcap_n A_n$; 任意交: $\{A_\lambda : \lambda \in \Lambda\} \mapsto \bigcap_\lambda A_\lambda$.

(4) 差: $(A, B) \mapsto A \setminus B = A \cap B^c$; 当 $A \supset B$ 时, 称为包含差.

(5) 递增列极限: $\{A_n : n \in \mathbf{N}\} \mapsto \bigcup_n A_n$, 其中集列 $\{A_n\}$ 递增.

(6) 递减列极限: $\{A_n : n \in \mathbf{N}\} \mapsto \bigcap_n A_n$, 其中集列 $\{A_n\}$ 递减.

我们期望读者已经熟悉关于集合运算的规则, 这里不一一列举.

定义 1.2.1 **Ω 的一个非空子集类 $\mathscr{F}$ 称为 Ω 上的 σ-代数或 σ-域, 如果它对于补集运算和可列并运算封闭.**

容易验证, σ-代数一定包含有 $\varnothing$, Ω 为元素且对于有限交, 有限并及可列交等运算都是封闭的. 集合上的一个 σ-代数通常看作集合上的可测结构, 由 Ω 及其上的一

个 σ-代数 $\mathscr{F}$ 组成的偶 $(\Omega,\mathscr{F})$ 称为一个可测空间. 显然子集类 2^Ω 与 $\{\varnothing,\Omega\}$ 是 Ω 上的 σ-代数, 它们是 Ω 上的平凡 σ-代数.

可以说 σ-代数是用来定义测度的那些集合的全体 (尽管它的意义不仅如此), 初学者可能会问: 为什么不能把全体子集作为定义域? 实际上, 我们后面会看到, 由于测度所要求的性质, 在很多场合之下, 我们不可能对所有子集定义测度. 另外数学的分支通常是研究集合上的某种结构, 可测结构是数学中最重要的结构之一, 其他重要的结构有代数结构, 几何结构, 拓扑结构等.

寻找 σ-代数的一个简单方法是包含所需子集的最小 σ-代数. 由定义不难验证 Ω 上任意多个 σ-代数的交也是一个 σ-代数, 设 $\mathscr{A}$ 是 Ω 上一个子集类, 用 $C(\mathscr{A})$ 表示 Ω 上包含 $\mathscr{A}$ 为子集的 σ-代数全体, 因为 $2^\Omega\in C(\mathscr{A})$, 故 $C(\mathscr{A})$ 是非空的, 记

$$\sigma(\mathscr{A}):=\bigcap_{\mathscr{F}\in C(\mathscr{A})}\mathscr{F}.$$

不难验证 $\sigma(\mathscr{A})$ 是 Ω 上的 σ-代数, 它是由下列两个条件所唯一确定的 σ-代数 $\mathscr{F}$:

(1) $\mathscr{F}\supset\mathscr{A}$;

(2) 若 $\mathscr{F}'$ 是 σ-代数且 $\mathscr{F}'\supset\mathscr{A}$, 则 $\mathscr{F}'\supset\mathscr{F}$.

因此称 $\sigma(\mathscr{A})$ 是包含 $\mathscr{A}$ 的最小 σ-代数或由 $\mathscr{A}$ 生成的 σ-代数. 这是生成大多数重要的 σ-代数的常用方法.

例 1.2.1 如果 Ω 是一个拓扑空间, 则由其所有开集组成的集类生成的 σ-代数称为 Ω 上的 Borel σ-代数, 记为 $\mathscr{B}(\Omega)$, 因为开集的补集是闭集, 故它也是由全体闭集生成的 σ-代数. 对于 Euclid 空间, 我们记 $\mathscr{B}(\mathbf{R}^n)$ 或 $\mathscr{B}^n$ 是 n-维 Euclid 空间 $\mathbf{R}^n$ 上的 Borel σ-代数. 一个 σ-代数 $\mathscr{A}$ 是可列生成的, 如果存在子集列 $\{A_n\}$ 使得 $\mathscr{A}=\sigma(\{A_n\})$. 那么 $\mathscr{B}(\mathbf{R}^n)$ 是可列生成的. ∎

设 $(\Omega,\mathscr{F})$ 是一个可测空间, 称映射 $\mu:\mathscr{F}\to[-\infty,+\infty]$ 是 $\mathscr{F}$ 上的一个 (广义实值) 集函数.

定义 1.2.2 称 $\mathscr{F}$ 上一个非负集函数 μ 为可测空间 $(\Omega,\mathscr{F})$ 上的测度, 如果

(1) $\mu(\varnothing)=0$;

(2) 若 $\{A_n\}$ 是 $\mathscr{F}$ 中的一个互不相交的集列, 则 $\mu\left(\bigcup_n A_n\right)=\sum_n\mu(A_n)$. 这个性质称为测度的可列可加性.

这时, 称 $(\Omega, \mathscr{F}, \mu)$ **是测度空间. 如果** $A \in \mathscr{F}, \mu(A) = 0, B \subset A$ **蕴含着** $B \in \mathscr{F}$, **则称** $(\Omega, \mathscr{F}, \mu)$ **是完备测度空间. 当** $\mu(\Omega) < \infty$ **时, 称** μ **是有限测度; 当** $\mu(\Omega) = 1$ **时, 称** μ **为概率测度; 当存在集列** $\{A_n\} \subset \mathscr{F}$ **满足** $\bigcup_n A_n = \Omega$ **与** $\mu(A_n) < \infty$ **时, 称** μ **是**σ-**有限测度. 另外, 如果** μ **是拓扑空间** Ω **及其 Borel 集上的测度, 且对任何紧集** K **有** $\mu(K) < \infty$, **则称** μ **为 Radon 测度.**

注意一个恒等于无穷的集函数是满足 (2) 的, 满足 (2) 的且不恒等于无穷的集函数必满足 (1). 可测空间 $(\Omega, \mathscr{F})$ 的测度有一个偏序, 称测度 $\nu \leqslant \mu$, 如果对任何 $A \in \mathscr{F}$, $\nu(A) \leqslant \mu(A)$.

另外, 任何测度空间在下面的意义下可以完备化. 设 $(\Omega, \mathscr{F}, \mu)$ 是测度空间. 记

$$\mathscr{N} := \{N \subset \Omega: \text{ 存在 } N' \in \mathscr{F} \text{ 使得 } N \subset N', \mu(N') = 0\},$$
$$\mathscr{F}^\mu := \sigma(\mathscr{F} \cup \mathscr{N}).$$

$\mathscr{N}$ 中的集合通常称为 μ-零测集. 那么 $\mathscr{F}^\mu = \{A \cup N : A \in \mathscr{F}, N \in \mathscr{N}\}$. 这样 μ 自动地延拓到 $\mathscr{F}^\mu$ 上: $\mu(A \cup N) := \mu(A)$. 读者需要验证定义无歧义. 不难验证 $(\Omega, \mathscr{F}^\mu, \mu)$ 是一个完备测度空间, 称为原测度空间的完备化. 因此如有必要, 我们总可以假设测度空间是完备的.

下面有关测度的性质可由定义直接推得.

(1) (有限可加性) 若 $A_1, \cdots, A_n \in \mathscr{F}$ 且互不相交, 则

$$\mu\left(\bigcup_{i=1}^n A_i\right) = \sum_{i=1}^n \mu(A_i);$$

(2) (单调性) 若 $A, B \in \mathscr{F}$ 且 $A \subset B$, 则 $\mu(A) \leqslant \mu(B)$;

(3) (次可列可加性) 若 $\{A_n\}$ 是 $\mathscr{F}$ 中的一个集列, 则

$$\mu\left(\bigcup_n A_n\right) \leqslant \sum_n \mu(A_n);$$

(4) (下连续性) 设 $\{A_n\}$ 是 $\mathscr{F}$ 中单调上升的集列, 则

$$\mu(\lim A_n) = \lim \mu(A_n);$$

(5) (上连续性) 设 $\{A_n\}$ 是 $\mathscr{F}$ 中单调下降的集列且存在 k 使得 $\mu(A_k) < \infty$, 则

$$\mu(\lim A_n) = \lim \mu(A_n).$$

特别地, 在 $\varnothing$ 处上连续, 即若 $\{A_n\}$ 是 $\mathscr{F}$ 中单调下降交为 $\varnothing$ 的集列且存在 k 使得 $\mu(A_k) < \infty$, 则 $\lim \mu(A_n) = 0$.

注意有限可加性与次可列可加性两者结合等价于可列可加性. 现在, 我们来看几个简单的常用测度. 恒等于零的测度称为**零测度**. 在空集上等于零, 而在非空可测集上等于 $+\infty$ 的集函数也是一个测度, 称为**奇异测度**.

例 1.2.2 设 Ω 是非空集, 对任意 $A \subset \Omega$, 用 $\#(A)$ 表示集合 A 中元素的个数, 显然 $\#$ 是 $(\Omega, 2^\Omega)$ 上的测度, 且当 Ω 是有限集时, 它是有限测度, 当 Ω 是可列集时, 它是 σ-有限测度, 而当 Ω 不可列时, 它不是 σ-有限的. 测度 $\#$ 通常称为 Ω 上的**计数测度**. ▮

例 1.2.3 设 $(\Omega, \mathscr{F})$ 是可测空间, 介绍一个简单而重要的函数: 示性函数. 对 $A \subset \Omega$, 定义 A 的示性函数

$$1_A(\omega) := \begin{cases} 1, & \omega \in A, \\ 0, & \omega \notin A. \end{cases}$$

示性函数虽然简单, 但非常重要, 其他的函数都可以写成示性函数线性组合的极限. 对任意 $\omega \in \Omega$, 定义

$$\delta_\omega(A) := 1_A(\omega), \ A \in \mathscr{F},$$

同样显然 δ_ω 是测度, 通常称为 ω 处的**单点测度**或 Dirac 测度. ▮

1.2.2 测度扩张定理

以上的测度很容易按定义验证, 但是测度的定义并非总是如此简单, 实际上, 当集合上的可测结构较为复杂时, 像上面例中那样直接对每个可测集定义而成为测度是不可能的. 因此我们通常是在一个相对简单的集类上直接地定义一个 (预) 测度, 然后用某种方法将其延拓至由该集类生成的 σ-代数上, 这正是下面将介绍的著名的测度扩张定理的主要思想. 让我们从外测度开始, 它是构造测度的桥梁.

定义 1.2.3 定义在 Ω 的全体子集 2^Ω 上的非负广义实值集函数 μ^* 称为 Ω 上外测度, 如果

(1) $\mu^*(\varnothing) = 0$;

(2) **(单调性) 若** $A \subset B \subset \Omega$, **则** $\mu^*(A) \leqslant \mu^*(B)$;

(3) **(次可列可加性) 若 $\{A_n\}$ 是 Ω 的一个子集列, 那么**

$$\mu^*\left(\bigcup_n A_n\right) \leqslant \sum_n \mu^*(A_n). \tag{1.2.3}$$

有意思的是, 构造测度很不容易, 但构造一个外测度并且通过外测度获得测度很容易. 首先, 子集类上的几乎任何的非负集函数都可以构造一个外测度.

引理 1.2.4 **设 $\mathscr{F}_0$ 是一个含有空集的子集类, μ 是 $\mathscr{F}_0$ 上的一个满足 $\mu(\varnothing)=0$ 的非负集函数. 对 $A\subset\Omega$, 定义**

$$\mu^*(A) := \inf\left\{\sum_n \mu(A_n) :\ \{A_n\}\subset\mathscr{F}_0,\ \bigcup_n A_n \supset A\right\}, \tag{1.2.4}$$

约定如果 $\mathscr{F}_0$ 没有可列个集合可以覆盖 A, 那么 $\mu^*(A)=+\infty$. 则 μ^* 是一个外测度.

证明. 需要验证的只是次可列可加性, 其他两条很简单. 对 $A_n\subset\Omega$, 不妨设

$$\sum_n \mu^*(A_n) < +\infty,$$

那么对任何 $\delta>0$, 存在 A_n 的一个可列覆盖 $A_n^k\in\mathscr{F}_0$ 使得

$$\mu^*(A_n)+\delta/2^n > \sum_k \mu(A_n^k).$$

两边对 n 求和, 因为 $\{A_n^k : n\geqslant 1, k\geqslant 1\}$ 是 $\bigcup A_n$ 的一个可列覆盖, 所以

$$\sum_n \mu^*(A_n)+\delta > \sum_n\sum_k \mu(A_n^k) \geqslant \mu^*(\bigcup_n A_n).$$

再由 δ 的任意性推出 $\sum_n \mu^*(A_n) \geqslant \mu^*(\cup_n A_n)$. □

从外测度得到测度也不难, 先看下面的定义.

定义 1.2.5 **Ω 的任意子集 A 称为 μ^*-可测的, 如果它满足 Carathéodory 条件, 即对任何 $E\subset\Omega$ 有**

$$\mu^*(E)=\mu^*(A\cap E)+\mu^*(A^c\cap E).$$

显然, 上式等价于

$$\mu^*(E)\geqslant\mu^*(A\cap E)+\mu^*(A^c\cap E).$$

记 $\mathscr{M}$ 为 Ω 的 μ^*-可测子集全体. 一个显而易见的事实是, 如果 $\mu^*(A)=0$, 那么 A 必定是 μ^*-可测的.

定理 1.2.6 (Carathéodory)　$(\Omega, \mathscr{M}, \mu^*)$ **是完备测度空间.**

证明. 我们须证 $\mathscr{M}$ 是 Ω 上的 σ-代数且 μ^* 是 $\mathscr{M}$ 上的测度. 显然 $\varnothing, \Omega \in \mathscr{M}$ 且 $\mathscr{M}$ 对补集运算封闭, 故只须验证 $\mathscr{M}$ 对可列并运算封闭. 事实上, $\mathscr{M}$ 对有限并运算封闭, 因为若 $A, B \in \mathscr{M}$, 则对 $E \subset \Omega$,

$$
\begin{aligned}
\mu^*(E) &= \mu^*(A \cap E) + \mu^*(A^c \cap E) \\
&= \mu^*(A \cap E) + [\mu^*(B \cap A^c \cap E) + \mu^*(B^c \cap A^c \cap E)] \\
&= [\mu^*(A \cap (A \cup B) \cap E) + \mu^*((A \cup B) \cap A^c \cap E)] + \mu^*((B \cup A)^c \cap E) \\
&= \mu^*((A \cup B) \cap E) + \mu^*((B \cup A)^c \cap E),
\end{aligned}
$$

推出 $A \cup B \in \mathscr{M}$. 那么 $\mathscr{M}$ 对有限交运算也封闭. 故我们仅须验证 $\mathscr{M}$ 对不相交集列的可列并运算封闭. 设 $\{A_n\}$ 是 $\mathscr{M}$ 中互不相交集列, 令

$$
B_n := \bigcup_{i=1}^{n} A_i, \ A := \bigcup_{n=1}^{\infty} A_n,
$$

由外测度的单调性得

$$
\begin{aligned}
\mu^*(E) &= \mu^*(E \cap B_n) + \mu^*(E \cap B_n^c) \\
&\geqslant \mu^*(E \cap B_n) + \mu^*(E \cap A^c) \\
&= \mu^*(E \cap B_n \cap B_{n-1}) + \mu^*(E \cap B_n \cap B_{n-1}^c) + \mu^*(E \cap A^c) \\
&= \mu^*(E \cap B_{n-1}) + \mu^*(E \cap A_n) + \mu^*(E \cap A^c) \\
&= \cdots = \sum_{i=1}^{n} \mu^*(E \cap A_i) + \mu^*(E \cap A^c).
\end{aligned}
$$

由 n 的任意性与 μ^* 的次可列可加性推出

$$
\begin{aligned}
\mu^*(E) &\geqslant \sum_{i=1}^{\infty} \mu^*(E \cap A_i) + \mu^*(E \cap A^c) \\
&\geqslant \mu^*(E \cap A) + \mu^*(E \cap A^c),
\end{aligned}
$$

因此 $A \in \mathscr{M}$. 不仅如此, 从上面的证明过程中可以看出对任何 $E \subset \Omega$,

$$
\mu^* \left(E \cap (\bigcup_{i=1}^{n} A_i) \right) = \sum_{i=1}^{n} \mu^*(E \cap A_i),
$$

故 μ^* 有有限可加性

$$\mu^*\left(\bigcup_{i=1}^{n} A_i\right) = \sum_{i=1}^{n} \mu^*(A_i).$$

结合 μ^* 的次可列可加性, 推出 μ^* 在 $\mathscr{M}$ 上有可列可加性. 因此 μ^* 是 $(\Omega, \mathscr{M})$ 上的测度. 由于 $\mathscr{M}$ 包含所有零外测度集, 完备性是显然的. □

按上面的路线, 从一个子集类上的一个非负集函数出发, 我们便可以得到一个测度, 但问题是这样得到的这个测度如同一个断线的风筝, 看不出它和原来的集函数有什么关系. 通常我们希望所得到的测度是原来集函数的扩张, 以便于要求这个测度在一个简单的集类上满足所需条件, 比如对于 Lebesgue 测度, 我们自然要求长方体的测度就是它的体积. 显然如果我们要求测度是原来集函数的扩张, 那么这个集函数本身必须满足可列可加性, 因此我们需要一个更好的出发点.

定义 1.2.7 1. Ω 的非空子集类 $\mathscr{F}_0$ 称为是一个代数, 如果 $\mathscr{F}_0$ 对补集与有限并两种运算封闭.

2. 设 $\mathscr{F}_0$ 是非空集合 Ω 上的一个代数, $\mathscr{F}_0$ 上的非负广义实值集函数 μ 称为 (预) 测度, 如果下列条件满足:

   (1) $\mu(\varnothing) = 0$;

   (2) (可列可加) 若集列 $\{A_n\} \subset \mathscr{F}_0$ 互不相交且 $\bigcup_n A_n \in \mathscr{F}_0$, 则

$$\mu\left(\bigcup_{n} A_n\right) = \sum_{n} \mu(A_n).$$

3. 设 μ 是代数 $\mathscr{F}_0$ 上的预测度, $\mathscr{F} := \sigma(\mathscr{F}_0)$. 如果 ν 是 $(\Omega, \mathscr{F})$ 上的测度且其在 $\mathscr{F}_0$ 上与 μ 一致, 则称 ν 是 μ 的一个扩张.

注意, 在需要区别于 σ-代数上的测度时, 代数上的测度应该称为预测度, 但在不会引起混乱的情况下, 就直接称为测度.

例 1.2.4 定义 $\mathbf{R}$ 上的子集类如下

$$\mathscr{B}_0 := \left\{\bigcup_{i=1}^{n} (a_i, b_i] \cap \mathbf{R} : \ n \geqslant 0, -\infty \leqslant a_i \leqslant b_i \leqslant +\infty, 1 \leqslant i \leqslant n\right\},$$

则 $\mathscr{B}_0$ 是 $\mathbf{R}$ 上的一个代数. 由它生成的 σ-代数也是 Borel σ-代数. 注意对于区间 $(a, b]$, a, b 可以是正负无穷, 但是这时区间的右端也是开的. ∎

可以看出, 代数的结构通常比 σ-代数的结构简单得多, 故在代数上定义一个测度也比在 σ-代数上定义测度要简单得多. 比如区间的长度就是代数上的测度. 自然, 我们会问代数上的一个非负集函数什么时候是测度? 首先它需要满足有限可加性, 然后可列可加性有两个等价条件: 次可列可加或者连续性.

引理 1.2.8 **设 μ 是代数 $\mathscr{F}_0$ 上非负有限可加集函数, 下面两个条件之一成立时, μ 是 (预) 测度.**

(1) **次可列可加性成立, 即对任何 $A, A_n \in \mathscr{F}_0$, $A \subset \bigcup A_n$ 蕴含有**

$$\mu(A) \leqslant \sum_n \mu(A_n);$$

(2) $\mu(\Omega) < \infty$, **且对任何递减趋于空集的集列 $\{A_n\} \subset \mathscr{F}_0$ 有 $\mu(A_n) \downarrow 0$.**

引理的证明不难, 留给读者.

注释 1.2.1 上面的 (2) 实际上是 Kolmogorov 在 1933 年的著作 [31] 中所给出的公理之一, 下面我们简单地介绍 Kolmogorov 的公理体系. Ω 是个集合, $\mathscr{F}_0$ 是由某些子集组成的集合.

I. $\mathscr{F}_0$ 是一个环, 即对其中任意两个集合的并, 交, 差封闭;

II. $\Omega \in \mathscr{F}_0$;

III. 给任意 $A \in \mathscr{F}_0$ 赋予一个非负数 $\mathbb{P}(A)$, 称为概率;

IV. $\mathbb{P}(\Omega) = 1$;

V. 若 $A, B \in \mathscr{F}_0$ 且互斥, 则

$$\mathbb{P}(A \cup B) = \mathbb{P}(A) + \mathbb{P}(B);$$

VI. 若 $A_n \in \mathscr{F}_0$ 且 $A_n \downarrow \varnothing$, 则

$$\lim_n \mathbb{P}(A_n) = 0.$$

在该著作中, 如果 I–V 满足, 则 $(\Omega, \mathscr{F}_0, \mathbb{P})$ 被称为广义概率域. 如果 I–VI 满足, 则被称为概率域. 这时 $\mathscr{F}_0$ 是代数, 按照定义 1.2.7, $\mathbb{P}$ 是 $\mathscr{F}_0$ 上的测度.

下面证明测度总是可以从代数扩张到由它生成的 σ-代数上, 称为测度扩张定理.

定理 1.2.9 (Carathéodory) **设 μ 是代数 $\mathscr{F}_0$ 上的预测度, 则其外测度 μ^* 是 μ 的一个扩张. 称为 μ 的 Carathéodory 扩张.**

证明. 实际上我们要证明 μ^* 是 $\mathscr{F}=\sigma(\mathscr{F}_0)$ 上的测度且在 $\mathscr{F}_0$ 上与 μ 一致.

第一步我们证明外测度 μ^* 在 $\mathscr{F}_0$ 上与 μ 一致, 即对于 $A\in\mathscr{F}_0$, 有 $\mu^*(A)=\mu(A)$. 当然 $\mu^*(A)\leqslant\mu(A)$ 是显然的, 反过来, 如果 $\mu^*(A)<\infty$, 那么对任何 $\delta>0$, 存在 $A_n\in\mathscr{F}_0$ 使得 $\bigcup_n A_n\supset A$ 且 $\sum\limits_n\mu(A_n)<\mu^*(A)+\delta$. 由 μ 的次可列可加性推出 $\mu(A)<\mu^*(A)+\delta$, 再由 δ 的任意性得 $\mu(A)\leqslant\mu^*(A)$.

第二步我们来证明另外一个关键的事实: $\mathscr{F}_0\subset\mathscr{M}$. 事实上, 设 $A\in\mathscr{F}_0$, 对任何 $E\subset\Omega$, 不妨设 $\mu^*(E)<\infty$, 则对任何 $\varepsilon>0$, 存在子集列 $\{A_n\}\subset\mathscr{F}_0$ 满足 $\bigcup_n A_n\supset E$ 且 $\sum_n\mu(A_n)<\mu^*(E)+\varepsilon$, 因而

$$\begin{aligned}\mu^*(E\cap A)+\mu^*(E\cap A^c)&\leqslant\sum_n[\mu(A_n\cap A)+\mu(A_n\cap A^c)]\\&=\sum_n\mu(A_n)<\mu^*(E)+\varepsilon,\end{aligned}$$

其中的等式来自 μ 的有限可加性. 由此推出 $\mu^*(E\cap A)+\mu^*(E\cap A^c)\leqslant\mu^*(E)$, 即 $A\in\mathscr{M}$ 或 $\mathscr{F}_0\subset\mathscr{M}$.

由此推出 $\mathscr{M}\supset\sigma(\mathscr{F}_0)=\mathscr{F}$, 则 μ^* 限制在 $\mathscr{F}$ 上是 μ 的一个扩张. □

上面两个定理一起被称为 Carathéodory 测度扩张定理, 提供了测度构造的一般路径. 注意, σ-代数 $\mathscr{M}$ 依赖于 μ, 而 $\mathscr{F}$ 仅与 $\mathscr{F}_0$ 有关, 不依赖于 μ. $(\Omega,\mathscr{M},\mu^*)$ 是完备测度空间, 而 $(\Omega,\mathscr{F},\mu^*)$ 一般不是完备的. 代数上预测度的 Carathéodory 扩张不一定是唯一的扩张.

例 1.2.5 取例 1.2.4 中 $\mathbf{R}$ 上的代数 $\mathscr{B}_0$, 对 $A\in\mathscr{B}_0$, 定义

$$\mu(A):=\begin{cases}0, & A=\varnothing,\\+\infty, & A\neq\varnothing,\end{cases}$$

则 μ 的 Carathéodory 扩张是 $(\mathbf{R},\mathscr{B})$ 上的奇异测度, 而显然计数测度也是 μ 的一个扩张, 它不同于 Carathéodory 扩张. ▮

为了保证扩张的唯一性, 我们需要其他条件. 下面我们将证明预测度的 σ-有限性能保证 Carathéodory 扩张是唯一扩张. 称代数 $\mathscr{F}_0$ 上的测度 μ 是 σ-有限的, 如

果存在集列 $\{\Omega_n\} \subset \mathscr{F}_0$ 满足 $\bigcup_n \Omega_n = \Omega$ 且 $\mu(\Omega_n) < \infty$. 设 $(\Omega, \mathscr{F}, \mu)$ 是测度空间, 对 $\Omega_0 \in \mathscr{F}$, 定义

$$\mathscr{F} \cap \Omega_0 := \{\Omega_0 \cap A: \ A \in \mathscr{F}\},$$

则 $\mathscr{F} \cap \Omega_0$ 是 Ω_0 上的 σ-代数. 记 μ_{Ω_0} 是 μ 在 $\mathscr{F} \cap \Omega_0$ 上的限制, 那么

$$(\Omega_0, \mathscr{F} \cap \Omega_0, \mu_{\Omega_0})$$

也是一个测度空间.

为了证明扩张唯一性, 我们还需要一个重要的引理, 这个引理实际上是测度论中一个常规的方法, 非常巧妙而且极其有用, 可以说是概率论中最重要的工具之一. 这个引理也就是 E.Dynkin 经典著作 [13] 上的 Lemma 1.1, 其中的 π-类和 λ-类是那里首次引入的, 所以现在通常叫做 Dynkin 引理.

定义 1.2.10 称一个子集类是 π-类, 如果它对有限交封闭; 称一个子集类是 Dynkin 系或 λ-类, 如果它包含 $\varnothing$ 且对于补集运算与不交可列并运算封闭.

显然, 代数当然是 π-类, σ-代数是 Dynkin 系, 反之不对. 容易看出任意多个 Dynkin 系的交仍是 Dynkin 系, 因此对 Ω 的任何子集类 $\mathscr{A}$, 唯一存在包含 $\mathscr{A}$ 的最小 Dynkin 系, 记为 $\delta(\mathscr{A})$, 也类似地称为由 $\mathscr{A}$ 生成的 Dynkin 系.

引理 1.2.11 (Dynkin) **设 $\mathscr{F}_0$ 是一个 π-类, 则 $\delta(\mathscr{F}_0)$ 是一个 σ-代数, 因此 $\sigma(\mathscr{F}_0) = \delta(\mathscr{F}_0)$.**

证明. 由定义, 仅须验证 $\delta(\mathscr{F}_0)$ 对有限交运算封闭. 任取 $A \in \delta(\mathscr{F}_0)$, 定义

$$\kappa[A] := \{B \in \delta(\mathscr{F}_0): \ A \cap B \in \delta(\mathscr{F}_0)\}.$$

先验证 $\kappa[A]$ 是一个 Dynkin 系. 事实上, 只需验证 $\kappa[A]$ 满足

(1) 对补集运算封闭;

(2) 对不相交集列的可列并运算封闭.

验证 (1), 取 $B \in \kappa(A)$, 则 $A, A^c, A \cap B \in \delta(\mathscr{F}_0)$, 因此

$$A \cap B^c = [A^c \cup (A \cap B)]^c \in \delta(\mathscr{F}_0),$$

因此 $B^c \in \kappa(A)$. 为证 (2), 取 $\{B_n\} \subset \kappa(A)$ 是不交集列, 则显然 $\{A \cap B_n\}$ 是 $\delta(\mathscr{F}_0)$ 中的不交集列, 因此 $A \bigcap (\bigcup_n B_n) \in \delta(\mathscr{F}_0)$, 推出 $\bigcup_n B_n \in \kappa(A)$.

现在我们逐步地证明 $\delta(\mathscr{F}_0)$ 也是 π-类. 事实上, 因 $\mathscr{F}_0$ 是 π-类, 故 $A \in \mathscr{F}_0$ 蕴含着 $\kappa(A) \supset \mathscr{F}_0$, 即 $\kappa(A) \supset \delta(\mathscr{F}_0)$. 这意味着当 $A \in \delta(\mathscr{F}_0)$ 时, $\kappa(A) \supset \mathscr{F}_0$. 因此 $\kappa(A) \supset \delta(\mathscr{F}_0)$, 即 $\delta(\mathscr{F}_0)$ 中元素对有限交运算封闭. □

下面证明 σ-有限的预测度的扩张是唯一的.

定理 1.2.12 **如果 μ 是代数 $\mathscr{F}_0$ 上的 σ-有限的预测度, 则 μ 的扩张是唯一的.**

证明. μ 的 Carathéodory 扩张还用 μ 表示, 任取 μ 的一个扩张 μ', 取 $\Omega_0 \in \mathscr{F}_0$ 且 $\mu(\Omega_0) < \infty$. 令

$$\mathscr{A}_0 := \{A \in \mathscr{F} \cap \Omega_0 : \ \mu'(A) = \mu(A)\}.$$

因 μ' 与 μ 在 $\mathscr{F} \cap \Omega_0$ 上是有限测度, 故容易验证

(1) $\mathscr{A}_0 \supset \mathscr{F}_0 \cap \Omega_0$;

(2) $\mathscr{A}_0$ 是 Ω_0 上的 Dynkin 系 (无法直接证明它是 σ-代数).

因 $\mathscr{F}_0 \cap \Omega_0$ 是 Ω_0 上的代数, 自然是 π-类, 故由 Dynkin 引理得

$$\mathscr{A}_0 \supset \delta(\mathscr{F}_0 \cap \Omega_0) = \sigma(\mathscr{F}_0 \cap \Omega_0) = \mathscr{F} \cap \Omega_0.$$

因此 μ' 与 μ 在 $\mathscr{F} \cap \Omega_0$ 上一致.

由 σ-有限性, 可取递增集列 $\{\Omega_n\} \subset \mathscr{F}_0$ 满足 $\bigcup_n \Omega_n = \Omega$ 且 $\mu(\Omega_n) < \infty$. 那么对任何 $A \in \mathscr{F}$,

$$\mu'(A) = \lim_n \mu'(A \cap \Omega_n) = \lim \mu(A \cap \Omega_n) = \mu(A).$$

证明完成. □

测度构造定理给出了构造一个测度的一般方法, 即在一个代数上构造测度然后进行标准的扩张. 与 Lebesgue 当年构造测度的原始方法比较, 这个方法虽然在构造 Lebesgue 测度时不是那么直观, 但是它的优点是构造的前半部分与空间的拓扑无关, 可以用于一般的可测空间. 下面我们将利用空间的拓扑性质来证明 Lebesgue 测度的存在性. 事实上, 从下面的定理以及第二章中所说的 Kolmogorov 相容性定理可以看到, 在构造测度时, 拓扑起着重要作用.

什么是 Lebesgue 测度? 直观地, 一维空间上就是长度, 二维空间上就是面积, 三维空间上就是体积. 对于一些规则图形, 比如多面体, 它的体积是显而易见的. 而

Lebesgue 做的工作是说一些不规则的空间体 (集合) 的体积同样可以定义, 而且满足可列可加性与刚体变换不变性. 关于有限可加性和可列可加性, 它们在直观上也许无法区别, 但在后面我们可以看到, 可列可加性对于整个积分理论来说是不可缺少的. 设 $a=(a_i), b=(b_i)\in \mathbf{R}^n$, 且 $a_i\leqslant b_i$, $1\leqslant i\leqslant n$, 记

$$(a,b]=\{x\in \mathbf{R}^n: a_i<x_i\leqslant b_i, 1\leqslant i\leqslant n\}.$$

定理 1.2.13 **设 $\mathscr{B}^n$ 是 n-维空间 $\mathbf{R}^n$ 上的 Borel σ-代数, 则在 $\mathscr{B}^n$ 上存在测度 m 使得长方体的测度恰是其体积, 即**

$$m((a,b])=(b_1-a_1)\cdots(b_n-a_n).$$

证明. 首先定义 $m((a,b])$ 如上. 那么 m 可以自然地延拓到由形如矩形 $(a,b]$ 的有限不交并组成的集类 $\mathscr{F}_0$ 上. 显然 $\mathscr{F}_0$ 是一个代数. 注意, 因 $\mathscr{F}_0$ 中元素作为矩形的有限不交并的表示不唯一, 故需验证 m 的定义与表示无关, 即 m 是良定义的. 留给读者完成.

根据测度扩张定理, 为了证明定理结论, 我们只需验证 m 是 $\mathscr{F}_0$ 上的预测度. 不妨设 $n=1$.

集函数 m 在 $\mathscr{F}_0$ 上的有限可加性是显然的, 因此只需验证其次可列可加性, 设有区间列 $\{(a_i,b_i]: i\geqslant 1\}$ 使得 $(a,b]\subset\bigcup_{i=1}^\infty (a_i,b_i]$. 任取 $\varepsilon>0$. 由于

$$[a+\varepsilon,b]\subset\bigcup_{i=1}^\infty (a_i,b_i+\varepsilon/2^i),$$

由有限覆盖定理, 存在整数 I 使得

$$(a+\varepsilon,b]\subset[a+\varepsilon,b]\subset\bigcup_{i\leqslant I}(a_i,b_i+\varepsilon/2^i)\subset\bigcup_{i\leqslant I}(a_i,b_i+\varepsilon/2^i].$$

由有限可加性, $b-(a+\varepsilon)\leqslant\sum_{i\leqslant I}(b_i+\varepsilon/2^i)-a_i$, 因此

$$m((a,b])-\varepsilon\leqslant\sum_{i\geqslant 1}m((a_i,b_i])+\varepsilon,$$

最后由 ε 的任意性推出 m 的次可列可加性. 完成证明. □

定理中构造的测度就是众所周知的 Lebesgue 测度, 它是 Lebesgue 在 1902 年的博士论文中完成的. 下面是几个注释.

(1) 用定理中的 m 所得到的 m^*-可测集 (参见定义 1.2.5) 称为 Lebesgue 可测集, 其集合记为 $\mathscr{L}$, $\mathscr{L}$ 实际上是 $\mathscr{B}$ 关于 Lebesgue 测度的完备化. $\mathscr{L}$ 严格地包含 Borel σ-代数 $\mathscr{B}$, 实际上, $\mathscr{L}$ 与 $\mathbf{R}$ 的幂集一一对应 (容易证明, 留作习题), 而 $\mathscr{B}$ 与 $\mathbf{R}$ 一一对应 (可以用超限归纳法证明之).

(2) 可以证明, Lebesgue 测度是平移 (或者刚体变换) 不变的. 反过来, 任意平移不变的 σ-有限测度一定是 Lebesgue 测度或者其常数倍 (见习题).

(3) 遗憾的是 Lebesgue 测度不能对所有子集有定义, 或者说一个平移不变的可列可加 (非平凡) 集函数是不可能在全体子集上定义的, 这就是我们为什么不能把所有子集放在可测结构中的原因. 怎么来证明不可测集的存在呢? 这里要用到集合论的选择公理. 在 $\mathbf{R}$ 上建立一个等价关系 $x \sim y$ 当且仅当 $x-y$ 是有理数. 把 $\mathbf{R}$ 用这个等价关系分类, 然后从每个分类落在 $[0,1]$ 中的点各取一个组成一个集合 K. 这个 K 一定不是可测集. 为什么? 如果是的话, 那么由等价关系的定义, 可数多个集合

$$\{K+r : r \in \mathbf{Q}\}$$

互不相交且覆盖了 $[0,1]$, 再由测度的平移不变性推出这些集合有相同的测度, 它们不能是零也不能大于零, 矛盾.

(4) 在这里不加证明地叙述几个有趣的结论, 其中两个是关于有限可加性的. [1]

(a) (Banach-Tarski) 当 $n \geqslant 3$ 时, $\mathbf{R}^n$ 的单位球 B_1 和半径为 2 的球 B_2 分别可以写成不相交的有限个集合的并 $E_1 \cup \cdots \cup E_k$ 与 $F_1 \cup \cdots \cup F_k$, 使得对任何 $1 \leqslant i \leqslant k$, F_i 是 E_i 经过某个刚体变换得到的.

(b) 在 $\mathbf{R}$ 的所有子集族上存在一个满足有限可加和平移不变的集函数, 使得它在 Lebesgue 可测集上与 Lebesgue 测度一致.[2]

(c) 任何一个代数上的有限可加集函数可以扩张 (不一定唯一) 为最小 σ-代数上的有限可加集函数.[3]

---

[1]在概率论公理化的早期, 人们一直在争议究竟应该使用可列可加性还是有限可加性, 因此有许多关于有限可加集函数的研究. 后面发现, 在缺乏连续性的情况下, 有限可加在理论上走不了多远, 在应用上也无法支持数值模拟. 当然作为理论研究, 这方面一直有进展.

[2]定理 5.2.6 [53]

[3]G. Birkhoff, *Lattice Theory,* Amer. Math. Soc. Colloquium publications Vol 25, 1948

上面的几点结论说明我们为什么要引入 σ-代数作为可测结构 (或者说测度的定义域), 理由之一是满足可列可加性的 Lebesgue 测度是不可能在所有子集上都有定义的. 而可以定义在全体子集上且满足有限可加的平移不变测度因为不具有所需的极限性质故不足以建立整个理论体系.

在本节的最后, 我们将介绍像测度的概念, 一种把一个空间上的测度诱导到另一个空间的方法, 可以称为测度的投射, 这个概念在概率论中也非常有用.

设 Ω, Ω' 是两个非空集合, f 是 Ω 到 Ω' 的一个映射. 对于 $A \subset \Omega$, 定义像 $f(A) := \{f(\omega) : \omega \in A\}$, 对 $A' \subset \Omega'$, 定义逆像

$$f^{-1}(A') := \{\omega \in \Omega : f(\omega) \in A'\}.$$

在测度论中, 更有用的是逆像, 容易验证下列性质:

(1) $f^{-1}(\Omega') = \Omega$, $f^{-1}(\varnothing) = \varnothing$;

(2) $f^{-1}[(A')^c] = [f^{-1}(A')]^c$;

(3) 对任何子集列 $\{A_i'\}$, $f^{-1}\left(\bigcup_i A_i'\right) = \bigcup_i f^{-1}(A_i')$;

(4) 对任何 $A \subset \Omega$ 与 $A' \subset \Omega'$, $f(A) \subset A'$ 当且仅当 $A \subset f^{-1}(A')$.

设 $\mathscr{A}'$ 是 Ω' 的一个子集类, 令

$$f^{-1}(\mathscr{A}') := \{f^{-1}(A') : \ A' \in \mathscr{A}'\}.$$

则由上述性质, 如果 $\mathscr{A}'$ 是 Ω' 上的 σ-代数, 那么 $f^{-1}(\mathscr{A}')$ 是 Ω 上 σ-代数.

定义 1.2.14 **可测空间 $(\Omega, \mathscr{F})$ 到可测空间 $(\Omega', \mathscr{F}')$ 的映射 f 称为 $\mathscr{F}/\mathscr{F}'$ 可测的, 如果 $f^{-1}(\mathscr{F}') \subset \mathscr{F}$. 当 $\mathscr{F}'$ 是明确的时, 就说是 $\mathscr{F}$ 可测的. 当 $\mathscr{F}, \mathscr{F}'$ 都明确时, 简单地说是可测的.**

设 $\{f_\lambda : \lambda \in \Lambda\}$ 是 Ω 到 Ω' 的映射族, $\mathscr{F}'$ 是 Ω' 上的 σ-代数, 那么 Ω 上存在唯一的使得映射 $\{f_\lambda\}$ 都可测的最小 σ-代数 $\mathscr{F}$, 即 (1) 每个 f_λ 是可测映射; (2) 如果 Ω 上另外一个 σ-代数 $\mathscr{F}_1$ 使得每个 f_λ 都可测, 那么 $\mathscr{F} \subset \mathscr{F}_1$. 事实上, 不难验证 $\mathscr{F}$ 是由 $\bigcup_{\lambda\in\Lambda} f_\lambda^{-1}(\mathscr{F}')$ 所生成的 σ-代数, 记为 $\sigma(\{f_\lambda : \lambda \in \Lambda\})$.

定义 1.2.15 **设 μ 是 $(\Omega, \mathscr{F})$ 上的一个测度, 则可测映射 f 把 μ 映为 $(\Omega', \mathscr{F}')$ 上的测度 μ',**

$$\mu'(A') := \mu(f^{-1}(A')), \ A' \in \mathscr{F}',$$

称为 μ 在 f 下的像测度, 或者由 f 诱导的测度, 依照右边的表达式, 记为 $\mu\circ f^{-1}$.

1.2.3 积分

接着, 我们将遵循 Lebesgue 的思想, 给出函数关于测度的积分, 以及积分的一般理论. 若有 Lebesgue 积分的基础, 本节的内容没有很大的难度, 读者可以看到整个理论中最关键的因素是测度的可列可加性.

设 $(\Omega,\mathscr{F},\mu)$ 是给定的测度空间, $(\overline{\mathbf{R}},\overline{\mathscr{B}})$ 是广义实值可测空间 (参考实分析中的定义). $(\Omega,\mathscr{F})$ 上的可测函数是指 $(\Omega,\mathscr{F})$ 到 $(\overline{\mathbf{R}},\overline{\mathscr{B}})$ 的可测映射. Ω 上的一个可测函数 f 称为是简单的, 如果 f 的值域是有限集, 即存在互不相同的常数 $a_1,\cdots,a_n\in\mathbf{R}$, 使得

$$f(\omega)=\sum_{i=1}^{n}a_i1_{\{f=a_i\}}(\omega),\quad \omega\in\Omega.$$

如不计次序, 此表达式是唯一的. 这时当下面右边有意义时, 我们定义

$$\mu(f):=\sum_{i=1}^{n}a_i\mu(\{f=a_i\}).$$

注意我们总是约定 $0\cdot\infty=0$. 用 $\mathbf{S}^+$ 表示 Ω 上的非负简单函数全体. 不难验证, 映射 $\mu:\mathbf{S}^+\to[0,+\infty]$ (可取 $+\infty$ 为值) 是单调的且线性的. 对 Ω 上的任意非负可测函数 f 定义

$$\mu(f):=\sup\{\mu(g):0\leqslant g\leqslant f,\ g\in\mathbf{S}^+\}.$$

称为 f 关于 μ 的积分.

定义 1.2.16 **设 f 是 Ω 上可测函数, 记 f^+, f^- 分别是 f 的正部和负部, 当 $\mu(f^+)$, $\mu(f^-)$ 两者至少有一个有限时, 称 f 关于 μ 的积分存在, 且记 f 关于 μ 的积分为 $\mu(f):=\mu(f^+)-\mu(f^-)$; 当 $\mu(f^+)$, $\mu(f^-)$ 两者都有限时, 称 f 关于 μ 是可积的.**

显然, 改变可测函数 f 在一个 μ-零测集上的值不改变积分的值, 另外如果 f 非负且在一个 μ-正测度集上等于 $+\infty$, 则 $\mu(f)=+\infty$. 关于积分, 其他常用的记号还有 $\int_\Omega f(\omega)\mu(d\omega)$, $\int_\Omega fd\mu$, $\langle f,\mu\rangle$ 等, 甚至记为 μf, 重要的是读者需清楚函数 f 与测度 μ 以及关于哪个变量积分 (尤其在函数有其他变量时). 实际上, 这些符号有不同的历史渊源, 例如第一个来自古老的 Leibniz, 这套符号有着不可思议的生命力, 直到测度时代还有其价值. 表示积分形式的微分符号 d 也用来表示测度本身, 可以简化叙述, 比如 $\mu\circ f^{-1}(d\omega)=\mu(f\in d\omega)$ 理解为对任何可测的 A,

$\mu\circ f^{-1}(A)=\mu(\{f\in A\})$ 成立. 另外, f 在可测集 $A\in\mathscr{F}$ 上的积分定义为 $\mu(f1_A)$, 常写为 $\int_A fd\mu$.

在 Euclid 空间上可测函数关于 Lebesgue 测度的积分称为 Lebesgue 积分, 一个可测函数如果同时 Riemann 可积并 Lebesgue 可积, 则两个积分相等. Lebesgue 积分通常认为是 Riemann 积分的推广, 但要注意的是, 广义 Riemann 可积未必是 Lebesgue 可积的.

例 1.2.6 考虑函数

$$f(x)=\frac{\sin x}{x},\ x\neq 0,\ f(0)=1.$$

设 λ 是 $\mathbf{R}$ 上的 Lebesgue 测度. 则 $\lambda(f^+)=\lambda(f^-)=+\infty$, 故 f 的 Lebesgue 积分不存在, 而 f 是广义 Riemann 可积的, 是指

$$\lim_{a\to-\infty,b\to+\infty}\int_a^b f(x)dx$$

存在, 且

$$\int_{-\infty}^{+\infty}\frac{\sin x}{x}dx=\lim_n\int_{-n}^{n}\frac{\sin x}{x}dx=\pi.$$

级数是积分的特殊情况. 非负整数集 $\mathbf{Z}_+$ 上的计数测度 $\#$ 是 σ-有限测度, 函数就是数列 $a=\{a_n\}$, 必定是可测函数, 积分就是求和, 这时 Lebesgue 可积就等价于级数的绝对收敛 $\sum_n|a_n|<\infty$, 而级数收敛意味着 $\sum_{n=1}^N a_n$ 当 $N\to\infty$ 时极限存在, 从积分的角度看, 也就是 Riemann 可积. 一个级数可以收敛 (Riemann 可积) 但非绝对收敛 (Lebesgue 可积), 就是所谓的条件收敛. ∎

从定义可直接推出积分的单调性: 如果 $f_1\leqslant f_2$ 是非负可测函数, 那么 $\mu(f_1)\leqslant\mu(f_2)$. 下面的单调收敛定理是积分理论中最基本的也是最重要的定理.

定理 1.2.17 **设 $\{f_n\}$ 是一个递增收敛于 f 的非负可测函数序列, 则**

$$\mu(f)=\uparrow\lim_n\mu(f_n),$$

这里 $\uparrow\lim$ 表示极限是一个递增极限.

证明. 由单调性, $\{\mu(f_n)\}$ 是一个递增的数列, 且

$$\mu(f)\geqslant\lim_n\mu(f_n).$$

反之, 任取一个被 f 控制的非负简单函数 g 及 $0<\lambda<1$, 令 $A_n:=\{f_n\geqslant\lambda g\}$. 因为在 $\{f>0\}$ 上, 有 $f>\lambda g$, 故 $A_n\uparrow\Omega$.

$$\mu(f_n)\geqslant\mu(f_n1_{A_n})\geqslant\lambda\mu(g1_{A_n}).$$

因 g 是简单的, 故

$$\lim_n\mu(f_n)\geqslant\lim_n\lambda\mu(g1_{A_n})=\lambda\mu(g),$$

最后的等号利用 μ 在 $\mathbf{S}^+$ 上的线性性及下连续性. 因 λ 是任意的, 推出

$$\lim_n\mu(f_n)\geqslant\mu(g).$$

由 $\mu(f)$ 的定义推出 $\lim_n\mu(f_n)\geqslant\mu(f)$. 完成了证明. □

一个零测集外成立的性质称为几乎处处成立. 比如, 测度空间 $(\Omega,\mathscr{F},\mu)$ 上的可测函数 f_1 与 f_2 称为几乎处处相等, 是指它们在一个 μ-零测集外相等, 记为 $f_1=f_2$, μ-a.e. 在上下文明确时, 简写为 $f_1=f_2$ a.e. 或 $f_1=f_2$. 上面定理的单调性可以用几乎处处单调代替. 另外, 任何非负可测函数 f 都可以表示为一个单调上升的非负简单可测函数序列的极限, 如

$$f=\uparrow\lim_{n\to\infty}\left(\sum_{k=1}^{n2^n}\frac{k-1}{2^n}1_{\{\frac{k-1}{2^n}\leqslant f<\frac{k}{2^n}\}}+n1_{\{f\geqslant n\}}\right),$$

因此由单调收敛定理可以推出其积分是非负简单可测函数序列的积分的单调上升极限, 因而积分的性质通常只需对非负简单可测函数验证. 比如用单调收敛定理容易验证对任何非负可测函数 f,g 有 $\mu(f+g)=\mu(f)+\mu(g)$. 然后对于一般的可积函数 f,g, 因为

$$|f+g|\leqslant|f|+|g|,$$

故 $f+g$ 也可积. 用正部负部的表示法, 得

$$(f+g)^++f^-+g^-=(f+g)^-+f^++g^+,$$

两边对 μ 积分, 由可加性推出

$$\mu(f+g)=\mu(f)+\mu(g).$$

读者可自行验证其单调性与其他一些简单性质. 利用这个思想也容易证明下面的关于积分的变量替换公式.

定理 1.2.18 设 f 是可测函数, ϕ 是 $\mathbf{R}$ 上的 Borel 可测函数, 则 ϕ 关于 $\mu\circ f^{-1}$ 可积当且仅当 $\phi\circ f$ 在 μ 下可积, 且这时有

$$\mu(\phi\circ f) = \mu\circ f^{-1}(\phi).$$

证明. 公式显然对 $\phi = 1_A$, $A \in \mathscr{B}$ 成立, 因为这就是像测度的定义. 因此公式对 $\phi \in \mathbf{S}^+$ 成立, 然后运用单调收敛定理, 对非负可测函数成立. 因而公式对使公式两边积分存在的 ϕ 成立. □

下面的定理习惯地称为 Fatou 引理, 它和 Lebesgue 控制收敛定理是分析中最重要的工具之一.

定理 1.2.19 (Fatou) 设 $\{f_n\}$ 是非负可测函数序列, 则

$$\mu(\underline{\lim}_n f_n) \leqslant \underline{\lim}_n \mu(f_n).$$

证明. 令 $g_n := \inf_{k\geqslant n} f_k$, 则 $\{g_n\}$ 是一个单调增加的非负可测函数序列且 $g_n \leqslant f_n$, 由单调收敛定理,

$$\mu(\underline{\lim}_n f_n) = \mu(\lim_n g_n) = \lim_n \mu(g_n) = \underline{\lim}_n \mu(g_n) \leqslant \underline{\lim}_n \mu(f_n).$$

完成证明. □

下面是 Lebesgue 控制收敛定理.

定理 1.2.20 (Lebesgue) 设 $\{f_n\}$ 是 Ω 上的可测函数序列, 如果对任何 $\omega \in \Omega$, $\{f_n(\omega)\}$ 收敛且存在一个关于 μ 可积的可测函数 g 满足 $|f_n| \leqslant g$, 则 $\mu(\lim f_n) = \lim \mu(f_n)$.

证明. 记 $f := \lim_n f_n$. 因为 $f_n + g$ 是非负的, 即 $\{f_n\}$ 被一个可积函数在下控制, 所以利用 Fatou 引理,

$$\mu(g+f) = \mu[\underline{\lim}(g+f_n)] \leqslant \underline{\lim}\, \mu(g+f_n) = \mu(g) + \underline{\lim}\, \mu(f_n).$$

再因 $|\mu(g)| < \infty$, 故而 $\mu(f) \leqslant \underline{\lim}\ \mu(f_n)$. 同理对非负的 $\{g - f_n\}$ 再用 Fatou 引理, 有 $\overline{\lim}\ \mu(f_n) \leqslant \mu(f)$, 由此得 $\mu(f) = \lim \mu(f_n)$. □

实际上, 当序列 $\{f_n\}$ 单边被可积函数控制时有 Fatou 引理, 而当两边都被可积函数控制时则有控制收敛定理.

在有限测度空间特别是在概率空间上, 有界可测函数总是可积的, 因而我们有下面的有界收敛定理.

推论 1.2.21 **设** $(\Omega, \mathscr{F}, \mu)$ **是一个有限测度空间,** $\{f_n\}$ **是** Ω **上的可测函数序列, 如果对任何** $\omega \in \Omega$, $\{f_n(\omega)\}$ **收敛且存在一个常数** M **使得** $|f_n| \leqslant M$, **则** $\mu(\lim_n f_n) = \lim_n \mu(f_n)$.

例 1.2.7 此例说明 Lebesgue 控制收敛定理中的条件如不满足, 结论未必成立. 设 λ 是 $[0,1]$ 上的 Lebesgue 测度. 定义 $f_n := n \cdot 1_{(0,\frac{1}{n}]}$, 则 f_n 点点收敛于函数 0, 但 $\lambda(f_n)$ 恒等于 1. ∎

实际上, 在后面引入几乎处处收敛的概念后, Lebesgue 控制收敛定理和有界收敛定理中的处处收敛的条件可由几乎处处收敛代替.

下面我们将介绍乘积测度空间以及分析中至关重要的关于积分顺序交换的 Fubini 定理. 设 $(\Omega_1, \mathscr{F}_1, \mu_1)$ 和 $(\Omega_2, \mathscr{F}_2, \mu_2)$ 是两个 σ-有限测度空间, 记

$$\mathscr{F}_1 \otimes \mathscr{F}_2 := \{A_1 \times A_2 : \ A_1 \in \mathscr{F}_1, \ A_2 \in \mathscr{F}_2\},$$

则 $\mathscr{F}_1 \otimes \mathscr{F}_2$ 是乘积空间 $\Omega_1 \times \Omega_2$ 上的一个 π-类, 其中的元素形象地称为矩形. 令 $\mathscr{F}_1 \times \mathscr{F}_2 := \sigma(\mathscr{F}_1 \otimes \mathscr{F}_2)$, 称为乘积 σ-代数. 对任何 $A \in \mathscr{F}_1 \times \mathscr{F}_2$, 定义乘积测度

$$\mu_1 \times \mu_2(A) := \int \mu_1(1_A(\cdot, \omega_2))\mu_2(d\omega_2).$$

这个积分是说先把 ω_2 固定, 示性函数 $1_A(\omega_1, \omega_2)$ 是 Ω_1 上的函数, 它对测度 μ_1 积分, 表示为 $\mu_1(1_A(\cdot, \omega_2))$, 是 ω_2 的函数再对测度 μ_2 积分. 这样的表示方法在后面也时常使用. 为使这两个积分有意义, 我们必须验证对应的两个函数的可测性.

引理 1.2.22 **设** $A \in \mathscr{F}_1 \times \mathscr{F}_2$, **则**

(1) **固定** $\omega_2 \in \Omega_2$, $\omega_1 \mapsto 1_A(\omega_1, \omega_2)$ **是** $\mathscr{F}_1$ **可测的;**

(2) $\omega_2 \mapsto \mu_1(1_A(\cdot, \omega_2))$ **是** $\mathscr{F}_2$ **可测的.**

证明. (1) 令

$$\mathscr{A} := \{A \subset \Omega_1 \times \Omega_2 : \ \{\omega_1 : (\omega_1, \omega_2) \in A\} \in \mathscr{F}_1\}.$$

容易验证 $\mathscr{A}$ 是 $\Omega_1 \times \Omega_2$ 上的 σ-代数, 且 $\mathscr{A} \supset \mathscr{F}_1 \otimes \mathscr{F}_2$, 因此 $\mathscr{A} \supset \mathscr{F}_1 \times \mathscr{F}_2$.

(2) 先假设 μ_1 是有限测度. 令

$$\mathscr{A} := \{A \subset \Omega_1 \times \Omega_2 : \ \omega_2 \mapsto \mu_1(1_A(\cdot, \omega_2)) \text{ 是 } \mathscr{F}_2 \text{ 可测的}\}.$$

容易验证对任何 $A_1 \in \mathscr{F}_1, A_2 \in \mathscr{F}_2$, 有

$$\mu_1(1_{A_1 \times A_2}(\cdot, \omega_2)) = \mu_1(A_1) \cdot 1_{A_2}(\omega_2),$$

故 $\mathscr{A} \supset \mathscr{F}_1 \otimes \mathscr{F}_2$. 另外不难验证 $\mathscr{A}$ 是一个 λ-类, 但 $\mathscr{F}_1 \otimes \mathscr{F}_2$ 是 π-类, 由 Dynkin 的 λ-π 方法知

$$\mathscr{A} \supset \sigma(\mathscr{F}_1 \otimes \mathscr{F}_2) = \mathscr{F}_1 \times \mathscr{F}_2.$$

一般地, 如果 μ_1 是 σ-有限的, 那么存在递增趋于 Ω_1 的有限测度集列 $\{B_n\}$, 用 μ_1^n 表示 μ_1 限制在 B_n 上, 这时

$$\mu_1(1_A(\cdot, \omega_2)) = \lim_n \mu_1^n(1_A(\cdot, \omega_2)),$$

右边是可测函数的极限, 完成证明. 细心的读者也许注意到上面 (2) 的证明因为与测度有关, 故需要 Dynkin 引理, 而 (1) 与测度无关, 不需要 Dynkin 引理. □

由引理, 乘积测度的定义没有问题了. 容易验证 $\mu_1 \times \mu_2$ 是 $(\Omega_1 \times \Omega_2, \mathscr{F}_1 \times \mathscr{F}_2)$ 上的测度. 现在证明 Fubini 的积分序交换公式.

定理 1.2.23 (Fubini) **设** $(\Omega_1, \mathscr{F}_1, \mu_1)$ **和** $(\Omega_2, \mathscr{F}_2, \mu_2)$ **是两个** σ-**有限测度空间,** f **是** $(\Omega_1 \times \Omega_2, \mathscr{F}_1 \times \mathscr{F}_2)$ **上的可测函数. 如果** f **是非负的或者可积的, 则二重积分等于累次积分**

$$\begin{aligned}\int_{\Omega_1 \times \Omega_2} f d\mu_1 \times \mu_2 &= \int_{\Omega_1} \mu_1(d\omega_1) \int_{\Omega_2} f(\omega_1, \omega_2) \mu_2(d\omega_2) \\ &= \int_{\Omega_2} \mu_2(d\omega_2) \int_{\Omega_1} f(\omega_1, \omega_2) \mu_1(d\omega_1).\end{aligned}$$

证明. 因 μ_1, μ_2 是 σ-有限的, 我们可以不失一般性地假设两个测度是有限的. 用 $\mathscr{H}$ 表示使得结论成立的可测函数 f 的全体, 我们说 $H \in \mathscr{H}$ 是指 $1_H \in \mathscr{H}$, 则 $\mathscr{H}$ 中有界函数全体是线性空间且 $1 \in \mathscr{H}$. 对 $A_1 \in \mathscr{F}_1, A_2 \in \mathscr{F}_2$,

$$\mu_1 \times \mu_2(A_1 \times A_2) = \mu_1(A_1) \cdot \mu_2(A_2).$$

现在在乘积测度定义的右边换一个顺序, 先积 μ_2 再积 μ_1, 同样得到一个测度, 记为 $\mu_2 \times \mu_1$. 显然 $\mu_1 \times \mu_2$ 和 $\mu_2 \times \mu_1$ 在可测矩形集合 $\mathscr{F}_1 \otimes \mathscr{F}_2$ 上是相等的. 这说明 $\mathscr{F}_1 \otimes \mathscr{F}_2 \subset \mathscr{H}$ (即前者的示性函数属于后者). 因前者是 π-类而后者包含的集合全体是 Dynkin 系, 故由 Dynkin 引理推出

$$\mathscr{F}_1 \times \mathscr{F}_2 = \sigma(\mathscr{F}_1 \otimes \mathscr{F}_2) \subset \mathscr{H}.$$

这样 $\mathscr{H}$ 包含 $\mathscr{F}_1 \times \mathscr{F}_2$ 可测的简单函数全体. 对于 $\Omega_1 \times \Omega_2$ 上的非负可测函数 f, 它是非负简单函数列的递增极限, 由单调收敛定理, $f \in \mathscr{H}$. 这证明了非负场合的积分交换.

再考虑可积的 f. 这时对它的正部分 f^+ 应用积分交换公式

$$\int_{\Omega_1} \mu_1(d\omega_1) \int_{\Omega_2} f^+(\omega_1, \omega_2)\mu_2(d\omega_2) = \int_{\Omega_1 \times \Omega_2} f^+ d\mu_1 \times \mu_2 < +\infty.$$

因此, 不难看出 $\omega_1 \mapsto \int_{\Omega_2} f^+(\omega_1, \omega_2)\mu_2(d\omega_2)$ 是关于 μ_1 可积故几乎处处有限. 因此

$$\begin{aligned}\omega_1 \mapsto & \int_{\Omega_2} f(\omega_1, \omega_2)\mu_2(d\omega_2) \\ &= \int_{\Omega_2} f^+(\omega_1, \omega_2)\mu_2(d\omega_2) - \int_{\Omega_2} f^-(\omega_1, \omega_2)\mu_2(d\omega_2)\end{aligned}$$

关于 μ_1 几乎处处有定义 (取实值) 并是可积的. 再应用非负场合的积分交换公式, 然后用可以理解的简略方式表示积分, 有

$$\begin{aligned}\int_{\Omega_1 \times \Omega_2} f d\mu_1 \times \mu_2 &= \int f^+ d\mu_1 \times \mu_2 - \int f^- d\mu_1 \times \mu_2 \\ &= \int d\mu_1 \int f^+ d\mu_2 - \int d\mu_1 \int f^- d\mu_2 \\ &= \int d\mu_1 \left(\int f^+ d\mu_2 - \int f^- d\mu_2 \right) \\ &= \int d\mu_1 \int f d\mu_2.\end{aligned}$$

同理可证明另一个等式. □

仔细地考察并总结 Fubini 定理的证明, 我们得到一个非常有用的方法, 称为单调类方法. 把满足等式的 Ω 上的函数 f 全体记为 $\mathscr{H}$, $\mathscr{A}$ 是 Ω 上的一个 π-类. 现在

(1) $1 \in \mathscr{H}$;

(2) $\mathscr{H}$ 中有界函数全体是线性空间且 $\mathscr{H}$ 对递增的非负函数列极限是封闭的;

(3) 对任何 $A \in \mathscr{A}$ 有 $1_A \in \mathscr{H}$.

这时, 使得 $1_A \in \mathscr{H}$ 的子集 A 的全体是一个 Dynkin 系, 由 Dynkin 引理, 对任何 $A \in \sigma(\mathscr{A})$ 有 $1_A \in \mathscr{H}$. 因此 $\mathscr{H}$ 包含所有的 $\sigma(\mathscr{A})$ 可测的简单函数, 而任何非负 $\sigma(\mathscr{A})$-可测函数是递增的非负简单函数列的极限, 所以 $\mathscr{H}$ 包含所有非负 $\sigma(\mathscr{A})$-可测函数.

以上所述的方法在概率论中证明涉及期望的等式时具有普遍性, 是个程序化的方法, 后面时常会用到. 在用到的时候我们将简单地说使用单调类方法, 不再具体阐述细节. 上面简单叙述了单调类方法的思想, 在具体场合还需灵活运用.

例 1.2.8 用 Fubini 定理计算著名的积分

$$I := \int_{-\infty}^{+\infty} \mathrm{e}^{-x^2} dx.$$

事实上,

$$\begin{aligned} I^2 &= \int_{\mathbf{R}} \mathrm{e}^{-x^2} dx \int_{\mathbf{R}} \mathrm{e}^{-y^2} dy \\ &= \int dx \int \mathrm{e}^{-(x^2+y^2)} dy = \int_{\mathbf{R}^2} \mathrm{e}^{-(x^2+y^2)} dxdy, \end{aligned}$$

其中 $dxdy$ 是 $\mathbf{R}^2$ 上的 Lebesgue 测度. 令 $x = r\cos\theta, y = r\sin\theta$, 则

$$I^2 = 2\pi \int_0^{\infty} r \cdot \mathrm{e}^{-r^2} dr = \pi.$$

因此 $I = \sqrt{\pi}$. ∎

例 1.2.9 Fubini 定理条件中的 σ-有限性是必需的. 设 $I = [0,1]$, μ_1, μ_2 分别是 I 上的 Lebesgue 测度与计数测度. 令

$$f(x,y) := 1_{\{x=y\}},\ x, y \in I,$$

那么容易计算

$$\int_I d\mu_1 \int_I f\, d\mu_2 = 1, \text{ 而 } \int_I d\mu_2 \int_I f\, d\mu_1 = 0.$$

因此 Fubini 定理不成立, 原因是计数测度不是 σ-有限的. ∎

1.2.4 Hahn 分解与 Radon-Nikodym 导数

在这一节的最后, 我们将讨论符号测度, Hahn 分解和 Jordan 分解, 以及关于测度绝对连续有密度的 Radon-Nikodym 定理.

定义 1.2.24 设 $(\Omega, \mathscr{F})$ 是可测空间, 称 $\mathscr{F}$ 上的广义实值集函数 μ 为符号测度, 如果

(1) $\mu(\varnothing)=0$;

(2) μ 满足可列可加性.

称可测集 A 是正集 (负集), 如果其任何可测子集测度非负 (非正).

测度与符号测度的定义一致, 只是取值范围有区别. 需注意到一个非常重要的隐藏假设. 因为 $+\infty+(-\infty)$ 是没有意义的, 所以定义中的条件 (2) 蕴含着一个符号测度 μ 或者取不到正无穷或者取不到负无穷, 也就是说, 或者对任何 $A \in \mathscr{F}$, $\mu(A)<+\infty$, 或者对任何 $A \in \mathscr{F}$, $\mu(A)>-\infty$. 另外, 在条件 (2) 下, 条件 (1) 等价于 μ 不恒等于无穷. 注意从测度可加性容易看出

(1) 一个有限测度集的任何可测子集的测度是有限的;

(2) 一个可测集挖掉一个负测度集之后的测度更大;

(3) 正集的子集是正集, 正集的可列并是正集.

下面证明 Hahn 分解.

定理 1.2.25 (Hahn) 存在 $H \in \mathscr{F}$ 使得 H 是正集, 而 H^c 是负集.

证明. 不妨设符号测度 μ 取不到 $+\infty$. 对任何 $B \in \mathscr{F}$, 定义

$$\mu^-(B):=\inf\{\mu(A): A \in \mathscr{F}, A \subset B\}.$$

不难证明下面两个性质:

(1) 单调性: 若 $B_1 \subset B_2$, 则 $\mu^-(B_1) \geqslant \mu^-(B_2)$;

(2) $\mu^-(B) \leqslant 0$ 且 B 是正集当且仅当 $\mu^-(B)=0$.

定理的证明分下面三步完成.

第一步: 需证明任何正测度集 B 包含正子集 A, 且 $\mu(A) \geqslant \mu(B)$. 证明的思想是不断地挖去负测度集, 剩下的必是个正集. 事实上, 设 $\mu(B) > 0$. 如果 B 就是正集, 记其为 A. 如果不是, 那么 $\mu^-(B) < 0$, 故存在 $E_1 \subset B$ 使得

$$\mu(E_1) < \frac{1}{2}\mu^-(B) \vee (-1) < 0,$$

因为 $\mu^-(B)$ 有可能是 $-\infty$, 所以右边需 $\vee(-1)$. 显然 $\mu(B \setminus E_1) > \mu(B)$. 如果 $B \setminus E_1$ 是正集, 记其为 A; 如果不是, 那么存在 $E_2 \subset B \setminus E_1$ 使得

$$\mu(E_2) < \frac{1}{2}\mu^-(B \setminus E_1) \vee (-1) < 0.$$

这样继续, 或者在有限步得到正集 A, 这时显然 $\mu(A) \geqslant \mu(B)$, 命题得证. 或者得到 B 的不相交可测子集列 $\{E_n\}$ 使得

$$\mu(E_n) < \frac{1}{2}\mu^-\left(B \setminus (\bigcup_{i=1}^{n-1} E_i)\right) \vee (-1) < 0, \quad n \geqslant 1.$$

这时令 $E := \bigcup_n E_n$, $A := B \setminus E$, 则 $\mu(E) < 0$, 故 $\mu(A) \geqslant \mu(B)$.

最后验证 A 是正集, 即 $\mu^-(A) = 0$. 因 $\mu(B) > 0$, 故 $\mu(E) > -\infty$, 这导致 $\lim \mu(E_n) = 0$. 由上面 E_n 的取法可以看到

$$0 \geqslant \lim_n \frac{1}{2}\mu^-\left(B \setminus (\bigcup_{i=1}^{n-1} E_i)\right) \geqslant \lim_n \mu(E_n) = 0.$$

由 μ^- 的单调性推出对任何 n, 有

$$\mu^-(A) \geqslant \mu^-\left(B \setminus (\bigcup_{i=1}^{n-1} E_i)\right),$$

这蕴含着 $\mu^-(A) \geqslant 0$, 即 A 是正集.

第二步: 令

$$b := \sup\{\mu(A) : A \in \mathscr{F}\} \geqslant 0,$$

则 b 可在 $\mathscr{F}$ 中达到. 不妨设 $b > 0$. 第一步所证明的结果蕴含着 b 等于所有正集测度的上确界. 因为 $\mu < +\infty$, 所以 $b < +\infty$. 现在存在正集列 $\{A_n\}$, 使得 $\mu(A_n) > b - 1/n$, 令 $H := \bigcup_n A_n$, 显然 $\mu(H) = b$ 且 H 是正集.

第三步: 验证 H^c 是负集. 对 H^c 的任何可测子集 A, $b \geqslant \mu(H \cup A) = b + \mu(A)$, 推出 $\mu(A) \leqslant 0$. 这证明了 H^c 是负集. □

定理中这样的正集 H 称为 μ 的 Hahn 集. 如果 H' 是另外一个 Hahn 集, 那么 $H\triangle H'$ 也是正集, 故它的测度为零. 因此, Hahn 集之间仅相差个零测集. 另外, $\Omega = H \cup H^c$ 称为 Hahn 分解. 定义

$$\mu^+(A) := \mu(A\cap H),\ \mu^-(A) := -\mu(A\cap H^c),\ A\in\mathscr{F},$$

那么 $\mu = \mu^+ - \mu^-$, 称为测度 μ 的 Jordan 分解. 注意测度 μ^+ 与 μ^- 满足: 存在 $H\in\mathscr{F}$, $\mu^+(H^c)=0$, $\mu^-(H)=0$.

定义 1.2.26 **说测度 μ,ν 互为奇异, 如果存在 $A\in\mathscr{F}$ 使得 $\mu(A^c)=\nu(A)=0$.**

反之, 假设存在这样的分解 $\mu=\mu_1-\mu_2$, 其中 μ_1,μ_2 是互为奇异的测度, 即存在 $H_1\in\mathscr{F}$ 使得 $\mu_1(H_1^c)=\mu_2(H_1)=0$, 那么 H_1 也是 μ 的一个 Hahn 集. 由 Hahn 集的唯一性推出 $\mu_1=\mu^+$, $\mu_2=\mu^-$. 这样, 我们证明了下面的定理.

定理 1.2.27 (Jordan) **设 μ 是符号测度, 则 $\mu=\mu^+-\mu^-$, 且这是 μ 分解为互相奇异的两个测度差的唯一方式.**

记 $|\mu| := \mu^+ + \mu^-$, 称为 μ 的全变差测度. $|\mu|(\Omega)$ 是 μ 的全变差. Jordan 分解等价于实变函数中所说的一个有界变差函数总是可以分解为两个递增函数的差. Jordan 分解定理告诉我们符号测度可以写成两个测度的差, 所以很多对测度成立的结论也对符号测度成立.

下面我们讨论测度的绝对连续性和 Radon-Nikodym 导数. 设 μ 是可测空间 $(\Omega,\mathscr{F})$ 上的测度, f 是非负可测函数, 定义集函数 ν 如下

$$\nu(A) := \mu(f\cdot 1_A) = \int_A f(x)\mu(dx),\ A\in\mathscr{F},$$

容易验证 ν 也是 $(\Omega,\mathscr{F})$ 上的测度, 简单地把 ν 记为 $f\cdot\mu$, 或者 $d\nu = fd\mu$. 对 $A\in\mathscr{F}$, 测度 $1_A\cdot\mu$ 实际上是 μ 在 A 上的限制.

定义 1.2.28 **任给两个测度 μ,ν.**

1. **如果存在可测函数 f 使得 $\nu=f\cdot\mu$, 那么称 ν 关于 μ 是 Radon-Nikodym 可导的, 并称 f 是 ν 关于 μ 的 Radon-Nikodym 导数, 记为 $\dfrac{d\nu}{d\mu}$.**

2. **称 ν 关于 μ 绝对连续, 如果对任何 $A\in\mathscr{F}$, $\mu(A)=0$ 蕴含着 $\nu(A)=0$. 记为 $\nu\ll\mu$.**

显然定义对于 μ,ν 是符号测度时仍然是有意义的. 另外, 如果 ν 关于 μ 是 Radon-Nikodym 可导的, 则 $\nu \ll \mu$, 但一般地反之不对, 如单元素空间上的奇异测度 μ 与计数测度 ν. 但当 μ 是 σ-有限时, 逆命题成立.

定理 1.2.29 (Radon-Nikodym) **设 μ, ν 是可测空间 $(\Omega, \mathscr{F})$ 上两个 σ-有限的测度. 如果 $\nu \ll \mu$, 则 ν 关于 μ 可导, 其 Radon-Nikodym 导数 μ-几乎处处有限且在 μ-几乎处处相等的意义下是唯一的.**

证明. 唯一性容易验证, 这里, 仅证明 Radon-Nikodym 导数存在. 直观上, 它应该是使得 $\nu \geqslant g\cdot\mu$ 成立的最大的那个 g. 因为 σ-有限性, Ω 可以分成可列个不交的可测集, 在每个可测集上, ν,μ 是有限测度, 所以不妨设 ν, μ 就是有限测度, 令

$$\mathscr{H} := \{h \geqslant 0: \text{ 关于 } \mathscr{F} \text{ 可测且 } h\cdot\mu \leqslant \nu\},$$

$b := \sup\{\mu(h) : h \in \mathscr{H}\}$. 首先验证 $\mathscr{H}$ 对运算 $\vee$ 封闭. 事实上, 取 $h_1, h_2 \in \mathscr{H}$, 记 $h := h_1 \vee h_2$, 则

$$\begin{aligned} h\cdot\mu &= h1_{\{h_1\leqslant h_2\}}\cdot\mu + h1_{\{h_1>h_2\}}\cdot\mu \\ &= h_2 1_{\{h_1\leqslant h_2\}}\cdot\mu + h_1 1_{\{h_1>h_2\}}\cdot\mu \\ &\leqslant 1_{\{h_1\leqslant h_2\}}\cdot\nu + 1_{\{h_1>h_2\}}\cdot\nu = \nu, \end{aligned}$$

推出 $h \in \mathscr{H}$. 因此可以取递增函数列 $\{h_n\} \subset \mathscr{H}$, 使得 $b = \lim\mu(h_n)$. 令 $g := \lim h_n$, 则由单调收敛定理, $\mu(g) = b$ 且 $g \in \mathscr{H}$.

现在证明测度 $\gamma := \nu - g\cdot\mu$ 与 μ 互相奇异. 比较 γ 与 $\frac{1}{n}\mu$. 由 Hahn 分解, 存在 $D_n \in \mathscr{F}$ 使得在 D_n 上前者大, 在 D_n^c 上后者大. 那么 $\nu \geqslant (g + n^{-1}1_{D_n})\cdot\mu$, 由 g 的最大性得 $\mu(D_n) = 0$. 令 $D := \bigcup\limits_n D_n$, 那么 $\mu(D) = 0$, 而对任何 n, $\gamma(D^c) \leqslant n^{-1}\mu(D^c) \longrightarrow 0$, 因此 γ 支撑在 μ-零测集 D 上. 最后, 因为 ν 关于 μ 绝对连续, 故 $\gamma = 0$. 完成证明. □

注意上面证明中只有最后一句话用到绝对连续性, 因此实际上定理证明了测度 ν 可以分解为关于 μ 绝对连续的测度和与 μ 奇异的测度的和 $\nu = g\cdot\mu + \gamma$. 上述分解称为 (ν 关于 μ 的) Lebesgue 分解, 是实数上 σ-有限测度关于 Lebesgue 测度对应分解的推广.

习　题

1. 若 $\mathscr{F}$ 是有限多个元素的 σ-代数, 那么 $|\mathscr{F}|$ 是 2 的整数幂.

2. 设 $\{\mathscr{F}_n\}$ 是 Ω 上子集类的递增序列.

   (a) 证明: 如果所有 $\mathscr{F}_n$ 是代数, 则 $\bigcup_n \mathscr{F}_n$ 也是代数;

   (b) 举例说明即使所有 $\mathscr{F}_n$ 是 σ-代数, 它们的并也不一定是 σ-代数;

   (c) * 证明: 如果 $\{\mathscr{F}_n\}$ 是严格递增的 σ-代数列, 那么 $\bigcup_n \mathscr{F}_n$ 不是 σ-代数.

3. 可以由一个子集列生成的 σ-代数称为是可列生成的. 证明: $\mathscr{B}(\mathbf{R})$ 是可列生成的. 因此 $\mathbf{R}$ 上存在 Lebesgue 可测集不是 Borel 可测的.

4. 取 Ω 的子集列 $\{A_n\} \subset \mathscr{F}$. 证明: 上极限集合 $\overline{\lim}_n A_n := \bigcap_n \bigcup_{k \geqslant n} A_k$ 是属于无穷多 A_n 的元素全体, 下极限集合 $\underline{\lim}_n A_n := \bigcup_n \bigcap_{k \geqslant n} A_k$ 是属于除有限多外全体 A_n 的元素全体.

5. 设 $\mathscr{F}_0$ 是 Ω 上的一个代数, μ 是 $\mathscr{F}_0$ 上有限可加集函数且 $\mu(\Omega) < +\infty$. 证明: 如果 μ 在 $\varnothing$ 处上连续, 则 μ 是预测度.

6. 证明定义 1.2.2 下关于完备测度空间的论述: $\mathscr{F}^\mu = \{A \cup N : A \in \mathscr{F}, N \in \mathscr{N}\}$ 且 $(\Omega, \mathscr{F}^\mu, \mu)$ 是一个完备测度空间.

7. 设 $(\Omega, \mathscr{F}, \mu)$ 是 σ-有限测度空间, μ^* 是由 μ 诱导的外测度, 对 $A \subset \Omega$, 定义

$$\mu^{**}(A) := \inf\{\mu(B) : A \subset B, B \in \mathscr{F}\},$$
$$\mu_*(A) := \sup\{\mu(B) : A \supset B, B \in \mathscr{F}\},$$

   其中 μ_* 称为 A 的 (由 μ 诱导的) 内测度, 证明:

   (a) $\mu^* = \mu^{**}$;

   (b) 记 $\mathscr{M}$ 为 μ^*-可测集全体, 则 $(\Omega, \mathscr{M}, \mu^*)$ 是 $(\Omega, \mathscr{F}, \mu)$ 的完备化;

   (c) 如果 $\mu^*(\Omega) < \infty$, 则 $A \in \mathscr{M}$ 当且仅当 $\mu^*(A) = \mu_*(A)$.

8. 设 Ω 是一非空集, 一个子集类称为单调类, 如果它对递增 (或递减) 集列的极限封闭. 证明: 若 $\mathscr{C}$ 是代数, $\mathscr{F}$ 是单调类, $\mathscr{C} \subset \mathscr{F}$, 则 $\sigma(\mathscr{C}) \subset \mathscr{F}$.

9. 设 $\Omega=\{a,b,c,d\}$, $\mathscr{A}=\big\{\varnothing,\Omega,\{a,b\},\{c,d\},\{a,d\},\{b,c\}\big\}$. 验证 $\mathscr{A}$ 是 Dynkin 系, 但不是 π-类, 也不是 σ-代数.

10. 证明: 一个 σ-代数的势或者是有限的或者是不可列的.

11. 证明: 子集类 $\mathscr{A}$ 是 Dynkin 系当且仅当 $\Omega\in\mathscr{A}$ 且 $\mathscr{A}$ 对包含差及递增集列极限运算封闭.

12. 设 Ω 是一个拓扑空间, $\mathscr{A}(\Omega)$ 与 $\mathscr{B}(\Omega)$ 分别是 Ω 上使得所有连续函数可测的最小 σ-代数与 Borel σ-代数, 证明: $\mathscr{A}(\Omega)\subset\mathscr{B}(\Omega)$, 且如果 Ω 是度量空间, 则 $\mathscr{A}(\Omega)=\mathscr{B}(\Omega)$.

13. 设 Ω 是一非空集, 一个子集类 $\mathscr{C}$ 称为半环, 如果 $\varnothing\in\mathscr{C}$, 且对任何 $A,B\in\mathscr{C}$, 有 $A\cap B\in\mathscr{C}$ 及 $A\setminus B$ 可表为 $\mathscr{C}$ 中元素的不交有限并. 证明:

    (a) 包含半环 $\mathscr{C}$ 的最小环是 $\mathscr{C}$ 中元素的有限不交并全体;

    (b) 设 μ 是半环上的可列可加集函数且 $\mu(\varnothing)=0$, 则 μ 可唯一地延拓为包含 $\mathscr{C}$ 的最小环上的预测度.

14. 设 Ω,Ω' 是两个非空集合, ξ 是 Ω 到 Ω' 的一个映射, 设 $\mathscr{A}'$ 是 Ω' 的一个子集类. 证明: $\sigma[f^{-1}(\mathscr{A}')]=f^{-1}[\sigma(\mathscr{A}')]$.

15. 设 m 是 $[0,2\pi]$ 上的 Lebesgue 测度. 令 $\xi: x\mapsto \sin x,\ x\in[0,2\pi]$. 写出 m 在 ξ 下在 $(\mathbf{R},\mathscr{B})$ 上的像测度.

16. * 设 μ 是 $(\mathbf{R},\mathscr{B})$ 上的 σ-有限测度. 对任何 $x\in\mathbf{R}$, 定义 $\mu_x(A):=\mu(A+x)$, $A\in\mathscr{B}$, 称为 μ 的 x-平移. 证明: 如果 μ 平移不变, 即对任何 x, $\mu_x=\mu$, 则 μ 是 Lebesgue 测度的常数倍. 问如果 μ 仅对有理数平移不变, 结论是否成立?

17. 设 m 是 $([0,1],\mathscr{B}[0,1])$ 上的 Lebesgue 测度, $\mathbb{P}$ 是其上概率测度, 如果对任何 $A\in\mathscr{B}[0,1]$, $m(A)=\frac{1}{2}$ 蕴含有 $\mathbb{P}(A)=\frac{1}{2}$, 证明: $\mathbb{P}=m$.

18. 设 $(\Omega,\mathscr{F},\mu)$ 为测度空间, $\mathscr{A}$ 是生成 $\mathscr{F}$ 的一个代数, 证明: 若 $\mu(\Omega)<\infty$, 则对任何 $A\in\mathscr{F}$, 有

$$\mu(A)=\inf\left\{\mu\left(\bigcup_n B_n\right):\bigcup B_n\supset A, B_n\in\mathscr{A}\right\}$$

$$= \inf\left\{\sum_n \mu(B_n) : \bigcup B_n \supset A, B_n \in \mathscr{A}\right\}.$$

举例说明 $\mu(\Omega) < \infty$ 不能去掉.

19. 可测空间 $(\Omega, \mathscr{F})$ 上的测度称为 s-有限, 如果它可以表示为可数多有限测度的和. 证明: σ-有限测度是 s-有限的. 举例说明 s-有限测度不一定是 σ-有限测度.

20. 设 μ 是符号测度, H 是其 Hahn 集. 证明: 对任何 $B \in \mathscr{F}$,

$$\inf\{\mu(A) : A \subset B, A \in \mathscr{F}\} = \mu(B \cap H^c).$$

21. 设 ξ, η 是 Ω 上的两可测函数, 则 ξ 关于 $\sigma(\eta)$ 可测当且仅当存在 $\mathbf{R}$ 上 Borel 可测函数 f 使得 $\xi = f \circ \eta$.

22. 设 μ, ν 是 $(\Omega, \mathscr{F})$ 上的两个有限测度, 令 $\lambda := \mu + \nu$. 不使用 Radon-Nikodym 定理证明:

    (a) 存在 $0 \leqslant g \leqslant 1$ a.e. λ 使得

    $$\int_\Omega f d\nu = \int_\Omega f g d\lambda, \ f \in L^2(\lambda);$$

    (b) 令 $A := \{0 \leqslant g < 1\}$, $B = \{g = 1\}$. 定义 $\nu_s := 1_B \cdot \nu$, $\nu_a := 1_A \cdot \nu$, 则 $\nu_s \perp \mu$, $\nu_a \ll \mu$ 且 $\nu = \nu_s + \nu_a$;

    (c) 利用上面的结论直接证明: 存在 $h \in L^1(\mu)$ 使得 $\nu_a = h \cdot \mu$.

23. 一个概率测度空间 $(\Omega, \mathscr{F}, \mathbb{P})$ 称为是非原子的, 如果对任何 $A \in \mathscr{F}$, $\mathbb{P}(A) > 0$, 存在 $B \subset A$, $B \in \mathscr{F}$ 使得 $0 < \mathbb{P}(B) < \mathbb{P}(A)$. 证明:

    (a) Lebesgue 测度是非原子的;

    (b) 如果以上概率空间是非原子的, 那么对任何 $A \in \mathscr{F}$, $\mathbb{P}(A) > 0$ 及 $\varepsilon > 0$, 存在 $B \subset A$, $B \in \mathscr{F}$ 使得 $0 < \mathbb{P}(B) < \varepsilon$;

    (c) 如果以上概率空间是非原子的, 那么对任何 $0 < x < \mathbb{P}(A)$, 存在 $B \subset A$ 使得 $\mathbb{P}(B) = x$.

24. 由 Ω 上的一些实值函数组成的线性空间 $\mathscr{H}$ 称为向量格, 如果 $f \in \mathscr{H}$ 蕴含着 $|f|, 1 \wedge f \in \mathscr{H}$. 如果 I 是向量格 $\mathscr{H}$ 上的正线性泛函且满足 $\{f_n\} \subset \mathscr{H}, f_n \downarrow 0$ 蕴含着 $I(f_n) \downarrow 0$, 则称 I 是 $\mathscr{H}$ 上的 Daniell 积分. 证明: 如果 $(\Omega, \mathscr{F}, \mu)$ 是测度空间, 则简单函数全体 $\mathscr{H}_1$ 与 $\mathscr{H}_2 = L^1(\Omega, \mathscr{F}, \mu)$ 是向量格, 且 $I(\cdot) := \mu(\cdot)$ 分别是 $\mathscr{H}_1 \cap \mathscr{H}_2$, $\mathscr{H}_2$ 上的 Daniell 积分.

25. (Daniell-Stone) * 设 $\mathscr{H}$ 是 Ω 上的向量格, I 是 $\mathscr{H}$ 上的 Daniell 积分. 令 $\mathscr{F}_0$ 是 Ω 的满足条件: 存在非负的 $\{f_n\} \subset \mathscr{H}$ 使得 $f_n \uparrow 1_A$ 的子集 A 全体. 定义 $\mu^*(A) := \lim_n I(f_n)$, $A \in \mathscr{F}_0$, 其中 $\{f_n\}$ 如上; 再定义

$$\mu^*(B) := \inf\{\mu^*(A) : A \in \mathscr{F}_0, A \supset B\}, \ B \subset \Omega.$$

验证定义与 $\{f_n\}$ 取法无关. 证明:

(a) $\sigma(\mathscr{F}_0) = \sigma(\mathscr{H})$;

(b) μ^* 是 Ω 上的外测度;

(c) 用 $\mathscr{M}$ 表示 μ^*-可测子集全体, 则 $\mathscr{M} \supset \mathscr{F}_0$. 因此, 存在 $(\Omega, \sigma(\mathscr{F}_0))$ 上的测度 μ 使得对任何 $f \in \mathscr{H}$, $\mu(f) = I(f)$.

26. 设 μ, ν 是 $(\Omega, \mathscr{F})$ 上的两个测度, ν 是有限的. 证明: $\nu \ll \mu$ 当且仅当对任何 $\varepsilon > 0$, 存在 $\delta > 0$, 使得 $\mu(A) < \delta$ 蕴含着 $\nu(A) < \varepsilon$.

27. 证明: 如果 μ 是 σ-有限的, 则存在与 μ 互为绝对连续的概率测度 ν (这样的 ν 称为等价于 μ).

28. 设 μ, ν 是可测空间 $(\Omega, \mathscr{F})$ 上有限测度. 证明:

(a) 存在 $D \in \mathscr{F}$, 使得 $1_D \cdot \mu \leqslant 1_D \cdot \nu$, $1_{D^c} \cdot \mu \geqslant 1_{D^c} \cdot \nu$;

(b) 存在唯一的测度, 记为 $\mu \vee \nu$, 使得 $\mu \vee \nu \geqslant \mu, \mu \vee \nu \geqslant \nu$ 且它是满足条件的测度中最小的一个, 即如果有测度 $\kappa \geqslant \mu, \kappa \geqslant \nu$, 则 $\kappa \geqslant \mu \vee \nu$.

29. 设可测 f 关于测度 μ 的积分存在, 令 $\nu := f \cdot \mu$. 证明: ν 是一个符号测度, 且其全变差测度 $|\nu| = |f| \cdot \mu$.

30. 设 $\Omega = \{1, 2, \cdots, n\}$, $\mathscr{F}$ 是其全体子集, $\nu(\{k\}) = a_k$, $\mu(\{k\}) = b_k$, $k \geqslant 1$.

(a) 给出 $\nu \ll \mu$ 的充要条件;

(b) 如果 $\nu \ll \mu$, 计算 $\dfrac{d\nu}{d\mu}$.

31. 设 $(X, \mathscr{X}, \mu) = (Y, \mathscr{Y}, \nu)$ 是 Lebesgue 测度空间 $(\mathbf{R}, \mathscr{B}, \lambda)$ 的完备化. 请说明 $(X \times Y, \mathscr{X} \times \mathscr{Y}, \mu \times \nu)$ 不是完备的.

32. 验证 $\dfrac{xy}{(x^2+y^2)^2}$ 在 $\{(x,y) : |x| \leqslant 1, |y| \leqslant 1\}$ 上 (考虑 Lebesgue 测度的乘积) 二重积分不存在, 而它的两个累次积分存在并相等.

33. (定理 1.2.18 的推广) 设 $(\Omega', \mathscr{F}')$ 是一个可测空间,

$$f : \Omega \to \Omega'$$

是可测映射, ϕ 是 $(\Omega', \mathscr{F}')$ 上的可测函数, 那么 $\mu \circ f^{-1}$ 是 $(\Omega', \mathscr{F}')$ 上的测度, 证明: 在可积的条件下一样有

$$\mu(\phi \circ f) = \mu \circ f^{-1}(\phi).$$

34. 设 μ 是 $\mathbf{R}$ 上的 Radon 测度. 证明:

(a) 紧支撑连续函数的空间 $C_0(\mathbf{R})$ 在 $L^2(\mu)$ 中稠;

(b) 形如 $\sum_{i=1}^n a_i 1_{(t_{i-1}, t_i]}$, $t_0 < t_1 < \cdots < t_n$, $a_1, \cdots, a_n \in \mathbf{R}$, $n \geqslant 1$ 的函数 (阶梯函数) 在 $L^2(\mu)$ 中稠.

35. 设 Ω 是不可数集, $\mathscr{F}$ 是由 Ω 的单点子集生成的 σ-代数. 证明: 乘积空间的对角线 $\{(\omega, \omega) : \omega \in \Omega\} \notin \mathscr{F} \times \mathscr{F}$.

36. (Vitali-Hahn-Saks) * 设 $(\Omega, \mathscr{F})$ 是可测空间, $\mathbb{P}_n$ 是其上的概率测度列, 如果对任何 $A \in \mathscr{F}$, $\mathbb{P}_n(A)$ 收敛, 且记极限为 $\mathbb{P}(A)$, 证明: $\mathbb{P}$ 也是一个概率测度. 另外, 如果 $B_k \in \mathscr{F}$ 是一个单调下降趋于空集的集列, 那么 $\sup_n \mathbb{P}_n(B_k) \downarrow 0$.

1.3 概率空间与随机变量

从这节开始, 我们将主要关注概率论. 前面说过, 概率论有自己关心的问题, 也有自己的语言和思想, 但是概率论的语言和思想必须有测度论的语言作为基础才能表达清楚, 或者说, 测度是表达概率最好的数学语言. 因此在进入概率论领域之前, 我们必须先掌握测度论.

1.3.1 概率空间

概率测度是总测度为 1 的测度, 概率空间就是概率测度空间, 所以概率空间上的性质在一般测度空间上未必都能成立, 希望读者能够注意到这一点, 在看到一个性质时可以看看它对于一般测度空间是否也对. 另外, 概率测度空间上的可测函数在概率论中称为随机变量, 除了类似于可测函数的部分性质外, 概率论主要关心随机变量的分布, 这区别于一般的可测函数理论.

定义 1.3.1 一个三元组 $(\Omega, \mathscr{F}, \mathbb{P})$ 称为概率空间, 如果 Ω 是一个非空集合, $\mathscr{F}$ 是 Ω 上的 σ-代数且 $\mathbb{P}$ 是 $(\Omega, \mathscr{F})$ 上的一个概率测度. 这时候, 也称 Ω 是样本空间, $\mathscr{F}$ 为事件域, $\mathscr{F}$ 中的元素为事件, 而 $\mathbb{P}$ 是概率.

全空间 Ω 作为事件称为必然事件, 空集 $\varnothing$ 作为事件称为不可能事件. 如果一个 Ω 上的性质在一个概率为 1 的事件上成立, 则称此性质在 Ω 上几乎处处成立, 或说其以概率 1 成立.

例 1.3.1 (古典等概率模型) 设 Ω 是一个有限非空集合, $\mathscr{F}$ 是 Ω 的子集全体, 它是 Ω 上的一个平凡 σ-代数, 对 $A \subset \Omega$, 定义

$$\mathbb{P}(A) := \frac{\#(A)}{\#(\Omega)},$$

其中 $\#$ 表示 Ω 上的计数测度. 显然 $(\Omega, \mathscr{F}, \mathbb{P})$ 是一个概率空间. ∎

例 1.3.2 (几何等概率模型) 与古典等可能性类似的是几何等可能性. 比如我们说在一线段上随机地取一个点, 或者在一个圆内随机地取一个点, 等等. 这自然隐含着指每个点取到的可能性是一样的, 但这时可能的结果是所有点全体, 是一个无限元素的集合, 故而等可能性不能如古典情形那样用数元素的个数来描述.

我们可以用 Lebesgue 测度的概念严格地给出等可能性的含义. 首先我们知道在一条给定线段上随机地取一个点落在区间 I 的概率只与区间的长度有关, 而与其位置无关. 也就是说概率应该是区间的长度 $|I|$ 与整条线段的长度 $|\Omega|$ 的比. 类似地, 给定一个有界区域 $\Omega \subset \mathbf{R}^d$, 在区域上随机地取一个点, 那么这个点落在 (Lebesgue 可测) 子集 D 中的概率等于其 Lebesgue 测度 $|D|$ 与整个区域的测度 $|\Omega|$ 的比. 这样的概率我们称为区域 Ω 上的均匀分布. ∎

也许因为分布这个词更加直观和生活化, 所以在概率论中, 概率测度通常也称为分布, 我们也不会刻意去区分这两个名词, 经常是习惯性地使用.

首先让我们考虑 Euclid 空间, 空间 $(\mathbf{R}^n, \mathscr{B}^n)$ 上的一个概率测度 μ 称为 n-维分

布, 简称分布. 怎样具体构造 $\mathbf{R}^n$ 上的分布呢? 很容易看出来, 分布诱导一个函数, 对任何 $x=(x_1,\cdots,x_n)$, 用 $F(x)$ 表示矩形

$$(-\infty,x]=(-\infty,x_1]\times\cdots\times(-\infty,x_n]$$

在 μ 之下的测度, 它是一个 $0,1$ 之间的数. 这个函数称为 μ 对应的分布函数. 当然矩形 $(a,b]$, $a<b\in\mathbf{R}^n$ 的测度可以用函数 F 来表示, 记为 $\Delta_a^b F$. 例如, 当 $n=1$ 时, $\Delta_{a_1}^{b_1}F=F(b_1)-F(a_1)$; 当 $n=2$ 时,

$$\Delta_{(a_1,a_2)}^{(b_1,b_2)}F=F(b_1,b_2)-F(b_1,a_2)-F(a_1,b_2)+F(a_1,a_2).$$

容易验证 F 满足下面三个条件:

(1) 对任意 $a,b\in\mathbf{R}^n$ 且 $a\leqslant b$, $\Delta_a^b F\geqslant 0$;

(2) F 对于每一个分量是右连续的;

(3) 对 $1\leqslant k\leqslant n$, 只要有一个 $x_k\to-\infty$, 便有 $F(x_1,\cdots,x_n)=0$; 当所有 $x_k\to+\infty$ 时, 有 $F(x_1,\cdots,x_n)=1$.

$\mathbf{R}$ 上的函数 F 是分布函数当且仅当 F 递增右连续且有

$$\lim_{x\to-\infty}F(x)=0,\quad \lim_{x\to+\infty}F(x)=1.$$

由此引出下面分布函数的概念.

定义 1.3.2 **$\mathbf{R}^n$ 上的函数 F 称为分布函数, 如果它满足上面三个条件.**

下面将证明分布函数一定是对应于某个分布的分布函数, 说明 $\mathbf{R}^n$ 上的分布全体与分布函数全体是一一对应的. 类似于证明 Lebesgue 测度的存在性.

定理 1.3.3 **设 F 是 $\mathbf{R}^n$ 上的分布函数, 则在 $\mathbf{R}^n$ 上存在唯一的分布 μ 使对任意 $x\in\mathbf{R}^n$, 有**

$$F(x_1,\cdots,x_n)=\mu((-\infty,x_1]\times\cdots\times(-\infty,x_n]).$$

证明. 不妨设 $n=1$, 对 $-\infty\leqslant a\leqslant b\leqslant+\infty$, 定义 $\mu((a,b]):=F(b)-F(a)$. 注意 $F(+\infty)=1$, $F(-\infty)=0$, 且当 $b=+\infty$ 时, 区间右端是开的. 那么 μ 可以自然地延拓到由形如 $(a,b]$ 区间的有限不交并组成的集类 $\mathscr{F}_0$ 上. 显然 $\mathscr{F}_0$ 是一个代数. 因此由 Carathéodory 扩张定理, 我们只需验证 μ 是 $\mathscr{F}_0$ 上的预测度.

集函数 μ 在 $\mathscr{F}_0$ 上的有限可加性是显然的, 因此只需验证其次可列可加性. 设有区间列 $\{(a_i,b_i]: i \geqslant 1\}$ 使得 $(a,b] \subset \bigcup_{i=1}^{\infty}(a_i,b_i]$. 对任何 $\varepsilon>0$, 由 F 的右连续性, 对任何 i, 存在 $\delta_i>0$ 使 $F(b+\delta_i)-F(b) \leqslant \frac{\varepsilon}{2^i}$ 及 $\delta>0$ 使得 $F(a+\delta)-F(a) \leqslant \varepsilon$. 而 $[a+\delta,b] \subset \bigcup_{i=1}^{\infty}(a_i,b_i+\delta_i)$, 由有限覆盖定理, 存在整数 I 使得

$$(a+\delta,b] \subset [a+\delta,b] \subset \bigcup_{i \leqslant I}(a_i,b_i+\delta_i) \subset \bigcup_{i \leqslant I}(a_i,b_i+\delta_i].$$

由有限可加性, $F(b)-F(a+\delta) \leqslant \sum_{i \leqslant I} F(b_i+\delta_i)-F(a_i)$, 因此

$$\mu((a,b])-\varepsilon \leqslant \sum_{i \geqslant 1} \mu((a_i,b_i])+\varepsilon,$$

推出 μ 的次可列可加性.

最后, 我们还需要验证得到的 Carathéodory 扩张是个概率测度, 事实上, 由下连续性 $\mu(\mathbf{R})=\lim_n \mu((-n,n])=\lim_n[F(n)-F(-n)]=1$. 完成证明. □

其实分布函数定义中的条件 (3) 是为了概率测度而设的, 没有它, 定理 1.3.3 的证明一样可以, 得到的测度是一个 Radon 测度. 测度 μ 称为由 F 诱导的测度, 等式 $\mu((a,b])=F(b)-F(a)$ 使得 μ 与 F 相互决定, 记为 $\mu(dx)=dF(x)$, 或者

$$\mu=dF.$$

从广义函数理论的观点看, 它是说分布函数 F 的广义导数是测度 μ.

1.3.2 随机变量与分布

在许多情况下, 我们引入随机变量, 将概率投射到 Euclid 空间上讨论. 给定概率空间 $(\Omega,\mathscr{F},\mathbb{P})$. 一个 n-维随机变量是指 $(\Omega,\mathscr{F})$ 到 $(\mathbf{R}^n,\mathscr{B}^n)$ 的一个可测映射 ξ, 即 $\xi \in \mathscr{F}/\mathscr{B}^n$, 一个 1- 维随机变量简称为随机变量, 即 $\xi \in \mathscr{F}/\mathscr{B}$, 或者简单地写 $\xi \in \mathscr{F}$. 注意随机变量只取有限值, 在一些实变函数教材上, 可测函数可以取无限值. 注意在后面的一些问题中, 有时也容许随机变量取无限值. 实际上对于 Ω 上任何实值函数 ξ,

$$\xi^{-1}(\mathscr{B})=\{\xi^{-1}(B): B \in \mathscr{B}\}$$

是一个 σ-代数, 称为由 ξ 生成的 σ-代数, 显然它是 Ω 上使得 ξ 成为随机变量的最小 σ-代数, 通常记为 $\sigma(\xi)$, ξ 是随机变量是指 $\sigma(\xi) \subset \mathscr{F}$.

设 $\xi = (\xi_1, \cdots, \xi_n)$ 是 Ω 上的 n-维随机向量, 概率 $\mathbb{P}$ 在 ξ 下的像测度 $\mathbb{P}\circ\xi^{-1}$ 是 $\mathbf{R}^n$ 上的一个分布, 称为 ξ 的分布，或者, 在 $n > 1$ 时, 联合分布, 也记为 μ_ξ, 对应的分布函数称为是 ξ 的分布函数. 众所周知, 随机变量在实变函数中称为可测函数, 但是分布函数的概念是概率论所特有的, 或者说概率论更为关注随机变量的分布.

从随机向量 ξ 中任意取出 k 个分量 $(k < n)$ 可以重新组成 k 维随机向量 $(\xi_{i_1}, \cdots, \xi_{i_k})$, 它的分布记为 μ_I, 其中 $I = (i_1, \cdots, i_k)$, 称为 μ_ξ 的一个边缘分布. 实际上, 边缘分布 μ_I 是 μ_ξ 在子空间上的投影 $\mu_I = \mu_\xi\circ\pi_I^{-1}$, 其中投影 $\pi_I : \mathbf{R}^n \to \mathbf{R}^k$ 如下定义

$$\pi_I(x_1, \cdots, x_n) = (x_{i_1}, \cdots, x_{i_k}).$$

给定分布 μ, 如果存在概率空间 $(\Omega, \mathscr{F}, \mathbb{P})$ 及其上的随机变量 ξ 使得 $\mu_\xi = \mu$, 则称 ξ 是 μ (在概率空间 $(\Omega, \mathscr{F}, \mathbb{P})$ 上) 的一个实现. 显然任何分布都可以实现, 比如在概率空间 $(\mathbf{R}^n, \mathscr{B}(\mathbf{R}^n), \mu)$ 上的恒等映射的分布恰是 μ, 这个实现称为典则实现, 其概率空间与 μ 有关而随机变量与 μ 无关. 我们也可以固定概率空间而让随机变量变化来保证实现, 下面的定理说明 $\mathbf{R}$ 上的所有分布可以在同一个概率空间上实现.

定理 1.3.4 **存在概率空间** $(\Omega, \mathscr{F}, \mathbb{P})$, **使得对** $\mathbf{R}$ **上任何分布函数** F **存在随机变量** ξ **使得** ξ **的分布函数恰是** F.

证明. 设 $\Omega = (0, 1)$, $\mathbb{P}$ 是其上的 Lebesgue 测度, 这构成一个概率空间. 对 $\omega \in \Omega$ 定义 $F^{-1}(\omega) := \inf\{x \in \mathbf{R} :\ F(x) \geqslant \omega\}$. 因为 F 右连续, 故右侧集合对递减列极限封闭, 因此下确界可以达到. 因此对任何 $x \in \mathbf{R}$, $F^{-1}(\omega) \leqslant x$ 等价于 $\omega \leqslant F(x)$. 推出 F^{-1} 是 Ω 上随机变量且其分布函数是 F. □

上面定义的函数 F^{-1} 称为 F 的的广义逆. 它是左连续的并且在点 ω 右连续当且仅当 F 在点 $F^{-1}(\omega)$ 的某一右侧邻域上严格递增. 这个定理告诉我们怎么在计算机编程时用均匀分布实现所有其他分布.

两个随机变量称为是同分布的, 如果它们有相同的分布或分布函数. 一个分布通常可以有不同的实现. 不仅是指实现为相同概率空间上的不同随机变量, 也可实现在完全不同的概率空间上. 因此在许多情况下, 我们更关心分布, 而不在意它是怎样实现的. 下面给出概率论中一些重要的分布. 在这里分布通常是分类型的, 一个随机变量的分布是某种类型的, 我们就说随机变量是这类型的.

例 1.3.3 (单点分布) 取定 $a \in \mathbf{R}$, 恒等于常数 a 的随机变量的分布函数是

$$F(x)=\begin{cases}0, & x<a,\\ 1, & x \geqslant a,\end{cases}$$

F 是分布函数, 对应的分布是点 a 的单点测度 δ_a. ■

例 1.3.4 设 $0<p<1$, 设随机变量取值 1 的概率是 p, 取值 0 的概率是 $1-p$, 那么其分布函数为

$$F(x)=\begin{cases}0, & x<0,\\ 1-p, & 0 \leqslant x<1,\\ 1, & x \geqslant 1,\end{cases}$$

对应的分布是 $(1-p)\delta_0+p\delta_1$. 此分布称为是 Bernoulli 分布. ■

例 1.3.5 独立地重复一个成功概率为 p 的随机试验 n 次, 用随机变量 X 表示成功次数, 那么

$$\mathbb{P}(X=k)=\binom{n}{k} p^k(1-p)^{n-k},\ 0 \leqslant k \leqslant n.$$

这时我们说 X 服从参数为 n, p 的二项分布. 独立地重复一个成功概率为 p 的随机试验, 但是一直到成功为止, 用 X 表示所需的试验次数, 那么

$$\mathbb{P}(X=k)=(1-p)^{k-1} p,\ k \geqslant 1.$$

这时我们说 X 服从参数为 p 的几何分布. ■

例 1.3.6 说随机变量 X 服从参数为 $\lambda>0$ 的 Poisson 分布, 如果其分布列为

$$\mathbb{P}(X=k)=\frac{\mathrm{e}^{-\lambda} \lambda^k}{k!},\ k=0,1,2, \cdots.$$

只需验证右边是一个分布列就可以了. Poisson 分布描述某段时间内某事件发生的次数. ■

例 1.3.7 说随机变量 X 服从区间 (a, b) 上的均匀分布, 如果 X 的分布函数为

$$\mathbb{P}(X \leqslant x)=\begin{cases}0, & x \leqslant a,\\ \dfrac{x-a}{b-a}, & x \in(a, b),\\ 1, & x \geqslant b.\end{cases}$$

这是一个连续的分布函数. 容易验证, X 落在 (a,b) 内的任何等长度区间上的概率是一样的, 这相当于古典概率的等可能性, 这样的分布称为均匀分布, 是最重要的概率分布之一. ∎

一个 n-维分布函数 F 称为连续型的, 如果对应的分布关于 $\mathbf{R}^n$ 上的 Lebesgue 测度绝对连续, 即存在 $\mathbf{R}^n$ 上的非负可测函数 f 使得

$$F(x_1,\cdots,x_n)=\int_{-\infty}^{x_1}\cdots\int_{-\infty}^{x_n}f(t_1,\cdots,t_n)dt_1\cdots dt_n,$$

$(x_1,\cdots,x_n)\in\mathbf{R}^n$. 这时称 f 是 F 的密度函数或 f 是一个概率密度, 显然均匀分布函数是连续型的, 而 Bernoulli, Poisson 分布函数不是连续型的.

例 1.3.8 说随机变量 X 服从参数为 $\alpha>0$ 的指数分布, 如果它有密度函数

$$f(x)=\begin{cases}\alpha\mathrm{e}^{-\alpha x}, & x>0,\\ 0, & x\leqslant 0.\end{cases}$$

容易验证这个函数是一个密度函数. 通常认为寿命, 如元器件的寿命, 服从指数分布. 指数分布的许多性质类似于离散的几何分布, 如遗忘性. 参数为 $\alpha>0$ 与 $r>0$ 的 Gamma 分布的密度函数为

$$f(x)=\begin{cases}\frac{\alpha^r}{\Gamma(r)}x^{r-1}\mathrm{e}^{-\alpha x}, & x>0,\\ 0, & x\leqslant 0,\end{cases}$$

其中 $\Gamma(r)$ 是 Gamma 函数

$$\Gamma(r):=\int_0^{+\infty}x^{r-1}\mathrm{e}^{-x}dx.$$

当 $r=1$ 时, Gamma 分布是指数分布. ∎

例 1.3.9 说随机变量 X 服从参数为 a,σ^2 的正态或 Gauss 分布, 如果它有密度函数 (例 1.2.8 说明它的确是密度函数)

$$f(x)=\frac{1}{\sqrt{2\pi}\sigma}\mathrm{e}^{-\frac{|x-a|^2}{2\sigma^2}}.$$

记为 $X\sim N(a,\sigma^2)$, 而 $N(0,1)$ 对应的分布称为标准正态分布. 我们用 Φ 表示标准正态分布的分布函数, 即

$$\Phi(x)=\frac{1}{\sqrt{2\pi}}\int_{-\infty}^{x}\mathrm{e}^{-\frac{t^2}{2}}dt.$$

我们知道它不是一个初等函数, 它的值要通过近似计算来获得. 因为其密度函数是偶函数, 所以 $\Phi(-x)=1-\Phi(x)$, $\Phi(0)=\frac{1}{2}$. 如果 $X\sim N(a,\sigma^2)$, 那么容易验证 $\frac{X-a}{\sigma}\sim N(0,1)$, 因此 X 的分布函数可用 Φ 表示:

$$\mathbb{P}(X\leqslant x)=\mathbb{P}\left(\frac{X-a}{\sigma}\leqslant\frac{x-a}{\sigma}\right)=\Phi(\frac{x-a}{\sigma}).$$

设 $\mathbf{a}\in\mathbf{R}^n$ (作为行向量), B 是 n-阶对称正定矩阵, 定义

$$p(\mathbf{x}):=\frac{1}{(2\pi)^{\frac{n}{2}}|B|^{\frac{1}{2}}}\exp\left(-\frac{1}{2}(\mathbf{x}-\mathbf{a})B^{-1}(\mathbf{x}-\mathbf{a})^{\mathrm{T}}\right),\quad \mathbf{x}\in\mathbf{R}^n,$$

其中 T 表示转置, $|B|$ 表示 B 的行列式. 容易验证 p 是一个分布函数的密度函数. 我们称由 p 决定的分布函数是 n-维正态 (Guass) 分布, 当 $\mathbf{a}=0$ 时, 称为中心化的正态分布; 当 $\mathbf{a}=0$ 且 B 是单位矩阵时称为 n-维标准正态分布. ∎

所谓 Cauchy 分布的密度函数为

$$f(x)=\frac{1}{\pi(1+x^2)},\ -\infty<x<+\infty.$$

它的图像和正态分布形状相似, 差别是当 $|x|\to+\infty$ 时趋于零的速度.

1.3.3 数学期望

如果一个随机变量 ξ 关于概率测度 $\mathbb{P}$ 可积, 则其关于 $\mathbb{P}$ 的积分, 按前面的记号记为 $\mathbb{P}(\xi)$, 称为 ξ 的数学期望或均值, 常理解为 ξ 在 Ω 上的平均, 在概率论中更经常地记为 $\mathbb{E}\xi$, 其中 $\mathbb{E}$ 是英文 Expectation 的首字母.

关于期望与概率的记号, 我们需要特别地说一下. 在需要的时候, 例如 ξ 很复杂时, 期望 $\mathbb{E}\xi$ 也可以使用圆括号与方括号写成 $\mathbb{E}(\cdots)$ 或者 $\mathbb{E}[\cdots]$, $\mathbb{E}$ 特指相对于概率测度 $\mathbb{P}$ 的积分, 如果 Ω 上有不同测度, $\mathbb{E}$ 应该被指明是相对于哪个测度. ξ 在事件 A 上的积分 $\mathbb{E}[\xi 1_A]$ 也常记为 $\mathbb{E}(\xi;A)$ 或者 $\mathbb{E}(\xi,A)$.[4] 在谈论具体事件 A 的概率 $\mathbb{P}(A)$ 时, 例如 $\{\xi\geqslant 0\}$, 通常省略花括号, 写为 $\mathbb{P}(\xi\geqslant 0)$. 在不引起混淆的情况下, 多个事件交的概率 $\mathbb{P}(A\cap B)$ 常按照期望的风格将事件用逗号分隔书写为 $\mathbb{P}(A,B)$, 例如 $\mathbb{P}(\xi\geqslant 0,\eta\leqslant 1)$.

[4]要注意的是, 期望与积分对于一个随机变量来说是一样的, 但期望有平均的意思, 和积分还是不同的, 所以在本讲义中, 随机变量在某个事件上的积分和期望是不同的, 后者实际上是该事件上的平均, 参考例 1.6.1.

由变量替换公式得

$$\mathbb{E}\xi = \int_{\mathbf{R}} x\mu_\xi(dx).$$

注意符号 $\mathbb{P}$ 与 $\mathbb{E}$ 没有本质区别, $\mathbb{P}$ 习惯用于事件的概率, 而 $\mathbb{E}$ 用于随机变量的期望, 或者 $\mathbb{P}(A) = \mathbb{E}1_A$. 进一步地, 设 f 是 $\mathbf{R}$ 上的 Borel 可测函数, 则 $f\circ\xi$ 也是随机变量, 如果可积, 那么由定理 1.2.18的变量替换公式得

$$\mathbb{E}f(\xi) = \int_{\mathbf{R}} f(x)\mu_\xi(dx) = \int_{-\infty}^{+\infty} f(x)dF_\xi(x).$$

上式右边是 Lebesgue-Stieltjes 意义的积分, 当 f 连续时是 Riemann-Stieltjes 意义的. 随机变量的另一个重要的数字特征是方差. 如果随机变量 ξ 是平方可积的, 即 $\mathbb{E}\xi^2 < \infty$, 则 ξ 的方差定义为 $D\xi := \mathbb{E}(\xi - \mathbb{E}\xi)^2 = \mathbb{E}\xi^2 - (\mathbb{E}\xi)^2$, 它用来测量随机变量与其数学期望之间的平均偏差. 期望为零且方差为 1 的随机变量称为是标准化的. 若 ξ 是平方可积的随机变量, 则

$$\xi' = \frac{\xi - \mathbb{E}\xi}{\sqrt{D\xi}}$$

是标准化的.

如果 ξ 是离散的, 那么 $\mathbb{E}\xi = \sum_{x\in R(\xi)} x\mathbb{P}(\xi = x)$, 其中 $R(\xi)$ 是 ξ 的值域. 如果 ξ 是连续型的且密度函数可选为分段连续的, 那么自然地, 上面的 Riemann-Stieltjes 积分可转化为通常的 Riemann 积分

$$\mathbb{E}f(\xi) = \int_{-\infty}^{+\infty} f(x)F'(x)dx.$$

例 1.3.10 设随机变量 ξ 服从 $[a,b]$ 上的均匀分布, 其密度函数为 $\frac{1}{b-a}1_{[a,b]}$, 因此

$$\mathbb{E}\xi = \frac{1}{b-a}\int_a^b xdx = \frac{b+a}{2},$$
$$D\xi = \mathbb{E}\xi^2 - (\mathbb{E}\xi)^2 = \frac{(b-a)^2}{12}.$$

设 ξ 是 Ω 上服从参数为 λ 的 Poisson 分布的随机变量, 则 ξ 的分布为

$$\mu_\xi = \mathrm{e}^{-\lambda}\sum_{n=0}^{\infty}\frac{\lambda^n}{n!}\delta_n,$$

其中 δ_n 是点 n 的 Dirac 测度. 容易计算 $\mathbb{E}\xi = \mathrm{e}^{-\lambda}\sum_{n=0}^{\infty}\frac{\lambda^n}{n!}n = \lambda$. 同理可得 $\mathbb{E}\xi^2 = \lambda + \lambda^2$, 故 $D\xi = \lambda$.

设 ξ 是服从参数为 a, σ^2 的正态分布的随机变量, 容易计算 $\mathbb{E}\xi = a$, $D\xi = \sigma^2$. 首先如果 ξ 是标准正态分布的, 那么密度函数是偶函数, 故 $\mathbb{E}\xi = 0$, 由分部积分 $D\xi = \mathbb{E}\xi^2 = \dfrac{1}{\sqrt{2\pi}}\displaystyle\int_{\mathbf{R}} x^2 \mathrm{e}^{-\frac{x^2}{2}}dx = 1$. 一般地, 因为 $\frac{\xi - a}{\sigma}$ 是标准正态的, 由期望或积分的性质得 $\mathbb{E}\xi = a$, $D\xi = \sigma^2$. ∎

设 ξ, η 是两个平方可积随机变量, 定义

$$\mathrm{cov}(\xi,\eta) := \mathbb{E}(\xi - \mathbb{E}\xi)(\eta - \mathbb{E}\eta),$$

称为协方差. 由 Cauchy-Schwarz 不等式, $|\mathrm{cov}(\xi,\eta)|^2 \leqslant D\xi \cdot D\eta$. 定义它们的相关系数为

$$\rho(\xi,\eta) := \frac{\mathrm{cov}(\xi,\eta)}{\sqrt{D\xi \cdot D\eta}}.$$

当 $\rho(\xi,\eta) = 0$ 即 $\mathbb{E}\xi\eta = \mathbb{E}\xi\mathbb{E}\eta$ 时, 称 ξ 与 η 不相关.

设 $(\xi_1, \cdots, \xi_d)$ 是平方可积的 d-维随机变量, 令 $c_{ij} := \mathrm{cov}(\xi_i, \xi_j)$, $1 \leqslant i, j \leqslant d$, 那么 (c_{ij}) 称为该随机向量的协方差矩阵. 不难验证协方差矩阵一定是非负定的. 协方差矩阵是随机向量的一个重要数字特征.

现在我们介绍独立的概念, 它也是概率论中独有的. 独立的概念来自直观, 比如重复地掷一枚硬币, 显然每一次的结果互相之间没有影响, 这就是独立的意思, 这时, 独立的事件同时发生的概率是各自概率的乘积. 也就是说, 如果 A, B 分别是 "第一次掷出的是正面" "第二次掷出的是正面" 这两个事件, 那么

$$\mathbb{P}(A \cap B) = \mathbb{P}(A)\mathbb{P}(B).$$

独立的定义就是来自以上思想的抽象化.

定义 1.3.5 **设 $(\Omega, \mathscr{F}, \mathbb{P})$ 是概率空间, $\{\mathscr{A}_i : i \in I\}$ 是 $\mathscr{F}$ 中子类的集合. $\{\mathscr{A}_i\}$ 称为是相互独立的, 如果对任何 I 的有限子集 I_0 与任何 $A_i \in \mathscr{A}_i$, $i \in I_0$, 有**

$$\mathbb{P}\Big(\bigcap_{i\in I_0} A_i\Big) = \prod_{i\in I_0} \mathbb{P}(A_i);$$

称事件集 $\{A_i\} \subset \mathscr{F}$ 相互独立, 如果作为子类的集合 $\{\{A_i\}\}$ 是相互独立的; 设对任意 $i \in I$, $\mathscr{H}_i$ 是 Ω 上的随机变量集, 称 $\{\mathscr{H}_i\}$ 相互独立, 如果 $\{\sigma(\mathscr{H}_i) : i \in I\}$ 是相互独立的.

显然两个随机变量 ξ, η 独立当且仅当对任何 $x, y \in \mathbf{R}$,

$$\mathbb{P}(\xi \leqslant x, \eta \leqslant y) = \mathbb{P}(\xi \leqslant x)\mathbb{P}(\eta \leqslant y).$$

容易验证, 如果 ξ,η 独立且平方可积, 那么 $\mathbb{E}\xi\eta=\mathbb{E}\xi\mathbb{E}\eta$, 即独立的随机变量一定不相关, 但不相关的随机变量未必独立.

例 1.3.11 设 (ξ,η) 服从 $D=\{x\in\mathbf{R}^2:|x|\leqslant 1\}$ 上的均匀分布, 即对任何 $A\in\mathscr{B}^2$, 有

$$\mathbb{P}((\xi,\eta)\in A)=\frac{1}{\pi}|A\cap D|,$$

其中 $|\cdot|$ 是 $\mathbf{R}^2$ 上的 Lebesgue 测度, 那么 ξ,η 不相关, 但容易看出它们不独立. ∎

下面的定理是很有用的, 它是说 π-类的独立可以推出它们生成的 σ-代数独立.

定理 1.3.6 **设 $\{\mathscr{A}_i:i\in I\}$ 是 $\mathscr{F}$ 中相互独立的子集类, 如果每个 $\mathscr{A}_i$ 都是 π-类, 那么 $\{\sigma(\mathscr{A}_i):i\in I\}$ 是相互独立的.**

定理的证明应用 Dynkin 引理 1.2.11 立刻可得, 留作习题, 后面类似的证明很多. 例如下面的 Kolmogorov 0-1 律. 设 $\{\xi_n:n\geqslant 1\}$ 是一个随机序列, 那么很多由这个随机序列生成的随机变量或者事件不依赖于其中任意有限个随机变量, 例如 $\overline{\lim}_n\xi_n$, $\underline{\lim}_n\xi_n$,

$$\{\omega\in\Omega:\lim_n\xi_n(\omega)\text{ 存在}\}.$$

确切地说, 定义

$$\mathscr{A}:=\bigcap_n\sigma(\{\xi_k,k>n\}),$$

称为随机序列 $\{\xi_n\}$ 的尾 σ-代数. 可以验证上面所列的几个随机变量关于尾 σ-代数是可测的. 当随机序列独立时, 其尾 σ-代数是平凡的, 即其中事件的概率非 0 即 1. 这个结论在极限理论中是非常有用的.

定理 1.3.7 (Kolmogorov 0-1 律) **设 $\xi_1,\cdots,\xi_n,\cdots$ 是独立随机变量序列, 令**

$$\mathscr{A}:=\bigcap_n\sigma(\{\xi_k,k>n\}),$$

则对任何 $A\in\mathscr{A}$, $\mathbb{P}(A)=0$ 或 1.

证明. 设 $\mathscr{G}=\sigma(\{\xi_n:n\geqslant 1\})$. 对任何 $n\geqslant 1$, $\{\xi_k:1\leqslant k\leqslant n\}$ 与 $\{\xi_k:k>n\}$ 独立, 后者包含 $\mathscr{A}$, 所以 $\sigma(\xi_k:1\leqslant k\leqslant n)$ 与 $\mathscr{A}$ 独立, 推出 $\mathscr{A}$ 与

$$\mathscr{G}_0:=\bigcup_n\sigma(\{\xi_k:1\leqslant k\leqslant n\})$$

独立. 而 $\mathscr{G}_0$ 是代数, 因此 $\mathscr{A}$ 与 $\sigma(\mathscr{G}_0)=\mathscr{G}$ 独立, 即 $\mathscr{A}$ 与自身独立, 故其中的事件是平凡的. □

在理论上, 我们经常需要考虑独立随机序列的问题, 比如后面考虑的大数定律, 强大数定律以及中心极限定理, 都是从一个独立同分布随机序列开始的. 给定一个分布列, 是否存在一个独立随机序列使得它们对应的分布列恰好就是给定的分布列? 这实际上就是随机过程的构造理论的一部分, 但是对于这样一个问题, 我们还是可以用初等的方法证明的.

定理 1.3.8 **给定一个分布函数列 $\{F_n\}$, 存在概率空间 $(\Omega, \mathscr{F}, \mathbb{P})$ 及其上面的一个独立随机序列 $\{\eta_n\}$ 使得对任何 n, η_n 的分布是 F_n.**

证明. 设 X 服从单位区间上的均匀分布, X_n 是 X 的二进制表示的第 n 位小数. 将 $\{X_n\}$ 重新编号为 $\{X_{k,n}: k,n \geqslant 1\}$, 那么可列个随机变量序列

$$\{X_{k,n} : n \geqslant 1\},\ k = 1, 2, 3, \cdots$$

是独立的, 即 $\sigma(X_{k,n} : n \geqslant 1)$ 关于 $k \geqslant 1$ 是独立的 σ-代数列. 令

$$\xi_k := \sum_{n=1}^{\infty} \frac{X_{k,n}}{2^n},\ k \geqslant 1.$$

不难验证 $\{\xi_k : k \geqslant 1\}$ 是均匀分布的独立随机序列 (其中有许多细节需要验证). 最后, $\{F_n^{-1}(\xi_n)\}$ 是独立随机序列且由定理 1.3.4 知 $F_n^{-1}(\xi_n)$ 的分布函数是 F_n. □

习 题

1. 如果随机变量 ξ 有一个连续的分布函数 F, 那么 $F(\xi)$ 服从 $(0,1)$ 上的均匀分布.

2. 设独立随机变量 $X_1, \cdots, X_n$ 服从标准正态分布, 证明 $\frac{1}{\sqrt{n}}(X_1 + \cdots + X_n)$ 也服从标准正态分布.

3. 设 X, Y 独立且 $X+Y$ 可积, 证明: X, Y 都可积.

4. 设 $n > 0$, 证明: $\mathbb{E}|X|^n < \infty$ 蕴含着 $\lim\limits_{x\to+\infty} x^n \mathbb{P}(|X| > x) = 0$. 反之未必成立, 但是可以推出对任何 $n > \varepsilon > 0$ 有 $\mathbb{E}|X|^{n-\varepsilon} < \infty$.

5. 设 $(\Omega, \mathscr{F}, \mathbb{P})$ 是一个概率空间. 取 $\Omega_0 \in \mathscr{F}$, $\mathbb{P}(\Omega_0) > 0$, 定义

$$\mathbb{P}_{|\Omega_0}(A) := \mathbb{P}(A|\Omega_0),\quad A \in \mathscr{F}.$$

证明:

(a) $(\Omega,\mathscr{F},\mathbb{P}_{|\Omega_0})$ 也是一个概率空间, 称为是关于 Ω_0 的条件概率空间;

(b) 对任何 $B\in\mathscr{F}$, $\mathbb{P}_{|\Omega_0}(A|B)=\mathbb{P}(A|B\cap\Omega_0)$, 当条件概率有意义时.

6. 设 μ 是一个分布, F 是对应的分布函数. 证明: $\mu(\{x\})=F(x)-F(x-)$, $x\in\mathbf{R}$, 其中 $F(x-)$ 表示 x 点的左极限.

7. * 证明:

(a) 若概率空间 $(\Omega,\mathscr{F},\mathbb{P})$ 是非原子的, 则 $\mathbb{P}$ 的值域是 $[0,1]$;

(b) 概率空间 $(\Omega,\mathscr{F},\mathbb{P})$ 的概率 $\mathbb{P}$ 的值域总是闭的.

8. 设 μ,ν 是两个 d-维分布, 定义卷积 $*$:

$$\mu*\nu(A):=\int 1_A(x+y)d\mu\times\nu=\int_{x+y\in A}\mu(dx)\nu(dy),$$

其中 $A\in\mathscr{B}^d$. 证明:

(a) $\mu*\nu$ 是一个 d-维分布;

(b) 设 ξ,η 是相同概率空间上的独立随机变量, 分布分别为 μ,ν, 则 $\xi+\eta$ 的分布为 $\mu*\nu$.

(c) 定义函数 g 与分布 μ 的卷积为

$$g*\mu(x):=\int_{\mathbf{R}}g(x-y)\mu(dy),$$

如果分布 ν 的密度函数是 g, 那么 $\mu*\nu$ 的密度函数是 $g*\mu$.

9. 设 $(\Omega,\mathscr{F},\mathbb{P})$ 是概率空间.

(a) 如果 $B\in\mathscr{F}$ 与 π-类 $\mathscr{A}$ 独立, 证明: B 与 $\sigma(\mathscr{A})$ 独立;

(b) 如果 $\mathscr{A}_i\subset\mathscr{F}$, $i\in I$ 是 π-类, 证明: $\{\mathscr{A}_i:i\in I\}$ 独立蕴含 $\{\sigma(\mathscr{A}_i):i\in I\}$ 独立.

10. 证明: 随机变量集 $\{\xi_1,\cdots,\xi_n\}$ 与 $\{\eta_1,\cdots,\eta_m\}$ 独立当且仅当对任意非负可测函数 $f\in\mathscr{B}^n$, $g\in\mathscr{B}^m$ 有

$$\mathbb{E}[f(\xi_1,\cdots,\xi_n)g(\eta_1,\cdots,\eta_m)]=\mathbb{E}f(\xi_1,\cdots,\xi_n)\mathbb{E}g(\eta_1,\cdots,\eta_m).$$

再证明这等价于对任何 $f\in C_b(\mathbf{R}^n)$, $g\in C_b(\mathbf{R}^m)$, 有上式成立.

11. 验证随机向量的协方差矩阵一定是对称非负定的.

12. 设 ξ, η 是概率空间 $(\Omega, \mathscr{F}, \mathbb{P})$ 两平方可积随机变量, 满足对任何 $\omega_1, \omega_2 \in \Omega$, 有 $(\xi(\omega_1) - \xi(\omega_2))(\eta(\omega_1) - \eta(\omega_2)) \geqslant 0$. 证明: $\operatorname{cov}(\xi, \eta) \geqslant 0$.

13. 对于任何独立随机序列 $\{\xi_n\}$, 证明: "$\frac{1}{n}\sum_{i=1}^n \xi_i$ 收敛" 这个事件的概率是 0 或者 1, 且如果它以概率 1 收敛, 则其极限是常数.

14. * 设有概率空间 $(\Omega, \mathscr{F}, \mathbb{P})$, 对给定的 $0 < a < \frac{1}{2}$, 存在独立事件列 $\{A_n\} \in \mathscr{F}$ 满足 $a < \mathbb{P}(A_n) < 1 - a$, 证明: 尾 σ-代数 $\bigcap_n \sigma(\{A_n, A_{n+1}, \cdots\})$ 不是可列生成的.

1.4 随机序列收敛性

1.4.1 几种不同的收敛

接着, 我们首先考虑的是随机变量序列的三种收敛性: 依概率收敛, 几乎处处收敛和积分收敛, 这些收敛性实际上几乎完全等同于可测函数的三种收敛性. 概率论讨论收敛性是从 Bernoulli 的大数定律开始的. 重复一个成功概率为 p 的随机试验, Bernoulli 在 1713 年发表的著作中证明了频率趋于概率, 这是概率论中第一个得到严格证明的重要定理, 早于数列极限的严格定义 100 多年, 不仅如此, Bernoulli 所说的收敛正是现在所谓的依概率收敛. 要注意的是几乎处处收敛基本上承袭微积分中点点收敛的思想, 而依概率收敛是个新思想, 其重要程度甚至高于前者, 例如整个随机分析理论建立在依概率收敛的基础上.

对 $r > 0$, 用 $L^r(\Omega, \mathscr{F}, \mathbb{P})$ (简写为 $L^r(\Omega)$) 表示具有有限 r-阶绝对矩的随机变量全体, 即

$$L^r(\Omega) := \{\xi:\ \xi \text{ 是随机变量且 } \mathbb{E}|\xi|^r < \infty\}.$$

对于 $\xi \in L^r(\Omega)$, 令 $\|\xi\|_r := (\mathbb{E}|\xi|^r)^{\frac{1}{r}}$, 则当 $r \geqslant 1$ 时 $L^r(\Omega)$ 关于范 $\|\cdot\|_r$ 是一个 Banach 空间. 注意在 L^r 空间里, 当 ξ, η 几乎处处相等时, 有 $\mathbb{E}|\xi - \eta|^r = 0$, 这时我们认为 ξ 与 η 是一样的. 也就是说, 不区别几乎处处相等的随机变量. 我们引用 Banach 空间中强弱拓扑的概念. 下面是重要的 Hölder 不等式.

定理 1.4.1 (Hölder) **设** $1 < r < \infty$, $1 < s < \infty$ **且** $\frac{1}{r} + \frac{1}{s} = 1$, **若** $\xi \in L^r(\Omega)$, $\eta \in L^s(\Omega)$, **则** $\xi\eta \in L^1(\Omega)$ **且** $\|\xi\eta\|_1 \leqslant \|\xi\|_r \cdot \|\eta\|_s$.

证明. 利用指数函数的凸性,

$$e^{x+y} \leqslant \frac{1}{r}e^{rx} + \frac{1}{s}e^{sy}, \ x, y \in \mathbf{R},$$

首先对任何实数 a, b, 有

$$|ab| \leqslant \frac{1}{r}|a|^r + \frac{1}{s}|b|^s.$$

令 $a = \dfrac{\xi}{\|\xi\|_r}$, $b = \dfrac{\eta}{\|\eta\|_s}$, 我们得到

$$\frac{|\xi\eta|}{\|\xi\|_r \cdot \|\eta\|_s} \leqslant \frac{1}{r}\frac{|\xi|^r}{\|\xi\|_r^r} + \frac{1}{s}\frac{|\eta|^s}{\|\eta\|_s^s}.$$

由此得

$$\mathbb{E}\frac{|\xi\eta|}{\|\xi\|_r \cdot \|\eta\|_s} \leqslant 1,$$

即 Hölder 不等式. □

当 $r = 2$ 时, $(\mathbb{E}|\xi\eta|)^2 \leqslant \mathbb{E}|\xi|^2 \cdot \mathbb{E}|\eta|^2$, 该不等式也称为 Cauchy-Schwarz 不等式. 另外还有一个简单但重要的 Chebyshev 不等式.

定理 1.4.2 (Chebyshev) **设 ξ 是一个随机变量, $r > 0$, 则对于任意 $\varepsilon > 0$ 有**

$$\mathbb{P}(\{|\xi| \geqslant \varepsilon\}) \leqslant \frac{1}{\varepsilon^r}\mathbb{E}|\xi|^r.$$

证明. 由定义

$$\mathbb{P}(\{|\xi| \geqslant \varepsilon\}) \leqslant \mathbb{E}\left[\left(\frac{|\xi|}{\varepsilon}\right)^r; \{|\xi| \geqslant \varepsilon\}\right] \leqslant \frac{1}{\varepsilon^r}\mathbb{E}|\xi|^r.$$

完成证明. □

Chebyshev 不等式的一个简单推论: $\mathbb{E}|X| < +\infty$ 蕴含着 $|X| < +\infty$ a.s.. 注意前面的 a.e. 是 almost everywhere 的缩写, 中文是几乎处处的意思, 这里的 a.s. 是 almost surely 的缩写, 中文是几乎肯定 (或者必然) 的意思, 数学上和 a.e. 的意思是一样的, 概率论中习惯用 a.s., 或者说, a.s. 只能用于概率空间, 而 a.e. 可用于任意测度空间中.

定义 1.4.3 设 $\{\xi_n\}$ 是一个随机变量序列, ξ 是一个随机变量.

(1) **称** $\{\xi_n\}$ **依 (或以) 概率收敛于** ξ, **如果对任何** $\varepsilon > 0$,

$$\lim_n \mathbb{P}(\{\omega \in \Omega : |\xi_n(\omega) - \xi(\omega)| \geqslant \varepsilon\}) = 0,$$

记为 $\xi_n \xrightarrow{\mathrm{p}} \xi$;

(2) **称** $\{\xi_n\}$ **几乎处处 (或概率 1) 收敛于** ξ, **如果**

$$\mathbb{P}(\{\omega \in \Omega : \lim_n \xi_n(\omega) = \xi(\omega)\}) = 1.$$

记为 $\xi_n \xrightarrow{\mathrm{a.s.}} \xi$;

(3) **称** $\{\xi_n\}$ L^r**-收敛于** ξ $(r > 0)$, **如果** $\xi_n, \xi \in L^r(\Omega)$ **且**

$$\lim_n \mathbb{E}|\xi_n - \xi|^r = 0,$$

记为 $\xi_n \xrightarrow{L^r} \xi$.

我们来分析这几种收敛相互之间的关系. 首先不难看出这几种收敛的极限在几乎处处相等的意义之下是唯一的. 由 Chebyshev 不等式容易看出, 如果 $\xi_n \xrightarrow{L^r} \xi$ (对某个 $r > 0$), 则 $\xi_n \xrightarrow{\mathrm{p}} \xi$. 为了弄清依概率收敛与几乎处处收敛之间的关系, 首先容易验证

$$\{\omega : \lim \xi_n(\omega) = \xi(\omega)\} = \bigcap_{\varepsilon>0} \bigcup_{N\geqslant 1} \bigcap_{n\geqslant N} \{|\xi_n - \xi| < \varepsilon\}.$$

尽管对所有 $\varepsilon > 0$ 的交运算不是可列的, 但实际上这个交可以表示为可列交, 因此右边是可测的. 反过来,

$$\{\omega : \lim \xi_n(\omega) \neq \xi(\omega)\} = \bigcup_{\varepsilon>0} \bigcap_{N\geqslant 1} \bigcup_{n\geqslant N} \{|\xi_n - \xi| \geqslant \varepsilon\},$$

因此如果 $\xi_n \xrightarrow{\mathrm{a.s.}} \xi$, 则对任意 $\varepsilon > 0$, 有 $\mathbb{P}(\overline{\lim}_n \{|\xi_n - \xi| \geqslant \varepsilon\}) = 0$. 因为测度有限, 由 Fatou 引理,

$$\overline{\lim_n} \mathbb{P}(\{|\xi_n - \xi| \geqslant \varepsilon\}) \leqslant \mathbb{P}(\overline{\lim_n} \{|\xi_n - \xi| \geqslant \varepsilon\}) = 0.$$

即 $\xi_n \xrightarrow{\mathrm{p}} \xi$, 或者说, 在有限测度空间上, 几乎处处收敛蕴含依概率收敛. 为了弄清楚三种不同收敛之间的联系, 先介绍一个简单而重要的结果.

引理 1.4.4 (Borel-Cantelli) **设** $\{A_n\}$ **是事件列.**

(1) **若** $\sum_{n=1}^{\infty} \mathbb{P}(A_n) < \infty$, **则** $\mathbb{P}(\overline{\lim}_n A_n) = 0$;

(2) **若** $\{A_n\}$ **是独立事件列且** $\sum_n \mathbb{P}(A_n) = \infty$, **则** $\mathbb{P}(\overline{\lim}_n A_n) = 1$.

证明. (1) 首先 $\mathbb{P}(\overline{\lim}_n A_n) = \lim_n \mathbb{P}(\bigcup_{k \geqslant n} A_k)$, 而

$$\mathbb{P}(\bigcup_{k \geqslant n} A_k) \leqslant \sum_{k \geqslant n} \mathbb{P}(A_k) \longrightarrow 0,$$

因为级数 $\sum_{n=1}^{\infty} \mathbb{P}(A_n)$ 收敛.

(2) 对 $n < N$, 由于 $\{A_n\}$ 独立,

$$\mathbb{P}\left(\bigcap_{k=n}^{N} A_k^c\right) = \prod_{k=n}^{N} (1 - \mathbb{P}(A_k)) \leqslant \prod_{k=n}^{N} \mathrm{e}^{-\mathbb{P}(A_k)} = \mathrm{e}^{-\sum_{k=n}^{N} \mathbb{P}(A_k)},$$

得 $\lim\limits_{N} \mathbb{P}(\bigcap\limits_{k=n}^{N} A_k^c) = 0$, 即 $\mathbb{P}(\bigcup\limits_{k=n}^{\infty} A_k) = 1$, 故 $\mathbb{P}(\overline{\lim}_n A_n) = 1$. □

将 Fatou 引理应用于 $\{1_{A_n}\}$, 推出 $\underline{\lim}_n \mathbb{P}(A_n) = 0$ 蕴含着 $\mathbb{P}(\underline{\lim}_n A_n) = 0$. 条件结论都弱于 Borel-Cantelli 引理的相应条件结论. 另外, 注意到由 Kolomogorov 0-1 律, 当 $\{A_n\}$ 是独立事件列时, 事件 $\overline{\lim}_n A_n$ 与 $\underline{\lim}_n A_n$ 的概率实际上非 0 即 1.

定理 1.4.5 设 $\{\xi_n\}$ 是一个随机变量序列, ξ 是一个随机变量.

(1) $\xi_n \xrightarrow{L^r} \xi$ **(对某个 $r > 0$) 蕴含着** $\xi_n \xrightarrow{\mathrm{p}} \xi$;

(2) $\xi_n \xrightarrow{\mathrm{a.s.}} \xi$ **蕴含着** $\xi_n \xrightarrow{\mathrm{p}} \xi$;

(3) **若** $\xi_n \xrightarrow{\mathrm{p}} \xi$, **则存在** $\{\xi_n\}$ **的一个子序列几乎处处收敛于** ξ.

证明. 只需证 (3). 对任何整数 $k > 0$, 必存在 n_k 使得

$$\mathbb{P}(\{|\xi_{n_k} - \xi| > \frac{1}{k}\}) \leqslant \frac{1}{2^k}.$$

由 Borel-Cantelli 引理, 集 $N := \bigcap\limits_{K \geqslant 1} \bigcup\limits_{k \geqslant K} \{|\xi_{n_k} - \xi| > \frac{1}{k}\}$, 概率为 0. 而显然 $N^c \subset \{\lim_k \xi_{n_k} = \xi\}$. 因此 $\xi_{n_k} \xrightarrow{\mathrm{a.s.}} \xi$. □

下例说明几乎处处收敛与 L^r-收敛之间没有蕴含关系.

例 1.4.1 设 $\Omega=[0,1]$, $\mathscr{F}$ 是其上的 Borel σ-代数, $\mathbb{P}$ 是 Lebesgue 测度. 记 $I_1=[0,1]$, 把 I_1 两等分, 分别记为 I_2, I_3, 把 I_1 三等分, 依次记为 I_4, I_5, I_6, 把 I_1 四等分, 依次记为 I_7, I_8, I_9, I_{10}, 这样继续, 得到一个长度趋于零的区间序列 (I_n), 令 $\xi_n=1_{I_n}$, $n\geqslant 1$. 当然 $\{\xi_n\}$ 是非负随机变量序列, 容易看出 $\xi_n\xrightarrow{L^r}0$ (任意 $r>0$), 但 $\{\xi_n\}$ 不是几乎处处收敛的, 因为对任何 $\omega\in\Omega$, $\xi_n(\omega)$, $n\geqslant 1$, 有无穷个 1 与无穷个 0.

另外, 若 $\xi_n:=n1_{[0,\frac{1}{n}]}$, 则容易验证 $\xi_n\xrightarrow{\text{a.s.}}0$, 但 $\mathbb{E}[\xi_n^r]=n^{r-1}$ 不趋于零. ▮

1.4.2 大数定律与强大数定律

独立地重复一个成功概率为 p 的 Bernoulli 试验, 用 S_n 表示前 n 次试验中成功的次数, 那么 $\frac{S_n}{n}$ 是前 n 次试验成功的频率, 也是一个随机变量, 下面的定理说明这个频率在某种意义下收敛于成功的概率 p, 称为 Bernoulli 大数定律.

定理 1.4.6 (Bernoulli) **对任何 $\varepsilon>0$, 有**

$$\lim_n \mathbb{P}\left(\left|\frac{S_n}{n}-p\right|>\varepsilon\right)=0.$$

定理用 Chebyshev 不等式容易验证. 一般地, 设 $\{\xi_n\}$ 是可积随机变量序列. 如果 $\frac{1}{n}\sum_{i=1}^{n}(\xi_i-\mathbb{E}\xi_i)\xrightarrow{\text{p}}0$, 那么说 $\{\xi_n\}$ 满足大数定律. 如果 $\frac{1}{n}\sum_{i=1}^{n}(\xi_i-\mathbb{E}\xi_i)\xrightarrow{\text{a.s.}}0$, 那么说 $\{\xi_n\}$ 满足强大数定律. 显然, Chebyshev 不等式可以推出下面的大数定律.

定理 1.4.7 (Chebyshev) **如果平方可积随机序列 $\{\xi_n\}$ 两两不相关且对应方差列有界, 那么它满足大数定律.**

关于强大数定律, 下面的结果是 E. Borel 在 1909 年证明的. 思想是 Borel-Cantelli 引理与 Chebyshev 不等式.

定理 1.4.8 (Borel) **如果 $\{\xi_n\}$ 是独立同分布的随机序列且 $\mathbb{E}\xi_1^4<\infty$, 那么 $\{\xi_n\}$ 满足强大数定律.**

证明. 由 Chebyshev 不等式,

$$\begin{aligned}\sum_n \mathbb{P}\left(\left\{\left|\frac{1}{n}\sum_{i=1}^{n}\xi_i-\mathbb{E}\xi_1\right|>\varepsilon\right\}\right)&\leqslant\sum_n\frac{1}{(\varepsilon n)^4}\mathbb{E}\left(\sum_{i=1}^{n}(\xi_i-\mathbb{E}\xi_i)\right)^4\\&=\sum_n\frac{1}{(\varepsilon n)^4}\left(\mathbb{E}\sum_{i=1}^{n}(\xi_i-\mathbb{E}\xi_i)^4+6\sum_{1\leqslant i<j\leqslant n}\mathbb{E}(\xi_i-\mathbb{E}\xi_i)^2(\xi_j-\mathbb{E}\xi_j)^2\right)\end{aligned}$$

$$\leqslant \sum_n \frac{1}{(\varepsilon n)^4}(n\mathbb{E}(\xi_1 - \mathbb{E}\xi_1)^4 + 3n(n-1)(D\xi_1)^2) < \infty.$$

因此由 Borel-Cantelli 引理推出

$$\mathbb{P}\left(\overline{\lim_n}\left\{\left|\frac{1}{n}\sum_{i=1}^n \xi_i - \mathbb{E}\xi_1\right| > \varepsilon\right\}\right) = 0,$$

即 $\xi_n \xrightarrow{\text{a.s.}} \xi$. □

大数定律和强大数定律的叙述只依赖于随机变量的可积性, 但是上面独立同分布场合的大数定律和强大数定律的证明的主要工具是 Chebyshev 不等式和 Borel-Cantelli 引理, 故需要附加更多的矩条件, 这些矩条件是技术性的. 下面的定理是著名的 Kolmogorov 不等式, 它类似于 Chebyshev 不等式，但更精细. 然后, Kolmogorov 应用此新技术在独立同分布且简单可积性条件下证明了强大数定律.

先设 $\{\xi_n\}$ 是独立平方可积随机序列, 不妨设 $\mathbb{E}\xi_n = 0$, $\mathbb{E}\xi_n^2 = \sigma_n^2$.$S_n$ 表示其部分和. 回忆 $\{\xi_n\}$ 满足强大数律是指 $\frac{1}{n}S_n$ 几乎处处趋于零.

定理 1.4.9 (Kolmogorov) **对任何** $n \geqslant 1$, $\lambda > 0$, **有**

$$\mathbb{P}\left(\max_{1\leqslant k\leqslant n}|S_k| \geqslant \lambda\right) \leqslant \lambda^{-2}\mathbb{E}[S_n^2].$$

证明. 令 $\tau := \inf\{k : |S_k| \geqslant \lambda\}$, 那么 $\{\tau = k\} = \{S_k \geqslant \lambda, S_i < \lambda, 1 \leqslant i < k\}$ 且 $\{\tau \leqslant n\} = \{\max_{1\leqslant k\leqslant n}|S_k| \geqslant \lambda\}$. 由此得到

$$\begin{aligned}
\mathbb{E}[S_n^2] &\geqslant \sum_{k=1}^n \mathbb{E}[S_n^2; \tau = k] \\
&= \sum_{k=1}^n \mathbb{E}[(S_n - S_k)^2 + 2(S_n - S_k)S_k + S_k^2; \tau = k] \\
&\geqslant \sum_{k=1}^n \mathbb{E}[S_k^2; \tau = k] \\
&\geqslant \lambda^2 \sum_{k=1}^n \mathbb{P}(\tau = k) = \lambda^2 \mathbb{P}(\max_{1\leqslant k\leqslant n}|S_k| \geqslant \lambda),
\end{aligned}$$

其中关键的一步是 $\mathbb{E}[(S_n - S_k)S_k 1_{\{\tau=k\}}] = 0$, 理由是 $S_n - S_k$ 与 $S_k 1_{\{\tau=k\}}$ 独立. 证明完毕. □

下面是 Kolmogorov 判别准则.

定理 1.4.10 $\{\xi_n\}$ **满足强大数定律的一个充分条件是**

$$\sum_n \frac{\sigma_n^2}{n^2} < \infty.$$

事实上, 对 $k \geqslant 1, \varepsilon > 0$, 应用 Kolmogorov 不等式, 得

$$\begin{aligned}\mathbb{P}\left(\max_{2^{k-1}<n\leqslant 2^k} \frac{1}{n}|S_n| > \varepsilon\right) &\leqslant \mathbb{P}\left(\max_{2^{k-1}<n\leqslant 2^k} \frac{1}{2^{k-1}}|S_n| > \varepsilon\right) \\ &\leqslant \varepsilon^{-2} \cdot 2^{-2k+2}\mathbb{E}[S_{2^k}^2].\end{aligned}$$

关于 k 求和, 得

$$\begin{aligned}\sum_{k\geqslant 1} 2^{-2k+2}\mathbb{E}[S_{2^k}^2] &= \sum_{k\geqslant 1} 2^{-2k+2} \sum_{n\leqslant 2^k} \sigma_n^2 \\ &= \sum_{n\geqslant 1} \sigma_n^2 \sum_{k:2^k\geqslant n} 2^{-2k+2} \leqslant \sum_{n\geqslant 1} \frac{16}{3}\frac{\sigma_n^2}{n^2},\end{aligned}$$

由 Borel-Cantelli 引理推出 $\sum\limits_n \frac{\sigma_n^2}{n^2} < +\infty$ 蕴含着 $\max\limits_{2^{k-1}<n\leqslant 2^k} \frac{1}{n}|S_n|$ 几乎处处趋于零, 这蕴含着 $\{\xi_n\}$ 服从强大数定律.

定理 1.4.11 (Kolmogorov) **独立同分布可积随机序列** $\{\xi_n\}$ **服从强大数定律.**

证明. 不妨设 $\mathbb{E}[\xi_1] = 0$. 方法是把 ξ_k 分成两部分. 令

$$U_k := \xi_k \cdot 1_{\{|\xi_k|<k\}}, \ V_k := \xi_k \cdot 1_{\{|\xi_k|\geqslant k\}}.$$

我们将证明 $\{U_k\}$ 服从强大数定律, 而 $\{V_k\}$ 以概率 1 只有有限多个非零.

先看 $\{V_k\}$. 因为

$$\sum_k \mathbb{P}(V_k \neq 0) \leqslant \sum_k \mathbb{P}(|\xi_k| \geqslant k) = \sum_k \mathbb{P}(|\xi_1| \geqslant k) \leqslant 1 + \mathbb{E}|\xi_1| < \infty,$$

所以由 Borel-Cantelli 引理, $\mathbb{P}(\overline{\lim}_k\{V_k \neq 0\}) = 0$.

再看 $\{U_k\}$, 让我们计算 $\sum\limits_k \frac{D(U_k)}{k^2}$. 因为 $D(U_k) \leqslant \mathbb{E}[U_k^2]$, 故

$$\begin{aligned}\sum_k \frac{D(U_k)}{k^2} &\leqslant \sum_k \frac{\mathbb{E}[\xi_1^2; |\xi_1| < k]}{k^2} \\ &= \sum_{k\geqslant 1} \frac{1}{k^2} \sum_{n\leqslant k} \mathbb{E}[\xi_1^2; n-1 \leqslant |\xi_1| < n]\end{aligned}$$

$$
\begin{aligned}
&= \sum_{n \geqslant 1} \mathbb{E}[\xi_1^2; n-1 \leqslant |\xi_1| < n] \sum_{k \geqslant n} \frac{1}{k^2} \\
&\leqslant \sum_{n \geqslant 1} \frac{2}{n} \mathbb{E}[\xi_1^2; n-1 \leqslant |\xi_1| < n] \\
&\leqslant \sum_{n} 2\mathbb{E}[|\xi_1|; n-1 \leqslant |\xi_1| < n] = 2\mathbb{E}|\xi_1| < \infty.
\end{aligned}
$$

这说明 $\{U_k\}$ 满足 Kolmogorov 判别准则, 结合上面两个结论推出 $\{\xi_n\}$ 服从强大数定律. □

1.4.3 一致可积性

概率论中的许多问题涉及极限与期望交换的问题, 就是如果 $\xi_n \xrightarrow{\text{a.s.}} \xi$ 是否推出 $\mathbb{E}\xi_n \longrightarrow \mathbb{E}\xi$? 极限与期望的交换问题实际上是讨论几乎处处收敛 (或者依概率收敛) 与 L^1-收敛的关系. 在 §2 中介绍了控制收敛定理, 但控制收敛定理仅给出一个充分条件. 为了进一步阐述这个问题, 我们将引入随机变量族一致可积的概念, 它是概率论中最为重要的概念之一.

定义 1.4.12 一个可积随机变量族 $\{\xi_i : i \in I\}$ 称为是一致可积的, 若

$$
\lim_{N \to \infty} \sup_I \mathbb{E}(|\xi_i|; |\xi_i| \geqslant N) = 0.
$$

显然, 若 $\{\xi_i : i \in I\}$ 被一个可积随机变量所控制, 则 $\{\xi_i\}$ 是一致可积的. 下面的定理给出一致可积的一个等价条件.

定理 1.4.13 设 $\{\xi_i : i \in I\}$ 是可积随机变量族, 则它是一致可积的充要条件是

(1) **一致绝对连续: 对任何 $\varepsilon > 0$, 存在 $\delta > 0$, 使得当 $A \in \mathscr{F}$, $\mathbb{P}(A) < \delta$ 时,** $\sup_{i \in I} \mathbb{E}(|\xi_i|; A) < \varepsilon$;

(2) **L^1-有界:** $\sup_{i \in I} \mathbb{E}|\xi_i| < \infty$.

证明. 必要性. 对任意 $A \in \mathscr{F}$, $N > 0$, 有

$$
\begin{aligned}
\mathbb{E}(|\xi_i|; A) &= \mathbb{E}(|\xi_i|; A \cap \{|\xi_i| \geqslant N\}) + \mathbb{E}(|\xi_i|; A \cap \{|\xi_i| < N\}) \\
&\leqslant \mathbb{E}(|\xi_i|; \{|\xi_i| \geqslant N\}) + N\mathbb{P}(A).
\end{aligned}
$$

运用一致可积性, 推出 $\{\xi_i\}$ 是一致绝对连续的. 再在上式中令 $A=\Omega$, 得

$$\mathbb{E}|\xi_i| \leqslant \mathbb{E}(|\xi_i|;\{|\xi_i| \geqslant N\})+N,$$

得到 $\{\xi_i\}$ 的 L^1-有界性.

充分性. 设 $\{\xi_i\}$ 是一致绝对连续且 L^1-有界的. 由 Chebyshev 不等式, 当 $N \to \infty$ 时,

$$\sup_i \mathbb{P}(|\xi_i| \geqslant N) \leqslant \frac{1}{N} \sup_i \mathbb{E}|\xi_i| \longrightarrow 0.$$

从而由 $\{\xi_i\}$ 的一致绝对连续性得到, 对任何 $\varepsilon>0$, 存在 $N>0$, 使得 $\mathbb{E}(|\xi_i|;\{|\xi_i| \geqslant N\}) \leqslant \varepsilon$, 即一致可积性. □

下面的定理比控制收敛定理更强.

定理 1.4.14 (Vitali) **设可积随机变量序列 $\{\xi_n\}$ 依概率收敛于随机变量 ξ, 则下面的命题等价:**

1. $\{\xi_n\}$ **是一致可积的;**

2. ξ **可积且** $\xi_n \xrightarrow{L^1} \xi$;

3. $\lim_n \mathbb{E}|\xi_n|=\mathbb{E}|\xi|<\infty$.

证明. 先证 1 蕴含 2. 首先, 用 Fatou 引理容易验证 ξ 是可积的, 因此不妨设 $\xi=0$. 其次, 对任意 $\varepsilon>0$,

$$\begin{aligned}\mathbb{E}|\xi_n| &\leqslant \mathbb{E}(|\xi_n|;|\xi_n|<\varepsilon)+\mathbb{E}(|\xi_n|;\{|\xi_n| \geqslant \varepsilon\}) \\ &\leqslant \varepsilon+\mathbb{E}(|\xi_n|;\{|\xi_n| \geqslant \varepsilon\}).\end{aligned}$$

因为 $\lim_n \mathbb{P}(\{|\xi_n| \geqslant \varepsilon\})=0$, 故由 $\{\xi_n\}$ 的一致绝对连续性推出右边可以任意地小, 因此 $\xi_n \xrightarrow{L^1} 0$.

2 蕴含 3 由三角不等式立刻推出.

再证 3 蕴含 1. 事实上, $\{\xi_n\}$ 的 L^1-有界性也是显然的. 序列 $(|\xi|-|\xi_n|)^+ \leqslant |\xi|$ 一致可积且依概率趋于零, 故 L^1 趋于零. 再因为

$$\mathbb{E}\big||\xi|-|\xi_n|\big|=2\mathbb{E}(|\xi|-|\xi_n|)^+-(\mathbb{E}|\xi|-\mathbb{E}|\xi_n|),$$

故 $|\xi_n| \xrightarrow{L^1} |\xi|$. 然后 $\{\xi_n\}$ 的一致绝对连续性由下面的不等式及 ξ 是可积的事实立即推出: 对任意 $A \in \mathscr{F}$,

$$\mathbb{E}(|\xi_n|; A) \leqslant \mathbb{E}(|\xi|; A) + \mathbb{E}(\big||\xi_n| - |\xi|\big|).$$

完成证明. □

1.4.4 弱收敛与依分布收敛

有别于一般的测度论, 概率论中还有另外一个重要的收敛是依分布收敛, 依分布收敛与上面的收敛非常不同, 它的收敛性不是体现在随机变量越来越近, 而是其分布越来越近.

定理 1.4.15 **设** $\{\xi_n\}, \xi$ **是随机变量, 分别具有分布函数** $\{F_n\}, F$. **如果** $\xi_n \xrightarrow{\text{p}} \xi$, **则对** F **的任意连续点** x **有** $\lim_n F_n(x) = F(x)$.

证明. 对任意 $\varepsilon > 0, x \in \mathbf{R}$,

$$\begin{aligned} F_n(x) = \mathbb{P}(\xi_n \leqslant x) &= \mathbb{P}(\xi_n \leqslant x, |\xi_n - \xi| < \varepsilon) + \mathbb{P}(\xi_n \leqslant x, |\xi_n - \xi| \geqslant \varepsilon) \\ &\leqslant \mathbb{P}(\xi \leqslant x + \varepsilon) + \mathbb{P}(|\xi_n - \xi| \geqslant \varepsilon) \\ &= F(x + \varepsilon) + \mathbb{P}(|\xi_n - \xi| \geqslant \varepsilon); \\ F_n(x) = \mathbb{P}(\xi_n \leqslant x) &\geqslant F(x - \varepsilon) - \mathbb{P}(|\xi_n - \xi| \geqslant \varepsilon), \end{aligned}$$

其中第一个不等式中 ξ_n 与 ξ 是对称的, 由此得第二个不等式. 因此

$$F(x - \varepsilon) \leqslant \varliminf_n F_n(x) \leqslant \varlimsup_n F_n(x) \leqslant F(x + \varepsilon).$$

当 F 在点 x 连续时, 有 $\lim_n F_n(x) = F(x)$. □

由以上定理, 我们来定义另一种收敛性.

定义 1.4.16 (1) **设** F_n **是** $\mathbf{R}$ **上的分布函数. 称** $\{F_n\}$ **弱收敛, 如果存在一个递增右连续函数** F **使得对任何** F **的连续点** x, **有** $\lim_n F_n(x) = F(x)$, **记** $F_n \xrightarrow{\text{w}} F$. (2) **说一个随机变量序列** $\{\xi_n\}$ **依 (或以) 分布收敛于随机变量** ξ, **记** $\xi_n \Rightarrow \xi$, **如果** ξ_n **的分布函数序列** F_n **弱收敛于** ξ **的分布函数** F.

分布函数列弱收敛的极限不一定是分布函数, 因为其总变差可能小于 1, 如 $F_n = 1_{[n,\infty)}$, 则 $F_n \xrightarrow{\mathrm{w}} 0$. 定理 1.4.15 说明依测度收敛蕴含着依分布收敛, 反之不对, 因为不同随机变量可以有相同分布. 下面的 Skorohod 定理说明弱收敛的分布函数列可以实现为同一个概率空间上的处处收敛的随机变量序列.

定理 1.4.17 (Skorohod) **设 $F_n, n \geqslant 1, F$ 是 $\mathbf{R}$ 上的分布函数. 如果 $F_n \xrightarrow{\mathrm{w}} F$, 则存在概率空间 $(\Omega, \mathscr{F}, \mathbb{P})$ 与其上的随机变量 $\{\xi_n\}, \xi$ 使得**

(1) $\xi_n \xrightarrow{\mathrm{a.s.}} \xi$;

(2) F_n, F **分别是** ξ_n, ξ **的分布函数**, $n \geqslant 1$.

证明. 设 $\Omega = (0,1)$, $\mathscr{F} = \mathscr{B}((0,1))$, $\mathbb{P}$ 是其上的 Lebesgue 测度. 令 ξ_n, ξ 分别是 F_n 和 F 的广义逆, 则由定理 1.3.4 知 (2) 成立.

取 ξ 的连续点 ω, 再取 F 的连续点 x, x' 使得 $x < \xi(\omega) < x'$, 由定理 1.3.4 下的注, $F(x) < \omega < F(x')$. 则当 n 充分大时, $F_n(x) < \omega < F_n(x')$. 因此 $x < \xi_n(\omega) \leqslant x'$, 故 $|\xi_n(\omega) - \xi(\omega)| \leqslant x' - x$. 因为 F 的连续点稠密, 所以 $\xi_n(\omega) \to \xi(\omega)$. 再由于 ξ 递增, 其不连续点的 Lebesgue 测度为零, 因此 (1) 成立. □

定理 1.4.18 设分布函数 F_n, F 分别对应于分布 μ_n, μ, 则

(1) (Helly) $F_n \xrightarrow{\mathrm{w}} F$ **当且仅当对任何** $f \in C_b(\mathbf{R})$, $\mu_n(f) \to \mu(f)$, **也称** μ_n **弱收敛于** μ, **记** $\mu_n \xrightarrow{\mathrm{w}} \mu$;

(2) **如果** $\{f_i : i \in I\}$ **是 $\mathbf{R}$ 上一致有界且等度连续的函数族, 且** $\mu_n \xrightarrow{\mathrm{w}} \mu$, **那么收敛** $\mu_n(f_i) \to \mu(f_i)$ **关于** i **是一致的.**

证明. (1) 设 $F_n \xrightarrow{\mathrm{w}} F$, 则取定理 1.4.17 中的 ξ_n 与 ξ, 对 $f \in C_b(\mathbf{R})$, 应用有界收敛定理, $\mu_n(f) = \mathbb{E}f(\xi_n) \to \mathbb{E}f(\xi) = \mu(f)$, 即 $\mu_n \xrightarrow{\mathrm{w}} \mu$. 反过来, 任取 $x_0 < x_1$, 取 $f \in C_b(\mathbf{R})$ 满足 $1_{(-\infty,x_0]} \leqslant f \leqslant 1_{(-\infty,x_1]}$. 由弱收敛性得

$$F(x_0) \leqslant \mu(f) = \lim_n \mu_n(f) \leqslant \varliminf_n F_n(x_1),$$

$$F(x_1) \geqslant \mu(f) = \lim_n \mu_n(f) \geqslant \varlimsup_n F_n(x_0).$$

即对任何 $x \in \mathbf{R}$, $\delta > 0$, 有

$$F(x - \delta) \leqslant \varliminf_n F_n(x) \leqslant \varlimsup F_n(x) \leqslant F(x + \delta).$$

推出若 F 在 x 连续, 必有 $\lim F_n(x) = F(x)$.

(2) 仍然取定理 1.4.17 中的 ξ_n 与 ξ. 设 M 是 $\{f_i\}$ 的一致界, 且由等度连续性, 对任何 $\varepsilon > 0$, 存在 $\delta > 0$, 只要 $|x-y| < \delta$, 则对所有 i 有 $|f_i(x) - f_i(y)| < \varepsilon$, 则

$$\begin{aligned}|\mu_n(f_i) - \mu(f_i)| &\leqslant \mathbb{E}(|f_i(\xi_n) - f_i(\xi)|; |\xi_n - \xi| < \delta) + 2M \cdot \mathbb{P}(|\xi_n - \xi| \geqslant \delta) \\ &< \varepsilon + 2M \cdot \mathbb{P}(|\xi_n - \xi| \geqslant \delta).\end{aligned}$$

因此, 推出 $\lim_n |\mu_n(f_i) - \mu(f_i)| = 0$, 且收敛对 i 是一致的. □

上面 Helly 定理第一部分证明的好处是直观, 需要用到 Skorohod 定理. Helly 定理可直接地证明. 事实上, 不妨设 $0 \leqslant f \leqslant 1$, 另外假设下面取的点都是 F 的连续点, 这是可以做到的. 对任何 $\delta > 0$, 存在 $a > 0$, 使得

$$F(-a) < \delta,\ 1 - F(a) < \delta.$$

那么当 n 充分大时,

$$F_n(-a) < \delta,\ 1 - F_n(a) < \delta.$$

然后因为 f 在 $[-a, a]$ 上一致连续, 可以用阶梯函数逼近. 而弱收敛假设保证阶梯函数关于 F_n 积分趋于关于 F 的积分. 请读者自己完成细节.

例 1.4.2 令

$$p(t,x) := \frac{1}{(2\pi t)^{\frac{d}{2}}} \exp\left(-\frac{|x|^2}{2t}\right),\ t > 0, x \in \mathbf{R}^d,$$

称为热核, 是概率论中重要的研究对象, 后面将会不断地用到. 对 $t > 0$, 定义概率测度

$$b_t(A) := \int_A p(t,x)dx,\ A \in \mathscr{B}(\mathbf{R}^d),$$

那么当 $t \downarrow 0$ 时, b_t 弱收敛于 0 点的单点测度. 事实上, 不妨设 $d = 1$, 对 $f \in C_b(\mathbf{R})$, 由控制收敛定理,

$$\begin{aligned}\lim_{t\downarrow 0} b_t(f) &= \lim_{t\downarrow 0} \int_{\mathbf{R}} \frac{1}{\sqrt{2\pi t}} \mathrm{e}^{-\frac{|x|^2}{2t}} f(x)dx \\ &= \lim_{t\downarrow 0} \int_{\mathbf{R}} \frac{1}{\sqrt{2\pi}} \mathrm{e}^{-\frac{|x|^2}{2}} f(\sqrt{t}x)dx \\ &= \int_{\mathbf{R}} \frac{1}{\sqrt{2\pi}} \mathrm{e}^{-\frac{|x|^2}{2}} \lim_{t\downarrow 0} f(\sqrt{t}x)dx = f(0).\end{aligned}$$

因此结论成立. ∎

定理 1.4.19 (Helly)　**任何分布函数列 $\{F_n\}$ 有一个子列 $\{F_{k_n}\}$ 弱收敛.**

证明. 取 $\mathbf{R}$ 的一个可列稠子集 $D=\{x_n : n\geqslant 1\}$, 那么 $\{F_n(x_1): n\geqslant 1\}$ 是有界的, 故存在收敛子列 $\{F_{k_n^{(1)}}(x_1)\}$. 让我们归纳地取子列 $\{k_n^{(i)} : n\geqslant 1\}$, $i\geqslant 1$. 假设已取得子列 $\{k_n^{(i)}\}$, 那么因为 $\{F_{k_n^{(i)}}(x_{i+1})\}$ 有界, 我们可以取得 $\{k_n^{(i)}\}$ 的子列 $\{k_n^{(i+1)}\}$ 使得 $\{F_{k_n^{(i+1)}}(x_{i+1})\}$ 收敛, 这样用对角线法, 令 $k_n := k_n^{(n)}$, 那么 $\{F_{k_n}\}$ 在 D 的任何点上都收敛. 事实上, 对任何 $i\geqslant 1$, $\{k_n : n\geqslant i\}$ 是 $\{k_n^{(i)} : n\geqslant i\}$ 的子列, 因此 $\{F_{k_n}(x_i)\}$ 收敛. 推出 $\{F_{k_n}\}$ 弱收敛 (见习题). □

此定理是点集拓扑中 Tychonov 定理的推论, 实际上是说一族一致有界的负无穷处为零的递增右连续函数是弱列紧的. 由此定理可以推出下面的结论: 如果一个分布函数列 $\{F_n\}$ 的任何弱收敛子列收敛于同一个极限, 那么该分布函数列弱收敛于该极限.

习　题

1. 设 $\{\xi_n\}$ 是随机序列. 证明: 如果 $\sum_n(\mathbb{E}(\xi_{n+1}-\xi_n)^2)^{1/2}<\infty$, 那么 ξ_n 几乎处处且 L^1 收敛.

2. 随机变量 ξ 可积当且仅当级数 $\sum_{n\geqslant 1}\mathbb{P}(|\xi|\geqslant n)<\infty$.

3. 设 $\{A_n\}$ 是事件列, m 是固定的自然数. 用 G 表示至少属于 m 个 A_n 中的元素全体. 证明: G 可测且 $m\mathbb{P}(G)\leqslant\sum_n\mathbb{P}(A_n)$.

4. 设 ξ_n,ξ 是非负可积随机变量, $\xi_n\xrightarrow{\mathrm{p}}\xi$, $\mathbb{E}\xi_n\longrightarrow\mathbb{E}\xi$. 证明: $\xi_n\xrightarrow{L^1}\xi$.

5. 证明: 依概率收敛这个性质在等价测度变换下不变, 即如果概率测度 $\mathbb{P}_1$ 与 $\mathbb{P}_2$ 等价, 那么在概率 $\mathbb{P}_1$ 下随机变量列 ξ_n 以概率收敛于 ξ 在概率 $\mathbb{P}_2$ 下也如此.

6. 设 $\{\xi_n\}$ 是随机变量列, 存在 $p>1$ 使得 $\sup_n\mathbb{E}|\xi_n|^p<\infty$, 证明: $\{\xi_n\}$ 是一致可积的.

7. 分布函数列 F_n 弱收敛当且仅当存在 $\mathbf{R}$ 的一个稠子集 D 使得对任何 $x\in D$, $F_n(x)$ 收敛.

8. 设分布 μ_n 对应于分布函数 F_n. 证明: 如果 $\{F_n\}$ 弱收敛于递增右连续函数 F, 则对任何紧支撑的连续函数 f 有 $\mu_n(f) \longrightarrow \mu(f)$, 其中 μ 是 F 定义的测度.

9. 设分布函数列 $\{F_n\}$ 弱收敛于一个连续的分布函数 F, 证明: 收敛在 $\mathbf{R}$ 上是一致的.

10. 设随机变量列 $\{X_n\}$ 依分布趋于随机变量 X 且一致可积. 证明:

    (a) X 可积;

    (b) $\lim_n \mathbb{E}X_n = \mathbb{E}X$;

    (c) $\lim_n \mathbb{E}|X_n| = \mathbb{E}|X|$.

11. 设 m 是 $[0,1]$ 上的 Lebesgue 测度. 对 $[0,1]$ 上的分划列 $\{(0 = x_0^{(n)} < \cdots < x_{j_n}^{(n)} = 1) : n \geqslant 1\}$, 任取 $a_i \in (x_{i-1}^{(n)}, x_i^{(n)}]$, $i = 1, \cdots, j_n$, 定义

$$\mu_n := \sum_{i=1}^{j_n} (x_i^{(n)} - x_{i-1}^{(n)}) \delta_{a_i}.$$

证明: $\mu_n \xrightarrow{\mathrm{w}} m$. 试由此推出 $[0,1]$ 上几乎处处连续的有界 Borel 可测函数是 Riemann 可积的.

12. 设 $\{\xi_n : n \geqslant 1\}$ 是独立同分布非负随机序列, 证明: 如果 $\mathbb{E}\xi_1 = +\infty$, 那么随机序列 $\frac{1}{n}\sum_{i=1}^n \xi_i$ 几乎处处趋于 $+\infty$.

13. * 设 $\{\xi_n\}$ 是一致可积的独立随机序列. 证明:

$$\frac{1}{n}\sum_{k=1}^n (\xi_k - \mathbb{E}\xi_k) \xrightarrow{L^1} 0.$$

14. 设 $f \in C[0,1]$, 对任何 n, 定义

$$B_n f(x) := \sum_{k=0}^n \binom{n}{k} f(\frac{k}{n}) x^k (1-x)^{n-k}.$$

用大数定律证明 $B_n f(x)$ 在 $[0,1]$ 上一致收敛于 f.

15. 设 $X_n \sim N(0, \frac{1}{n})$, 证明: 对任何 $A \in \mathscr{B}$, 有

$$\lim_{n\to\infty} \frac{1}{n} \ln \mathbb{P}(X_n \in A) = -\operatorname{ess\,inf}\left\{\frac{|y|^2}{2} : y \in A\right\},$$

其中 ess inf 表示本质下确界.

16. 考虑 $\mathbf{R}^d$ 空间上的分布. 定义分布 μ, ν 的全变差距离

$$\|\mu - \nu\|_{TV} := \sup\left\{\int_{\mathbf{R}^d} f d\mu - \int_{\mathbf{R}^d} f d\nu : f \in C_b(\mathbf{R}^d),\ \|f\|_\infty \leqslant 1\right\},$$

其中 C_b 表示 $\mathbb{R}^d$ 上有界连续函数的全体. 证明:

(a)

$$\|\mu - \nu\|_{TV} = 2\sup\{\mu(A) - \nu(A) : A \in \mathscr{B}(\mathbf{R}^d)\}.$$

(b) 如果

$$\lim_{n\to\infty} \|\mu_n - \mu\|_{TV} = 0,$$

则说 μ_n 以全变差距离趋于 μ. 如果 μ_n 以全变差距离趋于 μ, 则对任何 $A \in \mathscr{B}(\mathbf{R}^n)$ 有

$$\lim_{n\to\infty} \mu_n(A) = \mu(A),$$

这时称 μ_n 强收敛于 μ.

(c) μ_n 强收敛于 μ 蕴含 μ_n 弱收敛于 μ.

(d) 集合 $A \in \mathscr{B}(\mathbf{R}^d)$ 称为 μ-连续的, 如果 $\mu(\partial A) = 0$. 如果 μ_n 弱收敛于 μ, 且 A 是 μ-连续的, 则

$$\lim_{n\to\infty} \mu_n(A) = \mu(A).$$

17. (Portmanteau 定理) 证明: 若 $(P_n)_{n\geq 1}$ 和 P 是度量空间 (S, d) 上的分布, 则以下结论等价:

(a) P_n 依分布收敛到 P;

(b) 对任意开集 $G \in \mathscr{B}(S)$, $\underline{\lim}_{n\to\infty} P_n(G) \geqslant P(G)$;

(c) 对任意闭集 $F \in \mathscr{B}(S)$, $\overline{\lim}_{n\to\infty} P_n(F) \leqslant P(F)$;

(d) 对任意 $A \in \mathscr{B}(S)$ 且 $P(\partial A) = 0$, $\lim\limits_{n\to\infty} P_n(A) = P(A)$.

18. (Lévy 等价定理) 对于一列独立的随机变量 $\{X_n : n \geq 1\}$, 证明以下条件等价:

(a) $\sum\limits_{n=1}^{\infty} X_n$ 几乎处处收敛;

(b) $\sum\limits_{n=1}^{\infty} X_n$ 依概率收敛;

(c) $\sum\limits_{n=1}^{\infty} X_n$ 依分布收敛.

若以上条件都不成立, 则 $\sum\limits_{n=1}^{\infty} X_n$ 几乎处处发散.

1.5 特征函数

Fourier 变换是数学研究中的重要工具, 在概率论里面称为特征函数, Fourier 变换本身什么概率直观, 但是它在证明许多概率定理时的作用是不可或缺的.

1.5.1 特征函数及其性质

设 f 是 $\mathbf{R}^d$ 上的有界复值函数, 它关于 d-维分布 μ 的积分自然地定义为

$$\mu(f) := \mu(\mathrm{Re} f) + \mathrm{i}\mu(\mathrm{Im} f),$$

其中 $\mathrm{Re} f$, $\mathrm{Im} f$ 分别是 f 的实部与虚部. 容易验证前面的许多定理对于复积分依然成立, 特别如控制收敛定理及可积条件下的 Fubini 定理. 本节的几乎所有结果对有限测度一样成立, 读者可自行鉴别.

定义 1.5.1 设 μ 是 d-维分布. μ 的特征函数定义为

$$\hat{\mu}(x) := \int_{\mathbf{R}^d} \mathrm{e}^{\mathrm{i}x\cdot y} \mu(dy),$$

其中 $x \cdot y$ 是 $\mathbf{R}^d$ 空间的内积[5].

分布函数 F (或密度函数 f) 的特征函数当然地定义为对应分布的特征函数, 记为 $\hat{F}$ (或 $\hat{f}$). 如果 μ 是 d-维随机向量 ξ 的分布, 则 $\hat{\mu}(x) = \mathbb{E}[\mathrm{e}^{\mathrm{i}x\cdot\xi}]$, 因此 $\hat{\mu}$ 也称为 ξ 的或对应的分布函数的特征函数. $\mu \mapsto \hat{\mu}$ 实际上是概率测度的 Fourier 变换, 有下列性质:

---

[5] 在本书中, 两个向量 x, y 的内积 $x \cdot y$ 中间的点可能省略, 有时也写成 (x, y) 或者 $\langle x, y\rangle$, 请读者注意辨别.

(1) $\hat{\mu}$ 是 $\mathbf{R}^d$ 上的复值函数, $|\hat{\mu}| \leqslant 1$, $\hat{\mu}(0) = 1$;

(2) $\hat{\mu}$ 在 $\mathbf{R}^d$ 上一致连续;

(3) $\overline{\hat{\mu}}(x) = \hat{\mu}(-x)$, $x \in \mathbf{R}^d$;

(4) 设 μ, ν 是两个分布, 则 $\widehat{\mu * \nu} = \hat{\mu} \cdot \hat{\nu}$, 或者说, 如果 ξ, η 是两个独立随机变量, 则 $\widehat{\mu}_{\xi+\eta} = \hat{\mu}_\xi \cdot \hat{\mu}_\eta$;

(5) 特征函数是非负定的. 一个 $\mathbf{R}^d$ 上的复值函数 ϕ 称为非负定的, 如果对任何有限点集 $\{x_1, \cdots, x_m\} \subset \mathbf{R}^d$, 矩阵 $(\phi(x_j - x_k))_{1 \leqslant j,k \leqslant m}$ 是非负定 Hermite 阵;

(6) 设 μ 是随机变量 ξ 的分布, 如果 $\mathbb{E}|\xi|^n < \infty$, 那么 $\hat{\mu}$ 在 0 点 n 次可导, 且这时有 $\mathrm{i}^n \mathbb{E}\xi^n = \hat{\mu}^{(n)}(0)$.

性质 (1),(3) 直接由定义推出. 为验证 (2), 任取 $t, h \in \mathbf{R}^d$,

$$|\hat{\mu}(t+h) - \hat{\mu}(t)| \leqslant \int |\mathrm{e}^{\mathrm{i}h \cdot y} - 1| \mu(dy),$$

右侧与 t 无关, 有界收敛定理推出一致连续性. (4) 是 Fubini 定理的直接应用. 为验证 (5), 任取复数 $c_1, \cdots, c_m$,

$$\begin{aligned}\sum_{j,k} c_j \hat{\mu}(x_j - x_k) \overline{c_k} &= \int \sum_{j,k} c_j \mathrm{e}^{\mathrm{i}x_j \cdot y} \cdot \overline{c_k \mathrm{e}^{\mathrm{i}x_k \cdot y}} \mu(dy) \\ &= \int \left| \sum_j c_j \mathrm{e}^{\mathrm{i}x_j \cdot y} \right|^2 \mu(dy) \geqslant 0.\end{aligned}$$

而对性质 (6), 由可积性条件, 我们可对特征函数求导得

$$\hat{\mu}^{(n)}(x) = \int_{\mathbf{R}} (\mathrm{i}y)^n \mathrm{e}^{\mathrm{i}xy} \mu(dy).$$

当 n 是偶数时, $\hat{\mu}$ 在 0 点 n 次可导蕴含着 $\mathbb{E}|\xi|^n < \infty$.

例 1.5.1 对 $a \in \mathbf{R}^d$, 单点分布的特征函数 $\hat{\delta}_a(x) = \mathrm{e}^{\mathrm{i}a \cdot x}$.

设 μ 是参数为 λ 的 Poisson 分布, 即 $\mu(\{n\}) = \mathrm{e}^{-\lambda} \dfrac{\lambda^n}{n!}$, 则

$$\hat{\mu}(x) = \sum_{n \geqslant 0} \mathrm{e}^{-\lambda} \frac{\lambda^n}{n!} \mathrm{e}^{\mathrm{i}nx} = \mathrm{e}^{-\lambda + \lambda \mathrm{e}^{\mathrm{i}x}}.$$

设 ξ 服从 $[a,b]$ 上的均匀分布, 即有密度 $f=\frac{1}{b-a}1_{[a,b]}$, 则

$$\hat{\mu}_\xi(x)=\frac{1}{b-a}\int_a^b \mathrm{e}^{\mathrm{i}xy}dy=\frac{\mathrm{e}^{\mathrm{i}bx}-\mathrm{e}^{\mathrm{i}ax}}{\mathrm{i}x(b-a)}.$$

设 ξ 服从 $\mathbf{R}$ 上的标准正态分布, 则

$$\begin{aligned}\hat{\mu}_\xi(x)&=\frac{1}{\sqrt{2\pi}}\int_{\mathbf{R}}\exp\left(-\frac{y^2}{2}+\mathrm{i}xy\right)dy\\&=\frac{1}{\sqrt{2\pi}}\int\exp\left(-\frac{y^2-2\mathrm{i}xy+(\mathrm{i}x)^2-(\mathrm{i}x)^2}{2}\right)dy\\&=\frac{1}{\sqrt{2\pi}}\int\exp\left(-\frac{(y-\mathrm{i}x)^2}{2}-\frac{x^2}{2}\right)dy\\&=\exp(-x^2/2)\cdot\frac{1}{\sqrt{2\pi}}\int\exp(-(y-\mathrm{i}x)^2/2)dy=\exp(-x^2/2),\end{aligned}$$

最后一个积分的计算要用 Cauchy 积分原理: $\int_{-N}^N \mathrm{e}^{-\frac{(y-\mathrm{i}x)^2}{2}}dy$ 可视为解析函数 $z\mapsto \mathrm{e}^{-z^2}$ 从 $-N-\mathrm{i}x$ 到 $N-\mathrm{i}x$ 的 (与路径无关) 积分, 因此

$$\begin{aligned}\int_{-N}^N\exp(-(y-\mathrm{i}x)^2/2)dy&=\int_{-N-\mathrm{i}x}^{N-\mathrm{i}x}\exp(-z^2/2)dz\\&=\int_{-N-\mathrm{i}x}^{-N}+\int_{-N}^{N}+\int_N^{N-\mathrm{i}x}\exp(-z^2/2)dz.\end{aligned}$$

令 $N\to\infty$, 容易验证最后算式的第一个与第三个积分趋近于零, 而第二个积分是 $\sqrt{2\pi}$. 由此推出密度为 $(2\pi)^{\frac{-d}{2}}\exp(-|y|^2/2)$ 的 d-维标准正态分布的特征函数是 $\exp(-|x|^2/2)$.

由此例容易推出如果 ξ 是服从例 1.3.9 的正态分布的 d-维随机变量, 则其特征函数为

$$x\mapsto\exp\left(\mathrm{i}a\cdot x-\frac{1}{2}xBx^{\mathrm{T}}\right).$$

当 B 只是非负定而非正定时它仍然是特征函数, 参见习题. 我们把一个特征函数如上 (B 是非负定的) 的分布函数也称为正态分布, 即包含了退化的情况. 自然地, 一个随机向量是正态分布的如果其分布函数是正态分布的. 由此可证明一个随机向量是正态分布的当且仅当其分量的任何线性组合是正态分布的. ▍

1.5.2 唯一性与连续性

下面我们证明特征函数唯一地决定分布, 或者说分布可以用特征函数来表示. 设 μ, ν 是 $\mathbf{R}^d$ 上的两个分布, 则对任何 $x,z\in\mathbf{R}^d$, $\mathrm{e}^{-\mathrm{i}xz}\hat{\mu}(z)=\int \mathrm{e}^{\mathrm{i}z(y-x)}\mu(dy)$,

那么对变量 z 关于 ν 积分, 由 Fubini 定理得

$$\int e^{-ixz}\hat{\mu}(z)\nu(dz) = \int \hat{\nu}(y-x)\mu(dy).$$

取 ν 为例 1.4.2中的正态分布 b_t. 则由例 1.5.1, $\hat{b}_t(y) = \exp\left(-t\frac{|y|^2}{2}\right)$, 因此

$$\int e^{-ixz}\hat{\mu}(z)\frac{1}{(2\pi t)^{\frac{d}{2}}}\exp\left(-\frac{|z|^2}{2t}\right)dz = \int \exp\left(-t\frac{|y-x|^2}{2}\right)\mu(dy),\ x \in \mathbf{R}^d.$$

将 t 用 $\frac{1}{t}$ 代替,

$$\int e^{-ixz}\hat{\mu}(z)\frac{1}{(2\pi)^d}\exp\left(-\frac{t|z|^2}{2}\right)dz = \frac{1}{(2\pi t)^{\frac{d}{2}}}\int \exp\left(-\frac{|y-x|^2}{2t}\right)\mu(dy),\ x \in \mathbf{R}^d.$$

右边是卷积 $b_t * \mu$ 的密度函数, 当 $t \downarrow 0$ 时, $b_t * \mu \xrightarrow{\mathrm{w}} \mu$ (例 1.4.2). 故我们有以下表示, 称为逆转公式:

$$\mu(f) = \lim_{t\downarrow 0}\frac{1}{(2\pi)^d}\int f(x)dx\int e^{-ixz}\hat{\mu}(z)\exp\left(-\frac{t|z|^2}{2}\right)dz,\ f \in C_0(\mathbf{R}^d),$$

由此推出下面的唯一性定理.

定理 1.5.2 相同特征函数的分布是相同的.

上面的公式里积分与极限一般是不能交换的, 但如果 $\hat{\mu}$ 是 Lebesgue 可积的, 则由控制收敛定理得

$$\mu(f) = \frac{1}{(2\pi)^d}\int f(x)dx\int e^{-ixz}\hat{\mu}(z)dz,$$

即 μ 是关于 Lebesgue 测度绝对连续的, 且密度

$$\frac{d\mu}{dx} = \frac{1}{(2\pi)^d}\int_{\mathbf{R}^d} e^{-ixz}\hat{\mu}(z)dz$$

是连续的. 当 $\hat{\mu}$ 是平方可积时, μ 也是绝对连续的, 但上述等式几乎处处地成立, 密度是 L^2 的, 见习题. 注意, 分布的特征函数理论是 Fourier 变换理论的特殊情况, Fourier 变换先对速降函数定义, 然后推广到速降函数空间的对偶空间 (称为缓增广义函数空间) 上, 分布是一个缓增的广义函数. 有意思的是, Fourier 变换在 L^2 空间上是到自身的等距同构.

设 $\xi = (\xi_1, \cdots, \xi_n)$ 是 n-维随机向量, 则它们相互独立等价于对应的 n-维分布 μ_ξ 等于 n 个分布的乘积, 即

$$\mu_\xi = \mu_{\xi_1} \times \cdots \times \mu_{\xi_n}.$$

由唯一性定理, 我们有

定理 1.5.3 **随机变量** $\xi_1, \cdots, \xi_n$ **相互独立当且仅当对任何** $(x_1, \cdots, x_n) \in \mathbf{R}^n$,

$$\mathbb{E}\left[e^{i\sum_{j=1}^{n} x_j\xi_j}\right] = \prod_{j=1}^{n} \mathbb{E}\left[e^{ix_j\xi_j}\right].$$

最后我们将证明 $F \mapsto \hat{F}$ 的逆映射是连续的, 称为连续性定理. 设 $\{F_n\}$, F 是分布, 则由定理 1.4.18, $F_n \xrightarrow{w} F$ 蕴含 $\hat{F}_n$ 点点收敛于 $\hat{F}$. 实际上有更强的紧一致收敛性.

引理 1.5.4 $\hat{F}_n$ **在任何有界区间上一致收敛于** $\hat{F}$.

证明. 为证明一致性, 我们只需要观察到

$$|\hat{F}_n(x+y) - \hat{F}_n(x)| \leqslant \int |e^{iyz} - 1| dF_n(z) \longrightarrow \int |e^{iyz} - 1| dF(z),$$

这说明 $\{\hat{F}_n : n \geqslant 1\}$ 是等度连续的. 然后一个标准的 3ε 论证可以证明引理结论. □

定理 1.5.5 (Lévy-Cramer) **设** $\{F_n\}$ **是分布函数列. 若** $\hat{F}_n$ **点点收敛于一个在零点连续的函数** ϕ, **则** ϕ **是一个分布函数** F **的特征函数且** $F_n \xrightarrow{w} F$.

证明. 定理 1.4.19 说 F_n 有一个子列 (不妨仍用 F_n 表示) 弱收敛于某个递增右连续函数 F. 我们来证明在 ϕ 连续的条件下, F 是一个分布函数, 即证明其全变差是 1. 任取 $t > 0$, 由 Fubini 定理,

$$\begin{aligned}
\frac{1}{t}\int_{-t}^{t}(1 - \hat{F}_n(x))dx &= \frac{1}{t}\int_{-t}^{t} dx \int_{\mathbf{R}} (1 - e^{ixy}) dF_n(y) \\
&= \frac{1}{t}\int_{\mathbf{R}} F_n(dy) \int_{-t}^{t} (1 - e^{ixy}) dx \\
&= 2\int_{\mathbf{R}} \left(1 - \frac{\sin ty}{ty}\right) dF_n(y) \\
&\geqslant 2\int_{\mathbf{R}} \left(1 - \left|\frac{\sin ty}{ty}\right|\right) dF_n(y) \geqslant \int_{|y| \geqslant \frac{2}{t}} dF_n(y).
\end{aligned}$$

最后的不等号是因为当 $t|y| \geqslant 2$ 时,

$$1 - \left|\frac{\sin ty}{ty}\right| \geqslant \frac{1}{2}.$$

由控制收敛定理,

$$\lim_{n} \frac{1}{t}\int_{-t}^{t}(1 - \hat{F}_n(x))dx = \frac{1}{t}\int_{-t}^{t}(1 - \phi(x))dx.$$

又 ϕ 连续且 $\phi(0)=1$, 故对任何 $\varepsilon>0$, 对充分小的正数 t, 有

$$\frac{1}{t}\int_{-t}^{t}(1-\phi(x))dx<\varepsilon,$$

因此存在充分大的 N, 使得当 $n\geqslant N$ 时,

$$\frac{1}{t}\int_{-t}^{t}(1-\hat{F}_n(x))dx<\varepsilon,$$

即得 $\int_{|y|\geqslant\frac{2}{t}}dF_n(y)<\varepsilon$. 弱收敛性推出 $\int_{|y|\geqslant\frac{2}{t}}dF(y)\leqslant\varepsilon$, 其中 $2/t,-2/t$ 假设是 F 的连续点. 因此 F 是分布函数.

由此推出 $\hat{F}_n$ 点点收敛于 $\hat{F}$, 因此 $\hat{F}=\phi$. 这样我们证明了 $\{F_n\}$ 的任何弱收敛子列的极限一定是分布函数且这些极限分布函数有共同的特征函数 ϕ, 由唯一性定理推出这些分布函数是相等的, 由此可知 $\{F_n\}$ 的所有弱收敛子列有相同极限, 故而 F_n 弱收敛于 F. □

1.5.3 中心极限定理

作为应用, 我们来证明著名的中心极限定理. 二项分布近似地是标准正态分布的事实通常称为 DeMoivre-Laplace 中心极限定理, 即若 S_n 服从参数 n,p 的二项分布, 则对任何 $x\in\mathbf{R}$,

$$\lim_{n}\mathbb{P}\left(\frac{S_n-np}{\sqrt{npq}}\leqslant x\right)=\frac{1}{\sqrt{2\pi}}\int_{-\infty}^{x}\exp\left(-\frac{y^2}{2}\right)dy.$$

下面我们应用特征函数方法可以简单地证明更一般的中心极限定理.

定理 1.5.6 (Lévy-Lindeberg) **设 $\{\xi_n\}$ 是平方可积的独立同分布的标准化的随机变量列, $S_n=\sum_{i=1}^{n}\xi_i$, 则 $S_n/\sqrt{n}$ 的分布弱收敛于标准正态分布.**

证明. 设 f 是 ξ_n 的特征函数, 则 $\frac{S_n}{\sqrt{n}}$ 的特征函数为 $f_n(x)=f(\frac{x}{\sqrt{n}})^n$. 我们只需计算特征函数极限即可. 由 f 二次可导的性质推出

$$\lim_{x\to 0}\frac{f(x)-(1-\frac{x^2}{2})}{x^2}=0.$$

现在固定任何的 $x\in\mathbf{R}$, 因为 $|f(x)|\leqslant 1$ 且当 n 充分大时, $0\leqslant 1-\frac{x^2}{2n}\leqslant 1$, 故

$$\left|f(\frac{x}{\sqrt{n}})^n-\left(1-\frac{x^2}{2n}\right)^n\right|\leqslant\left|f(\frac{x}{\sqrt{n}})-(1-\frac{x^2}{2n})\right|\cdot n,$$

推出

$$\lim_n f(\frac{x}{\sqrt{n}})^n = \lim_n \left(1 - \frac{x^2}{2n}\right)^n = \exp\left(-\frac{x^2}{2}\right).$$

定理结论由定理 1.5.5 推出. □

一般地, 如果 $\{\xi_n\}$ 是平方可积的独立同分布的随机变量列, 期望为 a, 方差为 σ^2, $S_n = \sum_{i=1}^n \xi_i$. 则 $\dfrac{S_n - na}{\sigma\sqrt{n}}$ 的分布弱收敛于标准正态分布. 有趣的是, 可以证明 ξ_n 平方可积是随机序列 $S_n/\sqrt{n}$ 依分布收敛的必要条件.

1.5.4 Bochner-Khinchin 定理

最后, 定义 1.5.1 下所列的特征函数的性质 (1), (2), (5) 也是特征函数的充分条件, 就是下面的定理.

定理 1.5.7 (Bochner-Khinchin) **设 f 是 $\mathbf{R}$ 上的复值函数, 则 f 是一个概率测度的特征函数当且仅当它是非负定的, 在零点连续且 $f(0) = 1$.**

证明. 只需证明充分性就够了. 由定理 1.5.5, 因为 f 在零点连续, 故只需验证 f 是一列特征函数点点收敛的极限.

由 Riemann 积分的定义以及非负定性推出对任意定义在 $\mathbf{R}$ 上的连续复值函数 ζ 及任何 $T > 0$ 有

$$\int_0^T \int_0^T f(s-t)\zeta(s)\overline{\zeta(t)}dsdt \geqslant 0.$$

对任何 $x \in \mathbf{R}$, 取 $\zeta(t) = \mathrm{e}^{-\mathrm{i}tx}$, 令

$$p_T(x) := \frac{1}{2\pi T}\int_0^T \int_0^T f(s-t)\mathrm{e}^{-\mathrm{i}(s-t)x}dsdt,$$

那么 p_T 非负, 且通过换元与交换积分次序得

$$p_T(x) = \frac{1}{2\pi}\int_{-T}^T \left(1 - \frac{|t|}{T}\right) f(t)\mathrm{e}^{-\mathrm{i}tx}dt.$$

再定义

$$f_T(t) := \left(1 - \frac{|t|}{T}\right) f(t)1_{\{|t|<T\}}.$$

因为当 $T \to \infty$ 时, f_T 点点收敛于 f, 所以我们只需证明 f_T 是特征函数就可以了. 但是从上面这个恒等式可以看出, 只需要验证两件事情: (1) p_T 是分布密度函数; (2) f_T 是 p_T 的特征函数.

任取 $n>0$,

$$\begin{aligned}\frac{1}{n}\int_0^n dy\int_{-y}^y p_T(x)dx &= \frac{1}{2\pi n}\int_{\mathbf{R}} f_T(t)dt\int_0^n dy\int_{-y}^y \mathrm{e}^{-\mathrm{i}tx}dx\\ &= \frac{1}{2\pi n}\int_{\mathbf{R}} f_T(t)dt\int_0^n \frac{2\sin yt}{t}dy\\ &= \frac{1}{\pi}\int_{\mathbf{R}} f_T(t)\frac{1-\cos nt}{nt^2}dt\\ &= \frac{1}{\pi}\int_{\mathbf{R}} f_T(t/n)\frac{1-\cos t}{t^2}dt,\end{aligned}$$

先设 f 有界, 那么当 $n\to\infty$ 时, 右边由控制收敛定理及 f_T 的连续性收敛于 1. 因为 p_T 非负, 故 $\int_{-y}^y p_T(x)dx$ 是 y 的递增连续函数, 由此推出 $\int_{\mathbf{R}} p_T(x)dx=1$, 即 p_T 是一个密度函数.

应用类似的方法,

$$\begin{aligned}\frac{1}{n}\int_0^n dy\int_{-y}^y p_T(x)\mathrm{e}^{\mathrm{i}tx}dx &= \frac{1}{2\pi n}\int_{\mathbf{R}} f_T(s)ds\int_0^n dy\int_{-y}^y \mathrm{e}^{-\mathrm{i}(t-s)x}dx\\ &= \frac{1}{\pi}\int_{\mathbf{R}} f_T(s)\frac{1-\cos n(t-s)}{n(t-s)^2}ds\\ &= \frac{1}{\pi}\int_{\mathbf{R}} f_T(t-\frac{s}{n})\frac{1-\cos s}{s^2}ds,\end{aligned}$$

还是因为 f 有界, 再次应用控制收敛定理, 当 $n\to\infty$ 时, 如果 f 还是连续的, 那么右边的极限是 $f_T(t)$. 因为 $\displaystyle\int_{-y}^y \mathrm{e}^{\mathrm{i}tx}p_T(x)dx$ 当 $y\to\infty$ 时极限存在, 故必定也等于 $f_T(t)$, 即 f_T 是 p_T 的特征函数.

上面的证明有个很有意思的技巧, 我们知道

$$\int_{-y}^y p_T(x)dx \text{ 和 } \int_{-y}^y \mathrm{e}^{\mathrm{i}tx}p_T(x)dx$$

当 y 趋于无穷时极限存在, 但极限值直接算不出来. 怎么办? 不直接硬算, 而代之以间接地计算它们的积分平均.

最后上面的证明中假设了 f 连续有界, 我们需要验证 f 的确是连续有界的. 事实上, 非负定意味着对任何 $\{t_j:1\leqslant j\leqslant n\}\subset\mathbf{R}$ 及 $\{c_j:1\leqslant j\leqslant n\}\subset\mathbf{C}$, 有

$$\sum_{j,k}c_jf(t_j-t_k)\bar{c}_k\geqslant 0.$$

取 $t_1=0, t_2=x$, $c_1=c_2=1$, 由非负定性得 $1+f(x)+f(-x)+1\geqslant 0$, 推出 $f(x)+f(-x)$ 是实数. 再取 $c_1=1$, $c_2=\mathrm{i}$, 得 $1+\mathrm{i}f(x)-\mathrm{i}f(-x)+1\geqslant 0$, 推出

$\mathrm{i}f(x)-\mathrm{i}f(-x)$ 是实数. 因此 $f(-x)=\overline{f(x)}$, 且

$$|c_1|^2+|c_2|^2\geqslant c_1\bar{c}_2\overline{f(x)}+\bar{c}_1c_2f(x).$$

然后取 $c_1=|f(x)|$, $c_2=\overline{f(x)}$, 推出 $|f(x)|\leqslant 1$. 为证连续性, 取 $n=3$, $t_1=0, t_2=x, t_3=y$, 则由矩阵 $(f(t_j-t_k):1\leqslant j,k\leqslant 3)$ 的非负定性得

$$1-|f(x)|^2-|f(y)|^2-|f(y-x)|^2+2\mathrm{Re}\{f(x)\overline{f(y)}f(y-x)\}\geqslant 0.$$

从而有

$$\begin{aligned}|f(x)-f(y)|^2&=|f(x)|^2+|f(y)|^2-2\mathrm{Re}\{f(x)\overline{f(y)}\}\\&\leqslant 1-|f(y-x)|^2+2\mathrm{Re}\{f(x)\overline{f(y)}[f(y-x)-1]\}\\&\leqslant 4|1-f(y-x)|.\end{aligned}$$

于是, f 在零点连续推出 f 实际上在 $\mathbf{R}$ 上一致连续. □

1.5.5 Laplace 变换与母函数

另外类似于特征函数但用于不同场合的变换是 Laplace 变换与母函数. Laplace 变换是研究 $\mathbf{R}_+$ 上测度的重要工具. 设 ξ 是一个非负随机变量, 自然其分布 μ 集中在非负实数集上. 定义

$$L_\xi(t)=L\mu(t):=\mathbb{E}\mathrm{e}^{-t\xi}=\int_0^\infty \mathrm{e}^{-tx}\mu(dx),\ t\geqslant 0.$$

它实际上是 μ 的 Laplace 变换. 在上下文明确的情况下, 也称它是 ξ 或 μ 的特征函数. 容易验证:

(1) $0\leqslant L_\xi\leqslant 1$ 且 $L_\xi(0)=1$;

(2) L_ξ 在 $\mathbf{R}^+$ 上连续;

(3) 设 ξ,η 是两个独立随机变量, 则 $L_{\xi+\eta}=L_\xi\cdot L_\eta$;

(4) Laplace 变换作为 t 的函数是完全单调的, 这里 $[0,+\infty)$ 上的函数 f 称为完全单调, 是指 f 是无穷次可微的且 $(-1)^nf^{(n)}\geqslant 0$.

下面是 Laplace 变换的唯一性.

定理 1.5.8 **设 μ, ν 是两个 $[0, +\infty)$ 上的分布, 如果 $L\mu = L\nu$, 则 $\mu = \nu$.**

证明. 把 $[0, +\infty)$ Alexander 紧化为 $[0, \infty]$, 那么

$$C[0, \infty] = \{u \in C(\mathbf{R}^+) : \lim_{x \to \infty} u(x) \text{ 存在}\}.$$

对任何 $t \geqslant 0$, 函数 $x \mapsto \mathrm{e}^{-tx}$ 是属于 $C[0, \infty]$ 的. 用 $\mathscr{A}$ 表示这样的函数的有限线性组合全体, 则 $\mathscr{A}$ 是 $C[0, \infty]$ 的一个区分点的子代数, 由 Stone-Weierstrass 定理得 $\mathscr{A}$ 在 $C[0, \infty]$ 中稠, 而条件说明 μ 与 ν 在 $\mathscr{A}$ 上是一样的, 由稠密性它们在 $C[0, \infty]$ 上也一样, 因此 $\mu = \nu$. □

下面的定理类似于 Bochner-Khinchin 定理.

定理 1.5.9 (Bernstein) **设 ϕ 是 $\mathbf{R}^+$ 上的连续函数且 $\phi(0) = 1$, 那么 ϕ 是 $\mathbf{R}^+$ 上的一个概率测度的 Laplace 变换当且仅当它是完全单调的.**

最后简单介绍母函数的概念和性质.

定义 1.5.10 **设有一个实数列 $a = \{a_0, a_1, \cdots, a_n, \cdots\}$, 如果幂级数**

$$G_a(z) := a_0 + a_1 z + a_2 z^2 + \cdots + a_n z^n + \cdots$$

在零点的一个非空邻域上收敛, 则称它为数列 a 的母函数.

由幂级数的知识可以证明, 一个数列的母函数唯一地决定这个数列. 母函数本身只是表达和研究数列的一种方法, 其中的变量 z 没有实质的意义. 设 ξ 是 $\mathbf{Z}_+$-值 (甚至可以允许取 $+\infty$) 随机变量, 那么它的分布列 $\mathbb{P}(\xi = n)$ 是一个有界数列, 用 G_ξ 表示它的母函数

$$G_\xi(z) := \sum_{n \geqslant 0} z^n \mathbb{P}(\xi = n),$$

那么 $G_\xi(z) = \mathbb{E}(z^\xi)$. 显然 $\lim\limits_{z \uparrow 1} G_\xi(z) = \mathbb{P}(\xi < +\infty)$. 如果 ξ, η 是非负整数值随机变量且 $G_\xi = G_\eta$, 那么 ξ 与 η 有相同的分布列.

设 $\mathbf{Z}_+$-值随机变量 ξ 的母函数是 G_ξ, 那么

$$\mathbb{E}\xi = G'_\xi(1),\ \mathbb{E}\xi^2 = G''_\xi(1) + G'_\xi(1), \cdots.$$

显然, 结论由下面的公式推出:

$$G'_\xi(z) = \sum_{n \geqslant 0} n \mathbb{P}(\xi = n) z^{n-1};$$

$$G''_\xi(z) = \sum_{n\geqslant 1} n(n-1)\mathbb{P}(\xi = n)z^{n-2}.$$

定义 1.5.11 数列 $\{u_n\}$ 与 $\{v_n\}$ 的卷积定义为数列

$$\{u_0v_n + u_1v_{n-1} + \cdots + u_nv_0 : n \geqslant 0\}.$$

容易验证, 如果 $\mathbf{Z}_+$-值随机变量 ξ, η 独立, 那么 $\xi + \eta$ 的分布列是 ξ 与 η 的分布列的卷积. 下面的定理也很容易验证, 作为习题.

定理 1.5.12 母函数为 U 的数列 $\{u_n\}$ 与母函数为 V 的数列 $\{v_n\}$ 的卷积的母函数为 UV. 因此独立 $\mathbf{Z}_+$-值的随机变量 ξ, η 和 $\xi + \eta$ 的母函数等于 ξ, η 的母函数的乘积

$$G_{\xi+\eta} = G_\xi G_\eta.$$

从本质上讲, 特征函数, Laplace 变换与母函数都是类似的, 其中最主要的是它们都唯一地确定分布且将分布的卷积化为乘积.

习　　题

1. 一个随机变量 X 称为是格分布的, 如果存在 a 与 $b > 0$ 使得 X 支撑在格 $\{a + nb : n = \cdots, -1, 0, 1, 2, \cdots\}$ 上. 设 X 的特征函数为 ϕ.

   (a) X 是格分布的当且仅当存在 $x \neq 0$ 使得 $|\phi(x)| = 1$;

   (b) 设存在不可公度的 x, x' (即 $x \neq 0, x' \neq 0, x/x'$ 是无理数) 使得 $|\phi(x)| = |\phi(x')| = 1$, 则 X 是常数.

2. 设 μ 是 $\mathbf{R}$ 上的一个分布. 证明: 如果 μ 绝对连续, 则 $\lim\limits_{x\to\infty} \hat{\mu}(x) = 0$.

3. 关于 Parseval 等式.

   (a) 设 $g \in L^1(\mathbf{R})$. g 的 Fourier 变换定义为

$$\hat{g}(x) := \int_{\mathbf{R}} \mathrm{e}^{\mathrm{i}xy} g(y)dy.$$

   证明: 如果 $g \in L^1 \cap L^2$, 那么 Parseval 等式成立

$$\frac{1}{2\pi}\int_{\mathbf{R}} |\hat{g}(x)|^2 dx = \int_{\mathbf{R}} |g(x)|^2 dx.$$

(b) 设 $g \in L^2(\mathbf{R})$, 则存在 $g_n \in L^1 \cap L^2$, 使得 $g_n \xrightarrow{L^2} g$. 证明: $\hat{g}_n$ 是 $L^2(\mathbf{R})$ 中的 Cauchy 列, 且极限与 g_n 的选取无关, 称为 g 的 Fourier 变换, 记为 $\hat{g}$, 即

$$\hat{g}(x) = \int_{\mathbf{R}} \mathrm{e}^{\mathrm{i}xy} g(y) dy.$$

注意右边的积分是 L^2 意义的. 再证明 Parseval 等式依然成立.

(c) 证明: 如果分布 μ 的特征函数 $\hat{\mu} \in L^2(\mathbf{R})$, 那么对任何 $f \in C_0(\mathbf{R})$ 有

$$\mu(f) = \int_{\mathbf{R}} f(x) dx \frac{1}{2\pi} \int_{\mathbf{R}} \mathrm{e}^{-\mathrm{i}xz} \hat{\mu}(z) dz.$$

注意最右侧关于 z 的积分也是 L^2 意义下定义的. 这蕴含着 μ 的密度存在, 且 a.e.

$$\frac{d\mu}{dx} = \frac{1}{2\pi} \int_{\mathbf{R}} \mathrm{e}^{-\mathrm{i}xz} \hat{\mu}(z) dz.$$

提示: 应用 Parseval 等式证明

$$\int \mathrm{e}^{-\mathrm{i}xz} \hat{\mu}(z) \mathrm{e}^{-\frac{t|z|^2}{2}} dz \xrightarrow{L^2} \int \mathrm{e}^{-\mathrm{i}xz} \hat{\mu}(z) dz,$$

再应用逆转公式.

4. 证明: 例 1.5.1 中的函数 $\phi(x) = \exp(\mathrm{i}(a,x) - \frac{1}{2} x B x^{\mathrm{T}})$ 当 B 非负定时也是特征函数.

5. d-维随机向量 $(\xi_1, \cdots, \xi_d)$ 服从正态分布当且仅当 $\xi_1, \cdots, \xi_d$ 的任何线性组合也服从正态分布.

6. (1) 一个服从正态分布的 d-维随机向量 $(\xi_1, \cdots, \xi_d)$ 独立 (即 $\xi_1, \cdots, \xi_d$ 互相独立) 当且仅当其协方差矩阵是对角型的. (2) 如果 $(\xi_1, \cdots, \xi_d)$ 服从正态分布, 那么存在正交矩阵 Q 使得随机向量 $(\xi_1, \cdots, \xi_n)Q$ 是独立的.

7. 证明: 一个分布 μ 是对称的 ($\mu(-A) = \mu(A)$, $A \in \mathscr{B}$) 当且仅当特征函数是实值的.

8. 考虑非负实值函数 ϕ 满足 $\phi(-x) = \phi(x)$ 和 $\phi(0) = 1$. 证明: (Polya 准则) 如果 ϕ 在 $\mathbf{R}^+$ 上递减连续且凸, 则 ϕ 是一个特征函数.

9. * 设随机变量 X 以概率 1 取无理数, 记 μ_n 是 nX 的小数部分的分布. 证明: $\frac{1}{n}\sum_{k=1}^{n}\mu_k$ 弱收敛于 $[0,1]$ 上的均匀分布.

10. 设 ξ,η 是两个随机变量, 证明: 如果 ξ 与 η 独立, 则 $\xi+\eta$ 的特征函数等于 ξ 与 η 特征函数的乘积.

11. $\mathbf{R}$ 上密度函数为 $p(x)=\frac{\lambda}{2}\mathrm{e}^{-\lambda|x|}$ 的分布称为参数为 λ 的 Laplace 分布, 计算 Laplace 分布的特征函数.

12. 给定 $t>0$, $\mathbf{R}$ 上密度函数为 $p(x)=\dfrac{1}{\pi}\dfrac{t}{x^2+t^2}$ 的分布称为参数为 t 的 Cauchy 分布.

    (a) 计算 Cauchy 分布的特征函数;

    (b) 证明: 两个独立的服从参数分别为 t,s 的 Cauchy 分布的随机变量之和是一个服从参数为 $t+s$ 的 Cauchy 分布;

    (c) 验证如果 ξ 服从参数为 1 的 Cauchy 分布, 则 2ξ 的特征函数是 ξ 的特征函数的平方, 这说明特征函数性质 (4) 的逆不成立.

13. 是否存在独立同分布随机变量 X,Y 使得 $X-Y$ 是 $[-1,1]$ 上的均匀分布?

14. 证明: 当 $q>2$ 时, $\phi(t)=\mathrm{e}^{-|t|^q}$ 不是特征函数.

15. (Bernstein) 设 ξ,η 是独立同分布的平方可积随机变量, 如果 $\xi+\eta$ 与 $\xi-\eta$ 独立, 则 ξ,η 是正态分布的.

16. (Abel) 如果级数 $\sum_n a_n$ 收敛, 那么级数 $\sum_n a_n z^n$ 对所有 $|z|<1$ 收敛, 且

$$\lim_{z\uparrow 1}\sum_n a_n z^n=\sum_n a_n.$$

17. 设 μ 是 $\mathbf{R}$ 上的一个分布. 如果 $\mu(\{a\})=\mu(\{b\})=0$, 证明: 下列公式成立

$$\mu((a,b])=\frac{1}{2\pi}\lim_{T\to\infty}\int_{-T}^{T}\frac{\mathrm{e}^{-\mathrm{i}ax}-\mathrm{e}^{-\mathrm{i}bx}}{\mathrm{i}x}\hat{\mu}(x)dx.$$

    该公式称为反演公式.

18. 完成引理 1.5.4 的证明.

19. 设 $X_1,\cdots,X_n,\cdots$ 是独立同分布随机序列, $S_n=X_1+\cdots+X_n$.

(a) * 证明: S_n/n 依概率收敛当且仅当 X_1 的特征函数在零点可导;

(b) 证明: S_n/n 几乎处处收敛当且仅当 X_1 可积.

1.6 条件期望

条件数学期望, 简称条件期望, 是随机分析理论中一个极其重要的概念, 在马氏过程和鞅的研究中是不可或缺的. 随机现象中最重要的事情是了解随机变量, 而这显然依赖于我们所持有的信息. 因此我们把概率空间中的 σ-域 $\mathscr{F}$ 理解为全部信息, 其中的子 σ-域 $\mathscr{G}$ 理解为部分信息. 现在的问题是在掌握部分信息的条件下, 我们是怎么最佳地理解随机变量的. 条件期望也可以看成条件概率的推广.

1.6.1 条件期望的定义与性质

在定义条件期望前, 我们需要证明存在唯一性. 设 $(\Omega, \mathscr{F}, \mathbb{P})$ 是一个概率空间, $\mathscr{G}$ 是 $\mathscr{F}$ 的子 σ-代数, ξ 是 $(\Omega, \mathscr{F}, \mathbb{P})$ 上的可积随机变量.

引理 1.6.1 **满足以下两个条件的随机变量 η 存在且在几乎处处相等的意义下唯一:**

(1) η **是关于** $\mathscr{G}$ **可测的;**

(2) **对任何的** $B \in \mathscr{G}$, **有** $\mathbb{E}[\eta; B] = \mathbb{E}(\xi; B)$.

证明. 唯一性是容易验证的, 留给读者. 为了证明存在性, 令 $\mu(A) := \mathbb{E}(\xi; A)$, $A \in \mathscr{G}$, 则 μ 是 $(\Omega, \mathscr{G})$ 上的有限符号测度, 关于 $\mathbb{P}$ (在 $\mathscr{G}$ 上的限制) 绝对连续. 由 Radon-Nikodym 定理 (1.2.29), μ 关于 $\mathbb{P}$ 在 Radon-Nikodym 意义下可导, 导数 (或者密度) 记为 η, 它满足定义中的条件 (1) 与 (2). □

引理中的 η 是给定信息 $\mathscr{G}$ 之下对于 ξ 的预测, 条件 (1) 是给定信息层次, 条件 (2) 说明 η 如何表达 ξ. 下面给出条件数学期望的定义.

定义 1.6.2 **引理中唯一存在的 η 称为 ξ 关于 $\mathscr{G}$ 的条件数学期望, 记为 $\mathbb{E}(\xi|\mathscr{G})$. 特别地, 记 $\mathbb{P}(B|\mathscr{G}) := \mathbb{E}(1_B|\mathscr{G})$, 称为 B 关于 $\mathscr{G}$ 的条件概率. 如果 $\{\xi_i : i \in I\}$ 是一族随机变量, 我们记 $\mathbb{E}(\xi|\xi_i : i \in I) := \mathbb{E}(\xi|\sigma(\xi_i : i \in I))$.**

因为条件期望只是在几乎处处相等的意义下唯一, 所以不管是否说明, 有关条件期望的等式或不等式都是在几乎处处成立的意义之下.

例 1.6.1 一个可测集 $A \in \mathscr{G}$ 称为 $\mathscr{G}$ 的原子, 如果 A 是非空的且除 A 之外不包含其他 $\mathscr{G}$ 中的可测集. 关于 $\mathscr{G}$ 可测的随机变量 η 在 $\mathscr{G}$ 的原子 A 上等于常数. 事实上, 取 $\omega_0 \in A$, 记 $c = \eta(\omega_0)$, 则 $A \cap \{\eta = c\}$ 是 A 的非空可测子集, 因此必等于 A, 即对于所有 $\omega \in A$, $\eta(\omega) = c$.

设 $\Omega_1, \cdots, \Omega_n$ 是 Ω 的正概率且互斥的事件. 令 $\mathscr{G} := \sigma(\{\Omega_1, \cdots, \Omega_n\})$. 取可积随机变量 ξ, 我们来计算 $\mathbb{E}(\xi|\mathscr{G})$. 首先因为 $\mathbb{E}(\xi|\mathscr{G})$ 是 $\mathscr{G}$ 可测的, 故每个 Ω_i 是 $\mathscr{G}$ 的原子, $\mathbb{E}(\xi|\mathscr{G})$ 在每个 Ω_i 上是常数, 也就是说, 它有形式

$$\mathbb{E}(\xi|\mathscr{G}) = \sum_{i=1}^{n} a_i 1_{\Omega_i}.$$

现在利用定义的条件 (2) 得 $a_i = \dfrac{\mathbb{E}(\xi; \Omega_i)}{\mathbb{P}(\Omega_i)}$, 称为 ξ 在 Ω_i 上的平均或者期望, 记为 $\mathbb{E}[\xi|\Omega_i]$. 因此

$$\mathbb{E}(\xi|\mathscr{G}) = \sum_{i=1}^{n} \mathbb{E}[\xi|\Omega_i] \cdot 1_{\Omega_i},$$

即条件期望在每个原子上等于在该原子上的平均. ∎

上面的例子是简单情况下条件数学期望的直观解释. 将 σ-代数理解为信息, $\mathscr{F}$ 即表示全部的信息. 条件数学期望 $\mathbb{E}(\xi|\mathscr{G})$ 表示在已知信息 $\mathscr{G}$ 下 ξ 的局部平均, 或对 ξ 的某种意义的最好估计. 这由下面的定理解释之.

定理 1.6.3 **如果 ξ 平方可积, 那么 $\mathbb{E}[\xi|\mathscr{G}]$ 是 ξ 到空间 $L^2(\Omega, \mathscr{G}, \mathbb{P})$ 的正交投影, 即该空间中到 ξ 在 L^2 距离下最近的点.**

事实上, 设 η 是 ξ 到 $L^2(\Omega, \mathscr{G}, \mathbb{P})$ 的正交投影. 那么它是关于 $\mathscr{G}$ 可测的且对任何 $A \in \mathscr{G}$, 因为 $1_A \in L^2(\Omega, \mathscr{G}, \mathbb{P})$ 有 $\mathbb{E}[(\xi - \eta)1_A] = 0$, 即说明 η 满足定义的两个条件. 反之, 为了证明 $\mathbb{E}(\xi|\mathscr{G})$ 就是正交投影, 只需验证它平方可积且对任何 $X \in L^2(\Omega, \mathscr{G}, \mathbb{P})$ 有

$$\mathbb{E}[(\xi - \mathbb{E}(\xi|\mathscr{G}))X] = 0. \tag{1.6.1}$$

首先由定义上式对 $X = 1_A$, $A \in \mathscr{G}$ 成立, 所以对所有 $\mathscr{G}$ 可测的简单随机变量 X 成立. 然后由 Cauchy-Schwarz 不等式

$$|\mathbb{E}[\mathbb{E}(\xi|\mathscr{G})X]| = |\mathbb{E}[\xi X]| \leqslant \|\xi\|_{L^2} \cdot \|X\|_{L^2}.$$

由此推出 $\mathbb{E}(\xi|\mathscr{G})$ 平方可积, 进而式 (1.6.1) 成立.

下面我们给出有关条件数学期望的一些性质.

定理 1.6.4 设 $\xi, \eta, \{\xi_n\}$ 是可积随机变量.

(1) 如果 ξ 关于 $\mathscr{G}$ 可测, 则 $\mathbb{E}(\xi|\mathscr{G}) = \xi$; 如果 ξ 与 $\mathscr{G}$ 独立, 则 $\mathbb{E}(\xi|\mathscr{G}) = \mathbb{E}\xi$, 特别地 $\mathbb{E}(\xi|\{\Omega, \varnothing\}) = \mathbb{E}\xi$;

(2) 如果 $\xi = a$, 则 $\mathbb{E}(\xi|\mathscr{G}) = a$ a.s.;

(3) 设 a, b 是常数, 则 $\mathbb{E}(a\xi + b\eta|\mathscr{G}) = a\mathbb{E}(\xi|\mathscr{G}) + b\mathbb{E}(\eta|\mathscr{G})$;

(4) 如果 $\xi \leqslant \eta$, 则 $\mathbb{E}(\xi|\mathscr{G}) \leqslant \mathbb{E}(\eta|\mathscr{G})$;

(5) $|\mathbb{E}(\xi|\mathscr{G})| \leqslant \mathbb{E}(|\xi||\mathscr{G})$;

(6) $\mathbb{E}(\mathbb{E}(\xi|\mathscr{G})) = \mathbb{E}\xi$;

(7) 如果 $\lim_n \xi_n = \xi$ a.s. 且 $|\xi_n| \leqslant \eta$, 则 $\lim_n \mathbb{E}(\xi_n|\mathscr{G}) = \mathbb{E}(\xi|\mathscr{G})$.

证明. (1), (2), (3) 的证明留给读者. 为证 (4), 对任何 $A \in \mathscr{G}$,

$$\mathbb{E}([\mathbb{E}(\eta|\mathscr{G}) - \mathbb{E}(\xi|\mathscr{G})]; A) = \mathbb{E}(\mathbb{E}(\eta - \xi|\mathscr{G}); A) = \mathbb{E}((\eta - \xi); A) \geqslant 0.$$

而 $\mathbb{E}(\eta|\mathscr{G}) - \mathbb{E}(\xi|\mathscr{G})$ 是 $\mathscr{G}$ 可测的, 故是非负的. (5) 由 (4) 推出. (6) 是下面定理 1.6.5(2) 的推论. 为证 (7), 令 $Z_n := \sup_{k \geqslant n} |\xi_k - \xi|$, 则 $Z_n \downarrow 0$ 且 $|Z_n| \leqslant 2\eta$, 由控制收敛定理 $\mathbb{E}Z_n \downarrow 0$. 而 $|\mathbb{E}(\xi_n|\mathscr{G}) - \mathbb{E}(\xi|\mathscr{G})| \leqslant \mathbb{E}(Z_n|\mathscr{G})$ 且 $\mathbb{E}(Z_n|\mathscr{G})$ 是单调的, 设其极限是 Z, 则 Z 是非负的, $\mathbb{E}Z = \mathbb{E}(\mathbb{E}(Z|\mathscr{G})) \leqslant \mathbb{E}(\mathbb{E}(Z_n|\mathscr{G})) = \mathbb{E}Z_n$, 因此 $\mathbb{E}Z = 0$, 即 $Z = 0$ a.s.. □

定理 1.6.5 设 ξ, η 是随机变量.

1. 如果 ξ 是 $\mathscr{G}$ 可测的, 且 η 和 $\xi\eta$ 是可积的, 则 $\mathbb{E}(\xi\eta|\mathscr{G}) = \xi\mathbb{E}(\eta|\mathscr{G})$.

2. 如果 $\mathscr{G} \subset \mathscr{B}$ 都是 $\mathscr{F}$ 的子 σ-代数, 且 ξ 是可积的, 则

$$\mathbb{E}(\mathbb{E}(\xi|\mathscr{G})|\mathscr{B}) = \mathbb{E}(\mathbb{E}(\xi|\mathscr{B})|\mathscr{G}) = \mathbb{E}(\xi|\mathscr{G}).$$

证明. 1. 只需对非负的 ξ, η 对就够了. 因 $\xi\mathbb{E}(\eta|\mathscr{G})$ 是 $\mathscr{G}$ 可测的, 故我们只需验证对任意 $A \in \mathscr{G}$, 有 $\mathbb{E}(\xi\mathbb{E}(\eta|\mathscr{G}); A) = \mathbb{E}(\xi\eta; A)$. 当 ξ 是示性函数时, 即 $\xi = 1_G, G \in \mathscr{G}$, 上式显然成立, 因此上式对 $\mathscr{G}$ 可测的简单函数成立, 从而对非负可测函数成立.

2 首先 $\mathbb{E}(\xi|\mathscr{G})$ 是 $\mathscr{B}$ 可测的, 因此必有 $\mathbb{E}(\mathbb{E}(\xi|\mathscr{G})|\mathscr{B}) = \mathbb{E}(\xi|\mathscr{G})$. 另一方面, 对 $A \in \mathscr{G}$, 则 $A \in \mathscr{B}$, 故 $\mathbb{E}[\mathbb{E}(\xi|\mathscr{G}); A] = \mathbb{E}[\xi; A] = \mathbb{E}[\mathbb{E}(\xi|\mathscr{B}); A]$. 因此 $\mathbb{E}(\mathbb{E}(\xi|\mathscr{B})|\mathscr{G}) = \mathbb{E}(\xi|\mathscr{G})$. □

这个定理有直观的解释, 实际上是全概率公式的推广, 读者可自己试着去理解.

注释 1.6.1 有一个直观的比喻, 也许可以帮助我们理解条件期望. 把随机变量 ξ 理解为一个看不清楚的随机妖, 把条件期望 $\mathbb{E}(\xi|\mathscr{G})$ 理解为精度由 $\mathscr{G}$ 确定的照妖镜来观察 ξ. 如果精度不够, 那么就不可能完全看清楚妖, 也许可以大概有一些了解, 例如哪个部位是头部或者四肢, 但看不清五官或者手指头等更多的细节. 如果精度足够, 也就是 ξ 是 $\mathscr{G}$ 可测的, 那么照妖镜就可以呈现妖的每一个细节. 如果两个照妖镜叠加使用, 那么效果向精度低的看齐. 最后, 照妖镜也有失效的时候, 例如当随机妖薄如蝉翼并且恰好垂直于镜面的时候, 照妖镜也就看不到任何有价值的东西了.

最后, 我们还有重要的 Jensen 不等式. $\mathbf{R}$ 的区间 (a,b) 上的凸函数 ϕ 是指对任何 $x,y\in(a,b)$ 及 $p,q\geqslant 0$, $p+q=1$, 有

$$\phi(px+qy)\leqslant p\phi(x)+q\phi(y).$$

定理 1.6.6 (Jensen) **设 ξ 是可积随机变量, ϕ 是 $\mathbf{R}$ 上的凸函数且 $\phi(\xi)$ 可积, 则**

$$\phi(\mathbb{E}(\xi|\mathscr{G}))\leqslant\mathbb{E}(\phi(\xi)|\mathscr{G}).$$

证明. 凸性保证 ϕ 的左右导数存在, 令 A 是其右导数, 则 A 递增且对任何 $x_0\in\mathbf{R}$, $A(x_0)(x-x_0)+\phi(x_0)\leqslant\phi(x)$, $x\subset\mathbf{R}$. 将 x,x_0 分别用 ξ, $\mathbb{E}(\xi|\mathscr{G})$ 代入:

$$A(\mathbb{E}(\xi|\mathscr{G}))[\xi-\mathbb{E}(\xi|\mathscr{G})]+\phi(\mathbb{E}(\xi|\mathscr{G}))\leqslant\phi(\xi).$$

如果 $\mathbb{E}(\xi|\mathscr{G})$ 有界, 则上式左边两项有界, 右边一项可积. 因 A 是 Borel 可测的, 故 $A(\mathbb{E}(\xi|\mathscr{G}))$ 关于 $\mathscr{G}$ 可测. 两边对 $\mathscr{G}$ 取条件数学期望得证 Jensen 不等式.

一般地, 令 $G_n:=\{\mathbb{E}(|\xi||\mathscr{G})\leqslant n\}$, 则 $G_n\in\mathscr{G}$ 且 $G_n\uparrow\Omega$. 因此

$$\phi(\mathbb{E}(\xi 1_{G_n}|\mathscr{G}))\leqslant\mathbb{E}(\phi(\xi 1_{G_n})|\mathscr{G})=\mathbb{E}(1_{G_n}\phi(\xi)+1_{G_n^c}\phi(0)|\mathscr{G}).$$

由 ϕ 的连续性及控制收敛定理得上述不等式. □

例 1.6.2 此例说明条件期望与条件密度的关系. 设 (ξ,η) 是 2- 维随机变量, F 是它们的联合分布函数. 设 $x,y\in\mathbf{R}$, 考虑条件概率 $\mathbb{P}(\xi=x|\eta=y)$. 在离散的情况下, 这个概率在 y 属于 η 的值域时是有意义的, 通常记它为 $f_{\xi|\eta}(x|y)$. 那么条件数学期望有表达式 $\mathbb{P}(\xi=x|\eta)=f_{\xi|\eta}(x|\eta)$. 因为, 当 y 属于 η 的值域时,

$$\mathbb{P}(\xi=x,\eta=y)=f_{\xi|\eta}(x|y)\mathbb{P}(\eta=y)=\mathbb{E}(f_{\xi|\eta}(x|\eta);\eta=y).$$

以上的 $x \mapsto f_{\xi|\eta}(x|y)$ 就是 $\eta = y$ 时 ξ 的条件分布列.

一般地, 因为 $\{\eta = y\}$ 可能概率为零, 所以上面的条件概率无意义. 但如果 (ξ, η) 是连续型的, 即它们有一个 Borel 可测的密度函数 f, 记 ξ, η 的密度函数分别为 f_ξ, f_η, 那么我们定义

$$\mathbb{P}(\xi \leqslant x|\eta = y) := \lim_{\delta \to 0} \mathbb{P}(\xi \leqslant x|\eta \in (y-\delta, y+\delta)),$$

当然是当右边的极限存在时, 如果极限不存在就定义为 0. 因为

$$\begin{aligned}\mathbb{P}(\xi \leqslant x|\eta \in (y-\delta, y+\delta)) &= \frac{\int_{-\infty}^x ds \int_{(y-\delta,y+\delta)} f(s,t)dt}{\int_{(y-\delta,y+\delta)} f_\eta(t)dt} \\ &= \frac{\int_{-\infty}^x ds \frac{1}{2\delta} \int_{(y-\delta,y+\delta)} f(s,t)dt}{\frac{1}{2\delta} \int_{(y-\delta,y+\delta)} f_\eta(t)dt},\end{aligned}$$

故在几乎处处的意义下

$$\mathbb{P}(\xi \leqslant x|\eta = y) = \int_{-\infty}^x \frac{f(s,y)}{f_\eta(y)} ds,$$

且当右边的分母为 0 时看作 0. 函数 $\frac{f(\cdot,y)}{f_\eta(y)}$ 称为 $\eta = y$ 时 ξ 的条件概率密度函数, 是 Borel 可测的, 通常记为 $f_{\xi|\eta}(\cdot|y)$. 同样地有表达式

$$\mathbb{P}(\xi \leqslant x|\eta) = \int_{-\infty}^x f_{\xi|\eta}(s|\eta) ds.$$

此式给出了条件期望与条件密度的关系.

更一般地, 因为测度 $B \mapsto \mathbb{P}(\xi \leqslant x, \eta \in B)$ 关于测度 $B \mapsto \mathbb{P}(\eta \in B)$ 绝对连续, 我们将其 Radon-Nikodym 导数用 ϕ 表示, 它是 $\mathbf{R}$ 上的一个几乎处处确定的函数. 显然 $\mathbb{P}(\xi \leqslant x|\eta) = \phi(\eta)$. 当然如果 $\mathbb{P}(\xi \leqslant x|\eta = y)$ 有意义, 那么它与 $\phi(y)$ 对于几乎所有的 $y \in \mathbf{R}$ 是相同的. ∎

1.6.2 正则条件分布 *

条件期望只是在几乎处处相等的条件下唯一的. 给定随机变量 ξ 和子 σ-域 $\mathscr{G}$. 条件分布族

$$\{\mathbb{E}[1_{\{\xi \in A\}}|\mathscr{G}] : A \in \mathscr{B}(\mathbf{R})\}$$

有几乎处处的可列可加性: 对互斥的 Borel 集 $\{A_n\}$, 有

$$\mathbb{E}[1_{\{\xi \in \bigcup_n A_n\}}|\mathscr{G}] = \sum_n \mathbb{E}[1_{\{\xi \in A_n\}}|\mathscr{G}], \text{ a.s..}$$

实际上, 对任何固定的 Borel 集 A, 条件期望 $\mathbb{E}[1_{\{\xi\in A\}}|\mathscr{G}]$ 只是在几乎处处相等的意义下确定的随机变量, 这时我们通常无法谈论它在一个 (零概率) 样本点 ω 上的取值, 甚至不能保证对于每个 $\omega\in\Omega$, $\mathbb{E}[1_{\{\xi\in A\}}|\mathscr{G}](\omega)$ 对于所有 $A\in\mathscr{B}(\mathbf{R})$ 有定义. 正则条件分布致力于从条件分布族的众多版本中选取一个好的版本, 使得在一个共同的零概率集之外的任意样本 ω, 条件期望 $\mathbb{E}[1_{\{\xi\in A\}}|\mathscr{G}](\omega)$ 对于所有 $A\in\mathscr{B}(\mathbf{R})$ 有定义且关于 A 有可列可加性, 即我们可以把条件期望看成函数

$$(\omega, A)\mapsto \mathbb{E}[1_{\{\xi\in A\}}|\mathscr{G}](\omega),$$

其中它关于 ω 可测, 关于 A 是测度.

为了说清楚这个问题, 先介绍核的概念.

定义 1.6.7 **设 $(E,\mathscr{E})$ 是一个可测空间, $\mathscr{G}$ 是 Ω 上的 σ-代数. 如果空间 $\Omega\times\mathscr{E}$ 上的函数 K 满足**

(1) **对于任何 $\omega\in\Omega$, $K(\omega,\cdot)$ 是 $(E,\mathscr{E})$ 上的测度;**

(2) **对于任何 $A\in\mathscr{E}$, $K(\cdot,A)$ 是 $\mathscr{G}$ 可测的,**

那么 K 称为是从 $(\Omega,\mathscr{G})$ 到 $(E,\mathscr{E})$ 的一个核; 当 $K(x,E)=1$, $\forall x\in E$ 时, 称为 Markov 核; 当 $K(x,E)\leqslant 1$, $\forall x\in E$ 时, 称为子 Markov 核. 如果 $(\Omega,\mathscr{G})=(E,\mathscr{E})$, 那么 K 称为 $(E,\mathscr{E})$ 上的核.

定义 1.6.8 **设 ξ 是 $(\Omega,\mathscr{F})$ 到 $(E,\mathscr{E})$ 的可测映射, ρ 是 $(\Omega,\mathscr{G})$ 到 $(E,\mathscr{E})$ 的核且对于任何 $A\in\mathscr{E}$, 有 $\rho(\cdot,A)=\mathbb{E}[1_{\{\xi\in A\}}|\mathscr{G}]$, a.s., 那么我们说 ρ 是 ξ 关于 $\mathscr{G}$ 的正则条件分布.**

显然, 条件期望是正则条件分布的期望, 即当 f 是 E 上的非负可测函数时,

$$\mathbb{E}[f(\xi)|\mathscr{G}](\omega)=\int_E f(x)\rho(\omega,dx),\ \text{a.s.}.$$

正则条件分布是条件分布中的一个精心选取的版本. 那么正则条件分布是不是存在呢? 如果存在, 它一定在几乎处处相等的意义下是唯一的.

定理 1.6.9 **随机变量 ξ 的正则条件分布一定存在.**

证明. 对任何 $x\in\mathbf{R}$, 条件概率 $\mathbb{P}(\xi\leqslant x|\mathscr{G})$ 几乎处处存在, 即去掉一个零概率集之后唯一确定. 那么去掉一个零概率集 N, 条件概率 $\mathbb{P}(\xi\leqslant x|\mathscr{G})$ 对于所有有理数唯一

确定且在有理数集上单调. 对于 $\omega \notin N$, $y \in \mathbf{R}$, 定义

$$F(\omega, y) := \inf\{\mathbb{P}(\xi \leqslant x|\mathscr{G}) : x \in \mathbf{Q}, x > y\}.$$

因为当 $x \in \mathbf{Q}$, $x > y$, $x \to y$ 时,

$$\mathbb{P}(\xi \leqslant x|\mathscr{G}) \xrightarrow{L^2} \mathbb{P}(\xi \leqslant y|\mathscr{G}),$$

所以对任何 $y \in \mathbf{R}$ 有 $F(\cdot, y) = \mathbb{P}(\xi \leqslant y|\mathscr{G})$. 定义 $\rho(\omega, dy) := dF(\omega, y)$, 即该函数诱导的测度, 然后用 Dynkin 引理可验证 ρ 是所求正则条件分布, 留作习题. □

这样从依赖于某个参数 (这里是 A) 的几乎处处版本中取出一个共同的几乎处处版本的过程称为完美化, 是概率论中常见的一个思想, 其中的一个关键是单调性与实数有可列稠子集这两个性质. 实际上, 定理的证明思想可用于证明当 E 是 Polish 空间时结论也成立, 有兴趣的读者可以自行完成.

习 题

1. 设 $\{\xi_i : i \in I\}$ 是 Ω 上的一族函数, $\mathscr{F} := \sigma(\{\xi_i : i \in I\})$, 证明: 如果 $A \in \mathscr{F}$, 那么存在 I 的一个可列子集 J 使得 $A \in \sigma(\{\xi_i : i \in J\})$.

2. 设 $\Omega = [-1, 1]$, $\mathscr{F}$ 是 Ω 的 Borel 子集全体, $\mathbb{P}$ 是 $\frac{1}{2}$ 的 Lebesgue 测度, $Y(\omega) = |\omega|$, X 是可积随机变量, 计算: $\mathbb{E}(X|Y)$.

3. 设 (X, Y) 服从参数为 $(a_1, a_2, \sigma_1^2, \sigma_2^2, \rho)$ 的二维正态分布, 求 $\mathbb{E}(X|Y)$.

4. 设 ξ 是随机变量, 证明: ξ 与子 σ-代数 $\mathscr{G}$ 独立当且仅当对任何有界 Borel 可测函数 g 有 $\mathbb{E}[g(\xi)|\mathscr{G}] = \mathbb{E}[g(\xi)]$.

5. 设随机变量 (X, Y) 与 Z 独立, X 可积, 证明: $\mathbb{E}[X|Y, Z] = \mathbb{E}[X|Y]$.

6. 设 ξ, η 是独立同分布的可积随机变量, 证明:

$$\mathbb{E}[\xi|\xi + \eta] = \frac{\xi + \eta}{2}.$$

7. 设 $\xi_1, \xi_2, \cdots$ 是独立同分布的可积随机序列, $S_n := \xi_1 + \cdots + \xi_n$. 证明:

$$\mathbb{E}[\xi_1|S_n, S_{n+1}, \cdots] = \frac{S_n}{n}.$$

8. 对有界的随机变量 ξ, η 证明: $\mathbb{E}(\xi\mathbb{E}(\eta|\mathscr{G})) = \mathbb{E}(\eta\mathbb{E}(\xi|\mathscr{G}))$.

9. 设 (X,Y) 是 2- 维随机变量, X 是 $\mathscr{G}$ 可测的, Y 独立于 $\mathscr{G}$. 对 $B \in \mathscr{B}(\mathbf{R}^2)$, 定义 $f_B(x) := \mathbb{P}((x,Y) \in B)$. 证明: $\mathbb{P}((X,Y) \in B|\mathscr{G}) = f_B(X)$.

10. 设 $(\Omega, \mathscr{F}, \mathbb{P})$ 是概率空间 $(\Omega_1, \mathscr{F}_1, \mathbb{P}_1)$ 与 $(\Omega_2, \mathscr{F}_2, \mathbb{P}_2)$ 的乘积概率空间. 记 $\mathscr{G} := \{A_1 \times \Omega_2 : A_1 \in \mathscr{F}_1\}$. 对 Ω 上的随机变量 f, 定义

$$g(\omega_1) := \int_{\Omega_2} f(\omega_1, \omega_2)\mathbb{P}_2(d\omega_2).$$

证明: $g = \mathbb{E}(f|\mathscr{G})$ a.s..

11. 设 Σ 是 $\mathscr{F}$ 的子 σ-代数全体, ξ 是可积随机变量, 证明: $\{\mathbb{E}(\xi|\mathscr{G}) : \mathscr{G} \in \Sigma\}$ 是一致可积的.

12. 设 X, Y 独立可积且 $\mathbb{E}X = \mathbb{E}Y = 0$, 证明: $\mathbb{E}|X| \leqslant \mathbb{E}|X+Y|$.

13. (1) 如果 $\xi \in L^2(\Omega, \mathscr{F}, \mathbb{P})$, 令 $M := L^2(\Omega, \mathscr{G}, \mathbb{P})$, 证明: $\mathbb{E}(\xi|\mathscr{G})$ 是 ξ 在闭子空间 M 上的正交投影; (2) 利用 $L^2(\Omega, \mathscr{F}, \mathbb{P})$ 在 $L^1(\Omega, \mathscr{F}, \mathbb{P})$ 中稠密, 证明条件数学期望的存在性.

14. 设 ξ, η 为平方可积随机变量且 $\mathbb{E}(\xi|\eta) = \eta$, $\mathbb{E}(\eta|\xi) = \xi$, 证明: $\xi = \eta$ a.s..

15. 证明: 定理 1.6.9 中定义的 ρ 是 ξ 关于 $\mathscr{G}$ 的正则条件分布.

16. 设 $\mathscr{G}$ 是 σ-代数, ξ, η 是随机变量, η 是 $\mathscr{G}$ 可测的. $f = f(x,y)$ 是可测函数. 再设 ν 是 ξ 关于 $\mathscr{G}$ 的正则条件分布. 证明:

$$\mathbb{E}[f(\xi,\eta)|\mathscr{G}] = \int \nu(dx) f(x,\eta).$$

第二章 随机过程基础

在这一章中, 我们将首先介绍随机过程的理论基础, 也就是 Kolmogorov 相容性定理. 随机过程是由无穷个随机变量组成的族, 它可以看成无穷维空间上的一个分布, 因此随机过程构造实际上是一个特殊的测度扩张定理, 告诉我们怎么在无穷维空间上构造一个概率测度. 另外我们将介绍一些重要的随机过程, 主要是马氏过程, 如离散时间, 离散状态的马氏链, 它是理解随机过程的入门篇, 再介绍 Poisson 过程与 Poisson 点过程, 最后介绍 Brown 运动的构造及其性质. 本章的目的是期望初学者在了解这些具体的随机过程的同时, 对概率论及一般随机过程理论有一个系统而直观的认识, 为进一步深入学习打好基础.

2.1 随机过程及其构造

所谓随机过程, 就是一族按时间记录的随机变量. 概率测度通过一个随机变量投射为值域空间上的分布, 而通过一族随机变量投射为无穷乘积空间上的分布, 所以研究随机过程要从研究无穷乘积空间上的测度开始.

2.1.1 随机过程与例子

设 T 是一个指标集, 它可以是任意的, 但在本书中, 我们一般取 T 是全序集, 例如非负整数集 $\mathbf{Z}^+ = \{0, 1, 2, \cdots\}$ 或非负实数集 $\mathbf{R}^+ = [0, \infty)$ 或它们的子集, 分别称为离散时间集与连续时间集. 下面当我们说时间集时, 是指两者之一. 实际上在许多情况下, 也可以是 $\mathbf{R}$ 或者它的一个子集.

定义 2.1.1 设 $(\Omega, \mathscr{F}, \mathbb{P})$ **是一个概率空间,** $(E, \mathscr{E})$ **是一个可测空间, 则一个取值在** E **上的可测映射族** $X = (X_t : t \in \mathsf{T})$ **称为** $(\Omega, \mathscr{F}, \mathbb{P})$ **上以** $(E, \mathscr{E})$ **为状态空间的随机**

场, 当 T 是时间集时, 通常称为随机过程, 简称过程.

当 E 是实数空间或复数空间时, 分别称过程是实值过程与复值过程. 特别地, 如果需要, 我们可以把随机变量, 随机向量看成随机过程. 注意, 在本教材中, 我们不会刻意区分随机场和随机过程. 按照随机过程的定义, 随机过程的例子随手可得, 我们将在下面的例子中介绍一些重要的被关注的随机过程. 注意在本讲义中, 如果需要, 例如下标 t 处的内容比较多的时候, X_t 也经常写成 $X(t)$. 在下文说到随机过程时, 我们尽量使用标准的表达 $X=(X_t: t\in \mathsf{T})$, 它是一族随机变量, X_t 是其中一个随机变量. 但为了方便, 在上下文明确的情况下, 也经常简单地说随机过程 (X_t), 甚至说随机过程 X_t.

例 2.1.1 最简单也最早被人们研究的随机过程是随机游动. 设 $\{\xi_n: n\geqslant 1\}$ 是某个概率空间上独立同分布的随机变量序列且都服从 Bernoulli 分布, 即

$$\mathbb{P}(\xi_n=1)=p,\ \mathbb{P}(\xi_n=-1)=q,$$

其中 $p,q\geqslant 0,\ p+q=1$. 称这样的随机序列为 Bernoulli (随机) 序列. Bernoulli 序列的存在性在直观上是显然的, 但我们将在下一节证明. 这相当于甲乙两人用某种固定的方法与规则进行一系列独立的赌博. 无疑 Bernoulli 序列 $\{\xi_n: n\geqslant 1\}$ 是一个随机过程, 但更有意思的是下面的过程. 让值 1 表示甲赢, 这时他得到 1 元钱; 值 -1 表示甲输, 这时他付出 1 元钱. 记 S_n 为 n 次赌博后甲所拥有的赌资. 任取整数 S_0 并令 $S_n=S_0+\sum_{i=1}^n\xi_i,\ n\geqslant 1$. 自然 $\{S_n: n\geqslant 0\}$ 也是一个随机过程, 称为随机游动. 如果 $S_0=x\in\mathbf{Z}$, 称 $\{S_n\}$ 是从 x 出发的随机游动. ∎

随机变量有几乎处处相等以及同分布的概念, 随机过程也有类似的概念. 随机过程的分布是通过其中任意有限多个随机变量的联合分布或者说有限维分布来刻画的. 后面我们将看到过程的有限维分布族是研究随机过程的一个很好的工具, 有时它比随机过程本身更为重要. 一般来说, 不同的随机过程可能有相同的有限维分布族. 因此我们给出下面的定义.

定义 2.1.2 **设下面所涉及的随机过程的时间集是 T 状态空间是 $(E,\mathscr{E})$.**

1. **对于随机过程 $X=(X_t: t\in\mathsf{T})$, 对任何正整数 n, 以及任何 $t_1,\cdots,t_n\in\mathsf{T}$, 像测度**

$$\mathbb{P}\circ(X_{t_1},\cdots,X_{t_n})^{-1}$$

称为 X 的一个有限维分布. 由所有的有限维分布全体组成的集合称为随机过程的有限维分布族.

2. **分别在概率空间** $(\Omega,\mathscr{F},\mathbb{P})$ **和** $(\Omega',\mathscr{F}',\mathbb{P}')$ **上的随机过程** X, X' **称为等价的(同分布的), 如果它们有相同的有限维分布族, 即对任何** $t_1,\cdots,t_n\in\mathsf{T}$,

$$\mathbb{P}\circ(X_{t_1},\cdots,X_{t_n})^{-1}=\mathbb{P}'\circ(X'_{t_1},\cdots,X'_{t_n})^{-1}.$$

3. **在同一个概率空间上的随机过程** X, X' **称为互为修正, 如果对任何** $t\in\mathsf{T}$, $X_t=X'_t$ a.s.. **它们称为是不可区别的, 如果对几乎所有的** $\omega\in\Omega$, $X_t(\omega)=X'_t(\omega)$ **对所有的** t **成立. 显然如果** T **是可列的, 那么互为修正的过程是不可区别的.**

显然, 若 X 和 X' 是不可区别的, 则它们互为修正, 而若 X 和 X' 互为修正, 则它们一定是等价的.

例 2.1.2 设 $\mathbb{P}$ 是 $([0,1],\mathscr{B}([0,1]))$ 上的 Lebesgue 测度, 对 $t,\omega\in[0,1]$, 令 $X_t(\omega)=0$, $X'_t(\omega)=1_{\{t\}}(\omega)$, 则 (X_t) 与 (X'_t) 互为修正, 但非不可区别的. ▮

设 T 是 $\mathbf{R}$ 的一个区间, E 是一个度量空间, $X=(X_t:t\in\mathsf{T})$ 是 $(\Omega,\mathscr{F},\mathbb{P})$ 上以 E 为状态空间的随机过程. 如果当 $s\to t$ 时, X_s 依概率收敛于 X_t, 则称过程 X 在 $t\in\mathsf{T}$ 处随机连续. 如果它在任意点 $t\in\mathsf{T}$ 处随机连续, 则称 X 随机连续. 显而易见上例中的两个过程都是随机连续的. 上面对于随机过程的考虑是将它们作为个别随机变量的一个集合而已, 更有意义的是将它们作为一个整体考虑, 即考虑样本轨道.

定义 2.1.3 **对任何** $\omega\in\Omega$, $t\mapsto X_t(\omega)$ **是** T **到** E **的映射, 称为** ω **的样本轨道. 我们说样本轨道有某种性质的意思通常是指几乎所有的样本轨道有这个性质, 即存在一个概率等于 1 的事件** Ω_0, **使得对任何** $\omega\in\Omega_0$, ω **的样本轨道有这个性质. 设** E **是一个拓扑空间, 称随机过程** X **是右连续 (对应地, 左连续, 右连左极) 的, 如果其几乎所有样本轨道是右连续 (对应地, 左连续, 右连续并存在左极限) 的.**

显然连续的过程是随机连续的, 反过来, 在上面的例 2.1.2 中, X 是一个连续过程, X' 不是, 因为它的所有样本轨道都在某个点间断. 因此我们可以看出, 过程的随机连续与连续有本质的不同. 在后面, 我们将分别讨论 Poisson 过程, Brown 运动, 鞅等过程的轨道正则性 (连续性, 可测性, 可分性等) 问题.

例 2.1.3 (独立增量过程与平稳增量过程) 设 $\mathsf{T}=[0,\infty)$ 或 $\{0,1,2,\cdots\}$, $X=(X_t:t\in\mathsf{T})$ 是一个以局部紧 Abel 加群 $(G,+)$ 为状态空间的随机过程, 如果对任何 $0\leqslant t_1<\cdots<t_n$,

$$X_{t_n}-X_{t_{n-1}},\cdots,X_{t_2}-X_{t_1},X_{t_1}$$

相互独立, 则称 X 是一个**独立增量过程**. 令 $\mathscr{F}_t := \sigma(\{X_s : s \leqslant t\})$, 包含的是过程的过去直到时刻 t 的信息. 因为 $X_{t_n} - X_{t_{n-1}}, \cdots, X_{t_2} - X_{t_1}, X_{t_1}$ 与 $X_{t_n}, \cdots, X_{t_2}, X_{t_1}$ 可以相互线性表示, 故 X 是独立增量当且仅当对任何 $t > s$, $X_t - X_s$ 与 $\mathscr{F}_s$ 独立. 如果对任何 $t > s$, $X_t - X_s$ 与 $X_{t-s} - X_0$ 同分布, 则称 X 是**平稳增量过程**. 一个独立增量且平稳增量的过程称为**平稳独立增量过程**.

我们来计算独立增量过程 X 的有限维分布族. 对 $t > s \geqslant 0$, $A \in \mathscr{B}(G)$, 令

$$\mu_{s,t}(A) := \mathbb{P}(X_t - X_s \in A),\ \mu(A) := \mathbb{P}(X_0 \in A),$$

则对 $0 = t_0 < t_1 < \cdots < t_n$, $(X_{t_n} - X_{t_{n-1}}, \cdots, X_{t_1} - X_{t_0}, X_{t_0})$ 的联合分布是

$$\mu_{t_{n-1},t_n} \times \cdots \times \mu_{t_0,t_1} \times \mu.$$

因此对 $A_0, A_1, \cdots, A_n \in \mathscr{B}(\mathbf{R}^d)$,

$$\begin{aligned}
&\mathbb{P}(X_{t_0} \in A_0, X_{t_1} \in A_1, \cdots, X_{t_n} \in A_n) \\
&= \int_{x_0+\cdots+x_i \in A_i, 0 \leqslant i \leqslant n} \mu(dx_0)\mu_{t_0,t_1}(dx_1)\cdots\mu_{t_{n-1},t_n}(dx_n) \\
&= \int_{y_i \in A_i, 0 \leqslant i \leqslant n} \mu(dy_0)\mu_{t_0,t_1}(dy_1 - y_0)\cdots\mu_{t_{n-1},t_n}(dy_n - y_{n-1}),
\end{aligned}$$

最后一个等式由变量替换

$$y_i = x_0 + x_1 + \cdots + x_i,\ i = 0, 1, \cdots, n$$

完成, 其中对任何测度 μ, 符号 $\mu(dy - x)$ 表示测度 $A \mapsto \mu(A - x)$. 另外容易验证 X 是平稳独立增量过程当且仅当对任何 $s \geqslant 0$, 过程 $t \mapsto X_{t+s} - X_s$ 与 $\mathscr{F}_s$ 独立且与过程 $t \mapsto X_t - X_0$ 等价.

平稳独立增量过程中有许多重要的过程. 如果 $\{\xi_n\}$ 是独立随机序列, 那么其和 $S_n = \sum_{i=1}^n \xi_i$ 是独立增量过程. 进一步, 如果 $\{\xi_n\}$ 独立同分布, 那么 $\{S_n\}$ 是平稳独立增量过程. 如果 $E = \mathbf{R}^n$,

$$\mu_{s,t}(dx) = \left(\frac{1}{\sqrt{2\pi(t-s)}}\right)^n \exp\left(-\frac{|x|^2}{2(t-s)}\right),$$

那么对应的过程是著名的 Brown 运动. 如果 $E = \mathbf{R}$, $\mu_{s,t}$ 是参数为 $\lambda(t-s)$ 的 Poisson 分布, 那么对应的过程是参数为 λ 的 Poisson 过程. ∎

例 2.1.4 (马氏性与马氏过程) 马氏过程是随机过程中最被广泛与深入研究的一类随机过程, 它首先由俄罗斯数学家 A.A. Markov (1865 – 1922) 在研究中心极限定理时提出, 因此命名为马氏 (Markov) 性或者马氏 (Markov) 过程. 直观地说, 马氏性是指给定现在时刻的位置, 过程的将来与过去独立. 在 Markov 那个年代, 这个思想不是很容易用数学来表达, 真正把马氏性表达清楚需使用 Kolmogorov 在 1933 年建立的条件期望理论. 马氏性: 对 $t > s > 0$, $A \in \mathscr{E}$ 有

$$\mathbb{P}(X_t \in A | X_u : 0 \leqslant u \leqslant s) = \mathbb{P}(X_t \in A | X_s).$$

后面我们将专门讨论这类过程, 给出更直观的数学表达且证明独立增量过程是马氏过程. 所以 Brown 运动与 Poisson 过程都是马氏过程. ∎

例 2.1.5 (更新过程) 设 $\{X_n\}$ 是独立同分布随机序列且 $\mathbb{P}(X_n > 0) = 1$, 令 $S_n = \sum_{i=1}^n X_i$, 那么 (S_n) 是平稳独立增量过程, 再取它的右连续逆

$$Y_t := \inf\{n \geqslant 0 : S_{n+1} > t\},\ t \geqslant 0.$$

过程 $Y = (Y_t : t \geqslant 0)$ 称为更新过程. 更新过程是实际问题中常见的随机模型, 例如排队问题中, 把第 n 个客人到来看成一个更新, 客人到来的间隔时间是独立同分布的, 时间 $[0, t]$ 内到达的客人数量 (即更新数) 就是一个更新过程. 在第二章马氏链一节中, 我们将会在其中证明重要的基本更新定理并用来证明马氏链的极限定理. 一般的更新过程不是马氏过程, 只有当间隔时间 X_i 是指数分布时, 相应的更新过程 Y 才是马氏过程. 这由第五章连续时间马氏链里面的一个性质推出: 马氏链在任意点的停留时间必定是指数分布的. ∎

上面提到的随机过程是不是理论上存在? 这是随机过程的存在性问题, 等价于无穷维乘积空间上的满足设定条件的概率测度之构造问题. 对于随机游动和更新过程, 随机过程的存在依赖于独立随机序列的存在, 这实际上可以用初等方法证明, 参考定理 1.3.8. 但是对于连续时间的随机过程, 这需要由后面介绍的 Kolmogorov 定理来保证.

再考察几个有趣的例子.

定义 2.1.4 **概率空间 $(\Omega, \mathscr{F}, \mathbb{P})$ 上的实值随机过程 (或者随机场) $X = (X_t : t \in \mathsf{T})$ 称为 Gauss 过程, 如果它的任何有限维分布是 Gauss 分布. 进一步, 一个 Gauss 过程称为中心化的 Gauss 过程, 如果 $\mathbb{E}[X_t] = 0$, $t \in \mathsf{T}$.**

例 2.1.6 (Gauss 过程与 Gauss 随机场) 设 $(\Omega, \mathscr{F}, \mathbb{P})$ 是概率空间, ξ 是服从标准正态分布的随机变量, 对 $t \geqslant 0$, 令 $X_t = \xi t$, 则 (X_t) 是一个平方可积的随机过程且 $\mathbb{E}X_t^2 = t^2$, $K(t,s) = ts$. 另外对 $t_1, \cdots, t_n \in \mathsf{T}$, 有限维分布是一个 (可能退化的) 正态分布, 其特征函数是

$$f_{t_1,\cdots,t_n}(x) = \exp\left(-\frac{1}{2}xBx^{\mathrm{T}}\right),$$

其中 $x \in \mathbf{R}^n$, $B = (t_1, \cdots, t_n)^{\mathrm{T}}(t_1, \cdots, t_n)$.

任何一个 Hilbert 空间对应一个以此空间为指标集的 Gauss 随机场. 设 H 是 Hilbert 空间, 内积为 $\langle \cdot, \cdot \rangle_H$, 取一个标准正交基 $\{e_n\}$. 再取概率空间及其上的独立且都服从标准正态分布的随机序列 $\{\xi_n\}$. 对任何 $h \in H$, 定义

$$X(h) := \sum_n \langle h, e_n \rangle \xi_n,$$

那么容易验证 X 是 H 到 $L^2(\Omega, \mathscr{F}, \mathbb{P})$ 的线性等距嵌入, 即对任何 $h, h' \in H$,

$$\mathbb{E}[X(h) \cdot X(h')] = \sum_{n \geqslant 1} \langle h, e_n \rangle_H \langle h', e_n \rangle_H = \langle h, h' \rangle_H.$$

容易证明, $X = \{X(h) : h \in H\}$ 是中心化 Gauss 随机场, 称为由 H 诱导的 Gauss 随机场. 因为 Gauss 随机场的分布只依赖于它的协变差函数, 所以它的分布与正交基 $\{e_n\}$ 以及独立正态随机序列 $\{\xi_n\}$ 的取法无关, 只与 Hilbert 空间本身有关.

特别地, 考虑 $\mathbf{R}^d$ 上的测度 μ, 空间 $L^2(\mu) = L^2(\mathbf{R}^d, \mu)$, 它所诱导的 Gauss 随机场 $\{Z(f) : f \in L^2(\mu)\}$ 满足对 $f, g \in L^2(\mu)$,

$$\mathbb{E}[Z(f)Z(g)] = \int f(x)g(x)\mu(dx).$$

对任何 Borel 集 $A \in \mathscr{B}(\mathbf{R}^d)$, $1_A \in L^2(\mu)$, 定义 $Z(A) = Z(1_A)$. 因 $f \mapsto Z(f)$ 是一个随机线性泛函, 有 L^2 连续性, 故 $A \mapsto Z(A)$ 有几乎处处的可列可加性, 它类似一个测度, 而且当 A, B 互斥时,

$$\mathbb{E}[Z(A)Z(B)] = 0,$$

故 $Z(A)$ 与 $Z(B)$ 独立, 这类似于正交增量或者独立增量性质.

定义 2.1.5 设 D 是 $\mathbf{R}^d$ 的区域, $L^2(D)$ 诱导的 Gauss 随机场 $\{Z(A) : A \in \mathscr{B}(D)\}$ 称为 D 上的白噪声.

考虑另一个例子. 具有光滑边界的有界区域 $D \subset \mathbf{R}^d$, 对于 $f \in C_0^\infty(D)$, 则

$$\|f\|_{H^1} := \|\nabla f\|_{L^2}$$

是一个内积诱导的范数, $C_0^\infty(D)$ 在范数 $\|\cdot\|_{H^1} + \|\cdot\|_{L^2}$ 之下的闭包是 Sobolev 空间 $H_0^1(D)$, 是个 Hilbert 空间. 它诱导的 Gauss 随机场 $\{X(f) : f \in H_0^1(D)\}$ 满足对 $f, g \in L^2(D)$,

$$\mathbb{E}[X(f)X(g)] = \int_D \nabla f(x) \cdot \nabla g(x) dx.$$

对 $f \in H_0^1(D)$, 存在唯一的测度 μ 使得

$$f(x) = G_D\mu(x) = \int G_D(x, y)\mu(dy),$$

其中 G_D 是 D 上的 Green 函数, 反过来说, 每个满足

$$\|\nabla G_D\mu\|_{L^2(D)} < \infty$$

的测度 μ (记为 $\mu \in \mathscr{M}$) 对应 Gauss 随机变量

$$\Gamma(\mu) = X(G_D\mu),$$

这个对应形成的随机场 $\{\Gamma(\mu) : \mu \in \mathscr{M}\}$ 称为 Gauss 自由场. ∎

例 2.1.7 (平稳过程) 概率空间 $(\Omega, \mathscr{F}, \mathbb{P})$ 上的状态空间为 E 的随机过程 $X = (X_t : t \in \mathsf{T})$ 称为平稳过程, 如果其任何有限维分布是平移不变的. 精确地说, T 是一个时间半群, 即对加法封闭, 且对任何 $t_1, \cdots, t_n, t \in \mathsf{T}$, $A_1, \cdots, A_n \in \mathscr{E}$, 有

$$\mathbb{P}(X_{t_1+t} \in A_1, \cdots, X_{t_n+t} \in A_n) = \mathbb{P}(X_{t_1} \in A_1, \cdots, X_{t_n} \in A_n).$$

如果 X 是平方可积的, 且 $m(t) = \mathbb{E}X_t$ 与 t 无关, 协方差函数 K 满足齐性 $K(s+h, t+h) = K(s,t)$, 那么称 X 为广义 (或宽) 平稳过程. 广义平稳过程在信号分析中是非常有用的, 我们将在下面进一步讨论. ∎

下一个例子广义平稳随机过程与正交增量过程之间的一一对应关系. 先介绍随机过程的均值函数与协方差函数.

定义 2.1.6 **一个复或实值随机过程 $X = (X_t : t \in \mathsf{T})$ 称为可积的, 如果对任何 $t \in \mathsf{T}$, $\mathbb{E}|X_t| < \infty$, 这时 $m(t) := \mathbb{E}X_t$ 称为过程的均值函数; 称为平方可积的, 如果对任何 $t \in \mathsf{T}$, $\mathbb{E}|X_t|^2 < \infty$; 称为一致可积的, 如果 $\{X_t : t > 0\}$ 是一致可积的随机变量族; 称为有界的, 如果存在常数 $C > 0$ 使得 $|X_t(\omega)| \leqslant C$ 对任何 t, ω 成立.**

若 X 是平方可积过程, 我们定义过程的协方差函数

$$K(t,s) := \mathrm{cov}(X_t, X_s) = \mathbb{E}\overline{(X_t - \mathbb{E}X_t)}(X_s - \mathbb{E}X_s),\ t,s \in \mathsf{T}.$$

容易验证协方差函数满足下列性质:

(1) K 是共轭对称的, 即 $K(s,t) = \overline{K(t,s)},\ s,t \in \mathsf{T}$;

(2) K 是非负定的, 即对任何 $c_1, \cdots, c_n \in \mathbf{C}$, $t_1, \cdots, t_n \in \mathsf{T}$, 有

$$\sum_{j,k} \overline{c_j} K(t_j, t_k) c_k \geqslant 0.$$

例 2.1.8 (广义平稳过程与正交增量过程) 设 $\mathsf{T} = \mathbf{R}$ (或 $\mathsf{T} = \mathbf{Z}$). 一个复值平方可积过程 $(X_t : t \in \mathsf{T})$ 称为是 L^2-连续的, 如果过程 X 看作 T 到 $L^2(\Omega, \mathscr{F}, \mathbb{P})$ 的映射是连续的. 一个 L^2-连续的随机过程称为广义平稳过程, 在这里我们简称为平稳过程, 如果其均值函数是常数且协方差函数 $K(t,s)$ 只与 $s-t$ 有关, 即存在 T 上的函数 K 使得 $K(t,s) = K(s-t)$, $s,t \in \mathsf{T}$, 那么我们有

(1) $0 < K(0) < \infty$;

(2) K 是共轭对称的, 即 $K(-t) = \overline{K(t)},\ t \in \mathsf{T}$;

(3) K 是非负定的.

由 Bochner-Khinchin 定理, 存在 $\mathbf{R}$ 上的有限测度 μ, 使得

$$K(t) = \int_{\mathbf{R}} \mathrm{e}^{\mathrm{i}tx} \mu(dx).$$

显然过程是实值的当且仅当 μ 是对称的 (如果 $\mathsf{T} = \mathbf{Z}$, 则 K 是一个序列, 这时 μ 将集中在区间 $[-\pi, \pi)$ 上, 并且以下的讨论是平行的). 若令 $F(x) := \mu((-\infty, x])$, $x \in \mathbf{R}$, 则 F 是单增右连续有界函数, 且 $F(-\infty) = 0, F(+\infty) = K(0)$. μ 和 F 由 K 唯一决定, 分别称为平稳过程 X 的谱测度与谱函数. 当 μ 有密度时, 密度函数称为是 X 的谱密度.

为了进一步讨论过程的谱表示, 我们首先介绍正交增量过程. 以 T 为指标集的复值平方可积随机过程 $Z = (Z_x : x \in \mathsf{T})$ 称为是正交增量过程, 如果 $\mathbb{E}Z_x = 0,\ x \in \mathbf{R}$ 且对任何 $x_1 \leqslant x_2 \leqslant x_3 \leqslant x_4$, 有

$$\mathbb{E}\overline{(Z_{x_4} - Z_{x_3})}(Z_{x_2} - Z_{x_1}) = 0.$$

设 Z 是一个正交增量过程, 则存在 T 上单调增加的函数 λ_Z 使得对任何 $y > x$,

$$\mathbb{E}|Z_y - Z_x|^2 = \lambda_Z(y) - \lambda_Z(x).$$

事实上, 由正交性, 对任何 $x_1 \leqslant x_2 \leqslant x_3$,

$$\mathbb{E}|Z_{x_3} - Z_{x_1}|^2 = \mathbb{E}|Z_{x_3} - Z_{x_2}|^2 + \mathbb{E}|Z_{x_2} - Z_{x_1}|^2.$$

因此, 函数 $\lambda_Z(x) := \operatorname{sgn}(x)\mathbb{E}|Z_x - Z_0|^2$, $x \in \mathsf{T}$ 满足要求.

满足上述条件的 λ_Z 在相差一个常数不计的条件下是唯一的. 它称为是正交增量过程 Z 的指标函数. 由它决定的测度 μ_Z 称为是指标测度. 现在我们回到广义平稳过程 X, 不妨设 $m = \mathbb{E}X_t = 0$ (否则, 考虑 $X_t' = X_t - m$), 令

$$\mathscr{G} := \left\{ f(x) = \sum_{j=1}^{n} c_j \mathrm{e}^{\mathrm{i}xt_j} :\ n \geqslant 1,\ c_1, \cdots, c_n \in \mathbf{C}, t_1, \cdots, t_n \in \mathsf{T} \right\},$$

那么 $\mathscr{G}$ 在 $L^2(\mu)$ 中是稠线性子空间 (注意这个事实并不是平凡的). 对 $f : x \mapsto \sum_{j=1}^{n} c_j \mathrm{e}^{\mathrm{i}xt_j}$, $g : x \mapsto \sum_{j=1}^{m} b_j \mathrm{e}^{\mathrm{i}xs_j}$, 令

$$F := \sum_{j=1}^{n} c_j X_{t_j},\ G := \sum_{j=1}^{m} b_j X_{s_j},$$

则 $f, g \in \mathscr{G}$, 而 $F, G \in L^2(\Omega, \mathscr{F}, \mathbb{P})$. 计算 F, G 的 L^2-内积,

$$\begin{aligned}
(F, G)_{L^2(\mathbb{P})} &= \mathbb{E}\left[\sum_{j=1}^{n} c_j X_{t_j} \overline{\sum_{j=1}^{m} b_j X_{s_j}}\right] \\
&= \sum_{j=1}^{n}\sum_{k=1}^{m} c_j \overline{b_k} K(t_j - s_k) \\
&= \int_{\mathbf{R}} \sum_{j=1}^{n}\sum_{k=1}^{m} c_j \overline{b_k} \mathrm{e}^{\mathrm{i}x(t_j - s_k)} \mu(dx) \\
&= \int_{\mathbf{R}} f(x)\overline{g(x)}\mu(dx) = (f, g)_{L^2(\mu)}.
\end{aligned}$$

由上述结论, 映射 $I : f \mapsto F$ 是良定义的, 且是 $\mathscr{G} \subset L^2(\mu)$ 到 $L^2(\mathbb{P})$ 的线性的保持内积不变的一个映射, 它可以连续地延拓到 $L^2(\mu)$ 上, 并且仍然是线性的和保持内积不变. 现在对 $x \in \mathsf{T}$, 令 $Z_x := I(1_{(-\infty, x]})$, 则 $Z = (Z_x : x \in \mathsf{T})$ 是一个平方可积

的复值过程, 注意 Z_x 是几乎处处相等的意义下唯一决定的. 由 I 的性质, Z 是一个期望为零的正交增量过程, 且其指标函数恰是谱函数 F.

反过来, 设 $Z=(Z_x:\ x\in \mathsf{T})$ 是复值正交增量过程且其指标测度 μ_Z 有限. 令

$$\mathscr{G}_0 := \left\{ \sum_{j=1}^{n} c_j 1_{(x_{j-1},x_j]}:\ n\geqslant 1, x_0<\cdots<x_n, c_1,\cdots,c_n\in\mathbf{C}\right\}.$$

对 $f\in\mathscr{G}_0$ 有表示 $f=\sum_{j=1}^n c_j 1_{(x_{j-1},x_j]}$, 定义

$$I(f):=\sum_{j=1}^{n} c_j(Z_{x_j}-Z_{x_{j-1}}).$$

不难验证, 定义无歧义. 再取 $g\in\mathscr{G}_0$ 有表示 $g=\sum_{j=1}^m b_j 1_{(x_{j-1},x_j]}$. 这里我们有理由设 f,g 有同样的分点, 否则我们可以加细分点. 现在类似地计算 $I(f)$, $I(g)$ 在 $L^2(\Omega,\mathscr{F},\mathbb{P})$ 中的内积:

$$\begin{aligned}(I(f),I(g))_{L^2(\mathbb{P})} &= \sum_{j,k=1}^{n} c_j\overline{b_k}\mathbb{E}[(Z_{x_j}-Z_{x_{j-1}})\overline{(Z_{x_k}-Z_{x_{k-1}})}]\\ &=\sum_{j=1}^{n} c_j\overline{b_j}[\lambda_Z(x_j)-\lambda_Z(x_{j-1})]=(f,g)_{L^2(\mu_Z)}.\end{aligned}$$

因 $\mathscr{G}_0$ 在 $L^2(\mu_Z)$ 中稠密, 同理可以将 I 延拓为 $L^2(\mu)$ 到 $L^2(\mathbb{P})$ 的线性的和保持内积不变的映射. 令 $X_t:=I(\mathrm{e}^{\mathrm{i}xt})$, 则 $\mathbb{E}X_t=0$, 且

$$\mathbb{E}(X_t\overline{X_s})=(I(\mathrm{e}^{\mathrm{i}xt}),I(\mathrm{e}^{\mathrm{i}xs}))_{L^2(\mathbb{P})}=\int_{\mathsf{T}}\mathrm{e}^{\mathrm{i}x(t-s)}\mu(dx).$$

因此 $X=(X_t:\ t\in\mathbf{R})$ 是平稳过程且其谱测度是 μ.

我们经常也写 $I(f)$ 为积分形式 $\int f dZ$, 称为是 f 关于正交增量过程 Z 的积分. 这个积分并不是通常 Stieltjes 意义下的积分, 事实上轨道 $x\mapsto Z_x(\omega)$ 一般不是有界变差的, 称它为积分是因为映射 I 与积分有着完全类似的性质. 总结上面的讨论, 我们立即得到下列定理.

定理 2.1.7 **谱测度为 μ, 且零均值的广义平稳过程 X 与指标测度为 μ 的正交增量过程一一对应. 更多地, 存在一个等距嵌入映射 $I: L^2(\mathbf{R},\mathscr{B},\mu)\longrightarrow L^2(\Omega,\mathscr{F},\mathbb{P})$ 使得 $Z_x=I(1_{(-\infty,x]})$, $x\in\mathbf{R}$ 而 $X_t=I(\phi_t)$, 其中 $\phi_t(x)=\mathrm{e}^{\mathrm{i}xt}$, $t\in\mathbf{R}$.**

定理中的过程 Z 称为是平稳过程 X 的谱过程. 通俗地讲, 平稳过程总是一个正交增量过程的 Fourier 变换. ∎

最后的例子是广义平稳 Gauss 随机场与由 L^2 空间诱导的 Gauss 随机场之间的关系.

例 2.1.9 上例中, 取 $\mathsf{T}=\mathbf{R}^d$. 设 $X=(X_t:t\in\mathsf{T})$ 满足对应条件, 则称 X 是一个广义平稳随机场. K 是 $\mathbf{R}^d$ 上的函数,

$$\mathbb{E}[X_t\overline{X}_s]=K(t-s),\ t,s\in\mathsf{T}.$$

由 Bochner-Khinchin 定理, 存在 T 上的有限测度 μ, 使得

$$K(t)=\int_{\mathbf{R}^d}\mathrm{e}^{\mathrm{i}tx}\mu(dx).$$

显然过程是实值的当且仅当 μ 是对称的.

现在, 给定 $\mathbf{R}^d$ 上的一个有限测度 μ, $H=L^2(\mathbf{R}^d,\mu)$. 参考例 2.1.6 存在 Gauss 随机场 $Z=(Z(h):h\in L^2(\mu))$ 满足

$$\mathbb{E}[Z(f)\overline{Z(g)}]=\langle f,g\rangle,\ f,g\in L^2(\mu).$$

在这里也称为指标测度 μ 的 Gauss 随机测度. 对任何 $t\in\mathbf{R}^d$, $\mathrm{e}^{\mathrm{i}tx}\in H$, 定义

$$X_t:=\int\mathrm{e}^{\mathrm{i}tx}dZ(x),$$

那么

$$\mathbb{E}[X_t\overline{X}_s]=\mathbb{E}[Z(\mathrm{e}^{\mathrm{i}tx})\overline{Z}(\mathrm{e}^{\mathrm{i}sx})]=\int\mathrm{e}^{\mathrm{i}(t-s)x}\mu(dx)=K(t-s).$$

因此 $X=(X_t)$ 是由指标测度 μ 的 Gauss 随机测度所诱导的谱测度为 μ 的平稳 Gauss 随机场. 反过来, 可以证明, 每一个谱测度为 μ 的平稳 Gauss 随机场一定以这种方式由指标测度 μ 的 Gauss 随机测度诱导.

例如, 如果 μ 是 $\mathbf{R}^d$ 上的标准 Gauss 测度, 那么对应的平稳 Gauss 随机场 $(X_t:t\in\mathbf{R}^d)$ 的协方差函数为

$$K(t-s)=\mathbb{E}[X_t\overline{X_s}]=\exp\left(-\frac{1}{2}|t-s|^2\right).$$

从而

$$\mathbb{E}[|X_t-X_s|^2]=2(1-K(t-s))\sim|t-s|^2.$$

当 μ 取 Cauchy 分布时,

$$K(t-s)=\mathrm{e}^{-|t-s|},\ \mathbb{E}[|X_t-X_s|^2]=2(1-\mathrm{e}^{-|t-s|})\sim 2|t-s|.$$

平稳随机场在信号处理领域有重要的应用. ∎

2.1.2 随机过程的有限维分布族

在上面, 我们定义了独立增量过程, 平稳过程, Gauss 过程等, 但定义本身不保证这样的随机过程存在, 这一节我们将主要讨论满足所需条件的随机过程的存在性问题. 随机过程就是随机变量的集合, 在此, 我们将证明随机过程的分布是由它的有限维分布族决定的, 且给出具有给定的有限维分布族的随机过程存在的充分必要条件. 后者是由 Kolmogorov 在 20 世纪 30 年代证明的, 是随机过程的理论基础.

设 $(\Omega,\mathscr{F},\mathbb{P})$ 是概率空间, T 是指标集, $(E,\mathscr{E})$ 是一个可测空间, $X=(X_t:t\in\mathsf{T})$ 是其上的以 $(E,\mathscr{E})$ 为状态空间的随机过程 (场). 在本讲义中, 除本节之外, T 通常假设是全序集. 在本章开始的定义 2.1.2, 我们已经定义过随机过程的有限维分布族, 这里再复习一下. 用 $\mathscr{I}_{\mathsf{T}}$ 表示由 T 的所有有限子集组成的集合全体. 对 $I=(t_1,\cdots,t_n)\in\mathscr{I}_{\mathsf{T}}$, 记 E^n 为 E^I, 用 X_I 或 $X_{t_1,\cdots,t_n}$ 表示映射

$$\omega\mapsto(X_{t_1}(\omega),\cdots,X_{t_n}(\omega)),$$

则 X_I 是 Ω 到 E^I 的可测映射. 用 μ_I 表示空间 $(E^I,\mathscr{E}^I)$ 上由 X_I 诱导的测度 $\mathbb{P}\circ X_I^{-1}$, 即 $\mathbb{P}$ 在 X_I 下的像测度, 是 X 的一个有限维分布. 有限维分布的全体 $\mathscr{L}_X:=\{\mu_I:\ I\in\mathscr{I}_{\mathsf{T}}\}$ 是随机过程 X 的有限维分布族. 下面的定理由定义直接得到.

定理 2.1.8 **随机过程 X 的有限维分布族由过程唯一决定且满足下面性质:**

(1) **每个 μ_I 是 E^I 上的概率测度;**

(2) **相容性: 设 $I=(t_1,\cdots,t_n)\in\mathscr{I}_{\mathsf{T}}$, $B_1,\cdots,B_n\in\mathscr{E}$, 如果对某个 $1\leqslant k\leqslant n$ 有 $B_k=E$, 则**

$$\begin{aligned}&\mu_I(B_1\times\cdots\times B_k\times\cdots\times B_n)\\&=\mu_{I_k}(B_1\times\cdots\times B_{k-1}\times B_{k+1}\times\cdots\times B_n),\end{aligned}$$

其中 $I_k:=(t_1,\cdots,t_{k-1},t_{k+1}\cdots,t_n)$.

相容性可以更简单地叙述, 如果 I, J 都是 T 的有限子集且 $I\subset J$, 那么空间 E^J 到 E^I 有一个自然投影, 记为 π_I^J. 上面的相容性等价于说 μ_I 是 μ_J 在投影之下的像, 即

$$\mu_I=\pi_I^J(\mu_J)=\mu_J\circ(\pi_I^J)^{-1}.$$

现在我们模仿随机过程的有限维分布族但脱离随机过程来定义有限维分布族, 如同在概率论中模仿随机变量的分布函数但脱离随机变量来定义分布函数.

定义 2.1.9 **集合** $\mathscr{L} = \{\mu_I : I \in \mathscr{I}_{\mathsf{T}}\}$ **称为是一个 (时间集** T **与状态空间** E **上的) 有限维分布族, 如果对每个** $I \in \mathscr{I}_{\mathsf{T}}$, μ_I **是乘积空间** E^I **上的概率测度. 一个有限维分布族** $\mathscr{L}$ **称为是相容的, 如果它满足定理** 2.1.8 **的条件** (2).

注释 2.1.1 细心的读者或许注意到分布 $\mathbb{P}\circ X_I^{-1}$ 依赖于 I 中元素的排列, 不同排列对应的分布是置换的关系. 当 T 是全序集时, 这不是问题, 因为这时 I 有唯一的序. 但当 T 是一般指标集时, 这的确是个问题, 严格地说, 在定义有限维分布族时, 也需要区分 I 中元素的排列顺序, 每个排列对应一个分布 μ_I, 而相容性需要求不同排列对应的分布之间有置换的关系, 详细过程请读者自行完成. 在这个意义下, 本节的主要定理, Kolmogorov 相容性定理, 对于一般的指标集成立.

从定理 2.1.8 知道一个随机过程产生的有限维分布族总是相容的. 反过来, 给定一个相容的有限维分布族 $\mathscr{L}$, 是否存在一个概率空间 $(\Omega, \mathscr{F}, \mathbb{P})$ 和其上的一个状态空间为 E 的随机过程 $X = (X_t : t \in \mathsf{T})$, 使 X 的有限维分布族恰是 $\mathscr{L}$? 如果存在, 就说有限维分布族 $\mathscr{L}$ 可以实现, 而概率空间 $(\Omega, \mathscr{F}, \mathbb{P})$ 和过程 X 是 $\mathscr{L}$ 的一个实现. 简单地重述上面的问题: 一个相容的有限维分布族是否一定可以实现?

2.1.3 轨道空间

如果一个有限维分布族 $\mathscr{L}$ 可以实现, 它通常有多种方式实现. 为了简化这个问题, 我们先引入典则空间的概念, 它仅依赖于时间集和状态空间, 用作构造特定的可测空间和随机变量族, 最后最难的一步构造概率测度.

先假设有 $(\Omega, \mathscr{F}, \mathbb{P})$ 上状态空间为 E 的随机过程 $X = (X_t : t \in \mathsf{T})$. 固定 $\omega \in \Omega$, $t \mapsto X_t(\omega)$ 是 T 到 E 的映射. 用 E^{T} 表示从 T 到 E 中的映射 $x = (x(t) : t \in \mathsf{T})$ 全体组成的集合, E^{T} 中的元素有时也称为轨道, 而 E^{T} 通常称为轨道空间, 它实际上是 E 的 T 次自乘的乘积空间, 当 T 有限时, 就是通常的乘积空间. 对于 $x \in E^{\mathsf{T}}$, 令 $Z_t(x) := x(t)$, 它是 E^{T} 到 E 上的投影, 也称为坐标算子, 因为 $x(t)$ 也称为 x 在 t 处的坐标. 让 $\mathscr{E}^{\mathsf{T}}$ 是 E^{T} 上使所有投影 $\{Z_t : t \in \mathsf{T}\}$ 成为可测映射的最小 σ-代数, 即

$$\mathscr{E}^{\mathsf{T}} := \sigma(\{Z_t : t \in \mathsf{T}\}).$$

对 $I=(t_1,\cdots,t_n)\in\mathscr{I}_{\mathsf{T}}$, $x\in E^{\mathsf{T}}$, 令

$$Z_I=Z_{(t_1,\cdots,t_n)}(x):=(x(t_1),\cdots,x(t_n)),$$

则 Z_I 是 E^{T} 到 E^I 上的投影. 对任何 $H\in\mathscr{E}^I$,

$$Z_I^{-1}(H)=\{x\in E^{\mathsf{T}}:\ (x(t_1),\cdots,x(t_n))\in H\}.$$

E^{T} 的形式如上的子集称为是 E^{T} 的一个柱集. 记 E^{T} 的所有柱集为

$$\mathscr{E}_0^{\mathsf{T}}:=\{Z_I^{-1}(H):\ I\in\mathscr{I}_{\mathsf{T}},\ H\in\mathscr{E}^I\},$$

一般地 $\mathscr{E}_0^{\mathsf{T}}$ 不是 σ-代数 (除非 T 是有限的).

引理 2.1.10 柱集的集合 $\mathscr{E}_0^{\mathsf{T}}$ 是一个代数且 $\mathscr{E}^{\mathsf{T}}=\sigma(\mathscr{E}_0^{\mathsf{T}})$.

证明. 后一个结论是显然的. 现在证 $\mathscr{E}_0^{\mathsf{T}}$ 是一个代数. 由定义直接推出 $\varnothing,\Omega\in\mathscr{E}_0^{\mathsf{T}}$, 且 $\mathscr{E}_0^{\mathsf{T}}$ 对补集运算封闭. 另外容易看出, 对任何 $I=(t_1,\cdots,t_n)\in\mathscr{I}_{\mathsf{T}}$, $H\in\mathscr{E}^I$, $t\in\mathsf{T}$, 有

$$Z_I^{-1}(H)=Z_{I'}^{-1}(H'),$$

其中 $I':=(t_1,\cdots,t_{i-1},t,t_i,\cdots,t_n)\in\mathscr{I}_{\mathsf{T}}$. 而

$$H':=\{(x_1,\cdots,x_{n+1})\in E^{I'}:(x_1,\cdots,x_{i-1},x_{i+1},\cdots,x_{n+1})\in H\},$$

那么对柱集 $Z_{I_1}^{-1}(H_1)$, $Z_{I_2}^{-1}(H_2)$, 存在 $I\in\mathscr{I}_{\mathsf{T}}$, $H_1',H_2'\in\mathscr{E}^I$, 使得

$$Z_{I_1}^{-1}(H_1)=Z_I^{-1}(H_1'),\ Z_{I_2}^{-1}(H_2)=Z_I^{-1}(H_2'),$$

则 $Z_{I_1}^{-1}(H_1)\bigcup Z_{I_2}^{-1}(H_2)=Z_I^{-1}(H_1'\bigcup H_2')\in\mathscr{E}_0^{\mathsf{T}}$, 即 $\mathscr{E}_0^{\mathsf{T}}$ 对有限并封闭. □

可测空间 $(E^{\mathsf{T}},\mathscr{E}^{\mathsf{T}})$ 实际上只依赖时间集 T 和状态空间 E, 与分布无关, 称为是典则空间, 或者轨道空间. 典则空间上的坐标算子全体 $Z=(Z_t:t\in\mathsf{T})$ 称为典则过程, 或者轨道过程. 但严格地说, 典则空间上还需要有一个概率测度才能使得典则过程成为真正的随机过程, 且具有给定的有限维分布族.

一个随机过程总是指一个概率空间上的随机过程. 设 $X=(X_t:t\in\mathsf{T})$ 是 $(\Omega,\mathscr{F},\mathbb{P})$ 上的状态空间为 E 的随机过程, 则 Ω 到轨道空间 E^{T} 有一个自然的映射,

它将样本 $\omega \in \Omega$ 映到其样本轨道: $t \mapsto X_t(\omega)$, $t \in \mathsf{T}$, 我们沿用过程名 X 记此映射, 即

$$X(\omega)(t) := X_t(\omega), \ \omega \in \Omega, t \in \mathsf{T},$$

即随机过程 X 可以看成样本到样本轨道的映射. 容易看出, 对任何 $I \in \mathscr{I}_{\mathsf{T}}$, $X_I = Z_I \circ X$. 下面的引理说明随机过程与典则过程的关系.

引理 2.1.11 (1) X **是可测映射;**

(2) X **与概率空间** $(E^{\mathsf{T}}, \mathscr{E}^{\mathsf{T}}, \mathbb{P}\circ X^{-1})$ **上的轨道过程** Z **是等价的.**

证明. 取柱集 $Z_I^{-1}(H)$, 则 $X^{-1}(Z_I^{-1}(H)) = X_I^{-1}(H)$. 因此 $X^{-1}(\mathscr{E}_0^{\mathsf{T}}) \subset \mathscr{F}$, 从而 $X^{-1}(\mathscr{E}^{\mathsf{T}}) \subset \mathscr{F}$, 证明了 (1). 为证 (2), 任取 $I \in \mathscr{I}_{\mathsf{T}}$, X 的有限维分布 $\mu_I = \mathbb{P}\circ X_I^{-1} = (\mathbb{P}\circ X^{-1})\circ Z_I^{-1}$, 最后的概率是 Z 的有限维分布. □

定义 2.1.12 典则空间 $(E^{\mathsf{T}}, \mathscr{E}^{\mathsf{T}})$ **上的像测度** $\mu_X = \mathbb{P}\circ X^{-1}$ **称为随机过程** X **的分布.**

不难验证, 利用单调类方法可以证明下面的定理.

定理 2.1.13 两个随机过程等价当且仅当它们同分布, 等价地说, 随机过程的有限维分布族决定它的分布.

随机过程与其分布的关系和随机变量与其分布的关系是一样的. 随机过程的一个样本是随机过程的一个实际轨道, 而分布展现的是轨道的分布. 随机过程的分布一般是很难表示的, 有限维分布是它的一种表示形式. 当 E 是实数集 $\mathbf{R}$ 时, 有限维分布就是欧氏空间上的分布, 这时可以借助 Lebesgue 测度来表示.

2.1.4 Kolmogorov 相容性定理

说一个有限维分布族可以在典则空间上实现, 如果典则空间上有一个概率测度, 使得典则过程的有限维分布族恰是给定的有限维分布族. 由单调类方法可以证明, 这样的测度如果存在则一定是唯一的. 下面的引理实际上是引理 2.1.11 的另一种叙述方式.

引理 2.1.14 一个有限维分布族有一个实现当且仅当它可以在典则空间上实现, 称为典则实现.

因为典则空间与典则过程是由时间集和状态空间确定了的, 所以典则实现实质上是指典则空间上的概率测度. 当 T 是有限集时, $\mathscr{L}$ 相容意味着 $\mu_I = \mu_{\mathsf{T}}\circ(\pi_I^{\mathsf{T}})^{-1}$, 即 μ_I 是分布 μ_{T} 的边缘分布. 也就是说这时候有一个最大的测度存在, 别的测度是它的投影. 现在的问题是, 当 T 是无限集时, 这样的 "最大的测度" 是否存在? 下面我们将证明本节的主要结果, 它通常也称为 Kolmogorov 相容性定理.

定理 2.1.15 (Kolmogorov) **设 E 是完备可分度量空间, $\mathscr{E}$ 是对应的 Borel σ-代数, 则 $(E,\mathscr{E})$ 上的任何相容的有限维分布族一定有一个实现.**

证明. 设 $\mathscr{L} = \{\mu_I : I \in \mathscr{I}_{\mathsf{T}}\}$ 是 $(E,\mathscr{E})$ 上的一个相容的有限维分布族. 让我们先在柱集类 $\mathscr{E}_0^{\mathsf{T}}$ 上构造一个集函数 $\mathbb{P}$ 如下:

$$\mathbb{P}(Z_I^{-1}(H)) := \mu_I(H),\ I \in \mathscr{I}_{\mathsf{T}},\ H \in \mathscr{E}^I. \tag{2.1.1}$$

一个柱集可以有不同的表示, 但由分布族的相容性, 上述定义不会产生歧义. 请读者自己验证.

因为 $\mathscr{E}_0^{\mathsf{T}}$ 是一个代数, 由测度扩张定理, 只要能证明 $\mathbb{P}$ 是 $\mathscr{E}_0^{\mathsf{T}}$ 上的一个预概率测度, 它便可以扩张到 $\mathscr{E}^{\mathsf{T}}$ 上成为一个概率测度, 而且由上面的定义容易看出在 $\mathbb{P}$ 下典则过程的有限维分布族恰是 $\mathscr{L}$. 容易验证 $\mathbb{P}$ 在 $(E^{\mathsf{T}},\mathscr{E}_0^{\mathsf{T}})$ 上有限可加, 因此为了证明 $\mathbb{P}$ 是预概率测度, 根据定理 1.2.9 与 §1.1 的习题 5, 我们仅需验证 $\mathbb{P}$ 在 $\varnothing$ 处是上连续的, 即取一列单调下降且交为空集的柱集 $\{A_n\}$ 必有 $\mathbb{P}(A_n)\downarrow 0$. 假设不然, 存在 $\varepsilon > 0$ 使 $\mathbb{P}(A_n) > \varepsilon$. 不失一般性 (一般情况请读者自己考虑), 可以假设取一个时间列 $\{t_n\} \subset \mathsf{T}$ 及 $H_n \in \mathscr{E}^n$, 使得 $A_n = Z^{-1}_{(t_1,\cdots,t_n)}(H_n)$, 那么 $\mu_{(t_1,\cdots,t_n)}(H_n) = \mathbb{P}(A_n) > \varepsilon$. 因 E 从而 E^n 是完备可分度量空间, 任何其上的有限测度都是正则的 (参考下面的 Ulam 定理), 即有紧集 $K_n \subset H_n$ 使

$$\mu_{(t_1,\cdots,t_n)}(H_n \setminus K_n) < \frac{\varepsilon}{2^n},$$

再令 $B_n := Z^{-1}_{(t_1,\cdots,t_n)}(K_n)$, 则

$$\mathbb{P}(A_n \setminus B_n) = \mu_{(t_1,\cdots,t_n)}(H_n \setminus K_n) < \frac{\varepsilon}{2^n}.$$

记 $C_n := \bigcap_{k\leqslant n} B_k$, 那么

$$\mathbb{P}(A_n \setminus C_n) \leqslant \mathbb{P}(\bigcup_{k\leqslant n}(A_k \setminus B_k)) \leqslant \sum_{k\leqslant n}\mathbb{P}(A_k \setminus B_k) < \varepsilon.$$

故 $\mathbb{P}(C_n) > \mathbb{P}(A_n) - \varepsilon > 0$, C_n 自然是非空的, 取 $x^{(n)} \in C_n$. 因 $\{C_n\}$ 是单调下降的, 故对 $l \leqslant n$, $x^{(n)} \in C_l \subset B_l$, 即

$$(x^{(n)}(t_1), x^{(n)}(t_2), \cdots, x^{(n)}(t_l)) \in K_l.$$

由于 K_l 紧, 任意固定 l, 点列 $\{x^{(n)}(t_l):\ n \geqslant 1\}$ 有收敛子列, 由对角线法, 存在一个自然数子列 $\{n_i\}$, 使对任何 l, $\{x^{(n_i)}(t_l)\}_{i\geqslant 1}$ 收敛, 令 $x_l := \lim_i x^{(n_i)}(t_l)$. 取 $x \in E^{\mathsf{T}}$ 使 $x(t_l) = x_l$, 则 $(x(t_1), \cdots, x(t_l)) \in K_l$, 因此对任何 $l \geqslant 1$, $x \in B_l \subset A_l$, 故 $\bigcap_{l\geqslant 1} A_l$ 非空, 这导致矛盾. □

定理中构造的概率 $\mathbb{P}$ 由有限维分布唯一确定, 也称为是给定的有限维分布族 $\mathscr{L}$ 的极限. 另外, 从证明可以看出, 指标集 T 可以是任意的, 状态空间 E 要求是一个完备可分的度量空间, 因为这时其上的任何概率测度是正则的. 我们在下面给予证明.

定理 2.1.16 (Ulam) **完备可分度量空间 E 上的概率测度 μ 是正则的, 即对任何 $B \in \mathscr{B}(E)$, 有**

$$\mu(B) = \sup\{\mu(K) : K \subset B, K \text{ 紧}\}. \tag{2.1.2}$$

证明. 不失一般性, 我们只需对 $B = E$ 的时候证明就可以了. 由可分性, 对任何 n, 存在半径为 $1/n$ 的可列个球 $\{A_{n,k} : k \geqslant 1\}$ 覆盖 E, 那么

$$\lim_{i\to\infty} \mu\left(\bigcup_{i\geqslant k\geqslant 1} A_{n,k}\right) = 1,$$

故存在 i_n 使得 $\mu\left(\bigcup_{k=1}^{i_n} A_{n,k}\right) > 1 - \varepsilon/2^n$. 令 $A = \bigcap_{n\geqslant 1}\bigcup_{k=1}^{i_n} A_{n,k}$, 那么 A 是完全有界集且

$$\mu(A^c) \leqslant \sum_{n\geqslant 1} \mu\left(\bigcup_{k=1}^{i_n} A_{n,k}\right) < \varepsilon,$$

用 K 表示 A 的闭包, 由完备性推出 K 是紧集且 $\mu(K) \geqslant \mu(A) > 1 - \varepsilon$. □

定理断言, 当 E 是一个完备可分的度量空间, T 是时间集时, 相容的有限维分布族与典则空间上的概率测度是一一对应的. 作为相容性定理的应用, 我们来证明无穷维乘积概率空间的存在性. 设 $\{\mu_t : t \in \mathsf{T}\}$ 是 $(E, \mathscr{E})$ 上的概率测度族, 对 $I = (t_1, \cdots, t_n) \in \mathscr{I}_{\mathsf{T}}$, $B_1, \cdots, B_n \in \mathscr{E}$, 令

$$\mu_{(t_1,\cdots,t_n)}(B_1 \times \cdots \times B_n) := \prod_{i=1}^{n} \mu_{t_i}(B_i).$$

容易验证 $\{\mu_I : I \in \mathscr{I}_{\mathsf{T}}\}$ 是一个相容的有限维分布族. 故我们有下列推论.

推论 2.1.17 设 $\{\mu_t : t \in \mathsf{T}\}$ 是完备可分度量空间 E 上的概率分布族, 则存在概率空间 $(\Omega, \mathscr{F}, \mathbb{P})$ 及其上的随机过程 $X = (X_t : t \in \mathsf{T})$ 使得:

(1) $\{X_t : t \in \mathsf{T}\}$ 是独立的, 即其中的任意有限个独立;

(2) 对任何 $t \in \mathsf{T}$, X_t 的分布是 μ_t.

特别地, 如果 μ 是 E 上的概率, 则存在分布同为 μ 的独立随机变量序列.

我们将进一步讨论 $\mathscr{E}^{\mathsf{T}}$ 的性质. 首先, 说 E^{T} 的一个子集 A 是可列决定的, 如果存在一个可列集 $S \subset \mathsf{T}$, 使得对任何 $x, y \in E^{\mathsf{T}}$, 只要它们在 S 上一致, 即 $x|_S = y|_S$, 则 $x \in A$ 蕴含 $y \in A$. 也说 A 可由 S 决定. 令 $\mathscr{A}$ 为 E^{T} 的可列决定的子集全体, 它是 E^{T} 上的 σ-代数. 事实上, 我们仅需要验证 $\mathscr{A}$ 关于补运算及可列并运算封闭. 补运算封闭容易验证, 留给读者, 下面验证对可列并封闭. 设 $A_n \in \mathscr{A}$ 且 A_n 可由 S_n 决定, 则显然 $\bigcup_{n\geqslant 1} A_n$ 可由可列集 $\bigcup_{n\geqslant 1} S_n$ 决定, 即 $\bigcup_{n\geqslant 1} A_n \in \mathscr{A}$. 另外容易看出任何柱集是可列决定的, 即 $\mathscr{E}_0^{\mathsf{T}} \subset \mathscr{A}$, 因此 $\mathscr{E}^{\mathsf{T}} \subset \mathscr{A}$, 即得到下面定理.

定理 2.1.18 $\mathscr{E}^{\mathsf{T}}$ 中的集合是可列决定的.

上述定理说明, 尽管时间集 T 不一定可数, 但 $\mathscr{E}^{\mathsf{T}}$ 中的一个集合只依赖于可数多个时间点上的随机变量. 一般来说, 改变集 $A \in \mathscr{E}^{\mathsf{T}}$ 中一个轨道 x 在某点处的值不会将 x 移出 A; 反过来说, 如果改变 E^{T} 的子集 A 的一个轨道 x 在某点处的值会导致新的轨道不再属于 A, 则 A 不可能在 $\mathscr{E}^{\mathsf{T}}$ 中. 因此许多重要的通常是有某种正则性的轨道集合不是 $\mathscr{E}^{\mathsf{T}}$ 可测集, 如连续轨道的集合, 右连续且存在左极限的轨道集合等, 因为直观地, 改变一条连续轨道在某点处的值会导致轨道不再连续. 让我们详细地进行解释.

设 E 是一个至少含有两个点的 Hausdorff 拓扑空间, $\mathsf{T} = \mathbf{R}^+$, 则 T 到 E 的连续映射全体 $C(\mathsf{T}; E)$ 不是可列决定的, 即 $C(\mathsf{T}; E) \notin \mathscr{E}^{\mathsf{T}}$. 事实上, 假设决定 $C(\mathsf{T}; E)$ 的一个可列集 S 存在. 任取 $\{a, b\} \subset E$, $a \neq b$. 令

$$x(t) = a,\ t \geqslant 0,\ y(t) = \begin{cases} a, & t \in S; \\ b, & t \notin S, \end{cases}$$

则 x 与 y 在 S 上重合, 但 $x \in C(\mathsf{T}; E)$, 而 $y \notin C(\mathsf{T}; E)$. 矛盾. 同样可以证明 $C(\mathsf{T}; E)$ 不包含任何可测集.

这说明仅讨论 E^{T} 中的可测集显然是不够的, 而且我们经常希望随机过程的几乎所有样本轨道具有某种正则性, 比如连续, 右连续或者右连左极续等. 为此我们将引入轨道集与本质轨道集的概念.

定义 2.1.19 1. **设 $X=(X_t:t\in\mathsf{T})$ 是 $(\Omega,\mathscr{F},\mathbb{P})$ 上以 $(E,\mathscr{E})$ 为状态空间的随机过程, X 也被理解为样本到样本轨道的映射. 轨道空间 E^{T} 的一个子集 $\widetilde{\Omega}$ 称为是 X 的轨道集, 如果它几乎包含 X 的所有轨道, 即存在概率为 1 的事件 $\Omega_0\in\mathscr{F}$ 使得 $\widetilde{\Omega}\supset X(\Omega_0)$.**

2. **设 $\mathscr{L}$ 是 $(E,\mathscr{E})$ 上时间集为 T 的有限维分布族, E^{T} 的一个子集 $\widetilde{\Omega}$ 称为关于 $\mathscr{L}$ 是本质的 (轨道集), 如果它是 $\mathscr{L}$ 的某个实现的轨道集.**

显然, $\widetilde{\Omega}$ 关于 $\mathscr{L}$ 是本质的当且仅当存在一个实现, $(\Omega,\mathscr{F},\mathbb{P})$ 上的 X, 使得 $\widetilde{\Omega}\supset X(\Omega)$. 事实上, 把过程放在概率为 1 的事件上不改变有限维分布族. 注意, 这里的轨道集 $\widetilde{\Omega}$ 并不要求是可测的. 下面的定理说明轨道空间的子集对一个有限维分布族来说是否本质可以用外测度来刻画. 回忆 μ^* 表示测度 μ 诱导的外测度.

定理 2.1.20 **设 $(E,\mathscr{E})$ 上时间集为 T 的有限维分布族 $\mathscr{L}$ 的典则实现是概率测度 μ, 则 $\widetilde{\Omega}\subset E^{\mathsf{T}}$ 是本质的当且仅当 $\mu^*(\widetilde{\Omega})=1$.**

证明. 首先设 $\widetilde{\Omega}\subset E^{\mathsf{T}}$ 关于 $\mathscr{L}$ 是本质的, 那么它是某个实现 $(\Omega,\mathscr{F},\mathbb{P})$ 与 X 的轨道集, 即存在 $\Omega_0\in\mathscr{F}$, 满足 $\mathbb{P}(\Omega_0)=1$ 且 $X(\Omega_0)\subset\widetilde{\Omega}$. 现在 $\mu=\mathbb{P}\circ X^{-1}$, 因此对任何包含 $\widetilde{\Omega}$ 的 $A\in\mathscr{E}^{\mathsf{T}}$, 有 $\Omega_0\subset X^{-1}(\widetilde{\Omega})\subset X^{-1}(A)$, 故 $\mu(A)\geqslant\mathbb{P}(\Omega_0)=1$, 推出 $\mu^*(\widetilde{\Omega})=1$. 反之, 如果 $\mu^*(\widetilde{\Omega})=1$, 那么令

$$\widetilde{\mathscr{F}}:=\widetilde{\Omega}\cap\mathscr{E}^{\mathsf{T}}=\{\widetilde{\Omega}\cap A:\ A\in\mathscr{E}^{\mathsf{T}}\}.$$

当然 $(\widetilde{\Omega},\widetilde{\mathscr{F}})$ 是可测空间, 定义 $\widetilde{\mathscr{F}}$ 上的集函数:

$$\widetilde{\mu}(\widetilde{\Omega}\cap A):=\mu(A),\ A\in\mathscr{E}^{\mathsf{T}}.$$

验证定义无歧义: 对 $A,B\in\mathscr{E}^{\mathsf{T}}$, 如果 $\widetilde{\Omega}\cap A=\widetilde{\Omega}\cap B$, 则 $\mu(A)=\mu(B)$. 事实上, 这时 $A\triangle B\subset\widetilde{\Omega}^c$, 故 $\widetilde{\Omega}\subset(A\triangle B)^c$, 因此 $\mu(A\triangle B)=0$, 即有 $\mu(A)=\mu(B)$. 容易验证 $\widetilde{\mu}$ 是概率测度. 最后 $(\widetilde{\Omega},\widetilde{\mathscr{F}},\widetilde{\mu})$ 上的轨道过程 $Z=(Z_t:t\in\mathsf{T})$ 也是 $\mathscr{L}$ 的实现, 即 $\widetilde{\Omega}$ 是本质的. □

证明是说, 如果 $\widetilde{\Omega}$ 关于 $\mathscr{L}$ 是本质的, 那么 $\mathscr{L}$ 可以通过将典则实现 (一个概率测度) 放在它上面来实现. 另外, 集 $\widetilde{\Omega}$ 关于 $\mathscr{L}$ 是本质的只是说它是 $\mathscr{L}$ 的某个实现

的轨道集, 未必是其他实现的轨道集. 后面会看到 Brown 运动是个例子. 但是, 当一个本质轨道集 $\widetilde{\Omega}$ 是可测的时候, 我们基本上可以这么认为. 这时候, 如果 X 是 $\mathscr{L}$ 的任何一个实现, 则 $X^{-1}(\widetilde{\Omega})$ 是概率为 1 的事件, 这蕴含 $\widetilde{\Omega}$ 是 X 的轨道集.

随机过程是样本空间到函数空间的映射. 后面我们将看到, 连续函数空间和右连左极的函数空间是随机过程中最重要的两个轨道集. Brown 运动的本质轨道集是连续函数空间, 它在一致收敛拓扑下是 Polish 空间, Feller 过程 (包括 Poisson 过程和 Lévy 过程) 的本质轨道集是右连左极的函数空间, 它在 Skorohod 拓扑下是 Polish 空间, 参见 §3.5[14].

习　题

1. 设 $X = (X_t : t \in \mathsf{T})$ 是随机过程. 证明: 如果随机变量 ξ 是 $\sigma(X_t : t \in \mathsf{T})$ 可测的, 则存在可列集 $S \subset \mathsf{T}$ 使得 ξ 是 $\sigma(X_t : t \in S)$ 可测的.

2. 设 $(X_t : t \in \mathsf{T})$ 是概率空间 $(\Omega, \mathscr{F}, \mathbb{P})$ 上的随机过程, X 是可积随机变量. 证明: 存在可列集 $S \subset \mathsf{T}$ 使得
$$\mathbb{E}(X|X_t : t \in \mathsf{T}) = \mathbb{E}(X|X_t : t \in S).$$

3. 设 K 是 $\mathsf{T} \times \mathsf{T}$ 上的对称, 非负定实值函数. 证明: 存在一个以 T 为指标集的中心化的 Gauss 随机场, 其协方差函数恰是 K.

4. 设 T 是个区间, $X = (X_t : t \in \mathsf{T})$ 是独立随机变量族, 且都服从以 p 为密度的分布. 证明: X 在任意点 $t \in \mathsf{T}$ 处都不是随机连续的. 问题说明, 至少在连续时间的情况下, 独立随机变量族不是一个好的随机过程.

5. 证明: X 是平稳独立增量过程当且仅当对任何 $s \geqslant 0$, 过程 $t \mapsto X_{t+s} - X_s$ 与 $\mathscr{F}_s$ 独立且与过程 $t \mapsto X_t - X_0$ 等价.

6. 设 T 是个区间. 证明: 实值随机过程 X 在 T 上随机连续当且仅当 $(s,t) \mapsto \mu_{(s,t)}$ 在 $\mathsf{T} \times \mathsf{T}$ 上以弱收敛的拓扑连续 (弱连续), 其中 $\mu_{s,t}$ 是 (X_s, X_t) 的分布.

7. 设 T 是个区间, 实值过程 X 随机连续. 证明: 如果 X 的几乎所有轨道在任意点 $t \in \mathsf{T}$ 处右极限存在, 则 X 有一个右连续修正.

8. 设 T 是个区间, X 是平方可积过程. 证明: X 在 T 上 L^2-连续当且仅当 $(t,s)\mapsto \mathbb{E}\overline{X_t}X_s$ 在 $\mathsf{T}\times\mathsf{T}$ 上连续.

9. 设 $f_1,\cdots,f_n$ 是区间 T 上的函数, $\xi_1,\cdots,\xi_n$ 是不相关随机变量, 方差分别为 $d_1,\cdots,d_n$. 令 $X_t := \xi_1 f_1(t)+\cdots+\xi_n f_n(t)$. 计算随机过程 X 的协方差函数.

10. 如果过程 X, X' 是右连续的 (或左连续的), 那么它们互为修正蕴含它们是不可区分的.

11. 设 A,η 是非负随机变量, θ 是独立于 A,η 且服从 $[0,2\pi)$ 上均匀分布的随机变量, 令 $X_t := A\cos(\eta t+\theta)$. 证明: X 是一个广义平稳过程. 求 X 的谱过程.

12. 设 $\{X_n:\ n\in\mathbf{Z}\}$ 是独立随机变量列且 $\mathbb{P}(X_n=-1)=\mathbb{P}(X_n=1)=\frac{1}{2}$. 令

$$S_n := \sum_{i=-\infty}^{n}\frac{1}{2^{|i|}}X_i,$$

显然 S_n 在点点收敛的意义下可以被定义. 验证 $\{S_n:\ n\in\mathbf{Z}\}$ 是一个正交增量过程, 其指标函数为

$$\lambda_S(n)=\sum_{i=-\infty}^{n}\frac{1}{4^{|i|}}.$$

13. 设 $\mathsf{T}=[0,1]$, $\mathscr{B}$ 是 $\mathbf{R}$ 上的 Borel σ-代数. 验证: 线性函数的集合, 多项式的集合, 递增函数的集合, 在某一固定点连续的集合, Borel 可测函数的集合都不属于 $\mathscr{B}^{\mathsf{T}}$.

14. 设 $\{\mathscr{F}_n : n\geqslant 1\}$ 是 Ω 上的一个递增 σ-代数列, $\mathbb{P}_n$ 是 $(\Omega,\mathscr{F}_n)$ 上的概率且满足 $\mathbb{P}_{n+1}|_{\mathscr{F}_n}=\mathbb{P}_n$, 令 $\mathscr{F} := \sigma(\mathscr{F}_n : n\geqslant 1)$. 问 $(\Omega,\mathscr{F})$ 上是否存在概率 $\mathbb{P}$ 满足对任何 n 有 $\mathbb{P}|_{\mathscr{F}_n}=\mathbb{P}_n$?

15. 证明: 区间 $[0,1]$ 上不可能有不可数个非常数的独立随机变量.

16. 严格地证明由方程 (2.1.1) 定义的 $\mathbb{P}$ 是良定义的.

17. 设 D 是 T 的一个可数稠子集, E 是 Polish 空间 (或者简单地, $E=\mathbf{R}$). 记

$$\widetilde{\Omega} := \{x\in E^{\mathsf{T}} : x|_D \text{ 在任何 } t\in\mathsf{T} \text{ 处左右极限存在}\}.$$

证明: $\widetilde{\Omega}\in\mathscr{E}^{\mathsf{T}}$. 提示: 这不是个容易的问题, $E=\mathbf{R}$ 时参考 §3.3 的 Föllmer 引理以及习题, 一般情况参考引理 4.2.4.

18. 证明: 连续时间实值随机过程 X 有一个右连左极修正当且仅当它的有限维分布族有一个右连左极的实现.

2.2 转移半群与马氏过程

在上一节中我们看到, 只要有相容的有限维分布就有随机过程, 那么在这一节, 我们将应用 Kolmogorov 定理证明一个由分析语言定义的转移半群与一个概率意义的马氏过程是一一对应的. 这是本讲义后半部分的基础.

2.2.1 转移半群

什么是转移概率? 转移概率是描述一个随机过程从某一个点 x 出发, 在若干时间后到达某个集合 A 的概率. 因此, 我们将用核来表示转移概率. 回忆定义 1.6.7 中 Markov 核与子 Markov 核的定义. 首先介绍由核所诱导的映射与运算. 设 K 是 $(\Omega, \mathscr{F})$ 到 $(E, \mathscr{E})$ 的核, 任取 E 上的非负可测函数 f, 记

$$Kf(\omega) := \int_E K(\omega, dx)f(x),\ \omega \in \Omega,$$

则 Kf 是 Ω 上的非负可测函数, 即 K 诱导一个将 E 上的非负可测函数映至 Ω 上的非负可测函数的算子, 称为是拉回算子. 反过来, 如果 μ 是 $(\Omega, \mathscr{F})$ 上的一个测度, 记

$$\mu K(A) := \int_\Omega \mu(d\omega)K(\omega, A),\ A \in \mathscr{E},$$

则 μK 是 $(E, \mathscr{E})$ 上的一个测度, 即 K 诱导一个将 $(\Omega, \mathscr{F})$ 上的测度映至 $(E, \mathscr{E})$ 上的测度的算子, 称为推前算子. 显然当 K 是 Markov 核时, 拉回算子将有界可测函数映为有界可测函数, 而推前算子将概率测度映为概率测度.

核作为映射, 自然可以复合. 我们设 K_1 和 K_2 是一个 $(E_1, \mathscr{E}_1)$ 到 $(E_2, \mathscr{E}_2)$ 的核与一个 $(E_2, \mathscr{E}_2)$ 到 $(E_3, \mathscr{E}_3)$ 的核. 对 $x \in E_1$, $A \in \mathscr{E}_3$, 定义

$$\begin{aligned} K_1K_2(x, A) &:= K_1(K_2(\cdot, A))(x) = (K_1(x, \cdot)K_2)(A) \\ &= \int_{E_2} K_1(x, dy)K_2(y, A), \end{aligned}$$

则 K_1K_2 是一个 $(E_1, \mathscr{E}_1)$ 到 $(E_3, \mathscr{E}_3)$ 的核. 当 E_1, E_2, E_3 是有限集时, 核等同于矩阵, 核的复合等同于矩阵乘法, 所以核是矩阵的推广, 核的复合是矩阵乘法的推广.

最后, 一个子 Markov 核可以修改成为一个 Markov 核. 设 K 是 $(E,\mathscr{E})$ 上的子 Markov 核. 这时, 通过添加一个点, K 可以被修改成为 Markov 核. 事实上, 取 $\Delta \notin E$, 定义 $E_\Delta := E \cup \{\Delta\}$, $\mathscr{E}_\Delta := \sigma(\mathscr{E} \cup \{\{\Delta\}\})$. 对 $x \in E_\Delta$, $A \in \mathscr{E}_\Delta$, 定义

$$K'(x,A) := \begin{cases} K(x,A), & x \in E,\ A \in \mathscr{E}, \\ 1 - K(x,E), & x \in E,\ A = \{\Delta\}, \\ 1_A(\Delta), & x = \Delta,\ A \in \mathscr{E}_\Delta. \end{cases}$$

容易验证 K' 是 $(E_\Delta, \mathscr{E}_\Delta)$ 上的 Markov 核, 在 $(E,\mathscr{E})$ 上与 K 一致.

现在我们将引入转移半群. 在本节中, 我们设 $(E,\mathscr{E})$ 是一个可测空间, T 是非负整数或非负实数集.

定义 2.2.1 **$(E,\mathscr{E})$ 上的一族子 Markov 核 $(P_t:\ t \in \mathsf{T})$ 称为是转移半群, 如果对任意 $s,t \in \mathsf{T}$, 有 $P_sP_t = P_{t+s}$ 且 P_0 是恒等算子. 一个 Markov 的转移半群也称为保守的.**

不难验证, 通过添加一个新点, 子 Markov 核组成的转移半群 (P_t) 总可以重定义成为 Markov 核组成的转移半群 (P'_t). 因此下面我们说到转移半群是指由 Markov 核组成的. 另外公式 $P_{t+s} = P_sP_t$ 等价于

$$P_{t+s}(x,B) = \int_E P_s(x,dy)P_t(y,B),\ x \in E, B \in \mathscr{E},$$

称为 Chapman-Kolmogorov 方程. 最后, 要求 P_0 是恒等算子不是本质的, 如果它不是, 我们可以把它换成恒等算子.

设 $(P_t : t \in \mathsf{T})$ 是可测空间 $(E,\mathscr{E})$ 上的转移半群, 对任何 $n \geqslant 1$, $t_1, \cdots, t_n \in \mathsf{T}$, $0 \leqslant t_1 < \cdots < t_n$ 及 $A \in \mathscr{E}^n$, $x \in E$, 定义

$$P_I(x,A) := \int_A P_{t_1}(x,dx_1)P_{t_2-t_1}(x_1,dx_2)\cdots P_{t_n-t_{n-1}}(x_{n-1},dx_n),$$

其中 I 表示 $(t_1,\cdots,t_n)$. 显然 P_I 是 $(E,\mathscr{E})$ 到 $(E^I,\mathscr{E}^I)$ 的核. 任取 E 上的概率测度 μ, 再定义

$$\mu_I := \mu P_I = \int_{x\in E} \mu(dx)P_I(x,\cdot),$$

注意 $\mu P_{(0)} = \mu P_0 = \mu$.

定理 2.2.2 **对任何 $(E,\mathscr{E})$ 上给定的概率测度 μ, 上面定义的概率测度族 $\mathscr{L}_\mu = \{\mu_I : I \in \mathscr{I}_\mathsf{T}\}$ 是 $(E,\mathscr{E})$ 上的相容的有限维分布族.**

$\mathscr{L}_\mu$ 的相容性由 Fubini 定理与 Chapman-Kolmogorov 方程容易推出, 留给读者作为练习.

2.2.2 马氏性

现在我们介绍所谓的马氏性, 先引入流的概念, 它也是描述随机过程的一个方便工具, 也是直观概念, 表达随着时间流逝, 信息量增加.

定义 2.2.3 设 $(\Omega, \mathscr{F}, \mathbb{P})$ 是一个概率空间, T 是时间集.

1. 如果 $\mathscr{F}$ 的一个子 σ-代数族 $\{\mathscr{F}_t: \ t \in \mathsf{T}\}$ 满足对任何 $s, t \in \mathsf{T}, s < t$, 有 $\mathscr{F}_s \subset \mathscr{F}_t$, 称它是 Ω 上的 σ-代数流或简称流.

2. 随机过程 $X = (X_t : t \in \mathsf{T})$ 称为是 $(\mathscr{F}_t)$- 适应的, 如果对任何 $t \in \mathsf{T}$, X_t 是 $\mathscr{F}_t$ 可测的.

3. 给定一个随机过程 $X = (X_t : t \in \mathsf{T})$, 定义 $\mathscr{F}_t := \sigma(\{X_s : s \leqslant t\})$, $t \in \mathsf{T}$, 即 $\mathscr{F}_t$ 是时刻 t 之前的过程所生成的 σ-代数, 它显然构成一个 Ω 上的流, 称为 X 的自然流.

随机过程 X 关于其自然流总是适应的, 必要时注明自然流为 $(\mathscr{F}_t^X)$ 或者 $(\mathscr{F}_t^0)$. 它是 X 所适应的流中最小的, 通常解释为 t 时刻前过程的信息.

给定概率空间 $(\Omega, \mathscr{F}, \mathbb{P})$ 和一个流 $(\mathscr{F}_t)$.

定义 2.2.4 设 $X = (X_t)$ 是以 $(E, \mathscr{E})$ 为状态空间且关于流 $(\mathscr{F}_t)$-适应的随机过程. 称 X (关于概率 $\mathbb{P}$ 和流 $(\mathscr{F}_t)$) 具有马氏性, 如果对 $s, t \in \mathsf{T}$, $s < t$ 及 $B \in \mathscr{E}$, 有

$$\mathbb{P}(X_t \in B | \mathscr{F}_s) = \mathbb{P}(X_t \in B | X_s). \tag{2.2.1}$$

这时 X 关于其自然流也一定有马氏性. 如果不特别地提到流, X 具有马氏性是指关于其自然流有马氏性.

读者应该牢记这个朴素的定义, 它是一个过程关于一个概率具有马氏性的定义. 教材后面所说的马氏性是用一族概率测度或者转移半群来描述的. 由 Dynkin 的方法, 不难证明 (作为习题) 过程 X 有马氏性当且仅当对任何 $s_1, \cdots, s_n, t \in \mathsf{T}$ 且 $0 \leqslant s_1 < \cdots < s_n < t$, 有

$$\mathbb{P}(X_t \in B | X_{s_1}, \cdots, X_{s_n}) = \mathbb{P}(X_t \in B | X_{s_n}). \tag{2.2.2}$$

此性质解释为在已知现在位置的条件下, 将来的位置与过去是独立的. 也就是说, 分析一个马氏过程的过去的数据无助于对将来的预测. 对马氏性, 在习题中有更直观的刻画. 取例 2.1.1, 对于其中每一局的输赢 ξ_n 来说, 它们相互独立, 自然有马氏性; 对于赌资的积累 S_n 来说, 如果已知第 n 次赌博后甲所持有的赌资 S_n, 那么第 $n+k$ 次赌博后甲所持有的赌资 S_{n+k} 与 n 局以前他的输赢状况无关. 因此序列 $\{S_n\}$ 满足马氏性. 随机过程的马氏性是概率论中最重要的概念之一, 是俄罗斯数学家 A. Markov 在 1907 年提出的, 马氏过程是最重要的随机过程之一, 本教材绝大部分内容与马氏过程有关. 另外, 不要把随机过程的马氏性与核或者转移半群的马氏性混淆.

例 2.2.1 我们来证明独立增量过程 (如例 2.1.3) 总是马氏过程. 带流概率空间 $(\Omega,\mathscr{F},(\mathscr{F}_t),\mathbb{P})$ 上的取值在 $\mathbf{R}^d$ 的适应过程 $X=(X_t:t\geqslant 0)$ 称为是独立增量的, 如果对任何 $t>s\geqslant 0$, X_t-X_s 与 $\mathscr{F}_s$ 独立. 这时, 任取 $B\in\mathscr{B}(\mathbf{R}^d)$, 令 $A:=\{(x,y):x,y\in\mathbf{R}^d,x+y\in B\}$. 因为 X_t-X_s 独立于 $\mathscr{F}_s$, 而 X_s 是 $\mathscr{F}_s$ 可测的, 故 (§1.6 习题 9)

$$\begin{aligned}\mathbb{P}(X_t\in B|\mathscr{F}_s)&=\mathbb{P}((X_t-X_s,X_s)\in A|\mathscr{F}_s)\\&=\mathbb{P}((X_t-X_s,y)\in A)\Big|_{y=X_s},\end{aligned}$$

即 $\mathbb{P}(X_t\in B|\mathscr{F}_s)$ 是 X_s 的函数, 因此

$$\mathbb{P}(X_t\in B|\mathscr{F}_s)=\mathbb{P}(X_t\in B|X_s).$$

证明了马氏性. ∎

下面定理说明由转移半群生成的有限维分布族的实现是具有马氏性的随机过程.

定理 2.2.5 **设** $\mathscr{L}_\mu$ **是定理** 2.2.2 **中所定义的有限维分布族, 概率空间** $(\Omega,\mathscr{F},\mathbb{P})$ **上的** E-**值随机过程** X **是它的一个实现, 则** X **具有马氏性. 更多地, 对** $s,t\in\mathsf{T}$ **且** $B\in\mathscr{E}$,

$$\mathbb{P}(X_{t+s}\in B|\mathscr{F}_t^0)=P_s(X_t,B).\tag{2.2.3}$$

证明. 我们只需验证对 $\{t_1,\cdots,t_n,t+s\}\subset\mathsf{T}$ 且 $0\leqslant t_1<\cdots<t_n=t<t+s$, 有

$$\mathbb{P}(X_{t+s}\in B|X_{t_1},\cdots,X_{t_n})=P_s(X_t,B),\ \text{a.s.}.$$

取 $I=(t_1,\cdots,t_n)$, $A\in\mathscr{E}^I$,

$$\begin{aligned}&\mathbb{E}(1_{\{X_{t+s}\in B\}};\{X_I\in A\})\\&=\mathbb{P}((X_{t_1},\cdots,X_{t_n})\in A,X_{t+s}\in B)\\&=\int_{x\in E,(x_1,\cdots,x_n)\in A}\mu(dx)P_{t_1}(x,dx_1)\cdots P_{t_n-t_{n-1}}(x_{n-1},dx_n)P_{t+s-t_n}(x_n,B)\\&=\int_{E^I}\mu_I(dx_1dx_2\cdots dx_n)1_A(x_1,\cdots,x_n)P_s(x_n,B)\\&=\mathbb{E}(P_s(X_t,B);\{(X_{t_1},\cdots,X_{t_n})\in A\}).\end{aligned}$$

完成证明. □

这时, X_0 的分布是 $\mu=\mu P_0$, 称为随机过程的初始分布, 从 (2.2.3) 看出

$$\mathbb{P}(X_{t+s}\in A|X_t=x)=P_s(x,A),$$

这直观地表达了过程的转移机制. 以上定理中的过程 X 称为是具有转移半群 (机制) (P_t) 与初始分布 μ 的马氏过程. 这里我们没有把具有马氏性的随机过程称为马氏过程, 而是把这个名字留给更特殊的具有转移半群的随机过程.

注释 2.2.1 对于具有马氏性的过程 X 来说, 当 $s<t$ 时, 在已知过程 s 时刻的位置在 x 处的条件下, t 时刻在集合 A 内的概率与 s 时刻前过程的行为无关, 称为 X 从 (s,x) 到 (t,A) 的转移机制 (注意这不是一个严格定义的概念). 转移半群是给出转移机制的一种方法. 注意 (2.2.3) 比 (2.2.1) 更强, 其中包含有时齐性. 也就是说, 从 s 到 t 的转移机制只与 $t-s$ 有关, 直观地说, 对任何 $u>0$, $x\in E$, 转移概率

$$\mathbb{P}(X_{t+u}\in B|X_{s+u}=x)=\mathbb{P}(X_t\in B|X_s=x).$$

因此我们通常把满足 (2.2.3) 的过程称为具有时齐马氏性的随机过程. 当 E 是一个线性空间时, 如果 X 从 (s,x) 到 (t,A) 的转移概率等于从 $(s,0)$ 到 $(t,A-x)$ 的转移概率, 那么我们说 X 具有空间齐性.

2.2.3 马氏过程

给定转移半群, 一个分布决定一个随机过程, 也就是一个概率测度 $\mathbb{P}=\mathbb{P}^\mu$, 右上角的 μ 表达这个对应关系. 当 μ 是点 x 的单点测度时, 我们用 $\mathbb{P}^x$ 代替 $\mathbb{P}^\mu$. 但要精确地表达转移半群 (P_t), 需要的不仅是一个测度 $\mathbb{P}^\mu$, 而是一族测度 $\{\mathbb{P}^x:x\in E\}$.

现在设 $(E,\mathscr{E})$ 是完备可分度量空间及其 Borel 代数, $(\Omega,\mathscr{F})$ 是轨道空间, $X=(X_t:t\in\mathsf{T})$ 是轨道过程, $(P_t)_{t\in\mathsf{T}}$ 是 $(E,\mathscr{E})$ 上的转移半群, 则由 Kolmogorov 定理, 对任何 $x\in E$, 存在 $(\Omega,\mathscr{F})$ 上的概率测度 $\mathbb{P}^x$ 使得轨道过程 $X=(X_t)$ 的有限维分布族为 $\{P_I(x,\cdot):I\in\mathscr{I}_{\mathsf{T}}\}$, 即

$$\begin{aligned}\mathbb{P}^x((X_{t_1},\cdots,X_{t_n})\in A)&=P_{(t_1,\cdots,t_n)}(x,A)\\&=\int_A P_{t_1}(x,dx_1)P_{t_2-t_1}(x_1,dx_2)\cdots P_{t_n-t_{n-1}}(x_{n-1},dx_n),\ A\in\mathscr{E}^n.\end{aligned}$$

或者说 $(X_{t_1},\cdots,X_{t_n})$ 在概率 $\mathbb{P}^x$ 下的联合分布为

$$P_{t_1}(x,dx_1)P_{t_2-t_1}(x_1,dx_2)\cdots P_{t_n-t_{n-1}}(x_{n-1},dx_n).$$

转移半群决定有限维分布族, 有限维分布族决定一个实现.

由核的定义, $\mathbb{P}^x((X_{t_1},\cdots,X_{t_n})\in A)$ 是 x 的可测函数. 由 Dynkin 引理, 对任何 $G\in\mathscr{F}$, $x\mapsto\mathbb{P}^x(G)$ 是 x 的可测函数, 即 $(x,G)\mapsto\mathbb{P}^x(G)$ 是 $(E,\mathscr{E})$ 到 $(\Omega,\mathscr{F})$ 的 Markov 核. 特别地, 对任何 $t,s\in\mathsf{T}$, $x\in E$ 及 $B\in\mathscr{E}$, 有关系式 $\mathbb{P}^x(X_s\in B)=P_s(x,B)$ 且定理 2.2.5 的结论可写为

$$\mathbb{P}^x(X_{t+s}\in B|\mathscr{F}_t)=P_s(X_t,B)=\mathbb{P}^{X_t}(X_s\in B),\ \text{a.s.},\tag{2.2.4}$$

其中右边 $\mathbb{P}^{X_t}(X_s\in B)$ 是马氏过程的一个常用记号, 被理解为 $\mathbb{P}^x(X_s\in B)$ 与 $x=X_t$ 的复合映射, 切勿误解. 另外, $\mathbb{P}^x(X_0=x)=P_0(x,\{x\})=1$, 即说在概率 $\mathbb{P}^x$ 之下, 过程从 x 出发. 现在我们可以用推移算子来表达 (2.2.4).

轨道空间上有一个自然的推移算子族, 对 $\omega\in\Omega$, $t\in\mathsf{T}$, 定义

$$\theta_t\omega(s):=\omega(t+s),\ s\in\mathsf{T},$$

则 θ_t 是 $(\Omega,\mathscr{F})$ 上的可测映射, 满足 $X_s\circ\theta_t=X_{s+t}$. 那么上面的 (2.2.4) 可写成

$$\mathbb{E}^x\left[1_{\{X_s\in B\}}\circ\theta_t|\mathscr{F}_t\right]=\mathbb{E}^{X_t}(1_{\{X_s\in B\}}),\ \text{a.s.}.$$

引理 2.2.6 (2.2.4) **等价于对** $(\Omega,\mathscr{F})$ **上的有界或非负随机变量** Y **与** $x\in E,t\in\mathsf{T}$, **有**

$$\mathbb{E}^x(Y\circ\theta_t|\mathscr{F}_t)=\mathbb{E}^{X_t}(Y),\ \text{a.s.}.\tag{2.2.5}$$

证明. 显然 (2.2.5) 可推出 (2.2.4), 反之, 设 (2.2.4) 成立, 则对任何 E 上非负可测的 f 有

$$\mathbb{E}^x[f(X_s)\circ\theta_t|\mathscr{F}_t] = \mathbb{E}^x[f(X_{t+s})|\mathscr{F}_t] = \mathbb{E}^{X_t}[f(X_s)], \text{a.s..}$$

现在 $s_2 > s_1 \geqslant 0$, $A_1, A_2 \in \mathscr{E}$, 应用 (2.2.4)得

$$\mathbb{E}^x[1_{\{X_{s_1}\in A_1\}}\mathbb{P}^{X_{s_1}}(X_{s_2-s_1}\in A_2)] = \mathbb{E}^x[1_{\{X_{s_1}\in A_1, X_{s_2}\in A_2\}}],$$

由此, 再用 (2.2.4) 以及条件期望性质,

$$\begin{aligned}
&\mathbb{E}^x\left[1_{\{X_{s_1}\in A_1, X_{s_2}\in A_2\}}\circ\theta_t|\mathscr{F}_t\right] \\
&= \mathbb{E}^x\left[\mathbb{E}^x[1_{\{X_{s_1+t}\in A_1, X_{s_2+t}\in A_2\}}|\mathscr{F}_{s_1+t}]|\mathscr{F}_t\right] \\
&= \mathbb{E}^x\left[1_{\{X_{s_1+t}\in A_1\}}\mathbb{E}^x[1_{\{X_{s_2+t}\in A_2\}}|\mathscr{F}_{s_1+t}]|\mathscr{F}_t\right] \\
&= \mathbb{E}^x\left[1_{\{X_{s_1+t}\in A_1\}}\mathbb{P}^{X_{s_1+t}}(X_{s_2-s_1}\in A_2)|\mathscr{F}_t\right] \\
&= \mathbb{E}^{X_t}\left[1_{\{X_{s_1}\in A_1\}}\mathbb{P}^{X_{s_1}}(X_{s_2-s_1}\in A_2)\right] \\
&= \mathbb{E}^{X_t}\left[1_{\{X_{s_1}\in A_1, X_{s_2}\in A_2\}}\right].
\end{aligned}$$

类似地用归纳法推出 (2.2.5) 对于 $\mathscr{F}$ 中柱集的示性函数 $Y = 1_{\{X_{s_1}\in A_1,\cdots,X_{s_n}\in A_n\}}$ 成立, 应用单调类方法 (Dynkin 引理与单调收敛定理), (2.2.5) 对有界或者非负的随机变量 Y 成立. □

注意, 上面的 (2.2.5) 是从 (2.2.4) 推出的, 若直接从 X 的有限维分布去推导会更容易一些, 读者可以自己验证. 现在我们把以上关于轨道空间上的结论抽象为一般概率空间上的概念, 定义马氏过程.

定义 2.2.7 设 $(E,\mathscr{E})$ 是可测空间, 一个六元组

$$X = (\Omega, \mathscr{F}, \mathscr{F}_t, X_t, \theta_t, \mathbb{P}^x : t\in \mathsf{T}, x\in E)$$

称为是一个以 $(E,\mathscr{E})$ 为状态空间的时齐 $(\mathscr{F}_t)$-马氏过程, 简称马氏过程, 如果

(1) (出发点) 对任何 $x\in E$, $\mathbb{P}^x$ 是 $(\Omega,\mathscr{F})$ 上的概率, $(X_t)_{t\in\mathsf{T}}$ 是以 E 为状态空间的适应随机过程;

(2) 对 $A\in\mathscr{F}^0_\infty$, $x\mapsto \mathbb{P}^x(A)$ 在 $(E,\mathscr{E})$ 上可测, 其中 $\mathscr{F}^0_\infty = \sigma(X_t : t\in\mathsf{T})$;

(3) (推移算子) 对 $t \in \mathsf{T}$, $\theta_t : \Omega \to \Omega$ 可测且对任何 $s \in \mathsf{T}$ 满足 $X_s \circ \theta_t = X_{s+t}$;

(4) (时齐简单马氏性) 对 $(\Omega, \mathscr{F}^0_\infty)$ 上的有界或非负随机变量 Y 与 $x \in E$, $t \in \mathsf{T}$, $t > 0$, 有

$$\mathbb{E}^x(Y \circ \theta_t | \mathscr{F}_t) = \mathbb{E}^{X_t}(Y);$$

(5) (正规性) 对任何 $x \in E$, $\{x\} \in \mathscr{E}$ 且 $\mathbb{P}^x(X_0 = x) = 1$.

进一步, 如果 E 是度量空间, 且在任意概率 $\mathbb{P}^x$ 下, 过程的几乎所有轨道是右连续的, 那么该马氏过程称为右连续简单马氏过程.

一个马氏过程的符号很多, 为了方便, 下面在写一个马氏过程时, 我们只需简单地写 $X = (X_t, \mathscr{F}_t, \mathbb{P}^x)$ 或 $X = (X_t, \mathbb{P}^x)$ 等. 现在定义的马氏过程的样本轨道是一般映射, 没有任何特别性质. 实际上, 在第四章中可以看到样本轨道的右连续性是我们可以继续研究马氏过程的基本前提. 现在, 我们有下面的定理, 说明转移半群与马氏过程是互相唯一对应的.

定理 2.2.8 1. 对完备可分度量空间 E 上的转移半群 (P_t), 存在以 E 为状态空间的马氏过程 $X = (X_t, \mathbb{P}^x)$ 使得对 $t \in \mathsf{T}, x \in E$ 及 $B \in \mathscr{E}$, 有 $P_t(x, B) = \mathbb{P}^x(X_t \in B)$, 该马氏过程称为是转移半群 (P_t) 的一个实现;

2. 设 $(E, \mathscr{E})$ 是可测空间, X 是以 E 为状态空间的马氏过程, 则

$$P_t(x, B) := \mathbb{P}^x(X_t \in B),\ x \in E, B \in \mathscr{E}, t \in \mathsf{T}$$

定义了 $(E, \mathscr{E})$ 上的一个转移半群且 X 是该转移半群的一个实现.

证明. 只需证明 2. 首先验证 (P_t) 满足 Chapman-Kolmogorov 方程, 因为 X_s 在 $\mathbb{P}^x$ 之下的分布是 $P_s(x, \cdot)$, 由马氏性,

$$\begin{aligned} P_{t+s}(x, B) &= \mathbb{P}^x(X_{t+s} \in B) \\ &= \mathbb{E}^x(1_{\{X_t \in B\}} \circ \theta_s) = \mathbb{E}^x(\mathbb{P}^{X_s}(X_t \in B)) \\ &= \int_E \mathbb{P}^y(X_t \in B)\mathbb{P}^x(X_s \in dy) \\ &= \int_E P_s(x, dy) P_t(y, B). \end{aligned}$$

2 的第二个结论即验证 $(X_{t_1}, \cdots, X_{t_n})$ 在概率 $\mathbb{P}^x$ 下的联合分布为

$$P_{t_1}(x, dx_1) P_{t_2 - t_1}(x_1, dx_2) \cdots P_{t_n - t_{n-1}}(x_{n-1}, dx_n).$$

请读者自己完成. □

最后, 我们用两个简单例子来理解转移半群.

例 2.2.2 设 E 是有限集合, 一个矩阵 $\mathbf{P} = (p(x,y) : x, y \in E)$ 称为马氏矩阵, 如果它满足下面两个条件

(1) 对任何 $x, y \in E$, 有 $p(x,y) \geqslant 0$;

(2) 对任何 $x \in E$, 有 $\sum_{y\in E} p(x,y) = 1$.

一个马氏矩阵 $\mathbf{P}$ 决定 E 上的一个转移函数: 对任何 $x \in E, A \subset E$, 定义核

$$P(x,A) := \sum_{y\in A} p(x,y),$$

则 P 是 E 上 Markov 核. 矩阵 $\mathbf{P}^n$ 对应的转移函数记为 P_n, 那么 $(P_n : n \geqslant 0)$ 是离散时间转移半群, 所对应的马氏过程是有限状态马氏链. ∎

例 2.2.3 设 G 是局部紧 Abel 群, 例如 Euclid 空间, G 上的概率测度族 $\pi = \{\pi_t : t > 0\}$ 称为对卷积有半群性, 如果 $\pi_t * \pi_s = \pi_{t+s}$, $t, s > 0$; 称为是卷积半群, 如果进一步地当 $t \downarrow 0$ 时, π_t 弱收敛于 δ_0, 其中 0 是 G 的单位. 在 Euclid 空间上就有许多重要的卷积半群, 具体的我们将在 §4.2 中论述. 如果 π 是卷积半群, 那么它平凡地诱导一个转移半群 (P_t), 定义为

$$P_t(x,A) := \pi_t(A - x),\ t > 0, x \in G, A \in \mathscr{B}(G).$$

设其对应的马氏过程为 X, 那么 X 是平稳独立增量过程, 精确地说, X 满足对任何 $t > s > 0$, $A \in \mathscr{B}(G)$, $x \in G$,

$$\mathbb{P}^x(X_t - X_s \in A|\mathscr{F}_s) = \pi_{t-s}(A).$$

注意右边与 x 无关. 事实上,

$$\mathbb{P}^x(X_t - X_0 \in A) = \mathbb{P}^x(X_t \in x + A) = P_t(x, x + A) = \pi_t(A).$$

然后由马氏性直接计算得

$$\begin{aligned}\mathbb{P}^x(X_t - X_s \in A|\mathscr{F}_s) &= \mathbb{P}^x((X_{t-s} - X_0)\circ\theta_s \in A|\mathscr{F}_s)\\ &= \mathbb{P}^{X_s}(X_{t-s} - X_0 \in A) = \pi_{t-s}(A).\end{aligned}$$

因此由卷积半群构造的随机过程是平稳独立增量的, 反之, 如果 X 是平稳独立增量过程, 定义 π_t 为 $X_t - X_0$ 的分布, 那么 $\{\pi_t : t \geqslant 0\}$ 是对卷积有半群性的概率测度族. 当 X 右连续时, 它是卷积半群. ∎

习 题

1. 设有 52 张牌, 一半黑一半红. 把牌洗匀依次抽牌, 抽到黑牌赢一元钱, 抽到红牌输一元钱, 用 S_n 表示抽取第 n 张牌之后的输赢数, 即黑牌数减去红牌数. 证明: S_n 有马氏性, 但不是时齐的.

2. 设 μ 是 $\mathbf{R}^d$ 上的概率测度, 证明: $(x, A) \mapsto \mu(A - x)$ 是一个 Markov 核.

3. 设 $X = (X_t, \mathbb{P}^x)$ 是 $\mathbf{R}^d$ 上的时齐马氏过程, 转移半群为 (P_t). 证明: 如果它是一个独立增量过程, 则对任何 $x \in \mathbf{R}^d$, $f \in \mathscr{B}(\mathbf{R}^d)$, 有 $P_t(x, A) = P_t(0, A - x)$.

4. 设 $(P_{s,t} : 0 \leqslant s < t < \infty)$ 是一族 Markov 核, 满足 Kolmogorov-Chapman 方程:

$$P_{s,u}P_{u,t} = P_{s,t}, \ s < u < t.$$

如果过程 $X = (X_t : t \geqslant 0)$ 的有限维分布可以表示为

$$\begin{aligned}&\mathbb{P}(X_{t_1} \in dx_1, \cdots, X_{t_n} \in dx_n) \\ &\quad = \int_{x_0 \in E} \mu(dx_0) P_{0,t_1}(x_0, dx_1) \cdots P_{t_{n-1},t_n}(x_{n-1}, dx_n),\end{aligned}$$

其中 $0 \leqslant t_1 < \cdots < t_n$, $P_{0,0}$ 理解为恒等算子, 那么我们说 X 是以 μ 为初始分布, $(P_{s,t})$ 为转移函数的 (不一定时齐) 马氏过程. 证明:

(a) 这样定义的过程满足马氏性;

(b) 定义 $Y_t := (X_t, t)$, 那么 $Y = (Y_t)$ 是状态空间 $E \times [0, \infty)$ 上的时齐马氏过程.

5. 设 $X = (X_t : t \geqslant 0)$ 是随机过程. 令 $\mathscr{G}_t := \sigma(X_s : s \geqslant t)$. 证明: X 的马氏性 (2.2.1) 等价于下列的每个命题.

(a) 对任何 $t > 0$, $A \in \mathscr{G}_t$, 有 $\mathbb{P}(A|\mathscr{F}_t) = \mathbb{P}(A|X_t)$.

(b) 对任何 $t>0$, $A\in\mathscr{G}_t$, $B\in\mathscr{F}_t$, 有

$$\mathbb{P}(A\cap B|X_t)=\mathbb{P}(A|X_t)\mathbb{P}(B|X_t).$$

(c) 对任何 $t>0$, $B\in\mathscr{F}_t$, 有 $\mathbb{P}(B|\mathscr{G}_t)=\mathbb{P}(B|X_t)$.

(d) 对任何 $u>t>s$, $K\in\mathscr{E}$, 有

$$\mathbb{P}(X_t\in K|\mathscr{G}_u,\mathscr{F}_s)=\mathbb{P}(X_t\in K|X_u,X_s).$$

因此, 对于一个马氏过程而言, 将来与过去是对称的.

6. 设 $P_t(x,\cdot)$ 是一个均值为 m_tx, 方差为 σ_t^2 的正态分布, 问当 m_t 与 σ_t^2 满足什么条件时, (P_t) 满足 Chapman-Kolmogorov 方程?

2.3 马氏链

尽管从定义看, 随机过程无非是一族随机变量, 但是实际上, 概率论会关心具有一些特别性质的随机过程, 它们通常是人们在观察自然现象中提炼出来的随机模型, 正如概率论关心一些特别的分布一样. 在本节中, 我们将介绍时间是非负整数集的马氏过程, 简称马氏 (Markov) 链, 算是最简单但最经典且最早被研究的随机过程. 我们在这里只是把它作为一个直观的随机过程例子, 使读者对随机过程的问题和研究方法有一个基本的认识.

2.3.1 转移函数

设 E 是一个有限集或者可列集, 自然地, E 上的拓扑是离散拓扑, σ-代数就取 E 的全体子集.

定义 2.3.1 **$E\times E$ 上的函数 $(x,y)\mapsto p_{x,y}$ 称为是 E 上的 (保守的) 转移函数, 如果它满足**

(1) $p_{x,y}\geqslant 0$;

(2) $\sum_{y\in E}p_{x,y}=1$.

当 x,y 固定时, $p_{x,y}$ 是从 x 到 y 的转移概率, 也可写为 $p(x,y)$. 转移概率看成 x,y 的函数即是转移函数, 下文中不刻意区分转移概率与转移函数. 另外我们也将 $p_{x,y}$ 看作一个矩阵 $\mathbf{P}$ 在位置 (x,y) 上的元素, 即

$$\mathbf{P} := (p_{x,y} : x,y \in E),$$

那么转移函数 $\mathbf{P}$ 亦称为是 E 上的转移矩阵. 这样, 转移函数与转移矩阵是一一对应的. 注意它可能是一个无限行与列的矩阵, 但是它的元素是非负的, 且每行的和是 1. 转移函数也可以形象地用图表示, 在一个白纸上将点描出来, 标上 $x,y,\cdots$, 如果 $p(x,y)>0$, 则画一个从 x 指向 y 的箭头, 并标上数字 $p(x,y)$.

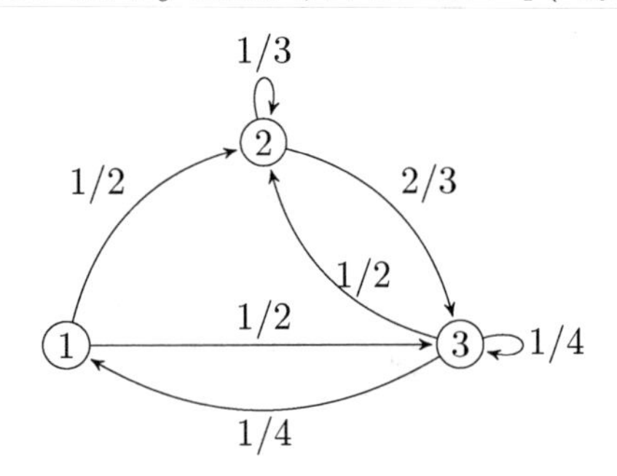

转移函数 p 完全决定了 E 上的一个 Markov 核

$$P(x,A) := \sum_{y\in A} p_{x,y},$$

$x\in E, A\subset E$. 因此我们说转移函数时也指它所决定的核. 容易验证, 如果 $\mathbf{P}_1, \mathbf{P}_2$ 是对应于转移函数 p_1, p_2 的转移矩阵, 对应的核分别为 P_1, P_2, 那么矩阵 $\mathbf{P}_1\mathbf{P}_2$ 在位置 (x,y) 的元素为 $\sum_{z\in E} p_1(x,z)p_2(z,y)$, 恰好是核的乘积 $P_1P_2(x,\{y\})$, 即 $\mathbf{P}_1\mathbf{P}_2$ 是对应于 P_1P_2 的转移矩阵, 换句话说核的乘法与矩阵的乘法是一致的. 这样, 我们不区分转移函数, 对应的 Markov 核及其对应的转移矩阵.

设 $\mathbf{P} = (p_{x,y} : x,y\in E)$ 是一个转移矩阵, 对任何 $n\geqslant 0$, 定义 $\mathbf{P}_n := \mathbf{P}^n$, $\mathbf{P}_0$ 表示单位矩阵, 用 $p_{x,y}^{(n)}$ 表示矩阵 $\mathbf{P}_n$ 位置 (x,y) 的元素, 那么任何 $\mathbf{P}_n$ 是转移矩阵, 且 $(\mathbf{P}_n : n\geqslant 0)$ 是 E 上的一个转移半群, 自然地对任何 $n,m\geqslant 0$, $x,y\in E$,

$$p_{x,y}^{(n+m)} = \sum_{z\in E} p_{x,z}^{(n)} p_{z,y}^{(m)},$$

此方程就是 Chapman-Kolmogorov 方程. 转移概率 $p_{x,y}$ 直观地表达从位置 x 转移到位置 y 的概率, 因此它也直观地描述空间 E 上的一种随机运动: 一个粒子从某个

点出发以某个概率转移到另一个点, 然后下一步继续按此规则进行转移, 一直继续. 我们的兴趣是研究这种运动的渐进行为.

定义 2.3.2 **一个马氏链是概率空间 $(\Omega, \mathscr{F}, \mathbb{P})$ 上的一个以 E 为状态空间的随机序列 $\{X_n : n \geqslant 0\}$, 它满足**

(1) **马氏性: 对任何 $n \geqslant 0, x_0, \cdots, x_{n-1}, x, y \in E$, 有**

$$\mathbb{P}(X_{n+1} = y | X_n = x, X_{n-1} = x_{n-1} \cdots, X_0 = x_0) = \mathbb{P}(X_{n+1} = y | X_n = x);$$

(2) **时齐性: 对任何 $n \geqslant 0, x, y \in E$, 条件概率 $\mathbb{P}(X_{n+1} = y | X_n = x)$ 与时间 n 无关.**

当 E 有限时, 对应马氏链称为有限状态马氏链, 否则称为可列状态马氏链. 注意关于条件概率的等式只要在两边都有意义时成立就可以了. 但是, 条件 (1) 实际上等价于

$$\mathbb{P}(X_{n+1} = y | X_n, \cdots, X_0) = \mathbb{P}(X_{n+1} = y | X_n).$$

容易验证, $p_{x,y} := \mathbb{P}(X_{n+1} = y | X_n = x)$ 是 E 上的转移函数, 再令 $\mu_x := \mathbb{P}(X_0 = x)$. 这时我们说: 在概率 $\mathbb{P}$ 下, X 是一个转移函数是 $p = (p_{x,y})$, 初始分布为 $\mu = (\mu_x)$ 的马氏链.

由上一节的定理 2.2.8 立刻推出下列定理, 它说明任何转移函数总对应一个马氏链. 称它是保守的, 如果转移函数是保守的.

定理 2.3.3 **$\mathbf{P} = (p_{x,y} : x, y \in E)$ 是 E 上的一个转移矩阵当且仅当存在一个以 E 为状态空间, $\{0, 1, 2, \cdots\}$ 为时间参数集的马氏过程**

$$X = (\Omega, \mathscr{F}, (\mathbb{P}^x : x \in E), (X_n : n \geqslant 0), (\theta_n : n \geqslant 0))$$

使得对任何 $n \geqslant 0$, $p_{x,y}^{(n)} = \mathbb{P}^x(X_n = y)$.

定理说明在概率 $\mathbb{P}^x$ 下, X 是转移函数为 p, $X_0 = x$ (或说从 x 出发) 的马氏链. 精确地说, $(\mathbb{P}^x : x \in E)$ 是 $(\Omega, \mathscr{F})$ 上的概率, $(X_n : n \geqslant 0)$ 是随机序列, θ_k 是 Ω 上的推移算子 (即满足 $X_n \circ \theta_k = X_{n+k}$, $n, k \geqslant 0$, 实际上, 这里我们只需要有一个 θ 满足 $X_n \circ \theta = X_{n+1}$, $n \geqslant 0$ 就够了), 它们满足:

(1) $\mathbb{P}^x(X_0 = x) = 1$;

(2) 马氏性: 对任何 $n \geqslant 0$, $B \in \mathscr{F}_\infty$, $x \in E$ 有

$$\mathbb{E}^x(1_B \circ \theta_n | \mathscr{F}_n) = \mathbb{E}^{X_n}(B),$$

其中 $\mathscr{F}_n := \sigma(\{X_i : 0 \leqslant i \leqslant n\})$, 而 $\mathscr{F}_\infty := \sigma(X_i : i \geqslant 0)$.

这里有两个问题需要说明. 第一, 马氏性也可以等价地如定义 2.3.2 那样用条件概率的方式描述. 第二, 上面的时间 n 可以用一类随机时间代替, 也称为强马氏性. 尽管其名为强马氏性, 看上去似乎比马氏性强, 但实际上等价, 只是在符号上更加简单, 理解上更加直观. 强马氏性的概念通过停时的概念来描述.

定义 2.3.4 **一个映射** $\tau : \Omega \longrightarrow \mathbf{Z}^+ \cup \{\infty\}$ **称为** (X_n)**-停时, 简称停时, 如果对任何** $n \geqslant 0$, **有** $\{\tau \leqslant n\} \in \mathscr{F}_n$. **这等价于对任何** $n \geqslant 0$, $\{\tau = n\} \in \mathscr{F}_n$.

注意, τ 可以取 $+\infty$ 为值, 且一定是 $\mathscr{F}_\infty$ (广义) 随机变量. 容易验证固定时间 n 是一个停时. 定义 $\mathscr{F}_\tau$ 是 $\mathscr{F}_\infty$ 中满足对任何 $n \geqslant 0$, $A \cap \{\tau \leqslant n\} \in \mathscr{F}_n$ 的元素 A 的全体, 那么可以验证:

(1) $\mathscr{F}_\tau$ 是一个 σ-代数;

(2) 当 $\tau \equiv n$ 时, $\mathscr{F}_\tau = \mathscr{F}_n$.

再定义停止位置 $X_\tau := X_n$ 当 $\tau = n$ 时, $n \geqslant 0$. 这样 X_τ 在集合 $\{\tau < \infty\}$ 上被定义, 且在此集合上是 $\mathscr{F}_\tau$ 可测的. 类似定义 $\theta_\tau := \theta_n$ 当 $\tau = n$ 时. 同样 θ_τ 也在集合 $\{\tau < \infty\}$ 上被定义.

定理 2.3.5 **马氏链** X **有下面的强马氏性: 设** τ **是一个停时, 则对任何** $B \in \mathscr{F}_\infty$, $x \in E$ **有**

$$\mathbb{E}^x(1_B \circ \theta_\tau; \tau < +\infty | \mathscr{F}_\tau) = \mathbb{E}^{X_\tau}(1_B) 1_{\{\tau < +\infty\}}.$$

证明是简单的. 任取 $A \in \mathscr{F}_\tau$, 那么对任何 $n \geqslant 0$, $A \cap \{\tau = n\} \in \mathscr{F}_n$, 由马氏性,

$$\begin{aligned}\mathbb{E}^x(1_B \circ \theta_\tau; A \cap \{\tau < \infty\}) &= \sum_{n=0}^{\infty} \mathbb{E}^x(1_B \circ \theta_\tau; A \cap \{\tau = n\}) \\ &= \sum_{n=0}^{\infty} \mathbb{E}^x(1_B \circ \theta_n; A \cap \{\tau = n\}) \\ &= \sum_{n=0}^{\infty} \mathbb{E}^x(\mathbb{E}^{X_n}(1_B); A \cap \{\tau = n\})\end{aligned}$$

$$= \mathbb{E}^x(\mathbb{E}^{X_\tau}(1_B); A \cap \{\tau < \infty\}).$$

这就证明了强马氏性. 应用单调类方法, 定理中的 1_B 用有界或者非负随机变量代替也是成立的. 因此在马氏链的情形下, 马氏性与强马氏性是等价的.

下面先看几个例子.

例 2.3.1 (Bernoulli-Laplace 扩散模型) 设 A, B 两箱中各有 r 个球, 其中 r 个白, r 个黑. 记 X_0 是开始时 A 箱中的白球个数, 然后各任取一球对换, X_n 是经 n 次对换后 A 箱中的白球个数. $X = (X_n : n \geqslant 1)$ 是随机序列, 状态空间是 $E = \{0, 1, 2, \cdots, r\}$. 容易验证 X 是马氏链且

$$p_{x,x-1} = \left(\frac{x}{r}\right)^2, \; p_{x,x} = 2\frac{x(r-x)}{r^2}, \; p_{x,x+1} = \left(\frac{r-x}{r}\right)^2.$$

这是一个关于两种液体混合的概率模型. ∎

例 2.3.2 (无限制随机游动) 例 2.1.1 中的随机序列 $S = (S_n : n \geqslant 0)$ 是一个马氏链. 转移矩阵为

$$\mathbf{P} := \begin{bmatrix} \cdots & \cdots & \cdots & \cdots & \cdots & \cdots & \cdots \\ \cdots & q & 0 & p & 0 & 0 & \cdots \\ \cdots & 0 & q & 0 & p & 0 & \cdots \\ \cdots & 0 & 0 & q & 0 & p & \cdots \\ \cdots & \cdots & \cdots & \cdots & \cdots & \cdots & \cdots \end{bmatrix}.$$

∎

例 2.3.3 (具吸收壁的随机游动) 设马氏链 X 有状态空间 $E = \{0, 1, \cdots, r\}$, 转移矩阵

$$\mathbf{P} := \begin{bmatrix} 1 & 0 & 0 & 0 & \cdots & 0 & 0 & 0 & 0 \\ q & 0 & p & 0 & \cdots & 0 & 0 & 0 & 0 \\ 0 & q & 0 & p & \cdots & 0 & 0 & 0 & 0 \\ \vdots & \vdots & \vdots & \vdots & & \vdots & \vdots & \vdots & \vdots \\ 0 & 0 & 0 & 0 & \cdots & q & 0 & p & 0 \\ 0 & 0 & 0 & 0 & \cdots & 0 & q & 0 & p \\ 0 & 0 & 0 & 0 & \cdots & 0 & 0 & 0 & 1 \end{bmatrix},$$

$p + q = 1$. 直观地, 当 X_n 位于状态 1 与 $r-1$ 之间时, 则下一步向左的概率为 q, 向右的概率为 p, 而当 X_n 达到边界 0 或 r 时, 它将不再离开. ∎

例 2.3.4 A, B 两人比赛, A 赢的概率是 p, 输的概率是 $q=1-p$. 在以下两种规则下, 分别构建马氏链来表达 A 最终赢这个事件.

(1) 规则是比赛到某人胜出两场为赢;

(2) 规则是某人连胜两场为赢.

对规则 (1). 用 X_n 表示到第 n 局结束时, A 的净胜局数. 显然 X_n 是个具有吸收壁的马氏链, 状态依次为 $-2,-1,0,1,2$, 其转移矩阵为

$$\mathbf{P}:=\begin{bmatrix}1&0&0&0&0\\q&0&p&0&0\\0&q&0&p&0\\0&0&q&0&p\\0&0&0&0&1\end{bmatrix}.$$

A 最终赢相当于马氏链 $\{X_n\}$ 在到达 -2 之前先到达 2. 为了精确地用数学符号表达, 引入一个后面常用的概念: 首中时. 用 T_x 表示序列 $\{X_n\}$ 首次到达 x 点的时间. 那么 A 最终赢的概率是

$$\mathbb{P}^0(T_2<T_{-2}).$$

对规则 (2), 上面这个马氏链不能描述胜负. 让我们用 $X_n=A$ (或 $X_n=B$) 表示第 n 局 A 胜 (B 胜). $Y_n=X_{n-1}X_n$ (依次排列), $n\geqslant 0$, 定义 $X_{-1}=X_0=0$, 则 Y_n 有 7 个状态, 依次排列为 00, 0A, 0B, AA, AB, BA, BB, 其中 00 表示开始比赛前的状态, 0A, 0B 表示第一局比赛后的结果. (Y_n) 是个马氏链, 转移矩阵为

$$\mathbf{P}:=\begin{bmatrix}0&p&q&0&0&0&0\\0&0&0&p&q&0&0\\0&0&0&0&0&p&q\\0&0&0&1&0&0&0\\0&0&0&0&0&p&q\\0&0&0&p&q&0&0\\0&0&0&0&0&0&1\end{bmatrix}.$$

用图表示

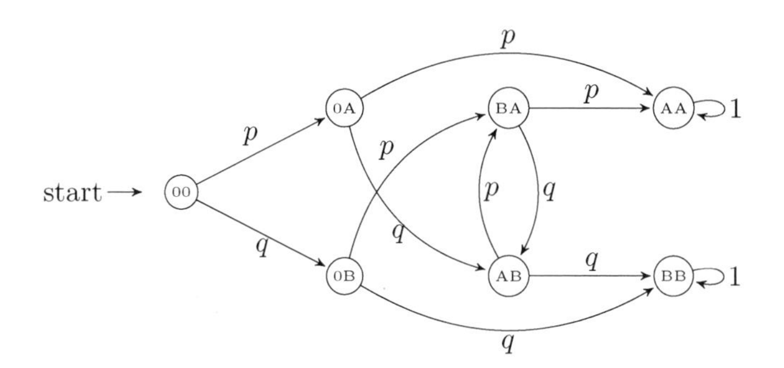

A 最终赢相当于马氏链 $\{Y_n\}$ 在到达 BB 之前先到达 AA. 用首中时表达, 它的概率为 $a = \mathbb{P}^{00}(T_{\rm AA} < T_{\rm BB})$. ∎

例 2.3.5 (对称随机游动) 设 E 是 $\mathbf{R}^d$ 上的格点, 任意 $x \in E$ 都有 $2d$ 个邻居 (与 x 的距离等于 1), 如果 y 是 x 的邻居, 定义 $p_{x,y} := \dfrac{1}{2d}$, 否则定义 $p_{x,y} := 0$, 则 $\mathbf{P} = (p_{x,y} : x, y \in E)$ 是一个转移矩阵. 一个具有此转移矩阵的马氏链称为是对称随机游动. ∎

例 2.3.6 (图上简单随机游动) 设 E 是一个简单图的顶点集合, 对任何 $x, y \in E$, 若 x, y 有线直接连接, 则令 $S(x, y) = 1$, 否则 $S(x, y) = 0$, 则 S 是对称的. 设

$$p_{x,y} = \frac{S(x,y)}{\sum_{z \in E} S(x,z)},$$

则 $(p_{x,y} : x, y \in E)$ 定义了 E 上的一个转移函数, 对应的马氏链称为图上简单随机游动. 上例中的对称随机游动就是格点图上简单随机游动.

考虑带权重的边, 即 $S(x, y)$ 是定义边上的非负函数, $S(x, y) > 0$ 当且仅当 x, y 间有边相连. 假设每个顶点最多只有有限个邻居, 那么上面定义的 $p(x, y), x, y \in E$ 仍然是转移函数, 其对应的马氏链称为带权重图上的简单随机游动. ∎

例 2.3.7 (Galton-Watson) 考虑一个物种繁殖的模型, 称为 Galton-Watson 分支过程. 设 X 是非负整数值随机变量, 为了排除平凡的情况, 设 X 不恒等于常数, 表示物种个体可能繁殖的数量, 用 f 表示它的母函数, $m = \mathbb{E}X$ 表示其平均繁殖数, 当然 $m = f'(1)$. 现在设有概率空间 $(\Omega, \mathscr{F}, \mathbb{P})$ 和独立随机变量集 $\{X_k^{(n)} : k \geqslant 1, n \geqslant 1\}$ 而且它们都与 X 有相同分布. 直观地说个体是独立繁殖且能力没有差别. 定义 n 代物种数量:

$$\xi_0 = 1,\ \xi_n = \sum_{i=1}^{\xi_{n-1}} X_i^{(n)},\ n \geqslant 1.$$

可以看出 $X_k^{(n)}$ 和 ξ_{n-1} 是独立的, 我们先来算 ξ_n 的母函数.

$$\begin{aligned}\mathbb{E}(t^{\xi_n}|\xi_{n-1}=k) &= \mathbb{E}\left(t^{\sum_{i=1}^k X_i^{(n)}}|\xi_{n-1}=k\right)\\ &= \mathbb{E}\left(t^{\sum_{i=1}^k X_i^{(n)}}\right) = \prod_{i=1}^k \mathbb{E}\left(t^{X_i^{(n)}}\right) = f(t)^k,\end{aligned}$$

因此 $\mathbb{E}(t^{\xi_n}|\xi_{n-1}) = f(t)^{\xi_{n-1}}$, 且

$$f_n(t) := \mathbb{E}(t^{\xi_n}) = \mathbb{E}[\mathbb{E}(t^{\xi_n}|\xi_{n-1})] = \mathbb{E}\left(f(t)^{\xi_{n-1}}\right) = f_{n-1}(f(t)).$$

令 $f^{\circ 0}(t) := t$, 用 $f^{\circ n}$ 表示 f 的 n 次复合, 那么 $f_n = f^{\circ n}$. $\xi_n = 0$ 表示第 n 代物种已灭绝, 显然 $\{\xi_{n-1}=0\} \subset \{\xi_n = 0\}$, 概率 $q := \mathbb{P}(\bigcup_n \{\xi_n = 0\}) = \lim_n \mathbb{P}(\xi_n = 0)$ 称为是物种的灭绝概率. 显然 $\mathbb{P}(\xi_n = 0) = f_n(0) = f(f_{n-1}(0))$, 由 f 的连续性 $q = f(q)$. 因此灭绝概率 q 是方程 $t = f(t)$ 在 $[0,1]$ 上的根, 而函数 f 是递增凸函数, $f(0) = \mathbb{P}(X=0) \geqslant 0$, $f(1) = 1$, 故此方程最多只有两个根, 1 总是一个根. 因为概率 $\mathbb{P}(\xi_n = 0)$ 递增, 故对任何 $n \geqslant 1$, $f(f_n(0)) \geqslant f_n(0)$, 因此 q 是方程小的根. 故分两种情况:

(1) 当 $m = f'(1) \leqslant 1$ 时, 此方程只有唯一的根 1, 这时物种依概率 1 灭绝;

(2) 当 $m = f'(1) > 1$ 时, $0 \leqslant q < 1$. $q = 0$ 当且仅当 $\mathbb{P}(X=0) = 0$.

这个模型虽然简单但很受关注. ∎

2.3.2 常返与暂留

现在设 $(p_{x,y} : x, y \in E)$ 是转移函数, X 是对应的马氏链.

定义 2.3.6 **设** $x, y \in E$, **称** x **可达** y, **记为** $x \to y$, **如果存在** $j \geqslant 0$, **使得** $p_{x,y}^{(j)} > 0$; **称** x, y **互达, 如果两点互相可达. 称** X **不可分, 如果** E **的任何两个状态可互达.**

由 Chapman-Kolmogorov 方程, 状态间互达关系是等价关系. 对 $y \in E$, 令 $\tau_y := \inf\{n \geqslant 1 : X_n = y\}$ (约定 $\inf \varnothing = \infty$), 容易验证 τ_y 是一个停时, 称为状态 y 的首达时. 这是一个非常基本的停时, 有许多性质和应用.

对 $n \geqslant 0$, 令 $f_{x,y}^{(n)} := \mathbb{P}^x(\tau_y = n)$, 显然 $f_{x,y}^{(n)} \leqslant p_{x,y}^{(n)}$. 对 $n \geqslant 1$,

$$p_{x,y}^{(n)} = \mathbb{P}^x(X_n = y) = \mathbb{P}^x(X_n = y, \tau_y \leqslant n)$$

$$
\begin{aligned}
&= \sum_{k=1}^{n} \mathbb{E}^x(\mathbb{P}^{X_k}(X_{n-k}=y);\tau_y=k) \\
&= \sum_{k=1}^{n} \mathbb{P}^x(\tau_y=k)\mathbb{P}^y(X_{n-k}=y) = \sum_{k=1}^{n} f_{x,y}^{(k)} p_{y,y}^{(n-k)}.
\end{aligned}
$$

该公式很重要, 称为首达概率公式. 用 $P_{x,y}(t)$, $F_{x,y}(t)$ 分别表示 $(p_{x,y}^{(n)}:n\geqslant 0)$, $(f_{x,y}^{(n)}:n\geqslant 0)$ 的母函数. 将首达概率公式用母函数的语言写出来为

$$
P_{x,y}(t) = 1_{\{x=y\}} + F_{x,y}(t)P_{y,y}(t).
$$

若定义

$$
f_{x,y} := \mathbb{P}^x(\tau_y<\infty) = \sum_{n\geqslant 1} f_{x,y}^{(n)},
$$

称为首达概率, 是过程从状态 x 经有限步到达 y 的概率, 则

$$
f_{x,y} = \frac{\sum_{n\geqslant 1} p_{x,y}^{(n)}}{\sum_{n\geqslant 0} p_{y,y}(n)}.
$$

量

$$
\sum_{n\geqslant 0} p_{x,y}^{(n)} = \mathbb{E}^x \sum_{n\geqslant 0} 1_{\{X_n=y\}},
$$

右边期望内的随机变量是样本轨道访问 y 的次数, 而期望后即为从 x 出发访问 y 的平均次数, 简称平均访问次数, 也称为点 y 相对于点 x 的位势. 容易看出当 $x\neq y$ 时, x 可达 y 当且仅当 $f_{x,y}>0$. 现在我们用概率 $f_{x,x}$ 来引入一个重要概念.

定义 2.3.7 **一个状态 $x\in E$ 称为是常返的, 如果 $f_{x,x}=1$, 否则 x 称为暂留的. 马氏链 X 称为是常返的, 如果其所有状态常返; 称为暂留的, 如果其所有状态暂留.**

下面定理用样本轨道访问 x 的次数和位势来刻画常返与暂留.

定理 2.3.8 **对任何 $x\in E$,**

(1) **状态 x 是常返的等价于 $\mathbb{P}^x(\overline{\lim}\ \{X_n=x\})=1$, 即必无穷次返回, 也等价于 $\sum_n p_{x,x}^{(n)}=\infty$, 即平均返回次数无穷;**

(2) **状态 x 是暂留的等价于 $\mathbb{P}^x(\overline{\lim}\ \{X_n=x\})=0$, 即必有限次返回, 也等价于 $\sum_n p_{x,x}^{(n)}<\infty$, 即平均返回次数有限.**

证明. 从定义上面的等式立刻得到状态 x 暂留当且仅当 $\sum_{n\geqslant 0} p_{x,x}^{(n)} < \infty$. 因此我们只需证明 $\mathbb{P}^x(\overline{\lim}\ \{X_n = x\})$ 非 0 即 1. 为了下面的公式对后面的定理有用, 取 $y \in E$, 令

$$T_0 := 0,\ T := \tau_y,\ T_k := T_{k-1} + T\circ\theta_{T_{k-1}},\ k \geqslant 1,$$

那么 T_k 实际上是 X 第 k 次遇到 y 的时刻, 它也是一个停时. 再定义 $A_k(y) := \{T_k < \infty\}$, 即表示事件: X 至少有 k 次到达 y, 则 $\{A_k(y) : k \geqslant 1\}$ 是单降集列, 且

$$\overline{\lim_n}\{X_n = y\} = \bigcap_k A_k(y),$$

由强马氏性且因为 $X_{T_{k-1}} = y$,

$$\begin{aligned}\mathbb{P}^x(A_k(y)) &= \mathbb{P}^x(T_k < \infty) = \mathbb{P}^x(T_{k-1} < \infty, T\circ\theta_{T_{k-1}} < \infty)\\ &= \mathbb{E}^x(\mathbb{P}^{X(T_{k-1})}(T < \infty); T_{k-1} < \infty)\\ &= f_{y,y}\mathbb{P}^x(T_{k-1} < \infty) = \cdots = (f_{y,y})^{k-1} f_{x,y}.\end{aligned}$$

因此,

$$\mathbb{P}^x(\overline{\lim_n}\{X_n = y\}) = f_{x,y} \lim_k (f_{y,y})^k. \tag{2.3.1}$$

这推出当 $x = y$ 时, $\mathbb{P}^x(\overline{\lim}_n\{X_n = x\}) = \lim_k (f_{x,x})^k$ 非 0 即 1. □

下列定理表明在一个互达等价类中, 或者所有状态是常返的, 或者所有状态是暂留的.

定理 2.3.9 **如果 $x, y \in E$ 是互达的, 则下列两者之一成立.**

(1) x, y **都是常返的,** $\mathbb{P}^x(\overline{\lim}\ \{X_n = y\}) = 1$ **且** $\sum_n p_{x,y}^{(n)} = \infty$;

(2) x, y **都是暂留的,** $\mathbb{P}^x(\overline{\lim}\ \{X_n = y\}) = 0$ **且** $\sum_n p_{x,y}^{(n)} < \infty$.

证明. 设 $x \neq y$. 因 x, y 互达, 存在 $i, j \geqslant 1$ 使得 $p_{x,y}^{(i)} \cdot p_{y,x}^{(j)} > 0$, 而对任何 $n \geqslant 1$,

$$p_{x,x}^{(i+n+j)} \geqslant p_{x,y}^{(i)} p_{y,y}^{(n)} p_{y,x}^{(j)},\ p_{y,y}^{(i+n+j)} \geqslant p_{y,x}^{(j)} p_{x,x}^{(n)} p_{x,y}^{(i)},$$

因此定理 2.3.8 推出 x, y 或都是常返或都是暂留. 由转移与首达概率公式得

$$\sum_{n\geqslant 0} p_{x,y}^{(n)} = f_{x,y} \sum_{n\geqslant 0} p_{y,y}^{(n)}.$$

因 $f_{x,y} > 0$, 故 $\sum_n p_{x,y}^{(n)} < \infty$ 当且仅当 y 是暂留的.

由 Borel-Cantelli 引理, (2) 中的位势有限蕴含 $\mathbb{P}^x(\overline{\lim}\ \{X_n = y\}) = 0$. 因此, 最后只需证明当 x, y 常返时, $\mathbb{P}^x(\overline{\lim}\ \{X_n = y\}) = 1$. 由上一个定理的证明中的 (2.3.1) 推出, 若 y 常返, 则

$$\mathbb{P}^x(\overline{\lim}\{X_n = y\}) = f_{x,y}.$$

故我们仅需验证 $f_{x,y} = 1$.

事实上, 因常返态必无穷次返回, 故对任何的 $j \geqslant 1$, $\mathbb{P}^y(\tau_y \circ \theta_j < \infty) = 1$. 再由马氏性得

$$\begin{aligned} p_{y,x}^{(j)} &= \mathbb{P}^y(X_j = x) = \mathbb{P}^y(X_j = x, \tau_y \circ \theta_j < \infty) \\ &= \mathbb{E}^y(\mathbb{P}^{X_j}(\tau_y < \infty); X_j = x) = f_{x,y} p_{y,x}^{(j)}, \end{aligned}$$

结合条件 y 可达 x, 推出 $f_{x,y} = 1$. □

因为证明中的最后一个结果有独立存在的价值, 所以我们把它写成一个引理.

引理 2.3.10 **设 y 常返, y 可达 x, 则 x, y 互达, 从而 x 也是常返的.**

例 2.3.8 让我们考虑例 2.3.2 中的无限制随机游动. 显然对所有 x, 从 x 出发经 $2n$ 步回到 x 的概率 $p_{x,x}^{(2n)} = \binom{2n}{n} p^n q^n$, 当然 $p_{x,x}^{(2n+1)} = 0$. 由 Stirling 公式: $n! \sim n^n \cdot \mathrm{e}^{-n}\sqrt{2\pi n}$, 得 $\binom{2n}{n} \sim \frac{4^n}{\sqrt{\pi n}}$, 故

$$p_{x,x}^{(2n)} \sim \frac{4^n}{\sqrt{\pi n}}(pq)^n.$$

因此当 $p = q = \frac{1}{2}$ 时, $\sum_n p_{x,x}^{(n)} = \infty$, 所有状态常返, 即 X 常返; 否则所有状态暂留, 即 X 暂留. 实际上, 我们可以计算 $f_{0,0}$. 由展开式

$$\frac{1}{\sqrt{1-4t}} = \sum_{n=0}^{\infty} \binom{2n}{n} t^n$$

推出 $\{p_{0,0}^{(n)}\}$ 的母函数为

$$P(t) = \frac{1}{\sqrt{1-4pqt^2}}.$$

因此 $\{f_{0,0}^{(n)}\}$ 的母函数为

$$F(t) = 1 - \sqrt{1-4pqt^2}.$$

推出 $\mathbb{P}^0(\tau_0 < \infty) = f_{0,0} = F(1) = 1 - |p-q|$. ∎

定理 2.3.11 (Polya, 1921) **$\mathbf{R}^d$ 上的对称随机游动当 $d=1,2$ 时是常返的, 而当 $d\geqslant 3$ 时是暂留的.**

证明. 显然 n 步返回的概率与维数 d 有关而与状态无关, 记为 $q_n^{(d)}$. $d=1$ 的情况已在例 2.3.8 中证明. 当 $d=2$ 时, 同样奇数步返回的概率是零, 偶数 $2n$ 步返回必定是 k 步向上, k 步向下, $n-k$ 步向左, $n-k$ 步向右, 因此

$$
\begin{aligned}
q_{2n}^{(2)} &= \frac{1}{4^{2n}}\sum_{k=0}^{n}\frac{(2n)!}{k!k!(n-k)!(n-k)!} \\
&= \frac{1}{4^{2n}}\binom{2n}{n}\sum_{k=0}^{n}\binom{n}{k}\binom{n}{n-k} = \frac{1}{4^{2n}}\binom{2n}{n}^2 \sim \frac{1}{\pi n}.
\end{aligned}
$$

因此 $\sum_n q_n^{(2)}=\infty$.

当 $d=3$ 时, 同样的分析得

$$
\begin{aligned}
q_{2n}^{(3)} &= \frac{1}{6^{2n}}\sum_{k_1+k_2+k_3=n}\frac{(2n)!}{k_1!k_1!k_2!k_2!k_3!k_3!} \\
&= \frac{1}{6^{2n}}\binom{2n}{n}\sum_{k_1+k_2+k_3=n}\left[\frac{n!}{k_1!k_2!k_3!}\right]^2 \\
&= \frac{1}{2^{2n}}\binom{2n}{n}\sum_{k_1+k_2+k_3=n}\left[\frac{1}{3^n}\frac{n!}{k_1!k_2!k_3!}\right]^2.
\end{aligned}
$$

显然

$$
\sum_{k_1+k_2+k_3=n}\frac{1}{3^n}\frac{n!}{k_1!k_2!k_3!}=1,
$$

因此

$$
\sum_{k_1+k_2+k_3=n}\left[\frac{n!}{k_1!k_2!k_3!}\right]^2 \leqslant \frac{1}{3^n}\cdot\max\left\{\frac{n!}{k_1!k_2!k_3!}:\ k_1+k_2+k_3=n\right\}.
$$

右边最大在 $k_1=k_2=k_3$ 或最接近处达到, 由 Stirling 公式, 最大值与 $3^n\cdot n^{-1}$ 同级. 因此 $q_{2n}^{(3)}$ 被 $n^{-\frac{3}{2}}$ 的常数倍控制, 故 $\sum_n q_n^{(3)}<\infty$, 即 3 维对称随机游动是暂留的. 当 $d\geqslant 4$ 时, 证明类似. 可以用特征函数方法证明

$$
q_{(2n)}^{(3)} = \frac{1}{(2\pi)^3}\int_{[-\pi,\pi]^3}\left(\frac{1}{3}(\cos x+\cos y+\cos z)\right)^{2n} dxdydz.
$$

然后证明 $q_{2n}^{(3)}\sim\sqrt{n^{-3}}$. □

子集 $C \subset E$ 称为是闭的, 如果对任何 $x \in C$, $y \notin C$ 有 $p_{x,y} = 0$. 等价于对任何 $x \in C$, 有 $\sum_{y \in C} p_{x,y} = 1$. 闭集中的任何状态不能到达闭集外的状态, 那么 X 不可分当且仅当 E 没有非平凡闭子集 (习题). 另外, 限制在一个闭集上的马氏链依然是马氏链. 由引理 2.3.10, 如果 x 可达 y 且 x 常返, 那么 y 也可达 x 且 y 也常返. 因此, 如果一个马氏链存在常返态, 则所有的常返态全体是个闭子集, 即限制在其上的马氏链是常返马氏链. 它的每个按照互达分类的不可分类也是闭集, 限制在其上的马氏链是常返不可分马氏链. 因此在研究常返马氏链时, 不妨假设其不可分.

2.3.3 不可分常返马氏链的不变测度

在状态常返时, 首中时是有限的, 我们可以通过其期望来进一步区别常返的类型.

定义 2.3.12 **设状态 x 是常返的. 如果平均回转时间有限: $\mathbb{E}^x[\tau_x] < \infty$, 则称 x 是正常返的, 否则称 x 是零常返的.**

下面我们考察不可分的常返马氏链, 证明其不变测度的存在唯一性, 然后通过不变测度是有限还是无限来区别正常返与零常返.

状态空间 E 可列, 其上的 σ 有限测度 μ 实际上是一个非负函数 $\mu_x = \mu(\{x\})$, $x \in E$, 测度非零意味着不全为零, 严格正意味着点点正.

定义 2.3.13 **E 上的一个 σ-有限测度 $(\mu_x : x \in E)$ 称为转移函数为 $(p_{x,y})$ 或对应马氏链的不变测度, 如果对任何 $y \in E$, $\mu_y = \sum_{x \in E} \mu_x p_{x,y}$. 不变测度存在是指非零的不变测度存在. 而唯一性是指任何两个不变测度相差一个常数倍. 不变的概率测度也称为平稳分布或者不变分布.**

平稳分布的得名是因为一个以平稳分布为初始分布的马氏链是一个平稳随机序列. 显然, 一个不变的非零有限测度即意味平稳分布存在. 不变性推出对任何 $n \geqslant 1$, 有

$$\mu_y = \sum_{x \in E} \mu_x p_{x,y}^{(n)},$$

对一个不可分马氏链, 其非零不变测度必严格正. 另外, 平稳分布存在的必要条件是常返. 事实上, 假设 X 是暂留的, 则 $\lim_n p_{x,y}^{(n)} = 0$, 平稳分布的定义使得上式右边可以应用控制收敛定理, 推出对任何 $y \in E$, $\pi_y = 0$, 与 (π_y) 是概率分布矛盾.

引理 2.3.14 **一个有平稳分布的不可分马氏链必是常返的.**

下面定理证明不可分常返马氏链的不变测度存在而且唯一.

定理 2.3.15 不可分常返马氏链的不变测度存在而且唯一.

证明. 设 X 是不可分常返马氏链. 先证明存在性, 任取点 $o \in E$, 记 $\tau := \inf\{n \geqslant 1 : X_n = o\}$, 对任何 $x \in E$,

$$\mu_x := \mathbb{E}^o \left[\sum_{n=1}^{\tau} 1_{\{X_n = x\}} \right].$$

因为 X 常返, 故 $X_\tau = o$. 因此 $\mu_o = 1$ 且若 X 从 o 出发, 则

$$\sum_{n=1}^{\tau} 1_{\{X_n = x\}} = \sum_{n=1}^{\tau} 1_{\{X_{n-1} = x\}}.$$

另外 $\{\tau \geqslant n\} = \{\tau < n\}^c \in \mathscr{F}_{n-1}$, 现在由马氏性, 当 $n \geqslant 1$ 时,

$$\begin{aligned} \mathbb{P}^o(\{X_n = y, n \leqslant \tau\}) &= \mathbb{P}^o(X_1 \circ \theta_{n-1} = y; n \leqslant \tau) \\ &= \mathbb{E}^o(\mathbb{P}^{X_{n-1}}(X_1 = y); n \leqslant \tau) \\ &= \sum_{x \in E} \mathbb{P}^o(\{X_{n-1} = x, n \leqslant \tau\}) p_{x,y}, \end{aligned} \tag{2.3.2}$$

两边对 $n \geqslant 1$ 求和, 得 $\mu_y = \sum_{x \in E} \mu_x p_{x,y}$, 由此方程结合 $\mu_o = 1$ 以及 X 的不可分性推出对任何 $x \in E$, $\mu_x < \infty$. 因此 (μ_x) 是 X 的不变测度.

下面证明唯一性, 设 $(\nu_x : x \in E)$ 也是 X 的非零不变测度, 定义关于 (ν_x) 对偶的转移概率

$$\hat{p}_{x,y} := \frac{\nu_y}{\nu_x} p_{y,x},\ x, y \in E.$$

由不变测度的性质推出 $\hat{P} = (\hat{p}_{x,y} : x, y \in E)$ 也是转移函数, 而且满足对任何 $n \geqslant 1$,

$$\hat{p}_{x,y}^{(n)} = \frac{\nu_y}{\nu_x} p_{y,x}^{(n)},$$

且 $\hat{p}_{x,x}^{(n)} = p_{x,x}^{(n)}$. 因此 $\hat{P}$ 对应的马氏链 $\hat{X}$ 也是不可分常返的. 记 $\hat{f}_{x,o}^{(n)} := \mathbb{P}^x(\hat{\tau} = n)$, 其中 $\hat{\tau}$ 表示 $\hat{X}$ 首中 o 的时间, 那么

$$\hat{f}_{y,o}^{(n+1)} = \sum_{x \neq o} \hat{p}_{y,x} \hat{f}_{x,o}^{(n)},$$

由 $\hat{p}$ 的定义得

$$\nu_y \hat{f}_{y,o}^{(n+1)} = \sum_{x \neq o} \nu_x \hat{f}_{x,o}^{(n)} p_{x,y},\ n \geqslant 1.$$

接着存在性证明中的等式 (2.3.2), 当 $n \geqslant 2$ 时

$$\begin{aligned}\mathbb{P}^o(X_n = y, n \leqslant \tau) &= \sum_{x\in E} \mathbb{P}^o(X_{n-1} = x, n \leqslant \tau) p_{x,y} \\ &= \sum_{x\neq o} \mathbb{P}^o(X_{n-1} = x, n \leqslant \tau) p_{x,y} \\ &= \sum_{x\neq o} \mathbb{P}^o(X_{n-1} = x, n-1 \leqslant \tau) p_{x,y}.\end{aligned}$$

令 $q_{o,x}^{(n)} = \mathbb{P}^o(X_n = x, n \leqslant \tau)$, 即禁忌概率, 那么上面的等式即是下面的禁忌概率公式

$$q_{o,y}^{(n+1)} = \sum_{x\neq o} q_{o,x}^{(n)} p_{x,y},\ n \geqslant 1.$$

当 $n = 1$ 时, $\hat{f}_{x,o}^{(1)} = \hat{p}_{x,o}$, $q_{o,x}^{(1)} = p_{o,x}$, 因此

$$\hat{f}_{x,o}^{(1)} \nu_x = \nu_o q_{o,x}^{(1)},\ x \in E.$$

由此看出 $\{(\hat{f}_{x,o}^{(n)}\nu_x:\ x\in E):\ n\geqslant 1\}$ 和 $\{(\nu_o q_{o,x}^{(n)}:\ x\in E):\ n\geqslant 1\}$ 满足同样的迭代方程且有相同的初值, 故对任何 $n \geqslant 1$, $x \in E$, 有

$$\hat{f}_{x,o}^{(n)} \nu_x = \nu_o q_{o,x}^{(n)}. \tag{2.3.3}$$

现在两边对 n 求和, 由常返性推出左边等于 ν_x, 右边由定义等于 $\nu_o \cdot \mu_x$, 从而 $\nu_x = \nu_o \cdot \mu_x$ 对任何 $x \in E$ 成立. □

证明中定义的对偶链 $\hat{X}$ 直观上是 X 的时间逆转, 因此可以直观地解释 (2.3.3): 禁忌概率 $\mathbb{P}^o(X_n = x, n \leqslant \tau)$, 即 o 出发回到 o 之前的时刻 n 到达 x 的概率, 相当于其逆转链从 x 出发在 n 时刻首次到达 o 的概率 $\mathbb{P}^x(\hat{\tau} = n)$.

一维格点的对称简单随机游动是不可分常返的, 其不变测度是平移不变测度, 因此是无限的.

推论 2.3.16 **设 X 是不可分马氏链. 若 X 有平稳分布, 则 X 正常返. 反之, 若 X 在某个点正常返, 则 X 有平稳分布.**

证明. 如果 X 有平稳分布 $(\pi_x : x \in E)$, 那么引理 2.3.14 告诉我们 X 是常返的. 由以上定理的唯一性, 对任意 $o \in E$, τ 是 o 的首中时, 存在常数 c 使得

$$\mathbb{E}^o\left[\sum_{n=1}^{\tau} 1_{\{X_n = x\}}\right] = c\pi_x,\ x \in E.$$

推出 $\mathbb{E}^o[\tau] < \infty$, 即 o 是正常返的, 推出任意点正常返. 反之, 设 o 正常返, 则常返, 由不可分性, X 常返. 由定理知 X 有唯一的不变测度

$$\mu_x = \mathbb{E}^o\left[\sum_{n=1}^{\tau} 1_{\{X_n=x\}}\right],\ x \in E.$$

现在状态 o 正常返, 则 $\sum_{x\in E}\mu_x = \mathbb{E}^o\tau < \infty$, 故 $\pi_x := \mu_x/\mathbb{E}^o\tau$ 是平稳分布. □

在上面推论的证明中知道, $\mu_o = 1$, 因此

$$\pi_o = \frac{1}{\mathbb{E}^o[\tau_o]}.$$

但 o 实际上是任意的, 故该式对任何 $o \in E$ 成立. 从以上结果可以看出, 一个不可分马氏链可分为三种情况:

(1) 链是暂留的, 不存在平稳分布, 不一定存在不变测度;

(2) 链是零常返的, $\mathbb{E}^x(\tau_x) = \infty$, 不存在平稳分布, 存在唯一的不变测度;

(3) 链是正常返的, 对任何 $x \in E$, $\mathbb{E}^x(\tau_x) < \infty$, 存在唯一的平稳分布 $\pi_x = (\mathbb{E}^x(\tau_x))^{-1}$, $x \in E$.

2.3.4 更新定理与转移概率的平均极限

本节证明转移概率的平均极限总是存在的.

定理 2.3.17 设 $x, y \in E$, 则 $\lim_n \frac{1}{n}\sum_{k=1}^{n} p_{x,y}^{(k)} = \frac{f_{x,y}}{\mathbb{E}^y[\tau_y]}$.

先准备几个引理.

引理 2.3.18 下式右边收敛蕴含左边收敛

$$\lim_n \frac{1}{n}\sum_{k=1}^{n} p_{x,y}^{(k)} = f_{x,y}\lim_n \frac{1}{n}\sum_{k=1}^{n} p_{y,y}^{(k)}.$$

证明. 设右边极限为 a. 由首达概率公式, 对给定的正整数 N, 当 $n > N$ 时有

$$\begin{aligned}\frac{1}{n}\sum_{k=1}^{n} p_{x,y}^{(k)} &= \frac{1}{n}\sum_{k=1}^{n}\sum_{j=1}^{k} f_{x,y}^{(j)} p_{y,y}^{(k-j)} \\ &= \frac{1}{n}\sum_{j=1}^{n} f_{x,y}^{(j)} \sum_{k=j}^{n} p_{y,y}^{(k-j)}\end{aligned}$$

$$
\begin{aligned}
&= \frac{1}{n}\sum_{j=1}^{N} f_{x,y}^{(j)} \sum_{k=j}^{n} p_{y,y}^{(k-j)} + \sum_{j=N+1}^{n} f_{x,y}^{(j)} \frac{1}{n}\sum_{k=j}^{n} p_{y,y}^{(k-j)} \\
&\leqslant \frac{1}{n}\sum_{j=1}^{N} f_{x,y}^{(j)} \sum_{k=j}^{n} p_{y,y}^{(k-j)} + \sum_{j>N} f_{x,y}^{(j)}.
\end{aligned}
$$

另一方面,

$$
\frac{1}{n}\sum_{k=1}^{n} p_{x,y}^{(k)} \geqslant \frac{1}{n}\sum_{j=1}^{N} f_{x,y}^{(j)} \sum_{k=j}^{n} p_{y,y}^{(k-j)}.
$$

让 n 趋于无穷, 推出

$$
\sum_{j=1}^{N} f_{x,y}^{(j)} a \leqslant \varliminf_{n} \frac{1}{n}\sum_{k=1}^{n} p_{x,y}^{(k)} \leqslant \varlimsup_{n} \frac{1}{n}\sum_{k=1}^{n} p_{x,y}^{(k)} \leqslant \sum_{j=1}^{N} f_{x,y}^{(j)} a + \sum_{j>N} f_{x,y}^{(j)}.
$$

再让 N 趋于无穷, 引理结论成立. □

不妨假设 y 常返且 x 可达 y, 因为只有这时定理才是不平凡的. 下面证明还需要一个关于更新定理的结论. 令 τ_n 是马氏链 X 第 n 次访问 y 的时间, 再令

$$
\xi_1 := \tau = \tau_1,\ \xi_n = \tau_n - \tau_{n-1} = \tau\circ\theta_{\tau_{n-1}},\ n > 1,
$$

访问 y 的间隔时间. 由马氏性,

$$
\begin{aligned}
\mathbb{P}^y(\xi_n = j, \tau_{n-1} = k) &= \mathbb{P}^y(\tau\circ\theta_{\tau_{n-1}} = j, \tau_{n-1} = k) \\
&= \mathbb{E}^y(\mathbb{P}^{X_k}(\tau = j), \tau_{n-1} = k) \\
&= \mathbb{P}^y(\tau = j)\mathbb{P}^y(\tau_{n-1} = k).
\end{aligned}
$$

因此推出下面引理.

引理 2.3.19 **在概率 $\mathbb{P}^y$ 之下, $\{\xi_n : n \geqslant 1\}$ 是独立同分布的.**

回忆 T 是 (ξ_n)-停时是指对任何 n, $\{T \leqslant n\}$ 关于 $\sigma(\xi_j : 1 \leqslant j \leqslant n)$ 可测.

引理 2.3.20 (Wald 等式) **设 T 是关于 (ξ_n)-停时且可积, 则**

$$
\mathbb{E}\left[\sum_{n=1}^{T} \xi_n\right] = \mathbb{E}[\xi_1]\mathbb{E}[T].
$$

证明. 注意这里以及下面的 $\mathbb{E}$ 都是 $\mathbb{E}^y$. 直接计算得

$$
\mathbb{E}\left[\sum_{n=1}^{T} \xi_n\right] = \sum_{n\geqslant 1} \mathbb{E}[\xi_n 1_{\{T\geqslant n\}}] = \mathbb{E}[\xi_1]\sum_{n} \mathbb{P}(T \geqslant n) = \mathbb{E}[\xi_1]\mathbb{E}[T],
$$

其中第二个等号成立是因为 $\{T \geqslant n\} = \{T \leqslant n-1\}^c$ 与 ξ_n 独立. □

考虑一般性的独立同分布且取值为正整数的随机序列 $\{\xi_n\}$, 其和 τ_n 称为是第 n 个更新时间, 在 $\tau_n \leqslant k < \tau_{n+1}$ 时, 即第 n 次更新到下一次更新的间隔时间内, 定义 $N_k := n$, 即在时刻 k 发生了 n 次更新, 它是一个更新过程, 在我们的场合 $N_k = \sum_{j=1}^{k} 1_{\{X_j = y\}}$. 前 k 个时刻访问 y 的次数. 因为 $\{N_k \leqslant n\} = \{k < \tau_{n+1}\}$, 所以 $N_k + 1$ 是 (ξ_n)-停时, 而 N_k 不是. 现在我们来证明定理, 实际上是基本更新定理. 由定义推出

$$\tau_{N_n} \leqslant n < \tau_{N_n+1} = \sum_{k=1}^{N_n+1} \xi_k$$

且由 Wald 等式得, 记 $\mu = \mathbb{E}[\xi_1] = \mathbb{E}^y[\tau_y]$, 则

$$n \leqslant \mathbb{E}\left[\sum_{k=1}^{N_n+1} \xi_k\right] = \mathbb{E}[N_n + 1]\mu.$$

推出

$$\underline{\lim_{n}} \frac{\mathbb{E}[N_n]}{n} \geqslant \frac{1}{\mu}.$$

反过来, 固定 $a > 0$, 定义 $\hat{\xi}_n = \xi_n \wedge a$, 则 $\{\hat{\xi}_n\}$ 是有界独立随机序列, 对应的更新过程 $\hat{N}_n$ 满足 $N_n \leqslant \hat{N}_n$ 且

$$\sum_{k=1}^{\hat{N}_n+1} \hat{\xi}_k = \sum_{k=1}^{\hat{N}_n} \hat{\xi}_k + \hat{\xi}_{\hat{N}_n+1} \leqslant n + a.$$

再用 Wald 等式得, $\mathbb{E}[\hat{N}_n + 1]\hat{\mu} \leqslant n + a$, 其中 $\hat{\mu} = \mathbb{E}[\hat{\xi}_1]$. 推出

$$\overline{\lim} \frac{\mathbb{E}[N_n]}{n} \leqslant \overline{\lim} \frac{\mathbb{E}[\hat{N}_n]}{n} \leqslant \frac{1}{\hat{\mu}}.$$

让 $a \uparrow \infty$, $\hat{\mu} \uparrow \mu$. 因此证明了更新定理.

定理 2.3.21 (**基本更新定理**) $\lim \dfrac{\mathbb{E}[N_n]}{n} = \dfrac{1}{\mu}$.

这是说平均更新频率趋向于平均更新周期的倒数, 简单地说, 频率是周期的倒数. 应用于我们现在的问题中, 这推出

$$\lim \frac{1}{n} \sum_{k=1}^{n} p_{y,y}^{(k)} = \lim \frac{\mathbb{E}^y[N_n]}{n} = \frac{1}{\mathbb{E}^y[\tau]}.$$

2.3.5 非周期

尽管平均极限 $\lim_n \frac{1}{n}\sum_{i=1}^n p_{x,y}^{(i)}$ 总存在, 但转移概率的极限 $\lim p_{x,y}^{(n)}$ 不一定存在. 例如我们取 $E=\{0,1\}$, $p_{0,1}=1, p_{1,0}=1$, 则容易验证 $p_{x,y}^{(n)}$ 的极限不存在. 在本节中将证明在非周期的假设下, 不可分马氏链的转移概率的极限 $\lim_n p_{x,y}^{(n)}$ 总存在且与起点 x 无关. 当马氏链暂留时, 上述极限是零, 因此我们假设它常返.

对 $x\in E$, 定义 x 的周期, 记 $d(x)$ 为集合 $\{n\geqslant 1: p_{x,x}^{(n)}>0\}$ 的最大公因数. 若该集合是空的, 则 $d(x):=0$. 若 $d(x)=1$, 则称 x 是非周期的.

引理 2.3.22 (1) **如果** x,y **互达, 则** $d(x)=d(y)$;

(2) **如果** y **非周期, 则当** n **充分大时有** $p_{y,y}^{(n)}>0$.

证明. (1) 由假设, 存在 $s,t\in \mathsf{T}$, 使得 $p_{x,y}^{(s)}p_{y,x}^{(t)}>0$. 对 $n\geqslant 1$, 如果 $p_{x,x}^{(n)}>0$, 则

$$p_{y,y}^{(t+n+s)}\geqslant p_{y,x}^{(t)}p_{x,x}^{(n)}p_{x,y}^{(s)}>0,$$

故 $d(y)$ 整除 $s+n+t$, 而 $p_{x,x}^{(n)}>0$ 蕴含 $p_{x,x}^{(2n)}>0$, 故 $d(y)$ 也整除 $s+2n+t$, 因此 $d(y)$ 整除 n, 即 $d(y)\leqslant d(x)$. 同理有 $d(x)\leqslant d(y)$.

(2) 这是一个初等数论问题, 我们仅简述证明, 细节由读者自己完成. 设 $G_y:=\{n\geqslant 1: p_{y,y}^{(n)}>0\}$, 则 G_y 对于加法封闭, 且因 G_y 的最大公因数是 1, 由此推出存在 m 使得 $m,m+1\in G_y$, 然后利用 G_y 对加法封闭的性质证明 G_y 包含 m^2 之后的所有整数. □

从 (2) 推出如果 x 可达非周期的 y, 则当 n 充分大时有 $p_{x,y}^{(n)}>0$. 在本节中, 我们设 X 是一个不可约非周期的马氏链. 它分为两种情况: 有平稳分布和没有平稳分布. 由前面的结论, 如果 X 有平稳分布, 记为 (π_x), 则它是严格正的且唯一.

定理 2.3.23 一个不可分非周期的马氏链 X **的转移概率极限存在且**

$$\lim_n p_{x,y}^{(n)}=\begin{cases}\pi_y, & \text{若平稳分布存在},\\ 0, & \text{否则}.\end{cases}$$

证明. 采用耦合方法, 取 X 的两个独立复制 Y,Z, 实际上就是说存在概率空间和上面的马氏链 (Y,Z) 使得 Y 和 Z 独立且它们与 X 有相同的转移概率, 称为耦合链. 实际上 (Y,Z) 有以下转移概率

$$p^{(n)}((x,y),(u,v))=p_{x,u}^{(n)}p_{y,v}^{(n)},\ (x,y),(u,v)\in E\times E,\ n\geqslant 1.$$

由引理 2.3.22, 耦合链也是不可分非周期的. 固定 $z \in E$, 令

$$\tau := \inf\{n \geqslant 1: \ (Y_n, Z_n) = (z, z)\},$$

即耦合链首次相遇于位置 z 的时间, 则对 $m \leqslant n$,

$$\begin{aligned}
&\mathbb{P}^{(x,y)}(\{(Y_n, Z_n) = (u, v), \tau = m\}) \\
&= \mathbb{P}^{(x,y)}(\{(Y_n, Z_n) = (u, v) | \tau = m\}) \mathbb{P}^{(x,y)}(\tau = m) \\
&= \mathbb{P}^{(z,z)}(\{(Y_{n-m}, Z_{n-m}) = (u, v)\}) \mathbb{P}^{(x,y)}(\tau = m) \\
&= p_{z,u}^{(n-m)} p_{z,v}^{(n-m)} \mathbb{P}^{(x,y)}(\tau = m),
\end{aligned}$$

由此推出

$$\mathbb{P}^{(x,y)}(Y_n = u, \tau = m) = \mathbb{P}^{(x,y)}(Z_n = u, \tau = m).$$

这说明 Y, Z 在 z 处相遇之后分布列一致. 因此

$$\begin{aligned}
p_{x,u}^{(n)} = \mathbb{P}^{(x,y)}(Y_n = u) &\leqslant \mathbb{P}^{(x,y)}(Y_n = u, \tau \leqslant n) + \mathbb{P}^{(x,y)}(\tau > n) \\
&= \mathbb{P}^{(x,y)}(Z_n = u, \tau \leqslant n) + \mathbb{P}^{(x,y)}(\tau > n) \\
&\leqslant \mathbb{P}^{(x,y)}(Z_n = u) + \mathbb{P}^{(x,y)}(\tau > n) \\
&= p_{y,u}^{(n)} + \mathbb{P}^{(x,y)}(\tau > n).
\end{aligned}$$

同理可证 $p_{y,u}^{(n)} \leqslant p_{x,u}^{(n)} + \mathbb{P}^{(x,y)}(\tau > n)$, 故

$$|p_{x,u}^{(n)} - p_{y,u}^{(n)}| \leqslant \mathbb{P}^{(x,y)}(\tau > n).$$

因此有下面的结果, 我们把它写成引理.

引理 2.3.24 假设耦合链是不可分常返的, 则

$$\lim_n |p_{x,z}^{(n)} - p_{y,z}^{(n)}| = 0, \ x, y, z \in E.$$

现在假设平稳分布 (π_x) 存在, 则耦合链也有平稳分布 $\pi_{(x,y)} := \pi_x \pi_y, \ x, y \in E \times E$. 由引理 2.3.14 知耦合链是常返的, 因此

$$\pi_z - p_{x,z}^{(n)} = \sum_{y \in E} \pi_y p_{y,z}^{(n)} - p_{x,z}^{(n)} = \sum_{y \in E} \pi_y (p_{y,z}^{(n)} - p_{x,z}^{(n)}).$$

由控制收敛定理, $\lim_n p_{x,z}^{(n)} = \pi_z, \ x, z \in E$.

假设平稳分布不存在. 因为 $\sum_n (p_{x,y}^{(n)})^2 = \sum_n p^{(n)}((x,x),(y,y))$, 故当耦合链暂留时有 $\lim_n p_{x,y}^{(n)} = 0$. 因此不妨假设耦合链也是常返的.

应用反证法, 假设要证明的结论不对, 这时, 因 E 是至多可列的, 故存在一个子列 (n_k), 使 $\lim_k p_{x,y}^{(n_k)}$ 对所有 $x, y \in E$ 存在, 且不全为零. 定理 2.3.23 的耦合方法在这里依然可用, 推出该极限值与 x 无关, 令 $\alpha_y := \lim_k p_{x,y}^{(n_k)}$, 它们不全为零. 由 Fatou 引理推出

$$\sum_{y\in E} \alpha_y \leqslant \lim_k \sum_{y\in E} p_{x,y}^{(n_k)} = 1.$$

另外

$$\sum_{z\in E} p_{x,z}^{(n_k)} p_{z,y} = p_{x,y}^{(n_k+1)} = \sum_{z\in E} p_{x,z} p_{z,y}^{(n_k)},$$

左边应用 Fatou 引理, 右边应用控制收敛定理, 对任何 $y \in E$,

$$\sum_{z\in E} \alpha_z p_{z,y} \leqslant \sum_{z\in E} p_{x,z}\alpha_y = \alpha_y.$$

若上面不等式对某个 y 是严格小于的, 则

$$\sum_{y\in E} \alpha_y > \sum_{y\in E}\sum_{z\in E} \alpha_z p_{z,y} = \sum_{z\in E} \alpha_z,$$

导致矛盾, 故对任何 $y \in E$, $\sum_{z\in E} \alpha_z p_{z,y} = \alpha_y$. 由假设 $\alpha := \sum_y \alpha_y > 0$, 令 $\pi_y := \alpha_y/\alpha$, 那么 $(\pi_y : y \in E)$ 是一个平稳分布, 与条件矛盾, 因此定理结论成立. □

总结一下, 对于一个不可分非周期马氏链, 其转移概率极限总是存在的, 这蕴含着它等于平均极限, 即

$$\lim_n p_{x,y}^{(n)} = \lim_n \frac{1}{n}\sum_{k=1}^{n} p_{x,y}^{(k)} = \frac{1}{\mathbb{E}^y[\tau_y]}.$$

马氏链正常返当且仅当极限严格正, 即 $\mathbb{E}^y[\tau_y] < \infty$.

例 2.3.9 设 E 是非负整数集, 从小到大排列

$$E = \{0, 1, 2, 3, \cdots\},$$

令

$$\mathbf{P} := \begin{bmatrix} q_0 & p_0 & 0 & 0 & \cdots \\ q_1 & 0 & p_1 & 0 & \cdots \\ q_2 & 0 & 0 & p_2 & \cdots \\ \cdots & \cdots & \cdots & \cdots & \cdots \end{bmatrix},$$

其中 p_x, q_x 是正的, 且 $p_x + q_x = 1$, 因此 $\mathbf{P}$ 是一个转移矩阵.

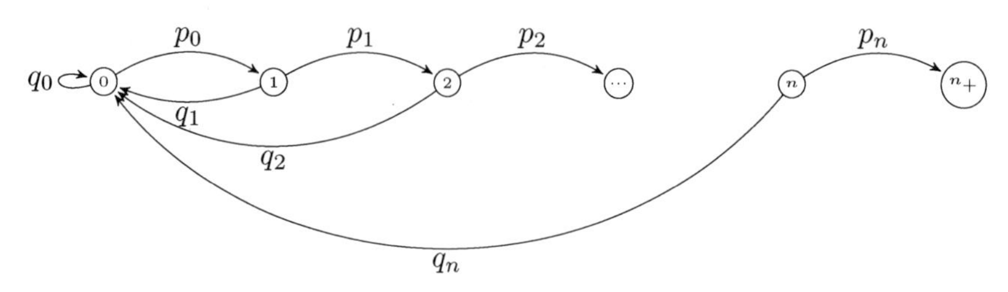

设 X 是一个以 $\mathbf{P}$ 为转移矩阵的马氏链, 容易验证 X 是不可分非周期的. 对 $n \geqslant 1$,

$$\sum_{k=1}^{n} f_{0,0}^{(k)} = 1 - \mathbb{P}^0(\tau_0 > n) = 1 - p_0 p_1 \cdots p_{n-1},$$

当 $n \to \infty$ 时, 乘积 $p_0 p_1 \cdots p_{n-1}$ 极限存在, 记为 a, 显然 $a \in [0,1]$, 且 X 是常返的当且仅当 $a = 0$.

解方程 $\sum_{x \in E} \pi_x p_{x,y} = \pi_y$, $y \in E$ 得 $\pi_x = \pi_0 p_0 p_1 \cdots p_{x-1}$, $x \geqslant 1$. 因此, 上述马氏链有平稳分布当且仅当级数 $\sum_{x \geqslant 1} p_0 p_1 \cdots p_{x-1}$ 收敛. ∎

习 题

1. 证明: x 可达 y 当且仅当存在 $n \geqslant 1$, $x_i \in E$, $0 \leqslant i \leqslant n$ 使得 $p_{x_{i-1},x_i} > 0$, $1 \leqslant i \leqslant n$ 且 $x_0 = x$, $x_n = y$.

2. 证明: $y \in E$ 是常返的当且仅当对任何 $k \geqslant 1$ 有 $\mathbb{P}^y(\tau_y \circ \theta_k < \infty) = 1$.

3. 证明: 例 2.1.1 中的从 x 出发的随机游动必定在有限步达到状态 0 或 r, 其中 $0 < x < r$.

4. 设 S_n 是例 2.1.1 中的从 0 出发的随机游动. 求条件概率

$$\mathbb{P}\left(|S_n| = y \big| |S_{n-1}| = x, |S_{n-2}| = x_{n-2}, \cdots, |S_1| = x_1\right).$$

然后证明: $\{|S_n| : n \geqslant 0\}$ 是马氏链, 并求转移概率. 如果随机游动 (S_n) 不是从 0 出发, 问其绝对值 $(|S_n|)$ 是否有马氏性?

5. 证明: 如果 $y \in E$ 暂留, 则 $\sum_{n=1}^{\infty} p_{x,y}^{(n)} < \infty$, $x \in E$.

6. 设 $E=\{0,1\}$. p 是 E 上的转移函数.

   (a) 验证: $p_{0,0}^{(n)}=p_{1,0}+(p_{0,0}-p_{1,0})p_{0,0}^{(n-1)}$;

   (b) 写出 $p_{0,0}^{(n)}$ 的表达式并求出极限;

   (c) 求出 $p_{x,y}^{(n)}$ 及其极限.

7. 证明:

   (a) 如果 C 是闭的, 那么对任何 $n\geqslant 1$, $x\in C$, $y\notin C$ 有 $p_{x,y}^{(n)}=0$;

   (b) 一个马氏链不可分当且仅当它没有真闭子集;

   (c) 所有常返状态全体是闭集.

8. 甲袋中有 3 个黑球, 乙袋中有 3 个白球, 每次从两袋中各任取一球, 交换放入另一袋中, 用 p_n 表示交换 n 次后甲袋中的球颜色一致的概率, 求 $\lim_n p_n$.

9. 设 $X=(X_n)$ 是概率空间 $(\Omega,\mathscr{F},P)$ 上以 E 为状态空间的马氏链. 令 $Y_n:=(X_n,X_{n+1})$. 记 $F:=\{(x,y)\in E\times E:\ p_{x,y}>0\}$.

   (a) 证明: (Y_n) 是一个以 F 为状态空间的马氏链.

   (b) 写出转移概率并证明: 如果 X 是不可分与非周期的, 则 Y 也是.

   (c) 证明: 如果 $\{\pi_x\}$ 是 X 的平稳分布, 则 $\{\pi_x p_{x,y}:(x,y)\in F\}$ 是 Y 的平稳分布.

10. 证明: 一个有限状态马氏链没有零常返状态, 且不能所有状态都是暂留的.

11. 某人有 r 把伞放在家或者办公室用于来往于家与办公室之间. 当且仅当天下雨且手边有伞时, 带一把伞走, 到达后放下. 下雨的概率等于 p.

    (a) 用 X_n 表示他第 n 次出 (家或者办公室) 门时手边的伞的数目, 说明它是一个马氏链, 写出其转移概率. 它是否有平稳分布? 如有, 求其平稳分布;

    (b) 计算他被淋湿的概率的极限;

    (c) 证明: 对任何 p, 5 把伞可以保证他以 95% 以上的概率不被淋湿.

12. 考虑 $E=\{1,2,3,4,5,6\}$ 上的马氏链, 其转移矩阵 $(p_{x,y}:1\leqslant x,y\leqslant 6)$ 由图表示

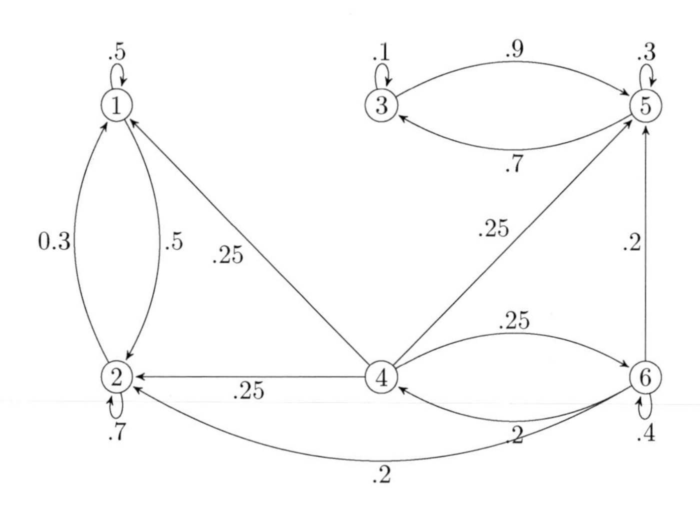

问:

(a) 互达类有哪些? 哪些是闭的? 哪些是常返的? 哪些是暂留的?

(b) 假设系统从状态 1 出发, n 步到达 1 的概率极限是多少? 若系统是从状态 6 出发, 该概率极限又是多少?

13. 设 C 是闭集, $x \notin C$. 证明: 如果 x 常返, 则 x 不可达 C 中的任何状态. 因此常返的马氏链的状态空间可以唯一分解为闭集的不交并, 使得 X 限制在其中每个闭集上不可分.

14. 设 (S_n) 是例 2.1.1 中从 0 出发的随机游动. T_a 表示整数 a 的首中时.

(a) 什么条件下, $\mathbb{P}(T_a < \infty) = 1$? 这时求 T_a 的母函数 $\mathbb{E}[z^{T_a}]$ 以及 $\mathbb{E}[T_a]$.

(b) 令 $a < 0 < b$, 求 $\mathbb{P}(T_a < T_b)$.

(c) 令 $T = T_a \wedge T_b$, 证明 $\mathbb{E}[T] < \infty$.

(d) 证明 Wald 方程

$$\mathbb{E}[S_T] = (p-q)\mathbb{E}[T].$$

由此计算 $\mathbb{E}[T]$.

15. 设 X 是 $E = \{1, 2, 3, \cdots\}$ 上的马氏链, 转移概率为 $p_{1,1} = 1$,

$$p_{x,y} = \frac{1}{x-1}, \ x > y \geqslant 1.$$

令 T_x 是 x 的首中时, $I_y = \{T_y < \infty\}$.

(a) 证明: 在概率 $\mathbb{P}^x$ 下, $I_1, I_2, \cdots, I_{x-1}$ 独立且 $\mathbb{P}^x(I_y) = 1/y$, $1 \leqslant y < x$.

(b) 求 T_1 的期望和方差.

16. 设 τ 是停时, 证明: 对任何 $\mathbf{N} \times \Omega$ 上的联合有界可测函数 f, 有

$$\mathbb{E}^x\left[1_{\{\tau<\infty\}} f(\tau, \theta_\tau(\cdot))\right] = \mathbb{E}^x\left[1_{\{\tau<\infty\}} \left(\mathbb{E}^x[f(n,\cdot)]\right)\Big|_{n=\tau, x=X_\tau}\right].$$

17. 设 x 是常返态, $\tau_x^{(n)}$ 是第 n 次访问 x 的时间, $\tau_x = \tau_x^{(1)}$. 证明:

$$\lim_n \mathbb{E}^x\left[\frac{n}{\tau_x^{(n)}}\right] = \frac{1}{\mathbb{E}^x[\tau_x]}.$$

2.4 Poisson 过程与点过程

2.4.1 Poisson 过程

Poisson 过程是最常用的随机过程之一, 通常应用于排队系统中, 描述在 t 时刻前发生某个事件的次数, 是个整数值的随机过程.

定义 2.4.1 **定义在带流概率空间** $(\Omega, \mathscr{F}, (\mathscr{F}_t), \mathbb{P})$ **上的适应右连续随机过程** $N = (N_t : t \in \mathsf{T})$ **称为参数为** λ **的** $(\mathscr{F}_t)$-Poisson **过程, 如果它满足:**

(1) $N_0 = 0$ a.s.;

(2) **对** $t > s \geqslant 0$, $k \geqslant 0$,

$$\mathbb{P}(N_t - N_s = k|\mathscr{F}_s) = \frac{(\lambda(t-s))^k}{k!}\mathrm{e}^{-\lambda(t-s)}.$$

设 $N = (N_t : t \geqslant 0)$ 是 Poisson 过程, 则它在 t 时刻的值 N_t 常被视为一个服务系统在 t 时刻前请求服务的次数, 令

$$S_n := \inf\{t \in \mathsf{T} : N_t \geqslant n\}, \ n \geqslant 0. \tag{2.4.1}$$

S_n 理解为第 n 次服务请求的时刻, 再令 T_n 是服务请求间隔时间, $T_n := S_n - S_{n-1}$, $n \geqslant 1$.

定理 2.4.2 $\{T_n : n \geqslant 1\}$ **是独立同分布的, 且都服从参数为** λ **的指数分布.**

证明. 先计算 $(S_1, S_2, \cdots, S_k)$ 的联合分布, 显然它的值域是

$$G := \{(y_1, \cdots, y_k) \in \mathbf{R}^k : 0 < y_1 < \cdots < y_k\}.$$

考虑矩形 $(s_1, t_1] \times (s_2, t_2] \times \cdots \times (s_k, t_k] \subset G$, 则 $0 < s_1 < t_1 < s_2 < t_2 < \cdots < s_k < t_k$. 一个重要的观察是 $s_1 < S_1 \leqslant t_1 < s_2 < S_2 \leqslant t_2 < \cdots < s_k < S_k \leqslant t_k$ 当且仅当 $N_{s_1} = 0, N_{t_1} - N_{s_1} = 1, N_{s_2} - N_{t_1} = 0, \cdots, N_{s_k} - N_{t_{k-1}} = 0, N_{t_k} - N_{s_k} \geqslant 1$. 然后由独立增量性质推出

$$\begin{aligned}
&\mathbb{P}((S_1, \cdots, S_k) \in (s_1, t_1] \times \cdots \times (s_k, t_k]) \\
&= \mathbb{P}(N_{s_1} = 0)\mathbb{P}(N_{t_1} - N_{s_1} = 1) \cdots \mathbb{P}(N_{s_k} - N_{t_{k-1}} = 0)\mathbb{P}(N_{t_k} - N_{s_k} \geqslant 1) \\
&= \mathrm{e}^{-\lambda(s_1 + s_2 - t_1 + \cdots + s_k - t_{k-1})} \cdot (t_1 - s_1) \cdots (t_{k-1} - s_{k-1}) \\
&\qquad \cdot \lambda^{k-1} \mathrm{e}^{-\lambda(t_1 - s_1 + \cdots + t_{k-1} - s_{k-1})} (1 - \mathrm{e}^{-\lambda(t_k - s_k)}) \\
&= \lambda^{k-1}(t_1 - s_1) \cdots (t_{k-1} - s_{k-1})(\mathrm{e}^{-\lambda s_k} - \mathrm{e}^{-\lambda t_k}) \\
&= \int_{(y_1, \cdots, y_k) \in (s_1, t_1] \times \cdots \times (s_k, t_k]} \lambda^k \mathrm{e}^{-\lambda y_k} dy_1 \cdots dy_k,
\end{aligned}$$

另外由 G 中的矩形生成的 σ-代数恰是 G 上的 Borel 代数, 故随机向量 $(S_j : 1 \leqslant j \leqslant k)$ 的分布密度函数是

$$p(y_1, \cdots, y_k) = \lambda^k \mathrm{e}^{-\lambda y_k} 1_{\{0 \leqslant y_1 < \cdots < y_k\}}.$$

现在我们来计算 $(T_1, \cdots, T_k)$ 的联合分布, 对于 $t_1, \cdots, t_k > 0$,

$$\begin{aligned}
&\mathbb{P}(T_1 > t_1, \cdots, T_k > t_k) \\
&= \mathbb{P}(S_1 > t_1, S_2 - S_1 > t_2, \cdots, S_k - S_{k-1} > t_k) \\
&= \int_{y_1 > t_1, y_2 - y_1 > t_2, \cdots, y_k - y_{k-1} > t_k} \lambda^k \mathrm{e}^{-\lambda y_k} dy_1 \cdots dy_k \\
&= \mathrm{e}^{-\lambda t_1} \mathrm{e}^{-\lambda t_2} \cdots \mathrm{e}^{-\lambda t_k},
\end{aligned}$$

这证明了首先每个 T_n 都服从参数为 λ 的指数分布, 其次 $\{T_n\}$ 是相互独立的. □

反过来, 给定概率空间 $(\Omega, \mathscr{F}, \mathbb{P})$ 上的一个服从参数为 λ 的指数分布的独立随机变量列 $\{T_n : n \geqslant 1\}$. 令 $S_0 := 0$, $S_n := \sum_{i=1}^n T_i$, 则不难验证 $(S_1, S_2, \cdots, S_k)$ 的联合分布密度是

$$p(y_1, \cdots, y_k) = \lambda^k \mathrm{e}^{-\lambda y_k} 1_{\{0 \leqslant y_1 < \cdots < y_k\}}.$$

因此任取整数 $1 \leqslant k_1 < k_2 < \cdots < k_n$, $(S_{k_1}, S_{k_2}, \cdots, S_{k_n})$ 的联合分布密度是

$$\prod_{j=1}^{n} \frac{(y_j - y_{j-1})^{k_j - k_{j-1} - 1}}{(k_j - k_{j-1} - 1)!} \cdot \lambda^{k_n} \mathrm{e}^{-\lambda y_n} 1_{\{y_0 < y_1 < \cdots < y_n\}},$$

其中 $k_0 := 0, y_0 := 0$. 上面这些结论是初等的, 留给读者练习. 令

$$N_t := \sup\{n \geqslant 0 : S_n \leqslant t\},\ t \geqslant 0, \tag{2.4.2}$$

即 $N_t = k$ 当且仅当 $S_k \leqslant t < S_{k+1}$.

定理 2.4.3 **以上构造的随机过程** $N = (N_t : t \geqslant 0)$ **是参数为** λ **的关于自然流的 Poisson 过程.**

证明. Poisson 过程定义的条件 (1) 是显然的. 对于 $0 \leqslant t_1 < \cdots < t_n$, 应用上面给出的联合分布密度计算 $N_{t_1}, N_{t_2} - N_{t_1}, \cdots, N_{t_n} - N_{t_{n-1}}$ 的联合分布列, 简单地设 $n = 2$, 得

$$\begin{aligned}
&\mathbb{P}(N_{t_1} = j_1, N_{t_2} - N_{t_1} = j_2) = \mathbb{P}(N_{t_1} = j_1, N_{t_2} = j_1 + j_2) \\
&= \mathbb{P}(S_{j_1} \leqslant t_1, S_{j_1+1} > t_1, S_{j_1+j_2} \leqslant t_2, S_{j_1+j_2+1} > t_2) \\
&= \int_{y_1 \leqslant t_1 < y_2 < y_3 \leqslant t_2 < y_4} \frac{y_1^{j_1-1}}{(j_1-1)!} \frac{(y_3 - y_2)^{j_2-2}}{(j_2-2)!} \lambda^{j_1+j_2+1} \mathrm{e}^{-\lambda y_4} dy_1 dy_2 dy_3 dy_4 \\
&= \mathrm{e}^{-\lambda t_1} \frac{(\lambda t_1)^{j_1}}{j_1!} \mathrm{e}^{-\lambda(t_2 - t_1)} \frac{(\lambda(t_2 - t_1))^{j_2}}{j_2!},
\end{aligned}$$

其中 j_1, j_2 是任何非负整数. 这表示 N 是关于自然流的 Poisson 过程. □

其实, S_n, N_t 分别可以看成第 n 更新及 t 时刻前的更新次数, 从而 Poisson 过程是一个更新过程. 一般地, 不论 T_n 服从什么分布, 过程 $N = (N_t)$ 作为更新过程总是存在的, 但是非常特别地, 我们在后面会看到, 只有当 T_n 是指数分布时, N 才是马氏过程. Poisson 过程的构造还有多种方法, 不一一叙述.

2.4.2 Poisson 点过程

看一个 Poisson 过程的样本轨道, 我们看到轨道是阶梯的且有可数多个高度为 1 的跳跃. 这些点的位置可以用计数测度来描述. 现在我们设 $(E, \mathscr{E})$ 是一个可测空间, 单点集是可测集. 计数测度通常指集合中元素的个数, 现在我们拓展一点, 让一

个计数测度是指计某个子集中点的个数, 即 E 上的一个计数测度 μ 是指存在一个点集 A, 使得

$$\mu(B) = \#B \cap A,\ B \in \mathscr{E},$$

因此, 计数测度 μ 对应于点集 A, μ 是 σ-有限的对应于 A 是可数的. 特别地, 如果 $(E, \mathscr{E})$ 是一个可分度量空间及其 Borel σ-域, 那么整数值且每个单点的测度不超过 1 的测度必然是一个计数测度.

设 μ 是 $\Omega \times \mathscr{E}$ 上的一个函数, 对任何 $B \in \mathscr{E}$, $\mu(\cdot, B)$ 是一个随机变量, 按照随机变量习惯写成 $\mu(B)$, 这时 $\mu = \{\mu(B) : B \in \mathscr{E}\}$ 是个随机场. 再设对几乎所有的 ω, $\mu(\omega, \cdot)$ 是 $(E, \mathscr{E})$ 上的测度. 这时我们说 μ 是 E 上的一个随机测度. 注意随机测度的要求比核稍弱, 核的要求是对任何 ω, $\mu(\omega, \cdot)$ 是 E 上的测度. 一个整数值的随机测度称为点过程.

例 2.4.1 如果 f 是 $\mathbf{R}^+$ 上右连左极的函数, 那么容易验证 f 的不连续点是至多可数的. 实际上, 它在任何有限区间上跃度不小于任何给定正数的不连续点 $\{t : |f(t) - f(t-)| > a\}$, $a > 0$ 是有限的.

一般右连左极的随机过程的跳是个点过程. 设 X 是一个右连左极的实值随机过程, 那么 X 的几乎所有轨道的不连续点最多是可数的. 定义

$$p_t := (X_{t-}, X_t),\ t > 0,$$

那么 p 是 $\mathbf{R} \times \mathbf{R} \backslash \delta$ 上的 σ-离散的点过程, 其中 δ 是乘积空间的对角线. 这个结论对于状态空间是完备可分的度量空间也是成立的. ∎

定义 2.4.4 设 $(\Omega, \mathscr{F}, \mathbb{P})$ 是概率空间, $(E, \mathscr{E})$ 是可测空间, λ 是其上的一个测度. E 上一个点过程 (整数值随机测度) μ 称为特征 (或者强度) 测度为 λ 的 Poisson 点过程或者 Poisson 随机测度, 如果下列条件满足:

1. 对 $B \in \mathscr{E}$, 若 $\lambda(B) < \infty$, 则 $\mu(\cdot, B)$ 服从参数为 $\lambda(B)$ 的 Poisson 分布;

2. 对任何的 n 及互斥且测度有限的可测集 B_j, $1 \leqslant j \leqslant n$, 随机变量 $\mu(B_j)$, $1 \leqslant j \leqslant n$ 是相互独立的.

下面是 Poisson 点过程的存在性定理.

定理 2.4.5 给定 $(E, \mathscr{E})$ 上的一个 σ-有限测度 λ, 存在一个特征测度为 λ 的 Poisson 点过程 μ.

证明. 首先设 $\lambda(E) < \infty$. 这时取 s 是参数为 $\lambda(E)$ 的 Poisson 分布随机变量, $\{\xi_i : i \geqslant 1\}$ 是独立且分布为 $\dfrac{1}{\lambda(E)} \cdot \lambda$ 的随机序列, 且与 s 独立. 令

$$\mu(B) := \sum_{i=1}^{s} 1_B(\xi_i),\ B \in \mathscr{E}.$$

显然这是一个点过程. 也不难验证 μ 是特征测度为 λ 的 Poisson 点过程. 事实上, 任取 $B_1, \cdots, B_m \in \mathscr{E}$ 互不相交及非负实数 $a_1, \cdots, a_m$. 我们需要计算随机向量 $(\mu(B_1), \cdots, \mu(B_m))$ 的 Laplace 变换. 利用独立性,

$$\begin{aligned}
\mathbb{E}\left[\exp\left(-\sum_{j=1}^{m} a_j \mu(B_j)\right)\right] &= \mathbb{E}\left[\exp\left(-\sum_{i=1}^{s}\sum_{j=1}^{m} a_j 1_{B_j}(\xi_i)\right)\right] \\
&= \sum_{l=0}^{\infty} \mathbb{P}(s=l)\mathbb{E}\left[\exp\left(-\sum_{i=1}^{l}\sum_{j=1}^{m} a_j 1_{B_j}(\xi_i)\right)\right] \\
&= \sum_{l=0}^{\infty} \mathbb{P}(s=l)\prod_{i=1}^{l}\mathbb{E}\left[\exp\left(-\sum_{j=1}^{m} a_j 1_{B_j}(\xi_i)\right)\right].
\end{aligned}$$

因为 $\{B_j\}$ 互斥, 故有

$$\exp\left(-\sum_{j=1}^{m} a_j 1_{B_j}\right) = 1_{(\bigcup B_j)^c} + \sum_{j=1}^{m} \mathrm{e}^{-a_j} 1_{B_j} = 1 - \sum_{j=1}^{m} (1-\mathrm{e}^{-a_j}) 1_{B_j},$$

再因 ξ_i 以 λ 分布在 U 上, 故接上面的等式有

$$\begin{aligned}
\mathbb{E}\left[\exp\left(-\sum_{j=1}^{m} a_j \mu(B_j)\right)\right] &= \sum_{l=0}^{\infty} \mathbb{P}(s=l)\left(\mathbb{E}\Big[1-\sum_{j=1}^{m}(1-\mathrm{e}^{-a_j})1_{B_j}(\xi_i)\Big]\right)^l \\
&= \sum_{l=0}^{\infty} \mathbb{P}(s=l)\left(1-\sum_{j=1}^{m}\frac{(1-\mathrm{e}^{-a_j})\lambda(B_j)}{\lambda(E)}\right)^l \\
&= \mathrm{e}^{-\lambda(E)}\sum_{l=0}^{\infty}\frac{1}{l!}\left(\lambda(E)-\sum_{j=1}^{m}(1-\mathrm{e}^{-a_j})\lambda(B_j)\right)^l \\
&= \exp\left(-\lambda(E)+\lambda(E)-\sum_{j=1}^{m}(1-\mathrm{e}^{-a_j})\lambda(B_j)\right)
\end{aligned}$$

$$= \exp\left(-\sum_{j=1}^{m}(1-\mathrm{e}^{-a_j})\lambda(B_j)\right).$$

当 λ 是 σ-有限时, 存在互不相交的集列 $\{U_n\} \subset \mathscr{E}$, 使得 $0 < \lambda(U_n) < \infty$ 且 $\bigcup_n U_n = E$, 则由推论 2.1.17, 存在一个概率空间 $(\Omega, \mathscr{F}, \mathbb{P})$ 及其上满足如下条件的随机变量族:

(1) 对任何 $n \geqslant 1$, $\{\xi_i^{(n)}:\ i=1,2,\cdots\}$ 是一列取值于 U_n 的随机变量, 且分布同是 $\lambda(U_n)^{-1} \cdot 1_{U_n} \cdot \lambda$;

(2) 对任何 $n \geqslant 1$, s_n 是服从参数为 $\lambda(U_n)$ 的 Poisson 分布的随机变量;

(3) 所有上面的随机变量 $\xi_i^{(n)}, s_n,\ n, i=1,2,\cdots$ 是相互独立的.

令 $\mu := \sum_{n\geqslant 1}\mu_n$, 其中

$$\mu_n(B) := \sum_{i=1}^{s_n} 1_B(\xi_i^{(n)}),\ B \in \mathscr{E},\ n \geqslant 1.$$

则 $\{\mu_n : n \geqslant 1\}$ 是独立的随机场序列, 且对每个 n, μ_n 是一个满足以 $1_{U_n} \cdot \lambda$ 为特征测度的 Poisson 点过程. 容易证明 μ 是满足要求的 Poisson 点过程. □

从上面的证明可以看出, 点过程 μ 直观地等同于随机点集

$$\bigcup_{n\geqslant 1}\{\xi_i^{(n)}:\ 1 \leqslant i \leqslant s_n\}$$

上的一个计数测度, 该点集称为是点过程对应的随机点集, 它大概是点过程这个名称的来历. 当 λ 在任何单点上测度为零时, 这些随机点几乎不可能有两两重合. 下面给出两个相关的公式, 可以先对简单函数证明, 然后用单调收敛定理推广到非负可测函数, 证明细节留给有兴趣的读者.

引理 2.4.6 **设 f 是 E 上的可测函数, 则 $\mu(f)$ 的特征函数是**

$$\mathbb{E}[\mathrm{e}^{\mathrm{i}x\mu(f)}] = \exp\left(-\lambda(1-\mathrm{e}^{\mathrm{i}xf})\right),\ x \in \mathbf{R},$$

期望, 方差分别为 $\mathbb{E}[\mu(f)] = \lambda(f)$, $D[\mu(f)] = \lambda(f^2)$, 其中右边的被积函数被假设关于 λ 可积.

Poisson 过程是 Poisson 点过程的一个特例, 上面由 Poisson 点过程构造的满足性质 (1),(2),(3) 的过程是关于自然流的 Poisson 过程, 因此 Poisson 点过程的存在性蕴含 Poisson 过程的存在性. 取 $E=[0,\infty)$, $\mathscr{E}$ 是 E 上的 Borel 代数, m 是 E 上的 Lebesgue 测度, $\lambda>0$ 是常数, 则存在 E 上的随机测度 μ 使得对 $B\in\mathscr{E}$, $\mathbb{E}(\mu(\cdot,B))=\lambda m(B)$. 对 $t\in E, \omega\in\Omega$, 令

$$N_t(\omega):=\mu(\omega,(0,t]),$$

则对于 $t>s>0$, 有 $N_t-N_s=\mu(\cdot,(s,t])$, 且过程 $N=(N_t:t\in E)$ 有下列性质:

(1) $N_0=0$, $t\mapsto N_t(\omega)$, $\omega\in\Omega$ 是单调增加的右连续整数值阶梯函数;

(2) 对 $t>s\geqslant 0$, N_t-N_s 服从参数为 $\lambda(t-s)$ 的 Poisson 分布;

(3) N 是独立增量过程, 即对于 $0\leqslant t_1<\cdots<t_n$, $N_{t_1},N_{t_2}-N_{t_1},\cdots,N_{t_n}-N_{t_{n-1}}$ 是相互独立的.

因此 N 是 Poisson 过程.

2.4.3 时空点过程

点过程似乎只记录了随机事件发生的地点, 但事件发生通常带有时间, 例如地震, 交通事故等. 与马氏过程相关的点过程通常也是带有时间的, 如游离过程与轨道的跳跃. 这实际上是前面点过程的特殊情况, 我们只需假设点过程的状态空间是时间与空间的乘积空间, 这样的点过程同时记录了事件发生的时间与地点.

设 $(E,\mathscr{E})$ 是可测空间, $T=[0,\infty)$ 或者 T 是非负整数集. 设 μ 是乘积空间 $T\times E$ 上的点过程. 如果需要区别于前面所说的点过程, 这里的 μ 也可以称为时空点过程. 点过程 μ 称为离散的, 如果对任何 $t>0$, $\mu((0,t]\times E)<\infty$ a.s.; 称为 σ-离散的, 如果存在 $E_n\uparrow E$, 使得 μ 限制在每个 E_n 上是离散的.

因为有时间, 所以有下面的平稳性. 对任何 $t>0$, 定义点过程的推移

$$\mu\circ\theta_t(B):=\mu(B+t),\ \ B\in\mathscr{B}(T)\times\mathscr{E},$$

其中 $B+t:=\{(s+t,x):(s,x)\in B\}$.

定义 2.4.7 点过程 μ 称为是平稳的, 如果对任何 $t\geqslant 0$, $\mu\circ\theta_t$ 与 μ 等价.

给定 $T\times E$ 上的 σ-有限测度 λ, 由定理 2.4.5 推出存在以 λ 为特征测度的 Poisson 点过程 μ. 容易验证 μ 是平稳的当且仅当 $\lambda(dtdx)$ 关于 t 平移不变, 即存在 E 上的测度 λ_E 使得 $\lambda(dtdx)=dt\lambda_E(dx)$, 该点过程也称为特征测度为 λ_E 的平稳 Poisson 点过程. 写成一个定理.

定理 2.4.8 **给定 E 上的 σ-有限测度 λ_E, 存在一个特征测度为 λ_E 的 E 上的平稳 Poisson 点过程.**

设 μ 是定理中所说的平稳 Poisson 点过程, 那么 μ 是 σ-离散的. 因为对任何 $t\geqslant 0$, $\lambda(\{t\}\times E)=0$, 所以点过程所对应的随机点集几乎不可能重复或者位于同一条时间线上. 对任何 ω, 用 $P(\omega)$ 表示随机点集, 实际上

$$P(\omega)=\{(t,x):\mu(\{(t,x)\})=1\}.$$

如果 $(t,x)\in P(\omega)$, 定义 $p_t(\omega)=x$. 这个定义是无歧义的, 用 D 表示定义域, 它几乎肯定是至多可数集. 过程 (p_t) 由 μ 定义, 但也唯一决定 μ:

$$\mu(B):=\sum_{s\in D}1_B(s,p_s),\ B\in\mathscr{B}(T)\times\mathscr{E},$$

所以也称 (p_t) 是点过程或者点表示.

例 2.4.2 如果 $N=(N_t)$ 是参数为 λ 的 Poisson 过程, 那么当 $N_t>N_{t-}$ 时, $p_t:=\Delta N_t:=N_t-N_{t-}$ 是 $\mathbf{R}\backslash\{0\}$ 上的平稳 Poisson 点过程, 特征测度是测度 $\lambda\varepsilon_1$. 反之, 如果 p 是特征测度为 $\lambda\varepsilon_1$ 的平稳 Poisson 点过程, 那么 $N_t:=\sum_{s\leqslant t}p_s$ 是一个参数为 λ 的 Poisson 过程.

设 $X_i:i\geqslant 1$ 是取值在 $\mathbf{R}^n$ 上的独立随机序列, 分布都是 η, N 服从参数为 $\lambda>0$ 的 Poisson 分布, 且与 $\{X_i\}$ 独立, 定义

$$\mu(B):=\sum_{i=1}^{N}1_{\{X_i\in B\}},\ B\in\mathscr{B}(\mathbf{R}^n),$$

那么 μ 是 Poisson 点过程, 它的特征测度是

$$\lambda_\mu(B):=\mathbb{E}\mu(B)=\lambda\mathbb{P}(X_1\in B)=\lambda\eta(B),\ B\in\mathscr{B}(\mathbf{R}^n).$$

设 $N=(N_t)$ 是参数为 $\lambda>0$ 的 Poisson 过程, 独立于 $\{X_i:i\geqslant 1\}$. 定义

$$\mu([0,t]\times B):=\sum_{i=1}^{N_t}1_{\{X_i\in B\}},$$

那么它是时空的平稳 Poisson 过程, 它所对应的点表示为 $p_t := X_{N_t}$, 其定义域为 $D=\{t: N_t > N_{t-}\}$. 它的特征测度是 $dt\lambda_\mu(dx) = \lambda dt\eta(dx)$.

定义 $X_t = \sum_{i=1}^{N_t} X_i$, 它是一个随机过程, 称为 $\mathbf{R}^n$ 上的复合 Poisson 过程. 它可以用点过程的积分来表示

$$X_t = \int\int_0^t x\mu(dsdx) = \sum_{s\leqslant t, s\in D} p_s.$$

由引理 2.4.6, 它的特征函数为

$$\begin{aligned}\mathbb{E}\left[\mathrm{e}^{\mathrm{i}(y,X_t)}\right] &= \mathbb{E}\left[\exp\left(\int_0^t\int \mathrm{i}(y,x)\mu(dsdx)\right)\right]\\ &= \exp\left(-\int_0^t\int\left(1-\mathrm{e}^{\mathrm{i}(y,x)}\right)\lambda ds\eta(dx)\right)\\ &= \exp\left(-t\lambda\int\left(1-\mathrm{e}^{\mathrm{i}(y,x)}\right)\eta(dx)\right).\end{aligned}$$

在第四章讲述 Lévy 过程时有更多的讨论. ∎

点过程到时空点过程是点过程的一种扩展方式, 称为标识 (marked) 点过程, 这在实际中的背景就是记录点过程发生时的附加信息, 例如交通事故的发生时间是 Poisson 过程, 记录事故地点成为时空点过程, 再可以记录事故造成的损失等信息, 它仍然是一个点过程.

习 题

1. 设 N 是参数为 λ 的 Poisson 过程, S_n 如 (2.4.1) 定义. 固定 $t \geqslant 0$. 令 $A_t := t - S_{N_t}$, $B_t = S_{N_t+1} - t$. 证明: A_t 与 B_t 独立. 试求它们的分布.

2. S_n 如上. 固定 $t \geqslant 0$. 定义 $L_t := S_{N_t+1} - S_{N_t}$. 证明:

   (a) L_t 的密度函数为

   $$g(x,t) = \begin{cases}\lambda^2 x\mathrm{e}^{-\lambda x}, & x\in(0,t),\\ \lambda(1+\lambda t)\mathrm{e}^{-\lambda x}, & x\geqslant t;\end{cases}$$

   (b) $\mathbb{P}(L_t > x) = (1 + x\wedge t)\mathrm{e}^{-\lambda x}$, $x > 0$.

3. 设有 Poisson 过程 $N=(N_t:t\geqslant 0)$ 与 $(X_n:n\geqslant 1)$ 是独立同分布随机序列, 且 $\sigma(X_n:n\geqslant 1)$ 独立于 $\sigma(N_t:t\geqslant 0)$. 令 $Z_t:=\sum_{k\leqslant N_t}X_k$. 证明: $Z=(Z_t:t\geqslant 0)$ 是一个右连续的平稳独立增量过程. 称为复合 Poisson 过程.

4. 设 $0\leqslant s<t$. 证明:

$$\mathbb{P}(N_s=k|N_t=n)=\binom{n}{k}\left(\frac{s}{t}\right)^k\left(1-\frac{s}{t}\right)^{n-k},\ 0\leqslant k\leqslant n.$$

5. 设 $N=(N_t:t\geqslant 0)$ 与 $N'=(N'_t:t\geqslant 0)$ 是两个独立且参数分别为 λ 与 λ' 的 Poisson 过程. 证明:

   (a) $(N_t+N'_t)$ 是参数为 $\lambda+\lambda'$ 的 Poisson 过程;

   (b) $(N_t+N'_t)$ 的第一次跳跃来自过程 N 的概率是 $\dfrac{\lambda}{\lambda+\lambda'}$.

6. 设一部机器需两种部件才能运作, 1,2 两种部件的库存分别为 n,m 个, 且每个部件的工作时间独立, 分别服从参数为 α_1,α_2 的指数分布. 计算机器可运作时间的平均长度.

7. 电梯从 1 层出发向上, N_i 表示第 i 层上电梯的人数, 它们相互独立并服从参数为 λ_i 的 Poisson 分布. 相互独立地, 从 i 层上电梯的每个人在 j 层下的概率是 p_{ij}, $\sum_{j>i}p_{ij}=1$. 再用 O_j 表示 j 层下电梯的人数. 计算 O_j 的分布与期望.

8. 计算给定 $S_n=t$ 时, $(S_1,\cdots,S_{n-1})$ 的条件联合密度.

9. 设 m 是 $\mathbf{R}^2$ 上的 Lebesgue 测度, μ 是以 m 为特征测度的 Poisson 点过程. 记 $X(\omega)$ 是 0 点到测度 $\mu(\omega,\cdot)$ 的最近的支撑点的距离. 证明: $\mathbb{P}(X>t)=\mathrm{e}^{-\pi t^2}$ 且 $\mathbb{E}X=1/2$.

10. 证明: 两个独立的 Poisson 过程几乎不可能同时跳跃.

11. 设 $N=(N_t)$ 是轨道从零点出发右连续取非负整数值的平稳独立增量过程, 证明: 存在 $\lambda\geqslant 0$ 使得 $\mathbb{P}(N_t=0)=\mathrm{e}^{-\lambda t}$.

12. 设 $N=(N_t)$ 是轨道从零点出发右连续取整数值的平稳独立增量过程, 定义 $\tau=\inf\{t>0:N_t\neq 0\}$. 证明: τ 是指数分布的.

13. 证明引理 2.4.6.

14. 证明: 例 2.1.5 定义的更新过程是参数为 λ 的 Poisson 过程当且仅当 $\mathbb{E}[N_t] = \lambda t, \forall t > 0$.

2.5 Brown 运动

Brown 运动是最重要的一类随机过程. 可以说, 它是所有随机过程重要性质的交集. 如它是马氏过程, 是平稳独立增量的, 是连续的, 是鞅, 等等. Brown 运动实际上是对植物学家 R.Brown 所发现现象的一种数学模拟. 他发现悬浮在液体表面的花粉颗粒会无序地向各个方向运动, 无法预测. 下面是花粉运动的模拟图.

后来, 科学家认识到花粉颗粒的无序运动是因为水分子在各个方向撞击它们的缘故. 1905 年, A. Einstein 在研究热扩散问题时也认为这是由分子撞击引起的, 由此推出热在某种介质上扩散的分布密度就是热方程的解, 称为热核. 在更早的 1900 年, L. Bachelier 在其研究股票变化的博士论文中也推出了股票价格分布密度是热方程的解, 但他的工作的重要性直到 50 多年后才被人所认识. 不同领域的学者在互不相知的情况下通过不同的观察和分析得到同样的分布密度, 这说明其中有某种普适性, 类似中心极限定理. Brown 运动作为一个随机过程是由 N.Wiener 在 1921 年确立的, 他证明了在连续函数空间上存在唯一的概率测度, 使得其有限维分布恰是由热核生成的, 也就是说, 按这个测度看, 连续函数的确可以认为是花粉颗粒运动的数学描述. 所以 Brown 运动也称为 Wiener 过程.

2.5.1 构造与性质

考虑 $\mathbf{R}^d$ 上的热传导方程

$$\frac{\partial u}{\partial t} = \frac{1}{2}\triangle u,$$

其中 $\triangle$ 是 Laplace 算子. 容易验证方程的基本解是

$$p(t,x) := \frac{1}{(2\pi t)^{\frac{d}{2}}} \exp\left(-\frac{|x|^2}{2t}\right),\ t>0, x\in \mathbf{R}^d.$$

也就是方差为 t 的中心化 Gauss 分布 $N(0,t)$ 的密度函数. 对 $t>0$, 令

$$P_t(x,A) := \int_A p(t, y-x)dy,\ x\in \mathbf{R}^d, A\in \mathscr{B}(\mathbf{R}^d),$$

称其为热核半群.

引理 2.5.1 热核半群 (P_t) 是 $\mathbf{R}^d$ 上的转移半群且满足

(1) **对任何有界的 $f\in \mathscr{B}(\mathbf{R}^d)$ 及 $t>0$, P_tf 是有界连续的;**

(2) **对无穷远处趋于零的连续函数 f, 当 $t\downarrow 0$ 时, P_tf 一致收敛于 f.**

证明. 先证明 (P_t) 是转移半群. 不妨设 $d=1$, 首先对任何 $t>0$, $P_t1=1$. 其次对 $t,s>0$, 两个分布分别为 $N(0,s)$ 与 $N(0,t)$ 的独立随机变量和的分布为 $N(0,s+t)$, 即

$$p(s,\cdot)*p(t,\cdot) = p(s+t,\cdot).$$

这直接推出 $P_sP_t = P_{s+t}$. 另外因为 $p(t,\cdot)$ 是连续的, 故 (1) 显然. 最后证明 (2). 首先, 对任何 $\delta>0$, 不难验证

$$\lim_{t\downarrow 0}\int_{|y|\geqslant\delta} p(t,y)dy = 0.$$

不妨设连续函数 f 紧支撑, 那么 f 是一致连续的, 故对任何 $\varepsilon>0$, 存在 $\delta>0$ 使得对任何 $|y|<\delta$, $x\in\mathbf{R}$, 有 $|f(y+x)-f(x)|<\varepsilon$.

$$\begin{aligned}|P_tf(x)-f(x)| &\leqslant \left(\int_{|y|<\delta}+\int_{|y|\geqslant\delta}\right)|f(y+x)-f(x)|p(t,y)dy\\ &\leqslant \varepsilon + 2\|f\|\int_{|y|\geqslant\delta} p(t,y)dy.\end{aligned}$$

这马上推出 (2) 成立. □

由定理 2.2.8, 存在以 $\mathbf{R}^d$ 为状态空间的正规马氏过程 X 以热核为转移半群. 下面我们将证明存在 X 的一个修正, 其几乎所有轨道是连续的, 那么这个修正称为 d-维 Brown 运动. 或者说 Brown 运动是以热核为转移半群的连续轨道的时齐马氏过程, 精确的定义如下.

定义 2.5.2 概率空间 $(\Omega,\mathscr{F},\mathbb{P})$ 上以 $\mathbf{R}^d$ 为状态空间的随机过程 $B=(B_t)$ 称为 d-维标准 Brown 运动, 如果

(1) 标准: $\mathbb{P}(B_0=0)=1$;

(2) 独立增量: 对任何 $n\geqslant 1,\ 0\leqslant t_1<t_2<\cdots<t_n$, 以下增量相互独立,

$$B_{t_1},B_{t_2}-B_{t_1},\cdots,B_{t_n}-B_{t_{n-1}};$$

(3) 平稳增量且正态: 对任何 $t>s>0$, 增量 B_t-B_s 是正态分布的, 即

$$\mathbb{P}(B_t-B_s\in dx)=p(t-s,x)dx,\ x\in\mathbf{R}^d;$$

(4) 连续: 存在 $\Omega_0\in\mathscr{F}$, $\mathbb{P}(\Omega_0)=1$, 使得对 $\omega\in\Omega_0$, $t\mapsto B_t(\omega)$ 是 $[0,+\infty)$ 到 $\mathbf{R}^d$ 的连续函数, 也就是说几乎所有样本轨道连续.

另外, 仅满足 (2),(3),(4) 的过程 B 称为 Brown 运动.

注释 2.5.1 1. 随机过程 $X=(X_t)$ 是 Brown 运动当且仅当 $X_t-X_0,\ t\geqslant 0$ 是标准 Brown 运动且与 X_0 独立. 若 $B=(B_t)$ 是标准 Brown 运动, 那么 (B_t+x) 是从 x 出发的 Brown 运动. 在第四章中, 我们引入一族概率测度 $\mathbb{P}^x, x\in\mathbf{R}^d$, 称为标准 Brown 运动, 在每个 $\mathbb{P}^x$ 之下, B 是从 x 出发的 Brown 运动.

2. 定义的 (1), (2), (3) 由 Brown 运动的有限维分布所刻画, 即等价于对任何 $n\geqslant 1,\ 0=t_0<t_1<t_2<\cdots<t_n$, 随机向量 $(B_{t_1},\cdots,B_{t_n})$ 是正态分布的, 密度是

$$(x_i)\mapsto\prod_{i=1}^{n}p(t_i-t_{i-1},x_i-x_{i-1}),$$

其中 $x_0=0$. 请读者自己验证.

3. 独立增量的字面意思可能是: 对任何 $n\geqslant 1,\ 0\leqslant t_0<t_1<t_2<\cdots<t_n$, 以下增量相互独立,

$$B_{t_1}-B_{t_0},B_{t_2}-B_{t_1},\cdots,B_{t_n}-B_{t_{n-1}}.$$

注意与上面定义的不同.

4. 因为 d-维标准 Brown 运动是由 d 个独立的 1-维标准 Brown 运动组成的, 所以 1-维标准 Brown 运动存在等价于 d-维标准 Brown 运动存在.

5. 从定义可以看出, 标准 Brown 运动是 Gauss 过程, 但一般 Brown 运动未必是.

Brown 运动有许多好的性质. 首先, 容易看出标准 Brown 运动是一个中心化的 Gauss 过程 (见 §2.1), 且 $\mathbb{E}(B_tB_s) = t \wedge s$. 反之, 因为中心化 Gauss 过程的有限维分布由其协方差矩阵唯一决定, 故我们有下列刻画.

定理 2.5.3 **一个连续实值随机过程 B 是标准 Brown 运动当且仅当它是中心化的 Gauss 过程且 $\mathbb{E}(B_tB_s) = t \wedge s$.**

由此验证下列关于 Brown 运动的性质, 详细的证明留给读者. 尤其要注意 (3) 中的 B' 之样本轨道在 $t = 0$ 的几乎处处连续性.

推论 2.5.4 **设 $B = (B_t : t \geqslant 0)$ 是一个 Brown 运动.**

(1) **马氏性: 对 $s \geqslant 0$, $(B_{t+s} - B_s :\ t \geqslant 0)$ 是一个独立于 $\mathscr{F}_s^0$ 的标准 Brown 运动;**

(2) **自相似性: 对任何 $c \neq 0$, $(\frac{1}{c}B_{c^2t} :\ t \geqslant 0)$ 是一个 Brown 运动;**

(3) **0 与 ∞ 的对称性: 设 B 是标准的, 定义**

$$B'_t = \begin{cases} tB_{\frac{1}{t}}, & t > 0, \\ 0, & t = 0, \end{cases}$$

则 $B' = (B'_t : t \geqslant 0)$ 也是标准 Brown 运动.

下面我们要证明定义中的标准 Brown 运动的存在性.

设 N 是任何给定的自然数, $\mathbf{D}$ 是 $[0, \infty)$ 上二分点全体, 即

$$\mathbf{D} := \{\frac{k}{2^m} : m, k = 0, 1, 2, \cdots\},$$

令 $\mathbf{D}_N := \mathbf{D} \cap [0, N]$. 形如 $\frac{k}{2^m}$ 的二分点称为 m 阶二分点.

引理 2.5.5 **设 f 是 $\mathbf{D}$ 上的函数, 如果存在常数 $a > 0$, 对任何自然数 N, 存在常数 $C > 0$ 及自然数 u, 使得当 $m \geqslant u$ 时,**

$$\left| f(\frac{k+1}{2^m}) - f(\frac{k}{2^m}) \right| \leqslant \frac{C}{2^{ma}},\ k = 0, 1, \cdots, 2^m N - 1,$$

则 f 可以唯一地延拓成 $[0, \infty)$ 上的连续函数, 且是 a 阶局部 Hölder 连续的, 即在任何 $[0, \infty)$ 的有界区间上是 a 阶 Hölder 连续的.

证明. 固定自然数 N 及对应的常数 C 与 u, 取任何 $m \geqslant u$, $s,t \in \mathbf{D}_N$ 及 $|s-t| \leqslant \frac{1}{2^m}$, 则 s 落在某个区间 $[\frac{k}{2^m}, \frac{k+1}{2^m})$ 中, 我们来计算 $f(s)$ 与 f 在左端点的值 $f(\frac{k}{2^m})$ 之间的差, 因 $s \in \mathbf{D}_N$, 写出其二进表示, 形式为

$$s = \frac{k}{2^m} + \frac{b_1}{2^{m+1}} + \cdots + \frac{b_l}{2^{m+l}},$$

其中 b_j 取值为 0 或 1, 令

$$s_0 := \frac{k}{2^m},\ s_j := s_0 + \sum_{i=1}^{j} \frac{b_i}{2^{m+i}},\ j = 1, 2, \cdots, l.$$

显然 $\frac{k}{2^m} = s_0 \leqslant s_1 \leqslant \cdots \leqslant s_l = s$, 且 s_j 与 s_{j-1} 或相同或是 $m+j$ 阶二分点的相邻点, 由定理条件

$$|f(s_j) - f(s_{j-1})| \leqslant \frac{C}{2^{(m+j)a}},\ j = 1, 2, \cdots, l.$$

因此

$$\left| f(s) - f(\frac{k}{2^m}) \right| \leqslant \sum_{j=1}^{l} |f(s_j) - f(s_{j-1})| \leqslant \sum_{j=1}^{\infty} \frac{C}{2^{(m+j)a}} = \frac{C}{2^{ma}(2^a - 1)},$$

而 t 与 s 的距离不超过 $\frac{1}{2^m}$, 故 t 落在区间

$$\left[\frac{k-1}{2^m}, \frac{k}{2^m}\right),\ \left[\frac{k}{2^m}, \frac{k+1}{2^m}\right),\ \left[\frac{k+1}{2^m}, \frac{k+2}{2^m}\right)$$

之一, 无论是哪一种情况, $f(t)$ 与 f 在左端点的值之间的差同样不大于 $\frac{C}{2^{ma}(2^a-1)}$, 因此

$$|f(s) - f(t)| \leqslant \frac{C}{2^{ma}} + \frac{2C}{2^{ma}(2^a - 1)} = \frac{C_1}{2^{ma}},$$

其中常数 $C_1 = C + \frac{2C}{2^a-1}$. 这样, 我们证明了对任何 $m \geqslant u$, $s,t \in \mathbf{D}_N$ 且 $|s-t| \leqslant \frac{1}{2^m}$, 有 $|f(s)-f(t)| \leqslant \frac{C_1}{2^{ma}}$, 从而对 $s,t \in \mathbf{D}_N$, 当 $|s-t| \leqslant \frac{1}{2^u}$ 时, $|f(s)-f(t)| \leqslant C_1|s-t|^a$, 其中常数 u, C 与 N 有关.

现在对任何 $x \in [0,N]$, 必有点列 $\{s_n\} \subset \mathbf{D}_N$, 使得 $s_n \to x$, 则 $\{f(s_n)\}$ 是 Cauchy 列, 记其极限为 $F_N(x)$, 此极限值与收敛点列 $\{s_n\}$ 的选取无关, 因此 F_N 是 $[0,N]$ 上的函数, 是 f 限制在 $\mathbf{D}_N$ 上的连续延拓, 显然这个延拓是唯一的. 对任何 $x, y \in [0,N]$ 且 $|x-y| \leqslant \frac{1}{2^{u+1}} < \frac{1}{2^u}$, 取点列 $\{s_n\}, \{t_n\} \subset \mathbf{D}_N$ 且 $s_n \to x$, $t_n \to y$, 则对充分大的 n, $|s_n - t_n| \leqslant \frac{1}{2^u}$, 故 $|f(s_n) - f(t_n)| \leqslant C_1|s_n - t_n|^a$, 取极限得

$$|F_N(x) - F_N(y)| \leqslant C_1|x-y|^a,$$

即 F_N 是 $[0,N]$ 上 a 阶 Hölder 连续的.

显然 $\{F_N : N \geqslant 1\}$ 是相容的, 即 F_{N+1} 限制在 $[0,N]$ 上与 F_N 是一致的, 对任何 $x \in [0,\infty)$, 若 $x < N$, 定义 $F(x) := F_N(x)$. 由相容性, 定义无歧义, 上面的讨论证明了 F 是 f 的唯一延拓, 且 F 是局部 a 阶 Hölder 连续的. □

定理 2.5.6 (Wiener) **对任何 $d \geqslant 1$, d-维 Brown 运动是存在的.**

证明. 因热核半群是转移半群, 根据定理 2.2.8, 它有一个实现. 现在要证明的是它有一个连续轨道的实现, 也就是说, 连续轨道集合关于由热核决定的有限维分布族是本质的. 设随机过程 $X = (X_t, \mathbb{P}^x)$ 是 $\mathbf{R}^d$ 上热核半群的一个实现. 我们只需关心零点出发的概率 $\mathbb{P}^0$, 记它为 $\mathbb{P}$. 不失一般性, 设 $d = 1$. 那么容易验证，随机过程 (X_t) 满足 Brown 运动的定义中除轨道连续性外的三条性质, 即它是零点出发的独立增量过程且增量 $X_t - X_s$ 服从期望为 0 方差为 $t-s$ 的正态分布. (见例 2.2.3.) 先让我们计算增量 $X_t - X_s$, $t > s \geqslant 0$ 的矩, 因热核是对称的, 故奇数阶矩都是零, 对整数 $j \geqslant 1$,

$$\mathbb{E}[(X_t - X_s)^{2j}] = |t-s|^j C(j),$$

其中 $C(j) := \mathbb{E}(X_1 - X_0)^{2j} = (2j-1)!!$.

实际上，我们只需要考虑二分点时间上的那部分过程就可以了. 取 $a > 0$, 由 Chebyshev 不等式,

$$\mathbb{P}\left(\left|X_{\frac{k+1}{2^m}} - X_{\frac{k}{2^m}}\right| \geqslant \frac{1}{2^{ma}}\right) \leqslant 2^{2jma}\mathbb{E}\left[\left|X_{\frac{k+1}{2^m}} - X_{\frac{k}{2^m}}\right|^{2j}\right] = \frac{C(j)}{2^{jm-2jma}},$$

然后, 对任何自然数 N,

$$\mathbb{P}\left(\bigcup_{k=0}^{2^m N-1}\left\{\left|X_{\frac{k+1}{2^m}} - X_{\frac{k}{2^m}}\right| \geqslant \frac{1}{2^{ma}}\right\}\right) \leqslant \sum_{k=0}^{2^m N-1}\frac{C(j)}{2^{jm-2jma}} = \frac{C(j)N}{2^{(j-1-2ja)m}}.$$

只要 a 满足 $j-1-2ja > 0$, 则

$$\sum_{m\geqslant 0}\mathbb{P}\left(\bigcup_{k=0}^{2^m N-1}\left\{\left|X_{\frac{k+1}{2^m}} - X_{\frac{k}{2^m}}\right| \geqslant \frac{1}{2^{ma}}\right\}\right) < \infty.$$

由 Borel-Cantelli 引理, 若记

$$\Omega_0^N := \varliminf_m \bigcap_{k=0}^{2^m N-1}\left\{\left|X_{\frac{k+1}{2^m}} - X_{\frac{k}{2^m}}\right| \leqslant \frac{1}{2^{ma}}\right\},$$

则 $\Omega_0^N \in \mathscr{F}$ 且 $\mathbb{P}(\Omega_0^N) = 1$, 再记 $\Omega_0 := \bigcap_N \Omega_0^N$, 则 $\mathbb{P}(\Omega_0) = 1$.

对任何 $\omega \in \Omega_0$, 轨道函数 $t \mapsto X_t(\omega)$ 满足: 对任何自然数 N, 存在 $u = u(\omega, N)$, 使得当 $m \geqslant u$ 时,

$$\left| X_{\frac{k+1}{2^m}}(\omega) - X_{\frac{k}{2^m}}(\omega) \right| \leqslant \frac{1}{2^{ma}}, \ k = 0, 1, 2, \cdots, 2^m N - 1.$$

由引理 2.5.5, $X_t(\omega), t \in \mathbf{D}$ 有唯一连续延拓, 记为 $B_t(\omega), t \in [0, \infty)$, 它在 $[0, \infty)$ 上连续, 对 $\omega \notin \Omega_0$, 定义 $B_t(\omega) = 0$, 显然对固定的 $t \geqslant 0$, 取点列 $\{t_n\} \subset \mathbf{D}$ 且 $t_n \to t$, 有

$$B_t = \lim_{n \to \infty} X_{t_n} \cdot 1_{\Omega_0},$$

因此 B_t 是随机变量, 故 $B = (B_t : t \geqslant 0)$ 是一个实值随机过程, 另外 B_t 是 $\{X_{t_n}\}$ 的几乎处处收敛的极限, 而 $\mathbb{E}|X_{t_n} - X_t|^2 = |t_n - t|$, 即 X_t 是 $\{X_{t_n}\}$ 的 L^2 收敛的极限, 故 $B_t = X_t$ a.s.. □

Brown 运动存在这个重要定理值得好几个注释.

注释 2.5.2 取定大于 1 的整数 j, 定理中轨道的 Hölder 连续的阶数 a 满足

$$a < \frac{j-1}{2j},$$

而右边可任意接近 1/2, 因此当 $a < 1/2$ 时, B 的几乎所有轨道是 a-阶局部 Hölder 连续的, 但能不能达到 1/2-阶呢? 对任何固定的 $t > s > 0$,

$$\mathbb{E}\left(\frac{|B_t - B_s|}{\sqrt{t-s}} \right) = \sqrt{\frac{\pi}{2}},$$

但这不蕴含轨道的 1/2-阶 Hölder 连续.

注释 2.5.3 考虑空间 $W := C([0,1], \mathbf{R}^d)$, $[0,1]$ 到 $\mathbf{R}^d$ 的连续映射全体, $\mathscr{B}(W)$ 是 W 上由柱集生成的 σ-代数. 那么 Brown 运动的存在性定理也证明了 $(W, \mathscr{B}(W))$ 是 Brown 运动的有限维分布族的本质的轨道集, 其上存在一个概率测度 μ 满足对任何 $0 < t_1 < \cdots < t_n \leqslant 1$, $A_1, \cdots, A_n \in \mathscr{B}(W)$, 有

$$\mu(\{x \in W : x(t_1) \in A_1, \cdots, x(t_n) \in A_n\}) = \mathbb{P}(B_{t_1} \in A_1, \cdots, B_{t_n} \in A_n),$$

其中 $B = (B_t : t \geqslant 0)$ 是 $(\Omega, \mathscr{F}, \mathbb{P})$ 上的 Brown 运动. 事实上, 对于 $\omega \in \Omega$, 如果 $t \mapsto B_t(\omega)$ 连续, 定义 $\xi(\omega)(t) := B_t(\omega)$, 否则定义 $\xi(\omega) \equiv 0$. 这实际上是一个修正

的典则映射. 那么 $\xi(\Omega) \subset W$, 所以 W 是本质的, 且 $\mathbb{P}$ 通过 ξ 在 W 上诱导出一个测度 μ, 称为 Wiener 测度. 空间 $(W, \mathscr{B}(W), \mu)$ 称为 Wiener 空间. §2.1的最后我们说集合 $\widetilde{\Omega}$ 关于 $\mathscr{L}$ 是本质的只是说它是 $\mathscr{L}$ 的某个实现的轨道集, 不能说它是任何实现的轨道集. Brown 运动就是个例子, 连续轨道空间是 Brown 运动的有限维分布族本质的轨道集, 但不是任何实现都是连续轨道的.

Brown 运动和 Wiener 测度实际上代表了概率学者与分析学者看待 Brown 运动的两个角度, 概率学者的重点在于随机过程或者样本轨道, 分析学者的重点在于测度, 本质上一样. 例如当分析学者说研究 Wiener 测度的平移性质的时候, 是说 W 上的 Wiener 测度 μ 通过平移算子 $T_y(x) = x + y$, $x, y \in W$, 所诱导的测度 $\mu \circ T_y^{-1}$ 与 μ 之间的关系 (Cameron-Martin 定理), 而概率学者是问 Brown 运动漂移之后 $B_t + y(t), t \geqslant 0$, 在一个什么概率下还是 Brown 运动 (Girsanov 定理). 参考例 3.5.1.

后来, 很多数学家用不同的方法重构 Brown 运动, 这里介绍一个应用 Fourier 级数的方法, 非常巧妙, 也归功于 N. Wiener. 参考例 2.1.6, Hilbert 空间 $L^2([0,\pi])$ 诱导 Gauss 随机场 $\{H(f) : f \in L^2([0,\pi])\}$. 对 $t \in [0,\pi]$, $1_{[0,t]}$ 的 Fourier 级数为

$$1_{[0,t]}(x) = \frac{t}{\pi} + \frac{2}{\pi} \sum_{n \geqslant 1} \frac{\sin nt}{n} \cos nx.$$

令

$$X_t = H(1_{[0,t]}) = \frac{t}{\sqrt{\pi}} \xi_0 + \sqrt{\frac{2}{\pi}} \sum_{n \geqslant 1} \frac{\sin nt}{n} \xi_n,$$

容易验证 (X_t) 是中心化 Gauss 过程且协方差函数等于

$$\mathbb{E}[X_t X_s] = \int_0^\pi 1_{[0,t]}(u) 1_{[0,s]}(u) du = t \wedge s.$$

下面要证明轨道连续性, 怎么才能证明样本轨道有连续修正? 因为右边级数的部分和关于 t 连续, 所以我们需要证明部分和有几乎一致收敛的极限. 但是右边的级数本身并没有这种收敛, 奇妙的是, 重组之后的级数 (即部分和序列的一个子列) 有这样的收敛性. 参考 [28], 将级数重组为下面的形式

$$X_t = \frac{t}{\sqrt{\pi}} \xi_0 + \sqrt{\frac{2}{\pi}} \sum_{n \geqslant 0} \left(\sum_{m=2^{n-1}}^{2^n - 1} \frac{\sin mt}{m} \xi_m \right),$$

那么级数以概率 1 对于 $t \in [0,\pi]$ 一致收敛. 因此 (X_t) 有连续修正, 它在 $[0,\pi]$ 上是 Brown 运动.

事实上, 令

$$s_{m,n}(t) := \sum_{m}^{n-1} \frac{\sin kt}{k}\xi_k,\ \ \tau_{m,n} =: \sup_{0\leqslant t\leqslant\pi} |s_{m,n}(t)|.$$

我们的目的是证明

$$\sum \mathbb{E}\left(\tau_{2^{n-1},2^n}\right) < \infty,$$

因为这蕴含 $\sum_n s_{2^{n-1},2^n}(t)$ 几乎处处关于 t 一致收敛, 可推出极限连续. 其中的技巧让人拍案叫绝.

首先, 一个想法是把 $s_{m,n}(t)$ 中的 $\sin kt$ 部分看成是 e^{ikt} 的虚部, 即

$$\begin{aligned}|s_{m,n}(t)|^2 &\leqslant \left|\sum_{m}^{n-1} \frac{\mathrm{e}^{ikt}}{k}\xi_k\right|^2 = \sum_{k=m}^{n-1}\sum_{j=m}^{n-1} \xi_j\xi_k\frac{1}{jk}\mathrm{e}^{\mathrm{i}(k-j)t}\\ &= \sum_{k=m}^{n-1}\frac{\xi_k^2}{k^2} + 2\sum_{l=1}^{n-m-1}\mathrm{e}^{\mathrm{i}lt}\sum_{j=m}^{n-l-1}\frac{\xi_j\xi_{j+l}}{j(j+l)},\end{aligned}$$

然后, 巧妙地用 Cauchy 不等式

$$\begin{aligned}\mathbb{E}\left(\tau_{m,n}^2\right) &= \mathbb{E}\left[\sup_{t\in[0,\pi]}|s_{m,n}(t)|^2\right]\\ &\leqslant \sum_{m}^{n-1}\frac{1}{k^2} + 2\mathbb{E}\left(\sum_{l=1}^{n-m-1}\left|\sum_{j=m}^{n-l-1}\frac{\xi_j\xi_{j+l}}{j(j+l)}\right|\right)\\ &\leqslant \sum_{m}^{n-1}\frac{1}{k^2} + 2\sum_{l=1}^{n-m-1}\left[\mathbb{E}\left(\left|\sum_{j=m}^{n-l-1}\frac{\xi_j\xi_{j+l}}{j(j+l)}\right|^2\right)\right]^{\frac{1}{2}}\\ &\leqslant \sum_{m}^{n-1}\frac{1}{k^2} + 2\sum_{l=1}^{n-m-1}\left(\sum_{j=m}^{n-l-1}\frac{1}{j^2(j+l)^2}\right)^{\frac{1}{2}}\\ &\leqslant \frac{n-m}{m^2} + 2\frac{(n-m)^{3/2}}{m^2}.\end{aligned}$$

由此及 Cauchy 不等式推出

$$\mathbb{E}\left(\sum_{n\geqslant 1}\tau_{2^{n-1},2^n}\right) \leqslant \sum_{n\geqslant 1}\left(\mathbb{E}[\tau_{2^{n-1},2^n}^2]\right)^{1/2} \leqslant \sum_{n} 3(2^{n-1})^{-1/2} < +\infty.$$

2.5.2 样本轨道的概率性质

虽然 Brown 运动的轨道是连续的, 但下面的定理说明它们不那么光滑, 沿着轨道的积分也是不可能的. 为了证明此结论, 我们引入二次变差. 设 f 是区间 $[a,b]$ 上的连续函数, D 是区间的一个划分, $D=\{t_i: 0\leqslant i\leqslant n\}$, $|D|=\max_i(t_i-t_{i-1})$. 定义

$$V_D^2 f[a,b]:=\sum_i |f(t_i)-f(t_{i-1})|^2,$$

称为 f 在 D 上的二次变差. 显然, 如果 f 是有界变差函数, 那么有

$$\lim_{|D|\to 0} V_D^2 f[a,b]=0.$$

定理 2.5.7 **设** B **是定义在概率空间** $(\Omega,\mathscr{F},\mathbb{P})$ **上的** Brown **运动, 则存在** $\Omega_0\in\mathscr{F}$, $\mathbb{P}(\Omega_0)=1$, **使得对任何** $\omega\in\Omega_0$, $t\mapsto B_t(\omega)$ **在** $[0,\infty)$ **的任何有界区间上都不是有界变差的.**

证明. 设 $t>s\geqslant 0$,

$$\begin{aligned}&\mathbb{E}[(B_t-B_s)^2-(t-s)]^2\\&=\mathbb{E}[(B_t-B_s)^4-2(t-s)(B_t-B_s)^2+(t-s)^2]=2(t-s)^2.\end{aligned}$$

另外, 设 $t_2>s_2\geqslant t_1>s_1\geqslant 0$, 则由独立增量性,

$$\mathbb{E}[(B_{t_1}-B_{s_1})^2-(t_1-s_1)][(B_{t_2}-B_{s_2})^2-(t_2-s_2)]=0.$$

现在, 固定 $t>s\geqslant 0$, $D_n:=\{s=t_{n,0}<t_{n,1}<\cdots<t_{n,k_n}=t\}$ 是 $[s,t]$ 的一个划分, 且当 $n\to\infty$ 时, $|D_n|\to 0$. 记 $\Delta B_{t_{n,j}}:=B_{t_{n,j}}-B_{t_{n,j-1}}$, $\Delta t_{n,j}=t_{n,j}-t_{n,j-1}$. 计算得

$$\begin{aligned}\mathbb{E}\left(\sum_{j=1}^{k_n}(\Delta B_{t_{n,j}})^2-(t-s)\right)^2&=\mathbb{E}\left(\sum_{j=1}^{k_n}[(\Delta B_{t_{n,j}})^2-\Delta t_{n,j}]\right)^2\\&=\sum_{j=1}^{k_n}\mathbb{E}\left((\Delta B_{t_{n,j}})^2-\Delta t_{n,j}\right)^2\\&=\sum_{j=1}^{k_n}2(\Delta t_{n,j})^2\leqslant 2(t-s)|D_n|\to 0,\end{aligned}$$

即 $\sum_{j=1}^{k_n}(B_{t_{n,j}}-B_{t_{n,j-1}})^2\xrightarrow{L^2}t-s$, 因此存在划分列 $\{D_n\}$ 的一个子列, 仍然记为 $\{D_n\}$, 使得

$$\sum_{j=1}^{k_n}(B_{t_{n,j}}-B_{t_{n,j-1}})^2\to t-s\ \text{ a.s.},$$

则因为 B 连续, 使上式收敛到非零数的轨道在 $[s,t]$ 一定不是有界变差的, 把这些轨道全体记为 $\Omega_{s,t}$, 那么 $\mathbb{P}(\Omega_{s,t})=1$.

记

$$\Omega_0:=\bigcap_{s<t:s,t\in\mathbb{Q}}\Omega_{s,t},$$

其中 $\mathbb{Q}$ 是有理数集, 则 $\mathbb{P}(\Omega_0)=1$, 且对任何 $\omega\in\Omega_0$, $t\mapsto B_t(\omega)$ 在任何的有界区间上都不是有界变差的, 因为任何有界区间包含一个有理数端点的区间. □

区间上一个非有界变差的连续函数的图像曲线一定是无穷长的, 也就是说, 理论上的 Brown 运动的轨道在有限时间内是无穷长的, 这对于一个真实的物理粒子运动是不可能的. 因此真实就是真实, 建模只是建模, 也许它们看上去像, 但终究是不一样的.

定理 2.5.8 Brown **运动的几乎所有样本轨道是无处可导的.**

证明. 只需证明 Brown 运动在 $[0,1]$ 区间上无处可导就足够了. 一个 $[0,1]$ 上的连续函数 $y=f(t)$ 在某点 t_0 可导是指极限

$$\lim_{h\to 0}\frac{f(t_0+h)-f(t_0)}{h}$$

存在, 如果是这样的话, 那么一定存在 $c>0$ 与 $\delta>0$, 使得当 $|h|<\delta$ 时有

$$|f(t_0+h)-f(t_0)|\leqslant c|h|.$$

因此, 当 n 充分大时, 区间 $(t_0-\delta,t_0+\delta)$ 内可以有至少 4 个形如 j/n 的点, 也就是说, 存在 $1\leqslant j\leqslant n-3$ 使得

$$\frac{j}{n},\frac{j+1}{n},\frac{j+2}{n},\frac{j+3}{n}\in(t_0-\delta,t_0+\delta)\text{ 且 }\frac{j+1}{n}\leqslant t_0<\frac{j+2}{n}.$$

这样, 四个点到 t_0 的距离都不超过 $2/n$. 因此, 对 $i=j,j+1,j+2$ 有

$$\left|f\left(\frac{i+1}{n}\right)-f\left(\frac{i}{n}\right)\right|\leqslant\left|f\left(\frac{i+1}{n}\right)-f(t_0)\right|+\left|f(t_0)-f\left(\frac{i}{n}\right)\right|\leqslant\frac{4c}{n}.$$

用 D 表示函数 $t \mapsto B_t(\omega)$ 在某个 $t \in [0,1]$ 处可导的 $\omega \in \Omega$ 的全体, 那么

$$D \subset \bigcup_{c=1}^{\infty} \bigcup_{l=1}^{\infty} \bigcap_{n \geqslant l} \bigcup_{j=1}^{n-3} \bigcap_{i=j}^{j+2} \left\{ \left| B\left(\frac{i+1}{n}\right) - B\left(\frac{i}{n}\right) \right| \leqslant \frac{c}{n} \right\}.$$

令

$$D_n = \bigcup_{j=1}^{n-3} \bigcap_{i=j}^{j+2} \left\{ \left| B\left(\frac{i+1}{n}\right) - B\left(\frac{i}{n}\right) \right| \leqslant \frac{c}{n} \right\},$$

由 Brown 运动的性质得

$$\begin{aligned} \mathbb{P}(D_n) &\leqslant n \left(\mathbb{P}\left\{ \left| B\left(\frac{1}{n}\right) \right| \leqslant \frac{c}{n} \right\} \right)^3 = n \left(\mathbb{P}\left\{ |B(1)| \leqslant \frac{c}{\sqrt{n}} \right\} \right)^3 \\ &= n \left(\frac{2}{\sqrt{2\pi}} \int_0^{\frac{2c}{\sqrt{n}}} \mathrm{e}^{-\frac{x^2}{2}} dx \right)^3 < n \left(\frac{2c}{\sqrt{n}} \right)^3 \longrightarrow 0. \end{aligned}$$

这里可以看到在区间 $(t_0 - \delta, t_0 + \delta)$ 内找 4 个点的原因是让这个极限为零. 最后, 由 Fatou 引理, $\mathbb{P}(D) \leqslant \sum_{c=1}^{\infty} \mathbb{P}(\underline{\lim}_n D_n) \leqslant \sum_{c\geqslant 1} \underline{\lim}_n \mathbb{P}(D_n) = 0$. 这说明几乎所有样本轨道无处可导. □

本讲义写到这里, 大概已经完成一半, 学习数学如同悟道, 需要自己悟, 但作者还是忍不住想对随机过程谈一点自己的体会, 希望对读者悟道有帮助, 当然读者也完全可以略过不看, 因为作者过度的主观解释可能会画蛇添足, 甚至画虎类犬.

在我们学习数学分析的时候, 直线上所有的点是平等的, 大家都是一个点而已. 积分中隐含地使用 Lebesgue 测度, 在该测度下, 点依然是平等的. 但是, 当直线上有了概率测度, 就相当于给这些点 ‘加权’, 有些点变得重要了, 有些点变得无足轻重, 也有些点似乎完全消失了. 这也就是分布的意义.

随机过程也是一样. 随机过程的轨道是一个函数, 或者说每一个函数都可以认为是随机过程的一个样本轨道, 在学数学分析时, 它们也是平等的. 但是, 概率论是通过概率来描述样本轨道性质, 或者是给样本轨道 “加权”. 确切地说, 由所有的轨道组成的空间, 即轨道空间是一个客观存在, 一个随机过程就是这个空间上的一个概率测度. 旁观者通过不同的概率测度看到不同性质的轨道, 如同一个特制过滤镜, 尽管观察同样的空间, 却让人只能看到特定的物质.

我们说 Brown 运动的轨道是连续的, 意思是说从 Brown 运动的这个滤镜去看, 几乎所有样本轨道是连续的, 即不连续的样本轨道全体的概率测度是零; 说 Brown 运动轨道连续但点点不可导, 也是指有可导点的样本轨道全体的概率测度是零. 也

就是说, 通过 Brown 运动这个概率测度来看样本轨道空间, 几乎看不到那些不连续的样本轨道, 也看不到有任何光滑点的样本轨道. 换成 Poisson 过程这个概率测度来看同样的样本轨道空间, 看到的几乎都是高度为 1 的阶梯函数. 当然也有理由相信, 有其他的随机过程或者说概率测度存在, 使我们看到不一样性质的样本轨道.

应该指出的是, 虽然随机过程是随机变量的集合, 但是随机过程主要关心的不是随机变量, 而是上面这样的样本轨道性质. 日本著名数学家, 随机分析 (下一章主要内容) 的奠基人 K.Itô (伊藤清) 说: "在随机过程论创立的初期, 虽针对某些时点的值进行过联合分布的研究, 但很快研究重点就转移到随机过程的样本轨道的性质上了. 样本轨道可以说是随机过程的本质." 例如上面我们关心可导点存在的样本轨道集合, 关心全变差有限的样本轨道集合, 等等, 后面第四章讨论 Brown 运动时还有很多这样的例子. 它们的概率本质上是由 Brown 运动的有限维分布计算并决定的, 但从上面的例子可以看出仅仅用有限维分布是远远不够的, 还需要很多其他思想.

习　题

1. 设 $r < s < t$. 求 $\mathbb{E}^0(B_s|B_r, B_t)$.

2. (平移不变性) 设 $B = (\Omega, \mathscr{F}, \{\mathbb{P}^x : x \in \mathbf{R}^d\}, (B_t)_{t\in\mathsf{T}})$ 是轨道空间上的 d-维 Brown 运动. 对 $x \in \mathbf{R}^d$, 满足 $B_t(\gamma_x\omega) = B_t(\omega) + x$, $t \in \mathsf{T}, \omega \in \Omega$ 的映射 $\gamma_x : \Omega \to \Omega$ 称为平移算子. 证明:

   (a) 平移算子存在;

   (b) $\mathbb{P}\circ\gamma_x^{-1} = \mathbb{P}^x$.

3. (旋转不变性) 设 $B = (\Omega, \mathscr{F}, \{\mathbb{P}^x : x \in \mathbf{R}^d\}, (B_t)_{t\in\mathsf{T}})$ 是轨道空间上的 d-维 Brown 运动, O 是 $\mathbf{R}^d$ 上的正交变换. 定义 Ω 到自身的映射, 仍然用 O 表示:

$$(O\omega)(t) := O(\omega(t)),\ t \in \mathsf{T}, \omega \in \Omega.$$

   证明: O 是可测的且 $\mathbb{P}^x\circ O^{-1} = \mathbb{P}^{Ox}$, $x \in \mathbf{R}^d$. 因此 $\mathbb{P}^0$ 是正交变换下不变的.

4. 对 $r > 0$, 令 $T_r := \inf\{t : |B_t - B_0| \geqslant r\}$. 对 $x \in \mathbf{R}^d$, 证明:

   (a) $\mathbb{P}^x(T_r < \infty) = 1$;

   (b) 分布 $\mathbb{P}^x(B_{T_r} \in \cdot)$ 是球面 $\{y : |y - x| = r\}$ 上的均匀分布.

5. 证明定理 2.5.3 和推论 2.5.4.

6. (*) 一个 $\mathscr{F}$ 的子 σ-代数称为有 0-1 律, 如果它仅含有概率为 0 或 1 的集合. 设 $B=(\Omega,\mathscr{F},\{\mathbb{P}^x : x\in\mathbf{R}^d\},(B_t)_{t\in\mathsf{T}})$ 是 d-维 Brown 运动. 证明:

$$\bigcap_{t>0}\sigma(\{B_s : s\geqslant t\})$$

有 0-1 律. 问 $\bigcap_{t>0}\sigma(\{B_s : s\leqslant t\})$ 是否有 0-1 律?

7. 设 $B=(B_t)_{t\in\mathsf{T}}$ 是 1-维 Brown 运动. 证明:

$$\mathbb{P}(\sup_{t>0}B_t=+\infty,\ \inf_{t>0}B_t=-\infty)=1.$$

8. 设 $B=(B_t)_{t\in\mathsf{T}}$ 是 1-维 Brown 运动. 证明: 存在 $t_n\downarrow 0$, 使得

$$\mathbb{P}(\bigcap_n\bigcup_{k\geqslant n}\{B_{t_k}>0\},\ \bigcap_n\bigcup_{k\geqslant n}\{B_{t_k}<0\})=1.$$

9. 证明: 对 $x>0$ 有

$$\int_x^\infty \mathrm{e}^{-\frac{z^2}{2}}dz\leqslant\frac{1}{x}\mathrm{e}^{-\frac{x^2}{2}},$$

且当 $x\to\infty$ 时, 两者是等价无穷小.

10. (重对数律) 设 $B=(B_t)_{t\in\mathsf{T}}$ 是 1-维 Brown 运动. 证明:

$$\mathbb{P}\left[\varlimsup_{t\to 0}\frac{B_t}{\sqrt{2t\ln\ln\frac{1}{t}}}=1\right]=1;$$

$$\mathbb{P}\left[\varlimsup_{t\to\infty}\frac{B_t}{\sqrt{2t\ln\ln t}}=1\right]=1.$$

11. 设 B 是 d-维标准 Brown 运动. 证明: 对任何 $x\in\mathbf{R}^d$, $\|x\|=1$, 过程 $(\langle x,B_t\rangle : t\geqslant 0)$ 是 1- 维标准 Brown 运动.

12. 设 $B=(B(t) : t\in\mathsf{T})$ 是 1- 维标准 Brown 运动, 令

$$X_t:=\mathrm{e}^{-t}B(\mathrm{e}^{2t}),\ t\in\mathbf{R}.$$

证明: $X=(X_t)$ 是具有马氏性的平稳的中心化 Gauss 过程并求出其协方差函数. 过程 X 称为 Ornstein-Ulenbeck 过程. 注意平稳过程与平稳增量过程的不同.

13. 设 $\mathbb{P}$ 是 $(\mathbf{R}^{\mathsf{T}}, \mathscr{B}^{\mathsf{T}})$ 上的概率测度, 其有限维分布与 Brown 运动的一致. C 是 $\mathbf{R}^{\mathsf{T}}$ 中的连续映射全体. 证明:

    (a) $\mathbb{P}$ 是标准 Brown 运动在轨道空间上的像测度;

    (b) $\mathbb{P}_*(C) = 0$, $\mathbb{P}^*(C) = 1$, 其中 $\mathbb{P}_*$ 与 $\mathbb{P}^*$ 分别是由 $\mathbb{P}$ 诱导的内测度与外测度.

14. (Kolmogorov) 如果存在正常数 α, β, C 使得实值过程 X 满足对任何 $t, h > 0$,

$$\mathbb{E}|X_{t+h} - X_t|^{\alpha} \leqslant C \cdot h^{1+\beta}.$$

    证明: X 有连续修正.

15. 设 (B_t) 是标准 Brown 运动, 计算

    (a) $\mathbb{E}\left[\int_0^t B_s ds | B_t\right]$;

    (b) $\mathbb{E}\left[\exp\left(\int_0^t B_s ds\right)\right]$.

16. 设 $(W, \mathscr{B}(W))$ 是由 $[0,1]$ 上的连续函数全体及其柱集生成的 σ-代数, 装备最大值范数. 证明: 由这个拓扑生成的 Borel σ-代数恰是 $\mathscr{B}(W)$. 令 x_n 是支撑在 $[0, 1/n]$ 上但积分 $\int_0^1 x_n(t)dt$ 趋于无穷的连续函数列. 定义 W 上的平移算子

$$T_n x := x + x_n, \ x \in W,$$

    W 上的任意给定概率测度 μ, 记 $\mu_n = \mu \circ T_n^{-1}$. 证明: μ_n 的任意有限维分布弱收敛于 μ 的对应有限维分布, 但是 μ_n 不弱收敛于 μ, 注意弱收敛是指对 W 上任意有界连续函数 f 有 $\mu_n(f) \to \mu(f)$.

    提示: 考虑函数

$$f(x) = \exp\left(-\left|\int_0^1 x(t)dt\right|\right), \ x \in W.$$

17. 设 $B = (B_t)$ 是概率 $\mathbb{P}$ 之下的标准 Brown 运动, 对 $x \in \mathbf{R}$, 问 $(|B_t + x|)$ 是否具有马氏性?

第三章 随机分析基础

鞅起源于赌博游戏, 现在鞅是现代随机分析中的重要工具之一, 其主要贡献者是 J.L. Doob. 本章的前几节将着重讨论鞅的正则化定理, Doob 的鞅不等式及鞅的基本性质. 在这一章的其后几节中, 我们将介绍 Itô 的关于连续鞅的随机积分理论. 前面在 §2.5 中, 我们证明了 Brown 运动的几乎所有轨道在任何区间上都不是有界变差的, 因此不可能按轨道以 Stieltjes 积分的方式来定义关于 Brown 运动的积分, 即通常的以测度为起点的积分理论对 Brown 运动是不合适的, 而随机积分实际上只是两个线性度量空间之间的具有类似于通常积分性质的保距线性映射, 我们还将介绍 Itô 公式以及它的一些重要应用.

在本章中, 我们基本上考虑的是实值随机过程. 随机过程看成 $\mathsf{T}\times\Omega$ 上的函数是可以运算的, 例如 $X=(X_t:t\in\mathsf{T})$ 与 $Y=(Y_t:t\in\mathsf{T})$ 的和是 $X+Y=(X_t+Y_t:t\in\mathsf{T})$. 如同常数 c 看成一个常数值的函数 c, 一个随机变量 ξ 也看成恒等于 ξ 的随机过程 ξ.

3.1 离散时间鞅论

在本节中, 我们将着重介绍鞅的定义及一些常用的例子. 简单地说, 鞅就是公平原则. 在生活中有许多无法预见结果的事件, 如比赛, 掷骰子, 下一个看见的汽车车牌号是单号还是双号等. 人们可以在任何这样的事件上进行下注赌博, 只要进行赌博的各方认为规则是公正的. 公正的基本思想是: 风险与可能的获利成正比. 比如买彩票, 中奖的概率极微, 但一旦中奖, 奖额极大, 人们在这里买的是运气, 而不是概率. 又如将钱存入银行, 当然一般不会血本无归, 但一般获利也仅是利息而已. 这就是鞅的基本思想.

3.1.1 鞅与鞅基本定理

给定带流的概率空间 $(\Omega, \mathscr{F}, \mathscr{F}_n, \mathbb{P})$ 和一个 $(\mathscr{F}_n)$-适应的随机过程 $X = (X_n)$. 这时也说 $(\mathscr{F}_n)$ 是 X 的适应流. 随机过程 $X = (X_n)$ 的自然 (信息) 流记为 $(\mathscr{F}_n^0)$. 这些概念的准确定义参考定义 2.2.3. 流这个概念对于理解随机分析特别重要, 在后面连续时间的情况下将进一步阐述.

定义 3.1.1 **称实值过程 $X = (X_n)$ 是一个 $(\mathscr{F}_n)$-鞅 (对应地, 下鞅, 上鞅), 如果**

(1) X **适应且可积;**

(2) **对任何 n, 有 $\mathbb{E}[X_n|\mathscr{F}_{n-1}] =$ (对应地, $\geqslant, \leqslant$) X_{n-1}.**

这些概念是相对于流而言的. 如果预先未指定一个流, 一个鞅是指关于此过程的自然流的鞅.

鞅与流有关, 关于大的适应流是鞅蕴含关于小的适应流也是鞅. 所以一个鞅关于其自然流总是鞅. 因为 X 是上鞅当且仅当 $-X$ 是下鞅, 故我们在此仅需研究鞅与下鞅. 直观地, 对于一个鞅来说, 以到现在为止的信息来预期将来某时刻的输赢是不可能的, 或者说, 至多能知道将来的输赢关于现在的条件期望是零. 由定义, 立刻得到下列简单性质:

(1) 鞅的全体是线性空间.

(2) 鞅的期望 $\mathbb{E}X_n$ 关于 n 不变. 下鞅的期望 $\mathbb{E}X_n$ 关于 n 递增.

(3) 由 Jensen 不等式, 如果 X 是鞅, ϕ 是凸函数, 那么若 $\phi(X)$ 可积, 则是下鞅. 因此 $|X|$, X^2 (若 X 平方可积) 是下鞅. 另外, 如果 X 是下鞅, ϕ 是下凸递增函数, 那么 $\phi(X)$ 也是下鞅. 因此 X^+ 是下鞅.

例 3.1.1 设 $\{\xi_n : n \geqslant 1\}$ 是一个 Bernoulli 随机序列. 令

$$X_0 = 0,\ X_n := \sum_{i=1}^{n} \xi_i,\ n \geqslant 1,$$

且 $\{\mathscr{F}_n\}$ 是 X 的自然流, 则对于 $n \geqslant 1$,

$$\begin{aligned}\mathbb{E}[X_{n+1}|\mathscr{F}_n] &= \mathbb{E}[X_{n+1} - X_n|\mathscr{F}_n] + X_n \\ &= \mathbb{E}\xi_{n+1} + X_n = X_n + (p-q),\end{aligned}$$

因此当 $p=q$ 时, X 就是 $\mathbf{Z}$ 上的简单随机游动, 是个鞅; 当 $p \geqslant q$ 时, X 是下鞅; 当 $p \leqslant q$ 时, X 是上鞅. 可以看出鞅对应于一个对双方公平的博弈对局, 而下鞅与上鞅分别对应于一个对己有利与对他有利的博弈对局 (按此结论, 也许把上鞅与下鞅的名称对换一下更适合实际的意义). ∎

鞅论是从 Doob 的基本定理开始的, 设 $(\Omega, \mathscr{F}, \mathbb{P})$ 是概率空间, $(\mathscr{F}_n : n \geqslant 0)$ 是流. 一个随机序列 $\{H_n : n \geqslant 1\}$ 称为可预料的, 如果对任何 $n \geqslant 1$, H_n 是关于 $\mathscr{F}_{n-1}$ 可测的. 设 X 是适应过程, H_n 是可预料过程, 递归地定义一个初始值为 Y_0 的随机过程 $Y=(Y_n)$,

$$Y_n - Y_{n-1} = H_n(X_n - X_{n-1}),\ n \geqslant 1,$$

称为过程 H 关于 X 的随机积分, 它是一般随机积分的离散形式 (为了在符号上区别乘积与随机积分, 除非必需, 我们写乘积时一般不用点).

例 3.1.2 随机积分有非常直观的解释. 考虑市场上有一个价格为 $S=(S_n : n \geqslant 0)$ 的风险资产和利率为 r 的债券与一个持有初始资产 X_0 的投资人的财富过程. 一个投资策略是指在时刻 $n-1$ 决定第 n 时段持有 H_n 份风险资产, 剩下的资金购买债券, 即 $n-1$ 时刻的资产总额为

$$X_{n-1} = H_n S_{n-1} + (X_{n-1} - H_n S_{n-1}),$$

那么其投资组合在时刻 n 的价值为

$$X_n = H_n S_n + (1+r)(X_{n-1} - H_n S_{n-1}).$$

由此推出

$$X_n - (1+r)X_{n-1} = H_n(S_n - (1+r)S_{n-1}),$$

两边同乘以 $(1+r)^{-n}$ 得

$$(1+r)^{-n}X_n - (1+r)^{-(n-1)}X_{n-1} = H_n[(1+r)^{-n}S_n - (1+r)^{-(n-1)}S_{n-1}],$$

也就是说, 折现后的财富过程 $\{(1+r)^{-n}X_n\}$ 是投资策略 $\{H_n\}$ 关于折现后的资产价格过程 $\{(1+r)^{-n}S_n\}$ 的随机积分. ∎

用 $H \bullet X$ 表示 H 关于 X 的随机积分. 下面这个定理称为 Doob 的鞅基本定理, 它是整个随机分析的第一块基石, 重要性无与伦比.

定理 3.1.2 (Doob) **设 X 是一个适应过程, H 是可预料过程使得 $H\bullet X$ 是可积的. 如果 X 是鞅, 那么过程 $H\bullet X$ 是鞅. 如果 X 是下鞅且 H 非负, 那么 $H\bullet X$ 是下鞅.**

证明. 显然 $H\bullet X$ 是适应的, 且对 $n \geqslant 1$, 因为 H_n 是 $\mathscr{F}_{n-1}$ 可测的, 所以

$$\mathbb{E}[(H\bullet X)_n - (H\bullet X)_{n-1}|\mathscr{F}_{n-1}] = H_n\mathbb{E}[X_n - X_{n-1}|\mathscr{F}_{n-1}].$$

由此, 定理的两个结论是显然的. □

称 H 是局部有界的, 如果对任何 n, H_n 是有界的. 不难证明, 如果 X 可积, 且 H 局部有界, 那么 $H\bullet X$ 是可积的. Doob 的鞅基本定理有直观的解释, 定理上面的例子已经告诉我们随机积分的直观意义, 这个定理是说如果折现后的资产价格过程是一个鞅, 那么任何投资策略所得到的财富过程还是鞅, 不会更好也不会更坏.

回忆停时的概念, 停时是一个随机的时间 (可以取 ∞) τ, 满足对任何 n 有 $\{\tau \leqslant n\} \in \mathscr{F}_n$. 这样的停时也称为 $(\mathscr{F}_n)$-停时. 如果把随机时间理解为某件事情发生的时间, 那么停时的意思就是这件事情是否在 n 时刻前发生可以由 n 时刻前的信息来判断. 固定时间 n 是停时, 典型的 (随机) 停时是首中时, 设 $X = (X_n)$ 是关于流 $(\mathscr{F}_n)$-适应的随机序列, 定义

$$\tau(\omega) := \inf\{n : X_n(\omega) \in A\},$$

(通常在没有这样的 n 存在时, 定义 $\tau(\omega) := \infty$) 称为是集合 $A \subset \mathbf{R}$ 的首中时. 当 A 是 Borel 集时, 有

$$\{\tau \leqslant n\} = \bigcup_{k\leqslant n}\{X_k \in A\} \in \mathscr{F}_n,$$

所以 τ 是停时. 停时的引入对于随机过程研究的意义是非同寻常的, 本来随机过程或者概率论还离不开测度的框架, 但停时的引入使得随机过程有了自己专注的问题. 举两个非停时的例子.

例 3.1.3 X 如上, 对 $A \subset E$, $\omega \in \Omega$, 定义

$$\lambda_A(\omega) := \sup\{n > 0 : X_n(\omega) \in A\}.$$

λ_A 是轨道最后一次在 A 中的时间, 称为 A 的末离时. 一般地 λ_A 不是停时, 因为轨道在 n 时刻后不再进入 A 这样的事件不能仅用轨道在 n 时刻前的信息来判断.

另外一个时间在股市上经常会遇到, 比如人们期望在股票价格最低时买入在最高时抛出. 让 $N>0$ 固定,

$$\tau=\inf\{n\leqslant N: X_n=\max_{0\leqslant k\leqslant N}X_k\},$$

这个时间不是停时, 因为在任何时候都无法判断前面的某个时刻随机过程是否达到了整个时间段的最大值. 差别是如果你计划在股票价格达到某个高度时抛出, 那么这个计划是可行的; 如果你计划在股票达到最高点时抛出, 那么这个计划是不可行的. 这就是停时与非停时的重要区别. ∎

设 τ 是停时, 定义停止过程 X^τ 为 $X_n^\tau:=X_{\tau\wedge n}$, $n\geqslant 0$. 容易验证

$$X_{\tau\wedge n}-X_{\tau\wedge(n-1)}=1_{\{\tau\geqslant n\}}(X_n-X_{n-1}),\tag{3.1.1}$$

其中的 $H_n:=1_{\{\tau\geqslant n\}}=1-1_{\{\tau\leqslant n-1\}}$ 是关于 $\mathscr{F}_{n-1}$ 可测的且有界的. 因此下面的结论是上面定理的特例.

推论 3.1.3 **设 X 是鞅 (下鞅), τ 是停时, 则 τ 停止过程 X^τ 也是鞅 (下鞅).**

当 X 是鞅且 τ 是有界停时时, 显然有 $\mathbb{E}X_\tau=\mathbb{E}X_0$, 这个结论常称为 Doob 停止定理, 是著名的 Wald 等式 (参见引理 2.3.20) 的推广. 下面是一个更强的结论, 把它写成定理以便引用, 其实也是鞅基本定理的推论.

定理 3.1.4 **若 X 是下鞅, 则对任何有界停时 σ,τ 且 $\sigma\leqslant\tau$, 有 $\mathbb{E}X_\sigma\leqslant\mathbb{E}X_\tau$.**

证明. 显然 X_σ 和 X_τ 都是可积的, 由 (3.1.1) 推出

$$X_{\tau\wedge n}-X_{\sigma\wedge n}-(X_{\tau\wedge(n-1)}-X_{\sigma\wedge(n-1)})=1_{\{\tau\geqslant n>\sigma\}}\cdot(X_n-X_{n-1}),$$

由 Doob 定理, $X_{\tau\wedge n}-X_{\sigma\wedge n}$, $n\geqslant 0$ 是下鞅, 取 n 充分大, 得 $\mathbb{E}X_\sigma\leqslant\mathbb{E}X_\tau$. □

下例是 Doob 停止定理的一个经典的应用.

例 3.1.4 设 $\{\xi_n\}$ 是一个 Bernoulli 随机序列, $\mathbb{P}(\xi_n=1)=p$, $\mathbb{P}(\xi_n=-1)=q$. 令

$$X_n:=X_0+\sum_{k=1}^n\xi_k.$$

如果 $X_0=x$, 我们说 (X_n) 是从 x 出发的随机游动. 现在我们让 (X_n) 是从 0 点出发的随机游动. 让 $x>0$, τ_x 是 x 的首中时, 那么第一个问题是 $\mathbb{P}(\tau_x<\infty)$ 等于 1

吗? 当 $p>q$ 时, 用强大数定律就可以证明 $\mathbb{P}(\tau_x<\infty)=1$. 相反的情形不是那么容易. 让我们构造一个有用的鞅, 因为

$$\mathbb{E}[z^{\xi_n}]=zp+z^{-1}q,$$

所以

$$Y_n:=(zp+z^{-1}q)^{-n}z^{X_n}$$

是一个鞅 (称为指数鞅). 由 Doob 停止定理,

$$\mathbb{E}\left[(zp+z^{-1}q)^{-n\wedge\tau_x}z^{X_{n\wedge\tau_x}}\right]=\mathbb{E}[Y_0]=1. \tag{3.1.2}$$

因为 $n\wedge\tau_x\leqslant\tau_x$, 故 $X_{n\wedge\tau_x}\leqslant x$. 为了极限与期望交换, 只需设 z 和 $zp+z^{-1}q$ 都大于 1 就可以了. 这时让 n 趋于无穷得

$$\mathbb{E}\left[(zp+z^{-1}q)^{-\tau_x}z^{x};\tau_x<\infty\right]=1, \tag{3.1.3}$$

现在要分两种情况: $p\geqslant q$ 与 $p<q$. 在第一种情况下, $z>1$ 蕴含 $zp+z^{-1}q>1$. 因此我们让 $z\downarrow 1$, 得 $\mathbb{P}(\tau_x<\infty)=1$. 这时我们甚至可以算出 τ_x 的母函数, 由

$$\mathbb{E}\left[(zp+z^{-1}q)^{-\tau_x}\right]=z^{-x},$$

令 $t=(zp+z^{-1}q)^{-1}$, 反解出 z 就可以了. 在第二种情况下, $z>q/p$ 才有 $zp+z^{-1}q>1$, 因此我们让 $z\downarrow q/p$, 这时 $zp+z^{-1}q\downarrow 1$, 推出 $\mathbb{P}(\tau_x<\infty)=(p/q)^x<1$.

现在我们考虑赌徒输光问题. 取整数 $b>a>0$, 令 (X_n) 是从 a 出发的随机游动. 记 τ 为首次到达 $\{0,b\}$ 的时间, τ_0,τ_b 分别是首次到达 0 与 b 的时间. 令 $\tau:=\tau_0\wedge\tau_b$, 由上面的结论知 $\mathbb{P}(\tau<+\infty)=1$.

直观地解释, 如用赢表示赌徒手中的赌资达到 b, 输表示赌徒输光, 那么 τ_0,τ_b 分别是赌徒首次输与赢的时间, τ 是首次输或赢的时间. 设赌徒无论输或赢都将立刻离开, 则 $\{\tau_0<\tau_b\}$ 表示赌徒最终输, 而 $\{\tau_0>\tau_b\}$ 表示赌徒最终赢. 记两者的概率分别为 p_0,p_b. 自然 $p_0+p_b=1$.

当 $p=q=\frac{1}{2}$ 时, X 是鞅. 对任何 $n\geqslant 0$, $0\leqslant X_{\tau\wedge n}\leqslant b$. 由 Doob 停止定理, $\mathbb{E}X_{\tau\wedge n}=\mathbb{E}X_0=a$, 由控制收敛定理推出 $\mathbb{E}X_\tau=a$. 因 $\mathbb{E}X_\tau=0p_0+bp_b$, 故

$$p_0=\frac{b-a}{b},\ p_b=\frac{a}{b}.$$

因此赌资越多, 赢的概率越大. 这时还容易算 τ 的期望. 因为 $\mathbb{E}[X_n^2-X_{n-1}^2|\mathscr{F}_{n-1}]=\mathbb{E}\xi_n^2=1$, 所以 X_n^2-n 是鞅. 由 Doob 停止定理得 $\mathbb{E}[X_{n\wedge\tau}^2]-\mathbb{E}[n\wedge\tau]=a^2$, 让 n 趋于无穷, 得

$$\mathbb{E}[\tau]=\mathbb{E}[X_\tau^2]-a^2=a(b-a).$$

当 $p>q$ 时, 因 $\mathbb{E}[(q/p)^{\xi_n}]=p+q=1$, 故不难验证 $\{(q/p)^{X_n}\}$ 是鞅, 那么 $\mathbb{E}[(q/p)^{X_\tau}]=(q/p)^a$. 同样

$$\mathbb{E}\left[\left(\frac{q}{p}\right)^{X_\tau}\right]=1\cdot p_0+\left(\frac{q}{p}\right)^b p_b.$$

因此

$$p_b=\frac{1-(q/p)^a}{1-(q/p)^b}.$$

经典的方法是用全概率公式列出差分方程. 怎么计算 τ 的母函数呢? 还是要用指数鞅 (Y_n),

$$\mathbb{E}\left[(zp+z^{-1}q)^{-n\wedge\tau}z^{X_{n\wedge\tau}}\right]=\mathbb{E}[Y_0]=z^a. \tag{3.1.4}$$

这时因为 $X_{n\wedge\tau}$ 是有界的, 故只要 $zp+z^{-1}q>1$ 就可以应用有界收敛定理, 让 n 趋于无穷得

$$\mathbb{E}\left[(zp+z^{-1}q)^{-\tau}z^{X_\tau}\right]=z^a.$$

推出

$$\mathbb{E}[(zp+z^{-1}q)^{-\tau};\tau_0<\tau_b]+z^b\mathbb{E}[(zp+z^{-1}q)^{-\tau};\tau_0>\tau_b]=z^a. \tag{3.1.5}$$

怎么从其中解出 τ 的母函数 $\mathbb{E}[t^\tau]$ $(t\in(0,1))$? 令 $zp+z^{-1}q=t^{-1}$, 得到两个解 $z_1>1>z_2>0$, 满足

$$\mathbb{E}[t^\tau;\tau_0<\tau_b]+z_i^b\mathbb{E}[t^\tau;\tau_0>\tau_b]=z_i^a,\ i=1,2.$$

解线性方程得

$$\mathbb{E}[t^\tau]=\frac{z_1^a(z_2^b-1)-z_2^a(z_1^b-1)}{z_2^b-z_1^b}.$$

注意到 $z_1z_2=q$, $z_1+z_2=t^{-1}$. ∎

3.1.2 鞅不等式与收敛定理

下面我们将证明 Doob 的两个基本不等式, 极大不等式和上穿不等式. 它们也是 Doob 鞅基本定理的应用.

引理 3.1.5 设 X 是下鞅, 那么对任何 $\lambda > 0$ 及正整数 N, 有

$$\lambda\mathbb{P}(\max_{0\leqslant n\leqslant N} X_n \geqslant \lambda) \leqslant \mathbb{E}[X_N; \max_{0\leqslant n\leqslant N} X_n \geqslant \lambda]. \tag{3.1.6}$$

证明. 令 $\tau := \min\{0 \leqslant n \leqslant N : X_n \geqslant \lambda\}$, 则 τ 是一个停时且 $\tau \leqslant N$, 故

$$\begin{aligned}\mathbb{E}X_N &\geqslant \mathbb{E}X_\tau \\ &= \mathbb{E}[X_\tau; \max_{0\leqslant n\leqslant N} X_n \geqslant \lambda] + \mathbb{E}[X_\tau; \max_{0\leqslant n\leqslant N} X_n < \lambda] \\ &\geqslant \lambda\mathbb{P}(\max_{0\leqslant n\leqslant N} X_n \geqslant \lambda) + \mathbb{E}[X_N; \max_{0\leqslant n\leqslant N} X_n < \lambda],\end{aligned}$$

把右边第二项移到最左边, 就推出我们想要的不等式. □

定理 3.1.6 (Doob) 设 X 是一个非负下鞅.

(1) 对任何 $\lambda > 0$ 及正整数 N,

$$\lambda\mathbb{P}(\max_{0\leqslant n\leqslant N} X_n \geqslant \lambda) \leqslant \mathbb{E}X_N;$$

(2) 对任何 $p > 1$ 及正整数 N,

$$\mathbb{E}[\max_{0\leqslant n\leqslant N} X_n^p] \leqslant \left(\frac{p}{p-1}\right)^p \mathbb{E}[X_N^p].$$

证明. (1) 是引理 3.1.5 的直接推论. (2) 令 $\xi := X_N$, $\eta := \max_{n\leqslant N} X_n$, $q := \dfrac{p}{p-1}$, 则由引理 3.1.5 得

$$t\mathbb{P}(\eta \geqslant t) \leqslant \mathbb{E}[\xi; \{\eta \geqslant t\}],$$

再结合 Fubini 定理和 Hölder 不等式

$$\begin{aligned}\mathbb{E}[\eta^p] = \mathbb{E}\int_0^\eta pt^{p-1}dt &= \int_0^\infty pt^{p-1}\mathbb{P}(\eta \geqslant t)dt \\ \leqslant \int_0^\infty pt^{p-2}\mathbb{E}[\xi; \{\eta \geqslant t\}]dt\end{aligned}$$

$$
\begin{aligned}
&\leqslant p\mathbb{E}\left[\xi\int_0^\eta t^{p-2}dt\right]=\frac{p}{p-1}\mathbb{E}[\xi\eta^{p-1}]\\
&\leqslant q(\mathbb{E}[\xi^p])^{\frac{1}{p}}(\mathbb{E}[\eta^{(p-1)q}])^{\frac{1}{q}}\\
&=q(\mathbb{E}[\xi^p])^{\frac{1}{p}}(\mathbb{E}[\eta^p])^{\frac{1}{q}}.
\end{aligned}
$$

两边同除以 $(\mathbb{E}[\eta^p])^{\frac{1}{q}}$ 即得. □

当 X 是平方可积鞅时, $\{X_n^2\}$ 是非负下鞅, 因此对任何 $\lambda>0$ 及正整数 N,

$$
\mathbb{P}(\max_{0\leqslant n\leqslant N}|X_n|\geqslant\lambda)\leqslant\frac{1}{\lambda^2}\mathbb{E}X_N^2.
$$

这个不等式推广了在独立随机序列场合著名的 Kolmogorov 不等式, 参见定理 1.4.9. 再因为 $\{|X_n|\}$ 是非负下鞅, 用于第二个不等式 $p=2$ 的情况, 得

$$
\mathbb{E}[\max_{0\leqslant n\leqslant N}X_n^2]\leqslant 4\mathbb{E}X_N^2.
$$

这个不等式可以推出上面的不等式 (差个常数).

下面我们讨论上穿不等式. 设 X 是实值适应随机序列, 对 $-\infty<a<b<\infty$, 定义

$$
\begin{aligned}
\tau_0&=0;\\
\tau_1&:=\inf\{n>0:X_n\leqslant a\};\\
\tau_2&:=\inf\{n>\tau_1:X_n\geqslant b\};\\
&\cdots\ \cdots\\
\tau_{2k+1}&:=\inf\{n>\tau_{2k}:X_n\leqslant a\};\\
\tau_{2k+2}&:=\inf\{n>\tau_{2k+1}:X_n\geqslant b\};\\
&\cdots\ \cdots
\end{aligned}
$$

(约定 $\inf\varnothing=+\infty$) 则 $\{\tau_n:n\geqslant 1\}$ 是一个严格单调上升的停时序列. 对 $N\geqslant 1$, 令

$$
U_N^X[a,b]:=\max\{k:\tau_{2k}\leqslant N\},
$$

随机变量 $U_N^X[a,b]$ 记录了随机序列 X 在时刻 0 与 N 之间从 a 下跳至 b 上的上穿次数. 如下图中, 完整的上穿是 3 个.

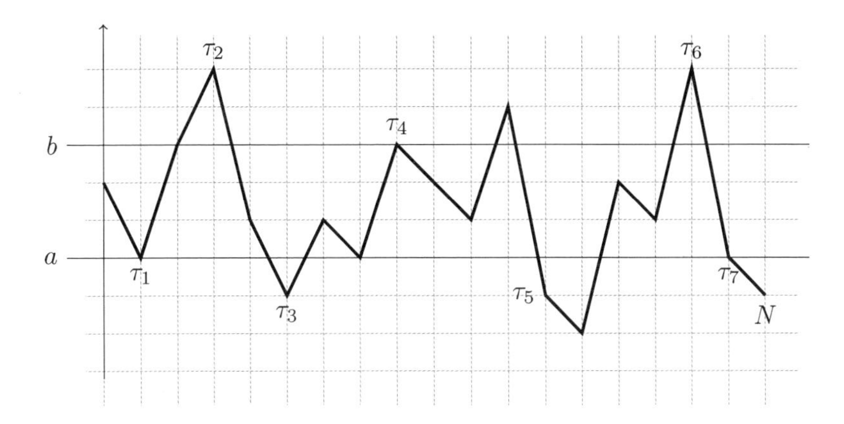

下面是著名的 Doob 上穿不等式.

定理 3.1.7 (Doob) **设 X 是一个下鞅, 则对任何正整数 N, 常数 $a<b$,**

$$\mathbb{E}\left[U_N^X[a,b]\right] \leqslant \frac{\mathbb{E}\left[(X_N-a)^+\right]-\mathbb{E}\left[(X_0-a)^+\right]}{b-a}.$$

证明. 令 $Y_n := (X_n-a)^+$, 显然 $Y=(Y_n)$ 也是一个下鞅. 让 $\tau_1,\tau_2,\cdots$ 是将 $0, b-a, Y$ 分别取代 a,b,X 后如上定义的停时列, 自然 $U_N^X[a,b]=U_N^Y[0,b-a]$ 且由 Y 的定义推出

$$Y_{\tau_{2k}\wedge N}-Y_{\tau_{2k-1}\wedge N}\begin{cases}\geqslant 0, & \text{对任何 } k\geqslant 1,\\ \geqslant b-a, & \tau_{2k}\leqslant N.\end{cases}$$

现在, 因为 τ_n 严格递增, 故

$$\begin{aligned}Y_N-Y_0&=\sum_{n\geqslant 1}(Y_{\tau_n\wedge N}-Y_{\tau_{n-1}\wedge N})\\&=\sum_{k\geqslant 1}(Y_{\tau_{2k}\wedge N}-Y_{\tau_{2k-1}\wedge N})+\sum_{k\geqslant 1}(Y_{\tau_{2k-1}\wedge N}-Y_{\tau_{2k-2}\wedge N})\\&\geqslant (b-a)U_N^Y[0,b-a]+\sum_{k\geqslant 1}(Y_{\tau_{2k-1}\wedge N}-Y_{\tau_{2k-2}\wedge N}).\end{aligned}$$

该不等式对所有样本轨道成立, 或者说逐点成立, 成立的本质原因为 Y 是非负的, 与概率测度无关.

上面最后一行中的和按轨道看可正可负, 但其期望是非负的. 事实上, 因为 Y 是下鞅, 故由定理 3.1.4 得

$$\mathbb{E}Y_N-\mathbb{E}Y_0\geqslant (b-a)\mathbb{E}U_N^X[a,b]+\sum_{k\geqslant 1}(\mathbb{E}Y_{\tau_{2k-1}\wedge N}-\mathbb{E}Y_{\tau_{2k-2}\wedge N})$$

$$\geqslant (b-a)\mathbb{E}U_N^X[a,b].$$

完成证明. □

细心的读者可以看出, 证明中从 Y 到 X 的过渡是个不平凡的想法, 或者说对 X 直接按上面的方法证明是行不通的. Doob 上穿不等式是证明所有的鞅或下鞅收敛定理的基本工具.

定理 3.1.8 **设** $\{X_n\}$ **是下鞅且** $\sup_n \mathbb{E}|X_n| < \infty$, **则** $X_n \to X$ a.s., **其中** X **是一个可积随机变量. 另外若** $\{X_n\}$ **是一个一致可积鞅, 则** $X_n \xrightarrow{L^1} X$ **且** $X_n = \mathbb{E}[X|\mathscr{F}_n]$.

证明. 设 X^*, X_* 分别是 $\{X_n\}$ 的上极限与下极限. 显然

$$\{X^* > X_*\} = \bigcup_{a,b\in\mathbb{Q}} \{X_* < a < b < X^*\}.$$

由上穿不等式,

$$\mathbb{E}U_N^X[a,b] \leqslant \frac{1}{b-a}(\mathbb{E}|X_N| + a).$$

因为 $\sup_n \mathbb{E}|X_n| < \infty$, 所以由单调收敛定理推出 $\mathbb{E}\lim_N U_N^X[a,b] < +\infty$. 因此 $\lim_N U_N^X[a,b] < +\infty$ a.s.. 但是

$$\{X_* < a < b < X^*\} \subset \{\lim_N U_N^X[a,b] = +\infty\},$$

故有 $\mathbb{P}(\{X_* < a < b < X^*\}) = 0$, 推出 $X^* = X_*$ a.s.. 极限的可积性由 Fatou 引理得到. 如果 $\{X_n\}$ 是一致可积鞅, 则由定理 1.4.14, $X_n \xrightarrow{L^1} X$ 且 $X_n = \lim_m \mathbb{E}[X_m|\mathscr{F}_n] = \mathbb{E}(X|\mathscr{F}_n)$. □

鞅是有方向的, 因为流向右递增. 定理 3.1.8 中下鞅的收敛形象地说是向右收敛, 但当向左也是无限时, 我们将考虑向左的收敛问题, 下面定理说明这样的收敛要容易得多.

定理 3.1.9 **设** $X = (X_n)_{n\leqslant 0}$ **是关于流** $(\mathscr{F}_n)_{n\leqslant 0}$ **的下鞅 (称为负指标下鞅) 且** $\inf_n \mathbb{E}X_n > -\infty$, **则**

(1) X **是一致可积的;**

(2) **当** $n \to -\infty$ **时,** X_n a.s. **且** L^1 **收敛于一个可积随机变量** $X_{-\infty}$, **且对任何** n,

$$\mathbb{E}[X_n|\mathscr{F}_{-\infty}] \geqslant X_{-\infty},$$

其中 $\mathscr{F}_{-\infty} := \bigcap_{n\geqslant 0} \mathscr{F}_n$.

证明. 设 $n \leqslant 0$, 因 $\mathbb{E}X_n \geqslant \mathbb{E}X_{n-1}$, 故 $\inf_n \mathbb{E}X_n > -\infty$ 蕴含 $x = \lim_{n\to-\infty} \mathbb{E}X_n$ 存在且有限. 对给定的 $\varepsilon > 0$, 取 k 使得 $\mathbb{E}X_k - x < \varepsilon$, 那么当 $n \leqslant k$ 时,

$$\begin{aligned}
\mathbb{E}[|X_n|1_{\{|X_n|>\lambda\}}] &= \mathbb{E}[X_n 1_{\{X_n>\lambda\}}] - \mathbb{E}[X_n 1_{\{X_n<-\lambda\}}] \\
&= \mathbb{E}[X_n 1_{\{X_n>\lambda\}}] + \mathbb{E}[X_n 1_{\{X_n\geqslant-\lambda\}}] - \mathbb{E}X_n \\
&\leqslant \mathbb{E}[X_k 1_{\{X_n>\lambda\}}] + \mathbb{E}[X_k 1_{\{X_n\geqslant-\lambda\}}] - \mathbb{E}X_k + \varepsilon \\
&\leqslant \mathbb{E}[X_k 1_{\{X_n>\lambda\}}] + \mathbb{E}[-X_k 1_{\{X_n<-\lambda\}}] + \varepsilon \\
&\leqslant \mathbb{E}[|X_k|1_{\{|X_n|>\lambda\}}] + \varepsilon.
\end{aligned}$$

另外

$$\begin{aligned}
\mathbb{P}(|X_n| > \lambda) &\leqslant \frac{1}{\lambda}\mathbb{E}|X_n| = \frac{1}{\lambda}\mathbb{E}[2X_n^+ - X_n] \\
&= \frac{1}{\lambda}(2\mathbb{E}X_n^+ - \mathbb{E}X_n) \leqslant \frac{1}{\lambda}(2\mathbb{E}X_0^+ - x),
\end{aligned}$$

当 λ 充分大时, $\mathbb{P}(|X_n| > \lambda)$ 可以一致地小. 由此推出 X 是一致可积的.

(2) 类似于定理 3.1.8 的证明, 可以证明 $\lim_{n\to-\infty} X_n(\omega)$ 几乎处处存在, 记极限为 $X_{-\infty}$. 再由 $\{X_n : n \leqslant 0\}$ 的一致可积性, X_n 也是 L^1 收敛于 $X_{-\infty}$. 另外对 $A \in \mathscr{F}_{-\infty}$ 及 $m < n \leqslant 0$, 有 $\mathbb{E}[X_n; A] \geqslant \mathbb{E}[X_m; A]$, 让 $m \to -\infty$,

$$\mathbb{E}[X_n; A] \geqslant \lim_m \mathbb{E}[X_m, A] = \mathbb{E}[X_{-\infty}; A],$$

因此 $\mathbb{E}[X_n|\mathscr{F}_{-\infty}] \geqslant X_{-\infty}$. □

从证明中看出, 条件 $\inf_{n\leqslant 0} \mathbb{E}X_n > -\infty$ 等价于 $\sup_{n\leqslant 0} \mathbb{E}|X_n| < \infty$. 作为应用, 我们给 Kolmogorov 强大数定律 (定理 1.4.11) 一个非常简单的证明.

证明. (Kolmogorov 强大数定律的鞅证明) 设 $\{\xi_n\}$ 是独立同分布可积的随机序列, 期望等于零. 令

$$X_{-n} := \frac{1}{n}(\xi_1 + \xi_2 + \cdots + \xi_n),$$

与 $\mathscr{F}_{-n} := \sigma(X_{-k} : k \geqslant n)$. 那么容易验证 $(X_{-n}, \mathscr{F}_{-n} : n \geqslant 1)$ 是鞅. 由上面的定理 3.1.9 推出 X_{-n} a.s., 且 L^1 收敛于一个可积随机变量 X. X 显然是关于尾 σ-域可测的, 所以由 Kolmogorov 0-1 律, X 是个常数. 再由 $\mathbb{E}X_{-n} = 0$ 推出 $X = 0$. □

习　题

1. 验证鞅定义下面所列的三个性质.

2. 设 $\{X_n\}$ 是独立平方可积且期望等于零的随机序列, 验证: 随机序列

$$\left\{(\sum_{j=1}^{n} X_j)^2 - \sum_{j=1}^{n} \mathbb{E}[X_j^2] : n \geqslant 1\right\}$$

是鞅.

3. 设 $(Y_n : n \geqslant 1)$ 是一个有限状态 Markov 链, $\mathbf{P}$ 是转移矩阵, $\alpha : E \to \mathbf{R}$ 是 $\mathbf{P}$ 的从属于特征值 λ 的特征向量: $\mathbf{P}\alpha = \lambda\alpha$. 令 $X_n := \lambda^{-n}\alpha(Y_n)$, 证明: $(X_n : n \geqslant 1)$ 是一个鞅.

4. (Wald 鞅) 设 $\{Y_n : n \geqslant 1\}$ 是独立同分布随机序列使得 $\phi(t) := \mathbb{E}[\mathrm{e}^{tY_n}]$ 对某个 $t \neq 0$ 有限. 令

$$X_n := \phi(t)^{-n} \exp[t(Y_1 + \cdots + Y_n)].$$

证明: $\{X_n : n \geqslant 1\}$ 是鞅.

5. 一个袋子中在时刻 0 有一个红球与一个白球. 随机地从袋子中取一个球, 然后将它放回并放入一个相同颜色的球, 无限地重复此过程. 记 X_n 为 n 次后袋中白球数与总球数之比. 证明: $\{X_n\}$ 是鞅.

6. 设 $\{Y_n : n \geqslant 1\}$ 是独立同分布随机序列, f_0, f_1 是两个概率密度函数, $f_0 > 0$. 令

$$X_n := \frac{f_1(Y_1)f_1(Y_2)\cdots f_1(Y_n)}{f_0(Y_1)f_0(Y_2)\cdots f_0(Y_n)}.$$

证明: 如果 f_0 是 Y_n 的密度函数, 那么 (X_n) 是鞅.

7. 设 $\{X_n : n \geqslant 0\}$ 是 $(\mathscr{F}_n)$-适应的可积随机序列, 满足

$$\mathbb{E}[X_{n+1}|\mathscr{F}_n] = \alpha X_n + \beta X_{n-1},\ n \geqslant 1,$$

其中 $\alpha > 0, \beta > 0, \alpha + \beta = 1$. 问 a 为何值时, 序列 $Y_0 := X_0$, $Y_n := aX_n + X_{n-1}$ 是 $(\mathscr{F}_n)$-鞅?

8. 设 Markov 链 $\{X_n : n \geqslant 0\}$ 的状态空间为 $\{0, 1, \cdots, N\}$, 转移概率为

$$p_{ij} = \binom{N}{j} \pi_i^j (1 - \pi_i)^{N-j}, \ 0 \leqslant i, j \leqslant N,$$

其中 $a > 0$, $\pi_i = \dfrac{1 - \mathrm{e}^{-2ai/N}}{1 - \mathrm{e}^{-2a}}$. 验证: $Z_n := \mathrm{e}^{-2aX_n}$ 是鞅.

9. 设 $\{Y_n\}$ 是独立同分布正随机变量序列使得 $\mathbb{E}Y_n = 1$. 记 $X_n := Y_1 Y_2 \cdots Y_n$.

(a) 证明: (X_n) 是鞅且几乎处处收敛于一个随机变量 X.

(b) 设 Y_n 以概率 $\frac{1}{2}$ 分别取值 $\frac{1}{2}$ 与 $\frac{3}{2}$. 验证 $X = 0$ a.s.. 因此

$$\mathbb{E} \prod_{n \geqslant 1} Y_n \neq \prod_{n \geqslant 1} \mathbb{E}Y_n.$$

10. 设 $\{X_n : n \geqslant 1\}$ 是一个均值为零且平方可积的鞅. 验证:

$$\mathbb{E}[(X_{n+k} - X_n)^2] = \sum_{i=1}^{k} \mathbb{E}[(X_{n+i} - X_{n+i-1})^2].$$

证明: 如果 $\sum_n \mathbb{E}[(X_{n+1} - X_n)^2] < \infty$, 那么 X_n 以概率 1 收敛.

11. (Doob 分解) 证明: 下鞅 (X_n) 可唯一分解为 $X_n = Y_n + Z_n$, 其中 (Y_n) 是鞅, (Z_n) 是从零出发的非负可预料的增过程: $0 = Z_1 \leqslant Z_2 \leqslant \cdots$.

12. (Riesz 分解) 证明: 上鞅 (X_n) 可分解为 $X_n = Y_n + Z_n$, 其中 Y 是鞅, Z 是位势 (即 Z 是非负上鞅且 $\lim_n \mathbb{E}Z_n = 0$) 当且仅当 $\{\mathbb{E}X_n\}$ 有界. 这时此分解唯一.

13. 设 $X = (X_n)$ 是下鞅, N 是正整数, $\lambda > 0$. 证明:

$$\lambda \mathbb{P}(\max_{0 \leqslant n \leqslant N} |X_n| \geqslant \lambda) \leqslant 2\mathbb{E}[X_N^+] - \mathbb{E}[X_0]. \tag{3.1.7}$$

14. 设 $X = (X_n)$ 是非负上鞅, 证明:

(a) 如果 $k \leqslant n$, 那么 $\mathbb{P}(\{X_k = 0, X_n > 0\}) = 0$;

(b) $\mathbb{P}(\{X_n > 0, \min_{k \leqslant n} X_k = 0\}) = 0$;

(c) 设 $\tau=\inf\{n: X_n=0\}$, 则

$$\mathbb{P}\left(\bigcup_{n\geqslant 1}\{X_{\tau+n}>0\}, \tau<\infty\right)=0.$$

直观地, 一个非负上鞅到达零之后便永远是零.

15. 设 $\{X_n\}$ 是鞅且 $|X_0(\omega)|, |X_n(\omega)-X_{n-1}(\omega)|$ 被一个与 ω 及 n 无关的常数控制. 如果 τ 是一个具有有限均值的停时, 证明: X_τ 可积且 $\mathbb{E}X_\tau=\mathbb{E}X_0$.

16. 设 $\{X_n: n\geqslant 1\}$ 是一个 Markov 链, 其转移矩阵是 $(p_{ij}: i,j\in E)$. E 上的非负函数 ϕ 称为是过分的, 如果 $\phi(i)\geqslant\sum_j p_{ij}\phi(j)$, $i\in E$. 用鞅理论证明如果 ϕ 是有界过分函数, 那么 $\phi(X_n)$ 以概率 1 收敛. 继而证明如果 X 是不可分并常返的, 那么 ϕ 是常数.

17. 设 $\{X_n\}$ 是 d-维对称随机游动. 证明: 当 $d=1,2$ 时, 有界过分函数是常数. 当 $d\geqslant 3$ 时, 存在非常数有界过分函数.

18. 考虑 2- 维非负整数格点上的一个随机游动, 如果过程现在位于 (m,n), 那么下一步各以概率 $\frac{1}{2}$ 走到 $(m,n+1)$ 与 $(m+1,n)$. 设过程从 $(0,0)$ 出发. Γ 是一条从 x 轴的某格点联结相邻格点到 y 轴某格点的折线. 记 Y_1, Y_2 分别是过程碰到 Γ 时向右与向上移动的步数. 证明: $\mathbb{E}Y_1=\mathbb{E}Y_2$.

19. 设 $\{X_n: n\geqslant 0\}$ 是例 3.1.1 中定义的从 a 出发的随机游动, τ 是首次到达 $\{0,b\}$ 的时间. 证明: 当 $p=q$ 时, X_n^2-n 是鞅. 并由此求 $\mathbb{E}\tau$.

20. 设 $\{X_n: n\geqslant 0\}$ 是上面所说的随机游动, $p>q$. 取整数 $b>0$, 令 $\sigma:=\min\{n: X_n=b\}$. 求停时 σ 的母函数并由此计算 σ 的均值与方差.

21. 设 $\xi_1,\xi_2,\cdots,\xi_n,\cdots$ 是独立同分布可积随机变量. 对 $k\geqslant 1$, 令

$$X_{-k}:=\frac{1}{k}(\xi_1+\cdots+\xi_k),$$

$$\mathscr{F}_{-k}:=\sigma(X_{-k},X_{-k-1},\cdots).$$

证明: $\{X_k: k\leqslant -1\}$ 关于 $(\mathscr{F}_k: k\leqslant -1)$ 是鞅.

3.2 流与停时

3.2.1 流与停时

后面将考虑连续时间鞅, 虽然本质上连续时间与离散时间理论在思想上没有太大的区别, 但是在技术细节上连续时间理论要复杂得多, 下面先介绍停时的概念, 停时是经典随机过程理论中最能体现概率直观背景的概念之一.

设有概率空间 $(\Omega, \mathscr{F}, \mathbb{P})$. 先回顾离散时间停时. 设 $(\mathscr{F}_n)$ 是一个流, $\tau: \Omega \to \mathbf{N} \cup \{+\infty\}$ 称为停时, 如果对任何 $n \geqslant 0$, $\{\tau \leqslant n\} \in \mathscr{F}_n$. 定义

$$\mathscr{F}_\tau := \{A \in \mathscr{F}_\infty: \text{ 对任何 } n \text{ 有 } A \cap \{\tau \leqslant n\} \in \mathscr{F}_n\}.$$

则有下面的结论:

1. 对固定时间 $\tau = j$, 作为停时定义的 $\mathscr{F}_\tau$ 等于 $\mathscr{F}_j$.

2. 若 (X_n) 是适应随机序列, 则 $X_\tau 1_{\{\tau<\infty\}}$ 是 $\mathscr{F}_\tau$ 可测的.

事实上, 若 $A \in \mathscr{F}_\tau$, 则 $A = A \cap \{\tau \leqslant j\} \in \mathscr{F}_j$. 反之, 设 $A \in \mathscr{F}_j$, 则

$$A \cap \{j \leqslant n\} = \begin{cases} \varnothing, & j > n, \\ A, & j \leqslant n. \end{cases}$$

无论哪种情况, $A \cap \{j \leqslant n\} \in \mathscr{F}_n$. 这证明了 1. 为了证明 2, 对任何可测集 B 以及 n,

$$\{X_\tau 1_{\{\tau<\infty\}} \in B\} \cap \{\tau \leqslant n\} = \bigcup_{j=0}^{n} \{X_j \in B, \tau = j\} \in \mathscr{F}_n,$$

因此证明了 2.

现在介绍连续时间停时, 时间集是 $\mathbf{R}$ 中的一个区间, 这里我们取 $\mathbf{R}^+$ 作为时间. 回忆 $\mathscr{F}$ 的子 σ-代数族 $(\mathscr{F}_t: t \geqslant 0)$ 称为流, 如果对任何 $s < t$, 有 $\mathscr{F}_s \subset \mathscr{F}_t$. 为了方便, 总是记 $\mathscr{F}_\infty = \sigma(\bigcup_t \mathscr{F}_t)$. 对任何 $t \geqslant 0$, 定义 $\mathscr{F}_{t+} := \bigcap_{s>t} \mathscr{F}_s$, 那么 $(\mathscr{F}_{t+})$ 也是流, 称为**右极限流**. 如果对任何 $t \geqslant 0$ 有 $\mathscr{F}_{t+} = \mathscr{F}_t$, 则称该流是右连续的.

定义 3.2.1 **给定概率空间** $(\Omega, \mathscr{F}, \mathbb{P})$ **及流** $(\mathscr{F}_t)$, **映射** $\tau: \Omega \longrightarrow \mathbf{R}^+ \cup \{\infty\}$ **称为是** $(\mathscr{F}_t)$ **停时, 如果对任何** $t \geqslant 0$, $\{\omega \in \Omega: \tau(\omega) \leqslant t\} \in \mathscr{F}_t$.

适应性以及停时都是相对于一个流而言的, 下文中我们通常假设给定概率空间 $(\Omega, \mathscr{F}, \mathbb{P})$ 以及流 $(\mathscr{F}_t)$, 为了叙述的简约, 在表达相对于流 $(\mathscr{F}_t)$ 而言的适应性与停时时可以省略 $(\mathscr{F}_t)$ 不写.

引理 3.2.2 **随机时间 τ 是 $(\mathscr{F}_{t+})$ 停时当且仅当对任何 $t \geqslant 0$, $\{\tau < t\} \in \mathscr{F}_t$.**

证明. 设 τ 是 $(\mathscr{F}_{t+})$ 停时, 则 $\{\tau < t\} = \bigcup_n \{\tau \leqslant t - \frac{1}{n}\} \in \mathscr{F}_t$. 反之, 对任何 k, $\{\tau \leqslant t\} = \bigcap_{n>k} \{\tau < t + \frac{1}{n}\} \in \mathscr{F}_{t+\frac{1}{k}}$, 故 $\{\tau \leqslant t\} \in \mathscr{F}_{t+}$, 即 τ 是 $(\mathscr{F}_{t+})$ 停时. □

设 τ 是停时, 容易验证 $\mathscr{F}_\infty$ 中使得 $A \cap \{\tau \leqslant t\} \in \mathscr{F}_t$ 对所有 $t \geqslant 0$ 成立的 A 全体是一个 σ-代数, 记为 $\mathscr{F}_\tau$. 当 $\tau \equiv t$ 时, $\mathscr{F}_\tau = \mathscr{F}_t$. 一个随机变量 ξ 是 $\mathscr{F}_\tau$ 可测当且仅当对任何 $t \geqslant 0$, $\xi \cdot 1_{\{\tau \leqslant t\}}$ 是 $\mathscr{F}_t$ 可测的.

当 τ 是 $(\mathscr{F}_{t+})$ 停时, 关于该流定义的 σ-代数记为 $\mathscr{F}_{\tau+}$. 容易验证

$$\mathscr{F}_{\tau+} = \{A \in \mathscr{F}_\infty : A \cap \{\tau < t\} \in \mathscr{F}_t, \ \forall t \geqslant 0\}.$$

引理 3.2.3 **设 τ, σ, τ_n 是停时.**

(1) $\tau \vee \sigma$, $\tau \wedge \sigma$ **是停时.**

(2) **若 τ_n 递增 (对应地, 递减), 则 $\lim \tau_n$ 是 (对应地, $(\mathscr{F}_{t+})$) 停时.**

(3) **如果 $\sigma \leqslant \tau$, 则 $\mathscr{F}_\sigma \subset \mathscr{F}_\tau$.**

(4) **如果 $\tau_n \downarrow \tau$, 则 $\bigcap_n \mathscr{F}_{\tau_n} \subset \mathscr{F}_{\tau+}$. 进一步, 若 $(\mathscr{F}_t)$ 右连续, 则两者相等.**

(5) **τ 是 $\mathscr{F}_\tau$ 可测的.**

证明. (1) 显然 $\{\tau \vee \sigma \leqslant t\} = \{\tau \leqslant t\} \cap \{\sigma \leqslant t\}$, 而 $\{\tau \wedge \sigma \leqslant t\} = \{\tau \leqslant t\} \cup \{\sigma \leqslant t\}$.

(2) 显然若 τ_n 单调上升, 则 $\{\lim \tau_n \leqslant t\} = \bigcap_n \{\tau_n \leqslant t\}$; 反之若 τ_n 单调下降, 则由 (2), $\{\lim \tau_n < t\} = \bigcup_n \{\tau_n < t\} \in \mathscr{F}_t$, 故 $\lim \tau_n$ 是 $(\mathscr{F}_{t+})$ 停时.

(3) 设 $A \in \mathscr{F}_\sigma$, 对 $t \geqslant 0$, 有 $A \cap \{\tau \leqslant t\} = (A \cap \{\sigma \leqslant t\}) \cap \{\tau \leqslant t\} \in \mathscr{F}_t$, 故 $A \in \mathscr{F}_\tau$.

(4) 设 $A \in \bigcap_n \mathscr{F}_{\tau_n}$, 则对 $t \geqslant 0$, $A \cap \{\tau < t\} = \bigcup_n (A \cap \{\tau_n < t\}) \in \mathscr{F}_t$. 即 $A \in \mathscr{F}_{\tau+}$. 另一个断言是显然的.

(5) 对任何 $t, s \geqslant 0$, $\{\tau \leqslant t\} \cap \{\tau \leqslant s\} = \{\tau \leqslant s \wedge t\} \in \mathscr{F}_{s \wedge t} \subset \mathscr{F}_t$, 因此对任何 $s \geqslant 0$, $\{\tau \leqslant s\} \in \mathscr{F}_\tau$. □

3.2.2 通常条件与首中时

前面我们看到, 离散时间情况下证明首中时是停时几乎是平凡的, 连续时间的情况要复杂得多, 我们先考虑开集或者闭集的首中时, 然后再考虑一般 Borel 集.

设 E 是一个局部紧可分度量空间, X 是适应的且以 E 为状态空间的随机过程. 对 $A \subset E$, $\omega \in \Omega$, 定义 A 的进入时和首中时如下

$$D_A(\omega) := \inf\{t \geqslant 0 : X_t(\omega) \in A\};$$

$$\tau_A(\omega) := \inf\{t > 0 : X_t(\omega) \in A\}.$$

在整个讲义中, 除非特别指明, 约定空集的下确界是 $+\infty$. 进入时与首中时的区别在于过程的初始位置, 若轨道的起始点不在 A 中, 则 $D_A = \tau_A$; 若轨道从 A 中的点出发, 则 $D_A = 0$ 而 τ_A 不一定, 因此, 在描述击中时, 首中时更本质一点.

要证明进入时是停时, 关键是把 $\{D_A \leqslant t\}$ 或者 $\{D_A < t\}$ 用 $X_s : s \leqslant t$ 中的可数多个来表示. 显然, 没有一定的轨道性质是做不到的.

先假设 E 是具有度量 d 的度量空间, A 是闭集且 X 是连续过程. 这时由轨道的连续性 $D_A \leqslant t$ 当且仅当

$$\inf_{s\in[0,t]\cap\mathbb{Q}} d(X_s, A) = d(\{X_s : s \in [0,t] \cap \mathbb{Q}\}, A) = 0.$$

但是 X 的轨道只是几乎处处连续的, 因此 $\{D_A \leqslant t\}$ 与 $\{\inf_{s\in[0,t]\cap\mathbb{Q}} d(X_s, A) = 0\}$ 相差一个零概率集, 也就是说如果 $\mathscr{F}_t$ 含有零概率集及其子集, 那么 $\{D_A \leqslant t\} \in \mathscr{F}_t$, 即 D_A 是停时. τ_A 是不是停时呢? 令 $\tau_n := \inf\{t \geqslant 1/n : X_t \in A\}$, 则 τ_n 是递减停时列, 极限是 τ_A. 所以由上面引理的 (2) 推出 τ_A 是 $(\mathscr{F}_{t+})$ 停时.

类似地, 若 A 是开集且 X 是右连续的, 那么在右连续的轨道上, $\tau_A < t$ 当且仅当存在小于 t 的有理数 s 使得 $X_s \in A$. 若 $\mathscr{F}_t$ 含有零概率集及其子集, 则 $\{\tau_A < t\} \in \mathscr{F}_t$, 即 τ_A 是 $(\mathscr{F}_{t+})$ 停时, 但一般不是 $(\mathscr{F}_t)$ 停时. 直观地, X 的一条轨道 t 时刻 (包括 t) 前的信息不能告诉我们它是否将立刻进入一个开集. 因为在 $[0,t]$ 时段, 它可能和该开集没有交集, 而如果你再看过去一点, 就看到轨道进入该开集了, 即说明 $\{\tau_A \leqslant t\} \in \mathscr{F}_{t+}$. 也就是说在流 $(\mathscr{F}_t)$ 是强化的且右连续的情况下, 可以证明闭集的进入时与首中时, 开集的首中时都是停时.

由此可以看出, 流是否含有零概率集及其子集是非常重要的. 如果 $\mathscr{F}_0$ 中含有所有零概率集及其子集, 那么我们说流 $(\mathscr{F}_t)$ 是**强化**的. 一个 σ-代数可以加入零概率集及其子集重新生成 σ-代数, 这个过程称为强化. 我们只需对所有 $\mathscr{F}_t$ 进行强化就可以

得到一个强化的流. 注意强化与完备化的不同. 强化一个 σ-代数不会改变关于该 σ-代数的条件期望, 即如果 $\mathscr{G}^{\mathbb{P}}$ 是 $\mathscr{G}$ 的强化, X 是随机变量, 那么 $\mathbb{E}[X|\mathscr{G}] = \mathbb{E}[X|\mathscr{G}^{\mathbb{P}}]$, $\mathbb{P}$-a.s..

定义 3.2.4 **一个流 $(\mathscr{F}_t)$ 满足通常条件是指它右连续且是强化的.**

更重要的问题是, 对于 $A \subset E$, 什么时候进入时 D_A 是停时? 如果进入时是停时, 那么按照上面的分析, 首中时是一列递减进入时的极限, 只要流满足通常条件, 可推出首中时也是停时, 因此我们只要关注进入时即可. 上面说当 A 是开集, 流 $(\mathscr{F}_t)$ 满足通常条件, 过程右连续时, 答案是肯定的. 为了答案对 Borel 集也肯定, 我们还需要一个条件, 称为拟左连续: 如果停时列 τ_n 递增收敛于 τ a.s., 则有 $\lim_n X(\tau_n) = X(\tau)$ a.s..

定理 3.2.5 **设 $(\mathscr{F}_t)$ 满足通常条件, (X_t) 是右连续且拟左连续的. 若 A 是 Borel 集, 则 D_A 是停时.**

这个定理归功于 G.A. Hunt [25]. 我们在此只阐述其思想, 细节见 [5] 定理 (10.7). 首先要介绍容度, E 的紧子集全体 $\mathscr{K}$ 上定义的函数 ϕ 称为 Choquet 容度, 如果

(1) 单调: 若 $A, B \in \mathscr{K}$ 且 $A \subset B$, 则 $\phi(A) \leqslant \phi(B)$;

(2) 对任何 $A \in \mathscr{K}, \varepsilon > 0$, 存在开集 $G \supset A$ 使得只要 $A \subset B \subset G$ 且 $B \in \mathscr{K}$, 就有 $\phi(B) - \phi(A) < \varepsilon$;

(3) 对任何 $A, B \in \mathscr{K}$ 有

$$\phi(A \cup B) + \phi(A \cap B) \leqslant \phi(A) + \phi(B).$$

这时, 定义任意子集 $A \subset E$ 的内容度

$$\phi_*(A) := \sup\{\phi(K) : K \in \mathscr{K}, K \subset A\}$$

与外容度

$$\phi^*(A) := \inf\{\phi_*(G) : G \text{ 开}, G \supset A\}.$$

称子集 A 可容, 如果 $\phi_*(A) = \phi^*(A)$. Choquet 的关键定理叙述如下.

定理 3.2.6 (Choquet) **任意 Borel 子集是可容的.**

首先设 π 是乘积空间 $[0,\infty)\times\Omega$ 到 Ω 的投影: $\pi(s,\omega)=\omega,\ s\geqslant 0,\omega\in\Omega$. 固定时间 t, 集合 $A\subset E$ 对应 Ω 的子集 $R_t(A):=\pi(H_t)$, 其中

$$H_t:=\{(s,\omega):X_s(\omega)\in A,s\leqslant t\}\subset[0,\infty)\times\Omega.$$

尽管 $\{D_A\leqslant t\}$ 与 $R_t(A)$ 不一定一致, 但通常条件蕴含 D_A 是停时当且仅当对任意 $t\geqslant 0$, $R_t(A)\in\mathscr{F}_t$. 怎么来验证 $R_t(A)\in\mathscr{F}_t$ 呢? Hunt 的想法是构造一个适当的容度, 然后应用 Choquet 定理.

当 $A=G$ 是开集时, D_G 是停时, $R_t(G)\in\mathscr{F}_t$, 可以定义 $c(G):=\mathbb{P}(R_t(G))$. 对任何紧子集 K, 取开集列 G_n 满足 $G_n\supset\overline{G_{n+1}}\supset K$ 且 $\bigcap_{n\geqslant 1}G_n=K$. 那么由拟左连续性推出下面结论.

引理 3.2.7 D_{G_n} **几乎处处递增趋于** D_K, **因此** D_K **也是停时且**

$$\mathbb{P}(R_t(G_n))\downarrow\mathbb{P}(R_t(K)).$$

定义

$$c(K):=\mathbb{P}(R_t(K)).\tag{3.2.1}$$

引理 3.2.8 $c:\mathscr{K}\to\mathbf{R}$ **是一个** Choquet **容度且对任何开集** G, **有** $c_*(G)=c(G)$.

其中的关键是验证容度定义的 (3), 其他留作习题. 实际上, $\omega\in R_t(A\cup B)\setminus R_t(A)$ 等价于说存在 $s\leqslant t$, 使得 $X_s(\omega)\in A\cup B$, 但对任意 $s\leqslant t$, $X_s(\omega)\notin A$; 这蕴含着有一个 $s\leqslant t$, $X_s(\omega)\in B$, 但对任意 $s\leqslant t$, $X_s(\omega)\notin A\cap B$. 因此

$$R_t(A\cup B)\setminus R_t(A)\subset R_t(B)\setminus R_t(A\cap B).$$

这推出 c 满足性质 (3).

现在应用 Choquet 定理, 因为 Borel 集 A 是可容的, 由容度 c 的构造, 对任何正整数 n, 存在紧集 K_n 与开集 G_n 满足 $K_n\subset A\subset G_n$ 且

$$\mathbb{P}(R_t(G_n))-\mathbb{P}(R_t(K_n))=c(G_n)-c(K_n)<1/n.$$

因此,

$$\bigcup_n R_t(K_n)\subset R_t(A)\subset\bigcap_n R_t(G_n),$$

显然两端两个集合在 $\mathscr{F}_t$ 中且有相同的概率, 由通常条件推出 $R_t(A)\in\mathscr{F}_t$.

3.2.3 循序可测

设 $X=(X_t:t\geqslant 0)$ 是 $(\mathscr{F}_t:t\geqslant 0)$ 适应的, τ 是 $(\mathscr{F}_t)$ 停时, 一个自然的问题是 X_τ 是否 $\mathscr{F}_\tau$ 可测? 在离散时间时, 结论显然是对的, 但是在连续时间时, 这不是一个容易回答的问题. 注意, 随机过程的定义是一族随机变量 $X=(X_t:t\in\mathsf{T})$, T 可以是任意集合. 随机过程实际上是乘积空间 $\mathsf{T}\times\Omega$ 上的函数, 但是没有对这个二元函数的联合可测性有任何要求. 对于现在提出的问题来说, 毫不奇怪, 我们要考虑联合可测性.

在本小节中, 我们将引入循序可测的概念, 它比右连续适应的条件要弱, 然后说明 Borel 集的进入时是停时这个结论依然成立, 且这时过程在停时处可测. 这些结论使得我们可以在随机过程研究中放心地应用停时这个利器.

定义 3.2.9 设 $X=(X_t)_{t\geqslant 0}$ 是以拓扑空间 E 为状态空间的随机过程.

1. 称过程 X 是可测的, 如果映射 $(s,\omega)\mapsto X_s(\omega)$ 是从 $(\mathbf{R}^+\times\Omega,\mathscr{B}(\mathbf{R}^+)\times\mathscr{F})$ 到 $(E,\mathscr{E})$ 的可测映射.

2. 称 X 是 (关于流 $(\mathscr{F}_t)$) 循序可测的, 如果对任何 $t\geqslant 0$, 映射 $(s,\omega)\mapsto X_s(\omega)$ 是从 $([0,t]\times\Omega,\mathscr{B}([0,t])\times\mathscr{F}_t)$ 到 $(E,\mathscr{E})$ 的可测映射.

3. 集合 $H\subset\mathbf{R}^+\times\Omega$ 可以自然地视为一个实值随机过程 $(t,\omega)\mapsto 1_H(t,\omega)$. 称 H 是循序 (可测) 集, 如果它作为过程是循序可测的.

显然, 循序集全体是 $\mathbf{R}^+\times\Omega$ 上的一个 σ-代数. 另外, 以上概念都依赖于流, 如有必要, 应该指定是哪个流.

定理 3.2.10 一个所有轨道右连续 (或左连续) 的适应实值过程是循序可测的. 如果流是强化的, 那么一个右连续适应过程是循序可测的.

证明. 对 $t\geqslant 0$, $n\geqslant 1$, 令

$$X_s^{(n)}:=\sum_{k=1}^{2^n}X_{\frac{k}{2^n}t}1_{(\frac{k-1}{2^n}t,\frac{k}{2^n}t]}(s)+X_0 1_{\{0\}}(s),$$

则 $(s,\omega)\mapsto X_s^{(n)}(\omega)$ 是 $([0,t]\times\Omega,\mathscr{B}([0,t])\times\mathscr{F}_t)$ 到 $(E,\mathscr{E})$ 的可测映射. 若 X 的所有轨道是右连续的, 则逐点地有 $X_s=\lim_n X_s^{(n)}$. 因此 $(s,\omega)\mapsto X_s(\omega)$ 是 $([0,t]\times\Omega,\mathscr{B}([0,t])\times\mathscr{F}_t)$ 到 $(E,\mathscr{E})$ 的可测映射. 第二个结论的证明类似. $\square$

对随机时间 $\tau:\Omega\to\mathbf{R}^+\cup\{+\infty\}$, 自然地定义

$$X_\tau(\omega):=X_{\tau(\omega)}(\omega),$$

注意, 此映射的定义域是 $\Omega_\tau=\{\tau<\infty\}$, 除非 $X_{+\infty}$ 处处有定义. 当 τ 是 A 的首中时时, X_τ 是首中点. 我们也定义 X 的 τ 停止过程为 $X_t^\tau:=X_{\tau\wedge t}$, $t>0$, 停止过程是我们下面几节内容中所使用的主要技巧之一.

定理 3.2.11 **如果 X 是 E-值循序可测过程, τ 是停时, 则 X_τ 是 Ω_τ 上的 $\mathscr{F}_\tau\cap\Omega_\tau)$ 可测映射.**

证明. 因 X 是循序可测的, 故对任何 $t\geqslant 0$, $(s,\omega)\mapsto X_s(\omega)$ 是

$$([0,t]\times\Omega,\mathscr{B}([0,t])\times\mathscr{F}_t)\ 到\ (E,\mathscr{E})$$

的可测映射. 容易验证 $\omega\mapsto(\tau(\omega)\wedge t,\omega)$ 是

$$(\Omega,\mathscr{F}_t)\ 到\ ([0,t]\times\Omega,\mathscr{B}([0,t])\times\mathscr{F}_t)$$

的可测映射, 因此两个映射的复合 $\omega\mapsto X_{\tau(\omega)\wedge t}(\omega)$ 是 $(\Omega,\mathscr{F}_t)$ 到 $(E,\mathscr{E})$ 的可测映射, 那么对任何 $B\in\mathscr{E}$,

$$\{X_\tau\in B\}\cap\{\tau\leqslant t\}=\{X_\tau\in B,\tau\leqslant t\}=\{X_{\tau\wedge t}\in B\}\cap\{\tau\leqslant t\}\in\mathscr{F}_t,$$

即完成证明. □

下面我们陈述一个重要的定理, 它断言对于一个循序可测过程来说, 任何 Borel 集的进入时是停时. 推广了定理 3.2.5, 即用循序可测条件代替过程的右连续与拟左连续性条件. 证明的思想本质上是相同的, 只是应用推广了的 Choquet 容度与解析集理论. 感兴趣的读者可参考 [10] A 的第三章.

设 $(\Omega,\mathscr{F})$ 是可测空间, 对任何概率 μ, $\overline{\mathscr{F}}^\mu$ 表示 $\mathscr{F}$ 关于 μ 的完备化, 定义

$$\mathscr{F}^*:=\bigcap_\mu\overline{\mathscr{F}}^\mu,$$

其中 μ 取遍所有概率测度. $\mathscr{F}^*$ 称为 $\mathscr{F}$ 的普遍完备化. 下面的投影定理是定理 3.2.5 证明的关键, 证明参考下一小节.

定理 3.2.12 **设 $(\Omega,\mathscr{F},\mu)$ 是完备概率空间. 则任何 $H\in\mathscr{B}([0,\infty))\times\mathscr{F}$ 的投影 $\pi(H)\in\mathscr{F}$.**

因为这里的投影 $\pi(H)$ 与 μ 无关, 所以 $\pi(H) \in \mathscr{F}^*$. 现在, 关于进入时的定理叙述如下.

定理 3.2.13 设 $(\Omega, \mathscr{F}, \mathbb{P})$ 是完备概率空间, 流 $(\mathscr{F}_t)$ 满足通常条件, E 是完备可分度量空间.

1. 设 H 是一个循序可测集, 则其初遇时

$$\delta_H(\omega) := \inf\{t \geqslant 0 : (t, \omega) \in H\}, \ \omega \in \Omega$$

是停时.

2. 若 X 是一个循序可测过程, B 是 E 的 Borel 子集, 则进入时 D_B 是停时.

证明. 1. 对任何 $t \geqslant 0$, 显然

$$\{\delta_H < t\} = \pi(([0, t) \times \Omega) \cap H),$$

而 H 是循序的, 故 $([0, t) \times \Omega) \cap H \in \mathscr{B}[0, t] \times \mathscr{F}_t$, 由投影定理且因为 $(\mathscr{F}_t)$ 完备右连续, 推出 δ_H 是停时.

2. 令 $H := \{(t, \omega) : X(t, \omega) \in B\}$. 那么 H 是一个循序集且 $D_B = \delta_H$. 由 1 推出 D_B 是停时. □

3.2.4 Choquet 的解析集与容度定理 *

本节简单介绍解析集和容度定理, 并简略证明定理 3.2.12. 对任何空间 S, 乘积空间 $S \times \Omega$ 到 Ω 的自然投影记为 π, 那么集合 $H \subset S \times \Omega$ 在 Ω 上的像 $\pi(H)$ 也称为 H 的投影 (影子). 一个集类 $\mathscr{G}$ 的 $\mathscr{G}_\sigma$ 与 $\mathscr{G}_\delta$ 分别表示 $\mathscr{G}$ 中的集合经过所有的可列并与所有的可列交之后得到的集类, 进一步 $\mathscr{G}_{\sigma\delta} = (\mathscr{G}_\sigma)_\delta$.

定义 3.2.14 设 F 是一个集合, $\mathscr{F}$ 是 F 上对有限交并运算封闭且包含空集的一个集类. F 的子集 A 称为 $\mathscr{F}$-解析, 如果存在紧度量空间 S 使得 A 是 $H \in (\mathscr{K}(S) \times \mathscr{F})_{\sigma\delta}$ 在 F 上的投影, 其中 $\mathscr{K}(S)$ 是 S 的紧子集全体,

$$\mathscr{K}(S) \times \mathscr{F} = \{K \times A : K \in \mathscr{K}(S), A \in \mathscr{F}\}.$$

解析集的概念与测度无关. 解析集的定义可以更一般, 但在这里没有必要. 容易验证: (1) $\mathscr{F}$ 中的集合是 $\mathscr{F}$-解析集; (2) $\mathscr{F}$-解析集全体关于可列并与可列交运

算封闭; (3) 定理 3.2.12 中的投影 $\pi(H)$ 是 $\mathscr{F}$-解析集. 下面的容度定义比前面的 Choquet 容度更一般.

定义 3.2.15 设 F 是一个集合, $\mathscr{F}$ 是 F 上对有限交并运算封闭且包含空集的一个集类. 定义在 F 的所有子集上的扩展实值集函数 I 称为 $\mathscr{F}$-容度, 如果它满足

(1) I 递增;

(2) 对 F 的递增子集列 (A_n) 有

$$I\left(\bigcup_n A_n\right) = \sup_n I(A_n);$$

(3) 对 $\mathscr{F}$ 中的递减集列 (A_n) 有

$$I\left(\bigcap_n A_n\right) = \inf_n I(A_n).$$

F 的一个子集称为可容, 如果

$$I(A) = \sup\{I(B) : B \in \mathscr{F}_\delta, B \subset A\}.$$

下面是推广的 Choquet 容度定理.

定理 3.2.16 设 I 是 F 上的 $\mathscr{F}$-容度, 那么 $\mathscr{F}$-解析集是可容的.

先证明一个关键的引理.

引理 3.2.17 $\mathscr{F}_{\sigma\delta}$ 中的集合是可容的.

证明. 设 $A \in \mathscr{F}_{\sigma\delta}$, 即 $A = \bigcap_n A_n$, 其中 $A_n = \bigcup_m A_{nm}$, $A_{nm} \in \mathscr{F}$, 不妨认为 A_{nm} 关于 m 递增. 不妨设 $I(A) > -\infty$. 对任何 $a \in \mathbf{R}$, 设 $I(A) > a$. 因为 $I(A) = I(A \cap A_1) = \sup_m I(A \cap A_{1m})$, 所以存在 m 使得 $I(A \cap A_{1m}) > a$. 令 $B_1 = A_{1m} \subset A_1$, $C_1 = A \cap B_1$.

假设我们选好了 $B_1, \cdots, B_{n-1}$ 使得 $C_{n-1} = A \cap B_1 \cap \cdots \cap B_{n-1}$ 满足 $B_{n-1} \subset A_{n-1}$ 且 $I(C_{n-1}) > a$. 现在

$$a < I(C_{n-1}) = I(C_{n-1} \cap A_n) = \sup_m I(C_{n-1} \cap A_{nm}),$$

存在 m 使得 $I(C_{n-1} \cap A_{nm}) > a$. 令 B_n 是这个 A_{nm}, $C_n = C_{n-1} \cap B_n$. 同样 $B_n \subset A_n$ 且 $I(C_n) > a$. 因此, C_n 递减, 对任何 $j \leqslant n$ 有 $C_n \subset B_j$.

定义 $B_n' := B_1 \cap \cdots \cap B_n$. 则 $B_n' \in \mathscr{F}$, (B_n') 递减且 $B_n' \supset C_n$. 因此

$$I\left(\bigcap_n B_n'\right) = \inf I(B_n') \geqslant a,$$

而 $\bigcap_n B_n' \in \mathscr{F}_\delta$. 这证明了引理结论. □

定义 $J(H) := I(\pi(H))$, $H \subset S \times F$, $\mathscr{H}$ 是 $S \times F$ 上由 $\mathscr{K}(S) \times \mathscr{F}$ 的所有有限并组成的集类.

引理 3.2.18 设 S 是紧度量空间, 则 J 是 $S \times F$ 上的 $\mathscr{H}$-容度.

这个引理的证明简单. 现在来证明容度定理. 设 A 是 $\mathscr{F}$-解析集, 存在 $H \in (\mathscr{K}(S) \times \mathscr{F})_{\sigma\delta}$ 使得 $A = \pi(H)$. 那么 H 关于 J 是可容的, 所以对任何 $\varepsilon > 0$, 存在 $G \in \mathscr{H}_\delta$ 使得 $J(G) > J(H) - \varepsilon$. 令 $B = \pi(G)$, 则有 $B \in \mathscr{F}_\delta$ 且 $I(B) > I(A) - \varepsilon$. 完成证明.

最后证明定理 3.2.12. 设 $(\Omega, \mathscr{F}, \mathbb{P})$ 是完备概率空间, $H \in \mathscr{B}([0,\infty)) \times \mathscr{F}$ 的投影 $A = \pi(H)$ 是 $\mathscr{F}$-解析集. 在这个情况下, $\mathscr{F}_\sigma = \mathscr{F}_\delta = \mathscr{F}_{\sigma\delta} = \mathscr{F}$, 且 $\mathbb{P}$ 定义的外测度 I 是 Ω 上的一个 $\mathscr{F}$-容度. 那么 A 是可容的, 蕴含

$$I(A) = \sup\{\mathbb{P}(B) : B \subset A, B \in \mathscr{F}\},$$

即存在 $C, B \in \mathscr{F}$ 使得 $C \supset A \supset B$ 且 $\mathbb{P}(C \setminus B) = 0$. 由 $\mathscr{F}$ 完备推出 $A \in \mathscr{F}$.

习 题

1. 设 τ 是一个非负随机变量, 证明: $\mathscr{G}_t := \sigma(\tau \wedge t), t \geqslant 0$ 是由随机过程 $1_{\{\tau \leqslant t\}}$, $t \geqslant 0$ 生成的自然流, 也是 τ 成为停时的最小流.

2. 验证: 若 τ 是停时, 则 $\mathscr{F}_\tau$ 是 σ-代数且当 $\tau \equiv t$ 时, $\mathscr{F}_\tau = \mathscr{F}_t$.

3. 证明: 随机变量 ξ 是 $\mathscr{F}_\tau$ 可测的当且仅当对任何 $t \geqslant 0$, $\xi \cdot 1_{\{\tau \leqslant t\}}$ 是 $\mathscr{F}_t$ 可测的.

4. 设 X 是一个适应的, 右连续并具有左极限的过程. 令 A 是使得 X 在 $[0,t)$ 上连续的样本全体. 证明: $A \in \mathscr{F}_t$.

5. 设 X 是一个适应的, 左连续并具有右极限的过程. 令 A 是使得 X 在 $[0,t]$ 上连续的样本全体. 证明: 如果 $(\mathscr{F}_t)$ 右连续, 则 $A \in \mathscr{F}_t$.

6. 设 τ 是 $(\mathscr{F}_{t+})$ 停时, 证明: $\mathscr{F}_{\tau+} = \{A \in \mathscr{F} : A \cap \{\tau < t\} \in \mathscr{F}_t, \forall t \geqslant 0\}$. 当 $\tau \equiv t$ 时, $\mathscr{F}_{\tau+} = \mathscr{F}_{t+}$.

7. 设 τ 是停时, σ 是随机时间且 $\sigma \geqslant \tau$. 证明: 如果 σ 是 $\mathscr{F}_\tau$ 可测的, 则 σ 是个停时.

8. 设 $(\mathscr{F}_t)$ 满足通常条件, A 是 E 的子集. 证明下列命题等价.

   (a) D_A 是停时.

   (b) 对任何 $t \geqslant 0$, $R_t(A) = \{\omega : 存在\ 0 \leqslant s \leqslant t\ 使得\ X_s(\omega) \in A\} \in \mathscr{F}_t$.

   (c) 对任何 $t \geqslant 0$, $R_t^-(A) = \{\omega : 存在\ 0 \leqslant s < t\ 使得\ X_s(\omega) \in A\} \in \mathscr{F}_t$.

9. 证明引理 3.2.7 和引理 3.2.8.

10. 停时 τ 称为可预料, 如果存在递增停时列 τ_n 使得当 $\tau > 0$ 时几乎处处地 $\tau_n \uparrow\uparrow \tau$. 证明: Brown 运动关于闭集 F 的首中时是可预料的.

11. 停时 τ 称为是绝不可知的, 如果对任何可预料停时 σ 有 $\mathbb{P}(\tau = \sigma) = 0$. 证明: Poisson 过程 N 的首次跳跃

$$\tau := \inf\{t : N_{t-} \neq N_t\}$$

是绝不可知的.

12. 设 $(\mathscr{F}_t)$ 是一个满足通常条件的流, τ 是停时. 证明:

$$\begin{aligned}
\mathscr{F}_\tau &= \sigma(\{X(\tau) : X\ 是右连左极适应过程\}) \\
&= \sigma(\{X(\tau) : X\ 是循序可测过程\}) \\
&= \sigma(\{\{S \leqslant \tau\} : S\ 是任何停时\}) \\
&= \sigma(\{A \cap \{\tau \geqslant t\} : A \in \mathscr{F}_t, t \geqslant 0\}).
\end{aligned}$$

13. 设 $(\mathscr{F}_t)$ 是一个满足通常条件的流, τ 是停时. 证明:

$$\begin{aligned}
\mathscr{F}_{\tau-} :&= \sigma(\{X(\tau) : X\ 是连续适应过程\}) \\
&= \sigma(\{\{S < \tau\} : S\ 是任何停时\}) \\
&= \sigma(\{A \cap \{\tau > t\} : A \in \mathscr{F}_t, t \geqslant 0\}),
\end{aligned}$$

其中第一行表示定义.

3.3 下鞅的正则化

3.3.1 连续时间鞅

现在我们介绍连续时间场合的鞅与下鞅. 本节中我们将证明一个鞅或下鞅的轨道差不多自动地具有很好的正则性, 至少存在左右极限. 设 $(\Omega, \mathscr{F}, \mathbb{P})$ 是一个概率空间, $(\mathscr{F}_t)$ 是其上的一个流.

定义 3.3.1 说实值适应可积过程 $X = (X_t)$ 是一个 $(\mathscr{F}_t)$ 鞅 (对应地, 下鞅, 上鞅), 如果对任何 $t > s \geqslant 0$, 有 $\mathbb{E}[X_t|\mathscr{F}_s] = X_s$(对应地, $\geqslant X_s$, $\leqslant X_s$).

鞅是相对于流而言的. 类似地, 一个 $(\mathscr{F}_t)$ 鞅简称鞅. 另外, 关于大的适应流是鞅蕴含关于小的适应流也是鞅. 因为 X 是上鞅当且仅当 $-X$ 是下鞅, 故我们在此仅需研究鞅与下鞅. 直观地, 对于一个鞅来说, 以到现在为止的信息来预期将来某时刻的输赢是不可能的, 或者说, 至多能知道将来的输赢关于现在的条件期望是零. 当时间集分别是离散时间集或连续时间集时, 对应的鞅分别称为离散时间鞅或连续时间鞅. 显然 $(X_n : n \geqslant 0)$ 是离散时间鞅当且仅当对任何 $n \geqslant 0$, $\mathbb{E}[X_{n+1}|\mathscr{F}_n] = X_n$. 由定义, 立刻得到下列简单性质:

(1) 记 $\mathscr{M}$ (对应地, $\mathscr{M}^+$) 为相对于给定流的鞅 (对应地, 下鞅) 全体, 显然 $\mathscr{M}$ 是一个线性空间, 而 $\mathscr{M}^+$ 是锥. 且 $\mathscr{M}^+$ 对取大运算 $\vee$ 封闭.

(2) 如果 X 是下鞅, 则 $\mathbb{E}X_t$ 递增. 因此, 下鞅 X 是鞅当且仅当 $\mathbb{E}X_t$ 关于 t 是常数.

(3) 由 Jensen 不等式, 如果 X 是鞅, ϕ 是凸函数, 那么若 $\phi(X)$ 可积, 则是下鞅. 因此 $|X|$, X^2 (若 X 平方可积) 是下鞅. 另外, 如果 X 是下鞅, ϕ 是下凸递增函数, 那么 $\phi(X)$ 也是下鞅. 因此 X^+ 是下鞅.

例 3.3.1 设 B 是标准 Brown 运动, $(\mathscr{F}_t)$ 是自然流, 那么对任何 $t > s \geqslant 0$, $B_t - B_s$ 独立于 $\mathscr{F}_s$, 故 $\mathbb{E}[B_t - B_s|\mathscr{F}_s] = 0$, 因此 Brown 运动是鞅. 由同样方法可以验证 $(B_t^2 - t : t \geqslant 0)$ 和 $(\exp(B_t - t/2) : t \geqslant 0)$ 也是鞅. 设有参数为 λ 的 Poisson 过程 N, 则 $N_t - \lambda t$ 是鞅.

一般地, 设 $X = (X_t)_{t \geqslant 0}$ 是一个可积的独立增量过程, $(\mathscr{F}_t)$ 是自然流, 则对于 $t > s \geqslant 0$, 有 $\mathbb{E}[X_t|\mathscr{F}_s] = X_s + \mathbb{E}X_t - \mathbb{E}X_s$. 因此当 $\mathbb{E}X_t$ 递增时, X 是下鞅; 递减时, X 是上鞅; 常数时, X 是鞅. ∎

例 3.3.2 (Doob 鞅) 设 ξ 是可积随机变量, 令 $X_t := \mathbb{E}[\xi|\mathscr{F}_t]$, 则 $X = (X_t : t \geqslant 0)$ 是一个鞅, 这样的鞅称为右闭鞅或 Doob 鞅. 容易验证 Doob 鞅是一致可积的. 实际上, 一致可积鞅必定是 Doob 鞅 (见习题). ∎

设 D 是 $\mathbf{R}^+$ 的一个可列稠子集, 为方便计, 我们假设 $\mathscr{F}_0$ 中含有 $\mathscr{F}$ 中的所有概率为零的集合及其子集. 因为所有的结果都是在几乎处处的意义下叙述的. 对 $K > 0$, 令 $D_K := [0, K] \cap (D \cup \{0, K\})$, 即 D_K 是包含 $0, K$ 及其之间的 D 中点的全体.

现在设 $X = (X_t : t \geqslant 0)$ 是一个下鞅, 令 $F := \{0 = t_0 < t_1 < \cdots < t_N = K\}$ 是 D_K 的一个含有 $\{0, K\}$ 的有限子集, 对 $0 \leqslant n \leqslant N$, 令 $\mathscr{G}_n := \mathscr{F}_{t_n}$, $Y_n := X_{t_n}$, 则 $Y = (Y_n : 0 \leqslant n \leqslant N)$ 是一个下鞅, 由 Doob 的不等式 (3.1.7),

$$\lambda \mathbb{P}(\max_{0 \leqslant n \leqslant N} |Y_n| > \lambda) \leqslant 2\mathbb{E}Y_N^+ - \mathbb{E}Y_0 = 2\mathbb{E}X_K^+ - \mathbb{E}X_0,$$
$$\mathbb{E}U_N^Y[a, b] \leqslant \frac{1}{b-a}(\mathbb{E}(Y_N - a)^+ - \mathbb{E}(Y_0 - a)^+) \leqslant \frac{1}{b-a}\mathbb{E}(X_K - a)^+,$$

其中 $a < b$, $\lambda > 0$. 实际上 $U_N^Y[a, b]$ 是 X 限制在 F 上对 $[a, b]$ 的上穿次数, 我们记其为 $U_F^X[a, b]$, 再记

$$U_{D_K}^X[a, b] := \sup_{F \subset D_K} U_F^X[a, b],$$

它是 X 限制在 D_K 上对区间 $[a, b]$ 的上穿次数, 因为 D_K 可列, 故其有限子集全体是可列的, 因此 $U_{D_K}^X[a, b]$ 是一个非负可取无穷值的随机变量. 由上面的不等式推出

$$\lambda \mathbb{P}(\sup_{t \in D_K} |X_t| > \lambda) \leqslant 2\mathbb{E}X_K^+ - \mathbb{E}X_0,$$
$$\mathbb{E}U_{D_K}^X[a, b] \leqslant \frac{1}{b-a}\mathbb{E}(X_K - a)^+.$$

下面的定理是连续时间下鞅正则化的第一个基本定理. [1]序列 $s_n \uparrow\uparrow t$ 表示对任何 $n \geqslant 1$, $s_n < t$ 且 $s_n \uparrow t$. $\downarrow\downarrow$ 类似理解.

定理 3.3.2 设 $X = (X_t : t \geqslant 0)$ 是一个下鞅, D 是 $\mathbf{R}^+$ 的一个可列稠子集, 则

(1) 对几乎所有的 $\omega \in \Omega$, 从 D 到 $\mathbf{R}$ 的映射 $t \mapsto X_t(\omega)$ 对任何 $K > 0$ 在 D_K 上是有界的且在每个点 $t \geqslant 0$ 有右极限

$$X_{t+}^D(\omega) := \lim_{s \in D, s \downarrow\downarrow t} X_s(\omega)$$

[1]该定理通常称为 Föllmer 引理, 但在一些经典教科书上也直接称为 Doob 定理, 例如 [29].

及左极限

$$X_{t-}^D(\omega) := \lim_{s\in D, s\uparrow\uparrow t} X_s(\omega);$$

(2) 对所有 $t \geqslant 0$, X_{t+}^D 是可积的且 $X_t \leqslant \mathbb{E}[X_{t+}^D|\mathscr{F}_t]$. 如果 $t \mapsto \mathbb{E}X_t$ 右连续, 则 $X_t = \mathbb{E}[X_{t+}^D|\mathscr{F}_t]$;

(3) 过程 $X_+^D = (X_{t+}^D : t \geqslant 0)$ 是关于右极限流 $(\mathscr{F}_{t+})$ 的右连续下鞅, 当 X 是鞅时, X_+^D 也是一个鞅.

证明. (1) 记 N_0 为 Ω 中使得映射 $t \mapsto X_t(\omega)$ 在某个 D_K 上无界或在某个点 t 处上述右极限或左极限不存在的 ω 全体. 容易验证

$$N_0 \subset \bigcup_{K\geqslant 1}\left(\left\{\sup_{t\in D_K}|X_t| = \infty\right\}\cup N_K\right),$$

其中 $N_K := \bigcup_{a,b\in\mathbb{Q},a<b}\left\{U_{D_K}^X[a,b] = \infty\right\}$. 而对任何固定的正整数 K 及 $a < b$, 由 Doob 的不等式,

$$\begin{aligned}
\mathbb{P}(\{\sup_{t\in D_K}|X_t| = \infty\}) &= \lim_{\lambda\to\infty}\mathbb{P}(\{\sup_{t\in D_K}|X_t| > \lambda\}) \\
&\leqslant \lim_{\lambda\to\infty}\frac{1}{\lambda}(2\mathbb{E}X_K^+ - \mathbb{E}X_0) = 0, \\
\mathbb{P}(\{U_{D_K}^X[a,b] = \infty\}) &= \lim_{N\to\infty}\mathbb{P}(\{U_{D_K}^X[a,b] \geqslant N\}) \\
&\leqslant \lim_{N\to\infty}\frac{1}{N}\mathbb{E}U_{D_K}^X[a,b] \\
&\leqslant \lim_{N\to\infty}\frac{1}{N(b-a)}\mathbb{E}[(X_K - a)^+] = 0.
\end{aligned}$$

因概率空间是完备的, 故 $N_0 \in \mathscr{F}$ 且 $\mathbb{P}(N_0) = 0$.

(2) 对任何 $t \geqslant 0$, 取 $\{s_n : n \geqslant 0\} \subset D$ 满足 $s_n \downarrow\downarrow t$. 对 $n \leqslant 0$, 令 $\mathscr{G}_n := \mathscr{F}_{s_{-n}}$, $Y_n := X_{s_{-n}}$, 则 $Y = (Y_n : n \leqslant 0)$ 是关于流 $(\mathscr{G}_n : n \leqslant 0)$ 的下鞅, 且 $\mathbb{E}Y_n = \mathbb{E}X_{s_{-n}} \geqslant \mathbb{E}X_t$. 由定理 3.1.9, Y 是一致可积的, 且当 n 趋于无穷时, $X_{s_n} \xrightarrow{L^1} X_{t+}^D$, 因此 X_{t+}^D 是可积的, 又因为 $X_t \leqslant \mathbb{E}[X_{s_n}|\mathscr{F}_t]$, 由 L^1-收敛性推出 $X_t \leqslant \mathbb{E}[X_{t+}^D|\mathscr{F}_t]$. 如果 $t \mapsto \mathbb{E}X_t$ 右连续, 则 $\mathbb{E}X_t = \lim_n \mathbb{E}X_{s_n} = \mathbb{E}X_{t+}^D$, 那么非负随机变量 $\mathbb{E}[X_{t+}^D|\mathscr{F}_t] - X_t$ 的期望等于 $\mathbb{E}X_{t+}^D - \mathbb{E}X_t = 0$, 从而 $X_t = \mathbb{E}[X_{t+}^D|\mathscr{F}_t]$.

(3) 首先由于 $(\mathscr{F}_{t+})$ 是完备的, 容易看出 X_+^D 是 $(\mathscr{F}_{t+})$ 适应的可积过程, 另外对 $t > s$, 取 $s_n \in D$, $t > s_n \downarrow\downarrow s$, 还是由定理 3.1.9, $\mathbb{E}[X_t|\mathscr{F}_{s+}] \geqslant X_{s+}^D$, 再取

$t_n \in D$, $t_n \downarrow\downarrow t$, 我们有 $\mathbb{E}[X_{t_n}|\mathscr{F}_{s+}] \geqslant X^D_{s+}$, 因此

$$\mathbb{E}[X^D_{t+}|\mathscr{F}_{s+}] = \lim_n \mathbb{E}[X_{t_n}|\mathscr{F}_{s+}] \geqslant X^D_{s+},$$

即 X^D_+ 是关于 $(\mathscr{F}_{t+})$ 的下鞅. 若 X 是鞅, 则 $\mathbb{E}X_t$ 是常数, 那么 $\mathbb{E}X^D_{t+}$ 也是常数, 因此 X^D_+ 是鞅. □

注释 3.3.1 上面右极限过程 X^D_+ 的定义与可列稠集 D 有关, 但是两个不同可列稠集所定义的右极限过程是不可区分的 (参见习题). 另外, 容易证明如果下鞅 X 是随机连续的, 那么 X^D_+ 是 X 的一个修正.

上述定理有下面的重要推论. 定理中的两个结论是连续时间下鞅正则化的另两个基本定理.

定理 3.3.3 (1) **如果 X 是一个右连续的 $(\mathscr{F}_t)$ 下鞅, 则 X 也是一个 $(\mathscr{F}_{t+})$ 下鞅.**

(2) **设流 $(\mathscr{F}_t)$ 满足通常条件. 如果下鞅 X 的均值 $t \mapsto \mathbb{E}X_t$ 是右连续的, 那么 X 有一个修正是右连左极 (即右连续且具有左极限) 的. 特别地, 鞅总有一个修正是右连左极的.**

证明. (1) 若 X 是右连续的, 则 X^D_+ 与 D 的选取无关, 精确地说, 对不同 D 的选取, X^D_+ 是不可区分的且与 X 也是不可区分的, 因此 X 是 $(\mathscr{F}_{t+})$ 的下鞅.

(2) 当流与期望都是右连续时, 任取 $\mathbf{R}^+$ 的可列稠子集 D, 由定理 3.3.2,

$$X_t = \mathbb{E}[X^D_{t+}|\mathscr{F}_t] = X^D_{t+}, \ t \geqslant 0,$$

故 X^D_+ 是 X 的修正, 而显然它是一个右连左极的下鞅. □

由这个定理, 以后我们说到右连续下鞅时, 总是可以假设对应的流是满足通常条件的. 另外如果流满足通常条件, 那么我们总可以假设鞅是右连左极的.

3.3.2 Doob 停止定理

在样本轨道右连续的条件下, 我们可以证明 Doob 停止定理在连续时间情况下依然成立. 先证明离散时间下的定理 3.1.4 的逆也成立.

定理 3.3.4 **设 $X = (X_n : n \geqslant 0)$ 是一个适应于流 $(\mathscr{F}_n : n \geqslant 0)$ 的可积过程. 若对任何有界停时 σ, τ 且 $\sigma \leqslant \tau$, 有 $\mathbb{E}X_\sigma \leqslant \mathbb{E}X_\tau$, 则 X 是下鞅. 当上面的等号恒成立时, X 是鞅.**

证明. 只需验证对任何有界停时 $\sigma \leqslant \tau$ 有 $\mathbb{E}[X_\tau|\mathscr{F}_\sigma] \geqslant X_\sigma$ a.s.. 容易验证, 这时 X_σ 是 $\mathscr{F}_\sigma$ 可测的, 下一步, 对任何 $B \in \mathscr{F}_\sigma$, 令

$$\sigma_B := \sigma 1_B + N 1_{B^c},\ \tau_B := \tau 1_B + N 1_{B^c}.$$

容易验证 σ_B 是停时, 另外由于 $\sigma \leqslant \tau$, 故 τ_B 也是停时. 因此由条件得

$$\mathbb{E}X_{\sigma_B} \leqslant \mathbb{E}X_{\tau_B},$$

也就是说

$$\mathbb{E}[X_\sigma; B] + \mathbb{E}[X_N; B^c] \leqslant \mathbb{E}[X_\tau; B] + \mathbb{E}[X_N; B^c],$$

推出 $\mathbb{E}[X_\sigma; B] \leqslant \mathbb{E}[X_\tau; B]$, 即得证. □

下面是连续时间的 Doob 停止定理.

定理 3.3.5 设 X 是右连续下鞅, τ, σ 是有界停时且 $\sigma \leqslant \tau$, 则 X_σ, X_τ 是可积的且 $X_\sigma \leqslant \mathbb{E}[X_\tau|\mathscr{F}_\sigma]$ a.s.. 特别地, 如果 X 是右连续鞅, 则对任何有界停时 τ 有 $\mathbb{E}X_\tau = \mathbb{E}X_0$.

证明. 对 $n \geqslant 0$, 令 $D_n := \{k/2^n : k = 0, 1, 2, \cdots\}$ 及

$$\sigma_n(\omega) := \inf\{t \in D_n :\ t \geqslant \sigma(\omega)\},\ \omega \in \Omega.$$

因 $D_n \subset D_{n+1}$, 故 σ_n 与 σ_{n+1} 是值域为 D_{n+1} 的关于流 $(\mathscr{F}_t :\ t \in D_{n+1})$ 的有界停时, 应用离散时间的 Doob 停止定理于 $(\mathscr{F}_t :\ t \in D_{n+1})$ 下鞅 $(X_t :\ t \in D_{n+1})$, 知 X_{σ_n} 与 $X_{\sigma_{n+1}}$ 是可积的, 且由定理 3.3.4,

$$X_{\sigma_{n+1}} \leqslant \mathbb{E}[X_{\sigma_n}|\mathscr{F}_{\sigma_{n+1}}].$$

对 $n \leqslant 0$, 令 $Y_n := X_{\sigma_{-n}}$, $\mathscr{G}_n := \mathscr{F}_{\sigma_{-n}}$, 则 $(Y_n : n \leqslant 0)$ 是关于流 $(\mathscr{G}_n : n \leqslant 0)$ 的下鞅, 且对任何 $n \leqslant 0$, $\mathbb{E}[Y_n] = \mathbb{E}[X_{\sigma_{-n}}] \geqslant \mathbb{E}[X_0]$, 由定理 3.1.9, $(X_{\sigma_n} : n \leqslant 0)$ 是一致可积的, 且因为 X 是右连续的, 故当 $n \to \infty$ 时, X_{σ_n} 几乎处处且 L^1-收敛于 X_σ, 因此 X_σ 是可积的, 同理 X_τ 也是可积的. 同样定义 $\tau_n := \inf\{t \in D_n :\ t \geqslant \tau\}$, 则 $\tau_n \geqslant \sigma_n$ 且都是有界停时, 对任何 $A \in \mathscr{F}_\sigma = \bigcap_n \mathscr{F}_{\sigma_n}$, 再应用 Doob 停止定理, 对任何 n,

$$\mathbb{E}[X_{\tau_n}; A] \geqslant \mathbb{E}[X_{\sigma_n}; A],$$

由 L^1-收敛性得 $\mathbb{E}[X_\tau; A] \geqslant \mathbb{E}[X_\sigma; A]$. □

由此推出, 当 X 是右连续下鞅且 τ 是停时时, τ-停止过程 X^τ 关于停止的流 $(\mathscr{F}_{\tau\wedge t})$ 是下鞅, 但是否关于流 $(\mathscr{F}_t)$ 是下鞅呢? 在离散时间情况下, 鞅 (或下鞅) 的停止过程关于原来的流依然是鞅 (或下鞅). 那是利用离散时间的鞅基本定理证明的, 在连续时间的情况下, 我们没有这个关于随机积分的鞅基本定理. 因此我们需要一个引理.

引理 3.3.6 **设 σ, τ 是停时, X 是 $\mathscr{F}_\tau$ 可测的可积随机变量, 则**

$$\mathbb{E}[X|\mathscr{F}_\sigma] = \mathbb{E}[X|\mathscr{F}_{\sigma\wedge\tau}].$$

等价地说, 若 X 可积, 则 $\mathbb{E}[\mathbb{E}(X|\mathscr{F}_\tau)|\mathscr{F}_\sigma] = \mathbb{E}[X|\mathscr{F}_{\sigma\wedge\tau}]$.

证明. 只需证明 $\mathbb{E}[X|\mathscr{F}_\sigma]$ 是 $\mathscr{F}_{\sigma\wedge\tau}$ 可测的. 为此需证明下面三个性质.

1. $\mathscr{F}_{\tau\wedge\sigma} = \mathscr{F}_\tau \cap \mathscr{F}_\sigma$.

2. $\{\tau < \sigma\}, \{\tau \leqslant \sigma\} \in \mathscr{F}_\tau \cap \mathscr{F}_\sigma$.

3. 若 X 是 $\mathscr{F}_\tau$ 可测的, 则 $1_{\{\sigma>\tau\}}X$ 与 $1_{\{\sigma\geqslant\tau\}}X$ 是 $\mathscr{F}_{\sigma\wedge\tau}$ 可测的.

1 是容易验证的.

2. 对任何 $t \geqslant 0$,

$$\begin{aligned}\{\tau<\sigma\}\cap\{\sigma\leqslant t\} &= \Big(\bigcup_{s\in\mathbb{Q}}\{\tau<s\}\cap\{\sigma>s\}\Big)\cap\{\sigma\leqslant t\}\\ &= \bigcup_{s\in\mathbb{Q}}(\{\tau<s\}\cap\{\sigma>s\}\cap\{\sigma\leqslant t\})\\ &= \bigcup_{s\in\mathbb{Q},s<t}(\{\tau<s\}\cap\{\sigma>s\}\cap\{\sigma\leqslant t\})\in\mathscr{F}_t.\end{aligned}$$

因此 $\{\tau<\sigma\}\in\mathscr{F}_\sigma$. 另外

$$\begin{aligned}\{\tau<\sigma\}\cap\{\tau\leqslant t\} &= \{\tau<\sigma,\tau\leqslant t,\sigma\leqslant t\}\cup\{\tau<\sigma,\tau\leqslant t,\sigma>t\}\\ &= \{\tau<\sigma,\sigma\leqslant t\}\cup\{\tau\leqslant t,\sigma>t\}\in\mathscr{F}_t.\end{aligned}$$

因此 $\{\tau<\sigma\}\in\mathscr{F}_{\sigma\wedge\tau}$. 对称性推出 $\{\tau>\sigma\}\in\mathscr{F}_{\sigma\wedge\tau}$, 进而 $\{\tau\leqslant\sigma\},\{\sigma\leqslant\tau\}\in\mathscr{F}_{\sigma\wedge\tau}$.

3. 对任何 $t \geqslant 0$,

$$1_{\{\sigma>\tau\}}X\cdot 1_{\{\sigma\wedge\tau\leqslant t\}} = 1_{\{\sigma>\tau\}}\cdot X\cdot 1_{\{\tau\leqslant t\}},$$

因 $\{\sigma > \tau\} \in \mathscr{F}_\tau$ 且 X 是 $\mathscr{F}_\tau$ 可测的, 故上式是 $\mathscr{F}_t$ 可测的, 即 $1_{\{\sigma>\tau\}}X$ 是 $\mathscr{F}_{\sigma\wedge\tau}$ 可测的, 同理 $1_{\{\sigma\geqslant\tau\}}X$ 也是 $\mathscr{F}_{\sigma\wedge\tau}$ 可测的.

现在,

$$\begin{aligned}\mathbb{E}(X|\mathscr{F}_\sigma) &= \mathbb{E}(1_{\{\sigma>\tau\}}X|\mathscr{F}_\sigma) + \mathbb{E}(1_{\{\tau\geqslant\sigma\}}X|\mathscr{F}_\sigma)\\ &= 1_{\{\sigma>\tau\}}X + 1_{\{\tau\geqslant\sigma\}}\mathbb{E}(X|\mathscr{F}_\sigma),\end{aligned}$$

首先 $1_{\{\sigma>\tau\}}X$ 是 $\mathscr{F}_{\sigma\wedge\tau}$ 可测的, 其次因 $\mathbb{E}(X|\mathscr{F}_\sigma)$ 是 $\mathscr{F}_\sigma$ 可测的, 故 $1_{\{\tau\geqslant\sigma\}}\mathbb{E}(X|\mathscr{F}_\sigma)$ 是 $\mathscr{F}_{\sigma\wedge\tau}$ 可测的. 因此 $\mathbb{E}(X|\mathscr{F}_\sigma)$ 是 $\mathscr{F}_{\sigma\wedge\tau}$ 可测的, 完成证明. □

由上面的引理和 Doob 停止定理, 对任何 $t > s$,

$$\begin{aligned}\mathbb{E}(X_{t\wedge\tau}|\mathscr{F}_s) &= \mathbb{E}(X_{t\wedge\tau}|\mathscr{F}_{s\wedge(t\wedge\tau)})\\ &= \mathbb{E}(X_{t\wedge\tau}|\mathscr{F}_{s\wedge\tau}) \geqslant X_{s\wedge\tau}.\end{aligned}$$

因此有下面的推论.

推论 3.3.7 **设** $X = (X_t)$ **是下鞅,** τ **是停时, 则停止过程** X^τ **也是下鞅.**

下面定理说明一个非负右连续上鞅一旦在某时刻等于零就永远是零, 在第四章中有用.

定理 3.3.8 **如果** X **是非负右连续且具有左极限的上鞅,** $\tau := \inf\{t:\ X_t \cdot X_{t-} = 0\}$, **则对任意** $t > 0$ **有** $\mathbb{P}(X_t > 0, t \geqslant \tau) = 0$.

证明. 设 D 是 $\mathbf{R}^+$ 的可数稠子集, $t > 0$, $a > 0$, 以及 $D \cap [0, t)$ 的有限子集 F. 令

$$\sigma = \inf\{s \in F : X_s < a\}.$$

由 Doob 停止定理推出

$$\mathbb{E}(X_t; \inf_{s<t, s\in F} X_s < a) = \mathbb{E}(X_t; \sigma < t) \leqslant \mathbb{E}(X_\sigma; \sigma < t) \leqslant a.$$

进一步推出

$$\mathbb{E}(X_t; \inf_{s<t, s\in D} X_s = 0) \leqslant \mathbb{E}(X_t; \inf_{s<t, s\in D} X_s < a) \leqslant a.$$

由 a 的任意性得知

$$\mathbb{E}[X_t; \inf_{s<t, s\in D} X_s = 0] = 0.$$

最后由轨道右连左极性推出定理结论. □

另外, 由右连续性, 定理 3.1.6 中的两个下鞅不等式可推广到连续时间下鞅.

定理 3.3.9 (Doob 极大不等式) **设 X 是一个右连续下鞅, 则**

(1) **对任何 $\lambda > 0$ 及 $N > 0$,**

$$\lambda\mathbb{P}(\max_{0\leqslant t\leqslant N}|X_t|\geqslant\lambda)\leqslant 2\mathbb{E}X_N^+ - \mathbb{E}X_0.$$

(2) **若 X 是非负的, 则对任何 $p > 1$ 及 $N > 0$,**

$$\mathbb{E}\max_{0\leqslant t\leqslant N}X_t^p\leqslant\left(\frac{p}{p-1}\right)^p\mathbb{E}X_N^p.$$

特别地, 如果 X 是鞅, 那么 $\mathbb{E}\max_{0\leqslant t\leqslant N}X_t^2\leqslant 4\mathbb{E}X_N^2$.

证明留给读者作为习题. 鞅方法是研究随机过程的主要方法之一, 让我们用几个经典的例子来说明.

例 3.3.3 我们用 Doob 停止定理来算 Brown 运动的几个重要停时的分布. 设 $B = (B_t)$ 是标准 Brown 运动, 我们讨论 $a > 0$ 的首中时 $\tau = \tau_a$. 对任何 b, 容易验证

$$\left(\mathrm{e}^{bB_t-\frac{1}{2}b^2t} : t\geqslant 0\right)$$

是鞅, 称为指数鞅. 由 Doob 停止定理,

$$\mathbb{E}\left(\mathrm{e}^{bB_{t\wedge\tau}-\frac{1}{2}b^2(t\wedge\tau)}\right) = 1.$$

先要证明 $\mathbb{P}(\tau<\infty) = 1$. 取 $b > 0$, 因为 $t\wedge\tau\leqslant\tau$, 所以 $B_{t\wedge\tau}\leqslant a$. 因此期望内的随机变量族被一个实数 e^{ba} 控制. 然后

$$\mathbb{E}\left(\mathrm{e}^{bB_{t\wedge\tau}-\frac{1}{2}b^2(t\wedge\tau)}\right) = \mathbb{E}\left(\mathrm{e}^{bB_{t\wedge\tau}-\frac{1}{2}b^2(t\wedge\tau)},\tau<\infty\right) + \mathbb{E}\left(\mathrm{e}^{bB_t-\frac{1}{2}b^2t},\tau=\infty\right).$$

让 t 趋于无穷, 由控制收敛定理得

$$\mathbb{E}\left(\mathrm{e}^{ba-\frac{1}{2}b^2\tau},\tau<\infty\right) = 1.$$

再让 $b\downarrow 0$, 得 $\mathbb{P}(\tau<\infty) = 1$. 现在,

$$\mathbb{E}\left(\mathrm{e}^{-\frac{1}{2}b^2\tau}\right) = \mathrm{e}^{-ab},$$

作变换 $\theta = b^2/2$, 推出 τ 的 Laplace 变换为

$$\mathbb{E}\left(\mathrm{e}^{-s\tau_a}\right) = \mathrm{e}^{-a\sqrt{2s}}.$$

从数学上看, 一个非负随机变量的 Laplace 变换唯一地确定了它的分布.

设 $a < 0 < b$, τ_a, τ_b 分别是原点出发的 Brown 运动首次碰到 a, b 的时间, $\tau = \tau_a \wedge \tau_b$. 用鞅方法来求 $\mathbb{P}(\tau_a < \tau_b)$, $\mathbb{E}[\tau]$ 以及 τ 的 Laplace 变换. 由 Doob 停止定理, 对任何 $t > 0$, $\mathbb{E}B_{\tau\wedge t} = 0$. 当 $t \to \infty$ 时, $a \leqslant B_{\tau\wedge t} \leqslant b$, 因此由控制收敛定理得 $\mathbb{E}B_\tau = 0$. 而

$$B_\tau = a1_{\{\tau_a<\tau_b\}} + b1_{\{\tau_b<\tau_a\}},$$

因此 $a\mathbb{P}(\tau_a < \tau_b) + b\mathbb{P}(\tau_b < \tau_a) = 0$, 即

$$\mathbb{P}(\tau_a < \tau_b) = \frac{b}{b-a}.$$

要算 $\mathbb{E}\tau$, 需要用鞅 $(B_t^2 - t)$, 还是由 Doob 停止定理, $\mathbb{E}[B_{\tau\wedge t}^2] = \mathbb{E}[\tau \wedge t]$. 然后让 $t \to \infty$, 左边应用控制收敛定理, 右边应用单调收敛定理得

$$\mathbb{E}[\tau] = \mathbb{E}[B_\tau^2] = a^2\mathbb{P}(\tau_a < \tau_b) + b^2\mathbb{P}(\tau_a > \tau_b) = -ab.$$

类似地, 要算 τ 的 Laplace 变换, 应该用指数鞅 $(\exp(\lambda B_t - \lambda^2 t/2))$. 由 Doob 停止定理和控制收敛定理得

$$\mathbb{E}\left[\exp(\lambda B_\tau - \lambda^2\tau/2)\right] = 1, \tag{3.3.1}$$

因此

$$\mathrm{e}^{\lambda a}\mathbb{E}\left[\mathrm{e}^{-\lambda^2\tau/2}; \tau_a < \tau_b\right] + \mathrm{e}^{\lambda b}\mathbb{E}\left[\mathrm{e}^{-\lambda^2\tau/2}; \tau_a > \tau_b\right] = 1. \tag{3.3.2}$$

这还不足以算出 $\mathbb{E}\left[\mathrm{e}^{-\lambda^2\tau/2}\right]$. 再考虑指数鞅 $(\exp(-\lambda B_t - \lambda^2 t/2))$, 类似地得

$$\mathbb{E}\left[\exp(-\lambda B_\tau - \lambda^2\tau/2)\right] = 1 \tag{3.3.3}$$

和

$$\mathrm{e}^{-\lambda a}\mathbb{E}\left[\mathrm{e}^{-\lambda^2\tau/2}; \tau_a < \tau_b\right] + \mathrm{e}^{-\lambda b}\mathbb{E}\left[\mathrm{e}^{-\lambda^2\tau/2}; \tau_a > \tau_b\right] = 1, \tag{3.3.4}$$

那么

$$\mathbb{E}\left[\mathrm{e}^{-\lambda^2\tau/2}\right] = \frac{\sinh(\lambda a) - \sinh(\lambda b)}{\sinh(\lambda(a-b))},$$

其中 $\sinh x = (\mathrm{e}^x - \mathrm{e}^{-x})/2$. 由此立刻得到 τ 的 Laplace 变换. ∎

3.3.3 局部鞅

最后, 我们将要介绍局部鞅的概念, 由推论 3.3.7, 局部鞅的引入显得非常自然. 局部鞅的主要目的是局部化, 局部化方法在随机分析中非常重要, 在随后几节中会经常用到. 因为鞅的停止过程还是鞅, 所以我们给出下面的定义.

定义 3.3.10 过程 M 称为局部鞅, 如果存在单增趋于无穷的停时列 $\{\tau_n\}$ 使得对任何 n, 过程 $M^{\tau_n}1_{\{\tau_n>0\}}$ 是鞅.

上面的递增趋于无穷的停时列 $\{\tau_n\}$ 称为局部化列. 用局部化序列来停止随机过程得到所需性质的手段通常叫做局部化, 随机过程的局部概念可以顾名思义, 例如局部鞅是指局部化之后 (对任何 n) 是鞅, 局部平方可积鞅是指局部化之后是平方可积鞅, 局部有界过程是指局部化之后是有界过程, 等等. 在许多情况下, 局部化的性质是可以合并的, 这时因为两个局部化序列 $\{\tau_n\}$ 与 $\{\sigma_n\}$ 的取小 $\{\tau_n \wedge \sigma_n\}$ 还是局部化序列, 因此局部鞅与局部有界过程合起来就是局部有界鞅.

局部鞅有下面几个简单性质:

(1) 鞅是局部鞅;

(2) 局部鞅空间是线性空间;

(3) 一个局部鞅是局部一致可积鞅;

(4) M 是局部鞅当且仅当 $M - M_0$ 是局部鞅.

注意, 一致可积局部鞅与局部一致可积鞅是不同的. 另外, 在局部鞅的定义中是否可以简单化地用 M^{τ_n} 是鞅来代替 $M^{\tau_n}1_{\{\tau_n>0\}}$ 是鞅? 这两种定义的主要差别来自过程的初值. 现在的定义可以局部化初值, 因此, 一个 $\mathscr{F}_0$ 可测随机变量, 不管是否可积, 作为随机过程在现在的定义下总是局部鞅, 但是在简单化定义下做不到, 因为它无法改变过程的初值. 在绝大多数场合, 我们不妨假定随机过程零初值, 这时两者没有区别. 因此, 在后面说到局部化时, 为了节省符号, 我们总是用简单化的定义.

对任何连续局部鞅 M, 总是存在一个局部化序列 $\{\tau_n\}$ 使得 $M^{\tau_n}1_{\{\tau_n>0\}}$ 是一个有界连续鞅, 例如 M 本身的局部化序列与停时 $\sigma_n := \inf\{t > 0 : |M_t| > n\}$ 的更小者.

由 Fatou 引理, 可积非负局部鞅是上鞅. 由有界收敛定理, 有界局部鞅是鞅. 局部鞅是鞅的一个非常有用的推广, 在后面几节中将会看到这一点. 在这里我们给一个可积的非负连续局部鞅不是鞅的例子.

例 3.3.4 设 $B=(B_t)$ 是 $\mathbf{R}^3$ 上的标准 Brown 运动, 取 $h(x):=|x|^{-1}$. 则 $h(B)=\{h(B_t)\}$ 是局部鞅, 但它不是鞅. 我们在这里只验证它不是鞅, 它是局部鞅的断言留到例 3.4.3 完成. 事实上, 对任何 $t>0$,

$$
\begin{aligned}
\mathbb{E}[h(B_t)] &= \int_{\mathbf{R}^3} \frac{1}{(2\pi t)^{\frac{3}{2}}} \frac{1}{|x|} \mathrm{e}^{-\frac{|x|^2}{2t}} dx \\
&\leqslant \int_{|x|\leqslant N} \frac{1}{(2\pi t)^{\frac{3}{2}}} \frac{1}{|x|} dx + \int_{|x|>N} \frac{1}{N} \frac{1}{(2\pi t)^{\frac{3}{2}}} \mathrm{e}^{-\frac{|x|^2}{2t}} dx \\
&\leqslant \frac{2\pi N^2}{(2\pi t)^{\frac{3}{2}}} + \frac{1}{N},
\end{aligned}
$$

因此 $\lim\limits_{t\to\infty} \mathbb{E}[h(B_t)]=0$, 该结论对从任意点出发的 Brown 运动成立, 请读者验证. 这说明 $h(B)$ 不可能是鞅. ∎

局部鞅什么条件下是鞅? 因为对任何 $t\geqslant 0$, $M_{\tau_n\wedge t}$ 几乎处处收敛于 M_t, 所以只要附加条件使得它有 L^1 收敛. 下面定理的证明简单, 留作习题.

定理 3.3.11 **设 M 是局部鞅.**

1. **它是鞅当且仅当对于任何 $t\geqslant 0$, $\{M_{\tau\wedge t}:\ \tau$ 是停时$\}$ 是一致可积的, 这时说 M 是类 DL 的.**

2. **它是一致可积鞅当且仅当 $\{M_\tau:\ \tau$ 是有限停时$\}$ 是一致可积的, 这时说 M 是类 D 的.**

习 题

1. 设 X 是平方可积鞅, $\mathbb{E}X_t\equiv 0$. 证明: X 是正交增量过程. 这说明鞅的性质介于独立增量与正交增量性质之间.

2. 设 X 是零均值平方可积的独立增量过程. 证明: 存在 $\mathbf{R}^+$ 上唯一的递增函数 F 使得 $(X_t^2-F(t))$ 是鞅.

3. 设 X 是右连续下鞅, 如果存在适应连续递增过程 A 使得 $A_0=0$ 且 $X-A$ 是鞅, 那么称 X 是可补偿的, A 是 X 的补偿子.

   (a) 设 B 是 d-维 Brown 运动, 证明: (B_t^2) 是可补偿的.

(b) 设 N 是参数为 λ 的 Poisson 过程, 问补偿 Poisson 过程的平方 $(N_t-\lambda t)^2$ 是否可补偿? N_t^2 是否可补偿? 如可以, 求补偿子.

4. 参考 Föllmer 引理前的定义, $f: D_K \to \mathbf{R}$, $U_{D_K}^f[a,b]$ 是 f 对于区间 $[a,b]$ 的上穿次数. 证明: f 在 $[0,K]$ 上没有第二类间断当且仅当对任何有理数 $a<b$, 有 $U_{D_K}^f[a,b]<\infty$.

5. 设 D_1, D_2 是 $\mathbf{R}^+$ 的两个可列稠子集, X^1, X^2 是分别由 D_1, D_2 按定理 3.3.2 中方法定义的右极限过程. 证明: X^1 与 X^2 是不可区分的.

6. (下鞅收敛定理) 设 (X_t) 是右连续下鞅且 $\sup_{t\geqslant 0}\mathbb{E}X_t^+<\infty$. 证明: $\lim\limits_{t\to\infty}X_t$ 几乎处处收敛且极限可积.

7. 设 Z 是可积随机变量. 证明: 对任何 $t_n \downarrow 0$,

$$\lim_n \mathbb{E}(Z|\mathscr{F}_{t_n}) = \mathbb{E}(Z|\mathscr{F}_{0+}).$$

8. 设 (X_t) 是右连续非负上鞅. 证明: 当 $t\to\infty$ 时, X_t 几乎处处收敛于一个可积随机变量 (记为 X_∞), 且 $(X_t: 0\leqslant t\leqslant +\infty)$ 是上鞅.

9. (Riesz 分解) 右连续的非负上鞅 (Z_t) 称为位势, 如果 $\lim\limits_{t\to\infty}\mathbb{E}Z_t=0$. 证明: 右连续一致可积上鞅 (X_t) 有 Riesz 分解 $X_t=M_t+Z_t$, 其中 (M_t) 是一个右连续一致可积的鞅, (Z_t) 是位势.

10. 证明: 一个鞅是一致可积鞅当且仅当它是右闭鞅 (Doob 鞅).

11. 设 $(X^{(n)})$ 是右连续上鞅列且对任何 t, $X_t^{(n)}$ 关于 n 递增. 证明: 极限 $X_t:=\sup_n X_t^{(n)}$ 右连续且左极限存在.

12. 设 (N_t) 是参数为 λ 的 Poisson 过程, 对 $u\in\mathbf{C}$, 定义

$$X_t := \exp[\mathrm{i}uN_t - \lambda t(\mathrm{e}^{\mathrm{i}u}-1)];\ t\geqslant 0.$$

(a) 证明: $(\mathrm{Re}(X_t))$, $(\mathrm{Im}(X_t))$ 是鞅;

(b) 当 $u=-\mathrm{i}$ 时, 上面的鞅是否一致可积?

13. 证明: M 是局部鞅当且仅当 $M-M_0$ 是局部鞅.

14. 证明:

   (a) 设 ξ 是 $\mathscr{F}_0$ 可测随机变量, X 是局部鞅, 那么 ξX 也是局部鞅;

   (b) 非负局部鞅是上鞅;

   (c) 局部鞅全体是个线性空间;

   (d) 局部鞅的停止过程仍是局部鞅.

15. 证明: 局部鞅是局部一致可积鞅.

16. 证明: 局部的局部鞅是局部鞅.

17. 设 B 是标准 Brown 运动, $a > 0$, $b \in \mathbf{R}$. 令 $T := \inf\{t > 0 : B_t > a + bt\}$, 求 $\mathbb{P}(T < +\infty)$ 且当此概率等于 1 时求 T 的 Laplace 变换 $\mathbb{E}[\mathrm{e}^{-sT}]$.

18. 设 $M = (M_t)$ 是可积非负局部鞅. 证明: $M_\infty := \lim\limits_{t\uparrow+\infty} M_t$ 存在, 且 M 是 Doob 鞅当且仅当 $\mathbb{E}M_\infty = \mathbb{E}M_0$.

19. 证明:

   (a) 鞅一定是类 DL 的;

   (b) 一致可积鞅是类 D 的;

   (c) 类 DL 的局部鞅是鞅;

   (d) 类 D 的局部鞅是一致可积鞅;

   (e) 非负下鞅是类 DL 的.

3.4 随机积分与 Itô 公式

3.4.1 二次变差过程

在本节中, 设 $(\mathscr{F}_t : t \geqslant 0)$ 是概率空间上满足通常条件的流. 设 $\mathscr{M}^2$ 是平方可积鞅全体, 如需要, 我们总是可以假设鞅是右连续的. 设 $\mathscr{M}_c^2$ 是连续的平方可积鞅全体. 显然 $\mathscr{M}_c^2$ 是 $\mathscr{M}^2$ 的线性子空间. 对 $M \in \mathscr{M}^2$, 定义

$$\|M\| := \sum_{n\geqslant 0} 2^{-n}(1 \wedge \sqrt{\mathbb{E}M_n^2}).$$

显然它诱导 $\mathscr{M}^2$ 上的度量. 我们先证明一个完备性定理.

定理 3.4.1 $(\mathscr{M}^2, \|\cdot\|)$ **是完备的**, $\mathscr{M}_c^2$ **是闭子空间**.

证明. 设 $M^{(n)}$ 是 $\mathscr{M}^2$ 中的一个 Cauchy 列, 则显然对任何 $t \geqslant 0$, 存在 M_t 使得 $M_t^{(n)}$ 平方 (L^2-) 收敛于 M_t, 容易验证 $M = (M_t) \in \mathscr{M}^2$ 且 $M^{(n)}$ 以 $\|\cdot\|$ 收敛于 M. 因此 $\mathscr{M}^2$ 是完备的. 进一步, 由定理 3.3.9(2), 对任何 $t > 0$, 有

$$\mathbb{E} \max_{0 \leqslant s \leqslant t} (M_s^{(n)} - M_s)^2 \leqslant 4\mathbb{E}(M_t^{(n)} - M_t)^2.$$

由此推出除去一个零概率集外, $t \mapsto M_t^{(n)}$ 在 $\mathbf{R}^+$ 上紧一致收敛 (至少沿一个子列) 于 $t \mapsto M_t$. 因此 $M^{(n)} \in \mathscr{M}_c^2$ 蕴含 $M \in \mathscr{M}_c^2$, 即 $\mathscr{M}_c^2$ 是闭的. □

定义 3.4.2 一个右连续随机过程称为增过程 (或有界变差过程), 如果它的几乎所有样本轨道是初值为零且递增 (对应地, 在有限区间上是有界变差的).

有界变差过程应该称为局部有界变差过程, 因为 A 是有界变差过程等价于存在局部化序列 $\{\tau_n\}$ 使得对任何 n, A^{τ_n} 的所有轨道在 $\mathbf{R}^+$ 上有界变差. 首先我们证明像 Brown 运动一样, 连续鞅是有界变差过程当且仅当它是常值过程. 当我们说一个随机过程 (X_t) 是常值过程是指存在随机变量 ξ 使得对任何 t, $X_t = \xi$ a.s..

定理 3.4.3 连续局部鞅是有界变差过程当且仅当它恒等于零.

证明. 设 M 是一个具有有界变差的连续局部鞅. 记 V 是 M 的全变差过程, 定义 $\tau_n := \inf\{t: \ V_t \geqslant n\}$, 则 $\{\tau_n\}$ 是一个趋于无穷的单增停时列, 而且停止过程 M^{τ_n} 是一个具有有界的全变差过程的连续局部鞅. 因此下面我们不妨设 M 的全变差过程及 M 本身被常数 K 控制. 对任何 $t \geqslant 0$ 及 $[0,t]$ 上的任何分划 $\Delta = \{t_i\}$, 因为 $M_0 = 0$, 故有

$$\begin{aligned}\mathbb{E}M_t^2 &= \mathbb{E}\sum_i (M_{t_{i+1}}^2 - M_{t_i}^2) \\ &= \mathbb{E}\sum_i (M_{t_{i+1}} - M_{t_i})^2 \leqslant K \cdot \mathbb{E}\sup_i |M_{t_{i+1}} - M_{t_i}|,\end{aligned}$$

由 M 的连续性, 当 $|\Delta| \to 0$ 时, $\sup_i |M_{t_{i+1}} - M_{t_i}| \longrightarrow 0$ a.s., 再由控制收敛定理, $\mathbb{E}\sup_i |M_{t_{i+1}} - M_{t_i}| \longrightarrow 0$, 故 $\mathbb{E}M_t^2 = 0$, 从而 M 恒等于零. □

虽然连续局部鞅一般没有有界一次变差, 但它却有二次变差过程, 正是这个性质使得我们可以定义关于连续鞅的随机积分. 注意二次变差和一次变差有本质的不同, 一次变差随着划分变细而增加, 二次变差没有这个性质, 因此一次变差极限存在与有界是一样的, 而二次变差只能用极限定义.

定义 3.4.4 **如果, 当 $\mathbf{R}^+$ 上的任何分划 $\Delta := \{t_i\}$ 的长度 $|\Delta| = \max_i |t_i - t_{i-1}|$ 趋于零时, 对任何 $t \geqslant 0$, 两个过程 X, Y 的协变差和**

$$\sum_i (X_{t_{i+1}\wedge t} - X_{t_i\wedge t})(Y_{t_{i+1}\wedge t} - Y_{t_i\wedge t})$$

依概率收敛, 那么说它们的协变差过程存在, 其极限组成一个随机过程, 记为 $\langle X, Y\rangle$. 当 $\langle X, X\rangle$ 存在时, 称 X 的二次变差过程存在或者简单地说有二次变差, 写为 $\langle X\rangle$.

当我们说 $\Delta = \{t_i : i \geqslant 0\}$ 是 $\mathbf{R}^+$ 上的分划时, 总约定 $t_0 = 0$ 且 t_i 严格递增趋于 $+\infty$. 从定义看出, 协变差过程 $\langle X, Y\rangle$ 不依赖于 X, Y 的初值.

引理 3.4.5 **一个连续过程 X 与一个连续有界变差过程 Y 的协变差 $\langle X, Y\rangle = 0$.**

证明. 当分划趋于零时, 沿几乎所有轨道

$$\sum_i (X_{t_{i+1}\wedge t} - X_{t_i\wedge t})(Y_{t_{i+1}\wedge t} - Y_{t_i\wedge t}) \leqslant \max_i |X_{t_{i+1}\wedge t} - X_{t_i\wedge t}| \cdot V_t$$

趋于零, 其中 V_t 是 Y 在 $[0, t]$ 上的全变差. □

下面我们证明连续局部鞅有二次变差. 过程 X 在 Δ 上的平方和过程记为

$$T_t^{\Delta}(X) := \sum_i (X_{t_{i+1}\wedge t} - X_{t_i\wedge t})^2.$$

定理 3.4.6 **设 M 是一个连续局部鞅, 则**

(1) **M 有二次变差;**

(2) **二次变差过程 $\langle M\rangle$ 是使得 $M^2 - A$ 成为局部鞅的唯一连续增过程 A.**

证明. 唯一性由定理 3.4.3 立即推出. 现在证明二次变差过程的存在性. 证明较长, 分数步完成. 不妨设 $M_0 = 0$, M 是有界连续鞅.

第一步: 验证 $M^2 - T^{\Delta}(M)$ 是一个连续鞅. 容易看出 $T_t^{\Delta}(M)$ 对任何时间 t 有界. 对任何 $t > s \geqslant 0$, 存在 k 使 $t_k < s \leqslant t_{k+1}$, 故

$$\begin{aligned}
&\mathbb{E}\left(T_t^{\Delta}(M) - T_s^{\Delta}(M)\middle|\mathscr{F}_s\right)\\
&= \mathbb{E}\left[\sum_{i>k} (M_{t_{i+1}\wedge t} - M_{t_i\wedge t})^2\middle|\mathscr{F}_s\right] + \mathbb{E}\left[(M_{t_{k+1}\wedge t} - M_{t_k})^2 - (M_s - M_{t_k})^2\middle|\mathscr{F}_s\right]
\end{aligned}$$

$$
\begin{aligned}
&= \mathbb{E}\left[\sum_{i>k}(M_{t_{i+1}\wedge t} - M_{t_i\wedge t})^2\bigg|\mathscr{F}_s\right] + \mathbb{E}\left[(M_{t_{k+1}\wedge t} - M_s)^2\bigg|\mathscr{F}_s\right] \\
&= \sum_i \mathbb{E}\left((M_{(t_{i+1}\wedge t)\vee s} - M_{(t_i\wedge t)\vee s})^2\bigg|\mathscr{F}_s\right) \\
&= \sum_i \mathbb{E}\left(M^2_{(t_{i+1}\wedge t)\vee s} - M^2_{(t_i\wedge t)\vee s}\bigg|\mathscr{F}_s\right) = \mathbb{E}\left(M_t^2 - M_s^2\bigg|\mathscr{F}_s\right),
\end{aligned}
$$

即 $M^2 - T^{\Delta}(M)$ 是一个在任何时间有界的连续鞅.

第二步: 估计 $\mathbb{E}(T_t^{\Delta}(M))^2$. 取控制 M 的一个常数 C, 记 $s_i := t_i \wedge t$,

$$
\begin{aligned}
\mathbb{E}(T_t^{\Delta}(M))^2 &= \mathbb{E}\left(\sum_i (M_{s_{i+1}} - M_{s_i})^2\right)^2 \\
&= \mathbb{E}\sum_i (M_{s_{i+1}} - M_{s_i})^4 + 2\mathbb{E}\sum_{i>j}(M_{s_{i+1}} - M_{s_i})^2(M_{s_{j+1}} - M_{s_j})^2 \\
&= \mathbb{E}\sum_i (M_{s_{i+1}} - M_{s_i})^4 + 2\mathbb{E}\sum_{i>j}(M^2_{s_{i+1}} - M^2_{s_i})(M_{s_{j+1}} - M_{s_j})^2 \\
&= \mathbb{E}\sum_i (M_{s_{i+1}} - M_{s_i})^4 + 2\mathbb{E}\sum_{j}(M^2_t - M^2_{s_{j+1}})(M_{s_{j+1}} - M_{s_j})^2 \\
&= \mathbb{E}\sum_i (M_{s_{i+1}} - M_{s_i})^2\left((M_{s_{i+1}} - M_{s_i})^2 + 2(M_t^2 - M^2_{s_{i+1}})\right) \\
&\leqslant 8C^2\mathbb{E}T_t^{\Delta}(M) = 8C^2\mathbb{E}(M_t^2 - M_0^2) \leqslant 16C^4.
\end{aligned}
$$

第三步: 证明当 Δ_n 趋于零时, $M^2 - T^{\Delta_n}(M)$ 是 $\mathscr{M}_c^2$ 中的 Cauchy 列. 首先任取两个分划 Δ 与 Δ', 用 Δ'' 表示两者合并后的分划. 因 $X := T^{\Delta}(M) - T^{\Delta'}(M)$ 是在任何时间 t 有界的连续鞅, 故过程 $X^2 - T^{\Delta''}(X)$ 是在任何时间有界的连续鞅, 且容易看出

$$
T_t^{\Delta''}(T^{\Delta}(M) - T^{\Delta'}(M)) \leqslant 2T_t^{\Delta''}(T^{\Delta}(M)) + 2T_t^{\Delta''}(T^{\Delta'}(M)).
$$

下面我们验证当分划的长度趋于零时, 等式右边 L^1 收敛于零. 事实上, 设 $\{t_i'\}$, $\{s_i'\}$ 分别是 Δ, Δ'' 的分划点, 再记 $t_i := t_i' \wedge t$, $s_i := s_i' \wedge t$, 这时对任何 k, 存在唯一的 l 使得 $t_l \leqslant s_k \leqslant s_{k+1} \leqslant t_{l+1}$, 因此

$$
\begin{aligned}
T^{\Delta}_{s_{k+1}}(M) - T^{\Delta}_{s_k}(M) &= (M_{s_{k+1}} - M_{t_l})^2 - (M_{s_k} - M_{t_l})^2 \\
&= (M_{s_{k+1}} - M_{s_k})(M_{s_{k+1}} + M_{s_k} - 2M_{t_l}),
\end{aligned}
$$

从而

$$
\begin{aligned}
T_t^{\Delta''}(T^{\Delta}(M)) &= \sum_k (T_{s_{k+1}}^{\Delta}(M) - T_{s_k}^{\Delta}(M))^2 \\
&\leqslant T_t^{\Delta''}(M) \sup_k (M_{s_{k+1}} + M_{s_k} - 2M_{t_l})^2,
\end{aligned}
$$

由 Cauchy-Schwarz 不等式,

$$
\begin{aligned}
\left(\mathbb{E}T_t^{\Delta''}(T^{\Delta}(M))\right)^2 &\leqslant \mathbb{E}[T_t^{\Delta''}(M)]^2 \mathbb{E}\left[\sup_k (M_{s_{k+1}} + M_{s_k} - 2M_{t_l})^4\right] \\
&\leqslant 16C^4 \cdot \mathbb{E}\left[\sup_k (M_{s_{k+1}} + M_{s_k} - 2M_{t_l})^4\right].
\end{aligned}
$$

应用有界收敛定理推出 $\lim\limits_{|\Delta|\to 0} \mathbb{E}T_t^{\Delta''}(T^{\Delta}(M)) = 0$, 故

$$
\lim_{|\Delta|,|\Delta'|\to 0} \mathbb{E}\left[(T_t^{\Delta}(M) - T_t^{\Delta'}(M))^2\right] = 0.
$$

第四步: 证明二次变差过程的存在性. 取长度趋于零的一个分划列 $\{\Delta_n\}$, 则 $\{M^2 - T^{\Delta_n}(M)\}$ 是 $\mathscr{M}_c^2$ 中的一个 Cauchy 列, 不妨设它是越来越细的 (读者可以想想为什么可以), 由定理 3.4.1, 它在 $\mathscr{M}_c^2$ 中有极限. 因此存在一个连续过程 A, 使得对任何 $t \geqslant 0$, $T_t^{\Delta_n}(M)$ 是 L^2 故而也是依概率收敛于 A_t 且 $M^2 - A$ 是一个鞅. 因 $T_0^{\Delta_n}(M) = 0$ a.s., 故 $A_0 = 0$ a.s.. 另外对任何 $t > s$, $s, t \in \bigcup_n \Delta_n$, 存在充分大的 n 使得

$$
T_t^{\Delta_n}(M) \geqslant T_s^{\Delta_n}(M), \text{ a.s.}.
$$

因此 $A_t \geqslant A_s$ a.s., 由 A 的连续性推出 A 是一个增过程, 由唯一性, A 与 Δ_n 的选择无关, 故定理对有界连续鞅成立.

第五步: M 是连续局部鞅. 由唯一性容易验证, 如果 M 有界, τ 是停时, 则 $\langle M^\tau \rangle = \langle M \rangle^\tau$. 现在设 M 是一个局部鞅, 取其一个局部化序列 $\{\tau_n\}$, 则由上面的说明得

$$
\langle M^{\tau_n} \rangle = \langle (M^{\tau_{n+1}})^{\tau_n} \rangle = \langle M^{\tau_{n+1}} \rangle^{\tau_n}.
$$

对 $t \leqslant \tau_n$, 定义 $\langle M \rangle_t := \langle M^{\tau_n} \rangle_t$ (实际上是暂时借用记号 $\langle M \rangle$). 上式说明定义无歧义, 再由定义不难验证 $\langle M \rangle$ 是一个从零出发的连续增过程且 $M^2 - \langle M \rangle$ 是一个连续局部鞅.

最后我们要证明 $\langle M \rangle$ 是 M 的二次变差过程 (说明上面借用的记号是合理的). 因为 M 是连续局部鞅, 故存在局部化停时列 $\{\tau_n\}$ 使得 M^{τ_n} 是有界连续鞅, 那么

$\langle M\rangle^{\tau_n} = \langle M^{\tau_n}\rangle$. 对任何 $t \geqslant 0$, 当 $k \longrightarrow \infty$ 时,

$$T_t^{\Delta_k}(M^{\tau_n}) \xrightarrow{L^2} \langle M\rangle_t^{\tau_n}.$$

因此在 $\{t < \tau_n\}$ 上 $T_t^{\Delta_k}(M) \xrightarrow{L^2} \langle M\rangle_t$. 现在任取 $\varepsilon > 0$, 对任何 $n \geqslant 1$ 有

$$\begin{aligned}&\overline{\lim_{k\to\infty}} \mathbb{P}(|T_t^{\Delta_k}(M) - \langle M\rangle_t| > \varepsilon)\\ &\quad\leqslant \lim_k \mathbb{P}(|T_t^{\Delta_k}(M) - \langle M\rangle_t| > \varepsilon, t < \tau_n) + \mathbb{P}(t \geqslant \tau_n) = \mathbb{P}(t \geqslant \tau_n),\end{aligned}$$

而 $\lim_n \mathbb{P}(t \geqslant \tau_n) = 0$, 即 $T_t^{\Delta_k}(M) \xrightarrow{\mathrm{p}} \langle M\rangle_t$. 完成证明. □

推论 3.4.7 1. **设** $M \in \mathscr{M}_c^2$. **则** $M^2 - \langle M\rangle$ **是鞅.**

2. **如果连续局部鞅** M **的二次变差过程** $\langle M\rangle$ **恒等于零, 那么** $M \equiv M_0$.

证明. 1. 不妨设 $M_0 = 0$ 存在局部化序列 $\{\tau_n\}$ 使得 $(M^{\tau_n})^2 - \langle M\rangle^{\tau_n}$ 是鞅, 推出对任何 n 与有界停时 $\tau \leqslant t$ 有 $\mathbb{E}M_{\tau\wedge\tau_n}^2 = \mathbb{E}\langle M\rangle_{\tau\wedge\tau_n}$. 对任何 n, $|M_{\tau\wedge\tau_n}| \leqslant \sup_{s\leqslant t}|M_s|$, Doob 极大不等式蕴含右边是平方可积的. 然后由控制收敛定理得 $\mathbb{E}(M_\tau^2) = \mathbb{E}\langle M\rangle_\tau$, 即推出 $M^2 - \langle M\rangle$ 是鞅.

2. 不妨设 $M_0 = 0$. 只需要在 M 是平方可积鞅时验证就足够了. $\langle M\rangle = 0$ 蕴含 M^2 是鞅, 因此 $\mathbb{E}M_t^2 = 0$, 即 $M_t = 0$. □

对任何连续局部鞅 M, N 定义

$$\langle M, N\rangle := \frac{1}{4}(\langle M+N\rangle - \langle M-N\rangle),$$

称它是 M, N 的协变差过程. 自然地, 对任何 $t \geqslant 0$, 当分划 $\{t_i\}$ 趋于零时,

$$\sum_i (X_{t_{i+1}\wedge t} - X_{t_i\wedge t})(Y_{t_{i+1}\wedge t} - Y_{t_i\wedge t})$$

依概率收敛于 $\langle X, Y\rangle_t$. 因此二次协变差有下列简单的性质: 设 M, N, M_1, M_2 是连续局部鞅, 则

(1) (对称性) $\langle M, N\rangle = \langle N, M\rangle$;

(2) 如果 a, b 是常数, 则 $\langle aM_1 + bM_2, N\rangle = a\langle M_1, N\rangle + b\langle M_2, N\rangle$;

(3) $|\langle M, N\rangle|^2 \leqslant \langle M\rangle\langle N\rangle$.

由此可以看出, 当 M, N 是连续局部鞅时, $\langle M, N\rangle$ 是满足下面两个条件的唯一的连续有界变差过程: (1) $\langle M, N\rangle_0 = 0$; (2) $MN - \langle M, N\rangle$ 是连续局部鞅 (作为习题). 下面的定理在局部化时是非常重要的.

推论 3.4.8 **设 M, N 是连续局部鞅, τ 是停时, 则**

$$\langle M^\tau, N^\tau\rangle = \langle M, N\rangle^\tau = \langle M, N^\tau\rangle.$$

证明. 不妨假设 M, N 都是有界的. 因为 $MN - \langle M, N\rangle$ 是鞅, 故 $M^\tau N^\tau - \langle M, N\rangle^\tau$ 也是鞅, 即第一个等号成立. 下面我们需验证 $M^\tau N^\tau - \langle M, N^\tau\rangle$ 是鞅, 或者证明 $M^\tau N^\tau - MN^\tau$ 是鞅, 因为 $MN^\tau - \langle M, N^\tau\rangle$ 是鞅.

对任何有界停时 σ, 由 Doob 停止定理,

$$\mathbb{E}(M_\sigma N_{\tau\wedge\sigma}) = \mathbb{E}(N_{\tau\wedge\sigma}\mathbb{E}(M_\sigma|\mathscr{F}_{\tau\wedge\sigma})) = \mathbb{E}(N_{\tau\wedge\sigma}M_{\tau\wedge\sigma}),$$

即说明 $\mathbb{E}(M^\tau N^\tau - MN^\tau)_\sigma = 0$, 推出 $M^\tau N^\tau - MN^\tau$ 是鞅. 一般情况利用局部化序列容易验证. □

例 3.4.1 若 $B = (B^{(1)}, \cdots, B^{(d)})$ 是 d-维 Brown 运动, 则从定理 2.5.7 的证明可以看出, $\langle B^{(i)}\rangle_t = t$. 下面我们证明当 $i \neq j$ 时, $\langle B^{(i)}, B^{(j)}\rangle = 0$. 只需验证 $B^{(i)}B^{(j)}$ 是鞅就足够了. 事实上, 对 $t > s$, 由鞅性与独立性得

$$\begin{aligned}\mathbb{E}(B_t^{(i)}B_t^{(j)} - B_s^{(i)}B_s^{(j)}|\mathscr{F}_s) &= \mathbb{E}((B_t^{(i)} - B_s^{(i)})(B_t^{(j)} - B_s^{(j)})|\mathscr{F}_s) \\ &= \mathbb{E}[(B_t^{(i)} - B_s^{(i)})(B_t^{(j)} - B_s^{(j)})] = 0.\end{aligned}$$

因此 $\langle B^{(i)}, B^{(j)}\rangle = \delta_{i,j}t$.

一般地, 如果 M, N 是独立的连续局部鞅, 则 $\langle M, N\rangle \equiv 0$. 这里不妨设它们是有界鞅来证明, 读者可自己用局部化方法证明一般情况. 上面的方法是没有用的, 因为一般的鞅没有独立增量性. 因此我们用定义来验证. 设 $\Delta = \{t_i\}$ 是 $[0, t]$ 的划分. 由鞅性与独立性,

$$\begin{aligned}\mathbb{E}\left(\sum_i (M_{t_i} - M_{t_{i-1}})(N_{t_i} - N_{t_{i-1}})\right)^2 &= \mathbb{E}\sum_i (M_{t_i} - M_{t_{i-1}})^2(N_{t_i} - N_{t_{i-1}})^2 \\ &\leqslant \mathbb{E}T_t^\Delta(M)\sup_i (N_{t_1} - N_{t_{i-1}})^2 \\ &\leqslant \sqrt{\mathbb{E}(T_t^\Delta(M))^2 \cdot \mathbb{E}\sup_i (N_{t_i} - N_{t_{i-1}})^4},\end{aligned}$$

由定理 3.4.6 的证明知 $\mathbb{E}(T_t^{\Delta}(M))^2$ 被一个与 Δ 无关的常数控制, 而由连续性第二项极限为零, 故 M, N 在 Δ 上的协变差的极限是零, 即 $\langle M, N\rangle = 0$. ∎

设 M 是连续局部鞅, 写 $M_t^2 = (M_t^2 - \langle M\rangle_t) + \langle M\rangle_t$, 即 M^2 可唯一分解为一个连续局部鞅与一个连续适应增过程的和. 这个结果是著名的 Doob-Meyer 分解的一个特例. Doob-Meyer 分解是说一个右连续下鞅可被唯一地分解为一个右连续鞅与一个可料增过程的和.

3.4.2 随机积分

下面, 我们将利用连续局部鞅有二次变差的事实建立随机过程相对于连续局部鞅的随机积分理论以及极其重要的 Itô 公式. 先证明一个关于积分的不等式. 设 F, G 是 $\mathbf{R}^+$ 上的递增右连续函数, α 是右连续函数, 满足对任何 $t > s \geqslant 0$,

$$|\alpha(t) - \alpha(s)|^2 \leqslant (F(t) - F(s))(G(t) - G(s)). \tag{3.4.1}$$

容易验证 α 在任何有界区间上是有限变差的且其全变差函数同样满足 (3.4.1). 让我们来证明下面的不等式成立.

引理 3.4.9 **设 f, g 是 $\mathbf{R}^+$ 上的可测函数, 那么**

$$\int_0^\infty |fg||d\alpha| \leqslant \left(\int_0^\infty f^2 dF\right)^{\frac{1}{2}} \left(\int_0^\infty g^2 dG\right)^{\frac{1}{2}}, \tag{3.4.2}$$

其中 $|d\alpha|$ 表示 α 的全变差诱导的测度.

证明. 因为全变差函数同样满足 (3.4.1), 故不妨假设 α 递增且我们只需验证对任何 $t > 0$ 及有界的 f, g 有

$$\int_0^t |fg| d\alpha \leqslant \left(\int_0^t f^2 dF\right)^{\frac{1}{2}} \left(\int_0^t g^2 dG\right)^{\frac{1}{2}}. \tag{3.4.3}$$

首先假设 f, g 是 $[0, t]$ 上的阶梯函数, 即

$$f = f_0 1_{\{0\}} + f_1 1_{(0,t_1]} + \cdots + f_n 1_{(t_{n-1},t_n]},$$
$$g = g_0 1_{\{0\}} + g_1 1_{(0,t_1]} + \cdots + g_n 1_{(t_{n-1},t_n]},$$

其中 f_i, g_i 是常数. 由给定的条件并应用 Cauchy-Schwarz 不等式得

$$\int_0^t |fg| d\alpha = \sum_{i=1}^n |f_i g_i| (\alpha(t_i) - \alpha(t_{i-1}))$$

$$\begin{aligned}
&\leqslant \sum_{i=1}^{n} |f_i g_i| \sqrt{F(t_i) - F(t_{i-1})} \sqrt{G(t_i) - G(t_{i-1})} \\
&\leqslant \left(\sum_{i=1}^{n} f_i^2 (F(t_i) - F(t_{i-1})) \right)^{\frac{1}{2}} \left(\sum_{i=1}^{n} g_i^2 (G(t_i) - G(t_{i-1})) \right)^{\frac{1}{2}} \\
&= \left(\int_0^t f^2 dF \right)^{\frac{1}{2}} \left(\int_0^t g^2 dG \right)^{\frac{1}{2}}.
\end{aligned}$$

若 μ 是 $[0,t]$ 上的有限测度, 那么有界连续函数全体在 $L^2(\mu)$ 中稠. 因此阶梯函数也在 $L^2(\mu)$ 中稠. 对 $f \in L^2(dF)$, $g \in L^2(dG)$, 取阶梯函数列 $f_n \longrightarrow f$, $g_n \longrightarrow g$ (依各自的范数), 那么依 $L^1(d\alpha)$ 有 $f_n g_n \longrightarrow fg$, 推出

$$\begin{aligned}
\int_0^t |fg| d\alpha = \lim_n \int_0^t |f_n g_n| d\alpha &\leqslant \lim_n \left(\int_0^t f_n^2 dF \right)^{\frac{1}{2}} \left(\int_0^t g_n^2 dG \right)^{\frac{1}{2}} \\
&= \left(\int_0^t f^2 dF \right)^{\frac{1}{2}} \left(\int_0^t g^2 dG \right)^{\frac{1}{2}}.
\end{aligned}$$

完成了不等式 (3.4.2) 的证明. □

设时间集为 $\mathbf{R}^+$, $(\mathscr{F}_t)$ 是概率空间上的一个满足通常条件的流. 如果 A 是一个有界变差过程, K 是可测过程, 则我们依轨道定义

$$\left(\int_0^t K dA \right)(\omega) := \int_0^t K_s(\omega) dA_s(\omega), \ t \geqslant 0, \ \omega \in \Omega,$$

只要右边的积分在通常意义下存在. $t \mapsto \int_0^t K dA$ 也是有界变差过程, 简记为 $K \bullet A$. 下面的不等式称为 Kunita-Watanabe 不等式.

定理 3.4.10 (Kunita-Watanabe) **设** M, N **是连续局部鞅**, H, K **是可测过程, 则**

$$\mathbb{E} \int_0^\infty |HK| |d\langle M, N \rangle| \leqslant \left(\mathbb{E} \int_0^\infty H^2 d\langle M \rangle \right)^{\frac{1}{2}} \left(\mathbb{E} \int_0^\infty K^2 d\langle N \rangle \right)^{\frac{1}{2}}. \tag{3.4.4}$$

证明. 记

$$\langle M, N \rangle_s^t := \langle M, N \rangle_t - \langle M, N \rangle_s, \ t > s.$$

由二次变差的定义及初等的 Cauchy-Schwarz 不等式容易验证

$$|\langle M, N \rangle_s^t|^2 \leqslant \langle M \rangle_s^t \langle N \rangle_s^t \text{ a.s.}$$

因此由不等式 (3.4.2) 推出几乎处处地, 下面的不等式成立:

$$\int_0^\infty |HK||d\langle M,N\rangle| \leqslant \left(\int_0^\infty H^2 d\langle M\rangle\right)^{\frac{1}{2}} \left(\int_0^\infty K^2 d\langle N\rangle\right)^{\frac{1}{2}}. \tag{3.4.5}$$

对此不等式再应用 Cauchy-Schwarz 不等式, 我们便得到著名的 Kunita-Watanabe 不等式:

$$\begin{aligned}\mathbb{E}\int_0^\infty |HK||d\langle M,N\rangle| &\leqslant \mathbb{E}\left(\int_0^\infty H^2 d\langle M\rangle\right)^{\frac{1}{2}} \left(\int_0^\infty K^2 d\langle N\rangle\right)^{\frac{1}{2}} \\ &\leqslant \left(\mathbb{E}\int_0^\infty H^2 d\langle M\rangle\right)^{\frac{1}{2}} \left(\mathbb{E}\int_0^\infty K^2 d\langle N\rangle\right)^{\frac{1}{2}}.\end{aligned}$$

完成了证明. □

为了方便, 用 H^2 表示满足条件 $\sup_{t>0}\mathbb{E}M_t^2 < \infty$ 的右连左极鞅 M, 也称为 L^2-有界的鞅全体, 它是 $\mathscr{M}^2$ 的子空间, 使用 H^2 的好处是可以定义一个内积使它成为 Hilbert 空间. 设 $M \in H^2$, 则 $|M|$ 是非负下鞅, 由 Doob 不等式,

$$\mathbb{E}\sup_{t>0} M_t^2 \leqslant 4\sup_{t>0}\mathbb{E}M_t^2$$

推出 $\sup\limits_{t>0}|M_t|$ 是平方可积的, 因此 (M_t^2) 是一致可积的. 故 $M_\infty := \lim\limits_{t\to\infty} M_t$ 作为 L^2 收敛极限与几乎处处收敛极限都存在, M_∞ 是平方可积的且 $M_t = \mathbb{E}(M_\infty|\mathscr{F}_t)$. 给 H^2 装备范数

$$\|M\|_{H^2} := [\mathbb{E}M_\infty^2]^{\frac{1}{2}},$$

内积为 $(M,N)_{H^2} = (M_\infty, N_\infty)_{L^2}$, 那么 $(M_t) \mapsto M_\infty$ 建立了 H^2 与 $L^2(\Omega,\mathscr{F},\mathbb{P})$ 之间的等距同构. 再定义 $\langle M\rangle_\infty := \lim\limits_{t\to\infty}\langle M\rangle_t$, 那么 $\mathbb{E}\langle M\rangle_\infty = \mathbb{E}M_\infty^2$ (习题). 用 H_c^2 表示 H^2 中的连续过程全体. 参照定理 3.4.1, 我们有下面的结论.

定理 3.4.11 H^2 **是一个 Hilbert 空间且** H_c^2 **是** H^2 **的闭子空间.**

固定 $M \in H_c^2$. 记 $L^2(M)$ 是满足

$$\|K\|_{L^2(M)}^2 := \mathbb{E}\int_0^\infty K^2 d\langle M\rangle < \infty$$

的循序可测过程全体. 在这里, 如果 $\|K - K'\|_{L^2(M)} = 0$, 我们记 $K = K'$. 对任何 $G \in \mathscr{B}(\mathbf{R}^+) \times \mathscr{F}_\infty$, 定义

$$\mu_{\langle M\rangle}(G) := \mathbb{E}\int_0^\infty 1_G d\langle M\rangle,$$

则 $\mu_{\langle M\rangle}$ 是 $(\mathbf{R}_+\times\Omega,\mathscr{B}(\mathbf{R}_+)\times\mathscr{F}_\infty)$ 上的测度, 而 $L^2(M)$ 是 $L^2(\mu_{\langle M\rangle})$ 中循序可测过程组成的子空间. 容易验证 $L^2(M)$ 是闭的, 因此它也是 Hilbert 空间. 注意无论 M 是什么, 有界的左连续或右连续适应过程全体总是 $L^2(M)$ 的子集.

这里, 我们采用 Riesz 表示定理来定义随机积分, 然后再证明随机积分实际上是取左端点的 Riemann-Stieltjes 和在分划趋于零时的依概率收敛的极限.

定理 3.4.12 **设 $M\in H_c^2$, 则对任何 $K\in L^2(M)$, 在 H_c^2 中存在唯一的元素, 记为 $K\bullet M$, 满足对任何 $N\in H_c^2$, $\langle K\bullet M,N\rangle=K\bullet\langle M,N\rangle$, 并且映射 $K\mapsto K\bullet M$ 是 $L^2(M)$ 到 H_c^2 的等距嵌入.**

证明. 唯一性是显然的 (参考习题). 为证明存在性, 令

$$\phi(N):=\mathbb{E}\int_0^\infty Kd\langle M,N\rangle,\ N\in H_c^2.$$

应用 Kunita-Watanabe 不等式,

$$|\phi(N)|\leqslant\left(\mathbb{E}\int_0^\infty K^2d\langle M\rangle\right)^{\frac{1}{2}}(\mathbb{E}\langle N\rangle_\infty)^{\frac{1}{2}}=\|K\|_{L^2(M)}\cdot\|N\|_{H^2}.$$

因此 ϕ 是 Hilbert 空间 H_c^2 上的有界线性泛函. 由 Riesz 表示定理, 在 H_c^2 中存在唯一的元素, 记为 $K\bullet M$ 使得

$$\mathbb{E}\int_0^\infty Kd\langle M,N\rangle=\mathbb{E}[(K\bullet M)_\infty N_\infty],N\in H_c^2.$$

现任取有界停时 τ, 在上式中用 N^τ 代替 N, 由定理 3.3.5 与推论 3.4.8 得

$$\begin{aligned}\mathbb{E}[(K\bullet M)_\tau N_\tau]&=\mathbb{E}[(K\bullet M)_\infty N_\tau]\\&=\mathbb{E}[(K\bullet M)_\infty N_\infty^\tau]=\mathbb{E}\int_0^\infty Kd\langle M,N^\tau\rangle\\&=\mathbb{E}\int_0^\infty Kd\langle M,N\rangle^\tau=\mathbb{E}(K\bullet\langle M,N\rangle)_\tau.\end{aligned}$$

由 Doob 有界停止定理知 $(K\bullet M)N-K\bullet\langle M,N\rangle$ 是鞅, 故 $\langle K\bullet M,N\rangle=K\bullet\langle M,N\rangle$.

有了唯一性, 我们得到下面的推论 3.4.13, 再应用在这里, 然后有

$$\begin{aligned}\|K\bullet M\|_{H^2}^2=\mathbb{E}(K\bullet M)_\infty^2&=\mathbb{E}\int_0^\infty Kd\langle M,K\bullet M\rangle\\&=\mathbb{E}\int_0^\infty K^2d\langle M\rangle=\|K\|_{L^2(M)}^2.\end{aligned}$$

故映射 $K\mapsto K\bullet M$ 是等距嵌入. □

下面列出映射 $K \mapsto K\bullet M$ 的两个重要性质, 它们是定理 3.4.12 中唯一性的直接推论, 读者可自行证明.

推论 3.4.13 设 $M \in H_c^2$.

1. 如果 $K \in L^2(M)$, $H \in L^2(K\bullet M)$, 那么 $HK \in L^2(M)$ 且 $H\bullet(K\bullet M) = (HK)\bullet M$.

2. 如果 $K \in L^2(M)$, τ 是停时, 那么

$$(K\bullet M)^\tau = K\bullet M^\tau = K^\tau\bullet M^\tau = K1_{[0,\tau]}\bullet M.$$

定义 3.4.14 设 $M \in H_c^2$, $K \in L^2(M)$. 如上定义的随机过程 $K\bullet M$ 称为 K 关于 M 的 (Itô 型) 随机积分, 也写为 $\int KdM$, 在 t 处值写为 $\int_0^t KdM$.

虽然我们已经定义了随机积分, 但还需要做两件事情:

(1) 拓展随机积分的定义范围至连续局部鞅;

(2) 证明随机积分是某种 Riemann 和的某种极限.

要拓展随机积分的定义到一般适应过程 K 关于连续局部鞅 M 的积分, 我们自然用局部化的方法. 因为

$$K\bullet M = K\bullet(M - M_0) = (K - K_0)\bullet(M - M_0) + K_0(M - M_0),$$

所以我们不必担心过程初值的可积性问题. 如果需要, 在定义随机积分时, 我们总是可以假设 K 与 M 的初值为零.

设 M 是连续局部鞅. 用 $L_{\text{loc}}^2(M)$ 表示满足存在趋于无穷的停时列 $\{\tau_n\}$ 使得

$$\mathbb{E}\int_0^{\tau_n} K^2 d\langle M\rangle < \infty, \ n \geqslant 1$$

的循序可测过程 K 的全体. 对 $K \in L_{\text{loc}}^2(M)$, 我们可取趋于无穷的停时列 $\{\tau_n\}$ 使得对任何 n, M^{τ_n} 是有界连续鞅且 $K \in L^2(M^{\tau_n})$. 后面总是取这样一个局部化序列.

定理 3.4.15 设 M 是连续局部鞅, $K \in L_{\text{loc}}^2(M)$, 则存在唯一的连续局部鞅, 记为 $K\bullet M$, 使得对任何连续局部鞅 N 有 $\langle K\bullet M, N\rangle = K\bullet\langle M, N\rangle$.

证明. 唯一性由同定理 3.4.12 的证明类似的方法推出. 为证明存在性, 取局部化序列 $\{\tau_n\}$, 因为 $M^{\tau_n} \in H^2$, $K \in L^2(M^{\tau_n})$, 故 $K\bullet M^{\tau_n}$ 有意义. 定义

$$(K\bullet M)_t := (K\bullet M^{\tau_n})_t, \ t \leqslant \tau_n.$$

首先要证明定义无歧义, 即验证当 $t \leqslant \tau_n$ 时, $(K\bullet M^{\tau_n})_t = (K\bullet M^{\tau_{n+1}})_t$. 由推论 3.4.13,

$$(K\bullet M^{\tau_n})^{\tau_n} = (K\bullet M^{\tau_n}) = (K\bullet M^{\tau_{n+1}})^{\tau_n}.$$

其次由于 τ_n 趋于无穷, $(K\bullet M)_t$ 对任何 $t < \infty$ 有定义.

现在 $(K\bullet M)^{\tau_n} = K\bullet M^{\tau_n}$ 是鞅, 故 $K\bullet M$ 是局部鞅. 另外不妨设 $\{\tau_n\}$ 也是 N 的局部化序列,

$$\begin{aligned}\langle K\bullet M, N\rangle^{\tau_n} &= \langle K\bullet M^{\tau_n}, N^{\tau_n}\rangle \\ &= K\bullet\langle M^{\tau_n}, N^{\tau_n}\rangle = K\bullet\langle M, N\rangle^{\tau_n} = (K\bullet\langle M, N\rangle)^{\tau_n}.\end{aligned}$$

因此 $\langle K\bullet M, N\rangle = K\bullet\langle M, N\rangle$. □

需要特别说明的是, $L^2_{\mathrm{loc}}(M)$ 中总是包含循序可测的局部有界过程类. 为方便, 本章中所说的局部有界过程假设是循序可测的. 特别地, 连续或者左连续适应过程是局部有界的. 现在随机积分定义的范围已经足够大了, 包括了几乎所有我们感兴趣的随机过程, 而且对于拓展了的随机积分, 推论 3.4.13 中的性质仍然成立. 下面我们讨论 Riemann 和. 首先考虑简单的阶梯过程情况.

引理 3.4.16 设 M 是连续局部鞅, $0 = t_0 < t_1 < \cdots < t_n$ **且** $\xi_i \in \mathscr{F}_{t_i}$, $0 \leqslant i < n$, **那么**

$$\left(\sum_{i=0}^{n-1} \xi_i 1_{(t_i, t_{i+}]}\right)\bullet M = \sum_{i=0}^{n-1} \xi_i (M^{t_{i+1}} - M^{t_i}).$$

证明. 由随机积分的线性性质, 只需证明如果 $b > a \geqslant 0$, ξ 是 $\mathscr{F}_a$ 可测的有界随机变量, 那么 $\xi 1_{(a,b]}\bullet M = \xi(M^b - M^a)$ 就足够了. 因为过程 $\xi 1_{(a,b]}$ 是左连续适应的, 故积分有意义.

先证明如果 (Y_t) 是一个时间 a 处等于零的鞅, 那么 ξY 是鞅. 事实上, 容易验证 ξY 是适应的, 然后任取 $t > s \geqslant 0$, 有

$$\mathbb{E}(\xi Y_t|\mathscr{F}_s) = \begin{cases} \mathbb{E}[\xi\mathbb{E}(Y_t|\mathscr{F}_a)|\mathscr{F}_s] = \mathbb{E}(\xi Y_a|\mathscr{F}_s) = 0 = \xi Y_s, & s \leqslant a, \\ \xi\mathbb{E}(Y_t|\mathscr{F}_s) = \xi Y_s, & a < s. \end{cases}$$

不妨设 M 有界, 那么 $Y := M^b - M^a$ 是时间 a 处等于零的鞅, 因此 ξY 是鞅. 另外对任何 $N \in H_c^2$, $(Y_t N_t - \langle Y, N\rangle_t)$ 也是时间 a 处等于零的鞅, 因此 $\xi(YN - \langle Y, N\rangle)$ 也是鞅, 从而

$$\langle \xi Y, N\rangle = \xi\langle Y, N\rangle = \xi(\langle M, N\rangle^b - \langle M, N\rangle^a) = \xi 1_{(a,b]}\bullet\langle M, N\rangle.$$

由定理 3.4.15 的唯一性推出结论正确. □

用 $\mathscr{L}_0$ 表示引理中被积过程这样的阶梯过程全体. 下面的定理说明至少左连续适应过程的随机积分可以用类似于 (左端点) Riemann 和的方法计算.

定理 3.4.17 **设** M **是连续局部鞅,** $\{K^{(n)}\}$ **在几乎所有轨道上逐点收敛于零的局部有界过程列并且被一个局部有界过程** K **控制, 则** $(K^{(n)}\bullet M)$ **在任何有界区间上依概率一致地收敛于零. 特别地, 如果** K **是局部有界的左连续适应过程, 则对任何** $t \geqslant 0$**, 当分划** $\Delta = \{t_i\}$ **的长度趋于零时, 随机积分** $(K\bullet M)_t$ **是** Riemann-Stieltjes **和**

$$\sum_i K_{t_i}(M_{t_{i+1}\wedge t} - M_{t_i\wedge t})$$

依概率收敛的极限.

证明. 先假设 K 和 M 是有界过程. 这时 $K^{(n)} \in L^2(M)$ 并且由 Lebesgue 控制收敛定理, 它按 $L^2_{\text{loc}}(M)$ 中的度量收敛于零. 因随机积分是连续映射, 故 $K^{(n)}\bullet M$ 按 H_c^2 中的度量收敛于零. 然后由 Doob 鞅不等式推出 $(K^{(n)}\bullet M)$ 在任何有界区间上依概率一致地收敛于零.

一般地, 我们只需证明对任何过程列 $X^{(n)}$, 如果存在局部化序列 $\{\tau_k\}$ 使得对任何 k, $(X^{(n)})^{\tau_k}$ 在有限区间上依概率一致地收敛于零, 那么 $X^{(n)}$ 也是. 事实上, 对任何 $\varepsilon > 0$,

$$\begin{aligned}\mathbb{P}(\max_{s\in[0,t]} |X_s^{(n)}| > \varepsilon) &\leqslant \mathbb{P}(\max_{s\in[0,t]} |X_s^{(n)}| > \varepsilon, \tau_k \geqslant t) + \mathbb{P}(\tau_k \leqslant t) \\ &\leqslant \mathbb{P}(\max_{s\in[0,t]} |(X^{(n)})_s^{\tau_k}| > \varepsilon) + \mathbb{P}(\tau_k \leqslant t),\end{aligned}$$

因此

$$\overline{\lim_n}\, \mathbb{P}(\max_{s\in[0,t]} |X_s^{(n)}| > \varepsilon) \leqslant \mathbb{P}(\tau_k \leqslant t).$$

而 $\tau_k \uparrow +\infty$, 故有 $\lim_n \mathbb{P}(\max_{s\in[0,t]} |X_s^{(n)}| > \varepsilon) = 0$.

对后一个结论, 因为 K 左连续, 故 K 是阶梯过程列

$$K^{\Delta}=K_0 1_{\{0\}}+\sum_{i=1}^{n} K_{t_{i-1}} 1_{(t_{i-1},t_i]}$$

的几乎所有轨道上点点收敛的极限. 先假设 K 有界, 利用上面的结果证明结论成立, 然后再利用局部化方法证明当 K 局部有界时结论也成立. □

从这个定理可以看出, 依概率收敛是可以局部化的, 而平方收敛是不能局部化的. 此定理在实际的计算中是非常有用的.

例 3.4.2 设 M 是连续局部鞅, 我们来计算它关于自身的随机积分 $M\bullet M$. 由上面的论述, 不妨设 M 是有界的, 则 $M\in L^2_{\mathrm{loc}}(M)$, 令

$$K_t^{(n)}:=\sum_{k\geqslant 0} M_{\frac{k}{2^n}} 1_{(\frac{k}{2^n},\frac{k+1}{2^n}]}(t),\ t\geqslant 0,$$

那么对 $t\geqslant 0$, 如果我们写 $t_{n,k}:=\frac{k}{2^n}\wedge t$, 则存在 N 使得 $t_{n,N-1}<t_{n,N}=t$, 故

$$\begin{aligned}
\int_0^t K^{(n)}dM&=\sum_{k=0}^{N-1} M_{t_{n,k}}(M_{t_{n,k+1}}-M_{t_{n,k}})\\
&=\sum_{k=0}^{N-1} M_{t_{n,k}}M_{t_{n,k+1}}-\sum_{k=0}^{N-1} M^2_{t_{n,k}}\\
&=\sum_{k=0}^{N-1} M_{t_{n,k}}M_{t_{n,k+1}}-\frac{1}{2}\left[\sum_{k=0}^{N-1} M^2_{t_{n,k}}+\sum_{k=0}^{N-1} M^2_{t_{n,k+1}}-M_t^2+M_0^2\right]\\
&=\frac{1}{2}(M_t^2-M_0^2)-\frac{1}{2}\sum_{k=0}^{N-1}(M_{t_{n,k+1}}-M_{t_{n,k}})^2,
\end{aligned}$$

由定理 3.4.6, 当 $n\to\infty$ 时,

$$\int_0^t K^{(n)}dM\xrightarrow{\mathrm{p}}\frac{1}{2}(M_t^2-M_0^2-\langle M\rangle_t),$$

因此

$$2\int_0^t MdM=M_t^2-M_0^2-\langle M\rangle_t.$$

可以看出 $M^2-\langle M\rangle=M_0^2+2M\bullet M$, 明确地给出了 M^2 的 Doob-Meyer 分解中的鞅部分. ■

下面引入半鞅.

定义 3.4.18 **一个连续适应过程 X 称为连续半鞅, 如果 $X = M + A$, 其中 M 是连续局部鞅, A 是连续的有界变差过程.**

因为有界变差过程从零点出发, 所以一个连续半鞅 X 的如上分解是唯一的, 称为 X 的半鞅分解, M 是 X 的鞅部分, A 是 X 的有界变差部分. 由引理 3.4.5 知连续半鞅 X 的二次变差过程存在, $\langle X\rangle = \langle M\rangle + \langle A\rangle + 2\langle M, A\rangle = \langle M\rangle$. 类似地, 两个连续半鞅 X, Y 的协变差过程 $\langle X, Y\rangle$ 等于它们鞅部分的协变差过程.

设过程 K 是局部有界的, 则可自然地定义 K 关于连续半鞅 X 的随机积分:

$$K\bullet X := K\bullet M + K\bullet A,$$

其中 $X = M + A$ 是半鞅分解, K 关于 A 的积分 $K\bullet A$ 是通常意义下的按轨道的 Stieltjes 积分. 显然 $K\bullet X$ 也是一个连续半鞅, 上式恰是其半鞅分解. 当 K 是局部有界左连续适应过程时, 定理 3.4.17 中的 Riemann-Stieltjes 和及其收敛定理仍然成立, 即 $(K\bullet X)_t$ 是 Riemann-Stieltjes 和 $\sum_i K_{t_i}(X_{t_{i+1}\wedge t} - X_{t_i\wedge t})$ 依概率收敛的极限.

引入半鞅的一个最大的方便之处是半鞅在许多通常的运算下是封闭的, 例如两个连续鞅的乘积一般不是连续鞅, 下面的定理说明连续半鞅的乘积仍然是连续半鞅, 称为随机积分的分部积分公式.

定理 3.4.19 **设 X, Y 是两个连续半鞅, 则**

$$XY = X_0Y_0 + X\bullet Y + Y\bullet X + \langle X, Y\rangle.$$

证明. 实际上, 上式由其特殊形式

$$X_t^2 = X_0^2 + 2\int_0^t X dX + \langle X\rangle$$

推出. 而对 $[0, t]$ 上的有限分划 $\Delta = \{t_i\}$, 有恒等式

$$\sum_i (X_{t_{i+1}} - X_{t_i})^2 = X_t^2 - X_0^2 - 2\sum_i X_{t_i}(X_{t_{i+1}} - X_{t_i}).$$

当分划的长度趋于零时, 立即得到上面的公式. □

当 X 或 Y 是连续有界变差过程时, 得到经典的分部积分公式

$$XY = X_0Y_0 + X\bullet Y + Y\bullet X.$$

3.4.3 Itô 公式

下面证明 Itô 公式, 它说明连续半鞅与一个 C^2 函数复合后仍是连续半鞅.

定理 3.4.20 (Itô) **设** $X=(X^1,\cdots,X^d)$ **是连续半鞅**, $F\in C^2(\mathbf{R}^d)$, **则**

$$F(X)=F(X_0)+\sum_{i=1}^{d}\frac{\partial F}{\partial x_i}(X)\bullet X^i+\frac{1}{2}\sum_{i,j=1}^{d}\frac{\partial^2 F}{\partial x_i\partial x_j}(X)\bullet\langle X^i,X^j\rangle.$$

证明. 这里只证明 $d=1$ 的情况. 设 $F\in C^2(\mathbf{R})$, X 是连续半鞅, 要证明

$$F(X)=F(X_0)+F'(X)\bullet X+\frac{1}{2}F''(X)\bullet\langle X\rangle.$$

利用定理 3.4.19, 用归纳法容易验证, 对 $n\geqslant 1$, 有

$$X^n=X_0^n+nX^{n-1}\bullet X+\frac{1}{2}n(n-1)X^{n-2}\bullet\langle X\rangle.$$

因此由随机积分的线性性, 定理当 F 是多项式时成立. 用已运用多次的局部化的方法, 我们可以设 X 是一个被常数 K 控制的有界过程. 这时存在多项式序列 $\{F_n\}$ 在闭区间 $[-K,K]$ 上依 $C^2(\mathbf{R})$ 上的范数收敛于 F, 即 F_n, F_n', F_n'' 分别一致收敛于 F, F', F'', 然后由随机积分的收敛定理 3.4.17 推出 Itô 公式对 F 成立. □

Itô 公式在随机分析中的重要性可与 Newton-Leibniz 定理在微积分中的重要性相媲美.

注释 3.4.1 通常我们写 $dY=HdX$ 代表 $Y-Y_0=H\bullet X$, 即

$$Y_t=Y_0+\int_0^t HdX,$$

则 Itô 公式可写为

$$dF(X)=F'(X)dX+\frac{1}{2}F''(X)d\langle X\rangle,$$

故而此公式也称为链法则.

下面的定理是 Dolean-Dade 指数鞅公式的特殊形式.

定理 3.4.21 (**指数鞅**) **设** M **是连续局部鞅, 则对任何常数** α,

$$\mathscr{E}^{\alpha}(M)_t:=\exp\left(\alpha M_t-\frac{\alpha^2}{2}\langle M\rangle_t\right)$$

是一个连续局部鞅. 反之, 如果 (Z_t) **是严格正的连续局部鞅, 那么存在连续局部鞅** M **使得** $Z=\mathscr{E}(M)$.

当 $\alpha=1$ 时, 写 $\mathscr{E}^1$ 为 $\mathscr{E}$.

证明. 令 $F(x,y):=\exp\left(\alpha x-\frac{\alpha^2}{2}y\right)$, 则

$$\frac{\partial F}{\partial y}+\frac{1}{2}\frac{\partial^2 F}{\partial x^2}=0.$$

运用 Itô 公式,

$$\begin{aligned}\mathscr{E}^\alpha(M)_t&=F(M_t,\langle M\rangle_t)\\&=F(M_0,\langle M\rangle_0)+\alpha\int_0^t F(M_s,\langle M\rangle_s)dM_s\\&\quad+\int_0^t\left(\frac{\partial F}{\partial y}+\frac{1}{2}\frac{\partial^2 F}{\partial x^2}\right)(M,\langle M\rangle)d\langle M\rangle.\end{aligned}$$

因此 $\mathscr{E}^\alpha(M)$ 是连续局部鞅.

反之, 如果 Z 是严格正的连续局部鞅, 那么 $M:=Z^{-1}\bullet Z$ 是连续局部鞅, 且显然有 $Z=\mathscr{E}(M)$. □

注释 3.4.2 实际上, 从定理证明可看出只要 F 满足

$$\frac{\partial F}{\partial y}+\frac{1}{2}\frac{\partial^2 F}{\partial x^2}=0,$$

$F(M,\langle M\rangle)$ 必是一个局部鞅.

注释 3.4.3 从上面的证明还可看出 $\mathscr{E}^\alpha(M)$ 实际上是随机微分方程

$$dX=\alpha XdM$$

的一个解. 把 M 换成连续半鞅还是对的.

下面 Lévy 的关于 Brown 运动的刻画定理, 也很有用.

定理 3.4.22 (Lévy) **一个从零点出发的适应的连续 d-维过程 X 是 d-维标准 Brown 运动当且仅当 X 是连续局部鞅且对任何 $1\leqslant i,j\leqslant d$, 有 $\langle X^k,X^j\rangle_t=1_{\{k=j\}}t$.**

证明. 设 X 是连续局部鞅且有 $\langle X^k,X^j\rangle_t=1_{\{k=j\}}t$, 则运用 Itô 公式如定理 3.4.21, 对任何 $\xi\in\mathbf{R}^d$,

$$\exp\left(\mathrm{i}(\xi,X_t)+\frac{1}{2}|\xi|^2t\right)$$

是连续局部鞅, 同理对任何 $n \geqslant 1$,

$$\exp\left(\mathrm{i}(\xi, X_{t\wedge n}) + \frac{1}{2}|\xi|^2(t\wedge n)\right)$$

是连续局部鞅, 因它是有界的, 故它是一个鞅. 现在对任何 $s < t$, $A \in \mathscr{F}_s$, 取 n 使得 $t \leqslant n$, 有

$$\mathbb{E}[1_A \exp\{\mathrm{i}(\xi, X_t - X_s)\}] = \mathbb{P}(A)\exp\left(-\frac{1}{2}|\xi|^2(t-s)\right),$$

由此推出 $X_t - X_s$ 独立于 $\mathscr{F}_s$ 并具有方差为 $t-s$ 的 Gauss 分布, 即 X 是 Brown 运动. □

Itô 公式有一个局部形式, 称为局部 Itô 公式, 也是很有用的. 设 D 是 $\mathbf{R}^d$ 的一个区域, ζ 是连续半鞅首次离开 D 的时间, 或 D^c 的首中时. 如果 $F \in C^2(D)$, 那么定理 3.4.20 中的 Itô 公式当 $t < \zeta$ 时成立. 证明也是利用局部化的方法. 设 $D_n = \{x : d(x, D^c) \geqslant \frac{1}{n}\}$, $\tau_n := \inf\{t > 0 :\ X_t \in D_n^c\}$, 其中 d 是 Euclid 距离, 那么 $\tau_n \uparrow \zeta$, $X^{\tau_n} \in D_n \subset D$. 因为对任何 n, $F|_{D_n}$ 总可以扩张为 $\mathbf{R}^d$ 上的 C^2 函数, 故有 Itô 公式

$$F(X^{\tau_n}) = F(X_0) + F'(X^{\tau_n})\bullet X^{\tau_n} + \frac{1}{2}F''(X^{\tau_n})\bullet\langle X^{\tau_n}\rangle.$$

即推出 Itô 公式在 $[0,\tau_n]$ 上成立, 也就是在 $[0,\zeta)$ 上成立.

例 3.4.3 让我们验证例 3.3.4 中的过程 $h(B)$ 是局部鞅的断言. 为了避免无定义, 选取从非零点 y 出发的 Brown 运动 B, 而且在 §4.1 中知 $\mathbb{P}^y(\tau_{\{0\}} < \infty) = 0$, 其中 $\tau_{\{0\}}$ 是 $\{0\}$ 的首中时, 因此 $h(B)$ 几乎肯定有定义. 对任何 $k \geqslant 1$, 取

$$D_k := \{x \in \mathbf{R}^3 : |x| \geqslant k^{-1}\}.$$

令 τ_k 是 D_k^c 的首中时, 因为 $\langle B_i, B_j\rangle_t = \delta_{i,j}t$, 且 h 在 $\mathbf{R}^3 \setminus \{0\}$ 上调和, 由局部 Itô 公式, 当 $t > 1$ 时,

$$h(B_t^{\tau_k}) - h(y) = \int_0^t \nabla h(B_s)1_{\{s<\tau_k\}} \cdot dB_s,$$

在 D_k 上, $|\nabla h|^2 = h^{-4} \leqslant k^4$, 因此 $h(B^{\tau_k})$ 是鞅, 而 $\tau_k \uparrow \tau_{\{0\}} = \infty$ a.s., 故推出 $\{h(B_t) : t \geqslant 0\}$ 是局部鞅. ∎

习 题

1. 设 M 是连续局部鞅. 证明:

   (a) $M \equiv M_0$ 当且仅当 $\langle M \rangle \equiv 0$;

   (b) $M \equiv M_0$ 当且仅当对任何连续局部鞅 N, 有 $\langle M, N \rangle \equiv 0$.

2. 设 f 是 $[0,1]$ 上的值域为至多可列集的右连续函数, 那么 f 是有界变差的当且仅当 $\sum_t |\Delta f(t)| < \infty$, 而 f 有二次变差当且仅当 $\sum_t |\Delta f(t)|^2 < \infty$, 其中 $\Delta f(t) = f(t) - f(t-)$.

3. 仿照二次变差的定义, 对任何 $p > 0$, 当分划长度趋于零时, $\sum_i |X_{t_{i+1}\wedge t} - X_{t_i\wedge t}|^p$ 依概率收敛, 则称随机过程 X 有有界 p 次变差, 极限记为 $V^p(X)$, 称为 p-次变差过程. 设 X 是连续局部鞅. 证明: 对 $p > 2$, $V^p(X) \equiv 0$; 对 $0 < p < 2$, 则在 $\{\langle X \rangle > 0\}$ 上, $V_t^p(X) = \infty$.

4. 设 X 是一个连续平方可积鞅且有平稳独立增量, $X_0 = 0$. 证明: $\langle X \rangle_t = t \cdot \mathbb{E}X_1^2$.

5. 设 M 是连续局部鞅, $M_0 = 0$, 如果 $\langle M \rangle_\infty$ 可积, 证明: M 是 Doob 鞅.

6. 设 Z 是有界随机变量, A 是有界连续适应增过程. 证明:

$$\mathbb{E}[ZA_\infty] = \mathbb{E}\left[\int_0^\infty \mathbb{E}(Z|\mathscr{F}_t)dA_t\right].$$

7. (Wald 恒等式) 设 B 是标准 Brown 运动.

   (a) 如果 τ 是可积停时, 证明: $\mathbb{E}B_\tau = 0, \mathbb{E}B_\tau^2 = \mathbb{E}\tau$;

   (b) 设 τ_b 是 b $(b \neq 0)$ 的首中时, 证明: $\mathbb{E}\tau_b = \infty$.

8. 设 M 是连续局部鞅. 证明: M^2 有二次变差且

$$\langle M^2 \rangle_t = 4\int_0^t M_s^2 d\langle M \rangle_s.$$

9. 设 B 是标准 Brown 运动, X 是独立于 B 的正随机变量. 令 $M_t := B_{tX}, t \geqslant 0$, $(\mathscr{F}_t)$ 是一个使得 M 适应的满足通常条件的最小的流.

(a) 证明: X 是 $\mathscr{F}_0$ 可测的;

(b) 证明: M 是 $(\mathscr{F}_t)$ 局部鞅且它是一个鞅当且仅当 $\mathbb{E}X^{\frac{1}{2}} < \infty$;

(c) 计算 $\langle M \rangle$;

(d) 将结果推广到 $M_t = B_{A_t}$, 其中 A 是一个独立于 B 的连续适应增过程.

10. 设 M 是有界鞅, A 是适应增过程, 验证:

$$\mathbb{E}\int_0^t M_s dA_s = \mathbb{E}M_t A_t.$$

11. 证明推论 3.4.13.

12. 设 M 是连续局部鞅, $K \in L^2(M)$, ξ 是 $\mathscr{F}_s$ 可测随机变量. 证明: 对 $t > s \geqslant 0$,

$$\int_s^t \xi K dM = \xi \int_s^t K dM.$$

13. 设 M 是连续局部鞅, $M_0 = 0$, 证明: $M \in H_c^2$ 当且仅当 $\mathbb{E}\langle M \rangle_\infty < \infty$.

14. 设 $M \in H_c^2$, τ 是停时. 证明: 如果 $\langle M \rangle_\tau = 0$, 那么 $\mathbb{P}(M_{\tau \wedge t} = 0, t \geqslant 0) = 1$.

15. 设 $M \in H_c^2$, 证明: $\mathbb{E}M_\infty^2 = \mathbb{E}\langle M \rangle_\infty$.

16. 设 B 是标准 Brown 运动, σ, τ 是两个可积停时且 $\sigma \leqslant \tau$. 证明: B_τ 平方可积且 $\mathbb{E}(B_\tau - B_\sigma)^2 = \mathbb{E}(B_\tau^2 - B_\sigma^2) = \mathbb{E}(\tau - \sigma)$.

17. 设 M, N 是连续局部鞅, $K \in L_{\text{loc}}^2(M) \cap L_{\text{loc}}^2(N)$, a, b 是常数. 证明: $K \in L_{\text{loc}}^2(aM + bN)$ 且 $K \bullet (aM + bN) = aK \bullet M + bK \bullet N$.

18. 设 M 是连续局部鞅. 证明: 局部有界过程在 $L_{\text{loc}}^2(M)$ 中.

19. 证明: 连续适应过程是局部有界的. 问右连左极适应过程或者左连右极适应过程是否局部有界?

20. 设 $M \in H_c^2$. 证明: 阶梯过程全体 $\mathscr{L}_0$ 在 $L^2(M)$ 中稠. 使用这个结论通过阶梯过程来定义随机积分.

21. 用归纳法验证: 对连续半鞅 X 有

$$X_t^n = X_0^n + n\int_0^t X^{n-1} dX + \frac{1}{2}n(n-1)\int_0^t X^{n-2} d\langle X \rangle.$$

22. 设 X, Y 是两连续半鞅, 在什么条件下 $\mathscr{E}(X+Y)=\mathscr{E}(X)\mathscr{E}(Y)$?

23. 设 X, Y 是两个连续半鞅, 定义

$$X\circ Y := X\bullet Y + \frac{1}{2}\langle X, Y\rangle,$$

称为 X 关于 Y 的 Stratonovich 积分, 也记为 $\int_0^t X\circ dY$. 证明:

(a) $\int_0^t X\circ dY$ 是和式

$$\sum_{i=1}^n \frac{X_{t_i}+X_{t_{i-1}}}{2}(Y_{t_i}-Y_{t_{i-1}})$$

当分划 $0=t_0<t_1<\cdots<t_n=t$ 的长度趋于零时依概率收敛的极限. 注: 如果 X, Y 都是 Brown 运动, 那么 $\int_0^t X\circ dY$ 是和式

$$\sum_{i=1}^n X_{(t_i+t_{i-1})/2}(Y_{t_i}-Y_{t_{i-1}})$$

当分划 $0=t_0<t_1<\cdots<t_n=t$ 的长度趋于零时依概率收敛的极限.

(b) $XY-X_0Y_0=X\circ Y+Y\circ X$.

24. 设 M 是连续局部鞅使得测度 $d\langle M\rangle_t$ 几乎处处与 Lebesgue 测度等价, 证明: 存在循序可测过程 V 和 Brown 运动 B 使得 $M_t=M_0+\int_0^t V_s dB_s$.

25. 设 M 是实连续局部鞅, 证明: M 在 $\{\sup_t M_t<\infty\}$ 上几乎处处收敛.

26. 设有有界单连通区域 $D\subset \mathbf{R}^d$, f 是 $\overline{D}$ 上的连续函数, 证明: f 是调和的当且仅当对任何 $x\in D$, $f(B^\tau)$ 是 $\mathbb{P}^x$-鞅, 其中 B 是标准 Brown 运动, τ 是 D^c 的首中时.

3.5 Itô 公式的应用

在这一节中, 我们将继续讨论半鞅与随机积分的一些性质. 设 $(\Omega, \mathscr{F}, \mathbb{P})$ 是一个概率空间, $(\mathscr{F}_t)$ 是其上的满足通常条件的流, 令 $\mathscr{F}_\infty := \sigma(\bigcup_{t\geqslant 0}\mathscr{F}_t)$.

3.5.1 连续局部鞅与 Brown 运动

下面引理是鞅与二次变差的关系, 证明留作习题.

引理 3.5.1 **设** M **是连续局部鞅,** $S \leqslant T$ **是停时, 则** M **在** $[S,T]$ **上是常数当且仅当** $\langle M\rangle$ **在** $[S,T]$ **上是常数.**

对适应增过程 A, 定义 A 的右连续逆 $\tau_t := \inf\{s : A_s > t\}$, $t \geqslant 0$, 那么它是停时且 (τ_t) 是递增右连续的. 当 A 连续时, $A_{\tau_t} = t$. 令 $\hat{\mathscr{F}}_t := \mathscr{F}_{\tau_t}$, $t \geqslant 0$, 那么 A_t 是 $(\hat{\mathscr{F}}_t)$-停时. 一般地, 一个增的右连续的停时族 $(\tau_t : t \geqslant 0)$ 称为时间变换. 实际上, 时间变换与适应增过程是一一对应的. 为了简单起见, 下面我们总假设 $\lim\limits_{t\to\infty} A_t = \infty$, 或者说 $\zeta := \inf\{t : \tau_t = \infty\} = \infty$. 这个假设并非本质需要的, 只是如果没有这个假设, 下面的结论都只能在 $t < \zeta$ 上成立.

设 X 是循序可测的, 则时间变换后的过程 $\hat{X}_t := X_{\tau_t}$ 是 $(\hat{\mathscr{F}}_t)$-适应的. 称 X 是 τ-连续的, 如果 X 在 $[\tau_-, \tau]$ 上是常数, 其中 τ_- 是 τ 的左极限过程. 显然这是一个逐轨道的性质, 不难验证, 如果 X 是连续的且 τ-连续, 则 $\hat{X}$ 是连续的且对任何 $t \geqslant 0$ 有 $A(\tau_{A_t}) = A_t$.

引理 3.5.2 **设** M **是** τ**-连续的, 连续** $(\mathscr{F}_t)$ **局部鞅, 则** $\hat{M}$ **是连续局部鞅, 且** $\langle \hat{M}\rangle = \widehat{\langle M\rangle}$.

证明. 首先设 M 是有界的. 我们只需验证 $\hat{M}$ 是 $(\hat{\mathscr{F}}_t)$ 鞅. 对任何 $n \geqslant 1$, $s < t$, 由 Doob 停止定理, $\mathbb{E}(M_{\tau_t\wedge n}|\mathscr{F}_{\tau_s}) = M_{\tau_s\wedge n}$. 再由有界收敛定理推出 $\mathbb{E}(M_{\tau_t}|\mathscr{F}_{\tau_s}) = M_{\tau_s}$, 即证明之. 同样, 因 $M^2 - \langle M\rangle$ 是有界连续鞅且 τ-连续, 故 $\hat{M}^2 - \widehat{\langle M\rangle}$ 是连续鞅. 因此由唯一性推出 $\langle \hat{M}\rangle = \widehat{\langle M\rangle}$.

一般地, 取停时 T 使得 M^T 是有界的, 那么 $\hat{T} := \inf\{t : \tau_t \geqslant T\}$ 是 $(\hat{\mathscr{F}}_t)$ 停时 (习题) 且 $\tau_{\hat{T}-} \leqslant T \leqslant \tau_{\hat{T}}$. 因为 M 是 τ-连续的, 故 M 在 $[T, \tau_{\hat{T}}]$ 上是常数, 推出 $\widehat{M^T} = \hat{M}^{\hat{T}}$, 故后者是 $(\hat{\mathscr{F}}_t)$ 有界连续鞅且 $\langle \widehat{M^T}\rangle = \widehat{\langle M\rangle^T} = \widehat{\langle M\rangle}^{\hat{T}}$. 最后, 如果 $\{T_n\}$ 是局部化序列使得 M^{T_n} 是有界连续鞅, 那么由定义及前面的假设推出 $\{\hat{T}_n\}$ 使得 $\hat{M}$ 成为连续 $(\hat{\mathscr{F}}_t)$ 局部鞅. $\square$

下面定理说明任何连续局部鞅经一个时间变换后成为 Brown 运动.

定理 3.5.3 (Dambis, Dubins-Schwarz) **设** M **是连续局部鞅,** $M_0 = 0$ **且** $\langle M\rangle_\infty = \infty$. **如果** (τ_t) **是** $\langle M\rangle$ **的右连续逆, 那么** $\hat{M}$ **是标准 Brown 运动且** $M = B_{\langle M\rangle}$, **其中** $B := \hat{M}$.

证明. 由引理 3.5.1, 因 $\langle M\rangle$ 是 τ-连续的, 故 M 也是. 由引理 3.5.2, $B_t := M_{\tau_t}$ 是连续局部鞅且 $\langle B\rangle = \langle M\rangle_{\tau_t}$. 因 $\langle M\rangle$ 连续, 故 $\langle M\rangle_{\tau_t} = t$ 即 $\langle B\rangle_t = t$, 因此 B 是标准 Brown 运动. 最后, 因为 M 是 τ-连续的, 所以 $B_{\langle M\rangle} = M_{\tau_{\langle M\rangle}} = M$. □

条件 $\langle M\rangle_\infty = \infty$ 保证 Brown 运动是完整的. 当 $\langle M\rangle_\infty < \infty$ 时, $\hat{M} = (M_{\tau_t})$ 不是一个完整的 Brown 运动, 它在 $[0, \langle M\rangle_\infty)$ 上是 Brown 运动.

3.5.2 Tanaka 公式

Itô 公式是对 C^2 函数成立的, 但在一维情况下, 它可以推广到凸函数. 设 f 是 $\mathbf{R}$ 上的一个凸函数, 自然 f 是连续的, 左导数 f'_- 存在且是递增的, 它诱导一个 $\mathbf{R}$ 上的测度. 这时, Itô 公式如下.

定理 3.5.4 **若 X 是连续半鞅, f 是凸函数, 则存在连续适应增过程 A 使得对任何 t 几乎处处**

$$f(X_t) = f(X_0) + \int_0^t f'(X)dX + \frac{1}{2}A_t,$$

其中 f' 表示左导数.

证明. 取非负函数 $j \in C_0^\infty((-\infty, 0))$ 满足 $\int jdx - 1$. 置

$$f_n(x) := \int_{-\infty}^0 f(x + \frac{y}{n})j(y)dy.$$

那么 $f_n \in C^\infty$ 凸, $f_n \longrightarrow f$ 且 $f'_n \uparrow f'$. 由 Itô 公式,

$$f_n(X_t) = f_n(X_0) + \int_0^t f'_n(X)dX + \frac{1}{2}A_t^{(n)},$$

其中 $A_t^{(n)} = \int_0^t f''_n(X)d\langle X\rangle$. 对任何 $t \geqslant 0$, 上式左边几乎处处收敛于 $f(X_t)$. 由局部化, 不妨设 X 与 $f'(X)$ 都是有界的. 因此由定理 3.4.17, $(\int_0^t f'_n(X)dX : t \geqslant 1)$ 在任何紧区间上一致地依概率收敛于 $(\int_0^t f'(X)dX : t \geqslant 0)$. 故 $\int_0^t f'_n(X)dX$ (至少有一个子列) 几乎处处收敛于 $\int_0^t f'(X)dX$. 令

$$A_t := f(X_t) - f(X_0) - \int_0^t f'(X)dX.$$

那么 A 是连续适应的且对任何 $t \geqslant 0$, $A_t^{(n)}$ 几乎处处收敛于 A_t. 因 $A^{(n)}$ 是增过程, 故 A 也是增过程. □

推论 3.5.5 (Tanaka) **对任何 $a \in \mathbf{R}$, 存在连续适应增过程 L^a 使得**

$$|X_t - a| = |X_0 - a| + \int_0^t \operatorname{sgn}(X - a)dX + L_t^a.$$

另外, 测度 dL_t^a 支持在集合 $\{t : X_t = a\}$ 上.

证明. 只需证明第二个断言. 应用 Itô 公式分别于 $|X-a|$ 和 $X-a$, 以及 Tanaka 公式, 得

$$\begin{aligned}
|X_t - a|^2 &= (X_0 - a)^2 + 2\int_0^t |X-a|d|X-a| + \langle |X-a| \rangle_t \\
&= (X_0 - a)^2 + 2\int_0^t |X-a|\operatorname{sgn}(X-a)dX + 2\int_0^t |X_s - a|dL_s^a + \langle X \rangle_t \\
&= \left((X_0 - a)^2 + 2\int_0^t (X-a)dX + \langle X \rangle_t \right) + 2\int_0^t |X_s - a|dL_s^a \\
&= (X_t - a)^2 + 2\int_0^t |X_s - a|dL_s^a,
\end{aligned}$$

推出第二项积分是零, 断言成立. □

定义 3.5.6 过程 L^a 通常称为 X 在 a 点的局部时, 也记为 $L^a(X)$.

如果 X 是标准 Brown 运动, 那么它在 0 点的局部时是一个连续递增但其诱导测度支撑在 Brown 运动的样本轨道的零点集上的. 局部时是概率论的重要概念, 在第四章中我们会详细介绍 Brown 运动的局部时.

3.5.3 Girsanov 变换

下面讨论半鞅在测度变换下的变化. 设 $\mathbf{Q}$ 是 $(\Omega, \mathscr{F})$ 的另一个概率测度, 概率及期望都用 $\mathbf{Q}$ 表示. 称 $\mathbf{Q}$ 关于 $\mathbb{P}$ 局部绝对连续, 如果对任何 $t \geqslant 0$, $\mathbf{Q}|_{\mathscr{F}_t} \ll \mathbb{P}|_{\mathscr{F}_t}$; 称 $\mathbf{Q}$ 关于 $\mathbb{P}$ 绝对连续, 如果 $\mathbf{Q}|_{\mathscr{F}_\infty} \ll \mathbb{P}|_{\mathscr{F}_\infty}$. 一个过程的鞅性与所讲的测度有关, 因此我们用 $\mathbb{P}$-(或 $\mathbf{Q}$-) 表示相对于测度 $\mathbb{P}$ (或 $\mathbf{Q}$).

现在设 $\mathbf{Q}$ 关于 $\mathbb{P}$ 局部绝对连续, 记 $Z = (Z_t)$ 为局部密度, 即对任何 $t \geqslant 0$, 在 $\mathscr{F}_t$ 上, $\mathbf{Q} = Z_t \cdot \mathbb{P}$.

定理 3.5.7 设 $\mathbf{Q}$ 关于 $\mathbb{P}$ 局部绝对连续, 且 $Z = (Z_t)$ 为局部密度, 那么

(1) **Z 是 $\mathbb{P}$-鞅, 且它是一致可积的当且仅当 $\mathbf{Q}$ 关于 $\mathbb{P}$ 绝对连续;**

(2) **一个适应过程 X 是 $\mathbf{Q}$-鞅当且仅当 XZ 是 $\mathbb{P}$-鞅.**

证明. 显然 Z 非负, 且 $\mathbb{E}Z_t = \mathbf{Q}1 = 1$. 对任何 $t > s \geqslant 0$, $A \in \mathscr{F}_s \subset \mathscr{F}_t$, 由局部密度的定义, 有 $\mathbb{E}(Z_t; A) = \mathbf{Q}(A) = \mathbb{E}(Z_s; A)$, 因此 Z 是 $\mathbb{P}$-鞅. 如果 X 是 $\mathbf{Q}$-鞅, 那么 XZ 是 $\mathbb{P}$-可积的且

$$\mathbb{E}(X_t Z_t; A) = \mathbf{Q}(X_t; A) = \mathbf{Q}(X_s; A) = \mathbb{E}(X_s Z_s; A),$$

因此 XZ 是 $\mathbb{P}$-鞅. 此方法是可逆的, 故 (2) 得证.

下面证明 (1) 的第二部分. 由鞅的正则化定理, 我们可设 Z 是右连续的. 若 Z 一致可积, 则 Z 是 Doob 鞅, 即存在可积的 Z_∞ 使得 $Z_t \xrightarrow{L^1} Z_\infty$ 且 $Z_t = \mathbb{E}(Z_\infty | \mathscr{F}_t)$. 对任何 t, $A \in \mathscr{F}_t$, 有 $\mathbf{Q}(A) = \mathbb{E}(Z_t; A) = \mathbb{E}(Z_\infty; A)$, 推出上式对 $\mathscr{F}_\infty$ 成立, 即 $\mathbf{Q}$ 关于 $\mathbb{P}$ 绝对连续. 反之容易推出 Z 是可闭鞅, 因此是一致可积的. □

下面我们设 $\mathbf{Q}$ 关于 $\mathbb{P}$ 局部绝对连续且不失一般性地设局部密度 Z 是右连续的.

定理 3.5.8 对任何停时 τ, 有 $\mathbf{Q} = Z_\tau \cdot \mathbb{P}$ 在 $\mathscr{F}_\tau \cap \{\tau < \infty\}$ 上成立. 另外, 如果 X 是一个适应右连续过程且 XZ 是 $\mathbb{P}$-局部鞅, 则 X 是 $\mathbf{Q}$-局部鞅.

证明. 对任何 $t \geqslant 0$, $A \in \mathscr{F}_\tau$, 有 $A \cap \{\tau < t\} \in \mathscr{F}_{\tau \wedge t}$, 且由 Doob 停止定理, $\mathbb{E}(Z_t | \mathscr{F}_{\tau \wedge t}) = Z_{\tau \wedge t}$. 因此

$$\begin{aligned} \mathbf{Q}(A \cap \{\tau < t\}) &= \mathbb{E}(Z_t; A \cap \{\tau < t\}) \\ &= \mathbb{E}(Z_{\tau \wedge t}; A \cap \{\tau < t\}) = \mathbb{E}(Z_\tau; A \cap \{\tau < t\}), \end{aligned}$$

让 $t \longrightarrow +\infty$, 得 $\mathbf{Q}(A \cap \{\tau < +\infty\}) = \mathbb{E}(Z_\tau; A \cap \{\tau < +\infty\})$.

对第二个断言, 只需证 X^τ 是 $\mathbf{Q}$-鞅当且仅当 $(XZ)^\tau$ 是 $\mathbb{P}$-鞅. 令 $\mathscr{F}_t^\tau := \mathscr{F}_{\tau \wedge t}$. 那么相对于流 $(\mathscr{F}_t^\tau)$, $\mathbf{Q}$ 关于 $\mathbb{P}$ 局部绝对连续且局部密度是 Z^τ. 因此 X^τ 是 $(\mathscr{F}_t)$ 的 $\mathbf{Q}$-鞅当且仅当 X^τ 是 $(\mathscr{F}_t^\tau)$ 的 $\mathbf{Q}$-鞅, 由定理 3.5.7, 这当且仅当 $X^\tau Z^\tau$ 是 $(\mathscr{F}_t^\tau)$ 的 $\mathbb{P}$-鞅, 当且仅当是 $(\mathscr{F}_t)$ 的 $\mathbb{P}$-鞅. 如果 XZ 是 $\mathbb{P}$-局部鞅, 存在停时列 $\tau_n \uparrow +\infty$ a.s. $\mathbb{P}$, 使得 $(XZ)^{\tau_n}$ 是 $\mathbb{P}$-鞅, 那么 X^{τ_n} 是 $\mathbf{Q}$-鞅. 而且容易推出 $\tau_n \uparrow +\infty$ a.s. $\mathbf{Q}$. 因此 X 是 $\mathbf{Q}$-局部鞅. □

下面的引理说明局部密度函数关于测度 $\mathbf{Q}$ 是严格正的.

引理 3.5.9 局部密度 Z 是 $\mathbf{Q}$-a.s. 严格正的, 即除一个 $\mathbf{Q}$-零测集外, $t \mapsto Z_t$ 是严格正的.

证明. 不妨设 $\mathbf{Q}$ 关于 $\mathbb{P}$ 绝对连续, 否则可以考虑用固定时间 t 停止. 令 $\tau := \inf\{t > 0 : Z_t = 0\}$. 只需验证 $\mathbf{Q}(\tau < \infty) = 0$. 事实上, 因 Z 是非负 $\mathbb{P}$-鞅, 由定理 3.3.8, 在 $\{t > \tau\}$ 上, $Z_t = 0$ a.s.$(\mathbb{P})$, 即推出在 $\{\tau < \infty\}$ 上, $Z_\infty = 0$ a.s.$(\mathbb{P})$, 那么 $\mathbf{Q}(\tau < \infty) = \mathbb{P}(Z_\infty; \{\tau < \infty\}) = 0$. □

下面是著名的 Girsanov 公式.

定理 3.5.10 (Girsanov) **设 $\mathbf{Q}$ 关于 $\mathbb{P}$ 局部绝对连续且局部密度是连续的, 那么对任何连续 $\mathbb{P}$-局部鞅 M, 过程 $\widetilde{M} := M - Z^{-1}\bullet\langle M, Z\rangle$ 是一个连续 $\mathbf{Q}$-局部鞅.**

证明. 如果 Z^{-1} 是有界的, 那么 $\widetilde{M}$ 是一个连续的 $\mathbb{P}$-半鞅, 显然 $\langle \widetilde{M}, Z\rangle = \langle M, Z\rangle$, 由分部积分公式得

$$\begin{aligned}\widetilde{M}_t Z_t - \widetilde{M}_0 Z_0 &= \int_0^t \widetilde{M} dZ + \int_0^t Z d\widetilde{M} + \langle \widetilde{M}, Z\rangle \\ &= \int_0^t \widetilde{M} dZ + \int_0^t Z dM - \langle M, Z\rangle + \langle \widetilde{M}, Z\rangle \\ &= \int_0^t \widetilde{M} dZ + \int_0^t Z dM,\end{aligned}$$

即 $\widetilde{M}Z$ 是一个 $\mathbb{P}$-局部鞅, 由定理 3.5.8, $\widetilde{M}$ 是 $\mathbf{Q}$-局部鞅.

对一般的 Z, 令 $\tau_n := \inf\{t > 0 : Z_t < \frac{1}{n}\}$, 则 τ_n 是停时且由上面的引理, $\tau_n \uparrow +\infty$ a.s. $\mathbf{Q}$. 而 $(Z^{\tau_n})^{-1}$ 有界, 故推出 $\widetilde{M}^{\tau_n}$ 是一个 $\mathbf{Q}$-局部鞅, 因此 $\widetilde{M}$ 也是一个 $\mathbf{Q}$-局部鞅. □

反过来, 给定一个非负的 $\mathbb{P}$-鞅 Z, 则有一个关于 $\mathbb{P}$ 局部绝对连续的概率 $\mathbf{Q}$ 以 Z 作为局部密度. 下面的定理是 Kolmogorov 相容性定理的推论.

定理 3.5.11 设 E 是 Polish 空间, $\Omega = E^{[0,\infty)}$, $\mathscr{F} = \mathscr{E}^{[0,\infty)}$, $\mathbb{P}$ 是 $(\Omega, \mathscr{F})$ 上的概率测度, $X = (X_t)$ 是 Ω 上的典则过程, $\mathscr{F}_t := \sigma(\{X_s : s \leqslant t\})$. 若 $Z = (Z_t)$ 是非负鞅且 $\mathbb{E}Z_0 = 1$, 则存在 $(\Omega, \mathscr{F})$ 上的概率测度 $\mathbf{Q}$ 使得对任何 $t \geqslant 0$, 在 $\mathscr{F}_t$ 上 $\mathbf{Q} = Z_t \cdot \mathbb{P}$.

在上节中, 我们看到如果 M 是一个局部鞅且 $M_0 = 0$, 那么其指数鞅

$$\mathscr{E}(M)_t = \exp\left(M_t - \frac{1}{2}\langle M\rangle_t\right),\ t \geqslant 0,$$

也是一个局部鞅且 $\mathbb{E}\mathscr{E}(M)_0 = 1$. 实际上逆命题也成立, 即若 Z 是严格正的连续局部鞅, 则存在连续局部鞅 M 使得 $Z = \mathscr{E}(M)$. 但一般地, Z 仅是一个上鞅, 不是鞅. 可是为了构造一个新的概率测度 $\mathbf{Q}$, $\mathscr{E}(M)$ 必须是一个真正的鞅, 而不仅仅是局部

鞅. 使得 $\mathscr{E}(M)$ 是鞅的一个充分条件 (Novikov 条件) 如下: 若 M 是连续局部鞅, $M_0=0$ 且对任何 $t\geqslant 0$,

$$\mathbb{E}\left(\exp(\langle M\rangle_t/2)\right)<\infty,$$

则 $\mathbb{E}\mathscr{E}(M)_t=1$, $t\geqslant 0$, 即 $\mathscr{E}(M)$ 是一个鞅.

例 3.5.1 设 N 是连续局部鞅, $Z:=\mathscr{E}(N)$ 是鞅. $\mathbf{Q}$ 是关于 $\mathbb{P}$ 局部绝对连续的概率测度使得 Z 是局部密度. 再设 M 是 $\mathbb{P}$-连续局部鞅, 那么 $\widetilde{M_t}=M_t-Z_t^{-1}\bullet\langle M,Z\rangle=M_t-\langle M,N\rangle_t$ 是 $\mathbf{Q}$-连续局部鞅. 特别地, 设 B 是 $(\Omega,\mathscr{F},\mathbb{P})$ 上标准 Brown 运动, 如果 $H=(H_s)$ 是有界循序可测过程, 那么

$$Z_t:=\exp\left(\int_0^t H_s dB_s-\frac{1}{2}\int_0^t H_s^2 ds\right)$$

是鞅, 令 $\mathbf{Q}=Z\cdot\mathbb{P}$, 那么过程 $\widetilde{B}_t:=B_t-\int_0^t H_s ds$ 是 $\mathbf{Q}$-连续局部鞅而且 $\langle\widetilde{B}\rangle_t=\langle B\rangle_t=t$. 因此由定理 3.4.22, 过程 $\widetilde{B}$ 是关于测度 $\mathbf{Q}$ 的标准 Brown 运动. 或者说, 原 Brown 运动在新的测度下是一个半鞅, 其分解为 $B_t=\widetilde{B}_t+\int_0^t H_s ds$. 当 $H_s=h(s)$ 是确定性函数时, 这是说在概率 $\mathbb{P}$ 下的漂移 Brown 运动 $\widetilde{B}_t$, $t>0$ 在测度

$$\exp\left(\int_0^t h(s)dB_s-\frac{1}{2}\int_0^t h(s)^2 ds\right)\cdot\mathbb{P}$$

之下是 Brown 运动.

换一种语言. 这个结果在 Wiener 空间上怎么解释呢? 考虑区间 $[0,1]$ 上的 Wiener 空间 $(W,\mathscr{B}(W),\mu)$. 对 $x\in W$, 定义

$$T_h x(t):=x(t)+\int_0^t h(s)ds,\ t\in[0,1].$$

这是 W 上的一个平移算子, 记

$$\widetilde{x}(t):=x(t)-\int_0^t h(s)ds=T_h^{-1}x(t).$$

在 Wiener 测度下, 轨道过程是 Brown 运动, 上面的结果用 Wiener 测度的语言来说, 即

$$\mu(A)=\phi_h\cdot\mu(\widetilde{x}\in A),\ A\in\mathscr{B}(W),$$

其中

$$\phi_h(x)=\exp\left(\int_0^1 h(s)dx(s)-\frac{1}{2}\int_0^1 h(s)^2 ds\right),\ x\in W.$$

右边等于 $\phi_h \cdot \mu(x \in T_h A)$, 因此推出 $\mu(A) = (\phi_h \cdot \mu)(T_h A)$, 即 $\mu \circ T_h^{-1} = \phi_h \cdot \mu$, Wiener 测度在 T_h 下的像测度是 $\phi_h \cdot \mu$. 这个结果称为 Cameron-Martin 定理, 发表于 1944 年. 应该注意 Girsanov 公式和 Cameron-Martin 公式的关注点不同, Cameron-Martin 定理的主要目的是计算 Wiener 测度 μ 在漂移变换 T_h 下的像测度, 而这只有在 h 与 w 无关时做到. ∎

高维情况: 设 B 是 d-维标准 Brown 运动, H 是 d-维有界循序可测过程, 那么

$$Z_t := \exp\left(\int_0^t H_s \cdot dB_s - \frac{1}{2}\int_0^t |H_s|^2 ds\right)$$

是鞅, 其中 $H_s \cdot dB_s$ 是向量内积, $|H_s|^2$ 是向量的长度平方, 且 $dZ_t = Z_t H_s \cdot dB_s$. 令 $\mathbf{Q} = Z \cdot \mathbb{P}$, 那么 d-维过程 $\widetilde{B}_t := B_t - \int_0^t H_s ds$ 是 $\mathbf{Q}$-连续局部鞅而且

$$\langle \widetilde{B}^{(k)}, \widetilde{B}^{(j)} \rangle_t = \langle B^{(k)}, B^{(j)} \rangle_t = 1_{\{k=j\}} t, \ 1 \leqslant k, j \leqslant d.$$

因此由定理 3.4.22, 过程 $\widetilde{B}$ 是关于测度 $\mathbf{Q}$ 的 d-维标准 Brown 运动.

3.5.4 鞅表示定理

下面我们讨论相对于 Brown 运动流的鞅及其表示. 设 $B = (B_t)$ 是概率空间 $(\Omega, \mathscr{F}, \mathbb{P})$ 上的标准 d-维 Brown 运动, $(\mathscr{F}_t)$ 是 B 的自然流经过强化后得到的流, 称为 Brown 流.

定理 3.5.12 **对任何 $\xi \in L^2(\Omega, \mathscr{F}_\infty, \mathbb{P})$, 存在唯一的适应过程 $H \in L^2(B)$ 使得**

$$\xi = \mathbb{E}\xi + \int_0^\infty H_s dB_s.$$

证明. 我们只对 $d = 1$ 证明. 不妨设 $\mathbb{E}\xi = 0$, 否则用 $\xi - \mathbb{E}\xi$ 代替. 定义

$$\mathscr{H} := \{\xi \in L^2(\Omega, \mathscr{F}_\infty, \mathbb{P}) : \mathbb{E}\xi = 0\},$$

$\mathscr{H}'$ 是 $\mathscr{H}$ 中可以如定理中那样表示的 ξ 全体, 那么对 $\xi \in \mathscr{H}'$, 有

$$\mathbb{E}\xi^2 = \mathbb{E}\int_0^\infty H_s^2 ds.$$

那么唯一性是显然的且由此可验证 $\mathscr{H}'$ 是 $\mathscr{H}$ 的闭子空间. 现在要验证如果 $\xi \perp \mathscr{H}'$, 那么 $\xi = 0$ a.s..

任取 $f \in L^2(\mathbf{R})$, 用 $\mathscr{E}(f)$ 表示 $\mathrm{i}f\bullet B$ 的指数鞅, 那么它满足方程

$$\mathscr{E}_t(f) - 1 = \mathrm{i}\int_0^t \mathscr{E}_s(f)f(s)dB_s.$$

因为右边属于 $\mathscr{H}'$, 故 $\mathbb{E}[\xi \cdot \mathscr{E}_\infty(f)] = \mathbb{E}(\xi(\mathscr{E}_\infty(f) - 1)) = 0$. 取 f 是阶梯函数

$$f = \sum_{j=1}^n y_j 1_{(t_{j-1}, t_j]},$$

其中 $0 = t_0 < t_1 < \cdots < t_n$, $y_1, \cdots, y_n \in \mathbf{R}$, 那么

$$\mathbb{E}\left(\xi \cdot \exp\{\mathrm{i}\sum_{j=1}^n y_j(B_{t_j} - B_{t_{j-1}})\}\right) = 0$$

对任何 $\{t_j\}$ 和 $\{y_j\}$ 成立. 由特征函数的唯一性推出, 对任何 $H \in \mathscr{B}(\mathbf{R}^n)$, 有

$$\mathbb{E}(\xi; (B_{t_1} - B_{t_0}, \cdots, B_{t_n} - B_{t_{n-1}}) \in H) = 0,$$

那么自然也有 $\mathbb{E}(\xi; (B_{t_1}, \cdots, B_{t_n}) \in H) = 0$. 然后由单调收敛定理和 Dynkin 定理, 对任何 $A \in \mathscr{F}_\infty$, 有 $\mathbb{E}(\xi; A) = 0$, 故 $\xi = 0$ a.s.. 完成证明. □

定理 3.5.13 (**鞅表示定理**) **Brown 流局部鞅 M 的一个修正可以表示为**

$$M_t = C + \int_0^t H_s dB_s,$$

其中 C 是常数, H 是局部地在 $L^2(B)$ 中的适应过程. 特别地, 任何 Brown 流局部鞅有连续的修正.

证明. 先设 M 是 L^2 有界的, 那么 $M_\infty \in L^2(\Omega, \mathscr{F}_\infty, \mathbb{P})$. 由上面的定理, 存在 $H \in L^2(B)$ 使得

$$M_\infty = \mathbb{E}M_\infty + \int_0^\infty H_s dB_s,$$

因此

$$M_t = \mathbb{E}(M_\infty | \mathscr{F}_t) = C + \int_0^t H_s dB_s, \text{ a.s..}$$

右边是连续的, 说明 M 有一个连续的修正.

然后证明当 M 是一致可积鞅时也有连续修正. 因为这时候, 存在 L^2 有界的鞅 $M^{(n)}$ 使得 $M_\infty^{(n)} \longrightarrow M_\infty$. 由 Doob 不等式和 Borel-Cantelli 引理推出 $M^{(n)}$ 有一个子列几乎处处地一致收敛于 M.

最后设 M 是 Brown 流局部鞅, 那么它是局部的一致可积鞅, 因此有一个连续修正. 再将这个修正局部化为连续有界鞅推出它可以如上表示. □

习 题

1. 设 M 是连续局部鞅, $\sigma \leqslant \tau$ 是停时.

   (a) 如果 $K_t := \xi 1_{(\sigma,\tau]}$, 其中 ξ 是有界 $\mathscr{F}_\sigma$ 可测的, 则 $K\bullet M = \xi(M^\tau - M^\sigma)$;

   (b) 证明: $\langle M\rangle_\sigma = \langle M\rangle_\tau$ 当且仅当 M 在 $[\sigma,\tau]$ 上是常值 (引理 3.5.1).

2. 设 M 是连续局部鞅, $M_0 = 0$, L 是零点的局部时. 证明:

   (a) $\inf\{t : L_t > 0\} = \inf\{t : \langle M\rangle_t > 0\}$ a.s.;

   (b) 当 $0 < \alpha < 1$, $M \not\equiv 0$ 时, $|M|^\alpha$ 不是半鞅.

3. 证明: 在 Tanaka 公式的假设下,

$$(X_t - a)^+ = (X_0 - a)^+ + \int_0^t 1_{\{X>a\}} dX + \frac{1}{2}L_t^a,$$
$$(X_t - a)^- = (X_0 - a)^- - \int_0^t 1_{\{X\leqslant a\}} dX + \frac{1}{2}L_t^a.$$

4. 设 $\mathbf{Q}$ 关于 $\mathbb{P}$ 局部绝对连续, 则 $\mathbb{P}$-连续半鞅 X 是 $\mathbf{Q}$-连续半鞅且 $\langle X\rangle_{\mathbf{Q}} = \langle X\rangle_{\mathbb{P}}$. 另外有界循序可测过程 H 关于 X 的 $\mathbf{Q}$-随机积分与 $\mathbb{P}$-随机积分一致.

5. (Wald 恒等式) 设 B 是标准 Brown 运动. 如果停时 τ 满足 $\mathbb{E}e^{\frac{\tau}{2}} < \infty$, 证明: $\mathbb{E}\exp(B_\tau - \frac{\tau}{2}) = 1$. 提示: 令 $Z_t := \exp(B_t - \frac{t}{2})$. 用 Girsanov 公式证明对停时 $\tau_b = \inf\{t \geqslant 0 : B_t = t - b\}$, $b > 0$ 成立. 然后验证 Z^{τ_b} 是 Doob 鞅.

3.6 随机微分方程

常微分方程是描述确定性运动的方程, 随机微分方程通常看成一个常微分方程加上一个由 Brown 运动驱动的随机扰动. 例如

$$\frac{dS_t}{S_t} = r dt$$

是一个描述利息的常微分方程, 而最简单的随机微分方程 Black-Scholes 方程

$$\frac{dS_t}{S_t} = rdt + \sigma dB_t$$

表示增长率是一个常数加上一个随机扰动. 随机微分方程也是由 Itô 首先引入的.

3.6.1 解与强解

我们将简单地介绍下列形式的随机微分方程:

$$dX_t = b(t, X)dt + \sigma(t, X)dB_t, \tag{3.6.1}$$

其中 B 是一个 r-维标准 Brown 运动, X 是未知的连续 d-维过程. 随机微分方程是一个形式, 因为实际上随机微分没有意义, 随机的积分才有意义. 因此上面的方程是指下列的随机积分方程:

$$X_t - X_0 = \int_0^t b(s, X)ds + \int_0^t \sigma(s, X)dB_s. \tag{3.6.2}$$

我们先对系数 (b, σ) 作个说明.

设 W^d 是 $\mathbf{R}^+$ 到 $\mathbf{R}^d$ 的连续映射全体, 装备紧一致收敛的拓扑, 用 $\mathscr{B}(W^d)$ 表示 W^d 上的 Borel σ-代数, $\mathscr{B}_t(W^d)$ 表示由 $w \mapsto w(s)$, $s \in [0, t]$ 生成的子 σ-代数, $\mathbf{R}^d \otimes \mathbf{R}^r$ 表示 $d \times r$ 矩阵全体, $\mathscr{A}^{d,r}$ 表示满足下列条件的可测映射 $\alpha : \mathbf{R}^+ \times W^d \longrightarrow \mathbf{R}^d \otimes \mathbf{R}^r$ 全体: 对任何 $t \geqslant 0$, $\alpha(t, \cdot)$ 是 $(W^d, \mathscr{B}_t(W^d))$ 到 $\mathbf{R}^d \otimes \mathbf{R}^r$ 可测的. 自然地, 我们要求 $\sigma \in \mathscr{A}^{d,r}$, $b \in \mathscr{A}^{d,1}$. 这时, X 是适应的蕴含着 $\sigma(t, X)$ 是循序可测的. 当 $\sigma(t, X) = \sigma(t, X_t)$, $b(t, X) = b(t, X_t)$ 时 (这时右边的 $\sigma : \mathbf{R}_+ \times \mathbf{R}^d \longrightarrow \mathbf{R}^d \otimes \mathbf{R}^r, b : \mathbf{R}_+ \times \mathbf{R}^d \longrightarrow \mathbf{R}^d \otimes \mathbf{R}$), 我们称方程是 Markov 型的; 我们在本节考虑的方程都是 Markov 型的

$$dX_t = b(t, X_t)dt + \sigma(t, X_t)dB_t, \tag{3.6.3}$$

它的积分形式是

$$X_t - X_0 = \int_0^t b(s, X_s)ds + \int_0^t \sigma(s, X_s)dB_s. \tag{3.6.4}$$

更特别的情形是当 $\sigma(t, X) = \sigma(X_t)$, $b(t, X) = b(X_t)$ 时 (这时右边的 $\sigma : \mathbf{R}^d \longrightarrow \mathbf{R}^d \otimes \mathbf{R}^r, b : \mathbf{R}^d \longrightarrow \mathbf{R}^d \otimes \mathbf{R}$), 称方程是时齐 Markov 型或者 Itô 型的.

另外我们需要重点解释一下随机微分方程的解的存在唯一性意义. 随机微分方程的解要比常微分方程难以理解得多, 因为这里还有一个 Brown 运动. 说随机微分方程的解实际上是把方程纯粹看成一个给出系数函数 b, σ 的形式.

定义 3.6.1 给定两个函数 b, σ 如上.

1. 随机微分方程 (3.6.3) 的解是指存在带流 $(\mathscr{F}_t)$ 的概率空间 $(\Omega, \mathscr{F}, \mathbb{P})$ 上的两个连续适应过程 (X, B), 满足 (3.6.4), 其中 B 是 r-维标准 $(\mathscr{F}_t)$-Brown 运动.

2. 说方程 (3.6.3) 的解 (X, B) 是强解, 如果 X 关于 B 生成的 Brown 流是适应的. 非强解的解称为弱解.

也就是说, 概率空间及其上的 Brown 运动都是解的组成部分, 只有系数是给定的. 解的唯一性有两种不同的解释. 特别地, 强解是由 Brown 运动决定的.

定义 3.6.2 我们说方程 (3.6.3) 的解有轨道唯一性是指对于给定概率空间上的初值和 Brown 运动 B, 只有唯一的随机过程满足随机微分方程, 即若在同一个带流的概率空间上有两个解 (X, B) 和 (X', B') 且 $B = B'$, $X_0 = X_0'$, 则 $X = X'$. 另外我们说解有分布唯一性是指两个具有相同初始分布的解 X 和 X' 是等价的, 即有相同的有限维分布族. 通常说的随机微分方程解的唯一性是指分布唯一性.

3.6.2 存在唯一性基本定理

随机微分方程的解的存在唯一性不同的意义在不同的场合使用, 如果我们关心轨道或者 Brown 运动是预先给定的, 那么需要考虑强解; 反之如果我们只关心过程的分布或者构造一个过程, 那么只需要考虑弱解就可以了. 但是在大多数情况下, 我们考虑方程的解就足够了, 只有需要用同一个 Brown 运动构造不同的解的时候才需要用到强解. 随机微分方程的存在唯一性理论有三大定理, 下面第一个定理是说解的存在性和轨道唯一性一起蕴含强解存在唯一性.

定理 3.6.3 如果方程 (3.6.3) 有轨道唯一性, 那么

(1) 分布唯一性也成立;

(2) 解的存在性蕴含强解存在, 实际上, 存在一个适当的泛函 $F : \mathbf{R}^d \times W^r \longrightarrow W^d$, 使得 $X = F(X_0, B)$.

第二个定理是说系数 b, σ 的有界连续性可以保证随机微分方程解的存在性, 矩阵 $\sigma\sigma^{\mathrm{T}}$ 的一致正定性保证解的唯一性.

定理 3.6.4 如果随机微分方程的系数函数 b 和 σ 在其所定义的空间上是有界且连续的, 那么对任何给定的 $x \in \mathbf{R}^d$, 存在解 (X, B) 使得 $X_0 = x$. 如果随机微分方程

是 Itô 型的, 那么有界性条件可以取消, 并且当矩阵 $\sigma\sigma^{\mathrm{T}}$ 是一致正定有界连续, b 是有界 Borel 可测时, 方程解的唯一性成立.

第三个定理是说对于 Itô 型方程, 系数 b,σ 的局部 Lipschitz 性质保证解的轨道唯一性.

定理 3.6.5 **如果随机微分方程是 Itô 型的且系数 b,σ 满足局部 Lipschitz 条件, 那么方程解的轨道唯一性成立, 因此有唯一的强解.**

下面的定理是第三个定理的补充, 是说在维数为 1 的时候, 条件可以减弱.

定理 3.6.6 (Yamada-Watanabe) **考虑一维 Markov 型方程, 即 $d=r=1$, 满足对所有的 $t\geqslant 0$, $x,y\in\mathbf{R}$, 有**

(1) $|b(t,x)-b(t,y)|\leqslant C\cdot|x-y|$;

(2) $|\sigma(t,x)-\sigma(t,y)|\leqslant h(|x-y|)$,

其中 $h:\mathbf{R}_+\to\mathbf{R}_+$ 严格增, $h(0)=0$ 且

$$\int_{0+}\frac{dx}{h^2(x)}=\infty,$$

那么方程有轨道唯一性.

三大定理的证明都很不容易, 略过, 有兴趣的读者可参考 [26], 这是关于随机微分方程最全面的一本专著. 下面为了简单, 我们讨论 Itô 型的方程, 一些结果在一般的情况也成立, 其证明也无需很大的修改. 读者可参考 [26].

3.6.3 随机微分方程与鞅问题

定义 $a:=\sigma\sigma^{\mathrm{T}}$ 及椭圆型算子

$$Af(x):=\frac{1}{2}\sum_{i,j=1}^{d}a_{i,j}(x)D_iD_jf(x)+\sum_{i=1}^{d}b_i(x)D_if(x),\ f\in C_0^\infty(\mathbf{R}^d),\ x\in\mathbf{R}^d,$$

其中 $D_i:=\frac{\partial}{\partial x_i}$. 一个连续过程 X 是鞅问题 (a,b) 的解是指对任何 $f\in C_0^\infty(\mathbf{R}^d)$, 过程

$$M_t(f):=f(X_t)-f(X_0)-\int_0^t Af(X_s)ds$$

是局部鞅. 方程 (3.6.1) 的解的存在性和上述鞅问题的解的存在性是一样的.

定理 3.6.7 (Stroock-Varadhan)　**设** σ, b **可测, 那么方程** (3.6.1) **的解存在当且仅当上述鞅问题的解存在.**

证明. 先设方程 (3.6.1) 的解存在, 为 (X, B), 则由 Itô 公式得

$$\begin{aligned} df(X_t) &= \sum_{i=1}^{d} D_i f(X_t) dX_t^i + \frac{1}{2}\sum_{i,j=1}^{d} D_i D_j f(X_t) d\langle X^i, X^j\rangle_t \\ &= Df(X_t)\sigma(X_t)dB_t + Af(X_t)dt. \end{aligned}$$

因此 X 是上述鞅问题的解.

反之, 如果 X 是上述鞅问题的解, 取函数 $f(x) = x_i$, 用局部化的方法容易验证

$$\left\{ M_t := X_t - X_0 - \int_0^t b(X_s)ds,\ t \geqslant 0 \right\}$$

是 d-维连续局部鞅. 再取函数 $f(x) = x_i x_j$, 及局部化方法可以证明

$$M_t^{i,j} := X_t^i X_t^j - X_0^i X_0^j - \int_0^t a_{i,j}(X)ds - \int_0^t X_s^i b_j(X)ds - \int_0^t X_s^j b_i(X)ds$$

是连续局部鞅, 由分部积分公式,

$$M_t^{i,j} = \int_0^t X^i dM^j + \int_0^t X^j dM^i + \langle M^i, M^j\rangle_t - \int_0^t a_{i,j}(X)ds,$$

因此推出

$$\langle M^i, M^j\rangle_t = \int_0^t a_{i,j}(X_s)ds.$$

由表示定理 (参考 [39] 的定理 V.3.9), 存在 r-维标准 Brown 运动 B 使得

$$M_t = \int_0^t \sigma(X_s)dB_s.$$

因此 (X, B) 是随机微分方程 (3.6.1) 的解. □

例 3.6.1 (Langevin 方程) 考虑方程

$$dX_t = \alpha dB_t - \beta X_t dt, \tag{3.6.5}$$

其中 α, β 是常数. 方程可写成 $dX_t + \beta X_t dt = \alpha dB_t$. 如同解线性常微分方程 $y' + \beta y = f(x)$ 需使用积分因子, 这里我们也需要积分因子. 分部积分得

$$d(\mathrm{e}^{\beta t}X_t) = \mathrm{e}^{\beta t}dX_t + \beta X_t \mathrm{e}^{\beta t}dt = \alpha \mathrm{e}^{\beta t}dB_t.$$

因此 $e^{\beta t}X_t - X_0 = \alpha\int_0^t e^{\beta s}dB_s$ 或

$$X_t = e^{-\beta t}X_0 + \alpha e^{-\beta t}\int_0^t e^{\beta s}dB_s,$$

它是著名的 Ornstein-Uhlenbeck 过程. 因此方程强解存在且有轨道唯一性. ∎

例 3.6.2 (几何 Brown 运动) 考虑 Black-Scholes 方程

$$dX_t = bX_t dt + \sigma X_t dB_t,$$

其中 b, σ 为常数. 由 Itô 公式,

$$\begin{aligned} d(\ln X_t) &= \frac{1}{X_t}dX_t - \frac{1}{2X_t^2}d\langle X\rangle_t \\ &= bdt + \sigma dB_t - \frac{1}{2X_t^2}\sigma^2 X_t^2 dt \\ &= (b - \frac{\sigma^2}{2})dt + \sigma dB_t. \end{aligned}$$

因此

$$\ln X_t - \ln X_0 = (b - \frac{\sigma^2}{2})t + \sigma B_t,$$

即解得

$$X_t = X_0 \exp\left((b - \frac{\sigma^2}{2})t + \sigma B_t\right).$$

这个方程是金融数学的起点. X_t 理解为风险资产在 t 时刻的价格, $X_t^{-1}dX_t$ 理解为收益率, 该方程是说收益率是常数 b 加个幅度为 σ 的 Brown 运动噪声, 称为 Black-Scholes 模型. Black, Scholes 两人合作在 1972 年利用此模型给出股票欧式期权的定价公式表达式, 开启了随机分析应用于金融的黄金时代, 并因此获得 Nobel 奖. ∎

例 3.6.3 (圆周 Brown 运动) 设 B 是 Brown 运动, $X = (\cos B, \sin B)$. 由 Itô 公式,

$$\begin{aligned} dX_1(t) &= -\sin B_t dB_t - \frac{1}{2}\cos B_t dt; \\ dX_2(t) &= \cos B_t dB_t - \frac{1}{2}\sin B_t dt. \end{aligned}$$

因此 $X = (X_1, X_2)$ 满足下列随机微分方程组:

$$dX_1 = -\frac{1}{2}X_1 dt - X_2 dB;$$

$$dX_2 = -\frac{1}{2}X_2dt + X_1dB.$$

∎

例 3.6.4 设 $\sigma(x) = \text{sgn}(x)$, $x \in \mathbf{R}$. 考虑方程

$$dX_t = \sigma(X_t)dB_t.$$

任取概率空间及其上的标准 Brown 运动 $\widetilde{B}$, $\mathscr{F}_0$ 可测随机变量 ξ, 令 $X = \xi + \widetilde{B}$, $B_t = \int_0^t \sigma(X)d\widetilde{B}$. 那么 B 是连续鞅且 $\langle B\rangle_t = \int_0^t \sigma^2(X)ds = t$, 因此 B 也是标准 Brown 运动且

$$dX = d\widetilde{B} = \sigma^2(X)d\widetilde{B} = \sigma(X)dB,$$

即方程的解存在 (但不是强解, 参见 [39] 的第 9 章 §1), 而且有分布唯一性, 因为任何解都和 Brown 运动有相同的有限维分布. 但没有轨道唯一性, 因为如果 X 是初值为零的解, 那么 $-X$ 也是. ∎

3.6.4 Lipschitz 条件下的强解

像通常的微分方程一样, 一般来说几乎不可能写出随机微分方程的显式解, 但仿照常微分方程的 Picard 迭代方法, 我们可以直接证明当 σ, b 满足 Lipschitz 条件时, 方程的强解存在且有轨道唯一性.

定理 3.6.8 **设存在常数** C **使得**

(1) **线性增长**: $|b(x)| + |\sigma(x)| \leqslant C(1 + |x|)$, $x \in \mathbf{R}^d$;

(2) Lipschitz: $|b(x) - b(y)| + |\sigma(x) - \sigma(y)| \leqslant C|x - y|$, $x, y \in \mathbf{R}^d$,

ξ **是独立于给定** Brown **运动** B **的平方可积随机变量, 则方程** (3.6.1) **有解** X **满足** $X_0 = \xi$ **且有轨道唯一性**.

注释 3.6.1 方程 (3.6.1) 在 $\sigma = 0$ 时是通常的常微分方程, 这两个条件即使从常微分方程的意义上看也是需要的. 条件 (1) 保证方程的解不在有限时间内趋于无穷远 (爆炸); 条件 (2) 保证解的轨道唯一性.

证明. 先证明唯一性, 设 X, Y 是具有相同初值 ξ 的两个解, 那么

$$\mathbb{E}\big|X_t - Y_t\big|^2 = \mathbb{E}\bigg|\int_0^t b(X_s) - b(Y_s)ds + \int_0^t \sigma(X_s) - \sigma(Y_s)dB_s\bigg|^2$$

$$\leqslant C\cdot\int_0^t \mathbb{E}\big|X_s-Y_s\big|^2 ds.$$

令 $v(s):=\mathbb{E}|X_s-Y_s|^2$, 则 $v(t)\leqslant C\int_0^t v(s)ds$, $v(0)=0$, 由 Gronwall 不等式 (见习题) 推出 $v\equiv 0$, 即 $X_t=Y_t$ a.s.. 因此 X, Y 不可区别.

为证明存在性, 迭代定义

$$Y_t^{(0)}:=\xi,\ Y_t^{(k+1)}:=\xi+\int_0^t b(Y_s^{(k)})ds+\sigma(Y_s^{(k)})dB_s. \tag{3.6.6}$$

对 $t\in[0,T]$, 由条件 (1) 与 (2) 计算得

$$\begin{aligned}\mathbb{E}\big|Y_t^{(k+1)}-Y_t^{(k)}\big|^2&\leqslant C_2\cdot\int_0^t\mathbb{E}\big|Y_s^{(k)}-Y_s^{(k-1)}\big|^2ds,\ k\geqslant 1,\\ \mathbb{E}\big|Y_t^{(1)}-Y_t^{(0)}\big|^2&\leqslant 2C^2t(1+\mathbb{E}|\xi|^2)\leqslant C_1t,\end{aligned}$$

其中 $C_1=2C^2(1+\mathbb{E}|\xi|^2)$, $C_2=(1+T)2C^2$. 利用归纳法验证

$$\mathbb{E}|Y_t^{(k+1)}-Y_t^{(k)}|^2\leqslant C_1\frac{C_2^kt^{k+1}}{(k+1)!},\ k\geqslant 0,t\in[0,T].$$

下面证明收敛对 t 的一致性. 由 Doob 极大不等式 (定理 3.3.9(2)), Lipschitz 条件及上述估计得

$$\begin{aligned}&\mathbb{E}\sup_{t\in[0,T]}\big|Y_t^{(k+1)}-Y_t^{(k)}\big|^2\\ &\leqslant 2\mathbb{E}\left(\int_0^T\big|b(Y_s^{(k)})-b(Y_s^{(k-1)})\big|ds\right)^2+2\mathbb{E}\sup_{t\in[0,T]}\left(\int_0^t(\sigma(Y_s^{(k)})-\sigma(Y_s^{(k-1)}))dB_s\right)^2\\ &\leqslant 2T\int_0^T\mathbb{E}\big|b(Y_s^{(k)})-b(Y_s^{(k-1)})\big|^2ds+8\int_0^T\mathbb{E}\big|\sigma(Y_s^{(k)})-\sigma(Y_s^{(k-1)})\big|^2ds\\ &\leqslant(2T+8)C^2\int_0^T\mathbb{E}(Y_s^{(k)}-Y_s^{(k-1)})^2ds\leqslant(2T+8)C_1C_2^{k-1}\frac{T^{k+1}}{(k+1)!}.\end{aligned}$$

由 Cauchy 不等式推出 $\sum\limits_k\mathbb{E}(\sup\limits_{t\in[0,T]}\big|Y_t^{(k+1)}-Y_t^{(k)}\big|)$ 收敛, 因此几乎处处

$$Y_t^{(n)}=Y_t^{(0)}+\sum_{k=1}^n(Y_t^{(k)}-Y_t^{(k-1)})$$

在 $t\in[0,T]$ 上一致收敛, 记其极限为 X. 因 $Y^{(n)}$ 是连续适应过程, 故 X 也是.

下面证明 X 满足方程 (3.6.1). 在 (3.6.6) 式中让 $k\to\infty$, 左边的极限为 X_t. 由 Fatou 引理,

$$\mathbb{E}\int_0^T |X_t - Y_t^{(k)}|^2 dt \leqslant \varliminf_m \mathbb{E}\int_0^T |Y_t^{(m)} - Y_t^{(k)}|^2 dt \longrightarrow 0,$$

那么 $\mathbb{E}\int_0^t |\sigma(X_s) - \sigma(Y_s^{(k)})|^2 ds \longrightarrow 0$, 由随机积分的性质推出

$$\int_0^t \sigma(Y_s^{(k)}) dB_s \xrightarrow{L^2} \int_0^t \sigma(X_s) dB_s.$$

再由 Hölder 不等式推出

$$\int_0^t b(Y_s^{(k)}) ds \xrightarrow{L^2} \int_0^t b(X_s) ds.$$

这样我们推出 X 满足 (3.6.1) 且 $X_0 = \xi$. □

对于 Markov 型的方程有类似的结果, 只要 b, σ 满足相应的条件: 对任何 T, 存在常数 C 使得

(1) $|b(t,x)| + |\sigma(t,x)| \leqslant C(1+|x|),\ x\in\mathbf{R}^d,\ t\in[0,T]$;

(2) $|b(t,x)-b(t,y)| + |\sigma(t,x)-\sigma(t,y)| \leqslant C|x-y|,\ x,y\in\mathbf{R}^d,\ t\in[0,T]$.

其证明没有实质的不同. 但在 1 维时, 上述条件可以本质地减弱, 参考 [26].

上述方程通常称为由 Brown 运动驱动的随机微分方程, 关于更一般的方程, 读者可阅读相应的参考书.

习 题

1. 解方程 $dX_t = rdt + \alpha X_t dB_t$. 提示: 利用因子 $\exp(-\alpha B_t + \frac{1}{2}\alpha^2 t)$.

2. (线性方程) 设 U, V 是连续半鞅, $Z := \exp(V - V_0 - \frac{1}{2}\langle V\rangle)$. 证明: 方程 $dX = dU + XdV$ 有唯一解 $X = Z(X_0 + Z^{-1}\bullet(U - \langle U, V\rangle))$.

3. 设 σ, b, c 是适当维数的函数. 证明: 方程 $dX = b(X)dt + \sigma(X)dB$ 与方程 $dX = (b(X) + \sigma(X)c(X))dt + \sigma(X)dB$ 的解同时存在或不存在. 提示: 用 Girsanov 定理.

4. (Gronwall 不等式) 设 $\mathbf{R}$ 上的连续函数 g 满足

$$0 \leqslant g(t) \leqslant \alpha(t) + \beta \int_0^t g(s)ds,\ t \in [0, T],$$

其中 $\beta \geqslant 0$, $\alpha : [0, T] \to \mathbf{R}$ 可积. 证明:

$$g(t) \leqslant \alpha(t) + \beta \int_0^t \alpha(s)\mathrm{e}^{\beta(t-s)}ds,\ t \in [0, T].$$

3.7 一般随机分析理论简介 *

本节的目的是将随机积分理论推广到一般的带跳的半鞅, 并介绍相应的理论框架. 作为简介, 我们只是罗列概念与结论, 简单说明与连续情况的异同, 不进行严格证明. 想了解细节的读者请参考 [10], [43], [40], [48].

3.7.1 截面定理

设 $(\Omega, \mathscr{F}, \mathbb{P})$ 是一个概率空间, $(\mathscr{F}_t)_{t \geqslant 0}$ 是一个满足通常条件的流. 一般地, 一个随机过程是指一族随机变量, 但本节中更关注联合可测性, 把随机过程看成乘积空间 $\mathbf{R}^+ \times \Omega$ 上的可测函数. 回忆两个记号, $\mathscr{M}^2$ 是 (右连左极的) 平方可积鞅全体, 而 H^2 是 $\mathscr{M}^2$ 中 L^2-有界的元素全体, H^2 是一个 Hilbert 空间.

定义 3.7.1 下面定义的两个 σ-代数是乘积空间上的.

1. $\mathbf{R}^+ \times \Omega$ 上由所有左连续适应过程生成的 σ-域 $\mathscr{P}$ 称为可料 σ-域. 一个关于 $\mathscr{P}$ 可测的随机过程称为可料.

2. $\mathbf{R}^+ \times \Omega$ 上由所有右连续左极限存在的适应过程生成的 σ-域 $\mathscr{O}$ 称为可选 σ-域. 一个关于 $\mathscr{O}$ 可测的随机过程称为可选.

可以证明 $\mathscr{P}$ 与连续适应过程生成的 σ-域是一样的. 集合 $\mathscr{P}$, $\mathscr{O}$ 中的元素分别称为可料集与可选集. 可料过程的意思是它在 t 时刻的行为可以由 t 时刻前的行为所预知. 左连续的过程显然具有这样的性质, 而右连续并且有跳的过程不具有这样的性质. 显然可选过程是循序可测的, 且 $\mathscr{P} \subset \mathscr{O} \subset \mathscr{B}(\mathbf{R}^+) \times \mathscr{F}$.

引理 3.7.2 可料的 σ-域 $\mathscr{P}$ 由 $\mathbf{R}^+ \times \Omega$ 的所有下面这样的集合 (称为可料矩形) 的全体生成:

$$\{\{0\} \times F_0 : F_0 \in \mathscr{F}_0\} \cup \{(s,t] \times F_s : F_s \in \mathscr{F}_s, s < t\},$$

也由集合 $\{(0,\tau] : \tau$ 是停时 $\}$ 生成.

定义 3.7.3 停时 τ 称为可料, 如果存在递增停时列 $\{\tau_n\}$ 使得 $\tau_n \uparrow \tau$ 且对任何 n, 在 $\tau > 0$ 时有 $\tau_n < \tau$.

容易验证, Brown 运动关于闭集的首中时是可料的. 下面几个性质有用.

1. 停时 τ 可料等价于 $[\tau, \infty) \in \mathscr{P}$, 也等价于图 $[\tau] := [\tau, \tau] \in \mathscr{P}$.
2. 一个可料右连左极过程用停时停止后仍然是可料的.
3. 一个可料右连左极过程是局部有界的.

我们来验证最后一条. 设 X 是右连左极可料过程. 令

$$\tau_n := \inf\{t > 0 : |X_t| \geqslant n\}.$$

那么 τ_n 是停时, 递增趋于无穷, 它是可料的, 因为, 由右连续性, 图

$$[\tau_n] = [0, \tau_n] \cap X^{-1}([-n, n]^c)$$

是两个可料集的交. 注意 X^{τ_n} 未必有界. 但存在递增停时列 $\tau_{n,k} \uparrow \tau_n$ 且对任何 k, $\tau_{n,k} < \tau_n$. 令 $S_n := \max\limits_{i \leqslant n} \tau_{i,n}$, 那么 S_n 是递增趋于无穷的停时列. 对任何 n, 当 $i \leqslant n$ 时, $\tau_{i,n} < \tau_i \leqslant \tau_n$, 故 $S_n < \tau_n$, 这蕴含 $|X^{S_n}| \leqslant n$.

定理 3.7.4 (截面定理) (1) 设 Z, Z' 是有界可选过程, 如果对任何有限停时 τ 有 $Z_\tau = Z'_\tau$, a.s., 那么 Z 与 Z' 是不可区分的.

(2) 设 Z, Z' 是有界可选过程, 如果对任何停时 τ 有

$$\mathbb{E}[Z_\tau, \tau < \infty] = \mathbb{E}[Z'_\tau, \tau < \infty],$$

那么 Z 与 Z' 是不可区分的.

(3) 设 Z 是有界可选过程, 如果对任何递减有界停时列 $\{\tau_n\}$ 有

$$\lim_n \mathbb{E}[Z_{\tau_n}] = \mathbb{E}[Z_{\lim_n \tau_n}],$$

那么 Z 是右连续的.

(4) 设 Z, Z' 是有界可料过程, 如果对任何有限可料停时 τ 有 $Z_\tau = Z'_\tau$, a.s., 那么 Z 与 Z' 是不可区分的.

(5) 设 Z, Z' 是有界可料过程, 如果对任何可料停时 τ 有

$$\mathbb{E}[Z_\tau, \tau < \infty] = \mathbb{E}[Z'_\tau, \tau < \infty],$$

那么 Z 与 Z' 是不可区分的.

下面定理的证明参考 [40] 中定理 19.4.

定理 3.7.5 可料的 (右连左极) 局部鞅是连续的.

设 M 是可料一致可积鞅. 只需证明对任何有限可料停时 τ, 有 $M_\tau = M_{\tau-}$ a.s.. 事实上, (1) M_τ 是 $\mathscr{F}_{\tau-}$ 可测的; (2) 因为存在停时列 $\tau_n \uparrow \tau$ 且 $\tau_n < \tau$, 所以 $M_{\tau-} = \mathbb{E}[M_\tau | \mathscr{F}_{\tau-}]$. 因此 $M_\tau = M_{\tau-}$ a.s..

3.7.2 随机积分

随机积分有两种定义, 一种是先定义可料的阶梯过程关于平方可积鞅的积分, 然后用 Itô 等距进行延拓; 另外一种是应用 Kunita-Watanabe 不等式在 Hilbert 空间 H^2 上定义一个有界线性泛函, 然后用 Riesz 表示得到随机积分. 这两种定义等价, 最后都可以证明随机积分是鞅, 是取左端点 Riemann 和的依概率收敛的极限.

现在假设 M 是一个平方可积鞅, 即 $M \in \mathscr{M}^2$, 则在 $(\mathbf{R}^+ \times \Omega, \mathscr{P})$ 上存在一个 σ-有限测度 μ_M, 满足

1. $\mu_M(0 \times F_0) = 0,\ F_0 \in \mathscr{F}_0$;

2. 对任何 $s < t, F_s \in \mathscr{F}_s$ 有

$$\mu_M((s,t] \times F_s) = \mathbb{E}[1_{F_s}(M_t^2 - M_s^2)].$$

上式右边是非负的, 因为 (M_t^2) 是下鞅. 该测度称为 M 的 Doléans 测度.

如果区间 $\{(s_i, t_i] : 1 \leqslant i \leqslant k\}$ 互斥, 那么我们说

$$X = a_0 1_{\{0\} \times F_0} + \sum_{i=1}^{k} a_i 1_{(s_i, t_i] \times F_i},\ F_0 \in \mathscr{F}_0, F_i \in \mathscr{F}_{s_i}$$

是互斥可料矩形的线性组合, 或者简单过程.

引理 3.7.6　简单过程全体在 $L^2(\mathbf{R}^+ \times \Omega, \mathscr{P}, \mu_M)$ 中是稠密的.

定义 3.7.7　互斥可料矩形的线性组合 X 关于 M 的随机积分定义为

$$X\bullet M = \sum_{i=1}^{k} a_i 1_{F_i}(M_{t_i} - M_{s_i}).$$

该积分也记为 $\int XdM$.

定理 3.7.8　对于简单过程 X 有

$$\mathbb{E}(X\bullet M)^2 = \int X^2 d\mu_M.$$

因此 $X \mapsto X\bullet M$ 可以唯一地延拓为 $L^2(\mathbf{R}^+ \times \Omega, \mathscr{P}, \mu_M)$ 到 H^2 的等距同构, 称为 Itô 等距.

对于 $X \in L^2(\mathbf{R}^+ \times \Omega, \mathscr{P}, \mu_M)$, $X\bullet M$ 称为 X 关于 M 的随机积分. 随机积分也是指一个随机过程, 如果 X 是可料过程且对任何 $t \geqslant 0$, $\mu_M(1_{[0,t]}X^2) < \infty$, 则说 $X \in L^2(M)$. 这时, 定义

$$(X\bullet M)_t = \int_0^t XdM := (1_{[0,t]}X)\bullet M.$$

定理 3.7.9　1. 随机积分 $X\bullet M \in \mathscr{M}^2$.

2. $X\bullet M$ 有一个右连续左极限的版本; 以后我们说随机积分, 都是指这个版本.

3. 如果 M 连续, 那么 $X\bullet M$ 有连续的版本.

4. $\Delta(X\bullet M) = X\bullet\Delta M$, 不可区分.

5. $(X\bullet M)^\tau = X\bullet M^\tau = (1_{[0,\tau]}X)\bullet M$.

对于一个右连左极的过程 X 来说, ΔX 表示跳跃过程 $\Delta X_t = X_t - X_{t-}$, $t \geqslant 0$.

引理 3.7.10　设 $M \in \mathscr{M}^2$, $Y \in L^2(M)$, $N := Y\bullet M \in \mathscr{M}^2$, 则

(1) $d\mu_N = Y^2 d\mu_M$;

(2) 对任何 $X \in L^2(N)$, 有替换公式

$$X\bullet N = XY\bullet M.$$

对于布朗运动 B, 它的 Doléans 测度 $\mu_B(dtd\omega)=dt\times\mathbb{P}(d\omega)$. 这时, 根据下面的定理, $(\mathbf{R}^+\times\Omega,\mathscr{P})$ 上的测度 μ_B 可以延拓到循序可测的 σ-代数上.

定理 3.7.11 **对于任何可测的适应过程** $X:\mathbf{R}^+\times\Omega\mapsto\mathbf{R}$, **存在可料过程** $\widetilde{X}$ **使得** $X=\widetilde{X}$, μ_B-a.e., **称为** X **的可料版本.**

事实上, 取 f 是支撑在 $[0,1]$ 上的连续的概率密度函数, 定义 $f_n(x)=nf(nx)$, 支撑在 $[0,1/n]$ 上, 定义 $X_n(t)=\int X(t-s)f_n(s)ds$, 那么 X_n 是连续适应过程, 且 $L^1(\mu_B)$-收敛于 X. 从而 X_n 有一个子列几乎处处收敛, 其极限 $\widetilde{X}$ 是可料的, 且等于 X, μ_B-a.e..

因此, 对满足 $\mu_B(X^2)<\infty$ 的可测适应过程 X, 定义

$$\int XdB:=\int\widetilde{X}dB,$$

其中 $\widetilde{X}$ 是 X 的一个可料版本, 由 Itô 等距知, 定义与版本的选取无关.

现在我们转向关于局部鞅的随机积分. 有两点要注意: 第一, 连续局部鞅可以局部化成为有界连续鞅, 在没有连续性假设时, 一般是做不到的. 一般的局部鞅不能局部化成为有界鞅或者平方可积鞅. 我们定义积分要从局部的平方可积鞅开始. 第二, X 关于 Y 的随机积分在平移变换下有

$$X\bullet Y=X\bullet(Y-Y_0)=(X-X_0)\bullet(Y-Y_0)+X_0(Y-Y_0),$$

所以, 在定义积分 $X\bullet Y$ 时, 只需定义 $(X-X_0)\bullet(Y-Y_0)$ 就可以了, 也就是说, 不妨认为 X,Y 的初值为零.

设 M 是一个局部平方可积鞅, X 是一个可料过程. 一个满足下面两个条件的局部化序列 $\{\tau_n\}$ 称为过程 (X,M) 的局部化序列: 对任何 n 有

(1) $M^{\tau_n}\in\mathscr{M}^2$;

(2) $1_{[0,\tau_n]}X\in L^2(M^{\tau_n})$.

这时, 我们可以定义随机积分. 对任何 n, $(1_{[0,t\wedge\tau_n]}X)\bullet M^{\tau_n}$ 有定义且几乎处处收敛, 其极限称为 X 关于 M 的随机积分, 仍然记为 $X\bullet M$. 这样的 X 全体记为 $L^2_{\text{loc}}(M)$.

需要证明随机积分与局部化序列的选取无关, 实际上可以证明, 如果 $\{S_n\}$ 与 $\{\tau_n\}$ 是偶 (X,M) 的两个局部化序列, 则在 $t\leqslant S_n\wedge\tau_n$ 上几乎处处地有

$$\int 1_{[0,t\wedge S_n]}XdM^{S_n}=\int 1_{[0,t\wedge\tau_n]}XdM^{\tau_n}.$$

随机积分的性质是类似的.

定理 3.7.12 设 M 是局部平方可积鞅, $X \in L^2_{\mathrm{loc}}(M)$, τ 是停时, 则

1. 积分过程 $X{\bullet}M$ 是一个局部的平方可积鞅.

2. $X{\bullet}M$ 有一个右连左极的版本. 随机积分总是指这个版本.

3. 如果 M 连续, 那么 $X{\bullet}M$ 有连续的版本.

4. $\Delta(X{\bullet}M) = X{\bullet}\Delta M$, 不可区分.

5. $(X{\bullet}M)^\tau = X{\bullet}M^\tau = (1_{[0,\tau]}X){\bullet}M$.

另外在相应的条件下, 一样有替换公式

$$X{\bullet}(Y{\bullet}M) = (XY){\bullet}M.$$

回忆局部有界过程的定义. 局部有界过程 X 是指存在局部化序列 $\{\tau_n\}$ 使得对任何 n, 过程 $X^{\tau_n} - X_0$ 作为 $\mathbf{R}^+ \times \Omega$ 上的函数有界 (一致有界). 如果 M 是局部平方可积鞅, X 是局部有界的可料过程, 那么 $X \in L^2_{\mathrm{loc}}(M)$, 即随机积分 $X{\bullet}M$ 是良定义的. 特别地, 左连续适应过程是可料且局部有界的, 右连左极适应过程 Y 的左极限过程 $Y_- = (Y_{t-}, t \geqslant 0)$ 是左连续适应过程, 因此是局部有界且可料的. 这些过程都可以作为被积过程对局部平方可积鞅定义随机积分.

再回忆定义 3.4.2 中的有界变差过程.

定理 3.7.13 如果 M 局部平方可积鞅且有界变差, X 是局部有界的可料过程, 那么 $X{\bullet}M$ 作为随机积分和作为 Lebesgue-Stieltjes 积分是几乎处处一致的.

当 M 是局部鞅且有界变差时, 随机积分不能定义, 但 Lebesgue-Stieltjes 积分还是可以定义的. 因此下面的定理比上面的定理强一点点.

定理 3.7.14 设 M 是局部鞅且有界变差, X 是局部有界的可料过程, 则 Lebesgue-Stieltjes 意义下的积分 $X{\bullet}M$ 是一个局部鞅.

事实上, 我们只需要在 M 是鞅而 X 是有界可料过程时证明结论就可以了. 当 X 是可料矩形时显然成立, 然后再应用单调类方法验证当 X 是有界可料过程时也成立.

我们知道初值为零的连续局部鞅且是有界变差是恒零的. 我们利用上面的定理给出另外一个证明. 设 M 是初值为零, 可料的有界变差的局部鞅, 则 M 是局部有

界的. 取局部化序列 τ_n 使得 M^{τ_n} 是一致有界的鞅, 且依然是可料的. 由通常积分的分部积分公式得

$$M^2_{\tau_n \wedge t} = \int_0^t M_-^{\tau_n} dM^{\tau_n} + \int_0^t M^{\tau_n} dM^{\tau_n},$$

再由上一个定理得右边是鞅, 推出 $M^{\tau_n} = 0$.

定义 3.7.15 **一个右连左极过程 X 称为半鞅, 如果 $X = X_0 + M + A$, 其中 M 是局部鞅, A 是适应的局部有界变差过程.**

我们总是假设 $M_0 = A_0 = 0$. 上面的分布称为半鞅分解, M 与 A 分别称为鞅部分和有界变差部分. 这个分解不是唯一的, 例如补偿的 Poisson 过程是鞅而且是有界变差的. 另外, 可以证明定义中的 M 总是可以选取为一个局部平方可积鞅. 还有, 连续的半鞅总是可以选取连续的鞅部分与有界变差部分. 这时的分解是唯一的.

定义 3.7.16 **设 X 是半鞅, Y 是局部有界可料过程, 那么 Y 关于 X 的随机积分定义为 $Y{\bullet}X = Y{\bullet}M + Y{\bullet}A$.**

由定理 3.7.13 推出随机积分的定义与 X 的半鞅分解无关. 下面的定理与前面关于局部鞅的随机积分一致.

定理 3.7.17 **设 X 是半鞅, Y 是局部有界可料过程.**

1. **$Y{\bullet}X$ 有一个右连续左极限的版本, 以后我们说随机积分, 都是指这个版本.**

2. **随机积分是半鞅.**

3. **如果 X 是局部鞅, 那么 $Y{\bullet}X$ 也是局部鞅.**

4. **如果 X 连续, 那么 $Y{\bullet}X$ 也是连续的.**

5. **$\Delta(X{\bullet}M) = X{\bullet}\Delta M$, 不可区分.**

为了与通常的积分进行比较, 我们给出下面的定理, 当 Y 是右连左极的适应过程时, 随机积分 $Y_-{\bullet}X$ 是取左端点 Riemann 和依概率收敛的极限.

引理 3.7.18 **设 X 是半鞅, $Y^{(n)}$ 是局部有界可料过程序列, 在 $\mathbf{R}^+ \times \Omega$ 上点点收敛于 Y, 且被一个局部有界可料过程 K 控制, 那么对任何 $t \geqslant 0$, 有**

$$\sup_{s \leqslant t} \left| (Y^{(n)}{\bullet}X)_s - (Y{\bullet}X)_s \right| \xrightarrow{\mathrm{p}} 0.$$

因此推出, 当 Y 是右连左极的适应过程时, 随机积分 $Y_-{\bullet}X$ 是取左端点 Riemann 和在划分趋于零时依概率收敛的极限.

3.7.3 二次变差过程与可料投影

没有微积分基本定理的积分定义没有什么用处, 没有 Itô 公式的随机积分定义也一样没有用处. 先来介绍半鞅的二次变差过程.

定义 3.7.19 两个半鞅 X, Y 的二次协变差过程定义如下

$$[X, Y] := XY - X_0Y_0 - X_{-} \bullet Y - Y_{-} \bullet X.$$

记 $[X] := [X, X]$, 称为 X 的二次变差过程, 或者 X 的方括号过程.

定义中的公式也称为随机积分的分部积分公式. 二次协变差这个名词可以用下面的结论解释.

定理 3.7.20 对任何 $t \geqslant 0$, 当 $[0, t]$ 的划分列 D_n 趋于零时,

$$\sum_{D_n}(X_{t_i} - X_{t_{i-1}})(Y_{t_i} - Y_{t_{i-1}}) \xrightarrow{\text{p}} [X, Y]_t.$$

上面结论成立的理由是对任何 $t > s \geqslant 0$, 有恒等式

$$(X_t - X_s)^2 = X_t^2 - X_s^2 - 2X_s(X_t - X_s).$$

下面是二次协变差过程的性质.

引理 3.7.21 设 X, Y 是半鞅.

1. 对任何停时 τ, $[X^\tau, Y] = [X, Y]^\tau = [X^\tau, Y^\tau]$.

2. 如果 X, Y 是局部鞅, 那么 $XY - [X, Y]$ 也是局部鞅.

3. 如果 X, Y 是平方可积鞅, 那么 $XY - [X, Y]$ 是鞅.

4. 如果 X, Y 连续, 那么 $[X, Y]$ 也是连续的.

5. $\Delta[X, Y] = \Delta X \Delta Y$, 不可区分.

如果 X 是局部有界变差的, 那么通常的分部积分公式告诉我们

$$X_t^2 - X_0^2 = 2\int_0^t X_{s-} dX_s + \sum_{s \leqslant t}(\Delta X_s)^2,$$

因此 $[X]_t = \sum_{s \leqslant t}(\Delta X_s)^2$.

引理 3.7.22 设 X 是局部有界可料过程, Y, Z 是半鞅, 那么 $[X \bullet Y, Z] = X \bullet [Y, Z]$.

引理 3.7.23 局部鞅 M 的二次变差过程 $[M]$ 是满足下面条件的唯一过程 A:

(1) A 是初值为零的适应有界变差过程;

(2) $M^2 - A$ 是局部鞅;

(3) $\Delta A = (\Delta M)^2$.

事实上, 如果有另外一个 A 满足上面三个条件, 那么 $[M] - A$ 是适应的局部有界变差过程, 是局部鞅, 是连续的, 因此 $[M] = A$.

现在我们介绍尖括号过程, 尖括号 $\langle M \rangle$ 只对局部平方可积鞅定义. 当 M 连续时, $\langle M \rangle = [M]$. 尖括号过程的定义要借助 Doob-Meyer 分解.

定理 3.7.24 (Doob-Meyer) 1. 类 D 的下鞅 Z 可唯一分解为一致可积鞅 M 与可料增过程 A 的和, 其中 $A_0 = 0$, 且 $\mathbb{E}A_\infty < \infty$: $Z - Z_0 = M + A$.

2. 局部下鞅 Z 可唯一分解为局部鞅和可料增过程 A 的和, 其中 $A_0 = 0$: $Z - Z_0 = M + A$.

类 D 下鞅的 Doob-Meyer 分解中的可料增过程 A 连续当且仅当 Z 是正则的, 即对任何可料停时 τ 有 $\mathbb{E}Z_\tau = \mathbb{E}Z_{\tau-}$. 定理中的增过程 A 称为上鞅的补偿 (过程), 或者补偿子或对偶可料投影. 例如参数为 λ 的 Poisson 过程 N 是增过程, 也是下鞅, 它的补偿是 λt, 即 $N_t - \lambda t$ 是鞅.

在这里, 我们简略地说一下对偶可料投影的概念, 这个概念原本是对增过程与有界变差过程定义的.

定义 3.7.25 给定一个可测的非负或者有界过程 $X = (X_t, t \geqslant 0)$, 存在一个可选过程, 用 ${}^oX$ 表示, 使得对任何停时 τ 有

$${}^oX_\tau 1_{\{\tau<\infty\}} = \mathbb{E}[X_\tau 1_{\{\tau<\infty\}} | \mathscr{F}_\tau],$$

以及一个可料过程, 用 ${}^pX$ 表示, 使得对任何可料停时有

$${}^pX_\tau 1_{\{\tau<\infty\}} = \mathbb{E}[X_\tau 1_{\{\tau<\infty\}} | \mathscr{F}_{\tau-}],$$

这里两个过程是被唯一决定的, 分别称为 X 的可选投影与可料投影.

特别地, 对于一个右连左极过程 X, 如果一个右连左极适应过程 Y 满足对任何 $t \geqslant 0$, $\mathbb{E}[X_t|\mathscr{F}_t] = Y_t$, 那么 $Y = {}^oX$. 如果 M 是一致可积的 (右连左极) 鞅, 则 ${}^pM = M_-$.

所谓对偶, 是指一个初值为零的可积增过程 $A = (A_t)$ 与非负或者有界可测过程 X 之间的对偶

$$(A, X) := \mathbb{E}\int_0^\infty X_t dA_t.$$

由此, X 的投影诱导 A 的对偶投影. 这里说的增过程是指初值零的右连续增过程, 可积是指 $\mathbb{E}A_\infty < \infty$, 等价于一致可积.

在谈论对偶可料投影之前, 我们还需要一个概念. $\mathbf{R}^+ \times \Omega$ 的一个子集 N 称为是不足道的, 如果投影 $\pi(N) = \{\omega : 存在\ t \in \mathbf{R}^+ 使得\ (t,\omega) \in N\}$ 是概率零集的子集.

定义 3.7.26 $\mathbf{R}^+ \times \Omega$ **上的一个在不足道集上测度为零的有限测度称为** $\mathbb{P}$**-测度. 一个** $\mathbb{P}$**-测度** μ **称为可选 (或者可料), 如果对任何有界可测过程** X **有** $\mu(X) = \mu({}^oX)$ **(对应地,** $\mu(X) = \mu({}^pX)$**). 任何** $\mathbb{P}$**-测度** μ **的可选投影** μ^o **与可料投影** μ^p **是** μ **分别在** $\mathscr{O}$ **与** $\mathscr{P}$ **上的限制, 即对于任何有界可测过程** X **有**

$$\mu^o(X) = \mu({}^oX),\ \mu^p(X) = \mu({}^pX).$$

注意 $\mathbb{P}$-测度是有限测度, 一样定义乘积空间上的条件期望, 那么对任何有界可测过程 X,

(1) 对可选测度 μ 有 ${}^oX = \mu(X|\mathscr{O})$;

(2) 对可料测度 μ 有 ${}^pX = \mu(X|\mathscr{P})$.

投影这个名词大概来源于此, 可选与可料投影在某种意义上是随机过程作为乘积空间上的可测函数在可选与可料 σ-代数上的 "条件期望". 关于对偶投影, 下面的定理是关键的.

定理 3.7.27 (Doléans) 1. **测度** μ **是一个** $\mathbb{P}$**-测度当且仅当存在可积的增过程** A **使得对任何有界或者非负可测过程** X **有** $\mu(X) = (A, X)$**. 这里的** A **称为** μ **对应的增过程,** μ **称为由** A **诱导的 Doléans 测度, 记为** μ_A**.**

2. A **可选当且仅当** μ_A **可选.**

3. A **可料当且仅当** μ_A **可料.**

这里证明 1, 关键是必要性. 设 μ 是 $\mathbb{P}$-测度. 对任何 $F \in \mathscr{F}$ 和 $t \geqslant 0$, 定义 $\lambda_t(F) := \mu([0,t] \times F)$, 则 λ_t 是 $\mathscr{F}$ 上的有限测度, μ 是 $\mathbb{P}$-测度蕴含 λ_t 关于 $\mathbb{P}$ 绝对连续, 因此存在关于 t 右连续的增过程 $A = (A_t)$ 作为密度使得 $\lambda_t(F) = \mathbb{E}[A_t 1_F]$.

下面可以应用过程的可料投影来对偶地定义增过程 A 的可料投影, 故称为对偶可料投影, 对偶可选投影可以类似地定义.

定义 3.7.28 设 A 是可积增过程. 一个可料的可积增过程 B 满足对任何有界或者非负过程 X 有 $(B, X) = (A, {}^pX)$ 称为 A 的对偶可料投影或者补偿, 记为 A^p.

定理 3.7.29 可积增过程的对偶可料投影唯一存在.

事实上, 给定可积增过程 A, 定义

$$\mu^p(X) := (A, {}^pX),$$

那么 μ^p 是某个可积增过程 B 对应的测度, 即推出

$$(B, X) = (A, {}^pX) = (A, {}^p({}^pX)) = (B, {}^pX).$$

因此 $B = A^p$.

注意一个可积增过程 A 的可料投影 ${}^pA$ 与对偶可料投影 A^p 不一定一致. 例如参数为 1 的 Poisson 过程 N 的可料投影是它的左极限过程 N_-, N_- 是递增的但不是增过程 (增过程要求是右连左极的), 不可能是 N 的对偶可料投影. 实际上 N 的对偶可料投影是 $N_t^p = t$.

定理 3.7.30 对于可积的增过程, ${}^oA - A^p$ 是鞅.

简单说一下 Doob-Meyer 分解的证明. 在离散时间情况的 Doob 分解是显然的, 自然地问该分解能否推广到连续时间情况? Meyer 给出证明, 其思想是把 Doob 的离散时间结果通过划分取极限应用于连续时间. 这里的证明是 Doléans 的思想. 设 Z 是类 D 的下鞅. 利用 Caratheodory 扩张定理, $(\mathbf{R}^+ \times \Omega, \mathscr{P})$ 上存在唯一的 $\mathbb{P}$-测度 μ 满足对任何停时 $S \leqslant T$ 有

$$\mu((S,T]) = \mathbb{E}(Z_T - Z_S),$$

因为 $\mathscr{P}$ 由所有形如 $(S,T]$ 的集合生成. 这是由下鞅 Z 诱导的 Doléans 测度. 对任何有界可测过程 X, 定义 $\widetilde{\mu}(X) := \mu({}^pX)$, 那么 $\mathbb{P}$-测度 $\widetilde{\mu}$ 对应一个可料可积增过程 A, 它就是 Z 的对偶可料投影.

定义 3.7.31 **设 M 是局部平方可积的鞅. 则局部下鞅 M^2 的补偿记为 $\langle M\rangle$, 称为 M 的可料二次变差过程, 或者尖括号过程.**

因为方括号 $[M]$ 是增过程, 因而是局部下鞅, 且 $[M]-\langle M\rangle$ 是局部鞅, 所以过程 $\langle M\rangle$ 也是 $[M]$ 的补偿. 当 M 连续时, $[M]$ 也是连续的, 所以 $[M]=\langle M\rangle$. 设 N 是参数为 1 的 Poisson 过程, 那么 $M_t=N_t-t$ 是平方可积鞅, $[M]=[N]=N$, $\langle M\rangle=t$.

设 $M\in H^2$, 则 M^2 是一致可积的下鞅, 它的 Doléans 测度 μ_M 实际上是由下鞅 M^2 诱导的, 也等于由增过程 $[M]$ 与可料增过程 $\langle M\rangle$ 诱导的 Doléans 测度.

引理 3.7.32 **在 $\mathscr{P}$ 上有**

$$\mu_M=\mu_{[M]}=\mu_{\langle M\rangle}.$$

最后, 两个局部平方可积鞅 M,N 的可料二次协变差过程 $\langle M,N\rangle$ 也类似地定义, 它是使得 $MN-A$ 是局部鞅的唯一可料有界变差的零初值过程 A. 下面引理类似引理 3.7.22.

引理 3.7.33 **设 K 是局部有界可料过程, M,N 是局部平方可积鞅, 那么**

$$\langle K\bullet M,N\rangle=K\bullet\langle M,N\rangle.$$

如果 X,Y 是两个半鞅, 那么

$$[X,Y]^2\leqslant[X][Y].$$

因此推出 Kunita-Watanabe 不等式: 设 H,K 是可料过程, 则

$$\left(\mathbb{E}\int HKd[X,Y]\right)^2\leqslant\left(\mathbb{E}\int H^2d[X]\right)\left(\mathbb{E}\int K^2d[Y]\right).$$

回忆 H^2 是 L^2-有界的鞅全体. H^2 是个 Hilbert 空间, 其中连续鞅全体 H_c^2 是闭子空间. 设 $Y,Z\in H^2$, $X\in L^2(\mu_Y)$, 那么上面引理 3.7.22 中的等式等价于

$$(X\bullet Y,Z)_{H^2}=\mathbb{E}[X\bullet Y,Z]_\infty=\mathbb{E}\int_0^\infty Xd[Y,Z].$$

这给我们定义随机积分的另外一个思路. 定义

$$\phi(Z):=\mathbb{E}\int_0^\infty Xd[Y,Z]=\mathbb{E}\int_0^\infty Xd\langle Y,Z\rangle,\ \ Z\in H^2.$$

由 Kunita-Watanabe 不等式推出这是 H^2 上的有界线性泛函, 由 Riesz 表示定理, 它在 L^2 中有唯一表示. 容易验证, 如果 $X=F_a1_{(a,b]}$, 其中 $b>a\geqslant0$, 且 $F_a\in\mathscr{F}_a$, 那么该表示等于 $X\bullet Y$.

3.7.4 鞅的分解与 Itô 公式

现在我们用 H_d^2 表示 H_c^2 的正交补空间, 其中的元素称为纯不连续鞅.

引理 3.7.34 设 $M \in H^2$. 下面命题等价.

1. $M \in H_d^2$.

2. $M_0 = 0$ 且对任何 $N \in H_c^2$, MN 是一致可积鞅.

3. $M_0 = 0$ 且对任何连续局部鞅 N, MN 是局部鞅.

验证 1 蕴含 2. 先说明为什么 $M_0 = 0$. 因为 M_0 作为随机过程是属于 H_c^2 的, 所以 $\mathbb{E}(M_0^2) = \mathbb{E}(M_\infty M_0) = 0$, 推出 $M_0 = 0$. 其他的结论容易验证. 对任何 $N \in H_c^2$, $(M,N)_{H^2} = 0$, 即 $\mathbb{E}M_\infty N_\infty = 0$, 蕴含着对任何停时 T, 有 $\mathbb{E}M_T N_T = \mathbb{E}M_\infty N_\infty^T = 0$, 这说明 MN 是鞅.

由 3, 我们可以如下自然地定义纯不连续局部鞅.

定义 3.7.35 一个局部鞅 M 称为纯不连续的, 如果 $M_0 = 0$ 且对任何连续局部鞅 N 有 MN 是局部鞅, 或者 $[M,N] = 0$.

显然纯不连续的局部鞅由它的跳完全决定, 确切地说, 如果两个纯不连续的局部鞅 M, N 有相同的跳 $\Delta M = \Delta N$, 那么 $M = N$.

引理 3.7.36 一个初值为零的有界变差的局部鞅是纯不连续的.

实际上, 设 M 是初值为零的有界变差的局部鞅. 容易验证对于任何连续鞅 N 有 $[M,N] = 0$.

这样任何局部鞅 M 可以唯一地分解为初值为零的连续局部鞅与纯不连续局部鞅的和

$$M = M_0 + M^c + M^d.$$

注意, 当 M 是一个有界变差的鞅时, 它的样本轨道按照 Lebesgue 分解是连续部分和不连续部分的和, 但这不是上面所说的分解, 例如补偿后的 Poisson 过程 $M_t = N_t - \lambda t$ 是一个有界变差的鞅. 它的不连续部分是 N_t, 连续部分是 $-\lambda t$. 但是它本身是一个纯不连续鞅, 没有连续鞅部分.

设一个半鞅 X 的半鞅分解是 $X = X_0 + M + A$, 其中 M 是局部鞅, A 是局部有界变差过程. 然后 M 有鞅分解, $M = M^c + M^d$, 其中的 M^c 是由 X 唯一决定的.

事实上, 如果有两个分解

$$X = X_0 + M^c + M^d + A = X_0 + \overline{M}^c + \overline{M}^d + \overline{A},$$

那么 $M^c - \overline{M}^c + M^d - \overline{M}^d = \overline{A} - A$, 也就是说左边是一个局部有界变差的局部鞅, 因此是纯不连续的, 推出 $M^c = \overline{M}^c$.

从而我们说 M^c 是半鞅 X 的连续鞅部分, 记为 X^c. 下面的关系是重要的.

定理 3.7.37 **下面两个公式都可以极化.**

1. **设** M **是纯不连续局部鞅, 则** $[M]_t = \sum_{s\leqslant t}(\Delta M_s)^2$.

2. **一般地, 设** X **是半鞅, 则**

$$[X]_t = \langle X^c\rangle_t + \sum_{s\leqslant t}(\Delta X_s)^2.$$

定理说明任何局部鞅 M 的累积跳平方 $\sum(\Delta M)^2$ 收敛. 下面我们看看累积跳过程 $\sum_{s\leqslant t}\Delta M_s$. 已知有界变差的鞅是纯不连续鞅, 而且等于累积跳的补偿. 设 M 是一个具有可积变差的鞅, 即局部有界变差且全变差是可积的 $\mathbb{E}\int |dM_t| < \infty$. 那么它是纯不连续的, 它的累积跳过程

$$N_t := \sum_{s\leqslant t}\Delta M_s$$

几乎处处绝对收敛且可积. 因此有一个补偿 $\widetilde{N}$. 这时过程 $M - (N - \widetilde{N})$ 是有界变差的鞅且可料, 故 $M = N - \widetilde{N}$.

纯不连续鞅是否是有界变差的? 答案是否定的. 纯不连续鞅 M 是有界变差的当且仅当累积跳过程 $\sum_{s\leqslant t}\Delta M_s$ 是绝对收敛的. 一般的纯不连续鞅远比这种情况要复杂, 因为对于一个纯不连续鞅, 跳的平方和 (称为累积平方跳) $\sum(\Delta M_s)^2$ 是几乎处处收敛的. 但累积跳过程却可能是发散的. 显然当过程只有大跳, 即跳的幅度 $|\Delta M_s|$ 大于一个正常数时, 累积跳过程收敛; 反之, 累积跳过程可能发散.

在第四章 Lévy 过程一节的 §4.2.4 讲 Itô 分解时我们将看到当 Lévy 过程没有扩散部分时, 它或者只有大跳, 即幅度大于某个正常数, 这时过程在有限时间内最多跳有限次, 是一个复合 Poisson 过程; 或者有小跳, 粗略地说, 这时有可能累计跳是绝对收敛的, 那么小跳可以补偿为一个有界变差的鞅; 还有一种可能是累积跳发散, 但累积平方跳收敛, 那么小跳是不可能单独存在的, 必须补偿为一个纯不连续鞅而存在, 它不是有界变差的.

最后我们来叙述 Itô 公式. 设 X 是半鞅, f 是连续二次可导函数, 则

$$\begin{aligned} f(X_t)-f(X_0)=&\int_0^t f'(X_-)dX+\frac{1}{2}\int_0^t f''(X_{s-})d\langle X^c\rangle_s \\ &+\sum_{s\leqslant t}\left(\Delta(f\circ X_s)-f'(X_{s-})\Delta X_s\right). \end{aligned}$$

多维半鞅的 Itô 公式类似. 证明与连续半鞅情况类似.

右边的第一部分 $dX=dX^c+dM^d+dA$, 连续鞅加纯不连续鞅加有界变差; 第二部分是连续有界变差的, 第三部分, 因为

$$\Delta f(X_s)-f'(X_{s-})\Delta X_s\sim\frac{1}{2}f''(X_{s-})(\Delta X_s)^2,$$

所以这部分相当于一个累计平方跳, 是几乎处处收敛的.

第四章　马氏过程基础

在第二章中我们引入了转移半群并证明可以构造一个 Markov 过程 (简称马氏过程). 在这一章中, 我们将遵循马氏过程的发展历史, 具体地介绍一般马氏过程及其性质. 确切地说, 从 Brown 运动开始, 到 Feller 过程与 Lévy 过程, 再到更一般的马氏过程, 重点是右连续性与强马氏性 (通常称为 Meyer 右假设), 以及概率位势理论. 这里要提到 20 世纪 60 年代的两部经典: Dynkin 的 [13], 其中整理并设定了马氏过程的语言, 和 Blumenthal & Getoor 的 [5], 其中介绍了 Feller 过程的构造并介绍了更一般的 Hunt 过程框架, 逻辑严密, 结构合理, 在很长一段时间内是马氏过程理论的经典参考书. 但是这些还不够, 因为很多过程, 例如 Brown 运动的一些变换并不适合纳入这个框架. 然后 60 年代末, Delacherie & Meyer 在其系列巨著 [10] 中提出了更一般的右假设, 后来称为右马氏过程理论, 这样, 几乎所有已知的马氏过程及其重要的变换都可以被纳入这个框架中. R.K. Getoor 在 [18] 中梳理了其中的逻辑关系, 对一些已知定理在右过程框架下用新的方法 (例如截面定理) 重新给予证明.

右马氏过程的框架宏大完美, 但是其中众多概念以及诸多细节的验证让初学者倍感头疼, 以本讲义的计划所限, 它不可能也不打算完全整理清楚, 概率论专业的研究生需要自己根据参考书甄别和补充. 注意在本章中, 只要认为有必要, 随机过程 X_t 经常随意地表示为 $X(t)$.

4.1　回顾 Brown 运动

先回顾 Brown 运动, Brown 运动的存在性和一些性质在第二章中有过讨论, 本节主要讨论 Brown 运动的马氏性与强马氏性. 尽管它的许多结论仅限于 Brown 运动, 但其中的一些结论, 思想与方法可推广到更一般的马氏过程. 因此理解 Brown

运动是为学习一般马氏过程理论做铺垫. 应该指出, 读者特别要学习的是从直观的角度去思考有关 Brown 运动的问题.

设 $B=(B_t)$ 是 $\mathbf{R}^d$ 上的标准 Brown 运动, 即对任何 $x\in\mathbf{R}^d$, 在概率测度 $\mathbb{P}^x$ 下, B 是从 x 出发的 Brown 运动. $(\mathscr{F}_t:t\geqslant 0)$ 是 B 的自然流, $\mathscr{F}_\infty=\sigma(B_t:t\geqslant 0)$. (θ_t) 是推移算子族. Brown 运动的转移半群

$$P_t(x,A)=\int_A p(t,y-x)dy,\ x\in\mathbf{R}^d, A\in\mathscr{B}(\mathbf{R}^d),$$

其中

$$p(t,x)=\frac{1}{(2\pi t)^{d/2}}\exp\left(-\frac{|x|^2}{2t}\right).$$

4.1.1 Brown 运动的马氏性

除了轨道连续性之外, Brown 运动的所有性质都被它的有限维分布族所刻画, 而有限维分布又被转移核或者转移密度刻画. Brown 运动的简单马氏性是定理 2.2.5 的推论.

定理 4.1.1 **Brown 运动满足简单马氏性: 设 $t\geqslant 0$, Y 是 $\mathscr{F}_\infty$ 可测的有界或非负随机变量, 则**

$$\mathbb{E}^x[Y\circ\theta_t|\mathscr{F}_t]=\mathbb{E}^{B_t}[Y]. \tag{4.1.1}$$

下面我们阐述强马氏性, 简单马氏性与轨道性质无关, 但强马氏性与轨道性质有密切关系. 设 T 是 $(\mathscr{F}_{t+})$ 停时, 即对任何 $t\geqslant 0$, 有 $\{T<t\}\in\mathscr{F}_t$. 回忆

$$\mathscr{F}_{T+}=\{A\in\mathscr{F}_\infty:\forall t\geqslant 0, A\cap\{T<t\}\in\mathscr{F}_t\}.$$

注意当 $T<\infty$ 时推移算子 θ_T 和 B_T 都有自然的定义, 当 $T=\infty$ 时, 它们没有定义. 当我们说 B_T 的可测性时, 是指在 $T<\infty$ 时. 下面我们证明简单马氏性 (4.1.1) 的时间 t 换成 T 之后仍然成立, 称为强马氏性.

定理 4.1.2 **假设 Brown 运动 B 的所有轨道连续. 则对任何 $\mathscr{F}_\infty$ 可测的有界或非负随机变量 Y, $(\mathscr{F}_{t+})$ 停时 T, $x\in\mathbf{R}^d$, 有**

$$\mathbb{E}^x[Y\circ\theta_T|\mathscr{F}_{T+}]1_{\{T<\infty\}}=\mathbb{E}^{B_T}[Y]1_{\{T<\infty\}},\ \mathbb{P}^x\text{-a.s.}. \tag{4.1.2}$$

注意, 强马氏性即使在 T 是固定时间 t 时也比简单马氏性要强, 因为此时有

$$\mathbb{E}^x[Y\circ\theta_t|\mathscr{F}_{t+}]=\mathbb{E}^{B_t}[Y],\ \mathbb{P}^x\text{-a.s.}, \tag{4.1.3}$$

其左边是关于 $\mathscr{F}_{t+}$ 的条件期望. 强马氏性成立的原因是 Brown 运动的轨道连续性和转移密度的连续性.

证明. 由定理 3.2.11 知, B_T 是 $\mathscr{F}_{T+}$ 可测的. 这一步是关键, 但注意定理 3.2.11 的条件, 我们要求布朗运动的所有样本轨道是连续的, 这是可以做到的, 例如 Wiener 空间上. 对于通常的布朗运动, 自然流是不够的, 需要进行适当的强化.

再者 $x \mapsto \mathbb{E}^x[Y]$ 是 Borel 可测的, 故 $\mathbb{E}^{B_T}[Y]1_{\{T<\infty\}}$ 是 $\mathscr{F}_{T+}$ 可测的, 所以我们仅需证明对任何 $A \in \mathscr{F}_{T+}$ 有

$$\mathbb{E}^x\left[Y \circ \theta_T 1_{\{T<\infty\} \cap A}\right] = \mathbb{E}^x\left[E^{B_T}[Y] 1_{\{T<\infty\} \cap A}\right]. \tag{4.1.4}$$

离散化 T, 对 $n \geqslant 0$, 定义

$$T_n := \begin{cases} k2^{-n}, & (k-1)2^{-n} \leqslant T < k2^{-n}, \\ \infty, & T = \infty. \end{cases}$$

那么 $\{T_n = k2^{-n}\} \in \mathscr{F}_{k2^{-n}}$, 因此 T_n 是停时且 $\{T_n = k2^{-n}\} \cap A \in \mathscr{F}_{k2^{-n}}$. 应用简单马氏性, 因为 $\{T < \infty\} = \bigcup\limits_{k \geqslant 1} \{T_n = k2^{-n}\}$, 所以

$$\begin{aligned} \mathbb{E}^x\left[Y \circ \theta_{T_n} 1_{\{T<\infty\} \cap A}\right] &= \sum_k \mathbb{E}^x\left[Y \circ \theta_{k2^{-n}} 1_{\{T_n = k2^{-n}\} \cap A}\right] \\ &= \sum_k \mathbb{E}^x\left[\mathbb{E}^{B_{k2^{-n}}}[Y] 1_{\{T_n = k2^{-n}\} \cap A}\right] \\ &= \sum_k \mathbb{E}^x\left[\mathbb{E}^{B_{T_n}}[Y] 1_{\{T_n = k2^{-n}\} \cap A}\right] \\ &= \mathbb{E}^x\left[\mathbb{E}^{B_{T_n}}[Y] \sum_k 1_{\{T_n = k2^{-n}\} \cap A}\right] \\ &= \mathbb{E}^x\left[\mathbb{E}^{B_{T_n}}[Y] 1_{\{T<\infty\} \cap A}\right]. \end{aligned}$$

现在让 n 趋于无穷, 显然 $T_n \downarrow T$, 且 $B_{T_n} \to B_T$ a.s.. 取特别的 Y, 例如

$$Y = f(B_{t_1}, \cdots, B_{t_n}),$$

其中 $t_i > 0$, f 是有界连续函数. 这时, $\mathbb{E}^x[Y]$ 作为 x 的函数是连续的, 左边 $Y \circ \theta_t$ 关于 t 连续, 推出 (4.1.2) 成立. 对于一般 $\mathscr{F}_\infty$ 可测的 Y, 利用单调类方法. □

证明中只用到 Brown 运动的轨道 (右) 连续性以及热核把连续函数变为连续函数这两个性质. 在许多情况下, 自然流不是一个很好的流, 例如在 Brown 运动的轨道是几乎处处连续时, $(\mathscr{F}_t)$ 停时 T 的位置 B_T 一般不是 $\mathscr{F}_T$ 可测的 (参考 §3.2), 所以我们需要在自然流中加入零概率集, 即强化自然流, 强化之后除了上面的好处外, 它还满足通常条件, 使得所有的首中时是停时.

比 $\mathbb{P}^x$ 更一般一点, 对任何 $\mathbf{R}^d$ 上的分布 μ, 定义

$$\mathbb{P}^\mu(A) := \int_{\mathbf{R}^d} \mathbb{P}^x(A)\mu(dx),\ A \in \mathscr{F}_\infty.$$

当然 $\mathbb{P}^x$ 是 μ 为点 x 的单点测度的特殊情况. 用 $\mathscr{N}^\mu$ 表示 $\mathbb{P}^\mu$-零概率集及其子集的集合, 设

$$\mathscr{F}_t^\mu = \sigma(\mathscr{F}_t \cup \mathscr{N}^\mu),$$

被称为 $\mathscr{F}_t$ 的关于测度 $\mathbb{P}^\mu$ 强化. 先证明流 $(\mathscr{F}_t^\mu)$ 满足通常条件.

定理 4.1.3 **对任何** $t \geqslant 0$ **以及分布** μ, $\mathscr{F}_{t+}^\mu = \mathscr{F}_t^\mu$. **因此流** $(\mathscr{F}_t^\mu)$ **满足通常条件.**

证明. 把强马氏性用于固定时间 t, 则可以推出

$$\mathbb{E}^\mu[Y \circ \theta_t | \mathscr{F}_{t+}] = \mathbb{E}^{B_t}[Y],\ \mathbb{P}^\mu\text{-a.s.}. \tag{4.1.5}$$

取 $Y = f_1(B_{t_1}) \cdots f_n(B_{t_n})$, 其中任意正整数 n, 任意有界可测函数 $f_1, \cdots, f_n$, 任意的 $0 < t_1 < \cdots < t_n$. 立刻推出

$$\mathbb{E}^\mu[Y | \mathscr{F}_{t+}] = \mathbb{E}^\mu[Y | \mathscr{F}_t],\ \mathbb{P}^\mu\text{-a.s.}.$$

然后由单调类方法推出对任何关于 $\mathscr{F}_\infty$ 有界可测的 Y 成立. 特别地取 $A \in \mathscr{F}_{t+}$ 及 $Y = 1_A$, 有 $\mathbb{P}^\mu$-a.s.,

$$1_A = \mathbb{E}^\mu[1_A | \mathscr{F}_{t+}^\mu] = \mathbb{E}^\mu[1_A | \mathscr{F}_t^\mu],$$

即 1_A 与 $\mathscr{F}_t^\mu$ 的可测集差一个 $\mathbb{P}^\mu$ 零概率集, 所以 $\mathscr{F}_{t+} \subset \mathscr{F}_t^\mu$, 推出 $\mathscr{F}_{t+}^\mu = \mathscr{F}_t^\mu$, □

对于通常的 Brown 运动, 去掉所有轨道连续的假设, 定理 4.1.2 不一定成立, 但可以换成下面的形式. 对任何 $(\mathscr{F}_{t+}^\mu)$ 停时 T, 由定理 3.2.11 推出 B_T 是 $\mathscr{F}_{T+}^\mu$ 可测的, 且对于 $\mathscr{F}_\infty$ 可测的有界或非负随机变量 Y, 有

$$\mathbb{E}^\mu[Y \circ \theta_T | \mathscr{F}_{T+}^\mu] 1_{\{T<\infty\}} = \mathbb{E}^{B_T}[Y] 1_{\{T<\infty\}},\ \mathbb{P}^\mu\text{-a.s.}. \tag{4.1.6}$$

由此仍然可以推出流 $(\mathscr{F}_t^\mu)$ 的右连续性.

定义流

$$\hat{\mathscr{F}}_t := \bigcap_{\mu} \mathscr{F}_t^\mu,$$

其中 μ 取遍 $\mathbf{R}^d$ 上的分布. 显然这个流也是右连续的, 且对于 $(\hat{\mathscr{F}}_{t+})$ 停时 T, 不难证明 B_T 是 $\hat{\mathscr{F}}_{T+}$ 可测的且类似地对任何概率测度 μ 有

$$\mathbb{E}^\mu[Y\circ\theta_T|\hat{\mathscr{F}}_{T+}]1_{\{T<\infty\}} = \mathbb{E}^{B_T}[Y]1_{\{T<\infty\}},\ \mathbb{P}^\mu\text{-a.s.}. \tag{4.1.7}$$

流 $(\hat{\mathscr{F}}_t)$ 通常称为 Brown 流.[1] 除了有上面的强马氏性外, Borel 集的首中时关于 Brown 流是停时. 因此后面我们在谈到 Brown 运动时, 把 Brown 流写成 $(\mathscr{F}_t)$, 而把自然流写成 $(\mathscr{F}_t^0)$. 在概率 $\mathbb{P}^x$ 下, $\mathscr{F}_0^0$ 是平凡的, 而强化后的 $\mathscr{F}_0$ 中的事件与 $\mathscr{F}_0^0$ 中的某个事件相差一个 $\mathbb{P}^x$-零概率集, 因此 $\mathscr{F}_0$ 在 $\mathbb{P}^x$ 下还是平凡的. 这个结果是重要的, 称为 Blumenthal 0-1 律.

定理 4.1.4 (Blumenthal) **设 $A\in\mathscr{F}_0$, 则对任何 x, $\mathbb{P}^x(A)$ 是 0 或 1.**

对于 Borel 集 A, 首中时 T_A 是 $(\mathscr{F}_t)$ 停时, 推出 $\{T_A=0\}\in\mathscr{F}_0$, 因此, $\mathbb{P}^x(T_A=0)=0$ 或 1.

定义 4.1.5 如果 $\mathbb{P}^x(T_A=0)=1$, 那么称 x 是 A 的正则点.

由轨道连续性推出, 如果 A 是 Borel 集, 那么 A 的内点至少停留在 A 中一小段时间, 所以它肯定是 A 的正则点, 但不是 A^c 的正则点. 而 A 的边界点可能是也可能不是 A 或者 A^c 的正则点, 但它必然是 A 与 A^c 之一的正则点, 也有可能同时是 A 与 A^c 的正则点. 对于一维 Brown 运动, 0 是它自己 $\{0\}$ 的正则点. 但后面会看到二维以上就不是了.

4.1.2 强马氏性与反射原理

下面我们应用强马氏性来讨论 Brown 运动的样本轨道性质, 关于样本轨道性质的解释, 参考第二章最后的几段话.

设 $(\mathscr{F}_t)$ 是 Brown 流. T 是 $(\mathscr{F}_{t+})$-停时, 根据强马氏性 (4.1.6), 对任何 $(\Omega,\mathscr{F}_\infty^o)$ 上的有界或非负随机变量 Y, 以及 $t\geqslant 0$, 有

$$\mathbb{E}^x(Y\circ\theta_T 1_{\{T<t\}}) = \mathbb{E}^x(\mathbb{E}^{B_T}(Y)1_{\{T<t\}}). \tag{SM}$$

[1] 在随机分析中只考虑测度 $\mathbb{P}^0$, Brown 流是指自然流关于该测度的强化, 与这里的强化不同.

定义 Ω 到 $\mathbf{R}^+\times\Omega$ 的映射 $\Theta_T := (T,\theta_T)$. 再写 $\varphi(s,\omega) = Y(\omega)1_{\{s<t\}}$, 那么 $Y\circ\theta_T 1_{\{T<t\}} = \varphi\circ\Theta_T$, 其中的复合总是理解为先作推移 θ_T 再将其中的 s 用 T 代替. 然后利用单调类方法推出强马氏性的更一般形式: 设 $\varphi = \varphi(s,\omega)$ 是乘积空间 $\mathbf{R}^+\times\Omega$ 上有界或非负可测函数, 也就是一个随机过程, 那么

$$\mathbb{E}^x\left(\varphi\circ\Theta_T; T<\infty\right) = \mathbb{E}^x\left(\mathbb{E}^y\varphi(s,\cdot)\Big|_{s=T,y=B(T)}; T<\infty\right). \tag{SM$'$}$$

下面我们将严格证明反射原理. 下面我们总记 $\mathbb{P}=\mathbb{P}^0$, T_a 为点 a 的首中时.

定理 4.1.6 设 $a>0$, $t>0$, 则 $\mathbb{P}(T_a<t) = 2\mathbb{P}(B_t>a)$.

证明. 令 $\varphi(s,\omega) := 1_{\{s<t, B(t-s,\omega)>a\}}$. 按照式 (SM') 下面的解释, $\varphi\circ\Theta_{T_a}$ 是先作推移 θ_{T_a} 再将其中的 s 用 T_a 代替, 得 $\varphi\circ\Theta_{T_a} = 1_{\{T_a<t, B_t>a\}}$. 利用强马氏性 (SM$'$),

$$\begin{aligned}
\mathbb{P}(B_t>a) &= \mathbb{P}(T_a<t, B_t>a)\\
&= \mathbb{E}\left[\mathbb{E}^{B_{T_a}}\left(\varphi(s,\cdot)\right)\Big|_{s=T_a}, T_a<t\right]\\
&= \mathbb{E}\left[\mathbb{P}^a(B_{t-s}>a)\Big|_{s=T_a}, T_a<t\right] = \frac{1}{2}\mathbb{P}(T_a<t),
\end{aligned}$$

最后那个等号是因为 Brown 运动的对称性推出 $\mathbb{P}^a(B_{t-s}>a)=1/2$. □

直观地讲, 反射原理是说 $\mathbb{P}(T_a<t, B_t>a) = \mathbb{P}(T_a<t, B_t<a)$, 即在从零出发在 t 时刻前通过 a 的轨道中, 由反射可看出 t 时刻在 a 上的轨道与 t 时刻在 a 下的轨道是一一对应的, 这来自于对离散时对称随机游动轨道的观察. 由此得到 T_a 的分布函数

$$\mathbb{P}(T_a<t) = 2\mathbb{P}(B_t>a) = \mathbb{P}(|B_t|>a) = 2\int_a^\infty \frac{1}{\sqrt{2\pi t}}\mathrm{e}^{-\frac{x^2}{2t}}dx,$$

推出 $\mathbb{P}(T_a<\infty)=1$, 且由此计算 T_a 的 Laplace 变换为

$$\mathbb{E}[\mathrm{e}^{-sT_a}] = \int_0^\infty \mathrm{e}^{-st}\frac{a}{\sqrt{2\pi t^3}}\exp\left(-\frac{a^2}{2t}\right)dt = \mathrm{e}^{-\sqrt{2s}a},$$

计算的关键是积分

$$\int_0^\infty \mathrm{e}^{-a(t^2+\frac{1}{t^2})}dt = \sqrt{\frac{\pi}{4a}}\mathrm{e}^{-2a}. \tag{4.1.8}$$

下面我们将证明一维 Brown 运动几乎所有轨道的零点集是一个拓扑 Cantor 集. 在此之前, 我们需要首中时关于时间推移的性质, 后面会经常用到.

引理 4.1.7 **设** $T = T_A$ **是** Borel **集** A **的首中时, 则**

$$T\circ\theta_s + s = \inf\{t > s : B_t \in A\},$$

因此当 $T > s$ **时,** $T\circ\theta_s + s = T$ **且** $B_T\circ\theta_s = B_T$, **另外, 当** $s \downarrow 0$ **时,** $T\circ\theta_s + s \downarrow T$.

证明. 结论实际上是对样本轨道而言的, 也就是相当于关于连续函数的结论, 不涉及概率. 由定义

$$\begin{aligned} T\circ\theta_s + s &= \inf\{t > 0 : B_{t+s} \in A\} + s \\ &= \inf\{t + s > s : B_{t+s} \in A\} \\ &= \inf\{t > s : B_t \in A\}. \end{aligned}$$

因此, 当 $T > s$ 时, $T\circ\theta_s + s = T$ 且 $B_T\circ\theta_s = B_{T\circ\theta_s + s} = B_T$. 完成证明. □

下面定理给出 Brown 运动最重要的样本轨道性质.

定理 4.1.8 **设** B **是 1-维** Brown **运动.**

(1) **对任何** $a \in \mathbf{R}$, $\mathbb{P}^a(T_a = 0) = 1$;

(2) **对几乎所有的** ω, **轨道的零点集** $\{t : B_t(\omega) = 0\}$ **是一个** Lebesgue **测度为零的拓扑** Cantor **集, 精确地说, 它是无处稠的且无孤立点的闭集.**

证明. (1) 只需证明 $T := T_0 = 0$ a.s.. 因为 Brown 运动轨道连续, 所以 $T = 0$ 当且仅当 $T_{[0,\infty)} = 0$ 且 $T_{(-\infty,0]} = 0$. 对任何 $t > 0$,

$$\mathbb{P}(T_{[0,\infty)} \leqslant t) \geqslant \mathbb{P}(B_t \geqslant 0) = \frac{1}{2}.$$

由 Blumenthal 0-1 律, $\mathbb{P}(T_{[0,\infty)} = 0) = 1$. 同理 $\mathbb{P}(T_{(-\infty,0]} = 0) = 1$. 因此 $\mathbb{P}(T = 0) = 1$.

(2) 几乎所有轨道的零点集是闭的且 Lebesgue 测度为零是显然的事实, 因此它也一定是无处稠的. 现在证明它没有孤立点. 用 N 表示有孤立零点的样本轨道全体. 固定 $0 < s < t$, 令 $T^{(s)} := s + T\circ\theta_s$, 如果连续轨道在 (s,t) 间恰有一个零点, 那么 $t > T^{(s)}$ 表示 (s,t) 间至少有一个零点, 且 $T\circ\theta_{T^{(s)}} + T^{(s)} \geqslant t$ 表示 $T^{(s)}$ 到 t 这段时间内没有零点. 若用 $N_{s,t}$ 表示事件: B 在 (s,t) 间恰有一个零点, 则由强马氏性得

$$\mathbb{P}(N_{s,t}) \leqslant \mathbb{P}(T^{(s)} < t, T\circ\theta_{T^{(s)}} > 0) = \mathbb{E}(\mathbb{P}^{B(T^{(s)})}(T > 0); T^{(s)} < t) \leqslant \mathbb{P}(T > 0) = 0.$$

则 $N = \bigcup_{s<t,s,t\in\mathbf{Q}} N_{s,t}$, 其中 $\mathbf{Q}$ 是有理数集, 因此 $\mathbb{P}(N) = 0$. □

4.1.3 暂留与常返

下面讨论 Brown 运动的极集与常返集.

定义 4.1.9 **设** A **是** Borel **集.** A **是常返的, 如果对任何** x **有** $\mathbb{P}^x(T_A<\infty)=1$**; 否则是暂留的. 另外** A **是极集, 如果对任何** x **有** $\mathbb{P}^x(T_A<\infty)=0$.

极集是过程从任何点出发都不会遇到的集合, 而常返集是过程从任何点出发都一定会遇到的集合. 常返的概念类似于马氏链中所定义的. 这三个概念实际上都是用样本轨道来描述的. 首先, 我们已经知道一维 Brown 运动以概率 1 可达任何点, 因此单点集或者任何非空集是常返集. 但是二维及以上的 Brown 运动的单点集却是极集. 这主要是因为

$$\int_0^1 p(t,0)dt=\int_0^1\frac{1}{(2\pi t)^{\frac{d}{2}}}dt=\begin{cases}<\infty, & d=1,\\ =\infty, & d\geqslant 2.\end{cases}$$

另外容易验证 Brown 运动的位势核

$$g(x):=\int_0^{\infty}p(t,x)dt=\int_0^{\infty}\frac{1}{(2\pi t)^{\frac{d}{2}}}\mathrm{e}^{-\frac{|x|^2}{2t}}dt=\begin{cases}+\infty, & d=1,2,\\ \dfrac{C(d)}{|x|^{d-2}}, & d\geqslant 3,\end{cases}$$

其中 $C(d)$ 是只与 d 有关的常数. 这决定了在 $d\leqslant 2$ 时紧集是常返的而 $d\geqslant 3$ 时是暂留的.

定理 4.1.10 **设** B **是** d**-维** Brown **运动.**

1 **当** $d\geqslant 2$ **时, 单点集是极集.**

2 **当** $d=2$ **时, 不是极集的** Borel **集一定是常返的. 因此任何开集是常返的.**

3 **当** $d\geqslant 3$ **时, 紧集是暂留的.**

证明. 1. 设 T_0 是 0 的首中时, 对 $M>s>0$, 令 $T^{(s)}:=s+T_0\circ\theta_s$, 则 $T^{(s)}$ 是停时. 由强马氏性, 对任何 $x\in\mathbf{R}^d$ 和以原点为中心 r 为半径的球 G_r,

$$\begin{aligned}&\mathbb{E}^x\left[\left(\int_0^1 1_{G_r}(B_t)dt\right)\circ\theta_{T^{(s)}},T^{(s)}\leqslant M\right]\\ =&\mathbb{E}^x\left(\mathbb{E}^{B(T^{(s)})}\left(\int_0^1 1_{G_r}(B_t)dt\right),T^{(s)}\leqslant M\right)\end{aligned}$$

$$=\mathbb{P}^x(T^{(s)}\leqslant M)\int_{G_r}dy\int_0^1 p(t,y)dt.$$

另一方面,

$$\begin{aligned}&\mathbb{E}^x\left[\left(\int_0^1 1_{G_r}(B_t)dt\right)\circ\theta_{T^{(s)}},T^{(s)}\leqslant M\right]\\&=\mathbb{E}^x\left(\int_{T^{(s)}}^{1+T^{(s)}}1_{G_r}(B_t)dt,T^{(s)}\leqslant M\right)\leqslant\mathbb{E}^x\left(\int_s^{M+1}1_{G_r}(B_t)dt\right)\\&=\int_{G_r}dy\int_s^{M+1}p(t,y-x)dt\leqslant|G_r|\cdot\frac{M+1-s}{(2\pi s)^{\frac{d}{2}}},\end{aligned}$$

其中 $|G_r|$ 表示 G_r 的体积. 因此对任何 $u>0$, 有

$$\mathbb{P}^x(T^{(s)}\leqslant M)\cdot\frac{1}{|G_r|}\int_{G_r}dy\int_u^1 p(t,y)dt\leqslant\frac{M+1-s}{(2\pi s)^{\frac{d}{2}}}.$$

让 $r\to 0$, 因为其中的 $\int_u^1 p(t,y)dt$ 关于 y 是连续函数, 所以由中值定理得

$$\mathbb{P}^x(T^{(s)}\leqslant M)\cdot\int_u^1 p(t,0)dt\leqslant\frac{M+1-s}{(2\pi s)^{\frac{d}{2}}}.$$

再让 $u\to 0$, 由位势性质得 $\mathbb{P}^x(T^{(s)}\leqslant M)=0$. 最后让 $M\to\infty$, $s\to 0$, 便推出 $\mathbb{P}^x(T<\infty)=0$.

2. 设 $f(x):=\mathbb{P}^x(T_A<\infty)$, $x\in\mathbf{R}^d$, 则

$$P_tf(x)=\mathbb{P}^x(\mathbb{P}^{B_t}(T_A<\infty)=\mathbb{P}^x(T_A\circ\theta_t<\infty)\leqslant f(x),$$

故当 $t\downarrow 0$ 时, $P_tf\uparrow f$ 且当 $t>0$ 时, P_tf 连续. 对任何 $n\geqslant 1$, $t>s$,

$$\begin{aligned}\int_0^n P_u(P_sf-P_tf)(x)du&=\int_s^{n+s}P_uf(x)du-\int_t^{n+t}P_uf(x)du\\&=\int_s^t P_uf(x)du-\int_{n+s}^{n+t}P_uf(x)du\leqslant t,\end{aligned}$$

让 n 趋于无穷, 再用 Fubini 定理推出

$$\int_{\mathbf{R}^d}(P_sf(y)-P_tf(y))g(y)dy=\int_0^\infty P_u(P_sf-P_tf)(0)du\leqslant t.$$

因为当 $d=2$ 时, 位势 g 恒等于 ∞, 所以对 $t,s>0$, $P_tf=P_sf$. 因此有 $P_tf=f$. 另外, 对任何 $x,y\in\mathbf{R}^2$, 有

$$|f(x)-f(y)|=|P_tf(x)-P_tf(y)|$$

$$\leqslant \int |p(t,y-z)-p(t,x-z)|dz$$
$$= \int \left| p(1,z)-p(1,z-\frac{x-y}{\sqrt{t}}) \right| dz.$$

让 t 趋于无穷, 应用控制收敛定理推出上式趋于零, 因此 f 是常数. 现在对 $t>0$, 由马氏性

$$\mathbb{P}^y(t<T_A<\infty) = \mathbb{P}^y(T_A\circ\theta_t<\infty, t<T_A)$$
$$= \mathbb{E}^y(f(B_t), t<T_A) = \mathbb{P}^y(t<T_A)\cdot f.$$

让 $t\to\infty$ 得 $0=(1-f)f$, 因此 f 恒为 1 或恒为零, 即 A 是常返或是极集.

3. 当 $d\geqslant 3$ 时位势 g 是一个严格正局部可积函数. 取单位球 G 及紧集 K, 则由强马氏性,

$$\int_{G-x} g(y)dy = \mathbb{E}^x \int_0^\infty 1_G(B_t)dt \geqslant \mathbb{E}^x \left(\int_{T_K}^\infty 1_G(B_t)dt, T_K<\infty \right)$$
$$= \mathbb{E}^x \left(\mathbb{E}^{B(T_K)} \int_0^\infty 1_G(B_t)dt, T_K<\infty \right)$$
$$\geqslant \mathbb{P}^x(T_K<\infty)\cdot \inf_{z\in K} \int_{G-z} g(y)dy.$$

因 K 紧, 故右侧下确界正. 因此推出 $\lim_{x\to\infty}\mathbb{P}^x(T_K<\infty)=0$, 即 K 暂留.

暂留性可以从不同角度体现. 例如, 可以证明, 对任何 $x\in\mathbf{R}^3$,

$$\lim_{t\to\infty}\mathbb{P}^x(T_K\circ\theta_t<\infty)=0.$$

另外, 因为 $\{|B_t|^{-1}\}$ 是非负上鞅, 所以它一定是几乎处处收敛的, 由例 3.3.4 知

$$\lim_{t\to\infty}\mathbb{E}^x[|B_t|^{-1}]=0,$$

因此 $|B_t|^{-1}$ 几乎处处的极限也一定是零, 即 $\mathbb{P}^x(\lim_{t\to\infty}|B_t|=+\infty)=1$. 这也蕴含暂留性. □

4.1.4 Dirichlet 问题的概率解

奇妙的是, Brown 运动实际上是经典 Newton 位势理论的概率表述. 下面我们给出经典 Dirichlet 问题的概率解, 这是由 Kakutani(1944) 和 Doob(1954) 发现的.

定义 4.1.11 **区域 $D \subset \mathbf{R}^d$ 上的函数 u 称为在 D 上调和, 如果 u 是局部可积且球面平均性质成立, 即对任何 $x \in D$, 存在 $\varepsilon > 0$, 当 $r < \varepsilon$ 时有**

$$u(x) = \int_{S_r(x)} u(y)\sigma_{x,r}(dy),$$

其中 $\sigma_{x,r}$ 是球面 $S_r(x)$ 上的均匀分布.

一个已知的事实是 u 在 D 上调和当且仅当 u 无穷次可微且 $\triangle u = 0$. 现在我们陈述 Dirichlet 问题.

Dirichlet 问题: 给定边界 ∂D 上的一个连续函数 f, 什么条件下存在一个在 $\overline{D}$ 上连续, 在 D 上调和的函数 u 使得 $u|_{\partial D} = f$?

Dirichlet 问题在分析中已经有非常丰富深刻的结果, 我们在这里给出概率解只是为了说明 Brown 运动与经典位势之间的本质关系.

定理 4.1.12 **设区域 $D \subset \mathbf{R}^d$ 是有界的且 D^c 是正则的, 则上述 Dirichlet 问题有唯一解**

$$u(x) = \mathbb{E}^x f(B_T),\ x \in \overline{D}, \tag{4.1.9}$$

其中 T 是 D^c 的首中时.

证明. 因 D 有界, 故 $\mathbb{P}^x(T < \infty) = 1$. 由连续性推出 $B_T \in \partial D$, 故等式 (4.1.9) 右边是有意义的.

首先唯一性是容易的. 事实上, 因 u 在有界闭集 $\overline{D}$ 上连续, 故达到最大最小值. 而由调和函数球面平均性质推出 u 不可能在 D 上达到最大最小值, 只可能在边界上达到. 因此唯一性成立.

下面分三步证明等式 (4.1.9) 中定义的函数 u 是 Dirichlet 问题的解.

(1) 验证 u 在 ∂D 上是 f. 因为 D^c 是正则的, 故对 $x \in \partial D$,

$$u(x) = \mathbb{E}^x f(B_T) = \mathbb{E}^x f(B_0) = f(x).$$

(2) 验证 u 在 D 上调和. 对任何 $x \in D$, 存在 $\varepsilon > 0$ 使得以 x 为中心, ε 为半径的闭球包含在 D 中. 对任何 $0 < r < \varepsilon$, 令

$$\tau := \inf\{t > 0 : |B_t - B_0| \geqslant r\}.$$

自然 $\mathbb{P}^x$ a.s. 有 $\tau < \infty$ 且 B_τ 在球面 $S_r(x)$ 上. 标准 Brown 运动是旋转不变的, 即从 x 出发的 Brown 运动关于点 x 的旋转还是从 x 出发的 Brown 运动, 且球面也是绕球心旋转不变的, 故在 $\mathbb{P}^x$ 下, B_τ 在 $S_r(x)$ 上是均匀分布的.

直观地, 因为 Brown 运动的轨道连续, 所以从 x 出发, 在遇到 D^c 前一定会先遇到 $S_r(x)$, 即 P^x a.s. 有 $T\circ\theta_\tau+\tau=T$. 由强马氏性,

$$\int_{S_r(x)} u(y)\sigma_{x,r}(dy)=\mathbb{E}^x[u(B_\tau)]=\mathbb{E}^x\left(\mathbb{E}^{B_\tau}f(B_T)\right)$$
$$=\mathbb{E}^x[f(B_T)\circ\theta_\tau]=\mathbb{E}^x[f(B(T\circ\theta_\tau+\tau))]=\mathbb{E}^x[f(B_T)]=u(x).$$

因此 u 在 D 上调和.

(3) 验证 u 在 $\overline{D}$ 上连续, 这是最难的一部分, 并不直观. 只需验证它在 ∂D 上连续. 任取 $a\in\partial D$, 要证明

$$\lim_{x\to a,x\in D}\mathbb{E}^x[f(B_T)]=f(a).$$

因为 f 在 ∂D 上其实是一致连续的, 故只需验证对任何 $\varepsilon>0$ 有

$$\lim_{x\to a}\mathbb{P}^x(|B_T-a|>\varepsilon)=0.$$

而这等同于 $\lim\limits_{x\to a}\mathbb{P}^x(|B_T-x|>\varepsilon)=0$. 任取 $t>0$, 用 $\tau_\varepsilon(x)$ 表示 Brown 运动从 x 出发首次离开半径为 ε 的球的时间,

$$\mathbb{P}^x(|B_T-x|>\varepsilon)=\mathbb{P}^x(|B_T-x|>\varepsilon,T<t)+\mathbb{P}^x(|B_T-x|>\varepsilon,T\geqslant t)$$
$$\leqslant\mathbb{P}^x(\tau_\varepsilon(x)<t)+\mathbb{P}^x(T\geqslant t)=\mathbb{P}^0(\tau_\varepsilon(0)\leqslant t)+\mathbb{P}^x(T\geqslant t).$$

最右的第一项当 t 趋于零时的极限是零, 第二项需利用正则性条件 $\mathbb{P}^a(T>0)=0$. 对任何固定的 $t>0$, 只要 $x\mapsto\mathbb{P}^x(T\geqslant t)$ 是上半连续的, 便推出 $\overline{\lim\limits_{x\to a}}\mathbb{P}^x(T\geqslant t)\leqslant\mathbb{P}^a(T\geqslant t)=0$. 因此若能证明 $\mathbb{P}^x(T\geqslant t)$ 关于 x 上半连续就足够了.

事实上, $\mathbb{P}^x(T\geqslant t)$ 是 $\mathbb{P}^x(T\circ\theta_{1/n}+1/n\geqslant t)$ 关于 n 的递减极限. 由马氏性,

$$\mathbb{P}^x(T\circ\theta_{1/n}+1/n\geqslant t)=\mathbb{E}^x\left[\mathbb{P}^{B(1/n)}(T\geqslant t-1/n)\right],$$

可以看出, 对于任意 n, 它关于 x 连续. 而连续函数列的递减极限是上半连续的, 故 $x\mapsto\mathbb{P}^x(T\geqslant t)$ 是上半连续的. □

4.1.5 局部时与游程

Brown 运动的几乎所有轨道的零点集是一个测度等于零的无处稠的完美集. 是否能够构造一个支撑在零点集上的测度呢? 如果 A 是一个正测度集, 那么

$$\alpha_t:=\int_0^t 1_A(B_s)ds$$

是一个仅当 Brown 运动落在 A 上才会增加的增过程, 称为 A 的占有时过程. 而当 $A=\{0\}$ 时, 这样定义的过程恒等于零, 所以需要有其他的思路. 下面介绍 Brown 运动的局部时及其性质, 这个概念的引入要归功于 Lévy.

现在设 B 是 Brown 运动, 对任何 $x\in\mathbf{R}$, 有 Tanaka 公式

$$|B_t-x|-|B_0-x|=\int_0^t \operatorname{sgn}(B_s-x)dB_s+L_t^x, \tag{4.1.10}$$

其中的连续增过程 (L_t^x) 是点 x 的局部时. 特别地, 写 $L_t=L_t^0$, Brown 运动在零点的局部时. 下面是局部时的直观意义.

定理 4.1.13 (Tanaka) **对任何 $t>0$, 在 L^2-收敛的意义下有**

$$L_t=\lim_{\delta\downarrow 0}\frac{1}{2\delta}\int_0^t 1_{(-\delta,\delta)}(B_s)ds.$$

上式在几乎处处意义下对所有有界区间上的 t 成立, 且

$$|B_t|=\int_0^t \operatorname{sgn}(B_s)dB_s+L_t.$$

证明. 作函数 h_δ 满足 $h_\delta(0)=h'_\delta(0)=0$ 且

$$h''_\delta=\frac{1}{\delta}1_{(-\delta,\delta)},$$

是个凸函数. 取 $g\in C_0^\infty$ 且 $\int gdx=1$, 令 $g_n(x)=ng(nx)$, $f_n=g_n*h_\delta$. 那么点点地 $f_n\longrightarrow h_\delta$, 点点地 $f'_n\longrightarrow h'_\delta$, 而除了 $|x|=\delta$ 外, $f''_n(x)\longrightarrow h''_\delta(x)$. 由 Itô 公式,

$$f_n(B_t)-f_n(B_0)=\int_0^t f'_n(B_s)dB_s+\frac{1}{2}\int_0^t f''_n(B_s)ds.$$

让 $n\longrightarrow\infty$. 首先对几乎所有轨道, $\{s\in[0,t]:|B_s|=\delta\}$ 的测度为零, 故对任何 $t>0$, 几乎处处地

$$h_\delta(B_t)=\int_0^t h'_\delta(B_s)dB_s+\frac{1}{2}\int_0^t h''_\delta(B_s)ds.$$

因为两边对于 t 连续, 所以不可区分, 即等式几乎处处地对所有 t 成立. 而当 $\delta\longrightarrow 0$ 时, 左边和右边第一项对于固定 t 的 L^2 收敛是显然的. 因为

$$\max_x |h_\delta(x)-|x||\leqslant \delta/2,$$

故 $h_\delta(B_t)$ 对于 $t \geqslant 0$ 在几乎所有轨道上一致收敛于 (几乎处处一致地) $|B_t|$. 因为

$$\begin{aligned}\mathbb{E}\left(\int_0^t [h_\delta'(B_s) - \operatorname{sgn}(B_s)]dB_s\right)^2 &= \mathbb{E}\int_0^t [h_\delta'(B_s) - \operatorname{sgn}(B_s)]^2 ds \\ &\leqslant \mathbb{E}\int_0^t 1_{[-\delta,\delta]}(B_s)ds \\ &= \int_0^t \mathbb{P}(|B_s| \leqslant \delta)ds \leqslant \int_0^t \frac{2\delta}{\sqrt{2\pi s}}ds \longrightarrow 0,\end{aligned}$$

所以由 Doob 不等式, 几乎处处一致地

$$\int_0^t h_\delta'(B_s)dB_s \longrightarrow \int_0^t \operatorname{sgn}(B_s)dB_s.$$

故而引理结论也是几乎处处地一致收敛. □

下面证明 dL_t 的支撑 $\operatorname{supp} dL$ 恰好是 $Z = \{t : B_t = 0\}$. 首先由 Tanaka 公式, $\operatorname{supp} dL \subset Z$. 要证明 $\operatorname{supp} dL \supset Z$, 需要一个初等的连续函数分解, 称为 Skorohod 分解.

引理 4.1.14 (Skorohod) **设 y 是 $\mathbf{R}^+$ 上的实值连续函数且 $y(0) \geqslant 0$, 则存在唯一的 $\mathbf{R}^+$ 上的连续函数对 (z, x) 满足:**

(1) $y = z - x$;

(2) z **是非负的;**

(3) x **是递增连续函数,** $x(0) = 0$ **且** $dx(t)$ **支撑在** $\{t : z(t) = 0\}$ **上.**

实际上, $x(t) = \sup\limits_{s \leqslant t}(-y(s))^+$.

证明. 函数 $x(t) := \sup\limits_{s \leqslant t}(-y(s))^+$ 和 $z := y + x$ 显然满足条件 (1),(2), 验证其满足 (3) 也不难, 请读者完成. 关键是证明唯一性. 设 $(\hat{x}, \hat{z})$ 也满足三个条件. 那么 $z - \hat{z} = x - \hat{x}$, 因 (3), 故

$$\begin{aligned}(x(t) - \hat{x}(t))^2 &= 2\int_0^t (z(s) - \hat{z}(s))d(x(s) - \hat{x}(s)) \\ &= -2\int_0^t \hat{z}(s)dx(s) - 2\int_0^t z(s)d\hat{x}(s) \leqslant 0.\end{aligned}$$

因此 $x = \hat{x}$ 及 $z = \hat{z}$. □

用 Skorohod 分解来观察 Tanaka 公式 $|B_t| = \beta_t + L_t$, 其中 $\beta_t = \int_0^t \operatorname{sgn}(B)dB$, 会看到极其奇妙的事情. 显然 $\{\beta_t\}$ 是连续鞅且 $\langle\beta\rangle_t = t$, 由 Lévy 刻画定理 3.4.22, β 也是一个标准 Brown 运动. 因此由 Skorohod 分解的唯一性推出

$$L_t = \sup_{s\leqslant t} W_s^+ = \sup_{s\leqslant t} W_s,$$

其中 $W_s := -\beta_s$, $s \geqslant 0$ 也是标准 Brown 运动. 也就是说, 局部时是某个 (另外的) 标准 Brown 运动的上确界过程, 通常称为极大游程过程. 这可以帮助我们更形象地理解局部时. 容易得出两个结论:

(1) a.s. 对任何 t, $L_t > 0$, 即 $0 \in \operatorname{supp} dL$;

(2) $\lim\limits_{t\to\infty} L_t = \infty$.

定理 4.1.15 局部时在且只在 Brown **运动的零点增加, 即** $\operatorname{supp} dL = Z$ a.s..

证明. 只需验证 $\operatorname{supp} dL \supset Z$. 对任何 s, 令 $r_s := \inf\{t > s : B_t = 0\}$, 则 r_s 是停时且由强 Markov 性, $t \mapsto B_{r_s+t}$ 是标准 Brown 运动. 由 Skorohod 分解的唯一性, 它的局部时是 $t \mapsto L_{r_s+t} - L_{r_s}$. 故 a.s. 对任何 $t > 0$, $L_{r_s+t} > L_{r_s}$, 推出 $r_s \in \operatorname{supp} dL$ a.s., 任何时间 s 后的首个零点必是支撑点.

因支撑闭, 故 $Z \cap (\operatorname{supp} dL)^c \neq \varnothing$ 隐含着存在有理数端点区间 $[s,t]$, 其中只有零点而无支撑点, 而这是概率零的, 因为 s 后的首个零点也在该区间内且是支撑点. 因此推出 $Z \subset \operatorname{supp} dL$ a.s.. □

局部时是随机过程中最重要的概念与思想之一, 正如 Cantor 集与 Cantor 函数在分析中的位置一样. 用正常时间看的话, Brown 运动在零点处几乎没有花费时间. 局部时 L 是连续递增的, 但仅在测度零集 $\{t : B_t = 0\}$ 上增加, 它是 Brown 运动化在零点处 "用另外的时间度量来计算" 的时间, 在开集 $\{t : B_t \neq 0\}$ 的每个区间 (称为游离区间) 上是常数, 也就是说 "未计入时间", 所以它被称为局部时, 只关注 Brown 运动在零点的情况.

设 (τ_t) 是 L_t 的右连续逆, 即

$$\tau_t := \inf\{s > 0 : L_s > t\} = \sup\{s : L_s = t\}.$$

对任何 $t > 0$, τ_t 是局部时累积到 t 所需要的真正时间, 显然 τ_t 是停时且 $L_{\tau_t} = t$, $\tau_{L_t} = r_t$. 前面看到, 局部时是 (另一个) 标准 Brown 运动 W 的极大游程过程

$L_t = \sup\limits_{s \leqslant t} W_s$. 故 τ_{t-} 实际上是 W 关于 t 的首次通过时, 即

$$\tau_{t-} = \inf\{s : L_s \geqslant t\} = \inf\{s : W_s = t\}.$$

因 $\tau_{t-} < \tau_t$ 当且仅当 L 在 $[\tau_{t-}, \tau_t]$ 上是常数, 而 $\operatorname{supp} dL$ 实际上是 dL_t 测度为零的最大开集的补集, 故

$$(\operatorname{supp} dL)^c = \bigcup_{t>0} (\tau_{t-}, \tau_t) = Z^c.$$

引理 4.1.16 局部时与其逆的两个性质:

(1) **设** T **是停时,** $t > 0$, **则** $L_{T+t} = L_T + L_t \circ \theta_T$;

(2) **对任何** $t, s > 0$, $\tau_{t+s} = \tau_t + \tau_s \circ \theta_{\tau_t}$.

证明. (1) 利用引理 4.1.13,

$$\begin{aligned} L_{T+t} &= \lim_{\delta \to 0} \frac{1}{2\delta} \int_0^{T+t} 1_{(-\delta,\delta)}(B_s) ds \\ &= L_T + \lim_{\delta \to 0} \frac{1}{2\delta} \int_T^{T+t} 1_{(-\delta,\delta)}(B_s) ds \\ &= L_T + \lim_{\delta \to 0} \frac{1}{2\delta} \int_0^{t} 1_{(-\delta,\delta)}(B_s \circ \theta_T) ds \\ &= L_T + L_t \circ \theta_T. \end{aligned}$$

利用上面的结论计算

$$\begin{aligned} \tau_{t+s} &= \inf\{r > 0 : L_r > t + s\} = \inf\{r > 0 : r > \tau_t, L_r > t + s\} \\ &= \inf\{r > 0 : L_{r+\tau_t} - L_{\tau_t} > s\} + \tau_t \\ &= \inf\{r > 0 : L_r \circ \theta_{\tau_t} > s\} + \tau_t \\ &= \tau_s \circ \theta_{\tau_t} + \tau_t. \end{aligned}$$

完成证明. □

现在我们可以粗略地介绍 Itô 发现的 Brown 运动的游离 (excursion) 理论. 因为 Brown 运动的零点集是零测度的完美集, 故其离开零点的时间是一个稠密开集, 是可数个开区间的并, 称为 Brown 运动关于零点的游离. 一个样本轨道有可数个游

离, 因为零是自身的正则点, 所以在其任何邻域内都有无数个游离, Itô 的绝妙想法是去考虑以游离作为状态空间的点过程.

回到样本轨道空间 W, 即从零出发的连续函数全体, $\mathscr{B}(W)$ 是 Borel σ-代数. 对 $w \in W$, 令 $R(w) := \inf\{t > 0 : w(t) = 0\}$. 一个游离是指 $w \in W$ 满足 $R(w) > 0$, 且对任何 $t > R(w)$ 有 $w(t) = 0$. 因此 R 实际上是游离的时间长度. 游离的全体记为 U, 定义 $\mathscr{U} = U \cap \mathscr{B}(W)$. 记 δ 是恒等于零的连续函数.

现在设 $B = (B_t, \mathbb{P})$ 是标准 Brown 运动. 注意, $\mathbb{P}(U) = 0$ 因为 $\mathbb{P}(R = 0) = 1$. 对于 Brown 运动的样本轨道, 怎么记录它的游离? 尽管游离的个数是可数的, 但是因 $R = 0$, 故游离不可能按照时间先后排列. 注意到局部时在 Brown 游离时是常数, 而其逆这时是跳跃, 所以采用局部时的逆来记录游离更加方便. 对 $w \in W$, 游离发生当且仅当 $\tau_s(w) > \tau_{s-}(w)$, 此时 $(\tau_{s-}(w), \tau_s(w))$ 是 w 的一个游离区间, 它是局部时累积到 s 时恰好遇到的那个游离区间. 现在完整地记录这个游离, 定义

$$e_s(w)(u) := w(\tau_{s-} + u)1_{(0,\tau_s(w)-\tau_{s-}(w))}(u), \ u \geqslant 0,$$

注意 e_s 记录的是局部时累积到 s 时恰好碰到的那个游离区间上的游离, 而不是 Brown 运动在正常时间 s 时刻碰到的游离. 显然, $e_s(w) \in U$, $R(e_s) = \tau_s - \tau_{s-}$. 因为 (τ_t) 的不连续点可数, 所以 $(e_s : s > 0)$ 是至多可数个时间落在 U 中, 其他时间等于 δ 的过程, 即是一个以 $U_\delta = U \cup \{\delta\}$ 为状态空间的点过程. 它记录了 Brown 运动的所有游离区间, 称为游离过程. 参考定义 2.4.7, 对应的随机测度记为 N_e, 即

$$N_e((0,t] \times A) = \#\{s \leqslant t : e_s \in A\}, \ A \in \mathscr{U}, \ t > 0.$$

它是局部时累积到 t 及之前或者时间区间 $[0, \tau_t]$ 内所记录的所有落在集合 A 中的游离个数.

令 $U_n := \{w \in U : \ R(w) > 1/n\}$, 那么 $U_n \uparrow U$ 且

$$\tau_t = \sum_{s \leqslant t} R(e_s) \geqslant \sum_{s \leqslant t : R(e_s) > 1/n} R(e_s) \geqslant \frac{1}{n} N_e((0,t] \times U_n),$$

因此 $N_e((0,t] \times U_n) \leqslant n\tau_t < \infty$, a.s., 这说明 (e_s) 是 σ-离散的时空点过程. 下面叙述 Itô 的定理. 证明是粗略的, 细节需读者完成.

定理 4.1.17 (Itô) **游离过程** (e_s) **是一个平稳 Poisson 点过程.**

这里不加证明地引用 Poisson 点过程的刻画定理. 参考 [39] Chapter XII.

定理 4.1.18 一个 σ-离散的 (时空) 点过程 μ 是平稳 Poisson 点过程当且仅当

1. **存在一个流 $(\mathscr{F}_t)$ 使得 μ 关于 $(\mathscr{F}_t)$ 适应, 即对任何 $A \in \mathscr{E}$, 过程 $\mu((0,t] \times A)$ 关于 $(\mathscr{F}_t)$ 适应;**

2. **对任何 $t > 0, s > 0$ 及 $A \in \mathscr{E}$, $\mu((t, s+t] \times A)$ 独立于 $\mathscr{F}_t$ 且与 $\mu((0,s] \times A)$ 同分布.**

设 $(\mathscr{F}_t)$ 是 Brown 运动的自然流, 先验证 N_e 关于流 $(\mathscr{F}_{\tau_t})$ 适应. 然后由引理 4.1.16推出 $e_{s+t} = e_t \circ \theta_{\tau_s}$. 因此对任何 $s > 0, 0 < t_1 < \cdots < t_d$ 及 $U_i \in \mathscr{U}$, 由强马氏性推出

$$
\begin{aligned}
\mathbb{P}(N_e(]s, s+t_i] \times U_i) : 1 \leqslant i \leqslant d | \mathscr{F}_{\tau_s}) &= \mathbb{P}(N_e((0, t_i] \times U_i) \circ \theta_{\tau_s} : 1 \leqslant i \leqslant d | \mathscr{F}_{\tau_s}) \\
&= \mathbb{E}(\mathbb{P}^{B_{\tau_s}}(N_e((0, t_i] \times U_i) : 1 \leqslant i \leqslant d) \\
&= \mathbb{P}(N_e((0, t_i] \times U_i) : 1 \leqslant i \leqslant d).
\end{aligned}
$$

K. Itô 还给出了游离过程在 U 上的特征测度 n, 称为 Itô 测度. 在这里我们不加证明地叙述这个漂亮的结果. 有兴趣的读者可参考 [39]. 设 (Q_t) 是 Brown 运动遇到零时被杀死的过程的半群, 即 $B^T = \{B_{t \wedge T}\}$ 的转移半群, 其中 $T = T_0$. 半群 Q_t 有解析表达

$$
Q_t(x, dy) = \frac{1}{\sqrt{2\pi t}} \left(\mathrm{e}^{-\frac{(y-x)^2}{2t}} - \mathrm{e}^{-\frac{(y+x)^2}{2t}} \right) 1_{\{xy>0\}} dy.
$$

令 μ_t 是 $\mathbf{R}$ 上密度为

$$
m_t(x) := \frac{1}{\sqrt{2\pi t^3}} |x| \mathrm{e}^{-\frac{x^2}{2t}}
$$

的测度, 那么 n 的有限维分布如下: 对任何 $k \geqslant 1$, $0 < t_1 < t_2 < \cdots < t_k$, $y_1 \neq 0, \cdots, y_k \neq 0$,

$$
\begin{aligned}
& n(\{w \in U : w(t_1) \in dy_1, \cdots, w(t_k) \in dy_k\}) \\
& = \mu_{t_1}(dy_1) Q_{t_2 - t_1}(y_1, dy_2) \cdots Q_{t_k - t_{k-1}}(y_{k-1}, dy_k).
\end{aligned}
$$

注释 4.1.1 测度 n 的存在性远非一件平凡的事情, 在此稍作解释. 函数 m_t 是很特殊的. 由定理 4.1.6 下面的分析看出 $m_t(x)$ 作为 t 的函数是 T_x 的密度函数, 即

$$
m_t(x) = \frac{d\mathbb{P}(T_x \leqslant t)}{dt}.
$$

最关键的是 (μ_t) 是转移半群 (Q_t) 的进入律, 即满足对任何 $t, s > 0$ 有 $\mu_s Q_t = \mu_{s+t}$. 在这个条件之下且当 (μ_t) 是概率测度族时, 上面右边实际上定义了一个相容的有限维分布族, 所以由 Kolmogorov 相容性定理, 存在一个测度 n 使得上面等式成立. 遗憾的是这里的 (μ_t) 只是 σ-有限的, 即便如此, 仍然可以相信这样一个测度 n 是存在的, 证明在此略过, 参考 [21].

最后, 局部时实际上是两个参数的随机过程 $(t, x) \mapsto L_t^x(\omega)$. 已知固定 x 关于变量 t 是连续的, 它有一个修正是关于 (t, x) 联合连续的, 证明略. 不妨设 $(t, x) \mapsto L_t^x$ 是连续的.

定理 4.1.19 (Itô-Tanaka) **设 f 是凸函数, 那么左导数 f' 存在递增, 诱导一个 Radon 测度 df' (即 f 在广义函数意义下的二阶导数) 且有**

$$f(B_t) = f(B_0) + \int_0^t f'(B_s) dB_s + \frac{1}{2} \int_{\mathbf{R}} L_t^x df'(x).$$

证明. 首先容易验证随机积分的 Fubini 定理: 如果 F 是 $\mathbf{R}^2$ 上的有界可测函数, μ 是 $\mathbf{R}$ 上的有限测度, 那么

$$\int_{\mathbf{R}} dx \int_0^t F(x, B_s) dB_s = \int_0^t dB_s \int_{\mathbf{R}} F(x, B_s) dx.$$

不妨设 $\mu_f := df'$ 是紧支撑的, 则存在 a, b 使得

$$f(y) = a + by + \frac{1}{2} \int_{\mathbf{R}} |y - x| \mu_f(dx).$$

故

$$f'(y) = b + \frac{1}{2} \int_{\mathbf{R}} \operatorname{sgn}(y - x) \mu_f(dx).$$

对 Tanaka 公式 (4.1.10) 两边关于 μ_f 积分并应用 Fubini 定理便推出定理结论. □

设 g 是紧支撑连续函数, 且 $df'(x) = g(x)dx$, 那么通过与经典 Itô 公式比较可推出

$$\int_0^t g(B_s) ds = \int_{\mathbf{R}} L_t^x g(x) dx.$$

此公式对于 Borel 可测函数 g 仍然成立, 称为占有时公式.

习　题

以下习题中, 设 $B = (B_t)_{t \geqslant 0}$ 是 1-维标准 Brown 运动.

1. 试证明强马氏性 (SM′).

2. 设 $a > 0, t \geqslant 0$, 定义

$$B_t^a := \begin{cases} B_t, & t < T_a; \\ 2a - B_t, & t \geqslant T_a. \end{cases}$$

证明: B^a 等价于 B.

3. 设 $b \geqslant a > 0$, $S_t := \sup_{s\in[0,t]} B_s$, 极大游程.

   (a) 证明:

   $$\mathbb{P}(S_t > b, B_t < a) = \mathbb{P}(B_t < a - 2b) = \mathbb{P}^{2b}(B_t < a),$$

   并求 (B_t, S_t) 的联合密度.

   (b) 证明: $S_t - B_t$ 与 $|B_t|$ 的分布相同.

   (c) 证明: (B_t, S_t) 是状态空间为 $\{(x, y) : x \leqslant y, y > 0\}$ 的马氏过程, 并计算其转移函数.

4. 证明:

$$\lim_{t\to+\infty} \sqrt{t}\mathbb{P}(B_s \leqslant 1, \forall s \leqslant t) = \sqrt{\frac{2}{\pi}}.$$

5. 证明: 集合 A 的正则点一定是 A 的 Euclid 意义下的极限点. 对 1-维 Brown 运动, 反之亦然.

6. 证明: 1-维 Brown 运动的精细拓扑与通常拓扑一致. 而 2-维以上的 Brown 运动的精细拓扑严格细于通常拓扑.

7. 设 $S_t := \sup_{s\leqslant t} B_s$. 证明: 过程 $(S_t - B_t, S_t)$ 与 $(|B_t|, L_t)$ 等价.

8. 证明 Itô-Tanaka 定理证明中所叙述的关于随机积分的 Fubini 定理.

9. 设 $f(x) = |x|$. 证明:

$$L_t = \lim_{s\to 0} \frac{1}{s} \int_0^t (P_s f(B_u) - f(B_u))du.$$

4.2 Feller 过程与 Lévy 过程

在这一节, 我们证明 Feller 半群有一个 Borel 右过程的实现并介绍 Eulid 空间上具有空间齐性的 Feller 半群, 也称为卷积半群, 所生成的过程称为 Lévy 过程.

4.2.1 Feller 半群与过程

设 E 是一个局部紧, 具有可数基的 Hausdorff 空间, 加一点 Δ, 定义 $E_\Delta := E \cup \{\Delta\}$. 通常情况下, 当 E 紧的时候, Δ 是孤立点; 当 E 非紧时, Δ 取为 E 的 Alexander 紧化点, 称为无穷远点. $C_\infty(E)$ 表示无穷远 Δ 处为零的连续函数全体, $C_0(E)$ 表示 E 上具有紧支撑的连续函数全体, 当 E 紧时, 两个空间一致. 显然

$$C_0(E) \subset C_\infty(E) \subset C(E_\Delta) \subset C_b(E).$$

用 $\|\cdot\|$ 表示一致范, 则 $C(E_\Delta)$ 是 Banach 空间, 而 $C_\infty(E)$ 是其一闭子空间. 实际上, 对任何 $f \in C(E_\Delta)$, $f - f(\Delta)1_{E_\Delta} \in C_\infty(E)$. 一个 $(E, \mathscr{E})$ 上的子马氏半群 (P_t) 总可以唯一地延拓为 $(E_\Delta, \mathscr{E}_\Delta)$ 上的马氏半群, 仍记为 (P_t).

定义 4.2.1 $(E, \mathscr{E})$ **上的转移半群** (P_t) **称为** Feller **半群, 如果** $P_0 = I$ **且满足**

(1) **对任何** $t \geqslant 0$, $P_t(C_\infty(E)) \subset C_\infty(E)$;

(2) **对任何** $f \in C_\infty(E)$, $\lim\limits_{t\downarrow 0} \|P_t f - f\| = 0$.

一个转移半群是 Feller **半群的马氏过程称为** Feller **过程.**

现在引入预解算子族 (U^α). 由 Feller 半群的性质容易验证: 对 $f \in b\mathscr{E}$, $P_t f(x)$ 关于 (t, x) 是联合可测的. 对 $\alpha > 0$, E 上的可测函数 f, 定义

$$U^\alpha f(x) := \int_0^\infty \mathrm{e}^{-\alpha t} P_t f(x) dt, \ x \in E, \tag{4.2.1}$$

得到的算子族 $(U^\alpha : \alpha > 0)$ 是转移半群的 Laplace 变换, 称为半群对应的位势算子族, 或者预解族. 不难验证 $U^\alpha f$ 是可测的且 $U^\alpha 1 \leqslant 1/\alpha$. 另外, 对应于 Feller 半群, 有

(1) $U^\alpha(C_\infty(E)) \subset C_\infty(E)$;

(2) 对任何 $f \in C_\infty(E)$, $\lim\limits_{\alpha\to\infty} \|\alpha U^\alpha f - f\| = 0$.

实际上, 由 Laplace 变换的唯一性可知半群与相应的预解族是相互唯一决定的. 半群的预解族的特征是下面引理中的预解方程.

定理 4.2.2 **对任何 $\alpha, \beta > 0$, 有**

$$U^{\alpha} - U^{\beta} + (\alpha - \beta)U^{\alpha}U^{\beta} = 0.$$

故位势算子可以交换 $U^{\alpha}U^{\beta} = U^{\beta}U^{\alpha}$.

证明. 由半群性质 $P_tP_s = P_{t+s}$ 容易验证

$$\mathrm{e}^{-\alpha s}P_sU^{\alpha}f = \int_s^{\infty} \mathrm{e}^{-\alpha t}P_tfdt.$$

因此

$$\begin{aligned} U^{\beta}U^{\alpha}f(x) &= \int_0^{\infty} \mathrm{e}^{-\beta s}P_sU^{\alpha}f(x)ds \\ &= \int_0^{\infty} \mathrm{e}^{(\alpha-\beta)t}ds \int_s^{\infty} \mathrm{e}^{-\alpha t}P_tf(x)dt \\ &= \int_0^{\infty} \mathrm{e}^{-\alpha t}P_tf(x)dt \int_0^t \mathrm{e}^{(\alpha-\beta)s}ds = \frac{U^{\beta}f(x) - U^{\alpha}f(x)}{\alpha - \beta}. \end{aligned}$$

完成证明. □

定义 4.2.3 **满足预解方程的算子族 $(U^{\alpha} : \alpha > 0)$ 称为预解族.**

后面将看到由 $\mathbf{R}^d$ 甚至局部紧 Abel 群上卷积半群诱导的转移半群都是 Feller 半群. 另外定义条件 (2) 的一致收敛可以等价地由逐点收敛代替, 即对任何 $x \in E$, $P_tf(x) \to f(x)$. 事实上, 令 $L := U^{\alpha}(C(E_{\Delta}))$, 由预解方程式, $C(E_{\Delta})$ 在 U^{α} 下的像 $U^{\alpha}(C(E_{\Delta}))$ 实际上与 $\alpha > 0$ 无关. 那么我们只需验证下面两个断言就够了.

1. 对任何 $f \in L$, $\|P_tf - f\| \to 0$.

2. L 在 $C(E_{\Delta})$ 中稠.

1 是容易验证的. 下面证明 2. 已知 $C(E_{\Delta})$ 上有界线性泛函是一个有限测度 μ, 如果它在 L 上等于零, 那么由点点收敛的条件, 对任何 $f \in C(E_{\Delta})$, 当 $\alpha \to \infty$ 时, $\alpha U^{\alpha}f$ 点收敛于 f 且被 f 的界所控制. 因此

$$\mu(f) = \lim_{\alpha \to \infty} \mu(\alpha U^{\alpha}f) = 0,$$

结合 Hahn-Banach 定理, 推出 2 成立.

下面我们看一个不是 Feller 半群的例子.

例 4.2.1 设 (P_t) 是 $\mathbf{R}$ 上的 Brown 运动的转移半群. 令 $E := \mathbf{R}\backslash\{0\}$. 当然 E 是局部紧具有可数基的度量空间. 用 Q_t 表示 P_t 限制在 E 上的核. 显然对任何 $x \in E$, $A \in \mathscr{B}(E)$, $Q_t(x, A) = P_t(x, A)$. 因此 (Q_t) 是 E 上的转移半群, 但不是 Feller 半群, 因为对于 $f \in C_\infty(E)$, 例如 $f(x) = \dfrac{|x|}{1+x^2}$, $Q_t f \in C_\infty(\mathbf{R})$, 但 $Q_t f(0) \neq 0$. ▌

我们将证明 Feller 半群的实现有右连续修正, 为此先证明下面的分析引理.

引理 4.2.4 **设** $\mathbf{D}$ **是** $C(E_\Delta)$ **的一个可分离点的子集,** h **是** $\mathbf{R}^+$ **到** E_Δ **的映射,** S **是** $\mathbf{R}^+$ **的一个稠子集, 如果对任何** $g \in \mathbf{D}$, $(g \circ h)|_S$ **在** $\mathbf{R}^+$ **的每一点上有左右极限, 则** $h|_S$ **在** $\mathbf{R}^+$ **的每一点上也有左右极限.**

证明. 假设 $h|_S$ 在点 $x \in \mathbf{R}^+$ 没有右极限, 则存在 $\{t_n\}, \{t'_n\} \subset S$ 且 $t_n \downarrow\downarrow x$, $t'_n \downarrow\downarrow x$ 使得 $\lim h(t_n) = a \neq b = \lim h(t'_n)$, 取 $g \in \mathbf{D}$ 使得 $g(a) \neq g(b)$, 那么

$$\lim g \circ h(t_n) = g(a) \neq g(b) = \lim g \circ h(t'_n),$$

与条件矛盾. □

设以 E_Δ 为状态空间的马氏过程 $X = (\Omega, \mathscr{F}, X_t, \mathbb{P}^x)$ 是 Feller 半群 (P_t) 的一个实现 (参考定理 2.2.5).

下面的引理是关键的, 把马氏过程与鞅联系起来.

引理 4.2.5 **设** $\alpha > 0$, $f \in C(E_\Delta)$ **非负, 则过程** $\{\mathrm{e}^{-\alpha t} U^\alpha f(X_t) : t \geqslant 0\}$ **是非负上鞅且有** Doob-Meyer **分解**

$$\mathbb{E}^x \left(\int_0^\infty \mathrm{e}^{-\alpha u} f(X_u) du \middle| \mathscr{F}_t \right) = \mathrm{e}^{-\alpha t} U^\alpha f(X_t) + \int_0^t \mathrm{e}^{-\alpha s} f(X_s) ds.$$

证明. 实际上只需验证等式即可. 由简单马氏性得

$$\begin{aligned}
\mathbb{E}^x \left(\int_t^\infty \mathrm{e}^{-\alpha u} f(X_u) du \middle| \mathscr{F}_t \right) &= \mathbb{E}^x \left(\int_0^\infty \mathrm{e}^{-\alpha(u+t)} f(X_{u+t}) du \middle| \mathscr{F}_t \right) \\
&= \mathrm{e}^{-\alpha t} \mathbb{E}^x \left[\left(\int_0^\infty \mathrm{e}^{-\alpha u} f(X_u) du \right) \circ \theta_t \middle| \mathscr{F}_t \right] \\
&= \mathrm{e}^{-\alpha t} \mathbb{E}^{X_t} \left(\int_0^\infty \mathrm{e}^{-\alpha u} f(X_u) du \right) = \mathrm{e}^{-\alpha t} U^\alpha f(X_t).
\end{aligned}$$

即获证. □

现在取 S 为 $\mathbf{R}^+$ 的一个可数稠密子集, 比如有理数集. 令 $g := U^\alpha f$, 其中 $f \in C(E_\Delta)$, $f \geqslant 0$. 由引理, $\{\mathrm{e}^{-\alpha t} g(X_t)\}$ 是上鞅. 在定理 3.3.2 中, 我们已经证

明存在 $N_g \subset \Omega$ 且对任何 $x \in E_\Delta$, $\mathbb{P}^x(N_g) = 0$ 使得对 $\omega \notin N_g$, $g(X_\cdot(\omega))|_S$ 在 $\mathbf{R}^+$ 上有左右极限. 取 $C(E_\Delta)$ 的由分离点的非负函数组成的一个可列子集 L, 令 $\mathbf{D} := \{U^n(nf) : n \geqslant 1, f \in L\}$, 则由 Feller 半群的性质推出 $U^n(nf) \to f$, $f \in L$. 因此可列集 $\mathbf{D}$ 分离 E_Δ 的点, 令

$$N_1 := \bigcup_{g \in \mathbf{D}} N_g, \ \Omega_1 := N_1^c.$$

因 $\mathbf{D}$ 可列, 故 $\mathbb{P}^x(N_1) = 0$. 如果 $\omega \in \Omega_1$, 那么对任何 $g \in \mathbf{D}$, $g(X_\cdot(\omega))|_S$ 在 $\mathbf{R}^+$ 上有左右极限, 由上面引理 4.2.4, $X_\cdot(\omega)|_S$ 在 $\mathbf{R}^+$ 上有左右极限. 令

$$Z_t(\omega) := \lim_{t_n \downarrow\downarrow t, t_n \in S} X_{t_n}(\omega), \ \omega \in \Omega_1,$$

其中 $t_n \downarrow\downarrow t$ 表示 t_n 严格递减趋于 t. 显然 $Z = (Z_t)$ 是右连续且具左极限的过程.

定理 4.2.6 过程 Z 是 X 的一个右连左极的修正, 具有强马氏性, 正规性, 且 Δ 是 Z 的吸收点 (或者坟墓点).

证明. 需证对任何 t, $X_t = Z_t$ a.s.. 取任何 $f, g \in C(E_\Delta)$, 再取 $t_n \downarrow\downarrow t$, 由马氏性,

$$\mathbb{E}^x[f(X_{t_n})g(X_t)] = \mathbb{E}^x\left[g(X_t)\mathbb{E}^{X_t} f(X_{t_n - t})\right] = P_t(gP_{t_n - t}f)(x),$$

当 $n \to \infty$ 时, 右边收敛于 $P_t(gf)(x)$. (这实际上证明了 X 本身一定是随机右连续的.) 现在让 $\{t_n\} \subset S$, 则有

$$\mathbb{E}^x[f(Z_t)g(X_t)] = P_t(gf)(x) = \mathbb{E}^x[g(X_t)f(X_t)],$$

应用 Stone-Weierstrass 定理推出 $\mathbb{E}^x[\rho(Z_t, X_t)] = \mathbb{E}^x[\rho(X_t, X_t)]$ 对 $E_\Delta \times E_\Delta$ 上的任何连续函数 ρ 成立. 现在让 ρ 是 E 上的度量, 推出 $\mathbb{P}^x(X_t = Z_t) = 1$, 即 Z 是 X 的修正, 故它们有相同的转移半群 (P_t) 且推出 Z 也是马氏过程.

这证明了修正 Z 是右连续简单马氏过程. 因为 Feller 半群把连续函数映为连续函数, 回忆关于 Brown 运动强马氏性 (定理 4.1.2) 证明之后的注释, 可以类似地证明 Z 具有强马氏性.

现在验证 Z 是正规的. 对任何 $f \in C(E_\Delta)$, $x \in E$, 因为 Z 是右连续的,

$$\mathbb{E}^x[f(Z_0)] = \lim_{t \downarrow 0} \mathbb{E}^x[f(Z_t)] = \lim_{t \downarrow 0} P_t f(x) = f(x),$$

所以 $\mathbb{P}^x(Z_0 = x) = 1$.

最后验证 Δ 是个吸收点, 即轨道进入 Δ 之后再也不会离开. 定义生命时

$$\zeta := \inf\{t > 0 : Z_t = \Delta \text{ 或者 } Z_{t-} = \Delta\}.$$

取 $f \in C_\infty(E)$ 且 f 在 E 上严格正. 令 $g := U^1 f$. 则 $g \in C_\infty(E)$, $g(\Delta) = 0$ 且 g 在 E 上严格正. 令 $Y_t := \mathrm{e}^{-t} g(Z_t)$, 则 $(Y_t : t \geqslant 0)$ 是非负右连续上鞅, 令

$$\sigma := \inf\{t > 0 : Y_t \cdot Y_{t-} = 0\},$$

则 $\zeta = \sigma$. 由定理 3.3.8 推出对任何 $t \geqslant 0$, 有

$$\mathbb{P}^x(Y_t > 0, t > \sigma) = 0.$$

由轨道右连续性推出 $\mathbb{P}^x$-a.s., 当 $t > \zeta$ 时有 $Z_t = \Delta$. □

定理是说, Feller 半群的实现有一个右连续修正, 该修正是强马氏过程, 称为 Feller 过程. 后面仍然用 X 来表示该修正.

例 4.2.2 Feller 半群的最自然的成员是 $\mathbf{R}^d$ 上的卷积半群. 容易验证由 $\mathbf{R}^d$ 上的卷积半群 $\pi = \{\pi_t\}$ 所诱导的转移半群 (P_t) 是 Feller 半群. 首先对任何连续函数 $f \in C_\infty(\mathbf{R}^d)$, $\pi_t * f$ 是连续的且由有界收敛定理得 $\pi_t * f \in C_\infty(\mathbf{R}^d)$, 另外对任何 $x \in \mathbf{R}^d$, 由 π 的弱连续性, $\pi_t * f$ 点点收敛于 f. 因此存在一个右连续的马氏过程以 π 为卷积半群, 称为 Lévy 过程. ∎

下面给出标准过程与 Hunt 过程的定义, 设

$$X = (\Omega, \mathscr{F}, \mathscr{F}_t, X_t, \theta_t, \mathbb{P}^x)$$

是上面的定理所述的以 E 为状态空间, Δ 为坟墓点, ζ 为生命时的右连左极的强马氏过程.

定义 4.2.7 **称 X 是标准过程, 如果 X 在 $[0, \zeta)$ 上拟左连续, 即对任何递增趋于 T 的停时列 $\{T_n\}$ 有 $X(T_n) \longrightarrow X(T)$ a.s. 在 $\{T < \zeta\}$ 上成立. 如果标准过程 X 在生命时处也拟左连续, 则称为 Hunt 过程.**

例 4.2.3 设 X 是 $(0,1)$ 上具有吸收边界的 Brown 运动, 那么当坟墓点取作 $(0,1)$ 的单点紧化点时, 它是 Hunt 过程, 因为在生命时处拟左连续. 当坟墓点是一个孤立点时, 它是标准过程, 不是 Hunt 过程, 因为在生命时处失去拟左连续. ∎

实际上, 拟左连续性蕴含过程的几乎所有轨道在 ζ 前具有左极限. (参考 [6] 的 §3.1.) 下面我们证明 Feller 过程有拟左连续性, 尽管它不一定左连续.

定理 4.2.8 Feller **过程是标准过程.**

当 E 非紧时, 总是取坟墓点为无穷远点, 这时 Feller 过程是 Hunt 过程.

证明. 设

$$X = (\Omega, \mathscr{F}, \mathscr{F}_t, X_t, \theta_t, \mathbb{P}^x)$$

是具有 Feller 半群 (P_t) 的 Feller 过程, 只需证明拟左连续性.

取递增趋于 T 的停时列 $\{T_n\}$, 因假设 $T < \zeta$, 故不妨设 T 是有界的, 对 $t > 0$, 令 $L := \lim_n X(T_n)$, $L_t := \lim_n X(T_n + t)$, 极限的存在性由轨道具有左极限的性质推出, 因为 $T_n + t \in [T, T+t]$, 故由轨道的右连续性, 不难验证当 $t \downarrow 0$ 时, $L_t \to X(T)$. 任取 $x \in E$, $f, g \in C(E_\Delta)$, 将强马氏性应用于 T_n,

$$\begin{aligned}
\mathbb{E}^x(f(L)g(L_t)) &= \lim_n \mathbb{E}^x[f(X(T_n))g(X(T_n + t))] \\
&= \lim_n \mathbb{E}^x[f(X(T_n))P_t g(X(T_n))] \\
&= \mathbb{E}^x[f(L)P_t g(L)],
\end{aligned}$$

由有界收敛定理推出

$$\mathbb{E}^x[f(L)g(X(T))] = \mathbb{E}^x[f(L)g(L)],$$

因此 $\mathbb{P}^x(L = X(T)) = 1$. □

下面我们用 Feller 半群给出一个使 Feller 过程的样本轨道连续的充分条件. 首先, 前面已经看到, 一个 Feller 过程 X 的轨道在有限时间内是有界的, 即对任何 t, 对几乎所有的 $\omega \in \Omega$, 集合 $\{X_s(\omega) : s \in [0,t], t < \zeta(\omega)\}$ 是相对紧的. 设 E 是度量空间, 度量记为 d, $B(x,r)$ 表示中心为 x 半径为 r 的球.

定理 4.2.9 设 X 是 E 上的 Feller 过程, 且满足对 E 的任何紧子集 K, 及 $r > 0$, 对 $x \in K$ 一致地有

$$\lim_{t \downarrow 0} \frac{1}{t} P_t(x, B(x,r)^c) = 0,$$

则 X 的几乎所有轨道在 $[0, \zeta)$ 上连续.

证明. 因为轨道在 $[0,\zeta)$ 上是右连续且具有左极限的, 因此需证明对任何 $t \geqslant 0$, $r > 0$, $x \in E$, 有

$$\mathbb{P}^x\left(\bigcap_{n=1}^{\infty}\bigcup_{k=1}^{n}\left\{d\left(X\left(\frac{(k-1)t}{n}\right), X\left(\frac{kt}{n}\right)\right) > r\right\}, t < \zeta\right) = 0.$$

令 $t_k^n := kt/n$, $n \geqslant 1$, $0 \leqslant k \leqslant n$. 取紧集列 $\{K_n\}$ 满足 $K_n \uparrow E$, 定义停时 $T_n := T_{K_n^c}$, 即首次离开 K_n 的时间. 因为当 $t < T_n$ 时, 必有 $X([0,t]) \subset K_n$, 因此对任何 $m \geqslant 1$,

$$\begin{aligned}
&\mathbb{P}^x\left(\bigcup_{k=1}^{n}\left\{d\left(X(t_{k-1}^n), X(t_k^n)\right) > r\right\}, t < T_m\right)\\
\leqslant &\mathbb{P}^x\left(\bigcup_{k=1}^{n}\left\{d\left(X(t_{k-1}^n), X(t_k^n)\right) > r\right\}, X([0,t]) \subset K_m\right)\\
\leqslant &\sum_{k=1}^{n}\mathbb{P}^x\left(\left\{d\left(X(t_{k-1}^n), X(t_k^n)\right) > r\right\}, X(t_{k-1}^n) \in K_m\right)\\
= &\sum_{k=1}^{n}\mathbb{E}^x\left(\mathbb{P}^{X(t_{k-1}^n)}(X(t/n) \notin B(X_0, r)); X(t_{k-1}^n) \in K_m\right)\\
\leqslant &\sup_{x \in K_m} n\mathbb{P}^x(X_{t/n} \notin B(X_0, r)),
\end{aligned}$$

由条件, 当 n 趋于无穷时它收敛于零. 而 $T_m \uparrow \zeta$ a.s., 故推出定理结论. □

例 4.2.4 设 (P_t) 是 $\mathbf{R}^d$ 上的热核半群, 则对任何 $r > 0$,

$$\frac{1}{t}P_t(x, B(x,r)^c) = \frac{1}{t}\mathbb{P}^x(|B_t - B_0| > r) \leqslant \frac{1}{tr^4}\mathbb{E}^x|B_t - B_0|^4 = \frac{3t}{r^4},$$

与 x 无关, 当 $t \downarrow 0$ 时趋于零. 因此, 证明了 Brown 运动是一个连续标准过程. 由此可以看出, 对于 Feller 过程 X, 如果存在 $a, b > 0, C > 0$ 对任何 $t > 0$ 有

$$\mathbb{E}^x|X_t - X_0|^a \leqslant Ct^{1+b},$$

则 X 是连续的. ∎

4.2.2 半群与生成算子: Hille-Yosida 定理

算子半群的 Hille-Yosida 理论是泛函分析中最漂亮的结果之一, 它断言 Banach 空间上的强连续算子半群对应唯一的生成算子, 也称为无穷小算子. 下面我们讨论

Feller 过程的生成算子. 设 X 是 Feller 过程, (P_t) 是对应的 Feller 半群. 因为 $C_\infty(E)$ 是 Banach 空间, (P_t) 就是其上的一个强连续半群, 由 Hille-Yasida 定理, 它有一个在 $C_\infty(E)$ 上的生成算子 $(L, D(L))$,

$$Lf = \lim_{t \downarrow 0} \frac{P_t f - f}{t},$$

其中 $D(L)$ 是使得上面极限是范数意义下存在的 f 全体, 是 L 的定义域. 生成算子有下面的性质.

引理 4.2.10 设 (P_t) 是 Feller 半群, 其预解 (U^α) 如 (4.2.1)定义, 其生成算子 $(L, D(L))$ 定义如上, 则

(1) 如果 $f \in D(L)$, 则 $P_t f \in D(L)$, $t \mapsto P_t f$ 强可微且

$$\frac{d}{dt} P_t f = L P_t f = P_t L f.$$

另外

$$P_t f - f = \int_0^t P_s L f ds = \int_0^t L P_s f ds.$$

(2) $(L, D(L))$ 是稠定 (即定义域 $D(L)$ 是稠密子空间) 且闭的算子.

(3) 生成算子与预解的关系: 对任何 $\alpha > 0$, 有 $D(L) = U^\alpha(C_\infty(E))$, 且 $U^\alpha = (\alpha - L)^{-1}$.

(4) 耗散性: 对任何 $\alpha > 0$, $f \in D(L)$, 有 $\|(\alpha - L)f\| \geqslant \alpha \|f\|$.

这些性质不难验证, 是很好的练习. 下面的 Hille-Yosida 定理是上面引理的逆命题, 也说明生成算子唯一决定半群. 定理对 Banach 空间上的强连续压缩半群都是成立的, Feller 半群只是一个特殊例子. 令 $\rho(L)$ 是 L 的预解集, 即使得 $\alpha - L$ 可逆 (即 $(\alpha - L)^{-1}$ 存在且是有界线性算子) 的复数 α 全体.

定理 4.2.11 (Hille-Yosida) Banach 空间上的算子 $(L, D(L))$ 是一个强连续压缩半群的生成算子当且仅当

(1) L 是稠定闭算子;

(2) $\rho(L) \supset (0, \infty)$ 且 $\alpha \|(\alpha - L)^{-1}\| \leqslant 1$.

在其他条件给定之下, 定理中 (2) 最后的条件等价于 L 是耗散的. 注意算子 L 闭是指其图像 $\{(f, Lf) : f \in D(L)\}$ 在乘积空间 $C_\infty(E) \times C_\infty(E)$ 中闭. 定理证明较长, 思想如下, 细节略, 参考 Yosida [46].

a. 定义 $R_\alpha := (\alpha - L)^{-1}$. 验证: $\lim_{\alpha\to\infty} \alpha R_\alpha = I$.

b. 定义 $L_\alpha := \alpha L R_\alpha$. 验证: L_α 是有界的, 极限是 L 且对任何 $\alpha, \beta > 0$, $t > 0$, 有

$$\|\mathrm{e}^{tL_\alpha} - \mathrm{e}^{tL_\beta}\| \leqslant t\|L_\alpha - L_\beta\|.$$

c. 定义 $P_t := \lim\limits_{\alpha\to\infty} \mathrm{e}^{tL_\alpha}$. 验证 (P_t) 是一个强连续压缩半群, L 是它的生成算子.

由 Riesz 表示定理, 如果 (P_t) 是 $C_\infty(E)$ 上的强连续压缩半群, 则 $P_t(x, \cdot)$ 是个测度. 下面的定理是刻画 Feller 半群所具有的马氏性: 对任何点 x 和 Borel 集 A,

$$0 \leqslant P_t(x, A) \leqslant 1.$$

定理 4.2.12 Feller **半群的生成算子满足 "正最大值原理": 如果** $f \in D(L)$ **且** $x_0 \in E$ **满足** $0 \leqslant f(x_0) = \sup_{x\in E} f(x)$, **那么** $Lf(x_0) \leqslant 0$. **反之, 满足正最大值原理的生成算子对应的半群必是** Feller **半群.**

证明. 因为

$$P_t f(x_0) - f(x_0) = \int_E f(y) P_t(x_0, dy) - f(x_0) \leqslant f(x_0)(P_t(x_0, E) - 1) \leqslant 0,$$

所以 $Lf(x_0) \leqslant 0$. 第二个断言有难度, 留作习题. □

因为 X 右连续, 所以当 f 可测时, $f(X_t)$ 作为 (t, ω) 的二元函数是可测的. Fubini 定理成立, 关于 t 的积分和关于 ω 的期望可交换.

定理 4.2.13 **设** $f \in D(L)$, **则过程**

$$M_t^f := f(X_t) - f(X_0) - \int_0^t Lf(X_s) ds$$

是鞅. 特别地, 如果 $Lf = 0$, **则** $\{f(X_t)\}$ **是鞅. 反之若** $f \in C_\infty(E)$ **且存在** $g \in C_\infty(E)$ **使得**

$$f(X_t) - f(X_0) - \int_0^t g(X_s) ds$$

是鞅, 则 $f \in D(L)$ **且** $Lf = g$.

证明. 先设 $f \in D(L)$. 由 Hille-Yosida 定理, 对任何 $x \in E, t \geqslant 0$,

$$\mathbb{E}^x(f(X_t) - f(X_0)) = P_t f(x) - f(x) = \int_0^t P_s L f(x) ds = \mathbb{E}^x \int_0^t L f(X_s) ds.$$

因此对任何 $t > s \geqslant 0$, 由马氏性有

$$\begin{aligned}\mathbb{E}^x(f(X_t) - f(X_s)|\mathscr{F}_s) &= \mathbb{E}^{X_s}(f(X_{t-s}) - f(X_0)) \\ &= \mathbb{E}^{X_s} \int_0^{t-s} L f(X_u) du \\ &= \mathbb{E}^x(\int_s^t L f(X_u) du|\mathscr{F}_s).\end{aligned}$$

对于反之的断言, 由条件推出 $P_t f - f - \int_0^t P_s g ds = 0$. 因此

$$\lim_{t\to 0} \frac{P_t f - f}{t} = \lim_{t\to 0} \frac{1}{t} \int_0^t P_s g ds = g.$$

完成证明. □

例 4.2.5 设 (P_t) 是 $\mathbf{R}$ 上的向右一致平移, 即

$$P_t(x, B) = 1_B(x + t), \ x \in \mathbf{R}, B \in \mathscr{B}(\mathbf{R}), t \geqslant 0.$$

则 $P_t f(x) = f(x + t)$. 函数 f 称为右一致可导, 如果

$$D_+ f(x) := \lim_{t\downarrow 0} \frac{f(x+t) - f(x)}{t}$$

对 $x \in \mathbf{R}$ 一致存在. 半群 (P_t) 的生成算子的定义域是 $C_\infty(\mathbf{R})$ 中的右一致可导函数全体 $D(D_+)$, 且生成算子是 D_+. ∎

例 4.2.6 设 $\{\mathbb{P}^x\}$ 是 $\mathbf{R}$ 上的 Brown 运动. 这时 Ω 是连续轨道全体. 我们来算它的生成算子 $(L, D(L))$. 任取 $\alpha > 0$, 令

$$\mathscr{R} := \{U^\alpha f: \ f \in C_\infty(\mathbf{R})\}.$$

取 $u = U^\alpha f \in \mathscr{R}$, 那么由 Brown 运动的位势算子的表达式 (见习题),

$$\begin{aligned}u(x) &= \int_{\mathbf{R}} f(y+x) dy \int_0^\infty \mathrm{e}^{-\alpha t} \frac{1}{\sqrt{2\pi t}} \mathrm{e}^{-\frac{y^2}{2t}} dt \\ &= \int_{\mathbf{R}} f(y+x) \frac{1}{\sqrt{2\alpha}} \mathrm{e}^{-\sqrt{2\alpha}|y|} dy\end{aligned}$$

$$
\begin{aligned}
&= \int_{-\infty}^{\infty} \frac{1}{\sqrt{2\alpha}} \mathrm{e}^{-\sqrt{2\alpha}|y-x|} f(y)dy \\
&= \frac{\mathrm{e}^{-\sqrt{2\alpha}x}}{\sqrt{2\alpha}} \int_{-\infty}^{x} \mathrm{e}^{\sqrt{2\alpha}y} f(y)dy + \frac{\mathrm{e}^{\sqrt{2\alpha}x}}{\sqrt{2\alpha}} \int_{x}^{\infty} \mathrm{e}^{-\sqrt{2\alpha}y} f(y)dy.
\end{aligned}
$$

因此 u 是绝对连续的, 且

$$
u'(x) = \mathrm{e}^{\sqrt{2\alpha}x} \int_{x}^{\infty} \mathrm{e}^{-\sqrt{2\alpha}y} f(y)dy - \mathrm{e}^{-\sqrt{2\alpha}x} \int_{-\infty}^{x} \mathrm{e}^{\sqrt{2\alpha}y} f(y)dy.
$$

显然 u' 也是绝对连续的, 且不难验证

$$
\frac{1}{2}u'' = \alpha u - f. \tag{4.2.2}
$$

令

$$
\mathscr{R}_+ := \{u \in C_\infty(\mathbf{R}) : u \text{ 绝对连续}, u' \text{ 绝对连续且 } u'' \in C_\infty(\mathbf{R})\},
$$

那么 $\mathscr{R} \subset \mathscr{R}_+$. 反之, 若 $u \in \mathscr{R}_+$, 令 $f = \alpha u - \frac{1}{2}u''$, 则 $f \in C_\infty(\mathbf{R})$ 且 $v := U^\alpha f$ 也满足 $v'' = 2\alpha v - 2f$. 因此 $w := u - v$ 满足方程 $w'' = 2w$ 且有界, 即 $u = v$. 故而 $\mathscr{R}_+ \subset \mathscr{R}$, 推出 $\mathscr{R} = \mathscr{R}_+$. 因此由 (4.2.2) 以及引理 4.2.10(3) 推出 $D(L) = \mathscr{R}_+$ 且

$$
Lu = \frac{1}{2}u'', \ u \in D(L).
$$

即生成算子就是二阶导数. ∎

例 4.2.7 (反射 Brown 运动) 设 $\{\mathbb{P}^x\}$ 是 $\mathbf{R}$ 上的 Brown 运动. 考虑一种状态空间的变换. 用 $\hat{\Omega}$ 表示以 $\mathbf{R}^+$ 为状态空间的样本空间, $\hat{\mathscr{F}}^0, \hat{\mathscr{F}}_t^0$ 是其对应 σ-代数. 定义

$$
\xi\omega(t) := |\omega(t)|, \ \omega \in \Omega, \ t \geqslant 0.
$$

它是 Ω 到 $\hat{\Omega}$ 的可测映射. 对任何 $x \geqslant 0$, 定义

$$
\hat{\mathbb{P}}^x := \mathbb{P}^x \circ \xi^{-1}.
$$

下面我们证明 $\{\hat{\mathbb{P}}^x : x \geqslant 0\}$ 也是马氏过程. 先证明 $\mathbb{P}^{-x}\circ\xi^{-1} = \mathbb{P}^x\circ\xi^{-1}$. 事实上, $X_t\circ\xi = |X_t|$ 且因为热核半群的对称性 $P_t(x, A) = P_t(-x, -A)$, 故

$$
\mathbb{P}^{-x}(|X_t| \in A) = \mathbb{P}^{-x}(X_t \in A \cup (-A)) = \mathbb{P}^x(X_t \in A \cup (-A)) = \mathbb{P}^x(|X_t| \in A).
$$

由单调类定理推出 $\mathbb{P}^x$ 与 $\mathbb{P}^{-x}$ 在 ξ 之下有相同的像. 对任何 $t, s \geqslant 0$, $A \subset \mathscr{B}(\mathbf{R}^+)$, $\Lambda \in \hat{\mathscr{F}}_t^0$, $x \geqslant 0$, 那么 $\xi^{-1}\Lambda \in \mathscr{F}_t$ 且

$$
\hat{\mathbb{P}}^x(X_{t+s} \in A, \Lambda) = \mathbb{P}^x(|X_{t+s}| \in A, \xi^{-1}\Lambda)
$$

$$
\begin{aligned}
&= \mathbb{E}^x(\mathbb{P}^{X_t}(|X_s| \in A), \xi^{-1}\Lambda) \\
&= \mathbb{E}^x(\hat{\mathbb{P}}^{|X_t|}(X_s \in A), \xi^{-1}\Lambda) \\
&= \hat{\mathbb{E}}^x(\hat{\mathbb{P}}^{X_t}(X_s \in A), \Lambda).
\end{aligned}
$$

过程 $\{\hat{\mathbb{P}}^x\}$ 称为反射 Brown 运动. 这里用到 Brown 运动的对称性.

零点反射的 Brown 运动的生成算子可利用 Brown 运动的生成算子计算. 用 $\hat{}$ 表示对应的半群, 预解, 生成算子. 对 $\mathbf{R}^+$ 上的函数 f, $\hat{f}(x) := f(|x|)$, 那么 $\hat{P}_t f = P_t \hat{f}$, $\hat{U}^\alpha f = U^\alpha \hat{f}$. 因此 $D(\hat{L}) = \{U^\alpha \hat{f} : f \in C_\infty(\mathbf{R}^+)\}$. 由上例类似的计算验证

$$
D(\hat{L}) = \{u \in C_\infty(\mathbf{R}^+) : \ u' \text{ 绝对连续且 } u'' \in C_\infty(\mathbf{R}),\ u'_+(0) = 0\}
$$

且 $\hat{L}u = \frac{1}{2}u''$, 其中 $u'_+(0) = 0$ 是 Neumann 边界条件. ∎

4.2.3 Lévy 过程

Feller 过程最重要的例子就是 Lévy 过程. 它具有独立及平稳的增量, 包括我们熟悉的大多数过程, 如 Poisson 过程, Brown 运动, 一致移动及稳定过程等. 它的美丽之处是它有一个极其简洁的分析刻画.

定义 4.2.14 **以 $\mathbf{R}^d$ 为状态空间的 Feller 过程 X 称为 Lévy 过程, 如果其转移半群 (P_t) 满足对任何 $t \geqslant 0, x \in \mathbf{R}^d, A \in \mathscr{B}(\mathbf{R}^d)$ 有**

$$
P_t(x, A) = P_t(0, A - x).
$$

上面的性质等价于 X 是独立增量过程, 即等价于对任何 $t > s \geqslant 0$, $x \in \mathbf{R}^d$, $A \in \mathscr{B}(\mathbf{R}^d)$,

$$
\mathbb{P}^x(X_t - X_s \in A | \mathscr{F}_s) = \mathbb{P}^x(X_{t-s} - X_0 \in A).
$$

设 X 是 Lévy 过程. 对 $t \geqslant 0$, 令 $\pi_t(A) := \mathbb{P}^0(X_t \in A)$, 则因 X_{t+s} 是独立随机变量 $X_{t+s} - X_s$ 与 X_s 的和, 故概率测度族 $\pi = \{\pi_t : t \geqslant 0\}$ 对卷积具有半群性, 即对 $t, s \geqslant 0$, $\pi_t * \pi_s = \pi_{t+s}$. 由于 Lévy 过程是右连续的, 因此对任何 $f \in C_b(\mathbf{R}^d)$, 由控制收敛定理, 当 $t \downarrow 0$ 时, $\pi_t(f) = \mathbb{E}f(X_t - X_0) \longrightarrow f(0)$.

定义 4.2.15 **$\mathbf{R}^d$ 上的概率测度族 $\{\pi_t : t > 0\}$ 称为卷积半群, 如果**

(1) **对任何 $t, s > 0$, $\pi_t * \pi_s = \pi_{t+s}$;**

(2) **当 $t \to 0$ 时, π_t 弱收敛于 δ_0, 即对 $f \in C_b(\mathbf{R}^d)$, $\pi_t(f) \to f(0)$.**

补充定义 $\pi_0 = \delta_0$.

如果 $t \mapsto l(t)$ 是 $\mathbf{R}$ 上非线性的加群同态, 即满足可加性: $l(t+s) = l(t)+l(s)$, 则概率测度族 $\{\delta_{l(t)}\}$ 满足 (1) 但不满足 (2). 这时对于可测的 $A \in \mathscr{B}(\mathbf{R})$, $t \mapsto 1_A(l(t))$ 不可测, 不能定义预解.

例 4.2.8 不可测的转移半群是存在的. 设 $\mathscr{A}$ 是 $\mathbf{R}$ 的线性基或者 Hamel 基, 即把 $\mathbf{R}$ 看成有理数域上的线性空间, $\mathscr{A}$ 是其上的极大线性无关组 (Zorn 引理保证存在性). $\mathscr{A}$ 中有且仅有一个有理数, 不妨设是 1. 对于任何 $t \geqslant 0$, $x(t)$ 是 t 关于基 $\mathscr{A}$ 的唯一线性表示中 1 的系数, 则函数 $y = x(t)$, $t \geqslant 0$ 是可加的, 不是线性的, 也不可测, 因此测度族 $\{\delta_{x(t)} : t \geqslant 0\}$ 满足 (1), 但不满足 (2). ∎

Lévy 过程唯一决定一个卷积半群. 反之, 一个 $\mathbf{R}^d$ 上满足 (1) 的概率测度族 $\{\pi_t : t \geqslant 0\}$ 决定一个转移半群: $P_t(x, A) := \pi_t(A - x)$, $t \geqslant 0, x \in \mathbf{R}^d, A \in \mathscr{B}(\mathbf{R}^d)$. 由定理 2.2.8, (P_t) 可以实现为一个时齐马氏过程, 由例 2.1.3 看出它是一个平稳独立增量过程. 如果再满足 (2), 由卷积半群诱导的转移半群就是 Feller 半群, 因此, 我们有下面的定理, 证明很简单, 留作练习.

定理 4.2.16 **Lévy 过程唯一决定一个 $\mathbf{R}^d$ 上的卷积半群, 反之, 一个 $\mathbf{R}^d$ 上卷积半群可实现为一个 Lévy 过程. 实际上, 一个由卷积半群诱导的转移半群是 Feller 半群.**

如果 X 是 Lévy 过程, 我们总写 $\mathbb{P} := \mathbb{P}^0$. 因为它是空间齐次的, 所以 $\mathbb{P}^x = \mathbb{P}\circ\gamma_x^{-1}$, 其中 γ_x 是平移算子: $X_t\circ\gamma_x = X_t + x$. 可以验证 X 的强马氏性与空间齐性可刻画为对任何停时 T, 过程 $t \mapsto X_{t+T} - X_T = (X_t - X_0)\circ\theta_T$ 是一个与 $\mathscr{F}_T$ 独立的且与 $t \mapsto X_t - X_0$ 等价的过程.

设 $\{\pi_t\}$ 是 $\mathbf{R}^d$ 上的一个卷积半群, 那么 π_t 的特征函数

$$\hat{\pi}_t(\xi) := \int_{\mathbf{R}^d} \mathrm{e}^{\mathrm{i}(x,\xi)} \pi_t(dx),\ \xi \in \mathbf{R}^d$$

是 $\mathbf{R}^d$ 上的一个连续有界的复值函数, 且对 $t, s \geqslant 0$, $\hat{\pi}_{t+s} = \hat{\pi}_t \cdot \hat{\pi}_s$, 另外 $t \mapsto \hat{\pi}_t(\xi)$ 有右连续性, 因此存在 $\mathbf{R}^d$ 上连续复值函数 ϕ 使得 $\hat{\pi}_t = \mathrm{e}^{-t\phi}$, $t \geqslant 0$. 函数 ϕ 称为卷积半群的 Lévy 指数. 由特征函数的性质, 卷积半群由其 Lévy 指数唯一决定. 下面我们给出几个主要的卷积半群并计算其 Lévy 指数. 因为 $|\hat{\pi}_t| \leqslant 1$, 所以 ϕ 的实部是非负的, 且 $\phi(0) = 0$.

例 4.2.9 (一致移动) 设 $\alpha \in \mathbf{R}^d$, 容易验证 $\{\delta_{\alpha t} : t \geqslant 0\}$ 是一个卷积半群, 它的

Lévy 指数是 $-\mathrm{i}(\xi, \alpha)$. ∎

例 4.2.10 (热核半群) Brown 运动对应热核

$$p(t,x) := \frac{1}{(2\pi t)^{\frac{d}{2}}} \exp\left(-\frac{|x|^2}{2t}\right),\ t>0, x \in \mathbf{R}^d.$$

对 $t>0$, 令 $b_t(A) := \int_A p(t,x)dx$, $A \in \mathscr{B}(\mathbf{R}^d)$, 那么从前面的引理 2.5.1 的证明中看出 $\{b_t : t \geqslant 0\}$ 是 $\mathbf{R}^d$ 上卷积半群. 让我们来计算其 Lévy 指数, 对 $\xi \in \mathbf{R}^d$,

$$\begin{aligned}
\hat{b}_t(\xi) &= \int_{\mathbf{R}^d} \frac{1}{(2\pi t)^{\frac{d}{2}}} \exp(-\frac{|x|^2}{2t}) \mathrm{e}^{\mathrm{i}(x,\xi)} dx \\
&= \int_{\mathbf{R}^d} \frac{1}{(2\pi t)^{\frac{d}{2}}} \exp\left(-\frac{|x|^2 - 2(x, \mathrm{i}t\xi) + |\mathrm{i}t\xi|^2 - |\mathrm{i}t\xi|^2}{2t}\right) dx \\
&= \int_{\mathbf{R}^d} \frac{1}{(2\pi t)^{\frac{d}{2}}} \exp\left(-\frac{|x - \mathrm{i}t\xi|^2}{2t} - t\frac{|\xi|^2}{2}\right) dx = \exp\left(-t\frac{|\xi|^2}{2}\right),
\end{aligned}$$

因此热核半群的 Lévy 指数是 $|\xi|^2/2$. ∎

例 4.2.11 (复合 Poisson 半群) 设 J 是 $\mathbf{R}^d$ 上的一个概率测度, $\lambda > 0$ 是一个常数, 对 $t \geqslant 0$, 令

$$p_t := \mathrm{e}^{-\lambda t} \sum_{n=0}^{\infty} \frac{(\lambda t)^n}{n!} J^{*n},$$

其中 J^{*n} 是 n-重卷积, 而 $J^{*0} := \delta_0$, 容易验证 p_t 是概率测度, 且对 $t, s \geqslant 0$, $p_{t+s} = p_t * p_s$, 而对 $f \in C_b(\mathbf{R}^d)$, 由控制收敛定理,

$$\lim_{t \downarrow 0} p_t(f) = \lim_{t \downarrow 0} \mathrm{e}^{-\lambda t}\left(f(0) + \sum_{n=1}^{\infty} \frac{(\lambda t)^n}{n!} J^{*n}(f)\right) = f(0).$$

因此 $\{p_t\}$ 是一个卷积半群, 称为复合 Poisson 半群, 对应的过程就是复合 Poisson 过程 (参考第 148 页), λ 称为过程的强度, J 称为跃度分布. $\{p_t\}$ 的特征函数为

$$\hat{p}_t = \mathrm{e}^{-\lambda t} \mathrm{e}^{\lambda t \hat{J}} = \mathrm{e}^{-\lambda(1-\hat{J})t},$$

其中 $\hat{J}$ 是 J 的 Fourier 变换. 因此复合 Poisson 过程的 Lévy 指数是 $\lambda(1-\hat{J})$. ∎

例 4.2.12 (对称稳定过程) 对 $\alpha \in (0,2)$, 令

$$\nu(dx) := \frac{\alpha 2^{\alpha-1} \Gamma(\frac{\alpha+d}{2})}{\pi^{\frac{d}{2}} \Gamma(1-\frac{\alpha}{2})} \cdot |x|^{-\alpha-d} dx,\ x \in \mathbf{R}^d,$$

则 $\phi(x) := \int(1-\cos(x,y))\nu(dy) = |x|^\alpha$ 定义了一个 Lévy 指数. 对应的卷积半群称为指标为 α 的对称稳定半群, 对应的 Lévy 过程称为 α-对称稳定过程. 指标为 1-对称稳定过程称为对称 Cauchy 过程. ∎

卷积半群的卷积仍然是卷积半群, 因此 Lévy 指数的和也仍然是 Lévy 指数. 下面我们讨论卷积半群的 Lévy 指数的一般表示, 即所谓的 Lévy-Khinchin 公式. 为此, 我们首先讨论一类重要的分布, 即无穷可分分布. $\mathbf{R}^d$ 上的分布 μ 是无穷可分的, 如果对任何 $n \geqslant 1$, 存在分布 μ_n 使得 $\mu = \mu_n^{*n}$. 对应的分布函数是无穷可分分布函数, 而对应的特征函数是无穷可分特征函数. 显然一个特征函数 f 无穷可分当且仅当对任何 n 存在特征函数 f_n 使得 $f = f_n^n$. 如果 $\{\pi_t\}$ 是对卷积具有半群性, 那么任何 π_t 都是无穷可分分布. 下面的引理是初等的, 留给读者作为练习.

引理 4.2.17 **设 f 是一个特征函数, 且实部为 u, 则对 $\xi \in \mathbf{R}$,**

$$1 - u(2\xi) \leqslant 4(1 - u(\xi)).$$

下面的定理是重要的.

定理 4.2.18 **设 $\{f_n\}$ 是特征函数列, 则函数列 f_n^n 有一个连续极限 (记为 f) 当且仅当 $n(1-f_n)$ 有连续极限 (记为 ϕ). 这时候 $f = \mathrm{e}^{-\phi}$.**

证明. 设 $d=1$. 先设 $n(1-f_n)$ 有一个连续极限 ϕ, 则点点地 $f_n \longrightarrow 1$ 且在 $\mathbf{R}$ 的任何有限区间上是一致收敛的. 那么对任何 $a>0$, 对充分大的 n, $|1-f_n| \leqslant r < 1$ 在 $[-a,a]$ 上成立. 因此由 Taylor 展开, 对 $|\xi| \leqslant a$,

$$\begin{aligned} n\ln f_n(\xi) &= n\ln(1-(1-f_n(\xi))) = -n(1-f_n(\xi)) - \frac{n}{2}(1-f_n(\xi))^2 - \cdots \\ &= -n(1-f_n(\xi))\left(1 + (1-f_n(\xi))\sum_{j=0}^{\infty}\frac{1}{j+2}(1-f_n(\xi))^j\right). \end{aligned}$$

当 n 趋于无穷时极限为 $-\phi(\xi)$, 因为

$$\left|\sum_{j\geqslant 0}\frac{1}{j+2}(1-f_n(\xi))^j\right| \leqslant \sum_{j\geqslant 0} r^j = \frac{1}{1-r}.$$

由 a 的任意性知 $n\ln f_n$ 点点收敛于 $-\phi$, 即 $f_n^n \to \mathrm{e}^{-\phi}$.

反之设 f_n^n 有一个连续极限 f, 我们断言 f 不能有零点. 事实上, 因特征函数列 $|f_n|^{2n}$ 的极限是 $|f|^2$, 故不妨设 f_n, f 是实的非负的. 因 f 连续, 故存在 $a>0$, f 在

$[-a,a]$ 上正 (注意闭区间上连续函数点点正等价于下确界正). 因 f_n^n 在任何有限区间上一致收敛 (参考引理 1.5.4), 故存在 N, 当 $n>N$ 时, 在闭区间 $[-a,a]$ 上, f_n^n 一致正, 即

$$\inf\{f_n^n(x): x\in[-a,a], n>N\}>0.$$

因此 $-n\ln f_n$, 同时 $n(1-f_n)$, 在 $[-a,a]$ 上一致有界. 由引理 4.2.17 推出 $n(1-f_n)$ 在 $[-2a,2a]$ 上一致有界, 从而由上述 Taylor 展开推出 $-n\ln f_n$ 在 $[-2a,2a]$ 上一致有界. 因此 f 在 $[-2a,2a]$ 上正, 重复这个过程证明了 f 在 $\mathbf{R}$ 上点点正.

现在在 $\mathbf{R}$ 的任何有限区间 I 上 f_n^n 一致收敛于连续的 f. 因 f 正, 故 $n\ln f_n$ 在 I 上一致收敛于 $\ln f$. 这蕴含 f_n 点点收敛于 1 且在任何有限区间上一致. 再由上面的 Taylor 展开推出

$$-n\ln f_n(\xi)=n(1-f_n(\xi))(1+\Delta_n(\xi)),$$

其中 $\Delta_n(\xi)=\frac{1}{2}(1-f_n(\xi))+\frac{1}{3}(1-f_n(\xi))^2+\cdots\longrightarrow 0$, 因此 $n(1-f_n(\xi))\to-\ln f$. □

这个定理有许多有用的推论. 首先如果 f 是无穷可分特征函数, 则 $f=f_n^n$, 因此 $f=\lim_n \mathrm{e}^{n(f_n-1)}$, 即 f 是复合 Poisson 特征函数的极限. 另外如果 f 是形如 f_n^n 的连续极限, 则对任何 $t\geqslant 0$, 复合 Poisson 特征函数 $\exp(tn(f_n-1))$ 有连续极限 f^t, 即 f^t 是特征函数, 推出 f 是无穷可分的, 且如果 f^t 对应的分布为 π_t, 那么 $\{\pi_t\}$ 是卷积半群.

推论 4.2.19 下面的结论成立.

(1) 特征函数 f 无穷可分当且仅当存在特征函数列 $\{f_n\}$ 使得 f_n^n 收敛于 f.

(2) 特征函数是无穷可分的当且仅当它是复合 Poisson 特征函数列的极限.

(3) 无穷可分特征函数列的连续极限是无穷可分的.

(4) 对任何无穷可分分布 μ, 存在唯一的卷积半群 $\{\pi_t\}$ 使得 $\pi_1=\mu$.

于是研究 Lévy 指数的表示与研究无穷可分特征函数的表示是等价的. 下面是著名的 Lévy-Khinchin 公式.

定理 4.2.20 (Lévy-Khinchin) $\mathbf{R}^d$ 上的复值函数 ϕ 是一个卷积半群的 Lévy 指数当且仅当 ϕ 可表示为

$$\phi(x)=\mathrm{i}(a,x)+\frac{1}{2}(Sx,x)+\int_{\mathbf{R}^d\setminus\{0\}}\left(1-\mathrm{e}^{\mathrm{i}(x,y)}+\frac{\mathrm{i}(x,y)}{1+|y|^2}\right)J(dy), \tag{4.2.3}$$

其中 $a \in \mathbf{R}^d$, S 是 $\mathbf{R}^d$ 上的对称非负定线性算子, J 是 $\mathbf{R}^d \setminus \{0\}$ 上的测度且满足

$$\int \frac{|x|^2}{1+|x|^2} J(dx) < \infty,$$

称为卷积半群的 Lévy 测度. 另外 S, J 由 ϕ 唯一决定.

证明. 为叙述简单, 我们不妨设 $d=1$. 先设 ϕ 有上述表示, 则 ϕ 是连续的且对任何 $n>1$, J 在 $\{x : |x| > \frac{1}{n}\}$ 上的限制是有限测度, 这样 ϕ 可写为

$$\phi(x) = \lim_n \left(\int_{|y|>\frac{1}{n}} (1-\mathrm{e}^{\mathrm{i}xy}) J(dy) + \mathrm{i}x \cdot \int_{|y|>\frac{1}{n}} \frac{y}{1+y^2} J(dy) \right) + \mathrm{i}ax + \frac{1}{2} S x^2.$$

而右边大括号内是一个复合 Poisson 型 Lévy 指数和一个一致平移 Lévy 指数的和, 故仍然是 Lévy 指数. 由上面的推论 (3), ϕ 也是 Lévy 指数.

下面证明 ϕ 唯一决定 S, J. 定义

$$\nu(dy) := \frac{y^2}{1+y^2} J(dy)$$

且 $\nu(\{0\}) := S$, 那么 ν 是一个有限测度且

$$\phi(x) = \mathrm{i}ax + \int_{\mathbf{R}} \left(1 - \mathrm{e}^{\mathrm{i}xy} + \frac{\mathrm{i}xy}{1+y^2} \right) \frac{1+y^2}{y^2} \nu(dy),$$

其中上面的积分函数在 $y=0$ 处是可去间断点, 补充定义此处值为 $x^2/2$ 之后, 该函数连续. 直观地如果 ϕ 二阶可微, 则二阶导数是 $(1+x^2)\nu(dx)$ 的 Fourier 变换, 唯一地决定 ν. 一般地我们定义 ϕ 的二阶差分

$$\begin{aligned}
\theta(x) &:= \int_0^1 \left(\phi(x) - \frac{1}{2}(\phi(x+h) + \phi(x-h)) \right) dh \\
&= -\int_0^1 \int_{\mathbf{R}} \mathrm{e}^{\mathrm{i}xy} (1-\cos hy) \frac{1+y^2}{y^2} \nu(dy) dh \\
&= -\int_{\mathbf{R}} \mathrm{e}^{\mathrm{i}xy} \frac{1+y^2}{y^2} \nu(dy) \int_0^1 (1-\cos hy) dh \\
&= -\int_{\mathbf{R}} \mathrm{e}^{\mathrm{i}xy} \frac{1+y^2}{y^2} \left(1 - \frac{\sin y}{y} \right) \nu(dy),
\end{aligned}$$

令 $k(y) := \dfrac{1+y^2}{y^2}(1 - \dfrac{\sin y}{y})$, 则存在 $c>0$ 使得 $c \leqslant k(y) \leqslant \frac{1}{c}$. 因此 $k \cdot \nu$ 仍然是有限测度且其 Fourier 变换是 θ, 推出它由 θ 唯一决定, 故 ν 由 θ 从而由 ϕ 唯一决定.

现在设 ϕ 是 Lévy 指数, 则 ϕ 是连续的且由定理 4.2.18, 存在特征函数列 $\{f_n\}$, 对应分布列 $\{\mu_n\}$, 使得 $n(1-f_n)\to\phi$. 则

$$\begin{aligned}\phi(x)&=\lim_n n\int_{\mathbf{R}}(1-\mathrm{e}^{\mathrm{i}xy})\mu_n(dy)\\&=\lim_n n\int_{\mathbf{R}}\left(1-\mathrm{e}^{\mathrm{i}xy}+\frac{\mathrm{i}xy}{1+y^2}\right)\mu_n(dy)-\mathrm{i}x\cdot n\int_{\mathbf{R}}\frac{y}{1+y^2}\mu_n(dy).\end{aligned}$$

令

$$a_n:=-n\int_{\mathbf{R}}\frac{y}{1+y^2}\mu_n(dy),\ \nu_n(dy):=\frac{ny^2}{1+y^2}\mu_n(dy),\ \phi_n:=n(1-f_n).$$

我们再用二阶差分,

$$\theta_n(x):=\int_0^1\left(\phi_n(x)-\frac{1}{2}(\phi_n(x+h)+\phi_n(x-h))\right)dh=-\int_{\mathbf{R}}\mathrm{e}^{\mathrm{i}xy}k(y)\nu_n(dy).$$

因 ϕ_n 有连续极限, 故 θ_n 也有连续极限, 记为 θ. 由 Fourier 变换的连续性, $k\cdot\nu_n$ 弱收敛, 推出 ν_n 弱收敛于一个有限测度, 记为 ν, 那么

$$\int_{\mathbf{R}}\left(1-\mathrm{e}^{\mathrm{i}xy}+\frac{\mathrm{i}xy}{1+y^2}\right)\frac{1+y^2}{y^2}\nu_n(dy)\longrightarrow\int_{\mathbf{R}}\left(1-\mathrm{e}^{\mathrm{i}xy}+\frac{\mathrm{i}xy}{1+y^2}\right)\frac{1+y^2}{y^2}\nu(dy),$$

同时推出 a_n 收敛于某实数 a. □

定理中的 Lévy 测度所满足的条件等价于对某个 (因此对所有) $\varepsilon>0$, 有

$$\int_{|x|<1}|x|^2J(dx)<\infty,\ J(\{x:|x|>\varepsilon\})<\infty.$$

因此 Lévy 指数的表达式的形式通常也写成

$$\phi(x)=\mathrm{i}(a,x)+\frac{1}{2}(Sx,x)+\int_{\mathbf{R}^d\setminus\{0\}}\left(1-\mathrm{e}^{\mathrm{i}(x,y)}+\mathrm{i}(x,y)1_{\{|y|<1\}}\right)J(dy),\quad(4.2.4)$$

因为不难验证

$$\int\left|\mathrm{i}(x,y)\left(\frac{1}{1+|y|^2}-1_{\{|y|<1\}}\right)\right|J(dy)<\infty.$$

在这两个表达式中 a 的取值可能是不同的. 当然还可以有许多其他的等价表达式. 定理也说明 Lévy 过程的所有信息都嵌入在其 Lévy 指数上. 对这方面感兴趣的读者可阅读 [27], [4] 和 [2].

4.2.4 Lévy 过程的 Itô 分解

定理 4.2.20 说明形如 (4.2.3) 或 (4.2.4) 的函数一定是某个 Lévy 过程的 Lévy 指数. 下面我们给出 Lévy 指数所对应过程的 Itô 分解. 首先, 一般随机过程的跳是点过程, 但 Lévy 过程的跳是一个 Poisson 点过程.

设 X 是 $\mathbf{R}^d$ 上的一个 Lévy 过程, 这时 X 是空间齐次的, 所以从分布看, 它的跳与起跳点无关, 可以用其跃度来刻画. 令 $p_t := \Delta X_t = X_t - X_{t-}$, $t > 0$. p 是一个 $\mathbf{R}^d\backslash\{0\}$ 上的平稳 Poisson 点过程, 其中 0 作为附加点. 事实上, 因若 s 固定,

$$\begin{aligned} N((s,s+t]\times U) &= \sum_{s<r\leqslant s+t} 1_{\{\Delta X_r\in U\}} \\ &= (\sum_{0<r\leqslant t} 1_{\{\Delta X_r\in U\}})\circ\theta_s = N((0,t]\times U)\circ\theta_s, \end{aligned}$$

由过程 $t\mapsto X_{t+s}-X_s$ 完全决定, 故由平稳独立增量的性质推出对任何 $s>0, 0<t_1<\cdots<t_d$ 及 $U_j\in\mathscr{B}(\mathbf{R}^d\backslash\{0\})$, $(N((s,s+t_i]\times U_j):1\leqslant j\leqslant d)$ 独立于 $\mathscr{F}_s$ 且与 $(N((0,t_j]\times U_j):1\leqslant j\leqslant d)$ 同分布. 由定理 4.1.18 推出 p 是平稳 Poisson 点过程.

现在, 让我们设 ϕ 如表达式 (4.2.4), $B=(B_t)$ 是 $\mathbf{R}^d$ 上的标准 Brown 运动. 令 $X_t^{(1)} := \sqrt{S}B_t - at$, 容易计算

$$\mathbb{E}\mathrm{e}^{\mathrm{i}(x,X_t^{(1)})} = \mathrm{e}^{-t[\mathrm{i}(a,x)+\frac{1}{2}(Sx,x)]}.$$

为了构造跳的部分, 我们要应用 Poisson 点过程. 因为 J 是 $E:=\mathbf{R}^d\setminus\{0\}$ 上的 Radon 测度, 也是 σ-有限的, 考虑乘积空间 $\mathbf{R}^+\times E$ 上的乘积测度 $\lambda(dtdx)=dtJ(dx)$. 由定理 2.4.8, 存在与 $X^{(1)}$ 独立的, 特征测度为 λ 的 Poisson 点过程 μ, 或者 $(p_t)_{t\in D}$, 其中 D 是定义域. 它的随机点 (t,x) 分别称为跳跃的时间与尺度. 所以 $p_t(\omega)$ 理解成样本轨道在 t 时刻的跳跃度. 下面为了方便, 设 $p_t=0$, $t\notin D$, 且任何一个 E 上定义的函数 f 都假设 $f(0)=0$, 从而看成 $\mathbf{R}^d$ 上的函数.

任取 E 上关于 J 可积的可测函数 f. 令 $f_t(s,x):=1_{[0,t]}(s)f(x)$, $t\geqslant 0, x\in E$, 则

$$\mu(f_t) = \int_0^t\int_E f(x)\mu(dsdx) = \sum_{s\leqslant t} f(p_s)$$

是一个右连续且具有左极限的随机过程. 由 Poisson 点过程的性质, 它是独立增量过程, 且由引理 2.4.6 推出对 $t>s\geqslant 0$ 有

$$\mathbb{E}\left[\mathrm{e}^{\mu(f_t)-\mu(f_s)}\right] = \exp\left(-(t-s)\int_E (1-\mathrm{e}^{f(x)})J(dx)\right),$$

因此 $(\mu(f_t), t \geqslant 0)$ 是一个复合 Poisson 过程.

令

$$X_t^{(2)} := \sum_{s \leqslant t} p_s 1_{\{|p_s| \geqslant 1\}},$$

即把不小于 1 的跳跃拼接起来. 因为 $J(\{|x| \geqslant 1\}) < \infty$, 所以 $[0,t]$ 内的跳跃是有限次的, 上面的和是有限和. $X^{(2)}$ 是 $\mathbf{R}^d$ 上的 Lévy 过程, 实际上是复合 Poisson 过程. 固定 x 取 $f(y) = \mathrm{i}(x,y)1_{\{|y| \geqslant 1\}}$, $y \in E$, 这时

$$\mathrm{i}(x, X_t^{(2)}) = \mu(f_t).$$

由前面的公式得

$$\mathbb{E}[\mathrm{e}^{\mathrm{i}(x, X_t^{(2)})}] = \exp\left(-t\int_E (1 - \mathrm{e}^{\mathrm{i}(x,y)})1_{\{|y| \geqslant 1\}} J(dy)\right).$$

最后 $X_t^{(3)}$ 应该是

$$\sum_{s \leqslant t} p_s 1_{\{|p_s| < 1\}},$$

不幸的是 $J(\{|x| < 1\})$ 可能等于无穷, 上面的和可能是发散的, 所以我们需要其他手段来证明它的存在性.

对任何 $0 < r < 1$, 令

$$X_t^{(r)} := \sum_{s \leqslant t} 1_{\{r < |p_s| < 1\}} p_s,$$

$$Y_t^{(r)} := X_t^{(r)} - \mathbb{E}[X_t^{(r)}] = X_t^{(r)} - t\int_{\mathbf{R}^d} x 1_{\{r < |x| < 1\}} J(dx).$$

用 Poisson 点过程 μ 表示, 有

$$X_t^{(r)} = \int_0^t x 1_{\{r < |x| < 1\}} \mu(dsdx),$$

是复合 Poisson 过程, 补偿过程 $(Y_t^{(r)}) \in H_d^2$ 是纯不连续鞅. 类似地可以验证

$$\mathbb{E}\left[\mathrm{e}^{\mathrm{i}(x, Y_t^{(r)})}\right] = \exp\left(-t\int \left(1 - \mathrm{e}^{\mathrm{i}(x,y)} + i(x,y)\right) 1_{\{r < |y| < 1\}} J(dy)\right).$$

利用 Doob 不等式, 定理 3.3.9(2), 以及引理 2.4.6, 推出对任何 $t > 0$ 和 $0 < r' < r$,

$$Y_t^{(r)} - Y_t^{(r')} = \int_0^t \int_{r' < |x| \leqslant r} x\mu(dsdx) - \mathbb{E}\int_0^t \int_{r' < |x| \leqslant r} x\mu(dsdx),$$

$$\mathbb{E}\left[\sup_{s\leqslant t}\left|Y_s^{(r)}-Y_s^{(r')}\right|^2\right]\leqslant 4\mathbb{E}\left[\left|Y_t^{(r)}-Y_t^{(r')}\right|^2\right]=4t\int_{\mathbf{R}^d}|x|^2 1_{\{r'<|x|\leqslant r\}}J(dx).$$

因此当 $r\longrightarrow 0$ 时, 右边的极限为零. 推出 $Y^{(r)}$ (至少一个子列) 几乎处处地在任何有限区间 $[0,t]$ 上一致收敛于一个过程, 记为 $X^{(3)}$. 容易看出 $X^{(3)}\in H_d^2$, 是纯不连续鞅, 也是一个 Lévy 过程, 与 $X^{(1)}$, $X^{(2)}$ 独立, 且

$$\mathbb{E}\left[\mathrm{e}^{\mathrm{i}(x,X_t^{(3)})}\right]=\exp\left(-t\int_{|y|<1}\left(1-\mathrm{e}^{\mathrm{i}(x,y)}+\mathrm{i}(x,y)\right)J(dy)\right).$$

令

$$X:=X^{(1)}+X^{(2)}+X^{(3)},$$

则 X 是一个 Lévy 指数为 ϕ 的 Lévy 过程, 此分解称为是 Itô 分解. 粗略地说, Lévy 过程由三部分组成: 连续部分, 大跳部分与小跳部分. 但是实际上, 小跳部分中包含有漂移. 因此一般地, 连续部分与小跳部分是无法严格区分的.

如果 X 是一个 Lévy 测度为 J 的 Lévy 过程, 那么由例 2.4.4 知 X 的跳跃过程 $p_t=\Delta X_t$ 是一个平稳 Poisson 点过程. 因为 X 与上面有 Itô 分解的 Lévy 过程是等价的, 故它们各自的跳跃点过程有相同的特征测度, 也就是说 p 的特征测度就是 Lévy 测度. 下面我们给出 Poisson 过程的一个刻画.

定理 4.2.21 一个 Lévy 过程是 Poisson 过程当且仅当它的几乎每条轨道仅以跳跃度为 1 增加.

证明. Poisson 过程的轨道显然是以跳跃度 1 增加的. 反之, 设 N 是一个仅以跳跃度为 1 增加的 Lévy 过程, 用 S_n 表示 N 的第 n 次跳跃的时间, $n\geqslant 1$, 那么 S_n 是停时且 $S_{n+1}=S_n+S\circ\theta_{S_n}$, 其中 $S=S_1$. 由强马氏性和空间齐性, 对任何 $t>0$,

$$\mathbb{P}(S_{n+1}-S_n>t|\mathscr{F}_{S_n})=\mathbb{P}(N_{S_n+t}-N_{S_n}=0|\mathscr{F}_{S_n})=\mathbb{P}(N_t=0)=\mathbb{P}(S>t).$$

由定理 2.4.3, 我们需证明 S 是指数分布. 对任何 $t,s>0$, 由马氏性, 因为在 $t<S$ 时, $N_t=0$, 故

$$\mathbb{P}(S>t+s)=\mathbb{P}(S>t,S\circ\theta_t>s)=\mathbb{E}(\mathbb{P}^{N_t}(S>s),S>t)=\mathbb{P}(S>s)\mathbb{P}(S>t).$$

即 S 是指数分布的. □

习　题

1. 设 $B = ((B_t), \mathbb{P}^x)$ 是 $\mathbf{R}$ 上的 Brown 运动. 证明: $B^T = ((B_{t\wedge T}), \mathbb{P}^x)$ 是 $\mathbf{R}\setminus\{0\}$ 上的 Feller 过程, 其中 T 是点 0 的首中时.

2. 一个转移半群 (P_t) 总是有界可测函数空间上的压缩半群. 其中在依范数意义下 $\lim\limits_{t\to 0} P_t f = f$ 的 f 全体称为 (P_t) 的强连续中心, 记为 B_0. 设 (P_t) 是度量空间 (E, d) 上的一个转移半群. 对 $\varepsilon > 0$, 定义

$$\alpha_\varepsilon(t) := \sup_{x\in E, s\leqslant t} P_s(x, \{y : d(y, x) \geqslant \varepsilon\}).$$

称半群是一致连续的, 如果对任何 $\varepsilon > 0$, $\lim\limits_{t\downarrow 0} \alpha_\varepsilon(t) = 0$. 证明: 如果半群是一致连续的, 那么 $C_u(E) \subset \mathbf{B}_0$, 其中 $C_u(E)$ 是 E 上的有界一致连续函数全体, $\mathbf{B}_0$ 是 (P_t) 的强连续中心. 反之, 如果 $C_b(E) \subset \mathbf{B}_0$, 那么半群是一致连续的.

3. 参考(4.1.8)计算积分并证明:

$$\int_0^\infty \mathrm{e}^{-\alpha t}\frac{1}{\sqrt{2\pi t}}\mathrm{e}^{-\frac{y^2}{2t}}dt = \frac{1}{\sqrt{2\alpha}}\mathrm{e}^{-\sqrt{2\alpha}|y|}.$$

4. 验证例 4.2.7 中的结论

$D(\hat{L}) = \{u \in C_\infty(\mathbf{R}^+):\ u$ 绝对连续, u' 绝对连续且 $u'' \in C_\infty(\mathbf{R})$, $u'_+(0) = 0\}$

且 $\hat{L}u = \frac{1}{2}u''$.

5. 证明: 标准过程轨道 $\{X_s : s \leqslant t\}$ 在 $t < \zeta$ 时有界. 提示: 取紧集列 $\{K_n\}$ 满足: K_{n-1} 包含在 K_n 的内部, 且 $E = \bigcup_n K_n$. 令 T_n 是 K_n^c 的首中时, 则 $\{T_n\}$ 是递增的停时列, 记其极限为 T, 由拟左连续性 $\lim_n X(T_n) = X(T)$ a.s.. 在 $\{T < \zeta\}$ 上, 由轨道右连续性, $X(T_n) \notin K_n^\circ$, 那么 $X(T_n) \notin K_{n-1}$, 因此 $T = \zeta$ a.s., 故对任何 $t < \zeta$, 存在 n 使得 $t < T_n$, 推出当 $s \in [0, t]$ 时, $X_s \in K_n$.

6. 半群 (P_t) 一致连续当且仅当对应的马氏过程是一致随机连续的, 即对任何 $\varepsilon > 0, \varepsilon' > 0$, 存在 $\delta > 0$ 使得 $P^x(d(X_t, X_s) \geqslant \varepsilon) < \varepsilon'$ 对所有 $x \in E$, $|t - s| < \delta$, $t, s \geqslant 0$ 成立.

7. 证明: 在常返情况下, 只要非负的 f 在某个非空精细开集上严格正, 则必有 $Uf = +\infty$.

8. 证明: $\mathbf{R}$ 上右一致连续的函数是一致连续的.

9. 设 $C_\infty^{(2)}$ 是 $C_\infty(\mathbf{R}^d)$ 上二次可微且其一阶与二阶导数都在 $C_\infty(\mathbf{R}^d)$ 中的实值函数全体, A 是热核半群的生成算子. 证明: $C_\infty^{(2)} \subset D_A$, 且对于 $f \in C_\infty^{(2)}$ 有 $Af = \frac{1}{2}\triangle f$.

10. 证明: 当 $d=1$ 时, $D(A) = C_\infty^{(2)}$.

11. 求 Poisson 半群与复合 Poisson 半群的生成算子.

12. 证明: $\mathbf{R}^d$ 上的 Feller 过程 X 是 Lévy 过程当且仅当对任何 $t > s \geqslant 0$, $x \in \mathbf{R}^d$, $A \in \mathscr{B}(\mathbf{R}^d)$, $\mathbb{P}^x(X_t - X_s \in A|\mathscr{F}_s) = \mathbb{P}^x(X_{t-s} - X_0 \in A)$.

13. 设 X 是 Lévy 过程. 证明: 对任何 $t>0$, $\mathbb{P}(X_t = X_{t-}) = 1$.

14. 设 $d=1$, ϕ 是 Lévy 指数. 证明:

$$\lim_{|x|\to\infty} \frac{\phi(x)}{x^2} = \frac{S}{2}.$$

15. 设 T_a 是标准 Brown 运动对点 $a>0$ 的首中时. 证明: 过程 $\{T_a : a \geqslant 0\}$ 是左连续的, 有平稳独立增量在任何区间上都不连续的增过程. 如果定义 $T_{a+} := \lim_{b\downarrow a} T_b$, 证明: 对任何 $a \geqslant 0$, $T_a = T_{a+}$ a.s..

16. Lévy 指数 ϕ 有界当且仅当 ϕ 是复合 Poisson 半群的 Lévy 指数.

17. 设 X 是 Lévy 指数如 (4.2.4) 的 Lévy 过程. 证明: 对任何 $a>0$, 测度 $\frac{1}{t}\mathbb{P}(X_t \in dx)$ 当 $t \downarrow 0$ 时在 $\{|x|>a\}$ 上淡收敛于 $J(dx)$.

18. 证明: 一个平稳独立增量过程 X 对应的对卷积有半群性的测度族 $\{\pi_t : t \geqslant 0\}$ 是一个卷积半群当且仅当 X 在 $t=0$ 处随机连续.

19. 设 (P_t) 是 $\mathbf{R}^d$ 上由一个卷积半群诱导的转移半群. 记 $C_\infty := C_\infty(\mathbf{R}^d)$ 是无穷远处趋于零的连续函数全体. 证明:

    (a) 对任何 $t>0$, $P_t(C_\infty) \subset C_\infty$;

    (b) 对任何 $f \in C_\infty$, 当 $t \downarrow 0$ 时, $P_t f$ 一致收敛于 f.

20. * 以 $\mathbf{R}$ 为状态空间且轨道是递增函数的 Lévy 过程称为是从属子 (subordinator). 从属子的卷积半群是支撑在 $\mathbf{R}^+$ 上的.

    (a) 证明: $\{\eta_t\}$ 是从属子的卷积半群当且仅当存在 $b \geqslant 0$ 与一个 $(0,\infty)$ 上的测度 μ 满足 $\int_0^\infty \frac{s}{1+s}\mu(ds) < \infty$ 使得对 $s \geqslant 0$,
    $$\int_0^\infty \mathrm{e}^{-sx}\eta_t(ds) = \exp\left(-t\left(bx + \int_0^\infty (1-\mathrm{e}^{-sx})\mu(dx)\right)\right).$$

    (b) 证明: 标准 Brown 运动零点局部时的逆 (τ_t) 是从属子.

    (c) 设 $B = (B_t^1, B_t^2)$ 是标准 2-维 Brown 运动. (τ_t) 是 B^1 零点局部时的逆, 证明: $(B_{\tau_t}^2 : t \geqslant 0)$ 是对称 Cauchy 过程.

21. 设 (P_t) 是 $(E,\mathscr{E})$ 转移半群且对 $A \in \mathscr{E}$, $(t,x) \mapsto P_t(x,A)$ 可测, (η_t) 是一个从属子的卷积半群. 证明:
    $$P_t'(x,A) := \int_0^\infty P_u(x,A)\eta_t(du)$$
    定义了 $(E,\mathscr{E})$ 上的一个转移半群, 且若 (P_t) 是时间齐次的, 则 (P_t') 也是.

22. 任取 $\beta \in (0,1)$. 证明:

    (a) 对任何 $t > 0$, 函数 $x \mapsto \mathrm{e}^{-tx^\beta}$, $x \in (0,\infty)$ 是完全单调的. 因此由 Bernstein 定理, 它是 $(0,\infty)$ 上唯一的概率测度 η_t^β 的 Laplace 变换.

    (b) $(\eta_t^\beta : t > 0)$ 是 $(0,\infty)$ 上的卷积半群. 对应的 Lévy 过程称为是 β-单边稳定过程.

    (c) 取 $\mathbf{R}^d$ 上的热核半群 (b_t), 定义
    $$\pi_t^\beta := \int b_u \eta_t^\beta(du).$$
    则 (π_t^β) 是指标为 2β 的对称稳定半群.

23. 如果 X 是 Lévy 过程, 证明: 对任何实数 u, 随机过程 $\{\exp(\mathrm{i}uX_t + t\phi(u)) : t \geqslant 0\}$ 是复值鞅.

24. 设 $\{\pi_t\}$ 是卷积半群, G_0 是 $\bigcup_t \operatorname{supp}\pi_t$ 生成的最小闭子群. 证明: $G_0^\perp = \{x : \phi(x) = 0\}$, 其中 $G_0^\perp := \{y \in \mathbf{R}^d :\ \mathrm{e}^{\mathrm{i}(x,y)} = 1,\ x \in G_0\}$.

25. 设 $\{\pi_t\}$ 是卷积半群, 其 Lévy 指数为 ϕ.

(a) 证明: 概率测度不可能是不变测度. Lebesgue 测度及其常数倍总是不变测度.

(b) 证明: 如果 (π_t) 是对称卷积半群, 则它除了 Lebesgue 测度及其常数倍外没有其他的 Radon 不变测度 (Radon 不变测度唯一) 当且仅当 ϕ 有唯一零点. 因此 Brown 运动与对称稳定过程有唯一的 Radon 不变测度.

(c) 举例说明: Radon 不变测度唯一, 但不变测度不唯一. 提示: 考虑复合 Poisson 半群.

4.3 右马氏过程

前面讲的是 Brown 运动以及 Lévy 过程, 它们是非常特殊的马氏过程, 但其中很多思想仍然具有一般性, 从这一节开始, 我们讨论更一般的马氏过程. 原因有两个, 第一个原因, 从前面的讨论可以看出, 我们需要马氏过程具有轨道右连续性和强马氏性; 第二个原因, Feller 过程的理论的确完美漂亮, 但是这个类不稳定, Feller 过程经过一些通常的变换就不再是 Feller 过程, 所以我们必须扩大马氏过程的类. 历史上的演变是从 Feller 过程到 Hunt 过程, 再到标准过程, 但还是不够, 最后引入满足右假设的右过程.

4.3.1 右假设 1

在这一节中, 我们将引入右马氏过程的概念, 粗略地说, 右马氏过程就是样本轨道右连续且满足强马氏性的时间齐次马氏过程, 真正要说清楚它的定义却颇费周折, 有很多可测性细节需要说明. 直观地把马氏过程想像成在确定的一个随机规则下运动的粒子, 它的可能到达的点全体称为状态空间, 用 E 表示. 它的轨迹称为样本轨道, 是 $\mathbf{R}^+$ 到 E 的映射, 样本轨道的全体是样本空间, 用 Ω 表示. 粒子可以在某个时刻消失, 这时我们说它进入了坟墓 Δ. 对任何 $x \in E$, 概率 $\mathbb{P}^x$ 描述从 x 出发的样本轨道的行为, 随机规则就是这样的一族概率. 马氏性是指如果粒子在时刻 t 到达状态 x, 那么它忘记了过去的行为, 从点 x 依概率 $\mathbb{P}^x$ 重新开始运动.

设 $(E,\mathscr{E})$ 是一个可测空间. 对于 E 上的任何概率测度 μ, 记 $\mathscr{E}^\mu$ 是 E 关于 μ

的完备化. 所有如此完备化的交

$$\mathscr{E}^* := \bigcap_\mu \mathscr{E}^\mu,$$

称为 E 上普遍可测集的 σ-代数, 也称为 $\mathscr{E}$ 的普遍完备化. 不难证明, f 是 $\mathscr{E}^*$-可测的当且仅当对任何 E 上的概率 μ, 存在 $\mathscr{E}$ 可测的 f_1, f_2 满足 $f_1 \leqslant f \leqslant f_2$ 且 $\mu(f_1 \neq f_2) = 0$. 对于任何拓扑空间, 我们认为其有一个自然的 Borel σ-代数与普遍可测的 σ-代数. 现在设 E 是一个 Radon 空间, 即它可以同胚于一个紧度量空间 $\hat{E}$ 的一个普遍可测子集, 用 $C_u(E)$ 表示 E 上的有界一致连续函数全体. 设 $\mathscr{E}$ 是 E 上的 Borel σ-代数. 后面我们将看到这样的一般性假设的必要性. 任何 $\mathscr{E}$ 上的概率测度可唯一地延拓到 $\mathscr{E}^*$ 上. 我们说 (P_t) 是 E 上的一个转移半群是指它是 $(E, \mathscr{E}^*)$ 上的转移半群. 如果需要强调, $(E, \mathscr{E})$ 上的转移半群称为 Borel 转移半群. 显然 Borel 转移半群可唯一地延拓成 $(E, \mathscr{E}^*)$ 上的转移半群. 我们不把自己限制于 Borel 转移半群的理由是即使在最简单的过程变换下, 一个 Borel 转移半群都不一定仍然是 Borel 转移半群. 下面我们将叙述 Meyer 的两个右假设.

任意固定点 $\Delta \notin E$. 如果 E 是 LCCB (局部紧且具有可数基的) Hausdorff 空间, Δ 取为 E 的 Alexander 紧化点. $E_\Delta := E \cup \{\Delta\}$. 一个映射 $\omega : [0, \infty] \longrightarrow E_\Delta$ 称为是一个样本轨道, 如果

(1) $\omega(\infty) = \Delta$;

(2) 存在 $\zeta(\omega) \in [0, \infty]$ 使得当 $t \geqslant \zeta(\omega)$ 时, $\omega(t) = \Delta$; 当 $t < \zeta(\omega)$ 时, $\omega(t) \in E$;

(3) 当 $t < \zeta(\omega)$ 时, ω 是右连续的.

用 Ω 表示以上定义的样本轨道全体. 对 $\omega \in \Omega$, $\zeta(\omega)$ 称为样本轨道 ω 的生命时 (或者死亡时). 对任何 t, $X_t(\omega)$ 表示 ω 在 t 处的值, 即 $X_t(\omega) = \omega(t)$. 对任何 s, 定义

$$\theta_s \omega(t) := \omega(t+s), \ t \geqslant 0.$$

显然 $\theta_s \omega \in \Omega$, 它是轨道 ω 在时间 s 之后的那一段, 且 $X_t(\theta_s \omega) = X_{t+s}(\omega)$. 映射族 $(\theta_s : s \in \mathbf{R}^+)$ 称为 Ω 上的推移算子族.

定义 $\mathscr{F}^{0*} := \sigma(X_t : t \geqslant 0)$, 其中 X_t 是 Ω 到 $(E, \mathscr{E}^*)$ 的映射. 类似地定义 $\mathscr{F}_t^{0*} := \sigma(X_s : 0 \leqslant s \leqslant t)$ 过程 (X_t) 的自然流. 用 $\mathscr{F}^0$ 和 $\mathscr{F}_t^0$ 表示把 X_t 看成 Ω 到 $(E, \mathscr{E})$ 的映射生成的自然流以示区别. 显然 $\mathscr{F}^0 \subset \mathscr{F}^{0*}$, $\mathscr{F}_t^0 \subset \mathscr{F}_t^{0*}$. 恒等于 Δ 的

轨道记为 $[\Delta]$, 我们总设所有样本空间包含 $[\Delta]$. 且约定一个 E 上的函数在 Δ 上赋值为零, 一个 Ω 上的随机变量在 $[\Delta]$ 上的值为零.

考虑 $X(t,\omega)=X_t(\omega)$ 作为 $\mathbf{R}^+\times\Omega$ 到 E_Δ 的映射. 对任何 $n\geqslant 1$, 定义

$$X_n(t,\omega):=X(\frac{j+1}{2^n},\omega),\ \frac{j}{2^n}<t\leqslant\frac{j+1}{2^n},$$

那么 $(t,\omega)\mapsto X_n(t,\omega)$ 作为 $(\mathbf{R}^+\times\Omega,\mathscr{B}(\mathbf{R}^+)\times\mathscr{F}^{0*})$ 到 $(E,\mathscr{E}^*)$ 的映射是可测的且 X_n 点点收敛于 X. 因此 $(t,\omega)\mapsto X(t,\omega)$ 也是可测的.

定义 4.3.1 **设** $(P_t)_{t\geqslant 0}$ **是** E **上的一个转移半群. 称它满足右假设** 1 (HD1), **如果对** $(E,\mathscr{E})$ **上的任何概率** μ, **存在** $(\Omega,\mathscr{F}^{0*})$ **上的概率** $\mathbb{P}^\mu$ **满足**

(1) **对任何** $A\in\mathscr{E}^*$, **有** $\mathbb{P}^\mu(X_0\in A)=\mu(A)$;

(2) **对任何** $t,s\geqslant 0$, $f\in b\mathscr{E}^*$, **有**

$$\mathbb{E}^\mu(f(X_{t+s})|\mathscr{F}_t^{0*})=P_sf(X_t).$$

对任何 $x\in E$, 简单地记 $\mathbb{P}^{\delta_x}$ 为 $\mathbb{P}^x$, 称为点 x 出发的概率. 性质 (1) 说明 μ 是过程的初始分布, (2) 说明过程是以 (P_t) 为转移半群的时齐马氏过程. 由单调类定理容易验证 (2) 等价于对任何有界或非负 $\mathscr{F}^{0*}$-可测随机变量 Y, 任何 $t\geqslant 0$, 有 $\mathbb{P}^\mu$-a.s.

$$\mathbb{E}^\mu(Y\circ\theta_t|\mathscr{F}_t^{0*})=\mathbb{E}^{X_t}(Y).$$

过程 X 取值在 E_Δ, 但因为它一旦进入 Δ 就不再离开, 所以 Δ 被形象地称为坟墓点, ζ 被称为生命 (终止) 时, 并且我们通常说过程的状态空间是 E.

定义 4.3.2 **过程** X **称为保守的, 如果对任何** $x\in E$, $\mathbb{P}^x(\zeta<\infty)=0$.

保守性等价于对任何 $t>0$, $x\in E$ 有 $\mathbb{P}^x(X_t\in E)=1$. 因为 $x\mapsto\mathbb{P}^x(A)$ 对任何 $A\in\mathscr{F}^{0*}$ 是 $\mathscr{E}^*$ 可测的, 故对 $(E,\mathscr{E}^*)$ 上任何概率 μ 定义 $\mathbb{P}^\mu:=\int_E\mathbb{P}^x\mu(dx)$. 按照定义 2.2.7, 右连续简单马氏过程等价于典则型样本空间上的满足 HD1 的马氏过程. 因此转移半群满足 HD1 当且仅当它有一个右连续简单马氏过程的实现, 或者当且仅当它是一个右连续简单马氏过程的转移半群.

现在设 X 是转移半群为 (P_t) 的右连续简单马氏过程. 过程 X 在概率 $\mathbb{P}^x$ 下的有限维分布族由 (P_t) 唯一决定, 即概率族 $\{\mathbb{P}^x\}$ 由 (P_t) 唯一决定. 转移半群的什么条件正好保证 HD1 成立是一个非常重要的问题. 上一节中讲述的 Feller 性质是一个充分条件. 如果 f 是有界连续函数, 则 $P_tf(x)=\mathbb{E}^xf(X_t)$ 是 t 的右连续函数.

引理 4.3.3 **对任何 $A \in \mathscr{E}^*$, 及 $\mathbf{R}^+$ 和 E 上的概率测度 λ 和 μ, 映射 $(t,x) \mapsto P_t(x,A)$ 是关于 $(\mathscr{B}(\mathbf{R}^+) \times \mathscr{E}^*)$ 经测度 $\lambda \times \mu$ 完备化后的 σ-代数可测的.**

证明. 如果 f 是有界连续的, 那么 $P_tf(x)$ 关于 t 右连续. 故 $(t,x) \mapsto P_tf(x)$ 关于 $\mathscr{B}(\mathbf{R}^+) \times \mathscr{E}^*$ 可测. 然后由单调类定理可以证明当 f 是有界 $\mathscr{E}$-可测函数时, 它有同样的可测性. 现在对以上的 λ 和 μ, 定义 $\nu(\cdot) := \int \lambda(dt) \int \mu(dx) P_t(x,\cdot)$, 是 E 上有限测度. 对 $\mathscr{E}^*$ 可测的 f, 存在 $\mathscr{E}$ 可测的 f_1, f_2 满足 $f_1 \leqslant f \leqslant f_2$ 且 $\nu(f_2 \neq f_1) = 0$. 那么 $P_tf_1(x) \leqslant P_tf(x) \leqslant P_tf_2(x)$, 两端的函数是 $\lambda \times \mu$ 几乎处处相等且都是 $\mathscr{B}(\mathbf{R}^+) \times \mathscr{E}^*$ 可测的, 因此映射 $(t,x) \mapsto P_t(x,A)$ 是关于 $(\mathscr{B}(\mathbf{R}^+) \times \mathscr{E}^*)$ 经测度 $\lambda \times \mu$ 完备化后的 σ-代数可测的. □

该引理保证, 在 HD1 之下, 我们也可以定义半群对应的预解族 (U^α), 它与半群有同等的重要性且相互唯一决定, 而且 Fubini 定理成立, 例如

$$U^\alpha f(x) = \int_0^\infty \mathrm{e}^{-\alpha t} P_t f(x) dt = \mathbb{E}^x \int_0^\infty \mathrm{e}^{-\alpha t} f(X_t) dt.$$

4.3.2 流的强化与强马氏性

到现在为止流 $(\mathscr{F}_t^{0*})$ 是自然流, 与概率 $\{\mathbb{P}^x\}$ 无关. 因为它不满足通常条件, 故 Borel 集的首中时都不一定是 $(\mathscr{F}_t^{0*})$ 停时. 为了方便, 让我们用概率来强化 $(\mathscr{F}_t^{0*})$, 这样不同的概率会得到不同的强化, 流与具体的概率有关了.

强化是与完备化类似但不同的概念. 简单地说, 一个 σ-代数的强化是加入原测度空间的零测度集及其子集所生成的 σ-代数.

定义 4.3.4 **设 $(\Omega, \mathscr{F}, \mu)$ 是一个有限测度空间, $\mathscr{A}$ 是 $\mathscr{F}$ 的一个子 σ-代数, $\mathscr{A}$ (关于 $\mathscr{F}, \mu$ 的) 强化是指 $\widetilde{\mathscr{A}} := \sigma(\mathscr{A} \cup \mathscr{N})$, 其中 $\mathscr{N}$ 是 μ-零测度集及其子集全体.**

设 μ 是 E 上的概率测度, 用 $\mathscr{F}^\mu$ 表示 $\mathscr{F}^{0*}$ 关于 $\mathbb{P}^\mu$ 的完备化, $\mathscr{N}^\mu$ 表示 $\mathscr{F}^\mu$ 中的 $\mathbb{P}^\mu$-零概率集全体. 令

$$\mathscr{F} := \bigcap_\mu \mathscr{F}^\mu, \ \mathscr{N} := \bigcap_\mu \mathscr{N}^\mu.$$

显然 $\mathscr{F}$ 中的零概率集就是 $\mathscr{N}$ 中的集合, 它在任何 $\mathbb{P}^\mu$ 下的测度为零. 用 $\mathscr{F}_t^\mu$ 表示 $\mathscr{F}_t^{0*}$ 关于 $(\Omega, \mathscr{F}^\mu, \mathbb{P}^\mu)$ 的强化, 即 $\mathscr{F}_t^\mu := \sigma(\mathscr{F}_t^{0*} \cup \mathscr{N}^\mu)$. 然后令

$$\mathscr{F}_t := \bigcap_\mu \mathscr{F}_t^\mu,$$

可以证明对关于 $\mathscr{E}^*$ 的自然流 $\mathscr{F}^{0*}, \mathscr{F}_t^{0*}$ 的强化与对关于 $\mathscr{E}$ 的自然流 $\mathscr{F}^0, \mathscr{F}_t^0$ 的强化是一致的, 所以下面证明中有时经常使用后者. 另外后面我们说几乎处处或几乎肯定地或几乎所有样本 而不具体指定概率, 总是指在 $\mathscr{N}$ 的一个事件外. 再重复一遍, 自然流与具体的过程无关, 由样本空间唯一决定. 关于强化, 我们有下面的引理, 证明留作练习.

引理 4.3.5 **设** $H \in b\mathscr{F}$, **则对任何** μ, **存在** $H_1, H_2 \in \mathscr{F}^0$ **使得** $H_1 \leqslant H \leqslant H_2$ **且** $\mathbb{E}^\mu(H_1) = \mathbb{E}^\mu(H_2)$.

自然的问题是如果 $B \in \mathscr{F}$, $\mathbb{P}^x(B)$ 关于 x 还可测吗? 我们有下列性质:

(1) 若 $H \in b\mathscr{F}$, 则 $\mathbb{E}^\cdot[H]$ 是普遍可测的, 因此对 E 上的概率测度 μ, $\mathbb{E}^\mu[H]$ 是有定义的;

(2) X_t 是 $(\Omega, \mathscr{F}_t)$ 到 $(E, \mathscr{E}^*)$ 可测的;

(3) θ_t 是 $(\Omega, \mathscr{F})$ 上可测的.

这类性质的证明是标准的. 如证 (1), 引用上面的引理 4.3.5, 然后置 $\phi_i(x) := \mathbb{E}^x[H_i]$, $i = 1, 2$, 那么 $\phi_1 \leqslant \mathbb{E}^\cdot(H) \leqslant \phi_2$, $\phi_1, \phi_2 \in b\mathscr{E}$ 且 $\mu(\phi_1) = \mu(\phi_2)$. 因此 $\mathbb{E}^\cdot(H) \in b\mathscr{E}^*$. 正因为如此, 我们可以简单地说, 对任何强化后的事件域中的事件 $H \in b\mathscr{F}$, 以及分布 μ, 存在强化前的事件域中的事件 $H' \in b\mathscr{F}^0$ 使得 $\mathbb{P}^\mu(H \neq H') = 0$. 对于 (2), 任取 $f \in b\mathscr{E}^*$, 因为 μP_t 是概率, 故存在 $f_1, f_2 \in b\mathscr{E}$ 满足 $f_1 \leqslant f \leqslant f_2$ 且 $\mu P_t(f_1) = \mu P_t(f_2)$. 推出 $\mathbb{E}^\mu f_1(X_t) = \mathbb{E}^\mu f_2(X_t)$. 因为 $f_i(X_t) \in b\mathscr{F}_t^0$, 故 $f(X_t) \in b\mathscr{F}_t$. 利用单调类定理, (3) 是显然的.

定理 4.3.6 **设** $Y \in b\mathscr{F}$, **则对任何** $x \in E$, $t \geqslant 0$,

$$\mathbb{E}^x[Y \circ \theta_t | \mathscr{F}_t] = \mathbb{E}^{X_t}(Y).$$

证明. 由上面性质 (1) 知 $\omega \mapsto \mathbb{E}^{X_t(\omega)}(Y)$ 是 $\mathscr{F}_t$ 可测的, 因此仅需验证对任何 $\Lambda \in \mathscr{F}_t$,

$$\mathbb{E}^x[Y \circ \theta_t; \Lambda] = \mathbb{E}^x\left[\mathbb{E}^{X_t}(Y); \Lambda\right]. \tag{4.3.1}$$

由 $\mathscr{F}_t$ 的定义, 我们只需对 $\Lambda \in \mathscr{F}_t^0$ 验证就够了. 设 μ 是 $\mathbb{P}^x$ 在 X_t 下的像, 由 $\mathscr{F}$ 的定义, 存在有界的 $\mathscr{F}^0$ 可测函数 Y_0 使得 $\{Y \neq Y_0\} \subset \Gamma \in \mathscr{F}^0$ 且 $\mathbb{P}^\mu(\Gamma) = 0$, 因此 $\{Y \circ \theta_t \neq Y_0 \circ \theta_t\} \subset \theta_t^{-1}(\Gamma)$, 这样由马氏性,

$$\mathbb{P}^x(\theta_t^{-1}(\Gamma)) = \mathbb{E}^x(1_\Gamma \circ \theta_t) = \mathbb{E}^x[\mathbb{P}^{X_t}(\Gamma)] = \mathbb{P}^\mu(\Gamma) = 0.$$

因此 (4.3.1) 左边的 Y 可用 Y_0 代替. 另一方面,

$$\mathbb{E}^x(\mathbb{E}^{X_t}|Y-Y_0|)=\mathbb{E}^\mu|Y-Y_0|=0,$$

故相对于 $\mathbb{P}^x$, $\mathbb{E}^{X_t}Y=\mathbb{E}^{X_t}Y_0$ a.s., 故 (4.3.1) 右边的 Y 也可用 Y_0 代替, 而当两边的 Y 被 Y_0 代替后, (4.3.1) 恰是定义中所述的马氏性. □

这个定理说明 X 关于强化了的自然流也有马氏性. 下面的定理给出强化了的自然流是右连续的一个充分条件. 证明仿照定理 4.1.3.

定理 4.3.7 **如果 X 关于 $(\mathscr{F}^0_{t+})$ 也有马氏性, 则对任何有限测度 μ, $(\mathscr{F}^\mu_t)$ 满足通常条件, 因此 $(\mathscr{F}_t)$ 满足通常条件.**

我们讨论强马氏性. 与前面一样, 说 T 是一个停时而不具体指明相对应的流时, 是指它是关于强化后的自然流 $(\mathscr{F}_t)$ 的停时. 现在我们来定义关于随机时间的推移算子, 设 $H:\Omega\longrightarrow\mathbf{R}^+$, 对 $\omega\in\Omega$, 且 $H(\omega)<\infty$, 定义 $\theta_H(\omega):=\theta_{H(\omega)}(\omega)$, 显然 θ_H 也是 Ω 上的映射. 对任何 $t\geqslant 0$,

$$X_t\circ\theta_H=X_{t+H}.$$

如果 H 可测, 那么 θ_H 是 $(\Omega,\mathscr{F})$ 上的可测映射.

定义 4.3.8 **称 X 关于一个适应的流 $(\mathscr{M}_t)$ 有强马氏性, 如果对任何 $(\mathscr{M}_t)$ 停时 T 及 $f\in b\mathscr{E}$, $x\in E$ 有**

$$\mathbb{E}^x(f\circ X_{t+T}1_{\{T<\infty\}}|\mathscr{M}_T)=1_{\{T<\infty\}}\mathbb{E}^{X(T)}(f\circ X_t). \tag{4.3.2}$$

如果 X 关于流 $(\mathscr{F}_{t+})$ 有强马氏性, 我们说 X 有强马氏性或者 X 是强马氏过程.

首先注意到由定理 3.2.11, $X(T)1_{\{T<\infty\}}$ 是 $\mathscr{M}_T$ 可测的, 所以 (4.3.2) 的右边总是 $\mathscr{M}_T$ 可测的. 其次, 用单调类方法可以证明 (4.3.2) 中的 $f\circ X_t$ 可以替换为更一般的 $Y\in b\mathscr{F}^0$, 即

$$\mathbb{E}^x(Y\circ\theta_T1_{\{T<\infty\}}|\mathscr{M}_T)=1_{\{T<\infty\}}\mathbb{E}^{X_T}(Y), \tag{4.3.3}$$

最后, 注意从强马氏性容易看出 X 关于右极限流 $(\mathscr{F}_{t+})$ 是马氏的. 因此强马氏过程的强化后的自然流满足通常条件. 下面证明定义中的强马氏性等价于看上去更为简单的形式.

定理 4.3.9 **过程 X 关于一个适应的流 $(\mathscr{M}_t)$ 有强马氏性当且仅当对任何 $(\mathscr{M}_t)$ 停时 T, $f \in C_u(E)$ 及 $x \in E$, $t \geqslant 0$, 下式成立**

$$\mathbb{E}^x[f \circ X_{t+T}; T < \infty] = \mathbb{E}^x\left[\mathbb{E}^{X(T)} f(X_t); T < \infty\right]. \tag{4.3.4}$$

证明. 只需验证充分性. 由单调类定理, 只需验证 (4.3.2) 对于 $f \in C_u(E)$ 成立就足够了. 任取 $\Lambda \in \mathscr{M}_T$, 定义 $T_\Lambda := T \cdot 1_\Lambda + \infty \cdot 1_{\Lambda^c}$, 那么容易验证 T_Λ 也是 $(\mathscr{M}_t)$ 停时, 代入 (4.3.4) 得

$$\begin{aligned}&\mathbb{E}^x[f(X_{t+T}); \Lambda, T < \infty] = \mathbb{E}^x[f(X_{t+T_\Lambda}); T_\Lambda < \infty]\\&\quad = \mathbb{E}^x\left[\mathbb{E}^{X(T_\Lambda)} f(X_t); T_\Lambda < \infty\right] = \mathbb{E}^x\left[\mathbb{E}^{X(T)} f(X_t); \Lambda, T < \infty\right],\end{aligned}$$

这蕴含 (4.3.2) 成立. □

4.3.3 右假设 2

在前一节中我们看到, 要证明 Brown 运动的强马氏性, 不仅需要轨道的连续性, 还需要转移半群的连续性. 一般地, 右假设 1 保证轨道右连续性, 下面叙述的右假设 2 实际上是通过预解算子来确定转移半群的连续性.

定义 4.3.10 **设转移半群 (P_t) 和过程 X 满足 HD1. 如果 (P_t) 满足对任何 $f \in C_u(E)$, $\alpha > 0$, 过程 $t \mapsto U^\alpha f(X_t)$ 是右连续的, 那么我们说它满足右假设 2 (HD2).**

如果满足 HD1 的半群 (P_t) 的预解 (U^α) 把连续函数映为连续函数, 则它也显然满足 HD2.

定义 4.3.11 **一个满足 HD1,HD2 的转移半群 (P_t) 和对应的随机过程分别称为右半群和右马氏过程, 简称右过程. 一个右过程称为是 Borel 的, 如果 E 是 Lusin 空间 (是紧度量空间的 Borel 子集) 且 (P_t) 是 Borel 转移半群.**

上面我们看到 HD1 是右连续假设, 而下面我们将证明 HD2 差不多就是强马氏性假设.

定理 4.3.12 **假设 HD1 成立, 那么 HD2 蕴含 (X_t) 是强马氏过程.**

证明. 由 HD2, 对 $f \in C_u(E)$, 过程 $U^\alpha f(X_\cdot)$ 是右连续的. 设 T 是 $(\mathscr{F}_{t+})$ 停时, 不妨设 $T < \infty$. 令 T_n 是 T 的离散化,

$$T_n := \sum_{k=1}^{\infty} \frac{k}{2^n} 1_{\{\frac{k-1}{2^n} \leqslant T < \frac{k}{2^n}\}},$$

则 $\{T_n = \frac{k}{2^n}\} \in \mathscr{F}_{k/2^n}$. 因此由轨道的右连续性及 X 关于流 $(\mathscr{F}_t)$ 的简单马氏性,

$$
\begin{aligned}
\mathbb{E}^x \int_0^\infty \mathrm{e}^{-\alpha t} f(X_{t+T})dt &= \lim_n \mathbb{E}^x \int_0^\infty \mathrm{e}^{-\alpha t} f(X_{t+T_n})dt \\
&= \lim_n \sum_k \mathbb{E}^x \left(\int_0^\infty \mathrm{e}^{-\alpha t} f(X_{t+\frac{k}{2^n}})dt; T_n = \frac{k}{2^n} \right) \\
&= \lim_n \sum_k \mathbb{E}^x \left(\mathbb{E}^{X(\frac{k}{2^n})} \int_0^\infty \mathrm{e}^{-\alpha t} f(X_t)dt; T_n = \frac{k}{2^n} \right) \\
&= \lim_n \mathbb{E}^x [U^\alpha f(X_{T_n})] = \mathbb{E}^x [U^\alpha f(X_T)] \\
&= \int_0^\infty \mathrm{e}^{-\alpha t} \mathbb{E}^x \left[\mathbb{E}^{X(T)} f(X_t) \right] dt.
\end{aligned}
$$

即 $t \mapsto \mathbb{E}^x f(X_{t+T})$ 与 $t \mapsto \mathbb{E}^x \mathbb{E}^{X(T)} f(X_t)$ 有相同的 Laplace 变换, 因为两者都是右连续的, 故对任何 t,

$$
\mathbb{E}^x [f(X_{t+T})] = \mathbb{E}^x \left[\mathbb{E}^{X_T} f(X_t) \right].
$$

推出 X 是强马氏的. □

实际上, 反过来也差不多成立. 如果 (P_t) 是 Borel 转移半群, 那么 X 是强马氏过程蕴含 HD2 成立. 为此, 先准备一个引理, 称为 Dynkin 公式, 非常有用.

引理 4.3.13 (Dynkin) **设 X 是强马氏的, T 是停时, $\alpha > 0$, $f \in b\mathscr{E}^*$, 则**

$$
\mathbb{E}^x \left[\mathrm{e}^{-\alpha T} U^\alpha f(X_T) \right] = \mathbb{E}^x \int_T^\infty \mathrm{e}^{-\alpha t} f(X_t)dt.
$$

证明. 由强马氏性,

$$
\begin{aligned}
\mathbb{E}^x \left[\mathrm{e}^{-\alpha T} U^\alpha f(X_T) \right] &= \mathbb{E}^x \left[\mathrm{e}^{-\alpha T} \mathbb{E}^{X_T} \int_0^\infty \mathrm{e}^{-\alpha t} f(X_t)dt \right] \\
&= \mathbb{E}^x \left[\mathrm{e}^{-\alpha T} (\int_0^\infty \mathrm{e}^{-\alpha t} f(X_t)dt) \circ \theta_T \right] \\
&= \mathbb{E}^x \int_0^\infty \mathrm{e}^{-\alpha(t+T)} f(X_{t+T})dt = \mathbb{E}^x \int_T^\infty \mathrm{e}^{-\alpha t} f(X_t)dt.
\end{aligned}
$$

完成证明. □

定理 4.3.14 如果 X 是简单右连续马氏过程, 具有强马氏性且 (P_t) 是 Borel 转移半群, 那么 HD2 成立.

证明. 只需证明如果 $f \in b\mathscr{E}$, $\alpha > 0$, 那么 $t \mapsto U^\alpha f(X_t)$ 是右连续的. 因为 (P_t) 是 Borel 的, 故 $U^\alpha f \in b\mathscr{E}$. 因此 $t \mapsto U^\alpha f(X_t)$ 是可选过程. 由 Dynkin 公式对任何停时列 $T_n \downarrow T$,

$$\begin{aligned}\mathbb{E}^x\left[\mathrm{e}^{-\alpha T_n}U^\alpha f(X_{T_n})\right] &= \mathbb{E}^x\int_{T_n}^\infty \mathrm{e}^{-\alpha t}f(X_t)dt\\ &\longrightarrow \mathbb{E}^x\int_T^\infty \mathrm{e}^{-\alpha t}f(X_t)dt = \mathbb{E}^x\left[\mathrm{e}^{-\alpha T}U^\alpha f(X_T)\right],\end{aligned}$$

由 Meyer 的截面定理 (关于可选过程的概念和截面定理的叙述, 可参考定理 3.7.4及之前的介绍) 推出过程 $t \mapsto \mathrm{e}^{-\alpha t}U^\alpha f(X_t)$ 是右连续的, 因此过程 $t \mapsto U^\alpha f(X_t)$ 也是右连续的. □

实际上, 任取 E 上的概率测度 μ, 在测度 $\mathbb{P}^\mu$ 之下, 过程 X 关于流 $(\mathscr{F}^\mu_{t+})$ 也一样有强 Markov 性, 因此类似定理 4.1.3 一样可以证明流 $(\mathscr{F}^\mu_t)$ 满足通常条件. 也就是说任何 Borel 集的首中时是 $(\mathscr{F}^\mu_t)$ 停时, 因此, 由 μ 的任意性, 它也是 $(\mathscr{F}_t)$ 停时. 定理 4.1.4 所说的 Blumenthal 0-1 律依然成立, 证明类似.

定理 4.3.15 (Blumenthal) **设** $A \in \mathscr{F}_0$, **则对任何** $x \in E$, $\mathbb{P}^x(A)$ **等于** 0 **或** 1.

在本节的最后, 给出一个连续马氏过程但不满足强马氏性的例子是非常重要的.

例 4.3.1 设 $E = \mathbf{R}^+$, T 是参数为 1 的指数分布随机变量. 当 $x > 0$ 时, 粒子从 x 出发一致右移 (速度为 1), $X_t = t$, 是确定的, 概率用 $\mathbb{P}^x$ 表示; 当 $x = 0$ 时, 粒子在此停留时间 T, 然后一致右移, 即 $X_t = (t-T)1_{\{T<t\}}$, 其中有随机性, 概率用 $\mathbb{P}$ 表示.

1. 过程具有马氏性: 设 $0 \leqslant s_1 < \cdots < s_n = s < t$, 那么当 X_s 位置确定时, X_t 与 X_{s_i}, $1 \leqslant i < n$ 独立. 事实上, 当 $X_s = 0$ 时, $X_{s_1} = \cdots = X_{s_{n-1}} = 0$; 当 $X_s > 0$ 时, $X_t = X_s + (t-s)$, 只依赖于 X_s.

2. 过程具有时齐性: 对 $t > s \geqslant 0$, 取可测函数 f, 计算 $\mathbb{E}(f(X_t)|X_s)$. 当 $X_s > 0$ 时, $X_t = X_s + (t-s)$; 当 $X_s = 0$ 时, 由 T 是指数分布推出

$$\begin{aligned}\mathbb{E}(f(X_t)|X_s=0) &= \mathbb{E}(f(X_t), X_t = 0|X_s = 0) + \mathbb{E}(f(X_t), X_t > 0|X_s = 0)\\ &= f(0)\mathbb{P}(T > t|T > s) + \mathbb{E}(f(t-T), t > T|s < T)\\ &= f(0)\mathrm{e}^{-(t-s)} + \mathbb{E}(f(t-s-T), t-s > T),\end{aligned}$$

只依赖于 $t-s$.

3. 转移函数: 用转移概率来表达, 对 E 上的可测函数 f, $t>0$, $x\in E$, 定义

$$P_tf(x):=\mathbb{E}^x[f(X_t)]=\begin{cases}f(x+t), & x>0,\\ f(0)\mathbb{P}(T>t)+\mathbb{E}[f(t-T),T<t], & x=0.\end{cases}$$

严格地说, 时齐马氏性是指

$$\mathbb{E}^x[f(X_t)|X_s,X_{s_{n-1}},\cdots,X_{s_1}]=P_{t-s}f(X_s).$$

马氏性已经在 1 中说明, 时齐等价于 $\mathbb{E}^x[f(X_t)|X_s]=P_{t-s}f(X_s)$, 而这正是 2 中的计算所证明的.

4. 指数分布的必要性: 假设 T 是正随机变量, 则 X 具有马氏性蕴含 T 是指数分布的. 因为 T 是离开 0 的时间, 是停时, 所以 $\{T>s\}\in\mathscr{F}_s$, 由马氏性得

$$\begin{aligned}\mathbb{P}(T>t+s)&=\mathbb{P}(T\circ\theta_s>t,T>s)\\&=\mathbb{E}\left[\mathbb{P}^{X_s}(T>t),T>s\right]=\mathbb{P}(T>t)\mathbb{P}(T>s),\end{aligned}$$

即遗忘性, 因此 T 是指数分布.

5. X 不是强马氏的. 事实上, 对 $t>0$, 如果强马氏性成立, 则

$$\mathbb{P}(X_{t+T}=0)=\mathbb{E}[\mathbb{P}^{X_T}(X_t=0)].$$

但是, 因为 $X_{t+T}=t$, 故左边是零; 因为 $X_T=0$, 所以右边等于 $\mathbb{P}(X_t=0)=\mathrm{e}^{-t}$, 矛盾. 故强马氏性不成立.

因此 X 是一个不具有强马氏性的连续简单马氏过程. 直观地, 直接看 $T+t$ 时刻, X 应该已经离开了 0, 位置在 t 处是确定的; 但是如果分两段看, 那么 X 在 T 时刻的位置还在 0 处, 在这个位置看重新计时的时刻 t 的位置却是不确定的了. ∎

在第二章中引入的 Poisson 过程和 Brown 运动都是 Borel 右过程, 设 B 是 d-维 Brown 运动, $A\in\mathscr{B}(\mathbf{R}^d)$, τ 是 A 的首中时, 那么

$$P_t^Af(x):=\mathbb{E}^x(f(B_t);t<\tau),\ x\in\mathbf{R}^d,\ t\geqslant 0$$

定义了另一个 $\mathbf{R}^d$ 上的转移半群, 但它不是 Borel 转移半群, 因为 $\{\tau<t\}\in\mathscr{F}_t$, 一般不在 $\mathscr{F}_t^0$ 中, 故 P_t^Af 仅是 $\mathscr{E}^*$ 可测的, 即使 f 是 $\mathscr{E}$ 可测的. 因此右半群或者右过程的引入是必要的.

4.3.4 广义生成算子

Feller 半群具有 Hille-Yosida 理论. 右过程有没有呢? 一般没有, 但有广义的生成算子理论. 不妨设 X 是 Borel 右过程. 用 $\mathscr{E}_b$ 表示 E 上的有界可测函数全体, $\|f\| := \sup_{x\in E}|f(x)|$, $f \in \mathscr{E}_b$. 那么 $\|P_t f\| \leqslant \|f\|$, 即 P_t 是 Banach 空间 $\mathscr{E}_b$ 上的压缩算子. 让我们形式 (非正式) 地定义算子

$$A := \lim_{t\to 0}\frac{P_t - I}{t} = \left.\frac{dP_t}{dt}\right|_{t=0},$$

则

$$\frac{dP_t}{dt} = \lim_{s\to 0}\frac{P_{t+s} - P_t}{s} = AP_t.$$

因此 $P_t = \mathrm{e}^{tA}$ 且

$$U^\alpha = \int_0^\infty \mathrm{e}^{-\alpha t}P_t dt = \int_0^\infty \mathrm{e}^{-(\alpha - A)t}dt = (\alpha - A)^{-1},$$

或者说 $A = \alpha - (U^\alpha)^{-1}$. 这个算子 A 称为 (P_t) 的生成算子或无穷小算子. 当半群是强连续时, 这个形式上定义的算子有一个精确的定义并唯一地决定半群, 即 Hille-Yosida 理论. 前面介绍的 Feller 半群在适当选取空间后是满足这些条件的. 右过程的半群一般不满足这些条件. 但我们仍然可以给 A 一个严格的定义.

定义 $\mathscr{R}_\alpha := U^\alpha\mathscr{E}_b$, $\mathscr{N}_\alpha := (U^\alpha)^{-1}(\{0\})$, 分别是值域与零集.

引理 4.3.16 $\mathscr{R}_\alpha$, $\mathscr{N}_\alpha$ **与** α **无关且** $\mathscr{R}_\alpha \cap \mathscr{N}_\alpha = \{0\}$.

证明. 对任何 $f \in \mathscr{E}_b$, 由预解方程定理 4.2.2, 推出 $\mathscr{R}_\alpha = \mathscr{R}_\beta$. 类似地, 由于 $U^\alpha f = (I - (\alpha - \beta)U^\alpha)U^\beta f$, 故 $U^\beta f = 0$ 蕴含 $U^\alpha f = 0$, 因此 $\mathscr{N}_\beta \subset \mathscr{N}_\alpha$. 同理推出相反的包含关系.

写 $\mathscr{R} = \mathscr{R}_\alpha$, $\mathscr{N} = \mathscr{N}_\alpha$. 如果 $f \in \mathscr{R} \cap \mathscr{N}$, 那么存在 $g \in \mathscr{E}_b$ 使得 $f = U^1 g$ 且对任何 β, $U^\beta f = 0$. 因为 $\mathrm{e}^{-s}P_s f(x) = \displaystyle\int_s^\infty \mathrm{e}^{-t}P_t g(x)dt$, 故 $\lim_{s\to 0}P_s f(x) = f(x)$. 而 $U^\beta f(x) = 0$ 蕴含 $s \mapsto P_s f(x)$ 几乎处处为零, 因此 $f(x) = 0$. □

若 g 非负且 $g \in \mathscr{N}$, 则说 g 是位势零的. 特别地, 当可测集 N 的示性函数 1_N 是位势零时, 我们说 N 是位势零集. Brown 运动的位势关于 Lebesgue 测度绝对连续, 所以任何零测集是位势零的. 因此 $\mathscr{N}$ 一般包含非零函数.

现在定义 $D(A) := \mathscr{R}$, 对任何 $f \in D(A)$, 定义

$$Af := \alpha f - g,$$

其中 $U^\alpha g = f$. 当然 g 不是唯一的, 但两个这样的 g 的差在 $\mathscr{N}$ 中, 因此 Af 在商空间 $\mathscr{E}_b/\mathscr{N}$ 上唯一决定. 现在需要证明右边与 α 无关. 即验证 $\alpha f - g - (\beta f - h) \in \mathscr{N}$, 其中 $U^\beta h = f$. 由预解方程

$$\begin{aligned}U^\alpha(\alpha f - g - \beta f + h) &= \alpha U^\alpha f - f - \beta U^\alpha f + U^\alpha h\\ &= (\alpha - \beta)U^\alpha f - f + (U^\beta - (\alpha - \beta)U^\alpha U^\beta)h = 0.\end{aligned}$$

实际上对于 $f \in D(A)$, 定义的 Af 是一个等价类 $\{\alpha f - g : U^\alpha g = f\}$.

定义 4.3.17 **如上定义的 $(A, D(A))$ 称为 X 的 (广义) 生成算子.**

设 g 有界可测, $\alpha > 0$, 由引理 4.2.5,

$$M_t = \mathrm{e}^{-\alpha t}U^\alpha g(X_t) + \int_0^t \mathrm{e}^{-\alpha s}g(X_s)ds$$

是一个有界鞅. 令 $f = U^\alpha g$, 则 $f \in D(A)$, $Af = \alpha f - g$, 再应用分部积分公式得

$$\begin{aligned}f(X_t) - f(X_0) &= \mathrm{e}^{\alpha t}\cdot \mathrm{e}^{-\alpha t}U^\alpha g(X_t) - U^\alpha g(X_0)\\ &= \int_0^t \mathrm{e}^{\alpha s}dM_s - \int_0^t g(X_s)ds + \int_0^t \mathrm{e}^{-\alpha s}U^\alpha g(X_s)d(\mathrm{e}^{\alpha s})\\ &= \int_0^t \mathrm{e}^{\alpha s}dM_s - \int_0^t g(X_s)ds + \int_0^t \alpha U^\alpha g(X_s)ds\\ &= \int_0^t \mathrm{e}^{\alpha s}dM_s + \int_0^t Af(X_s)ds,\end{aligned}$$

因此有下面的重要定理.

定理 4.3.18 **若 $f \in D(A)$, 则**

$$f(X_t) - f(X_0) - \int_0^t Af(X_s)ds$$

是一个鞅.

定理 4.3.19 **设 $X^i = (\Omega, \mathscr{F}^0, X_t, \mathbb{P}_i^x)$, $i = 1, 2$ 是两个马氏过程, 生成算子分别为 $A_i : i = 1, 2$. 如果 $A_1 = A_2$, 那么 $\mathbb{P}_1^x = \mathbb{P}_2^x$, $x \in E$.**

证明. $A_1 = A_2$ 等价于两个预解 U_1^α 与 U_2^α 的值域 $\mathscr{R}$ 与零集 $\mathscr{N}$ 分别相同. 现在需要验证对任何 $g \in \mathscr{E}_b$, $U_1^\alpha g = U_2^\alpha g$. 因为值域相同, 存在 $f \in \mathscr{E}_b$ 使得 $U_1^\alpha g = U_2^\alpha f$, 记为 u. 那么 $A_1 u = \alpha u - g$, $A_2 u = \alpha u - f$, 推出 $f - g \in \mathscr{N}$. 因此 $U_1^\alpha g = U_2^\alpha f = U_2^\alpha g$. □

习题

1. 证明: Radon 空间的普遍可测集仍然是 Radon 空间.

2. 证明: 对关于 $\mathscr{E}^*$ 生成的自然流 $\mathscr{F}_t^{0*}$ 的强化与对关于 $\mathscr{E}$ 生成的自然流 $\mathscr{F}_t^0$ 的强化是一致的.

3. 证明: 强化后的右极限 $\mathscr{F}_{t+}$ 等于右极限 $\mathscr{F}_{t+}^0$ 的强化. 提示: 用 $\widetilde{\mathscr{F}_t}$ 表示 $\mathscr{F}_{t+}^0$ 的强化. 对任何 $s>t$, $\mathscr{F}_s\supset\mathscr{F}_{t+}^0$, 因此 $\mathscr{F}_{t+}\supset\widetilde{\mathscr{F}_t}$. 反之, $\mathscr{F}_{t+}=\bigcap_n\mathscr{F}_{t_n}$, 其中 $t_n>t$, $t_n\downarrow t$. 对任何 $Y\in b\mathscr{F}_{t+}$, 有 $Y\in\mathscr{F}_{t_n}$, 任取 μ, 存在 $Y_{n,1},Y_{n,2}\in b\mathscr{F}_{t_n}^0$ 满足 $Y_{n,1}\leqslant Y\leqslant Y_{n,2}$ 且 $\mathbb{E}^\mu Y_{n,1}=\mathbb{E}^\mu Y_{n,2}$. 令 $Y_1:=\overline{\lim}\ Y_{n,1}$, $Y_2:=\underline{\lim}\ Y_{n,2}$. 那么 $Y_1,Y_2\in b\mathscr{F}_{t+}^0$, $Y_1\leqslant Y\leqslant Y_2$ 且 $\mathbb{E}^\mu(Y_2-Y_1)=0$. 因此 $Y\in\widetilde{\mathscr{F}_t}$.

4. 设 T 是 $(\mathscr{F}_t^0)$ 停时, 证明: $\mathscr{F}_T^0$ 的强化是 $\mathscr{F}_T=\{A\in\mathscr{F}:A\cap\{T\leqslant t\}\in\mathscr{F}_t$ 对所有 $t\}$.

5. 求例 4.3.1 中过程 $\{\mathbb{P}^x\}$ 的生成算子.

6. 证明: 对 $\alpha>0$,
$$\int_0^\infty\frac{1}{\sqrt{2\pi t}}\mathrm{e}^{-\alpha t-\frac{x^2}{2t}}dt=\frac{1}{\sqrt{2\alpha}}\mathrm{e}^{-\sqrt{2\alpha}|x|},\ x\in\mathbf{R}.$$

7. ($[0,1]$ 上反射 Brown 运动) 设 ψ 是 $\mathbf{R}$ 上周期为 2 的函数, 其中 $\psi(x):=1-|x-1|$, $x\in[0,2]$. 证明: $\psi(B.)$ 是 $[0,1]$ 上的马氏过程. 求其生成算子.

8. 为了避免一个等价类的麻烦, 我们通常在一个比有界可测函数更小的函数类上来考虑生成算子. 引入函数类
$$\mathscr{D}(E):=\{f\in\mathscr{E}_b:\ \text{对任何}\ x\in E,\ f(X_t)\longrightarrow f(X_0)\ \text{ess.}\ \mathbb{P}^x\},$$
其中 ess. $\mathbb{P}^x$ 指对任何 $t_n\downarrow 0$, $\lim_n f(X_{t_n})=f(X_0)$ a.s. $\mathbb{P}^x$. 证明:

   (a) $C_u(E)\subset\mathscr{D}(E)$;

   (b) $U^\alpha\mathscr{E}_b\subset\mathscr{D}(E)$, 因此 $U^\alpha\mathscr{D}(E)\subset\mathscr{D}(E)$;

   (c) 对任何 $f\in\mathscr{D}(E)$, 过程 $f(X.)$ 右连续;

   (d) $U^\alpha\mathscr{D}(E)$ 与 α 无关;

(e) 如果 $f \in \mathscr{D}(E)$, $U^\alpha f = 0$, 则 $f = 0$.

然后定义 $D(A) := U^\alpha \mathscr{D}(E)$, $Au = \alpha u - f$ 如果 $u = U^\alpha f$, $f \in \mathscr{D}(E)$. 那么算子 $(A, D(A))$ 也唯一地决定 $\{\mathbb{P}^x\}$.

9. 设 $T = T_{(-\infty,0]}$, 那么过程 $B_{t\wedge T}$ 称为 $\mathbf{R}^+$ 上具有吸收壁 0 的 Brown 运动, 而过程 $|B_\cdot|$ 也是右过程, 称为是 $\mathbf{R}^+$ 上具有反射壁 0 的 Brown 运动. 分别计算它们的转移函数.

10. 设 $\{\mathbb{P}^x : x \in E\}$ 是一个马氏过程. G 是 E 的开子集, T 是 G 的首离时. 定义 $Q_t(x, A) := \mathbb{P}^x(X_t \in A, t < T)$. 证明: (Q_t) 是 $(E, \mathscr{E}^*)$ 上的转移函数半群. (它所对应的马氏过程称为是 $\{\mathbb{P}^x\}$ 的子过程, 这个变换称为是 Killing 变换.)

4.4 过分函数与精细拓扑

4.4.1 过分函数

继续讨论右过程 X 的性质. 注意半群 (P_t) 可以自动地看成 $(E, \mathscr{E}^*)$ 上的半群. 对 $\alpha \geqslant 0$, 记 $P_t^\alpha := \mathrm{e}^{-\alpha t} P_t$ 也是一个转移半群.

定义 4.4.1 设 f 是一个取值 $[0, \infty]$ 的普遍可测函数.

1. 如果对任何 $t > 0$, $P_t^\alpha f \leqslant f$, 说 f 是 α-上平均的. 这时, $t \mapsto P_t^\alpha f$ 递减.

2. 函数 f 是 α-过分的, 如果它是 α-上平均的且
$$f = \uparrow \lim_{t \downarrow 0} P_t^\alpha f.$$

3. 用 $\mathbf{S}^\alpha(X)$ 或 $\mathbf{S}^\alpha$ 表示 α-过分函数全体, 当 $\alpha = 0$ 时, 就省略不写.

引理 4.4.2 设 f 是非负普遍可测函数且 $f(X_\cdot)$ 可积, 则 f 是 α-上平均的当且仅当对任何 $x \in E$, 过程 $\{\mathrm{e}^{-\alpha t} f(X_t)\}$ 是 $\mathbb{P}^x$-上鞅.

证明. 设 f 是 α-上平均的, 由马氏性,
$$\begin{aligned}
\mathbb{E}^x(\mathrm{e}^{-\alpha(t+s)} f(X_{t+s}) | \mathscr{F}_t) &= \mathrm{e}^{-\alpha(t+s)} \mathbb{E}^{X_t} f(X_s) \\
&= \mathrm{e}^{-\alpha(t+s)} P_s f(X_t) \leqslant \mathrm{e}^{-\alpha t} f(X_t).
\end{aligned}$$

因此按定义, 过程 $\{e^{-\alpha t}f(X_t),\mathscr{F}_t\}$ 是上鞅. 反过来, 由上鞅定义

$$P_t^\alpha f(x)=\mathbb{E}^x(\mathbb{E}^x(e^{-\alpha t}f(X_t)|\mathscr{F}_0))\leqslant \mathbb{E}^x f(X_0)=f(x),$$

故 f 是 α-上平均的. □

我们现列出 $\mathbf{S}^\alpha$ 的一些简单性质.

引理 4.4.3 **过分函数有下列性质:**

(1) $\mathbf{S}^\alpha$ **是一个锥 (即对正线性组合封闭);**

(2) $\mathbf{S}^\alpha$ **对递增函数列极限封闭;**

(3) **如果** $\alpha>r\geqslant 0$, **那么** $\mathbf{S}^\alpha\supset\mathbf{S}^r$ **且** $\mathbf{S}^r=\bigcap_{\alpha>r}\mathbf{S}^\alpha$.

(4) **如果** f **是非负** $\mathscr{E}^*$ **可测的, 那么** f **的** α-**位势** $U^\alpha f\in\mathbf{S}^\alpha$;

(5) $f\in\mathbf{S}^\alpha$ **当且仅当** $\beta\uparrow+\infty$ **时,** $\beta U^{\alpha+\beta}f$ **递增收敛于** f;

(6) **设** $\alpha>0$, $f\in\mathbf{S}^\alpha$, **则存在** $g_n\in b\mathscr{E}_+^*$ **使得** $U^\alpha g_n\uparrow f$.

证明. (1), (2) 及 (3) 的前半部分由定义是显然的. 下面验证 (3) 的第二部分. 包含关系 $\subset$ 是显然的, 我们来验证反包含. 设 $f\in\bigcap_{\alpha>r}\mathbf{S}^\alpha$, 则映射 $\alpha\mapsto P_t^\alpha f(x)$ 与 $t\mapsto P_t^\alpha f(x)$ 是递减的, $P_t^r f=\lim\limits_{\alpha\downarrow r}P_t^\alpha f\leqslant f$ 且

$$\uparrow\lim_{t\to 0}P_t^r f=\uparrow\lim_{t\to 0}\uparrow\lim_{\alpha\downarrow r}P_t^\alpha f=\uparrow\lim_{\alpha\downarrow r}\uparrow\lim_{t\to 0}P_t^\alpha f=f.$$

因此 $f\in\mathbf{S}^r$.

(4) 当 $t\downarrow 0$ 时, 由半群性质,

$$e^{-\alpha t}P_tU^\alpha f(x)=\int_t^\infty e^{-\alpha s}P_sf(x)ds\uparrow U^\alpha f(x).$$

因此 $U^\alpha f\in\mathbf{S}^\alpha$.

对于 (5), 验证充分性. 先设 f 有界, 则当 $\beta>0$ 时, $U^{\beta+\alpha}f$ 有界. 由预解方程 $U^{\beta+\alpha}f=U^\alpha(f-\beta U^{\beta+\alpha}f)\in\mathbf{S}^\alpha$. 一般地, 由单调收敛定理, $U^{\beta+\alpha}(n\wedge f)\uparrow U^{\beta+\alpha}f$, 故 $U^{\beta+\alpha}f\in\mathbf{S}^\alpha$. 因此 f 是 $\mathbf{S}^\alpha$ 中递增函数列 $nU^{n+\alpha}f$ 的极限, 由上面性质 (2), $f\in\mathbf{S}^\alpha$. 反之, 如果 $f\in\mathbf{S}^\alpha$, 那么对任何 $\beta>0$,

$$\beta U^{\beta+\alpha}f=\int_0^\infty e^{-t}P^\alpha_{\frac{t}{\beta}}fdt.$$

因此 $\beta \mapsto \beta U^{\alpha+\beta} f$ 递增且由单调收敛定理, $\lim_{\beta\to\infty} \beta U^{\alpha+\beta} f = f$.

最后证明 (6), 由 (5) 得 $nU^{n+\alpha} f \uparrow f$, 令

$$g_{n,k} := n(f \wedge k - nU^{n+\alpha}(f \wedge k)),$$

则 $g_{n,k} \in b\mathscr{E}^*_+$ 且 $U^\alpha g_{n,k} = nU^{n+\alpha}(f \wedge k)$ 关于 n, k 都递增, 且先让 k 趋于无穷再让 n 趋于无穷时收敛于 f. 令 $g_n := g_{n,n}$, 则 $U^\alpha g_n \uparrow f$. □

引理 4.4.3 的 (6) 说明当 $\alpha > 0$ 时, α-过分函数是 α-位势函数的递增极限. 此结论当 $\alpha = 0$ 时一般是不成立的. 下面我们证明由 HD2 可以推出更一般的右连续性. 注意在下文中, 我们总用 $f(X)$ 表示过程 $(f(X_t) : t \geqslant 0)$.

定理 4.4.4 **对任何 $\alpha > 0$, $f \in \mathbf{S}^\alpha$, 过程 $f(X)$ 是右连续且存在左极限的.**

关于它的证明, 当 X 是 Borel 右过程时, 可参考经典专著 [5] 上的经典证明, 但对于右过程, 需要如上那样应用截面定理, 这里我们参考的是 [18]. 为此需要准备两个引理.

引理 4.4.5 **如果 $X = (X_t)$ 是一个递增的右连续上鞅列 $X^{(n)} = (X^{(n)}_t)$ 的极限, 则 X 也是右连续的.**

证明. 由条件, 我们不妨设对如何 ω, 对任何 n 有 $t \mapsto X^{(n)}_t(\omega)$ 右连续, 且对任何 t, $X^{(n)}_t(\omega) \uparrow X_t(\omega)$. 再假设 $X^{(n)}_t(\omega)$ 关于所有变量有界. 取停时列 $S_k \downarrow S$, 那么 $\mathbb{E}[X^{(n)}_{S_k}]$ 关于 n, k 都是递增的, 所以

$$\begin{aligned}\lim_k \mathbb{E}[X_{S_k}] &= \lim_k \lim_n \mathbb{E}[X^{(n)}_{S_k}] \\ &= \lim_n \lim_k \mathbb{E}[X^{(n)}_{S_k}] \\ &= \lim_n \mathbb{E}[X^{(n)}_S] = \mathbb{E}[X_S].\end{aligned}$$

然后, 由截面定理 3.7.4 推出 X 右连续, 再由于它是上鞅, 故有左极限.

对于一般情况, 取 $a > 0$, $q(x) = x(1+x)^{-1}$, 是个有界凹函数, 令

$$Y^{(n)}_t = X^{(n)}_t - \mathbb{E}[X^{(n)}_a | \mathscr{F}_t],$$

它是个非负右连续上鞅. 然后我们可以应用上面的论证于 $q(Y^{(n)})$, 它是有界右连续递增上鞅列. 它的极限右连续, 推出 $t \mapsto X_t$ 在 $[0, a]$ 上右连续. 最后让 a 趋于无穷得到所需结论. □

下面的引理类似单调类方法.

引理 4.4.6 **设 H 是 E 上一个包括常数的由有界函数组成的线性空间, 且对一致收敛极限以及非负递增且一致有界列的极限封闭. 如果 $H \supset C_u(E)$, 则 H 包含所有有界可测函数.**

这两个引理说明 HD2 蕴含对任何有界可测函数 g, 过程 $U^\alpha g(X)$ 右连续.

证明. (定理 4.4.4 的证明) 存在 $g_n \geqslant 0$, 使得 $U^\alpha g_n \uparrow f$. 因 $\{e^{-\alpha t} U^\alpha g_n(X_t)\}$ 是右连续上鞅, 故 $U^\alpha g_n(X)$ 是右连续且存在左极限的. 而 $e^{-\alpha t} U^\alpha g_n(X_t) \uparrow e^{-\alpha t} f(X_t)$. 由上述引理得 $\{e^{-\alpha t} f(X_t)\}$ 是一个非负右连续上鞅, 因此也有左极限存在. □

4.4.2 精细拓扑

首先我们考虑 E 的一个子集的进入时是否是停时的问题. 众所周知, 在右过程假设下, 因为强化的流 $(\mathscr{F}_t^\mu)$ 和 $(\mathscr{F}_t)$ 满足通常条件且 (X_t) 是右连续的, 所以任何 Borel 集的进入时是 $(\mathscr{F}_t^\mu)$ 停时, 也是 $(\mathscr{F}_t)$ 停时. 注意, 也是因为通常条件, 进入时是停时可推出首中时也是停时, 因此我们只需关心进入时就够了.

位势理论多涉及过分函数, 我们需要考虑由过分函数类生成的 σ-代数中的集合的进入时. 用 $\mathscr{E}^e$ 表示由 $\mathbf{S}^1$ 生成的 σ-代数, 其中集合不一定是 Borel 集, 问题是其进入时是否是停时? 按照历史轨迹, 我们介绍两个概念, 在 Borel 右过程的框架下, 考虑近乎 Borel 集, 在右过程的框架下, 考虑近乎可选集. 再次提醒, 对于函数 f, $f(X)$ 表示过程 $(f(X_t) : t \geqslant 0)$.

定义 4.4.7 **E 上的非负函数 f 称为是近乎 Borel 可测的, 如果对 E 上任何概率 μ, 存在 Borel 可测函数 f_1, f_2 使得 $f_1 \leqslant f \leqslant f_2$ 且过程 $f_1(X)$ 与 $f_2(X)$ 是 $\mathbb{P}^\mu$-不可区分的. 即 X 不能将其与一个 Borel 可测函数区分开.**

我们用 $\mathscr{E}^n$ 表示 E 的近乎 Borel 可测子集全体, 则 $\mathscr{E}^n$ 是 σ-代数且 $\mathscr{E} \subset \mathscr{E}^n \subset \mathscr{E}^*$. 由定义容易验证近乎 Borel 集的进入时也是停时.

定理 4.4.8 **设 $\alpha > 0$. 如果 X 是 Borel 右过程, 则任何 α-过分函数是近乎 Borel 可测的.**

证明. 不妨设 $f = U^\alpha h$, $h \in b\mathscr{E}_+^*$. 对 E 上的概率测度 μ, 存在 $h_1, h_2 \in b\mathscr{E}_+$ 使得 $h_1 \leqslant h \leqslant h_2$ 且 $\mu U^\alpha(\{h_1 \neq h_2\}) = 0$. 那么 $U^\alpha h_1 \leqslant f \leqslant U^\alpha h_2$ 且对任何 $t \geqslant 0$,

$$\mathbb{E}^\mu(U^\alpha(h_2 - h_1)(X_t)) = e^{\alpha t} \mu P_t^\alpha U^\alpha(h_2 - h_1) \leqslant e^{\alpha t} \mu U^\alpha(h_2 - h_1) = 0.$$

因此对任何 $t \geqslant 0$, $U^\alpha h_2(X_t) = U^\alpha h_1(X_t)$, $\mathbb{P}^\mu$-a.s.. 由右连续性推出两个过程是 $\mathbb{P}^\mu$-不可区分的. 因此 $f \in \mathscr{E}^n$. □

该定理说明如果 X 是 Borel 右过程, 那么 $\mathscr{E} \subset \mathscr{E}^e \subset \mathscr{E}^n \subset \mathscr{E}^*$. 当 $B \in \mathscr{E}^n$ 时, 容易验证进入时 D_B 是停时. 对于一般右过程, 上述定理不一定成立, 我们需引入可选与近乎可选的概念. 回忆 §3.7 中可选过程的定义.

定义 4.4.9 **一个 $\mathscr{E}^*$ 可测函数 f 称为是可选的, 如果 $f(X)$ 是不可区分于 (对任何 $\mathbb{P}^\mu$) 一个 $(\mathscr{F}_t)$-可选过程; 称为是近乎可选的, 如果对任何 E 上概率 μ, $f(X)$ 是 $\mathbb{P}^\mu$-不可区分于一个 $(\mathscr{F}_t^\mu)$-可选过程. 子集 $B \in \mathscr{E}^*$ 称为可选或近乎可选, 如果其指标 1_B 是可选或近乎可选.**

显然, 连续函数与 α-过分函数是可选的, 可选集是近乎可选的, 近乎 Borel 集是近乎可选集. 可选集和近乎可选集全体是 σ-代数, 分别用 $\mathscr{E}^o$ 和 $\mathscr{E}^{no}$ 表示.

引理 4.4.10 **设 X 是右过程, 则**

(1) P_t **是** $(E, \mathscr{E}^e)$ **上的核;**

(2) $\mathscr{E}^e \subset \mathscr{E}^o$;

(3) $\mathscr{E} \subset \mathscr{E}^e$.

证明. (1) 成立是因为 $P_t\mathbf{S}^\alpha \subset \mathbf{S}^\alpha$. (2) 若 $f \in \mathbf{S}^\alpha$, 则由定理 4.4.4, 过程 $f(X)$ 是右连左极的, 故是可选的. 然后由单调类定理推出 (2) 成立. (3) 对任何 $f \in C_u(E)$, 由 X 的右连续性, 当 $\alpha \to \infty$ 时, $\alpha U^\alpha f$ 点点收敛于 f, 因此 $f \in \mathscr{E}^e$, 故 $\mathscr{E} \subset \mathscr{E}^e$. □

从定义字面看, 可选和近乎可选显然是不同的, 但它们到底差多少? 并不容易搞清楚. 从上述性质看出 $\mathscr{E}^e$ 中的集合是可选的, 所以实际上读者只需理解可选集合就可以了. 下面的定理足够一般了.

定理 4.4.11 **近乎可选集 A 的进入时 D_A 是停时.**

证明. 由定义知, 对 E 上的任何概率 μ, $1_A(X)$ 不可区分于一个 $(\mathscr{F}_t^\mu)$-可选的, 因此是 $(\mathscr{F}_t^\mu)$-循序可测的. 而 X 对于 A 的进入时就是 $1_A(X)$ 对于 Borel 集 $\{1\}$ 的进入时. 故由定理 3.2.13, D_A 是 $(\mathscr{F}_t^\mu)$-停时, 因为 μ 是任意的, 故它们是 $(\mathscr{F}_t)$ 停时. □

定义 4.4.12　一个随机时间 T 称为原始的终止时，如果对任何 $t \geqslant 0$, $T > t$ 蕴含 $T = t + T\circ\theta_t$; 如果它还是停时，那么称为终止时. 如果 T 是原始的终止时，则 $t \mapsto t + T\circ\theta_t$ 是递增的，它称为是恰好的，如果 $T = \lim\limits_{t\downarrow 0}(t + T\circ\theta_t)$.

原始的终止时不一定是停时, 例如一个集合的末离时是一个原始的终止时, 轨道的最大值到达时也是原始的终止时, 它们都不是停时. 终止时的概念在此处似乎出现得突兀, 但在后面讲乘泛函时会自然出现. 如果 T 是终止时, 则 $t + T\circ\theta_t \geqslant T \vee t$. 一个集合 $B \in \mathscr{E}^e$ 的首中时与进入时都是终止时, 首中时是恰好的, 但进入时一般不是恰好的.

定义 4.4.13　对 $x \in E$, $A \in \mathscr{E}^*$, 定义核

$$P_T^\alpha(x, A) := \mathbb{E}^x\left[\mathrm{e}^{-\alpha T}, X_T \in A, T < \infty\right].$$

如果 T 是近乎可选集 B 的首中时，那么写 P_T^α 为 P_B^α, 称为扫除算子. 另外定义

$$\Phi_B^\alpha(x) := P_B^\alpha 1(x) = \mathbb{E}^x\left[\mathrm{e}^{-\alpha T_B}\right],\ x \in E.$$

当 $\alpha = 0$ 时，退化为 $\Phi_B(x) = \Phi_B^0(x) = \mathbb{P}^x(T_B < \infty)$.

粗略地说, 如果 B 是闭集, 则当作用在函数 f 上时, $P_B^\alpha f$ 不改变 f 在 B 上的值但在 B^c 上变成为 α 调和. 扫除算子是位势理论中的重要概念. 它的引入要归功于 Poincaré. 下面的定理说明不一定恰好的进入时与恰好的首中时之间的不同.

定理 4.4.14　(1) 如果 T 是终止时, $\alpha \geqslant 0$, $f \in \mathbf{S}^\alpha$, 则 $P_T^\alpha f$ 是 α-上平均的. 进一步, 如果 T 是恰好的, 则 $P_T^\alpha f \in \mathbf{S}^\alpha$. (2) 如果 T 是停时, $\alpha \geqslant 0$, $f \in \mathbf{S}^\alpha$, 那么 $P_T^\alpha f \leqslant f$.

证明. (1) 先考虑位势, 由 Dynkin 公式,

$$P_t^\alpha P_T^\alpha U^\alpha f(x) = \mathbb{E}^x \int_{t+T\circ\theta_t}^\infty \mathrm{e}^{-\alpha s} f(X_s)ds \leqslant P_T^\alpha U^\alpha f(x).$$

显然如果 T 是恰好的, 则 $P_T^\alpha U^\alpha f \in \mathbf{S}^\alpha$. 当 $\alpha > 0$ 时, 对 $f \in \mathbf{S}^\alpha$, 存在 f_n 使得 $U^\alpha f_n \uparrow f$. 由单调收敛定理推出 $P_T^\alpha f \in \mathbf{S}^\alpha$. 最后对 $f \in \mathbf{S}$, 当 $r > \alpha > 0$ 时, $P_T^\alpha f \in \mathbf{S}^r$. 让 $\alpha \downarrow 0$, 则 $P_T^\alpha f \uparrow P_T f$, 因此 $P_T f \in \mathbf{S}^r$, 而 r 任意, 故 $P_T f \in \mathbf{S}$.

(2) 先设 $\alpha > 0$. 也先取位势 $f = U^\alpha g$, $g \in \mathscr{E}_+^*$. 由 Dynkin 公式,

$$P_T^\alpha U^\alpha g(x) = \mathbb{E}^x \int_T^\infty \mathrm{e}^{-\alpha t} g(X_t)dt \leqslant U^\alpha g(x).$$

类似地由单调收敛定理推出对 $f \in \mathbf{S}^\alpha$ 有 $P_T^\alpha f \leqslant f$. 若 $\alpha = 0$, 则对任何 $r > 0$, $P_T^r f \leqslant f$. 因此 $P_T f \leqslant f$. □

注释 4.4.1 Hunt 的一个经典定理大概说明了扫除是什么意思. 设 $f \in \mathbf{S}^\alpha$, $B \in \mathscr{E}^e$. 令 $\mathscr{U}_{f,B} := \{u \in \mathbf{S}^\alpha : u1_B \geqslant f1_B\}$, 且 $f_B := \inf\{u : u \in \mathscr{U}_{f,B}\}$, 则 $P_B^\alpha f \leqslant f_B$ 且当 $\alpha > 0$ 时, 两者在 E 上除去 $B \setminus B^r$ 的点外处处相等 (B^r 是正则点集, 见定义 4.4.18). 参考 [5] 的 III(6.12). 也就是说, $P_B f$ 是集合 $\mathscr{U}_{f,B}$ 中的最小元.

例 4.4.1 设 $X = (X_t)$ 是 $\mathbf{R}^d$ 上的 Brown 运动, $A = \{x \in \mathbf{R}^d : |x| > 1\}$. 显然若 $|x| \geqslant 1$, 则 x 是 A 的正则点, 故 $P_A(x, \cdot) = \delta_x$; 若 $|x| < 1$, 则 $\mathbb{P}^x(X_{T_A} \in \partial A) = 1$, 即 X_{T_A} 位于单位球面上且 P_A 关于球面上的面积测度是绝对连续的, 它的密度函数是经典的 Poisson 核, 即

$$P_A f(x) = \int_{\{y:|y|=1\}} \frac{1-|x|^2}{|x-y|^2} f(y)\sigma(dy),$$

其中 σ 是单位球面上的均匀分布. 显然 $P_A f(x)$ 在圆周上等于 f 且在圆内调和. ∎

下面我们将引入 E 上的精细拓扑, 并证明它是使得 $\mathbf{S}^\alpha$ 中的函数成为连续函数的最小拓扑.

定义 4.4.15 **集合 $A \subset E$ 称为精细开集, 如果对任何 $x \in A$, 存在子集 $B \in \mathscr{E}^e$ 使得 $x \in B \subset A$ 且 $\mathbb{P}^x(T_{B^c} > 0) = 1$.**

也就是说, A 是精细开集当且仅当从 A 中点出发的任何轨道都会在 A 中滞留一段时间. 由右连续性, 任何开集是精细开集. 用 $\mathscr{O}$ 表示 E 上的精细开集全体, 那么容易验证 $\mathscr{O}$ 是 E 上的拓扑, 称为 E 上的精细拓扑, 它比 E 上原来的拓扑更细. 一个函数称为精细连续, 如果它在精细拓扑下连续. 实际上, 参考 [18] 的 (12.15) 以及之后的 remark, 对任何 E 上的概率 μ, 存在递增紧子集 $K_n \subset B$ 使得 $\mathbb{P}^\mu$-a.s. $T_{K_n} \uparrow T_B$. 所以定义中的 B 可以要求是紧的.

例 4.4.2 设 X 是 $\mathbf{R}$ 上的向右一致平移, 那么左闭右开区间 $[a, b)$ 是精细开集. 另外对任何 $x \in \mathbf{R}$, 如果 A 是包含 x 的一个精细开集, 那么存在 $\delta > 0$ 使得 $[x, x+\delta) \subset A$, 也就是说, x 有一个含于 A 中的左闭右开的邻域. 因此左闭右开区间全体是精细拓扑的一个基, 故一个函数精细连续当且仅当它是右连续的. ∎

定理 4.4.16 **设 $\alpha > 0$, 则 E 上的精细拓扑是使得 $\mathbf{S}^\alpha$ 中函数成为连续函数的最小拓扑.**

证明. 首先证明 α-过分函数 f 是精细拓扑下连续的. 实际上只要 $f(X_t)$ 在 $t = 0$ 处右连续, 那么对开区间 I, 令 $B := f^{-1}(I)$, 则 $B \in \mathscr{E}^e$ 且 $B^c = f^{-1}(I^c)$. 对任何 $x \in B$, $f(x) \in I$. 若 $T_{B^c} = 0$, 则存在趋于零的正数列 (t_n) 使得 $X_{t_n} \in B^c$,

即 $f(X_{t_n}) \in I^c$, 由右连续性以及 I^c 闭推出 $f(X_0) \in I^c$, 因此 $\mathbb{P}^x(T_{B^c} = 0) \leqslant \mathbb{P}^x(f(X_0) \in I^c) = 0$. 因此 $B \in \mathscr{O}$. 故 f 精细连续.

设 $\mathscr{K}$ 是 E 的紧子集全体, 令

$$\mathscr{B} := \{\{\Phi^\alpha_{K^c} < 1\} : K \in \mathscr{K}\}.$$

因为 $\Phi^\alpha_{K^c} \in \mathbf{S}^\alpha$ 是精细连续的, 所以 $\mathscr{B} \subset \mathscr{O}$. 只要我们能验证 $\mathscr{B}$ 是 $\mathscr{O}$ 的一个拓扑基就完成了定理的证明. 事实上, 设 A 是点 x 的一个精细邻域, 存在紧集 $K \in \mathscr{K}$ 使得 $x \in K \subset A$ 且 $\mathbb{P}^x(T_{K^c} > 0) = 1$. 令 $B := \{\Phi^\alpha_{K^c} < 1\}$, 则 $B \in \mathscr{B}$ 且因为 K^c 是开集, 故 $K^c \subset B^c$. 即 $K \supset B$. 另外因 $x \in B$, 故 B 也是 x 的精细邻域且 $B \subset A$. □

定理 4.4.17 **设 f 是 E 上的近乎可选函数, 则 f 是精细连续的当且仅当 $f(X)$ 是右连续的.**

证明. 实际上, 由 $t \mapsto f(X_t)$ 在 $t = 0$ 处的右连续性即可推出 f 是精细连续的. 反过来, 设 f 是精细连续的. 我们只要证明 $f(X)$ 的几乎所有轨道右下半连续就够了, 因为同样方法可以证明它的几乎所有轨道是右上半连续的. 用 N 表示 $f(X)$ 的不是右下半连续的轨道全体, 如果 $\omega \in N$ 且 $t \mapsto f \circ X_t(\omega)$ 在某点 $t_0 \geqslant 0$ 处不是右下半连续的, 即

$$\varliminf_{t \downarrow t_0} f(X_t(\omega)) < f(X_{t_0}(\omega)),$$

那么存在 $r \in \mathbf{Q}$ 与 $t_n \downarrow\downarrow t_0$ 使得 $X_{t_n}(\omega) \in \{f < r\}$, $X_{t_0}(\omega) \in \{f > r\}$, 其中 $\{f < r\}$ 与 $\{f > r\}$ 都是精细开集. 令 $B_r := \{f < r\}$, 则 $\Phi^1_{B_r} \in S^1$, 但是 $\Phi^1_{B_r}(X_{t_n}(\omega)) = 1$ 且 $\Phi^1_{B_r}(X_{t_0}(\omega)) < 1$, 这与 $\Phi^1_{B_r}(X)$ 的右连续性矛盾. 确切地说 $N \subset \bigcup_{r \in \mathbf{Q}} N_r$, 其中 $N_r = \{\Phi^1_{B_r}(X)$ 不右连续$\}$, 因此 $\mathbb{P}^x(N) \leqslant \sum_r \mathbb{P}^x(N_r) = 0$. 故过程 $f(X)$ 是右下半连续的. □

定义 4.4.18 **设 A 是近乎可选集, $x \in E$. 称 x 关于 A 是正则的 (或 A 的正则点), 如果 $\mathbb{P}^x(T_A = 0) = 1$. 用 A^r 表示 A 的正则点全体. 记 $\widetilde{A} := A \cup A^r$.**

因为 $\{T_A = 0\} \in \mathscr{F}_0$, 由 Blumenthal 0-1 律, $\mathbb{P}^x(T_A = 0) = 1$ 或者 0. 直观地, $x \in A^r$ 意味着从 x 出发的轨道将立刻遇到 A. 要注意的是 x 可以同时是 A 及其补集 A^c 的正则点. 如果 A 是闭集, 则由轨道右连续性, 从开集 A^c 内出发的过程必将在 A^c 中滞留若干时间, 因此 A^c 中的点不可能是 A 的正则点, 即 $A^r \subset A$. 另外, $A^r = \{\Phi^1_A = 1\} \in \mathscr{E}^e$.

引理 4.4.19 **设** $A \in \mathscr{E}^e$, **则** $\widetilde{A} = A \cup A^r$ **是** A **在精细拓扑下的闭包.**

证明. 先证任何包含 A 的精细闭集 B 都包含 $\widetilde{A}$. 事实上, 如果 $x \notin B$, 则 $x \notin A$ 且 $\mathbb{P}^x(T_B > 0) = 1$, 推出 $\mathbb{P}^x(T_A > 0) = 1$, 因此 $x \notin A^r$, 即 $x \notin \widetilde{A}$.

下证 $\widetilde{A}$ 是精细闭的. 因为 $\widetilde{A} \in \mathscr{E}^e$, 即证对 $x \notin \widetilde{A}$, 有 $\mathbb{P}^x(T_{\widetilde{A}} > 0) = 1$. 再因为 $T_{\widetilde{A}} = T_A \wedge T_{A^c}$, 只需证 $\mathbb{P}^x(T_{A^r} > 0) = 1$, 等价地 $\mathbb{P}^x(T_{A^r} = 0) = 0$. 由 $x \notin A^r$ 推出 $\Phi_A^1(x) < 1$. 如果 $T_{A^r} = 0$, 则存在严格正趋于零的序列 (t_n) 使得 $X_{t_n} \in A^r$, 即有 $\Phi_A^1(X_{t_n}) = 1$. 由右连续性推出 $\Phi_A^1(X_0) = 1$. 因此

$$\mathbb{P}^x(T_{A^r} = 0) \leqslant \mathbb{P}^x(\Phi_A^1(X_0) = 1) = 0.$$

完成证明. □

定理 4.4.20 **设** A **是近乎可选的, 则在** $\{T_A < \infty\}$ **上,** $X_{T_A} \in \widetilde{A}$ a.s..

证明. 由 T_A 的定义不难看出, 当 $T_A < \infty$ 时, $\{X_{T_A} \notin A\} \subset \{T_A \circ \theta_{T_A} = 0\}$, 因此由强马氏性得

$$\begin{aligned}
\mathbb{P}^x(X_{T_A} \notin \widetilde{A}, T_A < \infty) &= \mathbb{P}^x(X_{T_A} \notin A, X_{T_A} \notin A^r, T_A < \infty) \\
&\leqslant \mathbb{P}^x(X_{T_A} \notin A^r, T_A < \infty, T_A \circ \theta_{T_A} = 0) \\
&= \mathbb{E}^x\left[\mathbb{P}^{X(T_A)}(T_A = 0), X_{T_A} \notin A^r, T_A < \infty\right] = 0.
\end{aligned}$$

完成证明. □

定理 4.4.20 蕴含测度 $P_B^\alpha(x, \cdot)$ 支撑在 B 的精细闭包 $\widetilde{B}$ 上, 且当 $x \in B^r$ 时, 它是 x 点的 Dirac 测度.

4.4.3 极集, 半极集与位势零集

状态空间上以过程 X 的角度看有几种小集合的概念.

定义 4.4.21 **给定右过程** X.

(1) **集合** $A \in \mathscr{E}^*$ **称为位势零集, 如果** $U1_A = U(\cdot, A) \equiv 0$.

(2) **集合** $A \subset E$ **称为极集, 如果存在近乎可选集** B **使得** $A \subset B$ **且对任何** $x \in E$, $\mathbb{P}^x(T_B < \infty) = 0$.

(3) **集合** $A \subset E$ **是瘦的, 如果存在近乎可选集** B **使得** $A \subset B$ **且** $B^r = \varnothing$.

(4) **集合** $A \subset E$ **称为半极集, 如果它包含于一瘦集列的并.**

因为

$$U(x, A) = \mathbb{E}^x \int_0^\infty 1_A(X_t)dt,$$

故直观地, 位势零集是过程滞留在其中的平均时间为零的集合. 位势零集不能包含精细内点, 且 $U1_A = 0$ 等价于对某个 (因此对所有) $\alpha \geqslant 0$, $U^\alpha 1_A = 0$. 极集是过程从任何点出发都不能到达的集合, 且可选集 A 是极集当且仅当对某个 (因此对所有) $\alpha \geqslant 0$, $\Phi_A^\alpha = 0$. 瘦集是过程从任何点出发都不会立刻到达的集合, 且 A 是瘦集当且仅当对某个 (因此对所有) $\alpha > 0$, $\Phi_A^\alpha < 1$. 显然极集是瘦的, 而瘦集是半极集.

例 4.4.3 设 X 是 $\mathbf{R}$ 上的向右一致平移, 那么仅有的极集是空集. 单点集是瘦集, 任何可数集是半极集, 任何 Lebesgue 零测集是位势零集. ∎

定理 4.4.22 **设** A **是半极集, 则对几乎所有** $\omega \in \Omega$, **有** $\{t \geqslant 0 : X_t(\omega) \in A\}$ **是至多可数的. 因此半极集是位势零集.**

证明. 不妨设 A 是瘦的且是 Borel 集. 令 $B := A \cap \{\Phi_A^1 \leqslant a\}$, $a < 1$. 因为 A 是形如 B 的集合的可列并, 因此只需证明几乎肯定至多仅有可列次 $X_t \in B$ 就够了. 令 $T_1 := T_B$, $T_{n+1} := T_n + T_1 \circ \theta_{T_n}$. T_n 是第 n 次到达 B 的时间. 因为 B^r 空, 故由定理 4.4.20, 当 $T_n < \infty$ 时, $X_{T_n} \in B$. 用强马氏性,

$$\mathbb{E}^x \left[\mathrm{e}^{-T_{n+1}}\right] = \mathbb{E}^x \left[\mathrm{e}^{-T_n} \mathbb{E}^{X(T_n)}(\mathrm{e}^{-T_1})\right] \leqslant a\mathbb{E}^x \left[\mathrm{e}^{-T_n}\right].$$

那么 $\mathbb{E}^x[\mathrm{e}^{-T_n}] \downarrow 0$. 由有界收敛定理 $\mathbb{P}^x(T_n \uparrow \infty) = 1$. 由此推出定理结论. □

定理 4.4.23 **设** A **是近乎可选的, 则** $A \setminus A^r$ **是半极集.**

证明. 令 $A_n := A \cap \{\Phi_A^1 \leqslant 1 - \frac{1}{n}\}$. 那么 $A \setminus A^r = \bigcup_n A_n$ 且 A_n 是瘦的. 事实上, 如果 $\Phi_A^1(x) < 1$, 那么 x 不是 A 的也不是 A_n 的正则点. 如果 $\Phi_A^1(x) = 1$, 因为 Φ_A^1 是精细连续的, 故 x 所在的集合 $\{\Phi_A^1 > 1 - \frac{1}{n}\}$ 是精细开集. 而它与 A_n 不相交, 推出 x 不能是 A_n 的正则点. 因此 A_n 没有正则点, 是瘦集. □

定理 4.4.24 **设** $f, g \in \mathbf{S}^\alpha$. **如果** $f \geqslant g$ **在一个位势零集外成立, 那么它处处成立.**

证明. 由条件推出对任何 n, $nU^{n+\alpha}f \geqslant nU^{n+\alpha}g$ 恒成立, 令 n 趋于无穷得 $f \geqslant g$ 恒成立. □

4.4.4 常返与暂留

在本章的第一节, 我们讨论过 Brown 运动的常返与暂留性, 这里我们再来讨论右过程的常返暂留性. 读者可以体会两个方法之间的异同, 在那里, 基本上是分析方法, 利用热核的性质, 而这里, 主要应用概率位势方法, 如过分函数, 精细拓扑, 首中分布等, 更直观. 首先介绍几个概念和引理.

常返性有多个等价条件, 这里我们采用位势来定义常返.

定义 4.4.25 **一个右过程称为常返, 如果对于任何普遍可测函数** $f \geqslant 0$, Uf **恒等于零或者** ∞.

注意, 这个定义蕴含过程是不可分的, 关于不可分性我们会在下一节讨论. 显然, 在常返情况下, 对于非空精细开集 G, $U1_G$ 恒等于 ∞. 下面准备一个引理, 为此引入不变函数与纯过分函数.

定义 4.4.26 **一个过分函数** f **称为不变的, 如果对任何** $t>0$ **有** $P_tf=f$; **称为纯过分, 如果** $\lim\limits_{t\uparrow+\infty} P_tf=0$.

若 $f\in \mathbf{S}$, 则 $h=\lim\limits_{t\to\infty} P_tf$ 存在且是不变的. 再若 $h<\infty$, 则 $g=f-h$ 是纯过分的. 因此, 一个处处有限的过分函数 f 总可以唯一分解为不变过分与纯过分函数的和 $f=h+g$. 下面引理有独立存在的价值, 在后面的定理证明中有用.

引理 4.4.27 **对于一个纯过分函数** f, **存在** $g_n\geqslant 0$ **使得** $Ug_n\uparrow f$.

证明. 令 $g_n:=n(f-P_{1/n}f)$, 那么

$$
\begin{aligned}
Ug_n &= \lim_{T\uparrow+\infty} n\int_0^T (P_tf-P_{t+1/n}f)dt \\
&= \lim_{T\uparrow+\infty} n\left(\int_0^{1/n} P_tfdt-\int_T^{T+1/n} P_tfdt\right) = n\int_0^{1/n} P_tfdt.
\end{aligned}
$$

因此 $Ug_n\uparrow f$. □

实际上, 上面的 g_n 还可以要求是有界的, 例如取 $g_n:=n(f\wedge n-P_{1/n}(f\wedge n))$. 下面的定理源自 Getoor [19], 也可参考 [6]. 注意我们写 $f=0$ 是指函数 f 恒等于 0, 写 $f>0$ 是指 f 点点大于 0.

定理 4.4.28 **设** X **是一个右过程,** E **至少包含两个点. 下面的命题等价.**

1. X **是常返的.**

2. **对于非空精细开集** B, $P_B 1 = 1$.

3. **对于近乎可选集** B, $P_B 1 = 0$ **或者** $P_B 1 = 1$.

4. **过分函数是常数.**

证明. 先证明 1 蕴含 2. 假设 1 成立. 记 $f = P_B 1$, 它是过分的. 由引理 4.4.27 以及常返性推出有限纯过分函数必恒等于零, 所以对任何 $t \geqslant 0$ 有 $f = P_t f$. 现在取点 $x_0 \in B$, 则 $P_B 1(x_0) = 1$. 令 $G := \{f < 1\}$, 那么

$$P_t(x_0, E) \leqslant 1 = f(x_0) = P_t f(x_0) = \int_G P_t(x_0, dy) f(y) + \int_{G^c} P_t(x_0, dy),$$

推出

$$\int_G P_t(x_0, dy)(1 - f(y)) \leqslant 0,$$

即对所有 $t \geqslant 0$, $P_t(x_0, G) = 0$, 因此 $U1_G(x_0) = 0$, 但 G 是精细开集, 故 G 必须是空的, 或者 $f = 1$, 即 2 成立.

现在证明 2 与 4 等价. 假设 2 成立. 用反证法, 假设过分函数 f 不是常数, 则存在 $a < b$ 使得 $A = \{f < a\}$ 与 $B = \{f > b\}$ 是两个不交的非空精细开集且 $P_A 1 = P_B 1 = 1$. 现在取 $x \in A$,

$$a > f(x) \geqslant P_B f(x) = \mathbb{E}^x[f(X(T_B))] \geqslant b,$$

推出矛盾. 这证明了 4. 假设 4 成立, 则对如何非空精细开集 B, $P_B 1$ 是过分函数, 因为 $P_B 1$ 在 B 上等于 1, 所以 $P_B 1 = 1$, 即 2 成立.

为了后续证明, 我们需要一个引理, 证明在之后给出.

引理 4.4.29 **如果** E **至少有两个点, 则** 2 **蕴含** X **是保守的, 即对任何** $t > 0$ **有** $P_t 1_E = 1_E$.

现在证明 4 蕴含 1. 假设 4 成立, 也即 2 成立. 因 Uf 是过分函数, 故是常数 c. 如果 $c < \infty$, 那么由引理 4.4.29 推出对任何 x 有

$$c = P_t c = P_t U f(x) = \mathbb{E}^x \int_t^\infty f(X_s) ds,$$

让 $t \uparrow +\infty$, 由控制收敛定理得 $c = 0$. 证明了命题 1.

最后只需证明 2 等价于 3. 显然 3 蕴含 2, 下面证明 2 蕴含 3. 假设 B 是近乎可选集且 $P_B 1$ 不恒等于零, 即存在 x_0 使得 $a = P_B 1(x_0) > 0$. 令 $G = \{P_B 1 > a/2\}$,

它是一个非空精细开集, 故 $P_G1 = 1$. 另外, 对任何 $x \in E$,

$$P_B1(x) \geqslant P_G P_B 1(x) = \mathbb{E}^x[P_B1(X(T_G))] \geqslant \frac{a}{2}.$$

对任何 $t > 0$, 用马氏性以及由引理 4.4.29 知 $X_t \in E$ a.s., 有

$$\begin{aligned}\mathbb{P}^x(T_B < \infty) &= \mathbb{P}^x(T_B \leqslant t) + \mathbb{P}^x(t < T_B, T_B \circ \theta_t < \infty)\\ &= \mathbb{P}^x(T_B \leqslant t) + \mathbb{E}^x\left[1_{\{T_B > t\}}\mathbb{P}^{X_t}(T_B < \infty)\right]\\ &\geqslant \mathbb{P}^x(T_B \leqslant t) + \mathbb{P}^x(T_B > t)\frac{a}{2}.\end{aligned}$$

然后让 $t \uparrow +\infty$, 推出 $\mathbb{P}^x(T_B = \infty) = 0$. 这证明了命题 3. □

E 包含至少两个点的前提条件是必须的, 如果没有这个条件, 命题 4 总是成立, 而其他不一定成立. 最后我们证明引理 4.4.29, 证明的思想非常巧妙, 值得学习.

证明. (引理 4.4.29 的证明) 定义 $f(x) := \mathbb{E}^x[1 - \mathrm{e}^{-\zeta}]$, 其中 ζ 是生命时. 当 $t \downarrow 0$ 有

$$\begin{aligned}P_t f(x) &= \mathbb{E}^x[\mathbb{E}^{X_t}(1 - \mathrm{e}^{-\zeta})] = \mathbb{E}^x[1 - \mathrm{e}^{-\zeta\circ\theta_t}, t < \zeta]\\ &= \mathbb{E}^x[1 - \mathrm{e}^{-\zeta+t}, t < \zeta] \uparrow f(x),\end{aligned}$$

因此 f 是过分函数. 因为 2 等价于 4, 所以 f 是个常数. 现在因为 E 至少有两个点, 可取 E 的点 x 和非空开集 G 使得 $x \notin \overline{G}$. 因为 $P_G1 = 1$, 以及 $\{T_G < \infty\} = \{T_G < \zeta\}$, 所以

$$\begin{aligned}1 - f &= \mathbb{E}^x[\mathrm{e}^{-\zeta}] = \mathbb{E}^x[\mathrm{e}^{-\zeta}, T_G < \zeta]\\ &= \mathbb{E}^x\left[\mathrm{e}^{-\zeta\circ\theta_{T_G} - T_G}, T_G < \zeta\right]\\ &= \mathbb{E}^x\left[\mathrm{e}^{-T_G}\mathbb{E}^{X(T_G)}[\mathrm{e}^{-\zeta}], T_G < \zeta\right]\\ &= (1 - f)\mathbb{E}^x[\mathrm{e}^{-T_G}].\end{aligned}$$

但是 $\mathbb{E}^x[\mathrm{e}^{-T_G}] < 1$, 推出 $f = 1$, 即 $\mathbb{P}^x(\zeta = \infty) = 1$. □

下面我们讨论暂留性. 对 $x \in E$, $A \in \mathscr{E}$, 位势核

$$U(x, A) := U^0(x, A) = \mathbb{E}^x \int_0^\infty 1_A(X_t)dt,$$

直观地讲, 即 $U(x, A)$ 是过程从 x 出发, 逗留在集合 A 中的平均时长. 一般地, $U(x, \cdot)$ 是一个 s-有限测度 (即可表示为可数个有限测度之和), 未必是 σ-有限的, 不同于 $\alpha > 0$ 时的位势核 $U^\alpha(x, \cdot)$, 它是有限测度.

定义 4.4.30 半群 (P_t) 称为暂留的, 如果存在集列 $K_n \uparrow E$, $K_n \in \mathscr{E}^*$ 使得 $U(\cdot, K_n)$ 是有界的.

回忆集合 B 的末离时 L_B, $L_B := \sup\{t : X_t \in B\}$, 和首中时的关系如下: 对任何 $t > 0$, $\{T_B \circ \theta_t < \infty\} = \{L_B > t\}$. 因此

$$\mathbb{P}^x(L_B = \infty) = \lim_{t \uparrow +\infty} \mathbb{P}^x(T_B \circ \theta_t < \infty) = \lim_{t \uparrow +\infty} P_t P_B 1(x).$$

定理 4.4.31 下面的命题等价.

1. 半群暂留.

2. 存在严格正 $\mathscr{E}^*$ 可测函数 h 使得 $Uh \leqslant 1$.

3. 存在严格正 $\mathscr{E}^*$ 可测函数 h 使得 $Uh < \infty$.

4. 存在精细闭集 $K_n \uparrow E$, $K_n \in \mathscr{E}^*$ 使得对任何 $x \in E$, $P^x(L_{K_n} = \infty) = 0$.

5. 存在非负 $\mathscr{E}^*$ 可测函数 g 使得 $0 < Ug \leqslant 1$.

证明. 如果 (P_t) 暂留, 则构造函数

$$h := \sum_n \frac{1_{K_n}}{2^n \|U1_{K_n}\|_\infty},$$

则 h 严格正且 $Uh \leqslant 1$, 即 2 成立. 反之, 设 2 成立. 定义 $K_n := \{h \geqslant 1/n\}$, 则 $K_n \uparrow E$, 且

$$U(x, K_n) = U1_{K_n}(x) \leqslant nUh(x).$$

这证明了 1,2 等价.

2 蕴含 3 是显然的. 现在假设 3 成立, 则 $Uh > 0$. 定义 $K_n := \{Uh \geqslant 1/n\}$, 那么 $K_n \uparrow E$, 且因为 K_n 精细闭, 所以 $X(T_{K_n}) \in K_n$. 因此

$$P_{K_n}1 = P_{K_n}1_{K_n} \leqslant nP_{K_n}Uh \leqslant nUh.$$

由 Uh 的有限性推出 $\lim_{t\uparrow+\infty} P_t P_{K_n} 1 \leqslant \lim_{t\uparrow+\infty} nP_t Uh = 0$. 因此对任何 $x \in E$, $\mathbb{P}^x(L_{K_n} = \infty) = 0$, 即推出 4.

反过来假设 4 成立, 则 $P_{K_n}1$ 是纯过分函数. 由引理 4.4.27, 存在 $g_{n,k} \geqslant 0$ 使得 $Ug_{n,k} \uparrow P_{K_n}1$. 推出对任何 $x \in E$, 存在 n, k 使得 $Ug_{n,k}(x) > 0$. 令

$$g := \sum_{n,k \geqslant 1} \frac{g_{n,k}}{2^{n+k}}.$$

因 $Ug_{n,k} \leqslant 1$, 故 $Ug \leqslant 1$. 另外对任何 $x \in E$, 存在 n, k, $Ug(x) \geqslant 2^{-n-k}Ug_{n,k}(x) > 0$. 因此 $0 < Ug \leqslant 1$. 即 5 成立.

最后假设 5 成立. 令 $h := U^1 g$, 则 h 严格正且由预解公式 $Uh \leqslant Uh + U^1 g = Ug \leqslant 1$. 这推出 2. 这样, 我们完成了 5 个命题等价的证明. □

显然如果 $\alpha > 0$, 那么半群 (P_t^α) 是暂留的.

例 4.4.4 计算 $\mathbf{R}^d$ 上热核半群的位势核. 记

$$u(x) := \int_0^\infty \frac{1}{(2\pi t)^{\frac{d}{2}}} \mathrm{e}^{-\frac{|x|^2}{2t}} dt = \int_0^\infty \frac{t^{\frac{d}{2}-2}}{(2\pi)^{\frac{d}{2}}} \mathrm{e}^{-t\frac{|x|^2}{2}} dt,$$

则当 $d = 1, 2$ 时, $u \equiv +\infty$; 当 $d \geqslant 3$ 时,

$$u(x) = \frac{\Gamma(\frac{d}{2} - 1)}{(2\pi)^{\frac{d}{2}} |x|^{d-2}}.$$

而位势核 $U(x, dy) = u(y - x)dy$. 容易验证当 $d = 1, 2$ 时, $U1_A \equiv 0$ 或 ∞. 这时热核半群是常返的, 其过分函数不可能是位势的极限. 当 $d \geqslant 3$ 时, 热核半群是暂留的. 这说明 3-维或 3-维以上的 Brown 运动最终将走向无穷远处. ∎

对于暂留的半群, 过分函数仍然是位势函数的递增极限.

定理 4.4.32 **设半群 (P_t) 是暂留的, 则对于 $f \in \mathbf{S}$, 存在 $g_n \in b\mathscr{E}_+$ 使得 $Ug_n \uparrow f$, 且对每个 n, g_n 与 Ug_n 是有界的.**

证明. 取以上定义中所言的集列 $\{K_n\}$, 令 $h_n := n1_{K_n}$, 则 Uh_n 有界且 $h_n \uparrow +\infty$. 再令 $f_n := Uh_n \wedge f$, 那么 f_n 是上平均的, 有界且递增收敛于 f. 当 $t \uparrow +\infty$ 时,

$$P_t f_n \leqslant P_t U h_n = \int_t^\infty P_s h_n ds \downarrow 0.$$

令 $g_{n,k} := k(f_n - P_{1/k} f_n)$, 则

$$\begin{aligned}\int_0^t P_s g_{n,k} ds &= k\left(\int_0^t P_s f_n ds - \int_{1/k}^{t+1/k} P_s f_n ds\right) \\ &= k\left(\int_0^{1/k} P_s f_n ds - \int_t^{t+1/k} P_s f_n ds\right).\end{aligned}$$

因此 $Ug_{n,k} = k\int_0^{1/k} P_s f_n ds$, 它关于 n, k 递增收敛于 f. 取 $g_n = g_{n,n}$, 则 $Ug_n \uparrow f$ 且 $g_n \leqslant n f_n$, $Ug_n \leqslant f_n$ 有界. □

这个定理与引理 4.4.27 类似, 但是更强, 因为暂留半群的过分函数不一定是纯过分的, 例如 3-维 Brown 运动是暂留的, 但是常数是过分函数, 不是纯过分的.

习 题

1. 设 f 是 α-上平均的, 令 $\overline{f} :=\uparrow \lim\limits_{t\downarrow 0} P_t^\alpha f$, 称它是 f 的正则化. 证明:

   (a) $f \geqslant \overline{f}$;

   (b) $\overline{f}$ 是被 f 控制的最大 α-过分函数;

   (c) $\{f > \overline{f}\}$ 是位势零的.

2. 集合 $A \in \mathscr{E}^*$ 称为吸收的, 如果对任何 $x \in A$, $t > 0$, $\mathbb{P}^x(X_t \in A^c) = 0$. 证明: 若 f 是过分函数, 那么 $\{f < \infty\}$ 是吸收集.

3. 对任何 $x \in \mathbf{R}$, $t > 0$, 定义 $\mathbb{P}^x(X_t = x + t) = 1$. 试刻画右一致平移过程的上平均函数类, 过分函数类及其精细拓扑.

4. 证明: Brown 运动的过分函数是下半连续的.

5. 证明: 如果 f, g 是 α-过分的, 则 $f \wedge g$ 也是.

6. 证明: 极集的可列并还是极集, 半极集的可列并还是半极集.

7. 对于点 $x \in E$ 与精细开集 D, 证明: $\mathbb{P}^x(T_D < \infty) > 0$ 当且仅当 $U^\alpha(x, D) > 0$.

8. 设 $A \in \mathscr{E}$, 且 $\overline{\lim}_{t\downarrow 0} P_t(x, A) > 0$. 证明: x 是 A 的正则点.

9. 如果单点集总是极集, 证明: 序列 $\{x_n\}$ 在精细拓扑下收敛于 x 当且仅当对充分大的 n 有 $x_n = x$. (在这种情况下, 精细拓扑不满足第一可数公理.) 再证明: Brown 运动的精细拓扑不是离散的.

10. 证明: 精细拓扑空间是完全正则 Hausdorff 空间.

11. 如果 B 是位势零集. 证明: $E \setminus B$ 在 E 中精细稠密.

4.4.5 过分测度与能量泛函

前面我们介绍过过分函数及其位势理论, 下面我们介绍过分测度的位势理论, 过分测度的定义类似于过分函数. 现在

$$X = (\Omega, \mathscr{F}, \mathscr{F}_t, X_t, \theta_t, \mathbb{P}^x)$$

是一个右马氏过程, 状态空间为 E, 坟墓点为 Δ, 生命时为 ζ, 半群为 (P_t), 预解为 U^α.

定义 4.4.33 **设 ξ 是 E 上的一个 σ-有限测度. 如果对任何 $t > 0$, $\xi P_t \leqslant \xi$, 则称 ξ 为 (关于 X 的) 过分测度, 记为 $\xi \in \mathrm{Exc}(X)$. 特别地, 如果对任何 $t > 0$, 有 $\xi P_t = \xi$, 那么称 ξ 为不变测度, 用 $\mathrm{Inv}(X)$ 表示. 如果 $\xi \in \mathrm{Exc}(X)$ 且 $\lim\limits_{t\to\infty} \xi P_t = 0$, 那么称 ξ 为纯过分测度, 用 $\mathrm{Pur}(X)$ 表示.**

过分测度的一个简单性质是它对递增极限封闭, 即若 $\xi_n \in \mathrm{Exc}(X)$ 且 ξ_n 递增, 则 $\lim_n \xi_n \in \mathrm{Exc}(X)$ 只要极限还是 σ-有限的. 另外一个性质是, 如果 ξ 是过分测度, 则 $\xi = \lim\limits_{t\downarrow 0} \xi P_t$, 证明留作习题 (可参考 [10] 的 ch. XII-37b).

如果 $U = U^0$ 是恰当的 (或 X 是暂留的), 即存在严格正可测函数 f 使得对任何 $x \in E$, 有 $Uf(x) < \infty$, 那么存在有限测度 μ_n 使得 $\mu_n U \uparrow \xi$ (可参考 [10] 的 ch. XII-38).

注意过分测度是通过过程的转移半群定义的. 如果 $M = (M_t)$ 是一个递减乘泛函, X^M 是 X 经过 M 变换后得到的右过程, 如果 $\xi \in \mathrm{Exc}(X^M)$, 那么我们说 ξ 是 M-过分测度. 当 $M_t = \mathrm{e}^{-\alpha t}$ 时, 称为 α-过分测度.

注释 4.4.2 过分函数和过分测度有对偶的关系. 如果具有半群 $(\hat{P}_t)$ 的右过程 $\hat{X}$ 和 X 关于一个 σ-有限测度 m 是对偶的, 即

$$\langle P_t f, g\rangle_m = \langle f, \hat{P}_t g\rangle_m,$$

那么关于 $\hat{X}$ 的过分函数 $\hat{h}$ 诱导一个关于 X 的过分测度 $\xi = \hat{h}\cdot m$. 事实上, 对任何可测子集 A,

$$(\hat{h}\cdot m)P_t(A) = \langle 1_A, \hat{P}_t \hat{h}\rangle_m \leqslant \hat{h}\cdot m(A).$$

在一般的情况下, 因为常数函数一定是过分函数, 所以过分函数总是存在的, 但一般马氏过程的过分测度的存在性不是那么简单, 仍然是一个未解决的问题.

当转移半群 (P_t) 与自己关于测度 m 对偶时, 我们说它关于 m 对称, 或者 m 是半群的对称测度. 这时, (P_t) 可以延拓为 $L^2(E,m)$ 上的强连续对称压缩算子半群, 通过 Hille-Yosida 理论将过程与 $L^2(E,m)$ 上的自共轭算子和 Dirichlet 形式对应.

如果 $\xi \in \text{Exc}(X)$, 因为 ξP_t 关于 t 递减, 故 $\lim_{t\to\infty} \xi P_t$ 存在, 记为 ξ_i, 容易验证 $\xi_i \in \text{Inv}(X)$. 再令 $\xi_p = \xi - \xi_i$, 那么 ξ_p 是纯过分测度, 上面的结论说过分测度可以分解为不变测度与纯过分测度的和,

$$\xi = \xi_i + \xi_p,$$

且不难验证分解是唯一的.

对任何 $t > 0$, 容易验证: 对非负可测的 f, 有

$$P_t U(f) = U P_t(f) = \int_t^\infty P_s(f) ds \leqslant U(f).$$

这蕴含位势 $U(x, A)$ 当固定 A 时是一个过分函数, 当固定 x 时, 如果它是 σ-有限的, 那么是一个过分测度. 对测度 μ, 有 $\mu U P_t \leqslant \mu U$, 即推出只要有 σ-有限性, $\mu U \in \text{Exc}(X)$, 称为位势测度, 用 $\text{Pot}(X)$ 表示. 如果 U 是恰当的, 且 μ 是有限测度, 那么 μU 是 σ-有限的. 显然, 位势测度一定是纯过分测度. 事实上, 如果 $\mu U(A) < \infty$, 那么

$$\lim_{t\to\infty} \mu U P_t(A) = \lim_{t\to\infty} \int_t^\infty \mu P_u(A) du = 0.$$

如果一个过分测度 ξ 是一个递增的位势测度列 $\mu_n U$ 的极限, 即 $\mu_n U \uparrow \xi$, 则说 ξ 是耗散的.

引理 4.4.34 纯过分测度 ξ 是耗散测度.

证明. 直观地看, 位势算子 U 与生成算子 L 互为逆, 找 μ_n 使得 $\mu_n U \uparrow \xi$ 相当于找 μ_n 趋于 ξL.

从这个想法出发, 对任何 $n \geqslant 1$, 定义

$$\mu_n := \frac{\xi - \xi P_{1/n}}{1/n}.$$

取非负可测且关于 ξ 可积的函数 f, 因为 ξ 是纯过分的, 故有

$$\mu_n U(f) = \lim_{T\to\infty} \mu_n \int_0^T P_t(f) dt$$

$$= n\lim_{T\to\infty}\left(\int_0^{1/n}\xi P_t(f)dt - \int_T^{T+1/n}\xi P_t(f)dt\right)$$
$$= n\int_0^{1/n}\xi P_t(f)dt,$$

它递增地趋向于 $\xi(f)$, 因此 $\mu_n U\uparrow\xi$. □

下面的唯一性定理非常重要.

定理 4.4.35 若 μU 与 νU 是 σ-有限的, 且相等, 则 $\mu=\nu$.

证明. 由 σ-有限的假设以及预解方程推出, 对任何 $\alpha>0$ 有

$$\mu U^\alpha=\nu U^\alpha.$$

现在取严格正的 g 使得 $h:=U^1g\leqslant 1$ 且 $\mu(h)=\mu U^1(g)<\infty$, 那么对 $\beta>0$ 和有界的 1-过分函数 u 有

$$\beta\mu U^{1+\beta}(uh)=\beta\nu U^{1+\beta}(uh).$$

因为 u,h 都是 1-过分函数, 所以精细连续, 其乘积 uh 也精细连续, 故当 $\beta\to+\infty$ 时, $\beta U^{1+\beta}(uh)$ 点点收敛于 uh. 另外

$$\beta U^{1+\beta}(uh)\leqslant\|u\|_\infty\beta U^{1+\beta}h\leqslant\|u\|_\infty h,$$

其中 $\|u\|_\infty$ 是一致范. 由控制收敛定理推出

$$\mu(uh)=\nu(uh).$$

而由有界 1-过分函数全体生成的 σ-代数包含 Borel σ-代数, 因此由单调类定理推出 $h\cdot\mu=h\cdot\nu$, 即有 $\mu=\nu$. □

前面定义过极集的概念, 极集是指从任何点出发的过程都几乎不可能到达的集合. 对于给定的过分测度 ξ, 我们可以定义 ξ-极集, 即从 ξ-几乎所有点出发的过程都几乎不可能到达的集合. 确切地说, $B\subset E$ 称为 ξ-极集, 如果存在近乎可选集 $\widetilde{B}\supset B$ 且 $\mathbb{P}^\xi(T_{\widetilde{B}}<\infty)=0$. 为了证明下面的定理, 先看一个有用的观察.

引理 4.4.36 对任何近乎可选集 B, $\{P_B1=0\}\subset\{U^\alpha 1_B=0\}$, 右边的集合与 α 无关; 若 B 是精细开集, 则 $\{P_B1=0\}=\{U^\alpha 1_B=0\}$.

定理 4.4.37 设 ξ 是过分测度, B 是近乎可选可测集.

(1) **若 B 是 ξ-极集, 则 $\xi(B)=0$;**

(2) **若 B 是精细开集且 $\xi(B)=0$, 则 B 是 ξ-极集.**

证明. (1) 由条件以及上面的引理得 $\xi(P_B 1)=0$ 蕴含 $\xi(U^\alpha 1_B)=0$, 而 $\alpha\xi U^\alpha \uparrow \xi$, 因此 $\xi(B)=0$.

(2) 首先, 因为 ξ 过分, 所以 $\xi P_t(B)\leqslant \xi(B)=0$, 推出 $\xi(U1_B)=0$, 由引理 4.4.36 得 $\xi(P_B 1)=0$. 完成证明. □

回到 ξ-极集的定义. 因为 $P_B 1$ 是过分函数, 所以 $A:=\{x:\mathbb{P}^x(T_B<\infty)>0\}$ 是精细开集. 因此 $\mathbb{P}^\xi(T_B<\infty)=0$ 蕴含 A 是 ξ-极集.

下面我们介绍能量泛函的概念.

定义 4.4.38 **对于** $\xi\in \mathrm{Exc}(X)$, $h\in S(X)$, **定义**

$$L(\xi,h):=\sup\{\mu(h):\mu U\leqslant \xi\},$$

称为 X 的能量泛函.

为了方便, 当我们写能量泛函 $L(\xi,h)$ 时, 总是假设 ξ 是过分测度, h 是过分函数. 由定义, 单调性是显然的: 如果 $\xi_1\leqslant\xi_2$, 则 $L(\xi_1,h)\leqslant L(\xi_2,h)$.

引理 4.4.39 **如果 $\xi=\mu U$ 是位势测度, 则 $L(\mu U,h)=\mu(h)$.**

证明. 取严格正可测函数 g, 使得 $\xi(g)<\infty$. 则 $\mu(A^c)=0$, 其中 $A:=\{Ug<\infty\}$. 下面验证 A 是吸收的, 即对任何 $t>0$, $x\in A$, 有 $P_t(x,A^c)=0$. 事实上,

$$\begin{aligned}+\infty>Ug(x)&\geqslant \mathbb{E}^x\int_t^\infty g(X_s)ds\\&=\mathbb{E}^x\left[\left(\int_0^\infty g(X_s)ds\right)\circ\theta_t\right]=\mathbb{E}^x Ug(X_t),\end{aligned}$$

这蕴含 $\mathbb{P}^x(Ug(X_t)=\infty)=0$, 即 $P_t(x,A^c)=0$.

因为 A 是吸收的且 $\mu(A^c)=0$, 所以

$$\mu U(A^c)=\int_0^\infty dt\int_{A^c}\mu(dx)P_t(x,A^c)=0.$$

即 ξ 也支撑在 A 上.

把 X 限制在 A 上 $X|_A$ 是暂留的, 存在 $f_n \geqslant 0$ 使得在 A 上点点地 $Uf_n \uparrow h$. 现在任取位势测度 $\nu U \leqslant \xi$, 则 $\nu(Ug) < \infty$ 推出 $\nu(A^c) = 0$, 所以 $Uf_n \uparrow h$ 关于测度 ν 几乎处处成立, 因此

$$\nu(h) = \lim_n \nu(Uf_n) \leqslant \lim_n \mu(Uf_n) = \mu(h).$$

因此, 由定义推出 $L(\mu U, h) = \mu(h)$. □

引理 4.4.40 **如果** $\mu_n U \uparrow \xi$, **那么** $L(\mu_n U, h) \uparrow L(\xi, h)$.

证明. 首先, 不等式 $\lim_n L(\mu_n U, h) \leqslant L(\xi, h)$ 是显然的. 为了证明另一边, 取 $\mu U \leqslant \xi$. 实际上, 上一个引理证明中关于测度 ν 的结论推出 $Uf_n \uparrow h$ 关于每个 μ_n 以及 μ 几乎处处成立. 因此

$$\begin{aligned}
\mu(h) &= \lim_k \mu(Uf_k) \leqslant \lim_k \xi(f_k) \\
&= \lim_k \lim_n \mu_n U(f_k) = \lim_n \lim_k \mu_n(Uf_k) \\
&= \lim_n \mu_n(h) = \lim_n L(\mu_n U, h),
\end{aligned}$$

然后由定义推出 $\lim_n L(\mu_n U, h) \geqslant L(\xi.h)$. □

下面列举能量泛函的一些性质, 留作练习.

引理 4.4.41 **能量泛函有下面的性质.**

1. **如果** $h_1 \leqslant h_2$ ξ-a.e., **那么** $L(\xi, h_1) \leqslant L(\xi, h_2)$.

2. **如果** $h_n \uparrow h$ a.e.-ξ, **那么** $L(\xi, h_n) \uparrow L(\xi, h)$.

3. **如果** $\xi_n \uparrow \xi$, **那么** $L(\xi_n, h) \uparrow L(\xi, h)$.

4. **如果** $c_1, c_2 \geqslant 0$, **那么**

$$L(\xi, c_1 h_1 + c_2 h_2) = c_1 L(\xi, h_1) + c_2 L(\xi, h_2);$$

$$L(c_1 \xi_1 + c_2 \xi_2, h) = c_1 L(\xi_1, h) + c_2 L(\xi_2, h).$$

5. **如果** X **是暂留的, 那么** $L(\xi, Uf) = \xi(f)$.

定理 4.4.42 **设** X **暂留,** $\xi \in \mathrm{Exc}(X)$, $h \in S$, **则** $L(\xi, h) = 0$ **当且仅当** $\xi(h) = 0$, **即** $h = 0$ a.e.-ξ. **特别地, 对于近乎可选集** B, $L(\xi, P_B 1) = 0$ **蕴含** B **是** ξ-**极集.**

证明. 设 $L(\xi,h)=0$. 取位势 $\mu U\leqslant\xi$, 那么条件说明 $\mu(h)=0$. 因为 h 过分, 故对任何 $\alpha>0$, $\alpha\mu U^\alpha(h)\leqslant\mu(h)$, 推出 $\mu U^\alpha(h)=0$. 让 $\alpha\downarrow 0$, 由单调收敛定理得 $\mu U(h)=0$. 再由于暂留蕴含 ξ 是一列位势测度的递增极限, 故而 $\xi(h)=0$. 反之, 设 $\xi(h)=0$, 则对任何被 ξ 控制的位势 μU 有 $\mu U(h)=0$, 推出对任何 $\alpha>0$ 有 $\mu U^\alpha h=0$. 因为 h 过分, 所以, 当 $\alpha\uparrow+\infty$, $\alpha U^\alpha h\uparrow h$, 因此 $\mu(h)=0$, 然后由 L 的定义推出 $L(\xi,h)=0$. □

现在, 设 $\alpha>0$, 那么 X 的 α-子过程 X^α 是暂留的. 对于 $\xi\in\mathrm{Exc}(X^\alpha)$, 与几乎 Borel 集 B, 定义 B 的 (相对于 ξ 的) α-容度

$$\Gamma_\alpha(B):=L^\alpha(\xi,P_B^\alpha 1).$$

它实际上是一个 Choquet 容度 (参考 §10, [20]). 上面的定理说明, 如果 B 的容度为零, 那么 B 是 ξ-极集.

这里讨论的能量泛函是下一章最后所讨论的 Dirichlet 形式的推广, Brown 运动的能量泛函就是经典的 Dirichlet 积分, 也是 Dirichlet 形式的思想来源.

习 题

1. 设 μ,m 是过分测度, μ 不负荷 m-极集, 证明: $\mu\ll m$.

2. 对任何过分测度 m, 一个 Borel 集 A 称为 m-位势零的, 如果 $mU^1(A)=0$. 证明：位势零集是 m-位势零的, m-位势零集是 m-零的.

3. 证明: 若存在 $\alpha\geqslant 0$ 使得 μU 与 νU 是 σ-有限的, 且相等, 则 $\mu=\nu$.

4. 证明引理 4.4.41 中所列的性质.

5. 设 ξ 是过分测度, h 是过分函数. 证明:

   (a) 如果 ξ 是纯过分测度, 则

   $$L(\xi,h)=\uparrow\lim_{t\downarrow 0}t^{-1}(\xi-\xi P_t)(h)=\uparrow\lim_{\alpha\uparrow+\infty}\alpha(\xi-\alpha\xi U^\alpha)(h).$$

   (b) 如果 h 是过分函数使得对 ξ 几乎处处有 $h<\infty$ 且 $\lim_{t\to\infty}P_t u=0$, 则

   $$L(\xi,h)=\uparrow\lim_{t\downarrow 0}t^{-1}\xi(h-P_t h)=\uparrow\lim_{\alpha\uparrow+\infty}\alpha\xi(h-\alpha U^\alpha h).$$

6. 设 ξ 是过分测度, h 是过分函数, $\alpha \geqslant 0$. 证明:

$$L^{\alpha}(\xi, h) = L(\xi, h) + \alpha\xi(h),$$

其中 L^{α} 是 α-子过程的能量泛函.

4.5 不可分性

不可分性[2] 是马氏过程中非常重要的概念, 粗略地说, 它是指过程从任何一点出发可以跑遍整个空间. 这个性质是许多唯一性所必需的. 但是对于一般的马氏过程没有标准的关于不可分的定义, 因为对于 "跑遍整个空间" 的理解不同.

在马氏链中, 不可分的定义是明确的, 一个马氏链不可分是指从任何点出发以正概率到达其他任何点. 确切地说, 设 X 是 E 上的马氏链. 若对任何 $x, y \in E$, 存在 $n \geqslant 1$ 使得 $\mathbb{P}^x(X_n = y) > 0$. 在马氏链情形等价于对任何 $x, y \in E$ 有 $\mathbb{P}^x(T_y < \infty) > 0$, 其中 T_y 是 y 的首中时. 不可分性可以推出马氏链不是常返就是暂留, 也推出若平稳分布存在则唯一.

怎么把这个概念推广到具有半群 (P_t) 和预解 (U^α) 以及状态空间 E 的右马氏过程 $X = (X_t, \mathbb{P}^x)$? 用点来描述是不合适的, 因为在连续空间的情形下, $P_t(x, \{y\})$ 通常恒等于零, 例如 Brown 运动. 那么 $\mathbb{P}^x(T_y < \infty) > 0$ 呢? 也不合适, 因为只有 1-维的 Brown 运动它才是正的, 2-维及以上, Brown 运动的单点是极集.

因此, 我们需要使用拓扑或者测度的概念. 状态空间 E 上有自然的拓扑, 还有由过程诱导的精细拓扑, 比原拓扑更加精细. 为了简单, 我们假设 X 是 Feller 过程, 转移半群自动地延拓到普遍可测函数空间上. 另外, 我们不失一般性地假设 X 是暂留的, 因为 X 与其 α-子过程的不可分性是一致的, $U1_A(x) = 0$ 当且仅当对任何 $\alpha > 0$, $U^\alpha 1_A(x) = 0$. 下面我们所涉及的状态空间的子集一般都假设有足够的可测性, 例如在谈论首中时时, 就假设是近乎可选的.

4.5.1 拓扑不可分

定义 4.5.1 **如果对 E 的任何 (对应地, 精细) 开集 G, $x \in E$ 有 $\mathbb{P}^x(T_G < \infty) > 0$, 则说 X 是拓扑 (对应地, 精细) 不可分的.**

---

[2]本节内容比较独立, 其中大部分是作者最新的研究工作, 参考 [24].

显然, 精细不可分性蕴含拓扑不可分性. 下面我们主要讨论精细不可分性及其等价叙述. 先准备一个引理.

引理 4.5.2 **对任何一个过分函数** f, **以及** $b>0$, **则对任何** $x\in E$ **有**

$$f(x)\geqslant b\cdot P_{\{f>b\}}1(x).$$

证明. 令 $B:=\{f>b\}$. 因为 f 是精细连续的, 所以 B 是精细开的且其精细闭包 $\widetilde{B}\subset\{f\geqslant b\}$, 然后应用定理 4.4.14, 对任何 $x\in E$,

$$f(x)\geqslant P_Bf(x)=\mathbb{E}^x[f(X(T_B));T_B<\infty]\geqslant b\cdot P_B1(x).$$

证明完毕. □

此引理立刻推出下面的结论.

推论 4.5.3 **如果** X **是精细不可分的, 则任何过分函数恒正或者恒零.**

下面的结果是精细不可分性的等价命题, 说明精细不可分性质也是一个非常自然的概念.

定理 4.5.4 **下面的断言对于马氏过程** X **等价.**

1. X **精细不可分.**

2. **对非空精细开集** D, $U^\alpha 1_D$ **恒正.**

3. **对任何** $A\in\mathscr{E}^*$, $U1_A$ **恒正或者恒零.**

4. **对任何** $B\in\mathscr{E}^n$, P_B1 **恒正或者恒零.**

5. **非零过分测度的零测集等价于位势零集. 因此, 非零过分测度互相等价.**

证明. 由引理 4.4.36, 当 D 是精细开集时, 对任何 x, $U1_D(x)>0$ 当且仅当 $P_D1(x)>0$, 故 1 与 2 等价. 因为 $U1_A$ 与 P_B1 都是过分函数, 故由推论 4.5.3, 1 蕴含 3 与 4. 把 3 或者 4 用于非空精细开集, 可以推出 1. 因此 1,2,3,4 等价.

再证 3 推 5. 设 3 成立且 ξ 是非零过分测度. 设 $\xi(A)=0$, 因为 $\xi U^1\leqslant\xi$, 所以 $U^1 1_A=0$ ξ-a.e., 由 ξ 的非零性推出, 存在 $x\in E$ 使得 $U^1 1_A(x)=0$, 推出 $U^1 1_A$ 恒等于零, 即 A 是位势零集. 证明了 ξ-零集等价于位势零集, 因此 5 成立.

最后证 5 推 2. 设 5 成立, 取任何精细开集 D, 对 $x\in D$, $U1_D(x)>0$. 因为 $U(y,\cdot)$ 对任何 y 都是过分测度, 所以由 5 推出 $U1_D(y)>0$. 即得 2. □

容易验证任意维数的 Brown 运动是拓扑不可分的, 是不是精细不可分呢? 我们证明一个定理, 先介绍强 Feller 性.

定义 4.5.5 X **称为满足强** Feller **性, 如果对于任何有界** Borel **可测函数** f **及** $t>0$, **函数** P_tf **连续; 称为满足预解强** Feller **性, 如果对于任何有界** Borel **可测函数** f, **预解** U^1f **连续.**

显然, 强 Feller 一定是预解强 Feller 的; 由预解方程, 预解强 Feller 当且仅当对任何 $\alpha>0$, 任何 Borel 有界可测函数 f, 预解 $U^\alpha f$ 连续. 例如, 一致平移 $X_t=x+t$, $\mathbb{P}^x$-a.s. 不是强 Feller 的, 但是

$$U^1f(x)=\int_{\mathbf{R}}1_{\{t>0\}}\mathrm{e}^{-t}f(x+t)dt=\mathrm{e}^x\int_x^\infty \mathrm{e}^{-t}f(t)dt,$$

因此它是预解强 Feller 的.

定理 4.5.6 **若** X **是拓扑不可分且是预解强** Feller **的, 则** X **是精细不可分的.**

证明. 取子集 A, 使得 $U^\alpha 1_A$ 不恒等于零, 则存在 $b>0$, 使得 $G:=\{U1_A>b\}\neq\varnothing$, 且由条件, G 是开的. 下面的论证中不妨设 $\alpha=0$. 因此, 应用引理 4.5.2, 对任何 $x\in E$,

$$U1_A(x)\geqslant b\cdot P_G1(x).$$

最后利用拓扑不可分的条件推出 $U1_A$ 恒正. □

观察证明, 预解强 Feller 条件可以减弱为: 对有界可测的 f, U^1f 下半连续. 另外, 我们举个例子, 说明拓扑不可分的确弱于精细不可分.

例 4.5.1 假设 X 是 $\mathbf{R}$ 上的 Lévy 过程, 其 Lévy 指数是

$$\phi(x)=(1-\cos x)+(1-\cos\sqrt{2}x).$$

若记 ν 是赋予 $1,-1$ 与 $\sqrt{2},-\sqrt{2}$ 四个点各负荷 $1/2$ 的测度, 则 X 是以 ν 为 Lévy 测度的复合 Poisson 过程. 用 G 表示以 1 与 $\sqrt{2}$ 的整数线性组合全体组成的群, 它是可数的. 显然从零出发的过程只能达到 G 中的点. 实际上, 定义 $x\sim y$ 当且仅当 $x-y\in G$, 那么这个等价关系把 $\mathbf{R}$ 分成不可数个等价类, 从每个等价类中的点出发只能到达该等价类中的点. 但是 G 在 $\mathbf{R}$ 中稠密, 所以任何非空开集必包含任意等价类中的一个点, 因此从任何点出发可以到达这个开集, 即 X 是拓扑不可分的.

另一方面, X 是复合 Poisson 过程, 故单点集是精细开集, 而任何点不可能到达其他等价类的点, 因此 X 不是精细不可分的. 再看过分测度, Lebesgue 测度是过分测度, 每个等价类上的平移不变测度也是过分测度, 它们互相之间是奇异的. ∎

下面我们介绍不变集的概念, 用不变集描述不可分性.

定义 4.5.7 **一个子集 A 称为不变的, 如果对任何 $t>0$, $x\in A$ 有 $P_t(x,A^c)=0$.**

可以用预解来定义不变集. 子集 A 被称为预解不变的, 如果存在 $\alpha\geqslant 0$ (等价地对所有 $\alpha\geqslant 0$), 对任何 $x\in A$ 有 $U^\alpha(x,A^c)=0$. 显然, 不变集是预解不变集. 但预解不变集不一定是不变集. 例如对于右一致平移, $\mathbf{R}\setminus\{0\}$ 是预解不变集, 但不是不变集, 因为当 $x<0$ 时, 存在 t, 使得 $P_t(x,\{0\})=1$. 但是, 由引理 4.4.36, 精细闭的预解不变集是不变集. 现在准备一个引理.

引理 4.5.8 **设有近乎可选子集 A.**

1. $\{P_A1=0\}\subset\{P_t1_A=0,\ \forall t>0\}\subset\{U1_A=0\}$, **当 A 是精细开集时, 它们都相等.**

2. **对任何过分函数 f, $\{f=0\}$ 是不变集, 且在精细拓扑下既开又闭. 因此 $\{P_A1=0\}$ 与 $\{U1_A=0\}$ 是不变集, 精细拓扑下既开又闭.**

3. **如果 A 是不变且精细闭的, 则也是精细开的且**

$$A=\{U1_{A^c}=0\}=\{P_{A^c}1=0\}.$$

4. **如果 A 是不变的, 则精细闭包 $\widetilde{A}$ 也是不变的且**

$$\widetilde{A}=\{U1_{A^c}=0\}=\{U1_{\widetilde{A}^c}=0\}=\{P_{\widetilde{A}^c}1=0\}.$$

证明. 1. 包含关系是显然的. 当 A 是精细开时, 由引理 4.4.36 推出它们相等的断言.

2. 令 $B:=\{f=0\}$, 则 B 是精细闭的, B^c 是精细开的. 下面验证 $B\subset\{U1_{B^c}=0\}$.

事实上, 设 $x\in B$. 对任何 $n>0$, 令 $D_n:=\{f>1/n\}$, 则 $\bigcup_n D_n=B^c$. 由引理 4.5.2, 有

$$f(x)\geqslant\frac{1}{n}\cdot P_{D_n}1(x).$$

推出 $P_{D_n}1(x)=0$ 即 $U1_{D_n}(x)=0$, 故而有 $U1_{B^c}(x)=0$. 因此 $B\subset\{U1_{B^c}=0\}=\{P_{B^c}1=0\}$.

最后, 结合上述结论且 $B^c \subset \{P_{B^c}1 = 1\}$, 得 $B^c = \{P_{B^c}1 = 1\}$ 是精细闭的. 因此 B 精细开并精细闭.

3. 这时 A^c 精细开, 故 $A^c \subset \{U1_{A^c} = 0\}^c$, 因此 $A = \{U1_{A^c} = 0\}$, 其他结论由前面两个推出.

4. 因为 A 不变, 所以 $A \subset \{U1_{A^c} = 0\}$ 且推出

$$\widetilde{A} \subset \{U1_{A^c} = 0\} \subset \{U1_{\widetilde{A}^c} = 0\}.$$

因此 $\widetilde{A}$ 不变且精细闭, 其他结论显然. □

下面定理用不变集表达精细不可分性.

定理 4.5.9 **下面的命题等价.**

1. X **精细不可分.**

2. **非空不变集的补集是位势零集.**

3. **非空不变集是精细稠密的.**

4. **非空不变且精细闭集是** E.

证明. 1 推 2: 设 X 精细不可分, A 是非空不变集. 则 $A \subset \{U1_{A^c} = 0\}$, 故后者也非空. 由精细不可分性推出它是全空间, 所以 A^c 是位势零的.

2 推 3: 还是设 A 是非空不变集, 则 A^c 是位势零的, 所以 A^c 不可能包含非空精细开集, 因此 A 是精细稠密的.

3 推 4: 精细闭以及精细稠密集必然是 E.

4 推 1: 对任何非空精细开集 D, $\{P_D1 = 0\}$ 是不变的精细闭集, 且其补集非空, 则推出 $\{P_D1 > 0\} = E$, 即 P_D1 恒正, 说明 X 是精细不可分的. □

类似地, X 拓扑不可分当且仅当任何非空不变集是稠密的.

4.5.2 m-不可分

上一小结, 我们在没有测度的情况下讨论不可分的概念. 这有优点也有缺点, 优点是干净漂亮, 缺点是不能有任何例外点. 在很多情况下, 状态空间上有自然的测度, 例如 Lévy 过程的状态空间上的自然测度是 Lebesgue 测度. 现在假设 m 是 X 的一个非零过分测度.

自然地, 定义 $F := \operatorname{supp}(m)$, 支撑的定义与拓扑有关, 实际上 F^c 是 m 的最大零测开集, 或者说 $x \in F$ 当且仅当它的任何邻域是正测度的. 考虑例 4.5.1, 令 $\mu = \sum_{x\in G}\delta_x$, 那么 μ 在欧氏拓扑下的支撑是 $\mathbf{R}$, 在精细拓扑或者离散拓扑下的支撑是 G. 如果 $F = E$, 那么 m 被称为满支撑. 满支撑的过分测度存在性对于一般的马氏过程来说还是一个问题. 下面 m-不变集与 m-不可分性的定义来自 [47] 的第一章.

定义 4.5.10 对于普遍可测集 A, 如果对任何 $t > 0$ 有

$$\int 1_A(x)P_t(x, A^c)m(dx) = 0,$$

则说 A 是 m-不变集.

一个可测集 A 称为 m-平凡, 如果 $m(A) = 0$ 或者 $m(A^c) = 0$.

定义 4.5.11

1. X 称为 m-不可分, 如果任意 m-不变集 A 是 m-平凡的.
2. X 称为 m-弱不可分, 如果任何不变集是 m-平凡的.
3. X 称为 m-精细不可分, 如果对任何精细开集 D, $\{P_D1 = 0\}$ 是 m-平凡集.

有两个显然的事实, 不变集一定是 m-不变的, 故 m-不可分是 m-弱不可分的. 精细不可分必定是 m-精细不可分的. 另外, 因为 P_D1 是过分函数, 所以 $\{P_D1 = 0\}$ 是不变集. 因此 m-弱不可分过程是 m-精细不可分的.

定理 4.5.12 下面的命题等价.

1. m-不可分: m-不变集是 m-平凡的.
2. m-弱不可分: 不变集是 m-平凡的.
3. m-精细不可分: 对任何精细开集 D, 集合 $\{U1_D = 0\} = \{P_D1 = 0\}$ 是 m-平凡集.
4. 对任何普遍可测集 A, $\{U1_A = 0\}$ 是 m-平凡集.
5. 如果 A 不是 m-极集, 则 $\{P_A1 = 0\}$ 是 m-极集.

证明. 定理上面的几句话已经说明了 1 推 2 与 2 推 3. 现在证 3 推 1. 设 X 是 m-精细不可分的. 再假设 A 是 m-不变集, 要证明 A 是 m-平凡集. 事实上, 任取 $b > 0$,

令 $D := \{U1_{A^c} > b\}$, 则由引理 4.5.2 知对任何 $y \in E$,

$$U1_{A^c}(y) \geqslant b \cdot P_D 1(y).$$

因此 $\{U1_{A^c} = 0\} \subset \{P_D 1 = 0\} = \{U1_D = 0\}$. 记右边集合为 B, 由 m-精细不可分定义推出 B 是 m-平凡的.

现在设 $m(A) > 0$, 则因为 A 的几乎所有点在 $\{U1_{A^c} = 0\}$ 中, 所以 $m(B) > 0$, 推出 $m(B^c) = 0$. 因此 D 是 m-极集. 由于 b 任意, 推出 $\{U1_{A^c} > 0\}$ 是 m-极集, 更是 m-零集, 即等价于 $m(U1_{A^c}) = 0$, 也等价于对任何 $\alpha > 0$ 有 $m(U^\alpha 1_{A^c}) = 0$. 最后因为 m 是过分的, 所以

$$m(A^c) = \lim_{\alpha \uparrow \infty} \alpha m U^\alpha (A^c) = 0.$$

说明 A 是 m-平凡的.

4 推 3 显然. 因 $\{U1_A = 0\}$ 是不变集, 故 2 推 4 也是显然的.

5 推 3: 设 D 是精细开集, 如果 $m(\{P_D 1 > 0\}) > 0$, 则 D 不是 m-极集, 因此 $\{P_D 1 = 0\}$ 是 m-极集, 所以 $m(\{P_D 1 = 0\}) = 0$, 即 $\{P_D 1 = 0\}$ 是 m-平凡的.

2 推 5: 因 $B := \{P_A 1 = 0\}$ 不变, 由 2 推出它是 m-平凡的. 如果 A 不是 m-极集, 则 $m(B^c) > 0$. 推出 $m(B) = 0$. 再由引理 4.5.8, B 也是精细开的, 所以 B 是 m-极集. □

例 4.5.2 还是考虑例 4.5.1 中的 Lévy 过程 X. Lebesgue 测度是过分测度, 记为 m, X 不是 m-可分的. G 上的 Haar 测度也是过分测度, 记为 m_G, X 是 m_G-可分的. 按照原拓扑, 这两个测度的支撑都是全空间, 或者说满支撑的. 因为过程的精细拓扑是离散拓扑, 故 Lebesgue 测度无法定义, 这时 G 上的 Haar 测度的支撑是 G.

精细不可分与 m-不可分的关系怎么样? 让我们引入一个性质: X 称为满足 m-RAC, 即预解绝对连续性, 如果 m-零集是位势零集. 由引理 4.5.4 知, 当 m 非零时, 精细不可分性蕴含 m-RAC.

引理 4.5.13 **若 m 是满支撑的, 则预解强 Feller 性蕴含 m-RAC.**

证明留作习题.

引理 4.5.14 **如果 X 满足 m-RAC, 那么任何 m-极集是极集.**

证明. 设 A 是 m-极集. 则 $m(P_A 1) = 0$, m-RAC 推出对任何 $x \in E$, $\beta > 0$ 有

$U^\beta P_A 1(x) = 0$. 因为 $f := P_A 1$ 是过分函数, 也是 1-过分函数, 所以

$$f(x) = \lim_{\alpha\uparrow+\infty} \alpha U^{1+\alpha} f(x) = 0.$$

因此 A 是极集. □

定理 4.5.15 **X 是精细不可分的当且仅当对某个过分测度 m, X 满足 m-RAC 且是 m-不可分的.**

证明. 如果 X 是精细不可分的, 则由引理 4.5.4 推出 m-RAC 且是 m-不可分的. 反之, 设 X 满足 m-RAC 且 m-不可分. 任取非空精细开集 D, 需要验证 $A := \{U1_D = 0\} = \varnothing$. 因为 D 非空精细开, 所以 A^c 非空且也是精细开, 则 A^c 不是极集, 由上面的引理, A^c 也不是 m-极集, 再由于它精细开, 所以 $m(A^c) > 0$. 由 m-不可分性推出 $m(A) = 0$, 同样的推理证明 A 是空集. □

4.5.3 对称测度与平稳分布唯一性

在这一节中, 我们将证明精细不可分性几乎是对称测度与平稳分布唯一性的充分必要条件. 参考 [45], [22]. 不变测度且是概率被称为平稳分布. 平稳分布存在当且仅当有限非零不变测度存在.

定理 4.5.16 **设 X 精细不可分, 那么**

(1) **若对称测度存在, 则唯一;**

(2) **若平稳分布存在, 则唯一.**

这里我们只证明 (1), 而且是一个比 (1) 稍微更一般的结论.

定理 4.5.17 **设 X 是 m-不可分的且对称, 也关于 μ 对称, 如果 μ 关于 m 绝对连续, 则存在 c 使得 $\mu = c \cdot m$.**

证明. 假设 μ 非零. 因为测度是 σ-有限的, 故存在可测集 H 使得 $\mu(H)$ 和 $m(H)$ 是正且有限的. 假设 $m(H) = \mu(H)$, 否则就乘个常数. 令 $\mu = f \cdot m$. 要证明 $f = 1$, m-a.e., 即证明 $\{f > 1\}, \{f < 1\}$ 是 m-零测集. 假设它们不全是, 例如 $A := \{f > 1\}$ 的 m-测度正. 因为 σ-有限性, 存在可测集列 $A_n \subset A$, 满足 $m(A_n) < \infty$ 且 $A_n \uparrow A$. 因为在 A 上 μ 比 m 大, 在 A^c 则反之, 故对任何 n, 由 U^1 关于 m 的对称性

$$(U^1 1_{A_n}, 1_{A^c})_\mu \leqslant (U^1 1_{A_n}, 1_{A^c})_m = (U^1 1_{A^c}, 1_{A_n})_m \leqslant (U^1 1_{A^c}, 1_{A_n})_\mu.$$

再由关于 μ 的对称性推出上式两端有限且相等, 因此

$$(U^1 1_{A^c}, 1_{A_n})_m = (U^1 1_{A^c}, 1_{A_n})_\mu,$$

即有

$$(U^1 1_{A^c}, (f-1) 1_{A_n})_m = 0.$$

由于 $f-1$ 在 A 上严格正, $(U^1 1_{A^c}, 1_{A_n})_m = 0$. 让 n 趋于无穷, 由单调收敛定理推出 $(U^1 1_{A^c}, 1_A)_m = 0$. 应用 m-不可分的等价条件, 即定理 4.5.12 的 4, $\{U^1 1_{A^c} = 0\}$ 是 m-平凡的, 还有假设 $m(A) > 0$, 推出 $U^1 1_{A^c}$ 不可能 m-a.e. 正, 那么它必定 m-几乎处处是零, 即 $m(U^1 1_{A^c}) = 0$. 再因为 m 过分, 得

$$m(A^c) = \lim_\alpha \alpha m(U^\alpha 1_{A^c}) = 0,$$

即 $f > 1$ m-a.e.. 最后,

$$\mu(H) = m(f 1_H) > m(H).$$

这与假设矛盾. □

反过来, 我们能够证明比精细不可分稍弱的结论, 只能推出 m-不可分. 这也是非常自然的, 因为 X 关于测度 m 的对称性只能刻画 m 几乎处处的性质, 没有 m-零测集上的信息.

定理 4.5.18 设 m 是 E 上 σ-有限测度.

(1) **如果 m 是 X 唯一的对称测度, 则 X 是 m-不可分的.**

(2) **如果 m 是 X 唯一的平稳分布, 则 X 是 m-不可分的.**

证明. (1) 应用反证法, 假设 X 不是 m-不可分的, 则存在一个精细开集 D 使得 $A := \{U 1_D = 0\}$ 不是 m-平凡集, 即 $m(A)$ 与 $m(A^c)$ 都是正的. 由对称性,

$$0 = (1_A, U^1 1_{A^c})_m = (1_{A^c}, U^1 1_A)_m,$$

即 $U^1 1_A$ 在 A^c 上 m-a.e 等于 0. 另外由于 A 是不变集, 而 A^c 精细开, 故容易看出

$$A^c = \{x : \mathbb{P}^x(T_{A^c} < \infty) = 1\},$$

因此 A^c 也是精细闭的, 推出 A^c 是 m-不变集.

下面我们证明 $\mu := 1_A \cdot m$ 与 $\nu := 1_{A^c} \cdot m$ 都是 X 的对称测度. 事实上, 对任何非负可测的 f, g, 有

$$(P_t g, f)_\mu = (1_A P_t g, 1_A f)_m = (P_t(1_A g), 1_A f)_m = (1_A g, P_t(1_A f))_m = (g, P_t f)_\mu.$$

ν 的证明类似. 由此推出任何 $a\mu + b\nu$ 都是 X 的对称测度. 与唯一性条件矛盾.

(2) 应用反证法, 假设 X 不是 m-不可分的, 则存在一个精细开集 D 使得 $A := \{U1_D = 0\}$ 不是 m-平凡集, 即 $m(A)$ 与 $m(A^c)$ 都是正的. 下面一样只要验证 A^c 是 m-不变集就足够了. 注意当 X 有平稳分布时, 它必然是保守的. 因为 A 是不变的, 故对任何 $x \in A$, 有 $U^1(x, A) = U^1(x, E) = 1$. 因此

$$\begin{aligned} m(A) = mU1(A) &= \int_A m(dx)U^1(x, A) + \int_{A^c} m(dx)U^1(x, A) \\ &= m(A) + \int_{A^c} m(dx)U^1(x, A). \end{aligned}$$

推出 $\int_{A^c} m(dx)U^1(x, A) = 0$, 即 A^c 是 m-不变集. □

习　　题

1. 若 A 不变且精细闭, 证明

$$A = \{U1_{A^c} = 0\} = \{P_{A^c}1 = 0\}.$$

2. 设 f 是过分测度. 证明: $\{f = 0\}$ 是精细开的.

3. 若 A 不变, 证明: 它的精细闭包 $\widetilde{A}$ 不变且

$$\widetilde{A} = \{U1_{A^c} = 0\} = \{U1_{\widetilde{A}^c} = 0\}.$$

4. 证明: X 是精细不可分的当且仅当非空精细闭的不变集是 E.

5. 证明: 若 m 是全支撑的, 则预解强 Feller 性蕴含 m-RAC.

4.6 马氏过程的变换

由一个马氏过程经过某种操作得到另一个马氏过程, 称为马氏过程的变换, 也可以理解为转移半群的变换, 或者说是半群的扰动. 当然半群扰动的意义可以更广泛, 例如经过扰动的转移半群可能不再是一个马氏过程的转移半群.

本节来介绍几种常见的变换: 空间变换, Killing 变换, 上鞅乘泛函 (绝对连续) 变换, 时间变换, 以及从属变换. 设

$$X = (\Omega, \mathscr{F}, (\mathscr{F}_t), (X_t), (\theta_t), \mathbb{P}^x)$$

是状态空间 E 上的右马氏过程, 其半群和预解分别是 (P_t), (U^α), 生命时为 ζ. 再重复一句, 如果需要, 我们可以把 Ω 理解为轨道空间. 由于篇幅所限, 所涉及结论的叙述与证明不是非常详细, 请读者谅解.

4.6.1 空间变换

例 4.2.7 由 Brown 运动得到反射 Brown 运动的程序是一种称为状态空间变换的特例. 设 $\{\mathbb{P}^x\}$ 是状态空间 E 上的马氏过程, $\hat{E}$ 是另外一个 Lusin 空间, ψ 是 E 到 $\hat{E}$ 的连续满射. 那么 ψ 诱导 E 对应的轨道空间 Ω 到 $\hat{E}$ 对应的轨道空间 $\hat{\Omega}$ 的映射, 仍记为 ψ: $\psi\omega(t) = \psi(\omega(t))$. 但它要诱导 $\hat{E}$ 上的马氏过程还需要一个非常苛刻的条件: 对任何 $x, y \in E$ 及 $\hat{\Omega}$ 的有界随机变量 $\hat{H}$, 如果 $\psi(x) = \psi(y)$, 那么

$$\mathbb{E}^x(\hat{H}\circ\psi) = \mathbb{E}^y(\hat{H}\circ\psi).$$

这时我们定义 $\hat{\mathbb{P}}^{\psi(x)} := \mathbb{P}^x\circ\psi^{-1}$, $x \in E$. 用 $(\hat{P}_t)$ 表示对应的转移半群, 则 $(\hat{P}_t\hat{f})\circ\psi = P_t(\hat{f}\circ\psi)$, 其中 $\hat{f}$ 是 $\hat{E}$ 上的非负可测函数. 不难验证下面的定理.

定理 4.6.1 $\{\hat{\mathbb{P}}^{\hat{x}} : \hat{x} \in \hat{E}\}$ **是转移半群为** $(\hat{P}_t)$ **的右过程. 它是原过程** X **的一个空间变换.**

4.6.2 Killing 变换

首先, 给定 E 的一个近乎 Borel 子集 B, 用 τ 表示 B^c 的首中时, 即 B 的首离时, 对 $t \geqslant 0$ 以及非负可测函数 f, 定义

$$Q_t f(x) := \mathbb{E}^x[f(X_t), t < \tau],\ x \in E.$$

它诱导了 E 上的一个转移半群. 因为 τ 是停时, 由 Blumenthal 0-1 律, $\mathbb{P}^x(\tau > 0)$ 是 0 或者 1. 定义

$$F := \{x : \mathbb{P}^x(\tau > 0) = 1\},$$

那么 (Q_t) 是 F 上的一个转移半群, 诱导 F 上的一个右过程, 称为 X 在 B (实际上是 F) 上的限制, 或者直观地说, 当 X 离开 B 时即被截断送入坟墓. 这句话也可以如下严密地解释: 定义映射 $k : \Omega \to \Omega$ 满足

$$X_t \circ k := \begin{cases} X_t, & t < \tau, \\ \Delta, & t \geqslant \tau. \end{cases}$$

这时 k 是可测的, $\mathbb{P}^x$ 的像测度 $\mathbb{Q}^x := \mathbb{P}^x \circ k^{-1}$, $x \in E$, 给出一个右过程, 对应的半群是 (Q_t), 该过程的生命时是 $\tau \wedge \zeta$.

类似这样以某种方式杀死过程轨道的变换一般是由一个乘泛函诱导的, 我们先来介绍乘泛函.

定义 4.6.2 **一个实值右连续随机过程** $M = (M_t : t \geqslant 0)$ **称为** X **的 (递减) 乘泛函, 如果下列条件满足:**

(1) **对任何** $t \geqslant 0$, **有** $M_t \in [0, 1]$;

(2) $M = (M_t)$ **是适应的;**

(3) **对几乎所有的** $\omega \in \Omega$, **有**

$$M_{t+s}(\omega) = M_s(\omega) \cdot M_t(\theta_s \omega)$$

对任何 $t, s \geqslant 0$ **成立.**

一个乘泛函 M **称为是恰好的, 如果对任何** $t > 0$, $t_n \downarrow\downarrow 0$ **有** $M_{t-t_n} \circ \theta_{t_n} \longrightarrow M_t$.

条件 (3) 可以由看上去更弱的条件 (3′) 代替:

(3′) 对任何 $t, s \geqslant 0$, $M_{t+s} = M_s \cdot M_t \circ \theta_s$ a.s..

由 (3′) 推出 (3) 的证明过程称为 M 的完美化, 参考 [41],[18]. 上面的条件 (1),(3) 蕴含着 M 是递减的, 故这样的过程也通常称为递减乘泛函. 如果把条件 (2) 去掉, 那么 M 称为原始的乘泛函.

例 4.6.1 对任何 $\alpha > 0, t \mapsto \mathrm{e}^{-\alpha t}$ 总是乘泛函. 设 T 是随机时间, 令 $M_t := 1_{\{t<T\}}$, 那么 M 是满足 (1) 的右连续随机过程. 容易验证 M 适应当且仅当 T 是停时; M 满足 (3) 当且仅当 T 是原始的终止时, 还应该注意末离时不是停时, 但是一个原始的终止时; 首中时是恰好的而进入时不是恰好的. ∎

设 M 是乘泛函. 由乘性 (3) 知, $M_0^2 = M_0$, 再由 Blumenthal 0-1 律推出对任何 $x \in E, \mathbb{P}^x(M_0 = 1) = 0$ 或者 1. 定义

$$\begin{aligned} E_M &:= \{x \in E:\ \mathbb{P}^x(M_0 = 1) = 1\}, \\ S_M &:= \inf\{t > 0:\ M_t = 0\}, \end{aligned}$$

它们分别称为 M 的永久点集与生命时. 说 M 是右的乘泛函, 如果 E_M 是近乎可选的. 随机变量 S_M 是停时, 因为 $\{S_M \leqslant t\} = \{M_t = 0\} \in \mathscr{F}_t$. 另外 S_M 还是终止时, 因为如果 $S_M > t$, 即 $M_t > 0$, 那么

$$\begin{aligned} S_M \circ \theta_t &= \inf\{s > 0:\ M_s \circ \theta_t = 0\} \\ &= \inf\{s > 0:\ M_{t+s} = 0\} = S_M - t. \end{aligned}$$

当 $S_M \geqslant \zeta$ 时, 我们说 M 恒正.

对 E 上的非负普遍可测函数 f, 定义

$$Q_t f(x) := \mathbb{E}^x(f(X_t) M_t),\ x \in E,\ t \geqslant 0.$$

引理 4.6.3 (Q_t) 是 E 上的转移半群.

证明. 因为 $f(X_t)M_t$ 是 $\mathscr{F}_t$ 可测的, 所以 $Q_t f \in \mathscr{E}^*$. 利用马氏性与 M 的乘性

$$\begin{aligned} Q_t Q_s f(x) &= \mathbb{E}^x(Q_s f(X_t) M_t) \\ &= \mathbb{E}^x((f(X_s) M_s) \circ \theta_t M_t) \\ &= \mathbb{E}^x(f(X_{s+t}) \cdot M_{s+t}) = Q_{t+s} f(x). \end{aligned}$$

最后 $Q_t 1(x) = \mathbb{E}^x(M_t; X_t \in E) \leqslant 1$. □

两个乘泛函的乘积还是乘泛函, 乘泛函 M 与 $M1_{[0,\zeta)}$ 产生的半群是一样的, 因此我们不妨总假设 $S_M \leqslant \zeta$. 因为 (Q_t) 是马氏转移半群, 故应该有一个马氏过程对

应于它或者说对应于 M. 怎么描述这个过程呢? 先定义 Killing 算子族 (k_t): 对任何 $t \geqslant 0$,

$$k_t\omega(s) := \begin{cases} \omega(s), & s < t, \\ \Delta, & s \geqslant t. \end{cases}$$

k_t 是 $(\Omega, \mathscr{F}^0)$ 上的可测映射, 它把轨道从 t 时刻截断放入坟墓. 显然

$$X_s \circ k_t = \begin{cases} X_s, & s < t, \\ \Delta, & s \geqslant t. \end{cases}$$

对 $(\Omega, \mathscr{F}^{0*})$ 上的非负或有界随机变量 Z, 定义

$$\mathbb{Q}^x(Z) := \mathbb{E}^x \left[\int_{(0,+\infty]} Z \circ k_t d(-M_t) \right],$$

其中 $M_\infty := 0$. 直观地理解为按照关于 t 的分布函数 $1 - M_t$ 诱导的分布杀死轨道. 下面为了方便, 我们用 $\mathbb{Q}$ 同时表示概率及其相应的期望.

我们来证明

$$Q_t f(x) = \mathbb{Q}^x[f(X_t)],\ x \in E,\ t \geqslant 0.$$

由定义

$$\begin{aligned} \mathbb{Q}^x[f(X_t)] &= \mathbb{E}^x \left[\int_{(0,\infty]} f(X_t) \circ k_u d(-M_u) \right] \\ &= \mathbb{E}^x \left[\int_{(t,\infty]} f(X_t) d(-M_u) \right] \\ &= \mathbb{E}^x[f(X_t) M_t] = Q_t f(x). \end{aligned}$$

下面的定理说明乘泛函 M 诱导一个右过程.

定理 4.6.4 如果 M 是右的乘泛函, 那么过程

$$Y = (\Omega, \mathscr{F}, \mathscr{F}_t, X_t, \theta_t, \mathbb{Q}^x)$$

是 E_M 上, 转移半群为 (Q_t) 的右马氏过程.

证明. 不难从定义直接验证它是一个右连续简单马氏过程. 关键是证明它满足 HD2. 证明涉及许多细节, 不适合在这里叙述, 可参考 §61 [41]. 但如果 M 是恰好的, 证明

要简单得多. 用 (V^α) 表示 (Q_t) 的预解算子, 对非负普遍可测函数 f 和 $\alpha \geqslant 0$, 定义

$$P_M^\alpha f(x) := \begin{cases} \mathbb{E}^x \int_0^\infty \mathrm{e}^{-\alpha t} f(X_t) d(-M_t), & x \in E_M, \\ f(x), & x \notin E_M. \end{cases}$$

当 $M = 1_{[0,T)}$ 时, $P_M^\alpha f = P_T^\alpha f$. 我们来证明关于算子 P_M^α 的几个事实. 首先

$$P_M^\alpha U^\alpha f = \mathbb{E}^{\cdot} \int_0^\infty \mathrm{e}^{-\alpha s} f(X_s)(1 - M_s) ds = U^\alpha f - V^\alpha f.$$

这实际上是预解方程的推广. 事实上, 当 $x \notin E_M$ 时是显然的, 如果 $x \in E_M$, 那么利用马氏性和 Fubini 定理,

$$\begin{aligned} P_M^\alpha U^\alpha f(x) &= \mathbb{E}^x \int_0^\infty \mathrm{e}^{-\alpha t} d(-M_t) \int_0^\infty \mathrm{e}^{-\alpha s} f(X_s) \circ \theta_t ds \\ &= \mathbb{E}^x \int_0^\infty d(-M_t) \int_{[t,\infty)} \mathrm{e}^{-\alpha s} f(X_s) ds \\ &= \mathbb{E}^x \int_0^\infty \mathrm{e}^{-\alpha s} f(X_s) ds \int_{(0,s]} d(-M_t) \\ &= \mathbb{E}^x \int_0^\infty \mathrm{e}^{-\alpha s} f(X_s)(1 - M_s) ds. \end{aligned}$$

注意第一个等号要用到一个重要公式, 见 [41] 中的 (32.6).

下面再证明 $P_M^\alpha U^\alpha f$ 是 α-上平均的, 且当 M 是恰当时, 它是 α-过分的. 由马氏性, 且 $1 - M_s \circ \theta_t \leqslant 1 - M_{s+t}$, 故

$$\begin{aligned} P_t^\alpha P_M^\alpha U^\alpha f(x) &= \mathbb{E}^x \int_0^\infty \mathrm{e}^{-\alpha(s+t)} f(X_{s+t})(1 - M_s \circ \theta_t) ds \\ &\leqslant \mathbb{E}^x \int_0^\infty \mathrm{e}^{-\alpha(s+t)} f(X_{s+t})(1 - M_{s+t}) ds \\ &= \mathbb{E}^x \int_t^\infty \mathrm{e}^{-\alpha s} f(X_s)(1 - M_s) ds \\ &\leqslant P_M^\alpha U^\alpha f(x). \end{aligned}$$

这是 α-上平均性. 做变量替换, 我们有

$$P_t^\alpha P_M^\alpha U^\alpha f(x) = \mathbb{E}^x \int_t^\infty \mathrm{e}^{-\alpha s} f(X_s)(1 - M_{s-t} \circ \theta_t) ds,$$

如果 M 是恰好的, 那么当 $t \downarrow\downarrow 0$ 时, $M_{s-t} \circ \theta_t \downarrow M_s$, 因此由单调收敛定理推出

$$P_t^\alpha P_M^\alpha U^\alpha f(x) \uparrow P_M^\alpha U^\alpha f(x).$$

这样我们证明了如果 $f \in C_u(E)$, 那么 $V^\alpha f$ 是两个 α-过分函数的差, 故由定理 4.4.4 推出 $V^\alpha f \circ X.$ 是右连续的. □

由定理 4.4.16 看出来如果 M 是恰好的, 那么 $V^\alpha f$ 是精细连续函数的差, 因此也是精细连续的, 故 $E_M = \{V^\alpha 1 > 0\}$ 是精细开集.

右过程 X 经过其一个乘泛函 M 而得到过程 Y 的方法称为马氏过程的 Killing 变换, 它是马氏过程理论中常见的变换之一, Y 称为 X 的 M-子过程, 也记为 X^M, 所以该变换也称为子过程变换. 如果 $M_t = \mathrm{e}^{-\alpha t}$, M-子过程也称为 α-子过程, 记为 X^α. α-子过程的位势算子实际上就是 X 的 α-位势算子 U^α. 如果 G 是 E 的开子集, τ 是 G^c 的进入时, 那么 $M = 1_{[0,\tau)}$ 的永久点集是 $G' = \{x : \mathbb{P}^x(\tau > 0) = 1\}$, 它包含 G. 因此 M 是右的, M-子过程也称为 X 在 G' 上的限制. 一般地, M-子过程的半群 (Q_t) 被半群 (P_t) 控制, 即对任何非负可测函数 f, 及 $t \geqslant 0$, 有 $Q_t f \leqslant P_t f$. 下面定理说明反过来也成立, 证明参考 [5].

定理 4.6.5　**设有典则轨道空间上以 E 为状态空间的两个右过程 $X = \{\mathbb{P}^x\}$ 和 $Y = \{\mathbb{Q}^x\}$, 则 Y 的转移半群 (Q_t) 被 X 的转移半群 (P_t) 控制当且仅当存在 X 的乘泛函 M 使得 Y 是 X 的 M-子过程.**

4.6.3　上鞅乘泛函与漂移变换

如果把定义 4.6.2 的条件 (1) 改为 (1') 对任何 $x \in E$, $t \geqslant 0$ 有 $M_t \geqslant 0$ 且 $\mathbb{E}^x M_t \leqslant 1$, 那么 M 是一个非负上鞅, 称为上鞅乘泛函. 进一步, 如果 $\mathbb{E}^x M_t = 1$, 那么 M 是一个非负鞅, 称为鞅乘泛函.

给定上鞅乘泛函 M, 类似地定义半群 (Q_t), 那么它也对应一个右过程, 这也是马氏过程中一类重要的变换, 不在此详述, 有兴趣的读者可参考 [41] 中的 §62. 另外, 类似于 Doob-Meyer 分解的 Itô-Watanabe 分解告诉我们上鞅乘泛函总可以唯一地表示为一个鞅乘泛函和一个连续递减乘泛函的乘积. 由鞅乘泛函诱导的变换称为漂移变换, 它类似于第三章介绍的 Girsanov 变换.

例如, 设 $B = (B_t)$ 是 1-维 Brown 运动. 任取 $a \in \mathbf{R}$, 则

$$M_t = \mathrm{e}^{a(B_t - B_0) - \frac{1}{2}a^2 t}$$

是鞅乘泛函, 诱导的变换正是漂移 Brown 运动. 这是漂移变换名称的来源.

上鞅乘泛函变换的一个特例是 h-变换. 设 $h \in \mathbf{S}^\alpha$, 那么 $\mathbb{E}^x[\mathrm{e}^{-\alpha t}h(X_t)] \leqslant h(x)$. 令

$$M_t := \mathrm{e}^{-\alpha t}\frac{h(X_t)}{h(X_0)},\ E_h := \{0 < h < +\infty\}.$$

那么 M 是上鞅乘泛函且 $E_M = E_h$, 这样的乘泛函所诱导的变换称为 h-变换, 是由 Doob 引入的, 它实质上是个条件过程. 取 g 有界可测严格正, $\alpha > 0$, $h = U^\alpha g$, 那么由 Itô 公式推出下面的 Itô-Watanabe 分解

$$\mathrm{e}^{-\alpha t}\frac{h(X_t)}{h(X_0)} = M_t^{(h)} \cdot \exp\left(-\int_0^t \frac{g}{h}(X_s)ds\right),$$

其中 $(M_t^{(h)})$ 是 (局部) 鞅乘泛函. 也就是说由一个上鞅乘泛函诱导的变换可以分解为一个漂移变换和 Killing 变换的复合.

例 4.6.2 设 F 是 E 的闭子集, τ 是 F 的首中时, F' 是 F 的可测子集, 令

$$h(x) := \mathbb{P}^x(X_\tau \in F', \tau < \infty).$$

那么 h 是过分函数, 它所诱导的 h-变换是过程在首经子集 F' 而抵达 F 的条件下的右过程. 再具体一点, 设 X 是 1-维 Brown 运动, $F = \{0,1\}$, $F' = \{1\}$, $h(x) = \mathbb{P}^x(X_{\tau_F} = 1)$, 那么

$$h(x) = \begin{cases} 0, & x < 0, \\ x, & x \in [0,1], \\ 1, & x > 1. \end{cases}$$

这样得到的 h-变换是 $\mathbf{R}^+$ 上的过程, 它在 $[1,+\infty)$ 上与 Brown 运动一致, 在 $[0,1)$ 上是 Brown 运动经点 1 离开 $[0,1)$ 的条件过程. ∎

注释 4.6.1 设右过程 X 关于 m 对称, 那么 Killing 变换下得到的过程仍然关于 m 对称, 但是漂移变换下得到的过程一般会改变对称测度 m, 例如, 容易验证, 用过分函数 h 作 h-变换之后得到的过程关于测度 $h^2 \cdot m$ 对称.

4.6.4 时间变换与从属变换

下面我们来介绍时间变换, 时间变换是通过改变过程的时间得到的过程, 用来做时间变换的停时族是由连续加泛函诱导的, 加泛函的定义与乘泛函类似.

定义 4.6.6 一个实值右连续随机过程 $A = (A_t : t \geqslant 0)$ 称为 (正) 加泛函, 如果下列条件满足:

(1) 对任何 $t < \zeta$, 有 $0 \leqslant A_t < +\infty$;

(2) $A = (A_t)$ 是适应的;

(3) 对几乎所有的 $\omega \in \Omega$, 有 $A_{t+s}(\omega) = A_s(\omega) + A_t(\theta_s\omega)$ 对任何 $t, s \geqslant 0$ 成立.

如果一个加泛函的几乎所有轨道连续, 那么我们说该加泛函是连续 (正) 加泛函, 简写为 PCAF.

例 4.6.3 如果 f 是非负有界普遍可测函数, 那么

$$A_t := \int_0^t f(X_s)ds,\ t \geqslant 0$$

定义了一个连续加泛函. 特别地 $A_t = \alpha t$ 总是连续加泛函, 其中 α 是非负常数. 典型的例子还有占有时

$$A_t = \int_0^t 1_B(X_s)ds,$$

其中 $B \in \mathscr{B}(E)$, 以及局部时. 如果 A 是一个加泛函, 那么容易验证它的以 e 为底的指数函数 $\exp(-A_t)$ 是一个乘泛函. 如果 M 是乘泛函, 其对数未必是加泛函, 但若 M 恒正, 那么容易验证其自然对数 $\ln M_t^{-1}$ 定义了一个加泛函. 但在某些场合下, 自然指数或者对数并不是最自然的选择, 我们定义 M 的 Stieltjes 对数

$$(\operatorname{Log} M)_t := \int_0^t 1_{\{s<S_M\}} \frac{d(-M_s)}{M_{s-}},\ t \geqslant 0.$$

不难验证如果 M 恒正, 那么其 Stieltjes 对数 $\operatorname{Log} M$ 也是加泛函. 一般地, $\operatorname{Log} M$ 是 $1_{[0,S_M)}$-加泛函. 类似地可以定义 Stieltjes 指数, 它与 Stieltjes 对数互为逆运算. 如果 M 是连续的, 那么两种对数 (或者指数) 是一样的. ∎

现在设 A 是连续加泛函. 定义

$$R_A := \inf\{t \geqslant 0 :\ A_t > 0\}.$$

当然 R_A 是停时而且是终止时. A 的精细支撑 f-supp(A) 定义为 R_A 的正则点, 即 f-supp$(A) := \{x : \mathbb{P}^x(R_A = 0) = 1\}$, 它是精细闭的. R_A 实际上几乎肯定地是 f-supp(A) 的首中时. 对任何可测的 f, 定义

$$(f \star A)_t := \int_0^t f(X_s)dA_s.$$

定理 4.6.7 **精细支撑** f-supp(A) **是最小的精细闭集** K, **满足** $1_K \star A = A$.

证明. 如果 K 是这样的一个集合, 那么

$$A_t = \int_0^t 1_K(X_s)dA_s = \int_0^t 1_{\{s>T_K\}}1_K(X_s)dA_s,$$

因此 $R_A \geqslant T_K$, 其中 T_K 是 K 的首中时. 若 $x \notin K$, 那么因为 K 是精细闭的, 故 $\mathbb{P}^x(R_A > 0) \geqslant \mathbb{P}^x(T_K > 0) = 1$, 因此 $x \notin$ f-supp(A), 即 f-supp$(A) \subset K$. 现在用 R 表示 R_A, 那么因为 $A_R = 0$, 故对任何 t,

$$A_t = A_t + A_R \circ \theta_t = A_{t+R\circ\theta_t},$$

即 A 在 $(t, t+R\circ\theta_t)$ 上是常数, 因此对几乎所有样本

$$\bigcup_{t\in\mathbb{Q}}(t, t+R\circ\theta_t) = \overline{\{t:\ X_t \in \text{f-supp}(A)\}}^c.$$

由 X 的右连续性及 f-supp(A) 是精细闭的推出 $1_{\text{f-supp}(A)} \star A = A$. □

用 F 表示 f-supp(A). 定义 A 的右连续逆, 对任何 $t \geqslant 0$,

$$\tau_t(\omega) := \inf\{s:\ A_s(\omega) > t\}.$$

显然 τ_t 是停时, $t \mapsto \tau_t$ 是右连续严格递增的, $A_{\tau_t} = t$, $\tau_0 = R_A$. 定义

$$Y_t := X_{\tau_t},\ \hat{\mathscr{F}}_t := \mathscr{F}_{\tau_t},\ \hat{\theta}_t = \theta_{\tau_t}.$$

随机过程 (Y_t) 显然是 $\hat{\mathscr{F}}_t$ 适应的右连续过程且 $(\hat{\theta}_t)$ 是 (Y_t) 的推移算子族. 事实上, 对任何 $u, t \geqslant 0$,

$$\begin{aligned}\tau_t + \tau_u\circ\theta_{\tau_t} &= \tau_t + \inf\{s : A_s\circ\theta_{\tau_t} > u\}\\ &= \tau_t + \inf\{s : A_{s+\tau_t} > u+t\} = \tau_{u+t}.\end{aligned}$$

因此

$$Y_t\circ\hat{\theta}_s = X_{\tau_t}\circ\theta_{\tau_s} = X_{\tau_t\circ\theta_{\tau_s}+\tau_s} = X_{\tau_{t+s}} = Y_{t+s}.$$

过程

$$Y = (\Omega, \mathscr{F}, \hat{\mathscr{F}}_t, Y_t, \hat{\theta}_t, \mathbb{P}^x)$$

称为 X 的 (由连续加泛函 A 诱导的) 时间变换过程.

定理 4.6.8 X 的由连续加泛函 A 诱导的时间变换过程 Y 是以 F 为状态空间的右过程.

证明. 让我们抛开诸多的细节, 只验证 Y 是右连续简单马氏过程且满足 HD2. 右连续性是显然的, 需验证简单马氏性. 对有界随机变量 Z, 利用 X 的强马氏性推出

$$\mathbb{E}^x(Z\circ\hat{\theta}_t|\hat{\mathscr{F}}_t) = \mathbb{E}^x(Z\circ\theta_{\tau_t}|\mathscr{F}_{\tau_t}) = \mathbb{E}^{X_{\tau_t}}Z = \mathbb{E}^{Y_t}Z.$$

最后我们来证明 HD2. 对任何 $\alpha > 0$, 用 $\hat{U}^\alpha$ 表示 Y 的位势算子, 对 E 上非负可测的 f,

$$\begin{aligned}
\hat{U}^\alpha f(x) &= \mathbb{E}^x\int_0^\infty \mathrm{e}^{-\alpha t}f(Y_t)dt \\
&= \mathbb{E}^x\int_0^\infty \mathrm{e}^{-\alpha t}f(X_{\tau_t})dt \\
&= \mathbb{E}^x\int_0^\infty \mathrm{e}^{-\alpha A_t}f(X_t)dA_t \\
&= U_{M*A}f(x),
\end{aligned}$$

其中 $M_t := \mathrm{e}^{-\alpha A_t}$ 是恒正的乘泛函且 $d(M*A)_t := M_t dA_t$. 而 $U_{M*A}f$ 实际上是两个过分函数的差, 精确地说,

$$U_{M*A}f = U_A f - U_{\alpha A}U_{M*A}f,$$

且右边两个是过分函数. 事实上,

$$\begin{aligned}
U_{\alpha A}U_{M*A}f(x) &= \mathbb{E}^x\int_0^\infty \alpha\left[\mathbb{E}^{X_t}\int_0^\infty \mathrm{e}^{-\alpha A_s}f(X_s)dA_s\right]dA_t \\
&= \mathbb{E}^x\int_0^\infty \alpha dA_t\left(\int_0^\infty \mathrm{e}^{-\alpha A_s}f(X_s)dA_s\right)\circ\theta_t \\
&= \mathbb{E}^x\int_0^\infty \mathrm{e}^{\alpha A_t}\left(\int_t^\infty \mathrm{e}^{-\alpha A_s}f(X_s)dA_s\right)\alpha dA_t \\
&= \mathbb{E}^x\int_0^\infty \mathrm{e}^{-\alpha A_s}f(X_s)dA_s\int_0^s d(\mathrm{e}^{\alpha A_t}) \\
&= U_A f(x) - U_{M*A}f(x).
\end{aligned}$$

再验证 $U_A f$ 是过分函数. 事实上,

$$P_t U_A f(x) = \mathbb{E}^x\mathbb{E}^{X_t}\int_0^\infty f(X_s)dA_s$$

$$
\begin{aligned}
&= \mathbb{E}^x \left(\int_0^\infty f(X_s) dA_s \right) \circ \theta_t \\
&= \mathbb{E}^x \left(\int_t^\infty f(X_s) dA_s \right),
\end{aligned}
$$

当 $t \downarrow 0$ 时, 递增地趋于 $U_A f(x)$. 类似验证 $U_{\alpha A} U_{M*A} f$ 也是过分函数.

因此 $\hat{U}^\alpha f$ 是两个过分函数的差, 则 $\hat{U}^\alpha f(X_\cdot)$ 是右连续的, 从而 $\hat{U}^\alpha f(Y_\cdot)$ 也是右连续的. □

如果 F 是 E 的一个可测子集, 考虑它的占有时 $A_t = \int_0^t 1_F(X_s) ds$, 那么直观地看 A 只在过程在 F 中时增加. 但是, 实际上不完全对, 因为只有当 X 的轨道在 F 中有分量时 A 才会增加, 即当 X 碰到

$$
F^* = \{x \in E : \mathbb{P}^x(R = 0) = 1\}
$$

中的点时才会增加, 其中 $R = \inf\{t > 0 : A_t > 0\}$. 例如如果 F 是个位势零集, 那么对所有 $t \geqslant 0$, $A_t = 0$. 当 X 是 $\mathbf{R}^n$ 上的 Brown 运动, F 的测度为正时, 例如, $E = \mathbf{R}^2$, F 是其中单位圆盘时, 其占有时 A 是不平凡的, 由 A 诱导的时间变换 Y 就是简单地抹去 X 不在 F 中的片段, 它在 F 中还是 Brown 运动, 但是在边界处会形成跳跃. 当 F 是测度零, 但容度为正时, 需要考虑 F 上的局部时来进行时间变换.

最后我们介绍另外一种变换, 它也是时间上的变换, 但不同于上面的时间变换, 称为从属变换. 考虑一个从属子, 即一个从零出发的 1-维的递增 Lévy 过程 $S = (S_t)$, 这时 S_t 由下面的 Laplace 变换刻画

$$
\mathbb{E}[\mathrm{e}^{-uS_t}] = \exp(-tg(u)),
$$

其中

$$
g(u) = \lambda u + \int_0^\infty (1 - \mathrm{e}^{-ux}) \nu(dx),
$$

且 $\lambda \geqslant 0$ 刻画漂移, ν 是 $(0, \infty)$ 上满足下面条件的测度

$$
\int_0^\infty (1 \wedge x) \nu(dx) < \infty.
$$

上式对于实部为正的复数 u 也是成立的.

假设 X 与 S 独立, 用 S_t 作为时间来定义新的过程

$$
Y_t := X(S_t) = X_{S_t}, \ t \geqslant 0,
$$

它也是一个右过程, 称为 X 的 (由从属子 S 诱导的) 从属变换. 由独立的性质, 从属变换的半群很容易用 X 与 S 的半群表达:

$$\mathbb{P}^x(Y_t \in A) = \mathbb{P}^x(X(S_t) \in A) = \mathbb{E}[P_{S_t}(x, A)] = \int_0^\infty P_s(x, A)\mu_t(ds),$$

其中 $\mu_t(ds) := \mathbb{P}(S_t \in ds)$ 是从属子的卷积半群. 如果 X 是 Lévy 过程, 其 Lévy 指数是 ϕ, 那么 Y 也是 Lévy 过程, 它的 Lévy 指数是两个 Lévy 指数的复合 $g(\phi)$, 这是因为

$$\mathbb{E}[\mathrm{e}^{\mathrm{i}xY_t}] = \mathbb{E}[\mathrm{e}^{\mathrm{i}xX(S_t)}] = \mathbb{E}[\mathrm{e}^{-S_t\phi(x)}] = \mathrm{e}^{-tg(\phi(x))}.$$

习 题

1. 如果把定义 4.6.2 中的条件 (1) 改为 (1') 对任何 $x \in E$, $t \geqslant 0$ 有 $M_t \geqslant 0$ 且 $\mathbb{E}^x M_t \leqslant 1$, 证明: M 是一个非负上鞅, 称为上鞅乘泛函.

2. 设 M 是乘泛函, 证明: 当 $t \in (0, s)$ 且递减时, $M_{s-t}\circ\theta_t$ 递减.

3. 设 $H \in b\mathscr{F}_t^{0*}$, 证明: $\mathbb{Q}^x(H1_{\{t<\zeta\}}) = \mathbb{E}^x(HM_t)$.

4. 设 M 是右的乘泛函, 证明: 对任何 $t, s \geqslant 0$, 有
$$\mathbb{Q}^x(\zeta > t+s|\mathscr{F}_{t+}^{0*})1_{\{\zeta>t\}} = \mathbb{E}^{X_t}(M_s)1_{\{\zeta>t\}}.$$

5. 设 X 是 $\mathbf{R}$ 上的向右一致平移, $T = T_0$, $0 < \beta < 1$. 定义 $M := 1_{[0,T)} + (1-\beta)1_{[T,\infty)}$, 证明 M 是恰好的乘泛函.

6. 设 A 是 M-加泛函. 证明 $U_A^\alpha f$ 是 M-子过程的 α-过分函数.

7. 设 A 是加泛函. 证明: R_A 是停时而且是终止时.

8. 设 A 是 $\mathbf{R}$ 的右闭子集 (即 A 对递减极限封闭), 证明: A 与其闭包至多差个可列集.

9. 加泛函 A 不负荷可测集 F 是指 $1_F \star A = 0$. 证明: 连续加泛函不负荷半极集.

10. 设 Y 是 X 的由连续可加泛函 A 诱导的时间变换过程, 证明: (1) 如果 f 是 X-过分的, 那么 $f|_F$ 是 Y-过分的; (2) 如果 $A < \infty$ a.s. 且 $F = E$, 那么 Y 的过分函数也是 X 的过分函数.

4.6.5 加泛函的 Revuz 测度

下面我们将介绍加泛函及其 Revuz 测度, 这个概念在位势理论中非常重要, 在 Dirichlet 形式的理论中称为光滑测度. 我们稍微推广一点加泛函的概念, 一个加泛函 A 的在 X 的框架下的位势如下定义

$$U_A f(x) := \mathbb{E}^x \int_0^\infty f(X_t) dA_t,$$

在 α-子过程的框架下的位势是

$$\mathbb{Q}^x \int_0^\infty f(X_t) dA_t = \mathbb{E}^x \int_0^\infty \mathrm{e}^{-\alpha t} f(X_t) dA_t,$$

实际上是随机过程

$$\widetilde{A}_t = \int_0^t \mathrm{e}^{-\alpha s} dA_s$$

的位势. 它满足

$$\widetilde{A}_t \circ \theta_u = \int_0^t \mathrm{e}^{-\alpha s} dA_{s+u} = \int_u^{u+t} \mathrm{e}^{-\alpha(s-u)} dA_s,$$

推出

$$\widetilde{A}_{u+t} = \widetilde{A}_u + \mathrm{e}^{-\alpha u} \cdot \widetilde{A}_t \circ \theta_u.$$

把 $\mathrm{e}^{-\alpha t}$ 换成一般的乘泛函 $M = (M_t)$, 给出下面的加泛函的自然推广.

定义 4.6.9 **设** M **是** X **的 (递减) 乘泛函. 一个实值右连续随机过程** $A = (A_t : t \geqslant 0)$ **称为** X **的** M-**加泛函, 如果下列条件满足:**

(1) **对任何** $t < S_M$, **有** $0 \leqslant A_t < +\infty$;

(2) $A = (A_t)$ **是适应的;**

(3) **对几乎所有的** $\omega \in \Omega$, **有**

$$A_{t+s}(\omega) = A_s(\omega) + M_s(\omega) \cdot A_t(\theta_s \omega)$$

对任何 $t, s \geqslant 0$ **成立.**

特别地, $1_{[0,\zeta)}$-**加泛函即加泛函.**

由 (3) 推出如果 $x \in E_M$, 那么 $\mathbb{P}^x(A_0 = 0) = 1$. 条件 (3) 也简单写为 $A_{t+s} = A_s + M_s \cdot A_t \circ \theta_s$. 由此推出 A_t 在 $\{t > S_M\}$ 上是常数. 如果没有适应性 (2), 加泛函称为原始的加泛函. 如果 A 是加泛函且 $t \mapsto A_t$ 是连续的, 那么 A 称为连续加泛函.

例 4.6.4 如果 M 是乘泛函, 那么 $(1-M_t)$ 是一个 M-加泛函, 因为

$$\begin{aligned}1-M_{s+t}&=1-M_s+M_s-M_s\cdot M_t\circ\theta_s\\&=(1-M_s)+M_s\cdot(1-M_t)\circ\theta_s.\end{aligned}$$

设 M 是乘泛函, A 是加泛函. 定义

$$\begin{aligned}M*A&:=\int_0^{\cdot}M_s dA_s;\\M_-*A&:=\int_0^{\cdot}M_{s-}dA_s.\end{aligned}$$

它们都是 M-加泛函. 让我们验证前者是个 M-加泛函, 事实上, 简单记 $M*A$ 为 A', 应用 A 的加性质和 M 的乘性质得

$$\begin{aligned}A'_{s+t}&=A'_s+\int_s^{s+t}M_u dA_u\\&=A'_s+\int_0^t M_{s+u}dA_{s+u}\\&=A'_s+M_s\int_0^t M_u\circ\theta_s dA_u\circ\theta_s\\&=A'_s+M_s\cdot A'_t\circ\theta_s.\end{aligned}$$

如果 A 或者 M 连续, 那么两者 $M*A$ 与 M_-*A 没有区别. 另外, $M_-*\operatorname{Log}M=1-M$. ∎

现在, 设 A 是 M-加泛函, $\xi\in\operatorname{Exc}(X^M)$, 其中子过程 $X^M=(X_t,\mathbb{Q}^x)$ 的半群是 (Q_t), 预解是 (V^α). 这时, ξQ_t 关于 t 递减. 我们的目标是要证明对于任何的非负可测函数 f,

$$\lim_{t\downarrow 0}\frac{1}{t}\mathbb{E}^\xi\left(\int_0^t f(X_s)dA_s\right)$$

存在, 从而上式定义了 E 上的一个测度. 因为右边括号内仍然是个 M-加泛函, 为此, 不妨假设 f 是 1, 考虑函数 $a(t):=\mathbb{E}^\xi[A_t]$, $t>0$.

引理 4.6.10 **函数 a 是一个递增的凹函数.**

证明. 只需验证对固定的 $s>0$, 增量 $a(t+s)-a(t)$ 关于 t 递减. 事实上,

$$a(t+s)-a(t)=\mathbb{E}^\xi[A_{t+s}-A_t]=\mathbb{E}^\xi[M_t\cdot A_s\circ\theta_t]$$

$$= \mathbb{E}^{\xi}\{M_t \mathbb{E}^{X_t}[A_s]\} = \mathbb{Q}^{\xi}\mathbb{E}^{X_t}[A_s] = \mathbb{E}^{\xi Q_t}[A_s],$$

它关于 t 递减, 因为 ξQ_t 关于 t 递减. 完成证明. □

因此, 函数 a 有右导数

$$a'(t) = \lim_{s\downarrow 0} \frac{a(t+s)-a(t)}{s},$$

这里, 右边的极限是递增的. 另外右导数函数 a' 是递减的, 且

$$\lim_{t\downarrow 0} a'(t) = a'(0).$$

进一步推出,

$$\begin{aligned}\lim_{\alpha\uparrow+\infty} \alpha\mathbb{E}^{\xi}\left[\int_0^{\infty} \mathrm{e}^{-\alpha t} dA_t\right] &= \lim_{\alpha\uparrow+\infty} \alpha \int_0^{\infty} \mathrm{e}^{-\alpha t} da(t) \\ &= \lim_{\alpha\uparrow+\infty} \int_0^{\infty} \mathrm{e}^{-t} a'(t/\alpha) dt = a'(0).\end{aligned}$$

现在对于 E 上的非负可测函数 f, 当 $t\downarrow 0$ 时,

$$\frac{1}{t}\mathbb{E}^{\xi}\left(\int_0^t f(X_s)dA_s\right)$$

递增极限存在, 可能等于无穷. 定义

$$\nu_A^{\xi}(f) := \lim_{t\downarrow 0} \frac{1}{t}\mathbb{E}^{\xi}\left(\int_0^t f(X_s)dA_s\right).$$

这个极限也可以用位势算子表示. 对任何 M-加泛函 A, 定义其位势算子

$$U_A^{\alpha} f(x) := \mathbb{E}^x \int_0^{\infty} \mathrm{e}^{-\alpha t} f(X_t) dA_t,\ f \in \mathscr{E}_+^*,\ x \in E.$$

当 $A_t = t$ 时, 这就是通常的预解算子. 不难验证 $U_A^{\alpha} f$ 是 M-子过程 X^M 的 α-过分函数, 类似地, $U_A = U_A^0$. 那么,

$$\nu_A^{\xi}(f) = \lim_{\alpha\to\infty} \alpha\mathbb{E}^{\xi}\left[\int_0^{\infty} \mathrm{e}^{-\alpha t} f(X_t) dA_t\right] = \lim_{\alpha\to\infty} \alpha\xi(U_A^{\alpha} f).$$

定义 4.6.11 ν_A^{ξ} **定义了** E **上的一个测度, 称为** M-**加泛函** A **的关于** M-**过分测度** ξ **的** Revuz **测度. 从加泛函到** Revuz **测度的对应称为** Revuz **对应.**

例 4.6.5 设 $A_t = t$. 那么

$$\begin{aligned}\nu_A^\xi(f) &= \lim_{t\to 0}\mathbb{E}^\xi \frac{1}{t}\int_0^t f(X_s)ds \\ &= \lim_{t\to 0}\frac{1}{t}\int_0^t \xi P_s(f)ds = \xi(f),\end{aligned}$$

即 $\nu_A^\xi = \xi$. ∎

定理 4.6.12 **设 ξ 是耗散测度且 A 是加泛函, 那么对于非负可测的 f 有**

$$\nu_A^\xi(f) = L(\xi, U_A f).$$

证明. 先证明下面的特殊情况. 设 $\mu U \in \mathrm{Pot}(X)$ 且 A 是加泛函, 那么

$$\nu_A^{\mu U} = \mu U_A.$$

事实上, 由马氏性以及 Fubini 定理,

$$\begin{aligned}\nu_A^{\mu U}(f) &= \lim_{t\to 0}\frac{1}{t}\mathbb{E}^{\mu U}\int_0^t f(X_s)dA_s \\ &= \lim_{t\to 0}\frac{1}{t}\mathbb{E}^{\mu}\int_0^\infty \mathbb{E}^{X_u}\left(\int_0^t f(X_s)dA_s\right)du \\ &= \lim_{t\to 0}\frac{1}{t}\mathbb{E}^{\mu}\int_0^\infty \left(\int_0^t f(X_s)dA_s\right)\circ\theta_u du \\ &= \lim_{t\to 0}\frac{1}{t}\mathbb{E}^{\mu}\int_0^\infty \left(\int_u^{t+u} f(X_s)dA_s\right)du \\ &= \lim_{t\to 0}\frac{1}{t}\mathbb{E}^{\mu}\int_0^\infty (s\wedge t)f(X_s)dA_s \\ &= \mathbb{E}^{\mu}\int_0^\infty \lim_{t\to 0}\frac{(s\wedge t)}{t}f(X_s)dA_s \\ &= \mathbb{E}^{\mu}\int_0^\infty f(X_s)dA_s = \mu U_A(f).\end{aligned}$$

上式实际上是

$$\nu_A^{\mu U}(f) = L(\mu U, U_A f).$$

现在取位势 $\mu_n U \uparrow \xi$,

$$L(\xi, U_A f) = \lim_n L(\mu_n U, U_A f) = \lim_n \nu_A^{\mu_n U} = \nu_A^\xi.$$

完成证明. □

为了简单起见上面的定理, 只是叙述了 $M=1$ 的情况. 一般情况的公式应该是 $\nu_A^{\mu V}=\mu U_A$ 以及对非负可测函数 f 有

$$\nu_A^{\xi}(f)=L^M(\xi,U_Af),$$

其中 L^M 是子过程 X^M 的能量泛函, ξ 是子过程 X^M 的耗散测度, A 是 M-加泛函.

设 ξ 是 X 的过分测度, A 是加泛函, 那么 ξ 也是子过程 X^M 的过分测度, 两个过程的差别是测度 $\mathbb{P}^x$ 与 $\mathbb{Q}^x$ 的差别, $\mathbb{P}^x$-零概率集也是 $\mathbb{Q}^x$-零概率集, 所以 A 对于子过程也是加泛函. A 的关于 ξ 的 Revuz 测度可以在过程 X 的框架下计算, 也可以在 X 的子过程 X^M 的框架下计算, 它们有什么不同呢? 我们记在 X^M 的框架下 A 所对应的 Revuz 测度为 $\nu_{M,A}^{\xi}$, 那么对非负可测的 f 有

$$\nu_{M,A}^{\xi}(f)=\lim_{t\downarrow 0}\frac{1}{t}\mathbb{Q}^{\xi}\int_0^t f(X_s)dA_s.$$

由上一节所叙述的公式,

$$\begin{aligned}\mathbb{Q}^x\int_0^t f(X_s)dA_s&=\mathbb{E}^x\left(\int_0^{\infty}\left(\int_0^t f(X_s)dA_s\right)\circ k_u d(-M_u)\right)\\&=\mathbb{E}^x\int_0^t f(X_s)M_s dA_s.\end{aligned}$$

由此推出 $\nu_{M,A}^{\xi}$ 就是 M-加泛函 $M*A$ 的 Revuz 测度 ν_{M*A}^{ξ}. 特殊情况是 $M_t=\mathrm{e}^{-\beta t}$, 即 β-子过程. 这时, 用 $\beta*A$ 表示 $M*A$, 应用 Revuz 测度的位势算子表达式得

$$\begin{aligned}\nu_{\beta*A}^{\xi}(f)&=\lim_{\alpha\to+\infty}\alpha\xi(U_A^{\alpha+\beta}f)\\&=\lim_{\alpha\to+\infty}\frac{\alpha}{\alpha+\beta}(\alpha+\beta)\xi(U_A^{\alpha+\beta}f)=\nu_A^{\xi}(f).\end{aligned}$$

这证明了下面的引理.

引理 4.6.13 对于 $\xi\in\mathrm{Exc}(X)$, 可加泛函 A, 有 $\nu_{\beta*A}^{\xi}=\nu_A^{\xi}$.

因为当 $\beta>0$ 时, β-子过程是暂留的, 所以在计算加泛函的 Revuz 测度时总可以假设过程是暂留的. 下面是一般的结果, 参考 [44].

定理 4.6.14 对于 $\xi\in\mathrm{Exc}(X)$, 加泛函 A, 以及 $\beta>0$ 有 $\nu_{M_-*A}^{\xi}=\nu_A^{\xi}$.

先证明一个恒等式, 它是定理 4.6.8 的证明中所需要的一个恒等式的推广.

引理 4.6.15 如果 M 是恒正的乘泛函, 那么有恒等式

$$U_A^{\alpha}=U_{M_-*A}^{\alpha}+U_{\mathrm{Log}\,M}^{\alpha}U_{M_-*A}^{\alpha}.$$

证明. 取 E 上的非负可测函数 f, $x\in E$, $\alpha>0$, 使得 $U_A^\alpha f(x)<\infty$, 那么

$$
\begin{aligned}
U_{\operatorname{Log}M}^{\alpha}U_{M_-*A}^{\alpha}f(x) &= \mathbb{E}^x\int_0^\infty \mathrm{e}^{-\alpha t}\left(\mathbb{E}^{X_t}\int_0^\infty \mathrm{e}^{-\alpha s}f(X_s)M_{s-}\,dA_s\right)\frac{d(-M_t)}{M_{t-}} \\
&= \mathbb{E}^x\int_0^\infty\left(\int_t^\infty \mathrm{e}^{-\alpha s}f(X_s)M_{s-}\,dA_s\right)\frac{d(-M_t)}{M_{t-}M_t} \\
&= \mathbb{E}^x\int_0^\infty\left(\int_t^\infty \mathrm{e}^{-\alpha s}f(X_s)M_{s-}\,dA_s\right)d\frac{1}{M_t} \\
&= -\mathbb{P}^x\int_0^\infty \mathrm{e}^{-\alpha s}f(X_s)M_{s-}\,dA_s \\
&\quad +\mathbb{P}^x\int_0^\infty \frac{1}{M_{t-}}\mathrm{e}^{-\alpha t}f(X_t)M_{t-}\,dA_t \\
&= U_A^\alpha f(x)-U_{M_-*A}^\alpha f(x).
\end{aligned}
$$

第三个等号是因为 $d\dfrac{1}{M_t}=\dfrac{d(-M_t)}{M_{t-}M_t}$, 第四个等号是分部积分公式. □

当 $A_t=t$ 时, $U_{M_-*A}^\alpha=V^\alpha$, 我们得到下面的恒等式: 当 M 恒正时,

$$U^\alpha=V^\alpha+U_{\operatorname{Log}M}^\alpha V^\alpha,$$

其中 (V^α) 是 M-子过程的预解. 比较在上一节定理 4.6.4 的证明中所给的一般情况下的恒等式

$$U^\alpha=V^\alpha+P_M^\alpha U^\alpha.$$

证明. (定理 4.6.14 的证明) 引理 4.6.13 后的注释说明在计算 Revuz 测度时, 不妨设过程是暂留的, 那么 ξ 是耗散的, 存在位势 $\mu_nU\uparrow\xi$. 令 $\rho_n=\mu_n+\mu_nU_{\operatorname{Log}M}$, 那么由上面引理下所指出的恒等式推出 $\rho_nV=\mu_nU\uparrow\xi$. 再应用上面引理中的恒等式以及定理 4.6.12 下的注释中的公式得

$$\nu_A^\xi=\lim_n\mu_nU_A=\lim_n\rho_nU_{M_-*A}=\nu_{M_-*A}^\xi.$$

完成证明. □

设 A 是连续加泛函, $\tau=(\tau_t)$ 是 A 的右连续逆, 那么

$$U_Af(x)=\mathbb{E}^x\int_0^\infty f(X_t)dA_t=\mathbb{E}^x\int_0^\infty f(X_{\tau_t})dt=\hat{U}f(x),$$

其中 $\hat{U}$ 是时间变换过程的位势算子, 由此可以证明下面的定理.

定理 4.6.16 **如果 $\xi \in \mathrm{Exc}(X)$, A 是连续加泛函, 那么其 Revuz 测度 $\nu = \nu_A^\xi$ 是由 A 诱导的时间变换 $\hat{X}$ 的过分测度. 进一步, 如果 X 的转移半群关于 ξ 对称, 那么 $\hat{X}$ 的转移半群关于 ν 对称.**

习　题

1. 证明: 如果 f 是非负可测函数, A 是 M-加泛函, 则 $U_A f$ 是 X^M 的过分函数.

2. 证明定理 4.6.16 的两个结论.

4.7 Ray 预解, Ray 过程与 Ray-Knight 紧化 *

在这里, 我们简单地介绍一下 Ray 预解, Ray 过程与 Ray-Knight 紧化. 从一个转移半群可以构造一个时间齐次的简单马氏过程, 但是这个马氏过程没有什么好的轨道性质可以使用. 右过程是好的马氏过程, 尽管有 Feller 过程, Lévy 过程的铺垫, 但是它的假设比较繁复, 不很自然, 难以理解. Ray 过程理论能够很好地联系两者, 本质上给右过程一个比较自然的解释, 但理论的细节过于繁琐, 无法展开, 有兴趣的读者可参考 [18] 与 [8].

定义 4.7.1 **设 F 是紧度量空间, F 上的 Markov 预解族 $(U^\alpha : \alpha > 0)$ 称为 Ray 预解, 如果**

(1) $U^\alpha(C(F)) \subset C(F)$;

(2) **1-上平均函数全体 S^1 区分 F 的点.**

紧空间上的 Feller 半群的预解是 Ray 预解. Ray 预解 (U^α) 对应唯一的右连续 Markov 转移半群 $(P_t : t \geqslant 0)$. 一般地, 对点 $x \in F$, $P_0(x, \{x\})$ 不一定等于 1. 当 $P_0(x, \{x\}) < 1$ 时, x 称为分支点, 分支点全体用 B 表示, 非分支点全体 $D := F \setminus B$. 如果存在 $y \neq x$, 使得 $P_0(x, \{y\}) = 1$, 那么 x 称为退化分支点, 退化分支点全体用 B_d 表示. 应用 Feller 过程的构造类似的思想可以证明下面过程的存在性.

定理 4.7.2 **设 (U^α) 是 F 上的 Ray 预解, (P_t) 是对应半群. 对 F 上的任何概率分布 μ, 存在概率空间 $(\Omega, \mathscr{F}, \mathbb{P})$ 上的右连左极的强马氏过程 $X = (X_t)$, 使得它的初始分布是 μP_0, 转移半群是 (P_t). 该过程称为 Ray 预解对应的 Ray 过程. 另外,**

1. **分支点集** B **关于** X **是极集, 关于左极限过程** (X_{t-}) **是半极集.**

2. **拟左连续: 设** T_n **是递增趋于** T **的停时列, 则在** $\{0<T<\infty\}$ **上,** $\lim X(T_n)=X(T)$ **当且仅当** $\lim_n X(T_n)\in D$.

Ray 过程是右连左极的强马氏过程, 基本上就是一个右过程, 但因为 Ray 过程可能有分支点, 所以它不是真正的右过程. 一个马氏过程 X 可以嵌入到一个 Ray 过程中去, 也就是说扩大状态空间, 扩张预解成为 Ray 预解, 得到一个性质相当好的 Ray 过程 $\hat{X}$. 从轨道看, Ray 过程是原过程的几乎所有时间上的修正.

设 $(E,\mathscr{E})$ 是一个局部紧可分度量空间及其 Borel σ-域, $\overline{E}$ 是 E 的单点紧化. $(\Omega,\mathscr{F},(\mathscr{F}_t),\mathbb{P})$ 是一个带流概率空间, 其上有一个具有预解 (U^α) 的可测的简单马氏过程 $X=(X_t)$, 即对任何 $f\in C(\overline{E})$, 有

$$\mathbb{E}\left[\int_0^\infty \mathrm{e}^{-\alpha s}f(X_{s+t})ds\middle|\mathscr{F}_t\right]=U^\alpha f(X_t),\ \text{a.s.}.$$

注意概率测度 $\mathbb{P}$ 是固定的.

定理 4.7.3 **如果存在** S^1 **的一个有界函数子集** G: **区分** E **的点且在一致范下可分, 那么存在一个紧度量空间** F **与** F **上的一个** Ray **预解** $(\hat{U}^\alpha)$ **满足**

(1) E **是** F **的稠** Borel **可测子集;**

(2) **对任何** $x\in E, A\in\mathscr{E}$, $\hat{U}^\alpha(x,A)=U^\alpha(x,A)$;

(3) **用** $\hat{X}=(\hat{X}_t)$ **表示** Ray **预解** $(\hat{U}^\alpha)$ **对应的** Ray **过程, 那么对几乎所有的** t **有**

$$\mathbb{P}(\hat{X}_t=X_t)=1.$$

证明的概要如下, 用 $S(G)$ 表示包含 G 且在 $\wedge$ 与 U^α 运算下封闭的最小函数类, 它也是可分的 (Knight 引理), 再从其中取一个可数稠子集 H, 用 H 构造一个度量将 E 完备化成为一个紧集 F, 这时 (U^α) 可以连续延拓为 F 上的 Ray 预解. 细节需参考 [18] 与 [8].

这样的空间 F 和过程 $\hat{X}$ 分别称为 E 和 X 的 Ray-Knight 紧化. X 称为嵌入在其 Ray-Knight 紧化中. 如果 X 是一个右过程, 那么对于任何 E 上的分布 μ, 在概率 $\mathbb{P}^\mu$ 之下, X 作为 F 上的过程是一个 Ray 过程. 一般地, F 上的拓扑与 E 上的拓扑没有关系. 由 Fubini 定理, 对几乎所有的 t 有

$$\mathbb{P}(\hat{X}_t=X_t)=1$$

等价于

$$\mathbb{E}\int_0^\infty 1_{\{\hat{X}_t \neq X_t\}} dt = 0.$$

这个结论是相当令人惊奇的, 一个简单的马氏过程在几乎所有样本上修改一个零测集时间的样本轨道之后就几乎是一个右过程, 说明右过程并不是很苛刻的要求, 也说明通过 Kolmogorov 相容性定理构造的简单马氏过程看上去是一团乱麻, 但实际上她是一个美丽公主通过一面有瑕疵的镜子反射而来的图像.

第五章　马氏过程基础 (续)

在前一章中, 我们介绍了连续时间马氏过程的一般理论, 包括右过程, Feller 过程, Lévy 过程等. 连续时间马氏过程与其半群以及对应的生成算子一一对应, 在数学中有重要的地位. 在本章中, 作为第四章的补充, 我们将简略地介绍一些更具体的马氏过程, 因篇幅所限, 这些内容只是简单介绍, 但基本上足以让读者开始阅读相关的文献.

5.1　一维扩散过程

设 $E = \langle l, r \rangle$, 这样的符号表示 $\mathbf{R}$ 的一个区间, 或者说是连通集, 端点可以有限或者无限, 可以开或者闭.

定义 5.1.1　**以 E 为状态空间, ζ 为生命时的马氏过程 X 称为是一维扩散, 或者线性扩散, 如果**

(1) X **在** $[0, \zeta)$ **上连续, 在** ζ **处存在左极限;**

(2) X **满足强马氏性;**

(3) **当** $\zeta < \infty$ **时,** $X_{\zeta-} \notin E$, a.s..

因为 ζ 与 $X_{\zeta-}$ 分别表示粒子死亡的时间与地点, 所以上面的条件 3 是说 X 不在 E 中死亡.

5.1.1　尺度函数与速度测度

现在我们设 X 是一维扩散, 对任何 $x \in E$, T_x 是 x 的首中时.

定义 5.1.2 称 X 满足正则性, 若对 E 的任何内点 y, 及任何 $x \in E$, 有

$$\mathbb{P}^y(T_x < \infty) > 0.$$

该性质蕴含 X 在 E 内部是不可分的, 但边界点不一定可以到达内部.

例 5.1.1 考虑 3-维 Brown 运动 $B = (B_t)$, 令 $X_t = |B_t|$, 则 $X = (X_t)$ 是 Bessel-3 过程. 它是 $E = [0, +\infty)$ 上的一个扩散过程. 因为 B 是 3-维 Brown 运动, 单点是极集, 所以当 $x > 0$ 时, $\mathbb{P}^x(T_0 < \infty) = 0$. 因此它作为 $(0, +\infty)$ 上的扩散过程是正则的, 作为 $[0, +\infty)$ 的扩散过程不是正则的. ∎

本节中, 总是假设 X 满足正则性. 下面证明正则性还蕴含 E 的内点关于自身是正则的.

引理 5.1.3 若 x 是 E 的内点, 则 $\mathbb{P}^x(T_x = 0) = 1$.

证明. 定义 $\sigma_+ := \inf\{t > 0 : X_t > X_0\}$, $\sigma_- := \inf\{t > 0 : X_t < X_0\}$. 只需证明 $\mathbb{P}^x(\sigma_+ = 0) = \mathbb{P}^x(\sigma_- = 0) = 1$. 下证 $\mathbb{P}^x(\sigma_+ = 0) = 1$, 另一个类似.

如果 $\sigma_+ < \infty$, 则由轨道连续性, $X_{\sigma_+} = X_0$ a.s.; 且这时, 从 σ_+ 开始, X 肯定马上就会超过出发点, 即 $\sigma_+ \circ \theta_{\sigma_+} = 0$ a.s.. 取 $y > x$, 则从 x 出发的扩散肯定满足 $\sigma_+ < T_y$, 因此由扩散正则性知 $\mathbb{P}^x(\sigma_+ < \infty) > 0$. 然后用强马氏性得

$$\mathbb{P}^x(\sigma_+ < \infty) = \mathbb{P}^x(\sigma_+ < \infty, \sigma_+ \circ \theta_{\sigma_+} = 0) = \mathbb{P}^x(\sigma_+ < \infty)\mathbb{P}^x(\sigma_+ = 0).$$

推出 $\mathbb{P}^x(\sigma_+ = 0) = 1$. □

任取一个端点在 E 内部的有界开区间 $I = (a, b)$. 用 σ_I 表示 I 的首离时, 然后令

$$f_I(x) := \mathbb{E}^x[\sigma_I],\ x \in E$$

是从 x 出发离开区间 I 的平均时间, 和

$$s_I(x) := \mathbb{P}^x(T_b < T_a),\ x \in E$$

是从 x 出发自点 b 离开 I 的概率. 这两个函数是刻画扩散过程的重要元素. 首先我们证明下面的引理, 它说明 σ_I 的可积性.

引理 5.1.4 f_I 是一个有界的函数.

证明. 只需考虑区间 I 内的点就可以了. 当 $a<x<y<b$ 时, $\mathbb{P}^y$-a.s., $T_a>T_x$, 由强马氏性

$$\begin{aligned}\mathbb{P}^y(T_a>t)&=\mathbb{P}^y(T_a>t,T_x<\infty)+\mathbb{P}^y(T_x=\infty)\\&\geqslant\mathbb{P}^y(T_a\circ\theta_{T_x}>t,T_x<\infty)+\mathbb{P}^y(T_x=\infty)\\&=\mathbb{P}^y(T_x<\infty)\mathbb{P}^x(T_a>t)+\mathbb{P}^y(T_x=\infty)\geqslant\mathbb{P}^x(T_a>t).\end{aligned}$$

现在, 由正则性假设推出存在 $t>0$ 和 $z\in I$ 使得 $\mathbb{P}^z(T_a>t)$ 与 $\mathbb{P}^z(T_b>t)$ 都小于 1, 记其大者为 r. 那么对任何 $x\in I$, 当 $x<z$ 时,

$$\mathbb{P}^x(T_a>t)\leqslant\mathbb{P}^z(T_a>t)\leqslant r,$$

而当 $x>z$ 时,

$$\mathbb{P}^x(T_b>t)\leqslant\mathbb{P}^z(T_b>t)\leqslant r.$$

因此对任何 $x\in I$, $\mathbb{P}^x(\sigma_I>t)\leqslant r$. 再用马氏性推出, 对任何整数 $n\geqslant 0$,

$$\begin{aligned}\mathbb{P}^x(\sigma_I>nt)&=\mathbb{P}^x(\sigma_I>nt,\sigma_I>(n-1)t)\\&=\mathbb{P}^x(\sigma_I>(n-1)t,\mathbb{P}^{X_{(n-1)t}}(\sigma_I>t))\\&\leqslant r\mathbb{P}^x(\sigma_I>(n-1)t)\leqslant r^n,\end{aligned}$$

其中, 因为 X 不在内部死亡, 故当 $\sigma_I>(n-1)t$ 时, $\mathbb{P}^x$-a.s., $X_{(n-1)t}\in I$. 因此得到

$$\mathbb{E}^x[\sigma_I]\leqslant t\sum_{n\geqslant 0}\mathbb{P}^x(\sigma_I>nt)\leqslant t\sum_{n\geqslant 0}r^n<\infty.$$

完成证明. □

引理的一个简单推论是当 $x\in I$ 时, $\mathbb{P}^x(\sigma_I<\infty)=1$, 因此

$$\mathbb{P}^x(T_b<T_a)+\mathbb{P}^x(T_a<T_b)=1.$$

引理 5.1.5 s_I **是连续函数且在** I **上严格递增.**

证明. 显然当 $x\leqslant a$ 时, $s_I(x)=0$; 当 $x\geqslant b$ 时, $s_I(x)=1$. 当 $x,y\in I$ 且 $x<y$ 时, $\mathbb{P}^x$-a.s, $T_y<T_b$. 那么由强马氏性推出

$$s_I(x)=\mathbb{E}^x(1_{\{T_b<T_a\}}\circ\theta_{T_y},T_y<T_b)=\mathbb{P}^x(T_y<T_b)s_I(y).$$

因为正则性蕴含 $0 < \mathbb{P}^x(T_y < T_b) < 1$, 所以 $s_I(x) < s_I(y)$. 证明了严格递增性. 下面证明 s_I 在 I 上连续. 从上式看, 只需证明 $\mathbb{P}^x(T_y < T_a)$ 关于 y 连续. 右连续性很简单, 只需证明左连续性. 取严格递增趋于 y 的点列 $y_n > x$, 那么不难验证 $\mathbb{P}^x$-a.s., $T_{y_n} \uparrow T_y$. 因此

$$\begin{aligned}\mathbb{P}^x(T_y < T_a) &\leqslant \lim_n \mathbb{P}^x(T_{y_n} < T_a)\\ &= \mathbb{P}^x(T_y \leqslant T_a) = \mathbb{P}^x(T_y < T_a).\end{aligned}$$

完成证明. □

定理 5.1.6 **存在 E 上的一个严格递增连续函数 s 使得对任何端点在 E 内的有界区间 $I = (a, b)$ 及 $x \in I$ 有**

$$s_I(x) = \frac{s(x) - s(a)}{s(b) - s(a)}. \tag{5.1.1}$$

证明. 设有两个端点在 E 中的两个区间 $I = (a, b) \supset J = (c, d)$. 当 $x \in J$ 时, $\sigma_J \leqslant \sigma_I$, 由强马氏性

$$\begin{aligned}s_I(x) &= \mathbb{P}^x(T_b < T_a) = \mathbb{E}^x[1_{\{T_b<T_a\}}\circ\theta_{\sigma_J}]\\ &= \mathbb{E}^x[s_I(X(\sigma_J))] = \mathbb{E}^x[s_I(X(\sigma_J)); T_c < T_d] + \mathbb{E}^x[s_I(X(\sigma_J)); T_c > T_d]\\ &= s_I(c)(1 - s_J(x)) + s_I(d)s_J(x) = s_I(c) + (s_I(d) - s_I(c))s_J(x).\end{aligned}$$

由此可见, 函数 s_J 与 s_I 在 J 上是线性关系, 因此存在 E 上的函数 s 使得 (5.1.1) 成立. 函数 s 的连续性与严格递增性由上面的引理立刻可得. □

定义 5.1.7 **满足 (5.1.1) 的严格递增连续函数 s 称为 X 的尺度函数. 当 $s(x) = x$ 时, 我们说 X 有自然尺度.**

尺度函数实际上是 X 的调和函数. 不同的尺度函数 s_1 与 s_2 相差一个线性变换: 存在常数 k, b 使得 $s_2 = ks_1 + b$, 所以在忽略一个线性变换的意义下, 尺度函数是唯一的. 显然, Brown 运动有自然尺度. 另外, $s(X) = (s(X_t) : t \geqslant 0)$ 是 X 的一个空间变换, 仍然是一个一维扩散且具有自然尺度.

定理 5.1.8 **设 x 是 E 的内点, 则 $(s(X_t) : t \geqslant 0)$ 是 $\mathbb{P}^x$-连续局部鞅.**

证明. 取端点是 E 内且包含 x 的区间 $I = (a, b)$, 由于内点是正则的, 对于任何 $t \geqslant 0$ 有

$$\sigma_I = \sigma_I\circ\theta_{t\wedge\sigma_I} + t \wedge \sigma_I. \tag{5.1.2}$$

利用引理 3.3.6 与强马氏性,

$$\begin{aligned}\mathbb{P}^x(T_b < T_a|\mathscr{F}_t) &= \mathbb{P}^x(T_b < T_a|\mathscr{F}_{t\wedge\sigma_I}) \\ &= \mathbb{P}^{X(t\wedge\sigma_I)}(T_b < T_a) \\ &= \frac{s(X(t\wedge\sigma_I)) - s(a)}{s(b)-s(a)}.\end{aligned}$$

因此 $s(X(t\wedge\sigma_I)), t\geqslant 0$ 是 $\mathbb{P}^x$-连续鞅, 推出 $(s(X_t): t\geqslant 0)$ 是 $\mathbb{P}^x$-连续局部鞅. □

下面我们接着分析函数 f_I. 取端点在 I 内的区间 $J=(c,d)$, 且 $x\in J$, 则 $\mathbb{P}^x(\sigma_I > \sigma_J) = 1$, 因此

$$\begin{aligned}f_I(x) &= \mathbb{E}^x[\sigma_I\circ\theta_{\sigma_J} + \sigma_J] \\ &= f_J(x) + \mathbb{E}^x[\mathbb{E}^{X(\sigma_J)}[\sigma_I]] \\ &= f_J(x) + \frac{s(x)-s(c)}{s(d)-s(c)} f_I(d) + \frac{s(d)-s(x)}{s(d)-s(c)} f_I(c).\end{aligned}$$

因为 $f_J(x) > 0$, 所以 f_I 是 s-凹的, 即 $f_I\circ s^{-1}$ 在 $(s(a), s(b))$ 上凹,

$$f_I\circ s^{-1}(x) = f_J\circ s^{-1}(x) + \frac{x-s(c)}{s(d)-s(c)} f_I(d) + \frac{s(d)-x}{s(d)-s(c)} f_I(c). \tag{5.1.3}$$

在继续讨论之前, 我们说两句关于凹函数的话, 凹函数是导函数递减的函数. 设 f 是区间 $I=(a,b)$ 上的凹函数, 那么它连续且有递减的右导数 f'_+, 因此 $-f'_+$ 递增, 诱导唯一的 Radon 测度, 记为 μ, 即 $-df'_+(x) = \mu(dx)$. 不难验证

$$g(x) := \frac{1}{2}\int_I |x-y|\mu(dy)$$

的二阶导数也是 μ, 因此存在常数 C, D 使得

$$-f(x) = \frac{1}{2}\int_I |x-y|\mu(dy) + Cx + D,\ x\in I.$$

边界条件 $f(a) = f(b) = 0$ 推出

$$f(x) = \int_a^x \frac{(y-a)(b-x)}{b-a}\mu(dy) + \int_x^b \frac{(x-a)(b-y)}{b-a}\mu(dy) = \int_I G_I(x,y)\mu(dy), \tag{5.1.4}$$

其中

$$G_I(x,y) = \frac{(y-a)(b-x)}{b-a} 1_{\{y<x\}} + \frac{(x-a)(b-y)}{b-a} 1_{\{x<y\}},\ x,y\in I.$$

详细的计算请读者完成, 函数 G_I 是区间 (a,b) 上的 Green 函数.

现在我们把结论应用于 $s(I)$ 上的凹函数 $f_I\circ s^{-1}$, 因为 $f_I(a)=f_I(b)=0$, 故

$$\begin{aligned}&f_I\circ s^{-1}(x)\\&=\int_{s(a)}^{x}\frac{(y-s(a))(s(b)-x)}{s(b)-s(a)}\mu(dy)+\int_{x}^{s(b)}\frac{(x-s(a))(s(b)-y)}{s(b)-s(a)}\mu(dy),\end{aligned}$$

其中 $x\in s(I)$, μ 是 $s(I)$ 上的 Radon 测度, 记为 μ_I. 因为当 $J\subset I$ 时, 等式 (5.1.3) 推出在区间 J 上有

$$d(f_I\circ s^{-1})'_+=d(f_J\circ s^{-1})'_+,$$

所以 μ_I 在 $s(J)$ 上的限制是 μ_J.

由此推出

$$\begin{aligned}f_I(x)=&\int_a^x\frac{(s(y)-s(a))(s(b)-s(x))}{s(b)-s(a)}\nu_I(dy)\\&+\int_x^b\frac{(s(x)-s(a))(s(b)-s(y))}{s(b)-s(a)}\nu_I(dy),\end{aligned}$$

其中 $\nu_I:=\mu_I\circ s$ 是 I 上的测度. 也就是说, E 的任何闭区间 I 上存在唯一的测度 ν_I 使得上式成立. 由 μ_J 与 μ_I 的关系知 ν_I 在 J 上的限制恰好是 ν_J. 因此存在 E 上唯一的 Radon 测度 $m(dx)$ 使得 $\nu_I=m|_I$. 定义

$$G_I^{(s)}(x,y):=G_{s(I)}(s(x),s(y)),$$

综上, 推出下面的定理.

定理 5.1.9 存在 E 上唯一的 Radon 测度 m 使得对任何 $I\subset E$ 有

$$\mathbb{E}^x[\sigma_I]=\int_I G_I^{(s)}(x,y)m(dy),\ x\in I.$$

测度 m 称为 X 的速度测度.

现在我们再利用强马氏性来看 σ_I 诱导的鞅, 这里 I 还是一个端点为 E 的内点的开区间, 应用引理 3.3.6, 等式 (5.1.2), 以及强马氏性

$$\begin{aligned}M_t^I:&=\mathbb{E}^x[\sigma_I|\mathscr{F}_t]=\mathbb{E}^x[\sigma_I|\mathscr{F}_{t\wedge\sigma_I}]\\&=\mathbb{E}^x[\sigma_I\circ\theta_{t\wedge\sigma_I}+t\wedge\sigma_I|\mathscr{F}_{t\wedge\sigma_I}]\\&=f_I(X_{t\wedge\sigma_I})+t\wedge\sigma_I\end{aligned}$$

$$= f_I \circ s^{-1}(Y_t) + t \wedge \sigma_I,$$

其中 $Y_t = s(X_{t\wedge\sigma_I})$, $t \geqslant 0$ 是连续鞅. 由定理 3.5.3, Y 的时间变换过程 (Y_{α_t}) 是 Brown 运动, 其中 (α_t) 是 Y 的二次变差过程的右连续逆. 记 $B_t = Y_{\alpha_t}$. 根据上面定理中的证明, 函数 $-f_I \circ s^{-1}$ 的二阶导数是测度 $\mu = m \circ s^{-1}$. 应用定理 4.1.19 (Itô-Tanaka 公式) 得

$$f_I \circ s^{-1}(B_t) + \frac{1}{2}\int_I L_t^y \mu(dy)$$

是连续鞅, 其中 (L_t^y) 是 Brown 运动在点 y 的局部时. 由此推出

$$\alpha_{t\wedge\sigma_I} = \frac{1}{2}\int_I L_t^y \mu(dy).$$

最后让 I 递增趋于 E, 得

$$\alpha_t = \frac{1}{2}\int_E L_t^y \mu(dy).$$

实际上, (α_t) 是 Brown 运动的局部时的积分, 所以是 Brown 运动的正连续加泛函, 它的 Revuz 测度是 $\frac{1}{2}\mu = \frac{1}{2}m \circ s^{-1}$. (考虑到上面的 Y 的二次变差过程在 t 区域无穷时是有限的, 它的时间变换不是完整的 Brown 运动, 所以上面的证明还不完全严格, 请读者补充.) 这样我们证明了下面的主要定理.

定理 5.1.10 **设一维扩散 X 的尺度函数是 s, 速度测度是 m, 那么 X 等价于 Brown 运动的时间变换再空间变换, 确切地说, 存在标准 Brown 运动 $B = (B_t, \mathbb{P}^x)$ (也许不完整) 使得 X 与 $(s^{-1}(B_{\alpha_t^{-1}}): t \geqslant 0)$ 同分布, 其中 (α_t) 是 Brown 运动的正连续加泛函, 其 Revuz 测度是 $\frac{1}{2}m \circ s^{-1}$.**

定理 5.1.9 可以推广到下面的形式, 说明 $G_I^{(s)}(x,y)m(dy)$ 是 X 在 I 上的限制过程 (轨道在离开 I 时被杀死) 的位势核, 这也说明 X 关于 m 对称,

推论 5.1.11 **对 I 上的任何非负可测函数 f, $x \in I$, 有**

$$\mathbb{E}^x \int_0^{\sigma_I} f(X_t)dt = \int_I G_I^{(s)}(x,y) f(y) m(dy).$$

证明. 不妨设 X 有自然尺度, 即 $s(x) = x$, 这时 $G_I^{(s)} = G_I$. 只需对 $f = 1_J$ 验证即可, 其中 $J = (c, b)$, $c \in I$. 函数

$$g(x) = \mathbb{E}^x \int_0^{\sigma_I} 1_J(X_t)dt$$

在 I 上是凹的 (其实对任何非负可测的 f 都是). 由 (5.1.4) 知

$$g(x) = \int_I G_I(x,y)\mu(dy),$$

其中 μ 是 $-g$ 的分布意义下的二阶导数.

另一方面, 我们来看 $g(x)$. 若 $x \in J$, 则由强马氏性

$$\begin{aligned}
g(x) &= \mathbb{E}^x\left[\int_0^{\sigma_I} 1_J(X_t)dt, T_c > T_b\right] + \mathbb{E}^x\left[\int_0^{\sigma_I} 1_J(X_t)dt, T_c < T_b\right] \\
&= \mathbb{E}^x[\sigma_J, T_c > T_b] + \mathbb{E}^x[\sigma_J, T_c < T_b] + \mathbb{E}^x\left[\int_{\sigma_J}^{\sigma_I} 1_J(X_t)dt, T_c < T_b\right] \\
&= \mathbb{E}^x[\sigma_J] + \mathbb{E}^x\left[\left(\int_0^{\sigma_I} 1_J(X_t)dt\right)\circ\theta_{\sigma_J}, T_c < T_b\right] \\
&= \int_J G_J(x,y)m(dy) + g(c)\mathbb{P}^x(T_c < T_b);
\end{aligned}$$

类似地, 若 $x \in I \setminus J$,

$$g(x) = g(c)\mathbb{P}^x(T_c < T_a).$$

因为 $\mathbb{P}^x(T_c < T_b)$ 和 $\mathbb{P}^x(T_c < T_a)$ 关于 x 是线性的, 所以 g 的二阶导数在 $x \in I \setminus J$ 上等于零, 在 J 上等于 m, 因此

$$g(x) = \int_I G_I(x,y)1_J(y)m(dy).$$

完成证明. □

5.1.2 生成算子

在这小节中, 我们简略地讨论扩散的 (广义) 生成算子, 它怎么被尺度函数和速度测度刻画. 广义生成算子的定义参考 §4.3.4. 设 X 的 (广义) 生成算子为 $(A, D(A))$. 确切地刻画生成算子的定义域是很难的, 我们只能粗略地说, 对 $f \in D(A)$, 有

$$Af = \frac{d}{dm}\frac{df}{ds}. \tag{5.1.5}$$

首先 $\dfrac{d}{ds}$ 是关于尺度函数 s 的导数, 定义与通常导数类似. 设 f 有界, 则由定理 4.3.18 推出

$$f(X_t) - f(X_0) - \int_0^t Af(X_u)du$$

是有界鞅. 设 $x \in I=(a,b)\subset E$, σ_I 是可积停时, 应用推论 5.1.11, 有

$$\begin{aligned}\mathbb{E}^x[f(X(\sigma_I))]-f(x)&=\mathbb{E}^x\int_0^{\sigma_I}Af(X_u)du \\ &=\int_I G_I^{(s)}(x,y)Af(y)m(dy),\end{aligned}\tag{5.1.6}$$

而

$$\mathbb{E}^x[f(X(\sigma_I))]=f(a)\frac{s(b)-s(x)}{s(b)-s(a)}+f(b)\frac{s(x)-s(a)}{s(b)-s(a)},$$

这推出下面的等式

$$\frac{f(b)-f(x)}{s(b)-s(x)}-\frac{f(x)-f(a)}{s(x)-s(a)}=\int_I H_I(x,y)Af(y)m(dy),$$

其中

$$H_I(x,y)=\begin{cases}\dfrac{s(b)-s(y)}{s(b)-s(x)}, & a<x\leqslant y<b,\\ \dfrac{s(y)-s(a)}{s(x)-s(a)}, & a<y\leqslant x<b.\end{cases}$$

固定 a,x,y, 让 $b\downarrow x$, 则

$$\frac{s(b)-s(y)}{s(b)-s(x)}1_{\{a<x\leqslant y<b\}}\longrightarrow 1_{\{x=y\}},$$

因此, 由控制收敛定理推出 f 在点 x 关于 s 的右导数 $\dfrac{df}{ds}(x+)$ 存在, 同样可以证明左导数 $\dfrac{df}{ds}(x-)$ 存在, 且

$$\frac{df}{ds}(x+)-\frac{df}{ds}(x-)=2Af(x)m(\{x\}).$$

这蕴含当 $m(\{x\})=0$ 时, f 关于 s 可导.

现在, 设 $m(\{x\})=0$, 将 (5.1.6) 应用于 $x,x+h$ 两点, 相减并整理得

$$\begin{aligned}&f(b)-f(a)-(s(b)-s(a))\frac{f(x+h)-f(x)}{s(x+h)-s(x)}\\ &=(s(b)-s(a))\int_I\frac{G_I^{(s)}(x+h,y)-G_I^{(s)}(x,y)}{s(x+h)-s(x)}Af(y)m(dy).\end{aligned}$$

让 $h>0$ 且趋于零, 对固定的 $x,y\in I$,

$$\frac{G_I^{(s)}(x+h,y)-G_I^{(s)}(x,y)}{s(x+h)-s(x)}\longrightarrow\frac{(s(a)-s(y))1_{\{y>x\}}+(s(b)-s(y))1_{\{y\leqslant x\}}}{s(b)-s(a)},$$

应用控制收敛定理, 推出

$$\begin{aligned}&f(b)-f(a)-(s(b)-s(a))\frac{df}{ds}(x)\\&=\left(\int_x^b(s(b)-s(y))+\int_a^x(s(a)-s(y))\right)Af(y)m(dy)\\&=\left(s(b)\int_x^b+s(a)\int_a^x-\int_I s(y)\right)Af(y)m(dy).\end{aligned}$$

最后, 将此公式应用于 I 中可导的两点 $x_1<x_2$, 相减并整理得

$$\frac{df}{ds}(x_2)-\frac{df}{ds}(x_1)=\int_{x_1}^{x_2}Af(y)m(dy), \tag{5.1.7}$$

这蕴含 $\dfrac{df}{ds}$ 关于 m 绝对连续且密度为 Af.

定理 5.1.12 **对于 $D(A)$ 中的有界函数 f 及 E 的内点 x 有**

$$Af(x)=\frac{d}{dm}\frac{df}{ds}(x),$$

其实际含义如下:

1. **若** $m(\{x\})=0$, **则** f **关于** s **在** x **处可导;**

2. **如果** f **关于** s **在** x_1,x_2 **处可导, 则** (5.1.7) **成立.**

习 题

1. 说明为什么在引理 5.1.5 的证明中, 为了证明 s_I 连续, 只需证明 $\mathbb{P}^x(T_y<T_a)$ 关于 y 连续.

2. 写出定理 5.1.6 中尺度函数存在性的严格证明.

3. 设 μ 是区间 I 上的有限测度. 证明:

$$g(x)=\frac{1}{2}\int_I|y-x|\mu(dy)$$

   是 I 上的凸函数, 且其分布意义下的二阶导数是 μ.

4. 求 Bessel-3 过程的尺度函数与速度测度.

5. 证明在推论 5.1.11 的证明中的一个结论: 若 $x\in I\setminus J$, 则 $g(x)=g(c)\mathbb{P}^x(T_c<T_a)$.

5.2 连续时间马氏链

在这一节中, 我们将讨论连续时间马氏链, 它的状态空间是一个可数集 S, 可以赋予需要的拓扑, 如果没有其他说明, 那么我们赋予 S 离散拓扑, 这时 S 是一个局部紧的可分度量空间. 我们把连续时间马氏链单独拿出来介绍的原因是它一般不属于前面介绍的右马氏过程的范畴, 它有自己的问题和特点. 本节内容主要参考 [33] 与 [52].

5.2.1 转移函数与其实现

先介绍转移函数, 它是连续时间马氏链的中心和起点.

定义 5.2.1 S **上的函数** $(p_t) = (p_t(x,y), x, y \in S, t \geqslant 0)$ **称为** S **上的转移函数或者转移矩阵, 如果对任何** $x, y \in S$, $t, s \geqslant 0$, **有**

(1) $p_t(x,y) \geqslant 0$;

(2) Markov: $\sum_y p_t(x,y) = 1$;

(3) Chapman-Kolmogorov (C-K) **方程**:

$$p_{s+t}(x,y) = \sum_{z\in S} p_s(x,z)p_t(z,y).$$

一个转移函数称为标准转移函数, 如果它满足

(4) **标准性**: $\lim\limits_{t\downarrow 0} p_t(x,x) = p_0(x,x) = 1$.

转移函数自然对应核

$$p_t(x,A) := \sum_{y\in A} p_t(x,y),\ x \in S,\ A \subset S.$$

那么条件 (1),(2),(3) 等价于说 (p_t) 是定义 2.2.1 中所说的转移半群, 因此转移函数也称为转移半群. 定义中的 (2) 可换成更弱的 $\sum_y p_t(x,y) \leqslant 1$, 这时说 (p_t) 是子 Markov 的转移函数.

给定转移函数 (p_t), 由定理 2.2.8, 存在

$$X = (\Omega, \mathscr{F}, (X_t), (\mathbb{P}^x)_{x\in S})$$

是一个如定义 2.2.7 中所说的以 S 为状态空间, 以 (p_t) 为转移函数的马氏过程, 这个马氏过程称为转移半群对应的连续时间马氏链或者马氏链. 马氏链的有限维分布被转移函数唯一确定. 转移函数定义中的 (2) 也称为保守性, 因为等价于马氏链的保守性 $\mathbb{P}^x(X_t \in S) = 1$.

因为 S 上有拓扑, 所以在需要的时候我们可以谈论轨道正则性. 样本轨道右连续的马氏链简称右连续马氏链. 一般的转移函数, 即使是标准的转移函数, 不一定对应右连续马氏链. 但我们有下面的结果.

引理 5.2.2 **设 S 被赋予离散拓扑, 则**

(1) **右连续马氏链的转移函数是标准的;**

(2) **标准转移函数对应的马氏链是右随机连续的.**

证明. (1) 因拓扑离散, 故任何函数是连续函数. 再加上轨道右连续, 推出

$$\lim_{t\downarrow 0} p_t(x,x) = \lim_{t\downarrow 0} \mathbb{E}^x(1_{\{x\}}(X_t)) = \mathbb{P}^x(X_0 = x) = 1,$$

即标准性.

(2) 还是因为离散拓扑, 只需证明对任何 $t \geqslant 0$, $x \in S$,

$$\lim_{h\downarrow 0} \mathbb{P}^x(X_{t+h} = X_t) = 1.$$

而 $\mathbb{P}^x(X_{t+h} = X_t) = \sum_y p_t(x,y)p_h(y,y)$, 由标准性以及控制收敛定理得右边极限是 1. □

虽然马氏链轨道不一定是右连续的, 但有一个比它弱一点的版本, 称为完全可分性. 也就是说, 过程轨道基本上可以由可列时间集上的轨迹表示.

定义 5.2.3 **随机过程 $X = (X_t)_{t\geqslant 0}$ 称为可分, 如果存在一个可数稠子集 D, 以及零概率集 N 使得对任何 $\omega \notin N$, 图 $\{(t, X_t(\omega)) : t \in D\}$ 在 $\{(t, X_t(\omega)) : t \geqslant 0\}$ 中稠密, 即对任何 $t \geqslant 0$, 存在 $\{t_i\} \subset D$ 使得**

$$t_i \to t,\ X_{t_i}(\omega) \to X_t(\omega).$$

这时说 D 是 X 的可分集. 如果任何可数稠子集都是 X 的可分集, 那么 X 称为完全可分过程.

可分性很重要, 它可以保证很多涉及不可数时间的事件的可测性, 例如

$$\bigcap_{s<t}\{X_s \leqslant a\} = \bigcap_{s<t, s\in D}\{X_s \leqslant a\},$$

但是其中的 D 很难找, 在这个意义上说完全可分性更重要. 轨道右连续过程是完全可分的. 下面是一个经典的结果 (参考 [52] 中 §1.2 的定理 1,2).

定理 5.2.4 设状态空间是度量空间.

1. **任何随机过程有一个可分修正.**

2. **右 (左) 随机连续的随机过程有一个完全可分的修正.**

证明. 1 的证明省略. 2 的证明如下. 设 X 是随机连续的, 则它有可分修正且可分修正 (仍用 X 表示) 还是随机连续的. 首先因为 X 可分, 故有以上所言的零概率集 N 与可分集 D. 再者, 对于任何可数稠子集 R, 由随机连续性, 对任何 $t \in D$, 存在 $\{t_i\} \subset R$ 使得 $t_i \to t$ 且 $X_{t_i} \to X_t$ a.s.. 因此可以找到一个零概率集 N_1, 使得这个性质对任何轨道 $t \mapsto X_t(\omega), \omega \notin N_1$ 成立, 因此推出 X 在 R 上的可分性. □

两个马氏链等价当且仅当它们有相同的转移函数, 因为马氏链是右随机连续的, 故在讨论标准转移函数时, 我们总是可以假设马氏链是完全可分的. 对于完全可分的马氏链可定义滞留时间, 非常重要. 定义 τ 是首次离开初始位置的时间, 即

$$\tau = \inf\{t > 0 : X_t \neq X_0\},$$

称为滞留时间 (holding time).

推论 5.2.5 对于完全可分马氏链, τ 在 $\mathbb{P}^x$ 下服从指数分布.

证明. 取 D 为有理数集, 因为 S 是离散拓扑, 任何单点既开且闭, 故对任何 $t \geqslant 0$,

$$\{\tau \geqslant t\} = \bigcap_{t_i<t, t_i\in D}\{X_{t_i} = X_0\} \in \mathscr{F}_t.$$

利用马氏性, 对任何 $t, s \geqslant 0$,

$$\begin{aligned}\mathbb{P}^x(\tau \geqslant t+s) &= \mathbb{P}^x(\tau \geqslant t+s, \tau \geqslant s)\\ &= \mathbb{E}^x[\mathbb{P}^{X_s}(\tau \geqslant t), \tau \geqslant s]\\ &= \mathbb{P}^x(\tau \geqslant t)\mathbb{P}^x(\tau \geqslant s),\end{aligned}$$

即具有遗忘性, 服从指数分布, 参数属于 $[0, \infty]$. □

注意在某些 $\mathbb{P}^x$ 下, τ 可能恒等于零. 当轨道右连续时, 拓扑离散蕴含 $\tau > 0$ a.s. $\mathbb{P}^x$.

定理 5.2.6 右连续马氏链满足强马氏性.

该定理是定理 4.3.12 的推论, 也可以直接验证, 这里省略.

因为马氏链的有限维分布可以用转移函数表示, 所以马氏链被它的转移函数唯一决定. 转移函数比马氏链看上去简单, 但还是有三个变量, 我们希望能够用它的无穷小生成函数来表达. 如果 S 是有限的, 那么标准性使得转移函数作为算子半群是强连续的, 因此 Hille-Yosida 定理能保证由标准转移函数组成的矩阵半群 (P_t) 有生成算子 $Q = (q(x,y) : x, y \in S)$,

$$Q = \lim_{t \downarrow 0} \frac{1}{t}(P_t - I),$$

满足下面条件: $q(x,y) \geqslant 0,\ x,y \in S,\ x \neq y$, 且对任何 $x \in S$ 有

$$\sum_y q(x,y) = 0.$$

这时转移函数由 Q 决定

$$P_t = \exp(tQ) = \sum_{n \geqslant 0} \frac{t^n Q^n}{n!}.$$

这个结论是下一节更一般结果的推论, 有兴趣的读者可以尝试直接证明. 这样, 我们可以很容易写出有限状态马氏链的例子.

例 5.2.1 $S = \{0,1\}$, 矩阵 $Q = \begin{bmatrix} -a & a \\ b & -b \end{bmatrix}$, 则 Q 有两个特征值 $0, -(a+b)$, 且

$$Q = K \begin{bmatrix} 0 & 0 \\ 0 & -(a+b) \end{bmatrix} K^{-1},$$

其中

$$K = \begin{bmatrix} \frac{1}{\sqrt{2}} & \frac{a}{\sqrt{a^2+b^2}} \\ \frac{1}{\sqrt{2}} & \frac{-b}{\sqrt{a^2+b^2}} \end{bmatrix}.$$

对应的转移矩阵是

$$P_t = \mathrm{e}^{tQ} = K \exp \begin{bmatrix} 0 & 0 \\ 0 & -(a+b) \end{bmatrix} K^{-1}$$

$$= \frac{1}{a+b}\begin{bmatrix} b + a\mathrm{e}^{-t(a+b)} & a(1-\mathrm{e}^{-t(a+b)}) \\ b(1-\mathrm{e}^{-t(a+b)}) & a + b\mathrm{e}^{-t(a+b)} \end{bmatrix}.$$

如果马氏链在 0 处, 那么它将停留参数为 a 的指数分布随机变量的时间然后跳到 1, 反之若马氏链在 1 处, 它将停留参数为 b 的指数分布随机变量的时间然后跳到 0. 可以证明两状态的马氏链标准转移函数一定是这个样子的. ∎

当 S 是无限时情况要复杂得多, 有两个基本问题: 转移函数的导数是否存在? 若导数存在, 它是否唯一决定转移函数? 我们将在下节讨论.

上面转移函数的定义实际上与 S 上的拓扑无关, 但作为其实现的马氏链会因为 S 上不同的拓扑有不同的轨道性质, 例如轨道右连续性与拓扑有关. 如果在赋予 S 拓扑之后, 转移函数有 Feller 性, 那么马氏链就是个 Feller 过程. 当然后面我们会看到不是 Feller 过程的马氏链. 一般的转移函数不一定有右连续的实现, 所以马氏链不一定是右马氏过程.

5.2.2 速率函数与向后方程

在连续时间马氏链理论中起关键作用的是标准性.

定理 5.2.7 **设** $p_t(x,y)$ **是标准转移函数.**

1. **对任何** $x \in S$, **右导数**

$$c(x) = -q(x,x) = -\frac{d}{dt}p_t(x,x)\Big|_{t=0} \in [0,+\infty]$$

存在且满足 $p_t(x,x) \geqslant \mathrm{e}^{-c(x)t}$.

2. **对** $y \neq x$, **右导数**

$$q(x,y) = \frac{d}{dt}p_t(x,y)\Big|_{t=0} \in [0,+\infty)$$

存在且

$$\sum_{y \neq x} q(x,y) \leqslant c(x).$$

3. **设** $x \in S$, **如果** $c(x) < \infty$ **且** $\sum_{y \in S} q(x,y) = 0$, **那么**

$$\frac{d}{dt}p_t(x,y) = \sum_z q(x,z)p_t(z,y),\ \ y \in S.$$

称为 Kolmogorov **向后方程.**

证明. 首先由 C-K 方程推出不等式

$$p_{s+t}(x,x) \geqslant p_t(x,x)p_s(x,x).$$

且因为 $p_t(x,x)$ 当 t 趋于 0 时极限为 1, 所以它在 0 的一个邻域内正, 由此推出对任何 $t \geqslant 0$, $p_t(x,x) > 0$. 令 $f(t) := -\ln p_t(x,x)$, 那么 $f(0) = 0$, 右连续且次可加: $f(t+s) \leqslant f(t) + f(s)$, 推出

$$c(x) = \lim_{t\downarrow 0} \frac{f(t)}{t} = \sup_{t>0} \frac{f(t)}{t} \in [0, \infty].$$

因此,

$$\lim_{t\downarrow 0} \frac{1 - p_t(x,x)}{t} = \lim_{t\downarrow 0} \frac{f(t)}{t} = c(x),$$

且 $p_t(x,x) = \mathrm{e}^{-f(t)} \geqslant \mathrm{e}^{-c(x)t}$. 这证明了 1.

下证 2. 该证明有玄妙的技巧. 为了证明显得直观一点, 引入对应的马氏链 X, 但这不是必需的. 我们分几步证明之.

(1) 先证明两个不等式, 粗略地说, 取 $d > 0$, 观察 X 在离散格点上的位置 X_{nd} : $n \geqslant 0$, 这是转移概率为 $(p_d(x,y) : x, y \in S)$ 的离散时间马氏链. 取正整数 n, 事件 $\{X_0 = x, X_{nd} = y\}$ 包括这样的路径: 在某个 $0 \leqslant k < n$ 处, $X_{kd} = x$, $X_{(k+1)d} = y$, 在时间点 $0, d, \cdots, (k-1)d$ 上 X 没有到过 y. 因此, 由 C-K 方程,

$$\begin{aligned} p_{nd}(x,y) &\geqslant \sum_{k=0}^{n-1} \mathbb{P}^x(X_{jd} \neq y, 0 < j < k, X_{kd} = x, X_{kd+d} = y, \cdots, X_{nd} = y) \\ &= \sum_{k=0}^{n-1} {}_y p_{kd}(x,x) p_d(x,y) p_{(n-k-1)d}(y,y), \end{aligned}$$

其中 ${}_y p_{kd}(x,x) = \mathbb{P}^x(X_{jd} \neq y, 0 < j < k, X_{kd} = x)$, 称为禁止概率. 再考虑事件 $\{X_0 = x, X_{kd} = x\}$, 令 $\tau_y := \inf\{n > 0 : X_{nd} = y\}$. 再利用 C-K 方程

$$\begin{aligned} p_{kd}(x,x) &= \mathbb{P}^x(X_{kd} = x, \tau_y > k) + \mathbb{P}^x(X_{nd} = x, 0 < \tau_y < k) \\ &= {}_y p_{kd}(x,x) + \sum_{j=1}^{k-1} \mathbb{P}^x(\tau_y = j) p_{(k-j)d}(y,x) \\ &\leqslant {}_y p_{kd}(x,x) + \max_{0<j<k} p_{jd}(y,x). \end{aligned}$$

(2) 再证明关键不等式. 由标准性, 对任意 $\varepsilon>0$, 存在 $t_0>0$ 使得 $t<t_0$ 时,

$$p_t(x,x)>1-\varepsilon,\ p_t(y,x)<\varepsilon,\ p_t(y,y)>1-\varepsilon.$$

应用于前面两个不等式, 当 $nd<t_0$ 时, ${}_yp_{kd}(x,x)\geqslant 1-2\varepsilon$, 然后

$$p_{nd}(x,y)>\sum_{k=0}^{n-1}(1-2\varepsilon)p_d(x,y)(1-\varepsilon)>(1-3\varepsilon)np_d(x,y),$$

即得关键不等式

$$(1-3\varepsilon)\frac{p_d(x,y)}{d}<\frac{p_{nd}(x,y)}{nd}.$$

(3) 任取 $d<t_0/2$, 取满足 $t_0>nd$ 最大的 n, 则 $nd\geqslant t_0-d=t_0/2$, 应用关键不等式推出

$$(1-3\varepsilon)\frac{p_d(x,y)}{d}<\frac{1}{nd}\leqslant\frac{2}{t_0}.$$

因此 $\dfrac{p_t(x,y)}{t}$ 关于 t 有界.

(4) 记 $\dfrac{p_t(x,y)}{t}$ 当 $t\downarrow 0$ 时的下极限为 $q=q(x,y)$. 存在并固定 $0<s<t_0$ 使得

$$\frac{p_s(x,y)}{s}<q+\varepsilon.$$

因为标准性蕴含 $p_t(x,y)$ 关于 t 右连续, 所以存在 $h>0$ 使得当 $s<t<s+h$ 时有

$$\frac{p_t(x,y)}{t}<q+\varepsilon.$$

现在, 对任何 $d\in(0,h)$, 存在 n 使得 $nd\in(s,s+h)$, 再应用关键不等式, 推出

$$(1-3\varepsilon)\frac{p_d(x,y)}{d}<q+\varepsilon,$$

即推出 $\frac{p_t(x,y)}{t}$ 的上极限不超过 q, 故极限存在.

(5) 最终, 因为

$$\frac{1-p_t(x,x)}{t}=\sum_{y\neq x}\frac{p_t(x,y)}{t},$$

应用 Fatou 引理推出 $c(x)\geqslant\sum_{y\neq x}q(x,y)$. 当 S 有限时等号成立.

下证 3. Kolmogorov 向后方程形式上是 C-K 方程

$$p_{t+s}(x,y)=\sum_z p_s(x,z)p_t(z,y)$$

两边在 $s=0$ 处求导的结果. 因涉及到无穷求和, 故这需要一个严格的证明. 观察下式, 取 S 的包含 x 的有限子集 T,

$$\begin{aligned}&\frac{p_{t+s}(x,y)-p_t(x,y)}{s}-\sum_z q(x,z)p_t(z,y)\\&=\sum_z\left(\frac{p_s(x,z)-p_0(x,z)}{s}-q(x,z)\right)p_t(z,y)\\&=\sum_{z\in T}+\sum_{z\in T^c}(\cdots),\end{aligned}$$

第一个和的极限是零, 第二个和被下式控制

$$\begin{aligned}\sum_{z\in T^c}\left|\frac{p_s(x,z)}{s}-q(x,z)\right|&\leqslant\sum_{z\in T^c}\frac{p_s(x,z)}{s}+\sum_{z\in T^c}q(x,z)\\&=\frac{1-\sum_{z\in T}p_s(x,z)}{s}-\sum_{z\in T}q(x,z)\to-2\sum_{z\in T}q(x,z),\end{aligned}$$

由条件知当 T 趋于 S 时, 最右的和式趋于零, 这说明 $p_t(x,y)$ 在 t 处右可导且向后方程成立. 最后, 因为一个连续且右导数连续的函数是可导的, 所以推出 $p_t(x,y)$ 是可导的. □

检查定理证明会发现结论对于子 Markov 的转移半群也是对的. 从 2 的证明中可以得到以下推论.

推论 5.2.8 当 S **有限时, 对任何** $x\in S$**, 有** $c(x)=\sum_{y\neq x}q(x,y)<\infty$.

这个定理是连续时间马氏链最重要的定理, 标准性是转移函数关于时间可导的充分必要条件. 首先, 定理说 (P_t) 在 $t=0$ 处可导, 导数是 $Q=(q(x,y):x,y\in S)$, 即

$$\left.\frac{dP_t}{dt}\right|_{t=0}=Q,$$

Q 也称为转移半群或对应马氏链的速率函数或者矩阵. 对角线 $q(x,x)$ 有可能是无穷, 其他元素是有限的, 每行的和是非正的. 其次, 后面我们将看到结论 3 中的向后方程是 $t=0$ 处导数和 C-K 方程的推论, 它对于转移函数的构造很重要. 如果 S 中

所有点都满足 3 的条件, 那么向后方程对所有 x 成立

$$\frac{dP_t}{dt} = QP_t.$$

形式上, C-K 方程 $P_{t+s} = P_s P_t$ 的两边可以对 s 求导也可以对 t 求导, 这对于左边没有差别, 但对于右边的意义却完全不同. 在右边的乘积中的 "后"(左) 项中对 s 在零点求导得到向后方程. 对称地, 对其 "前"(右) 项中对 t 在零点求导得到的方程

$$\frac{dP_s}{ds} = P_s Q,$$

在数学中称为 Kolmogorov 向前方程, 在物理中称为 Fokker-Planck 方程.

参数 $c(x)$ 具有很好的概率意义. 我们看到, 马氏链首次离开初始位置的时间, 滞留时间, 在概率 $\mathbb{P}^x$ 之下服从指数分布, 而 $c(x)$ 恰好是其参数. 事实上, 由轨道的完全可分性, 马氏链在 t 时刻前一直滞留在 x 点等价于在一个稠子集上等于 x, 再由马氏性推出,

$$\begin{aligned}\mathbb{P}^x(\tau > t) &= \mathbb{P}^x\left(\bigcap_n \bigcap_{k=0}^{2^n} \{X(kt/2^n) = x\}\right) \\ &= \lim_n [p_{t/2^n}(x,x)]^{2^n} = \mathrm{e}^{-c(x)t}.\end{aligned}$$

根据 $c(x)$ 的值, 我们把 x 分成两类:

1. 若 $c(x) < \infty$, 称 x 为稳定态, 其中若 $c(x) = 0$, 即 $\tau = \infty$, x 称为吸收态.

2. 若 $c(x) = \infty$, 即 $\tau = 0$, 过程不会在 x 处停留, 称 x 为瞬时态.

前面说过, 一个右连续马氏链的滞留时间以概率 1 是正的, 因此, 如果转移函数有右连续实现, 那么它不会有瞬时态, 即 $c(x) < +\infty$. 反之, 如果转移函数有瞬时态, 它就不可能有右连续的实现. 因此, 瞬时态的存在使得连续时间马氏链脱离右马氏过程的框架. 下面我们来看一个著名的例子, 该例子说明一个转移函数可能都是瞬时态.

例 5.2.2 **(Blackwell)** 设 $\{X_i = (X_i(t)) : i \geqslant 1\}$ 是一列独立的以 $\{0,1\}$ 为状态空间的右连续马氏链. 对任何 $i \geqslant 1$, X_i 的 Q-矩阵是

$$\begin{bmatrix} -a_i & a_i \\ b_i & -b_i \end{bmatrix},$$

其中 $a_i > 0, b_i > 0$. 参考例 5.2.1. 令 $X(t) := (X_i(t) : i \geqslant 1)$. 它是一个右连续随机过程, 状态空间是 $\{0,1\}^{\mathrm{N}}$, 不可数的紧集, 称为 Blackwell 过程.

现在取其可数子集

$$S = \{x = (x_i : i \in \mathbf{N}) \in \{0,1\}^{\mathbf{N}} : \sum x_i < \infty\},$$

即其中仅有有限个非零分量的全体. 在什么条件下, 从 S 中出发的过程 $\{X(t)\}$ 会一直留在 S 中? 直观地, 这要求每个 X_i 很难从 0 变到 1, 也就是说, a_i 相对小.

命题 1. 假设条件 A:

$$\sum_i \frac{a_i}{a_i + b_i} < \infty,$$

则对 $t > 0$, $x \in S$, $\mathbb{P}^x(X(t) \in S) = 1$, 其中 $\mathbb{P}^x$ 表示从 x 出发的概率.

实际上, 由条件 A 得

$$\sum_i \mathbb{P}^0(X_i(t) = 1) = \sum_i \frac{a_i}{a_i + b_i}\left(1 - \mathrm{e}^{-t(a_i + b_i)}\right) < \infty.$$

然后由 Borel-Cantelli 引理推出, 如果 $x \in S$, 那么最多只有有限个 0 在 t 时刻会变成 1, 即 $\mathbb{P}^x(X(t) \in S) = 1$, 即 S 是 X 的一个不变集.

但 S 是不变集的性质足以保证 $p_t(x,y) := \mathbb{P}^x(X(t) = y)$, $x, y \in S$ 是 S 上的一个转移函数. 现在证明它是标准的: 对 $x \in S$, $\lim\limits_{t \downarrow 0} p_t(x,x) = 1$. 实际上, 设 $i > n$ 时, $x_i = 0$, 则

$$\begin{aligned} p_t(x,x) &= \prod_{i=1}^{n} \mathbb{P}^{x_i}(X_i(t) = x_i) \cdot \prod_{i>n} \mathbb{P}^0(X_i(t) = 0) \\ &\geqslant \prod_{i=1}^{n} \mathbb{P}^{x_i}(X_i(t) = x_i) \cdot \prod_{i>n} \frac{b_i}{a_i + b_i}, \end{aligned}$$

因此,

$$\lim_{t \downarrow 0} p_t(x,x) \geqslant \prod_{i>n} \frac{b_i}{a_i + b_i},$$

条件 A 保证右边当 n 趋于无穷时极限为 1, 推出左边极限是 1.

注意, 这里 S 上的拓扑不是离散拓扑, 这可能会影响对应马氏链的轨道正则性, 但不影响转移函数.

命题 2. 假设条件 A 以及条件 B: $\sum_i a_i = \infty$, 则上述转移函数的所有状态是瞬时态.

取任何 $x \in S$, 设 $i \geqslant m$ 时, $x_i = 0$, 再任取 $n > m$, 应用洛必达法则,

$$\lim_{t \to 0} \frac{1 - p_t(x,x)}{t} = \lim_{t \to 0} \frac{1}{t}\left(1 - \prod_i \mathbb{P}^{x_i}(X_i(t) = x_i)\right)$$

$$
\begin{aligned}
&\geqslant \lim_{t\to 0}\frac{1}{t}\left(1-\prod_{i=m}^{n}\frac{b_i+a_i\mathrm{e}^{-t(a_i+b_i)}}{a_i+b_i}\right)\\
&=\sum_{i=m}^{n}a_i,
\end{aligned}
$$

由条件 B, x 是瞬时态.

注意几点: 第一, 条件 A 等价于 $\sum_i \frac{a_i}{b_i}<\infty$ 第二, 因为对任何 t 有

$$
\mathbb{P}^x(X(t)\in S)=1,\ x\in S,
$$

所以由 Fubini 定理得 $|\{t: X(t)\in S^c\}|=0$ a.s. $\mathbb{P}^x$. 第三, 尽管 X "基本上" 在 S 上, 但这并不是说, 从 $x\in S$ 出发, X 这个过程会一直在 S 中, 所以不能说 X 是以 S 为状态空间的随机过程. 实际上, 在条件 A,B 之下, 所有状态是瞬时态, 故应用 Baire 纲定理以及 X 的右连续性推出 X 不可能在任何时间段内完全待在 S 中. 如果我们把 S^c 看成一个附加的点 Δ, 那么从固定时间 t 看, $X(t)$ 几乎不可能在 Δ 处, 但是, X 的几乎所有轨道在 Δ 处的时间集合是稠密的, 但测度为零. 第四, 同一个转移函数可以在 S 上取不同的拓扑来实现. ∎

注释 5.2.1 Blackwell 的例子发表于 1958 年, 第一个所有状态是瞬时态的例子是发表于 1956 年的 Feller-McKean 链, 取 S 为有理数集, m 是 S 上的概率测度且在每个有理数上都是正负荷, m 的拓扑支撑还是 $\mathbf{R}$. 设 X 是 $\mathbf{R}$ 上自然尺度且速度测度为 m 的一维扩散, 称为 Feller-McKean 链. 可以证明 S 是 X 的不变集, 而且一样可以证明由此定义的转移函数是标准的, 它或者是 X 在 S 上的限制, 对于不同的 m, 得到的转移函数肯定是不同的, 但不管测度 m 什么样, 其速率函数总是一样的

$$
q(x,y)=\begin{cases}-\infty, & x=y,\\ 0, & x\neq y.\end{cases}
$$

这个例子说明不同的转移概率可以有相同的 Q-矩阵, 尽管这样的 Q-矩阵是极其奇异的. 有兴趣的读者可以参考 [40] 的 III.23. Feller-Mckean 链 X 是连续的, 从轨道看, 它会到达区间 $\mathbf{R}$ 上的所有点, 但是固定时间 t 看, 它以概率 1 取值是有理数, 它的转移半群支撑在有理数上. 我们说它的最小状态空间是有理数集, 而其真实变化域是 $\mathbf{R}$. 设 Φ 是 S 到 $\mathbf{N}$ 上的一一对应且 $\mathbf{R}$ 中的无理数映射为无穷远点 $+\infty$, 那么 $Y=\Phi(X)$ 是单点紧化 $\mathbf{N}\cup\{+\infty\}$ 上的马氏链, 这个马氏链抛弃了 S 上原有的拓扑与 Feller-Mckean 链的原有结构. 另外 Y 的转移函数的状态空间是 $\mathbf{N}$, 该转移

函数 (P_t^Y) 是标准转移函数, 它对应的马氏过程 $Z=(Z_t)$ 的可分修正实际上是 Y, 其状态空间实际上是 $\mathbf{N}\cup\{\infty\}$. 如果我们单看马氏链 Z 或者 Y, 它是非常难以理解的一个链, 所有的状态都是瞬时态, 但我们知道它来自一个非常漂亮的扩散过程 X. 那么转移函数 (P_t^Y) 是不是记录了 Feller-Mckean 链的所有信息, 或者说是否可以从 Z 恢复 Feller-Mckean 链呢? 可以. 实际上, 马氏链及其标准转移函数的预解族满足 Ray-Knight 紧化定理 (定理 4.7.3) 的条件, 而 Ray-Knight 紧化恰好把 Z 还原为 Feller-Mckean 链 X, 如同修好了镜子, 一团乱麻瞬间变成为美丽公主.

5.2.3 从 Q-矩阵构造 Q-过程

下面我们讨论什么样的矩阵是转移半群的速率矩阵, 它是否可以决定转移半群. 这里以及以后, 转移函数通常假设是标准的. 定理 5.2.7 告诉我们, 转移函数的速率函数矩阵 $Q=(q(x,y):x,y\in S)$ 存在, 但 Feller-McKean 链以及 Blackwell 的例子告诉我们, 在 S 是无限集的情况下, 所有状态都可能是瞬时态, 速率矩阵变得非常奇异. 这时它几乎肯定不能确定转移函数. 只有当定理 5.2.7 中 3 的条件满足时, 向后方程成立, 才有可能由此方程确定转移函数. 因此, 为了讨论从速率函数构造转移函数, 我们只讨论下面引入的 Q-矩阵.

定义 5.2.9 **函数 $q:S\times S\to\mathbf{R}$ 称为 Q-矩阵, 如果它满足**

(1) **当 $x\neq y$ 时,$q(x,y)\geqslant 0$;**

(2) **对任何 $x\in S$ 有 $\sum\limits_{y\in S}q(x,y)=0$.**

因为 $q(x,x)\leqslant 0$, 记 $c(x)=-q(x,x)\geqslant 0$.

对 S 上的任何函数 f,

$$Qf(x)=\sum_{y\in S}q(x,y)f(y)=\sum_{y\neq x}q(x,y)(f(y)-f(x)).$$

我们通常说对应的马氏链 (如果有) 以速率 $q(x,y)$ 从 x 跳到 y.

给定一个 Q-矩阵 Q, 它是否是唯一的 (子 Markov) 转移函数的速率函数矩阵呢? 确切地说, 是否存在子 Markov 的转移函数 (P_t), 使得

$$\left.\frac{dP_t}{dt}\right|_{t=0}=Q?$$

如果存在, 这样的转移函数或者它对应的马氏链称为 Q-矩阵的 Q-过程. 在一定的条件下, 转移函数与 Q-矩阵的关系就类似于 Hille-Yosida 理论所示的强连续半群与生成算子的关系. Feller 证明了 Q-过程一定存在, 而且给出了唯一性的充分必要条件, 这个条件被称为规则的.[1]

例 5.2.3 设 $S=\{1,2,3,\cdots\}$.

1. Q- 矩阵如下给定: 对 $n\geqslant 0$,

$$q(n,0)=a_n,\ q(n,n)=-(a_n+b_n),\ q(n,n+1)=b_n,$$

其中 $a_0=b_0=0$, 其他参数都是正的.

2. (生灭过程) Q- 矩阵如下给定: 对 $n\geqslant 0$,

$$q(n,n-1)=a_n,\ q(n,n)=-(a_n+b_n),\ q(n,n+1)=b_n,$$

其中 $a_0=0$, 其他的参数都是正的. 这是一个 Q- 矩阵. 对应 Q-过程称为生灭过程, 因为它只能往左右邻居跳, 往右表示族群增加一个, 往左表示死亡一个, 故称为生灭过程. ∎

下面我们将简单地介绍怎么应用向后方程

$$\frac{dP_t}{dt}=QP_t,$$

通过迭代的方法来构造它的最小解, 也就是说 Q-矩阵对应的转移函数的最小解总是存在的, 但它不一定是保守的. 如果它是保守的, 那么它是唯一解. 如果不是, 那么就有无穷多 Q-过程.

向后方程可以写成

$$\mathrm{e}^{-c(x)t}\frac{d}{dt}(p_t(x,y)\mathrm{e}^{c(x)t})=\frac{d}{dt}p_t(x,y)+c(x)p_t(x,y)=\sum_{z\neq x}q(x,z)p_t(z,y),$$

它的初值为 $p_0(x,y)=\delta(x,y)$, 因此

$$p_t(x,y)=\delta(x,y)\mathrm{e}^{-c(x)t}+\int_0^t\mathrm{e}^{-c(x)(t-s)}\sum_{z\neq x}q(x,z)p_s(z,y)ds.$$

[1] Feller, W., On the integro-differential equations of purely discontinuous Markoff processes, TAMS, 1940, 48: 488-515.

这样我们可以用迭代的方式来得到解: 令 $p_t^{(0)}(x,y) \equiv 0$, 对 $n \geqslant 1$, 定义

$$p_t^{(n)}(x,y) = \delta(x,y)\mathrm{e}^{-c(x)t} + \int_0^t \mathrm{e}^{-c(x)(t-s)} \sum_{z \neq x} q(x,z) p_s^{(n-1)}(z,y) ds. \tag{5.2.1}$$

应用归纳法容易验证: 对任意 $t \geqslant 0$, $n \geqslant 0$, $x, y \in E$,

(1) 非负: $p_t^{(n)}(x,y) \geqslant 0$;

(2) 子 Markov: $\sum_y p_t^{(n)}(x,y) \leqslant 1$;

(3) 递增: $p_t^{(n)}(x,y) \leqslant p_t^{(n+1)}(x,y)$.

令

$$p_t^*(x,y) := \lim_n p_t^{(n)}(x,y),\ t \geqslant 0, x, y \in S.$$

定理 5.2.10 $p_t^*(x,y)$ **是一个满足向后方程的子 Markov 核转移函数. 实际上它也满足向前方程**[2]

$$\frac{d}{dt} p_s^*(x,y) = \sum_z p_s^*(x,z) q(z,y).$$

为了证明定理, 只需验证它满足 C-K 方程, 这里给一个思路. 定义

$$\Delta_t^{(n)}(x,y) := p_t^{(n+1)}(x,y) - p_t^{(n)}(x,y),$$

然后用 Laplace 变换的方法得到卷积等式

$$\Delta_{t+s}^{(n)}(x,y) = \sum_z \sum_{k=0}^n \Delta_s^{(k)}(x,z) \Delta_t^{(n-k)}(z,y).$$

最后, 对 n 求和即得到 C-K 方程.

该定理说明向后方程的一个子 Markov 解 $p_t^*(x,y)$ 总是存在的. 下面的定理说明它是最小解且当它是 Markov (总测度等于 1) 的时候, 解是唯一的.

定理 5.2.11 $p_t^*(x,y)$ **定义如上.**

1. **向后方程的任何其他非负解** $p_t(x,y)$ **满足**

$$p_t(x,y) \geqslant p_t^*(x,y),\ \forall t \geqslant 0, x, y \in S.$$

[2]参考 https://www.math.ucla.edu/ biskup/275c.1.21s/PDFs/KFE.pdf

2. 如果 $p_t^*(x,y)$ 是 Markov 的, 则向后方程的非负解是唯一的.

证明. 第一个结论用归纳法证明, 第二个结论是第一个结论的直接推论. □

例 5.2.4 设 $S=\mathbf{N}$,

$$q(x,y)=\begin{cases}-b_x, & y=x,\\ b_x, & y=x+1,\\ 0, & \text{其他},\end{cases}$$

其中每个 $b_x>0$. 设 $\{\tau_x, x\in S\}$ 是独立随机序列, τ_x 服从参数为 b_x 的指数分布, 那么

$$p_t^{(n)}(x,y)=\begin{cases}\mathbb{P}\left(\sum_{k=x}^{y-1}\tau_k<t<\sum_{k=x}^{y}\tau_k\right), & x\leqslant y<x+n,\\ 0, & \text{其他}.\end{cases}$$

且

$$\sum_y p_t^*(x,y)=\mathbb{P}\left(t<\sum_{k\geqslant x}\tau_k\right)\leqslant 1.$$

显然, p_t^* 保守的充要条件是 $\mathbb{P}(\sum_x \tau_x=\infty)=1$, 这等价于 $\sum_x b_x^{-1}=\infty$. ∎

马氏链的运动机制是简单的, 从 x 出发, 滞留一个指数分布随机变量的时间, 然后按照一个分布选一个点跳过去, 接着再滞留指数分布的时间, 然后选一个点跳过去, 这样循环往复. 确切地说, 给定一个 Q- 矩阵 $q(x,y)$, 对任何点 $x\in S$, 如果 $c(x)=0$, 那么它是吸收态, 马氏链到此之后不再离开, 令 $p(x,x)=1$; 如果 $c(x)>0$, 令

$$p(x,y)=\begin{cases}\dfrac{q(x,y)}{c(x)}, & y\neq x,\\ 0, & y=x,\end{cases}$$

那么 $\sum_y p(x,y)=1$. $(p(x,y))_{x,y\in S}$ 是 S 的一个转移矩阵, 诱导一个离散时间马氏链 $\{Z_n:n\geqslant 0\}$. 然后再改造随机序列 $\{\tau_n:n\geqslant 0\}$, 它们在给定 $\{Z_n:n\geqslant 0\}$ 的时候是独立且每个 τ_n 服从参数为 $c(Z_n)$ 的指数分布. 类似于 Poisson 过程, 定义

$$N(t)=\begin{cases}min\{n:\tau_0+\tau_1+\cdots+\tau_n>t\}, & \sum_n \tau_n>t;\\ \infty, & \text{否则}.\end{cases}$$

最后, 定义

$$X(t) := Z_{N(t)},\ t \geqslant 0.$$

这是一个右连续马氏链, 但其生命时 $\zeta = \sum_n \tau_n$ 可能是有限的.

定理 5.2.12 **马氏链 $\{X(t)\}$ 的转移函数是向后方程的最小解 $p^*(x, y)$.**

证明. 该结论由下式推出: 对任何 $n \geqslant 0$,

$$p_t^{(n)}(x, y) = \mathbb{P}^x(X(t) = y, N(t) < n).$$

可以用归纳法证明此式, $n = 0$ 时显然成立. 设断言对 n 成立, 下面证明 $n+1$ 时的断言. 首先 $N(t) < n+1$ 当且仅当 $\tau_0 + \cdots + \tau_n > t$. 另外, $Z_1 = X(\tau_0)$ 且当 $\tau_0 > t$ 时, $X(t) = x$, 故由马氏性以及归纳假设得

$$\begin{aligned}
&\mathbb{P}^x(X(t) = y, N(t) < n+1) \\
&\quad = \mathbb{P}^x(X(t) = y, N(t) < n+1, \{\tau_0 \leqslant t\} \cup \{\tau_0 > t\}) \\
&\quad = \sum_{z \neq x} \int_0^t \mathrm{e}^{-c(x)s} q(x, z) \mathbb{P}^z(X(t-s) = y, N(t-s) < n) ds + \delta(x, y) \mathrm{e}^{-c(x)t} \\
&\quad = \sum_{z \neq x} \int_0^t \mathrm{e}^{-c(x)(t-s)} q(x, z) \mathbb{P}^z(X(s) = y, N(s) < n) ds + \delta(x, y) \mathrm{c}^{-c(x)t} \\
&\quad = \sum_{z \neq x} \int_0^t \mathrm{e}^{-c(x)(t-s)} q(x, z) p_s^{(n)}(z, y) ds + \delta(x, y) \mathrm{e}^{-c(x)t} \\
&\quad = p_t^{(n+1)}(x, y).
\end{aligned}$$

说明断言对 $n+1$ 也成立. □

定理 5.2.13 **下面的命题等价.**

1. **最小解是保守的.**

2. **对任何 $t > 0$, $N(t) < \infty$, a.s..**

3. **生命时 $\zeta = \sum_n \tau_n = \infty$, a.s..**

4. $\sum_n 1/c(Z_n) = \infty$, a.s..

定理的证明不是很难, 留给读者作为练习. 下面的推论是两个保证上述定理中命题 4 成立的充分条件, 也留作练习.

推论 5.2.14 **如果下面两个条件之一成立, 那么上述定理中的 4 成立.**

1. $\sup_{x\in S} c(x) < \infty$.

2. $\{Z_n\}$ **是常返的.**

如果最小解不是保守的, 那么怎么构造所有保守的解是十分困难的问题, 许多中国数学家在这个领域做出杰出工作.

习　题

1. N 个粒子独立地在两个位置 A, B 之间跳跃, 每个粒子在位置待参数为 λ 的指数分布时间然后跳到另一个位置. 用 X_t 表示 t 时刻位置 A 的粒子数.

   (a) 求 $m_x(t) = \mathbb{E}[X_t|X_0 = x]$;

   (b) 证明: (X_t) 是马氏链;

   (c) 求 (X_t) 的 Q-矩阵;

   (d) 利用向前方程来计算 $m_x(t)$.

2. 证明: 如果 Q 是一个有限的 Q- 矩阵, 则
$$P_t = \mathrm{e}^{tQ} = \sum_{n=0}^{\infty} \frac{t^n Q^n}{n!}$$
是一个转移函数. 在证明之前, 先就例 5.2.1 中的 Q 进行验算.

3. 设 $p(x,y)$ 是一个离散事件马氏链的转移函数, $p^{(k)}(x,y)$ 是 k 步转移函数. 证明:
$$p_t(x,y) = \mathrm{e}^{-t} \sum_{k\geqslant 0} \frac{t^k}{k!} p^{(k)}(x,y)$$
是转移函数, 求它的 Q- 矩阵.

4. 定义
$$p_t(x,y) := \binom{y-1}{y-x} \mathrm{e}^{-x\rho t}(1-\mathrm{e}^{-\rho t})^{y-x},\ y \geqslant x \geqslant 0,$$
其他情况等于零. 证明: 这是一个转移函数, 并计算其 Q- 矩阵.

5. 在 Blackwell 的例子中, 什么条件下, 对任何 $x \in \{0,1\}^{\mathbf{N}}$ 有

$$\lim_{t \downarrow 0} P^x(X_t = x) = 1?$$

6. 在 Blackwell 的例子中, 假设条件 A, B.

   (a) 对于 $x, y \in S$, $x \neq y$, 计算 $q(x,y)$.

   (b) 证明: 在任何区间 (s,t) 上, 几乎所有轨道, 有无穷多 X_i 会改变状态.

   (c) 证明: X 不可能在任何时间段内完全待在 S 中. 提示: 应用 Baire 纲定理与右连续性.

7. 证明: 注释 5.2.1 中, S 是 Feller-Mckean 链 X 的不变集.

8. 设 $\{\tau_n\}$ 是独立随机序列, τ_n 服从参数为 b_n 的指数分布, 证明: $\sum_n \tau_n = \infty$ a.s. 当且仅当

$$\sum_n b_n^{-1} = \infty.$$

   由此推出例 5.2.4 的结论.

9. 推论 5.2.14 的逆.

   (a) 设 $\sup_x c(x) = \infty$. 证明: 存在一个 Q- 矩阵, 具有这样的 $c(x)$, $x \in S$, 使得它对应的向后方程的最小解不是保守的.

   (b) 如果离散时间转移函数 $p(x,y)$ 是不可约且暂留的, 那么存在 $c(x), x \in S$ 使得由 $q(x,y) = c(x)p(x,y)$ 组成的 Q-矩阵对应的向后方程的最小解不是保守的.

10. 关于向前方程的解.

   (a) 证明: 由方程 (5.2.1) 递推定义的 $p^{(n)}(x,y)$ 有下面的递推关系: $n \geqslant 1$,

$$p_t^{(n+1)}(x,y) = \mathrm{e}^{-c(x)t}\delta(x,y) + \sum_{z \neq y} \int_0^t \mathrm{e}^{-c(y)(t-s)} p_s^{(n)}(x,z) q(z,y) ds.$$

   提示: 根据定义, $p^{(2)}(x,y)$ 可表示为

$$p_t^{(2)}(x,y) = \mathrm{e}^{-c(x)t}\delta(x,y) + \sum_{z \neq x} \int_0^t \mathrm{e}^{-c(x)(t-s)-c(z)s} q(x,z)\delta(z,y) ds.$$

   把 $t-s$ 与 s 互换一下重新整理可以证明上述递推在 $n=1$ 时成立.

(b) 证明:

$$\sum_z p_t^*(x,z)q(z,y) = \sum_z q(x,z)p_t^*(z,y).$$

5.3 交互粒子系统

交互粒子系统的研究兴起于 20 世纪 60 年代 F. Spitzer 和 R.L. Dobrushin 的工作, 它的初始动机来源于统计力学, 描绘在某个有限或者无限图的顶点位置上粒子状态演变的渐近行为, 而交互是指粒子状态的变化受到其他粒子状态的影响, 这个影响通过一个速率函数刻画. 从数学的角度看, 交互粒子系统是某个配置空间 (特殊的紧空间) 上的 Feller 过程, 在本节中, 我们主要介绍什么条件下的速率函数保证存在对应的 Feller 过程. 本节内容主要参考 T.Liggett 的著作 [34].

5.3.1 生成子理论

一般局部紧可分度量空间上的 Feller 理论已经在上一节介绍, 即 Feller 半群唯一对应的 Feller 过程是一个右连续的强 Markov 过程, 在这节中, 在空间是紧的条件下, 我们来刻画什么情况下生成算子对应一个 Feller 半群, 然后应用于配置空间, 寻找合适的速率函数.

在本节中, 设 E 是一个紧度量空间, $C(E)$ 是连续函数空间, 其中的范数 $\|\cdot\|$ 是最大值范. 这时候, 由 Riesz 表示定理, 一个正有界线性算子等价于一个有限的核, 在叙述中不刻意区分. 空间 E 上的一个转移半群 (P_t) 是 Feller 半群, 即满足

(1) $P_t : C(E) \to C(E)$;

(2) 对任何 $f \in C(E)$, 当 $t \downarrow 0$ 时, $P_t f \to f$.

假设 (P_t) 是 Markov 的: $P_t 1 = 1$. 这时, (P_t) 是一个强连续的压缩算子半群. 定义 (P_t) 的生成算子

$$D(L) := \{f \in C(E) : \lim_{t\downarrow 0} \frac{P_t f - f}{t} \text{ 存在}\},$$

$$Lf := \lim_{t\downarrow 0} \frac{P_t f - f}{t},\ f \in D(L).$$

因为 (P_t) 是 Banach 空间 $C(E)$ 上的强连续 Markov 算子半群, 所以容易验证它的生成算子 L 满足:

i.1 $1 \in D(L)$ 且 $L1 = 0$;

i.2 L 是稠定的;

i.3 若 $f \in C(E)$, $\alpha > 0$, 则 $\alpha \cdot \min f \geqslant \min(\alpha - L)f$;

i.4 L 是闭算子;

i.5 对任意 $\alpha > 0$, $\alpha - L$ 满: $(\alpha - L)D(L) = C(E)$.

性质 i.1 是简单的, 源自半群的 Markov 性. 性质 i.2 源自半群的强连续性. 性质 i.3 与半群的保正性对应: 对任何非负的 $f \in C(E)$, $P_t f$ 亦非负. 由性质 i.3 可以推出对 $\alpha > 0$, 有

$$\alpha \|f\| \leqslant \|(\alpha - L)f\|,$$

该性质称为 L 的耗散性, 它蕴含 $\alpha - L$ 是 1-1 的. 注意耗散性用范数表示, 可以推广到一般的 Banach 空间, 参考引理 4.2.10 且它与半群的压缩性对应. 性质 i.3 等价地写成

$$\min f \geqslant \min(I - \alpha^{-1}L)f.$$

另外, 性质 i.3 有一个更容易验证的充分条件. 线性算子 L 称为类似二阶导数, 是指对任何 $f \in D(L)$, 若 $f(x) = \min f$, 则 $Lf(x) \geqslant 0$. 上面由 Feller 半群定义的 L 必定类似二阶导数, 事实上, 当 $f(x) = \min f$ 时,

$$Lf(x) = \lim \frac{1}{t} \int_E P_t(x, dy)(f(y) - f(x)) \geqslant 0.$$

引理 5.3.1 如果 L 类似二阶导数, 那么它满足性质 i.3.

由 Hille-Yosida 定理 (定理 4.2.11), 满足 i.1-i.5 的算子 L 对应 $C(E)$ 上唯一的强连续压缩半群 (P_t) 和预解 (U^α), 从性质 i.1 推出 $P_t 1 = 1$, 因为 $1 = U^1(I - L)1 = U^1 1$. 从性质 i.3 推出 P_t 是正算子, 因为

$$\min U^1 f \geqslant \min(I - L)U^1 f = \min f.$$

(实际上, 为了得到压缩半群, 只需要耗散性, 压缩性加上性质 i.1 就可以推出算子的正性, 也就是说, 在性质 i.1 的条件下, 耗散性和性质 i.3 是等价的. 下面我们经常用耗散性代替 i.3, 因为它更具一般性.) 因此 (P_t) 实际上是一个 Feller 半群. 现在构造 Feller 半群的问题转化为怎样得到一个满足上述 5 个性质的算子. 再强调一次, 这里

的关键是因为一致范数下的空间 $C(E)$ 上的线性泛函可以积分表示, 故算子半群可以转化为转移半群. 为了方便, 我们称满足性质 i.1-i.3 的算子为 Markov 预生成子, 简称预生成子, 称满足所有 5 个性质的算子为 Markov 生成子, 简称生成子. 注意, 生成子就是某个 Feller 半群的生成算子.

下面我们考察性质 i.1-i.5. 关于性质 i.4, 可以从可闭的算子开始. 一个算子有闭包当且仅当它是可闭的: 对任何 $\{f_n\} \subset D(L)$, 若 $f_n \to 0$ 且 $Lf_n \to h$, 则 $h = 0$. 一般算子不一定可闭.

例 5.3.1 设 $E = [0, 1]$,

$$D(L) = \{f \in C[0,1] : f'(0) \text{ 存在}\};$$
$$Lf = f'(0).$$

取

$$f_n(x) = \frac{1}{n}(1 - \mathrm{e}^{-nx}),$$

那么 $f_n \to 0$, 而 $f_n'(0) = 1$, 因此该算子不是可闭的, 也没有闭包. ∎

下面几个结果叙述性质 i.2-i.5 之间的关系, 它们实际上是 Banach 空间算子层面的结论.

引理 5.3.2 **设算子 $(L, D(L))$ 满足 i.2, i.3.**

1. L **可闭且闭包仍然满足 i.3.**

2. **如果 i.4 成立, 那么对 $\alpha > 0$, $(\alpha - L)D(L)$ 是闭的.**

3. **如果存在 $\alpha_0 > 0$, 使得 $(\alpha_0 - L)D(L) = C(E)$, 那么 L 满足 i.4 与 i.5.**

证明. 1. 设 $f_n \to 0$ 且 $Lf_n \to h$. 任取 $g \in D(L)$,

$$\|f_n + \alpha^{-1}g\| \leqslant \|(I - \alpha^{-1}L)(f_n + \alpha^{-1}g)\|.$$

让 n 趋于无穷, 推出

$$\alpha^{-1}\|g\| \leqslant \|\alpha^{-1}g - \alpha^{-1}h - \alpha^{-2}Lg\|,$$

两边乘 α, 再让 α 趋于 $+\infty$, 就有 $\|g\| \leqslant \|g - h\|$. 由稠密性 i.2, 取 $g_n \in D(L)$ 趋于 h, 得 $h = 0$. 这证明了可闭性.

下面证明其闭包 $(\overline{L}, D(\overline{L}))$ 仍然满足耗散性 i.3. 对 $f \in D(\overline{L})$, 验证

$$\min(I - \alpha^{-1}\overline{L})f \leqslant \min f.$$

取 $D(L)$ 中的趋于 f 的序列 $\{f_n\}$, 且满足 $Lf_n \to \overline{L}f$. 因为

$$\min(I - \alpha^{-1}L)f_n \leqslant \min f_n,$$

所以让 n 趋于无穷推出所需结论.

2. 设 $f_n \in D(L)$, $g_n = (\alpha - L)f_n$ 收敛于 g, 则 $\{g_n\}$ 是 Cauchy 列, 由性质 i.3 推出 $\{f_n\}$ 也是 Cauchy 列, 则它有极限, 记为 f, 且 Lf_n 也有极限, 由算子的闭性推出极限恰好是 Lf, 所以 $(\alpha - L)f = g$, 即推出所需结论.

3. 首先条件蕴含 $(\alpha_0 - L)^{-1}$ 是有界算子, 因此闭, 故其逆算子 $\alpha_0 - L$ 也闭, 从而 L 满足 i.4. 下面证明它满足 i.5. 设 $A = \{\alpha > 0 : (\alpha - L)D(L) = C(E)\}$, 则 A 非空. 由于算子的预解集是开的, 即 A 是开的. 下面证明 A 也是闭的. 设 $\alpha_n \in A$ 且 $\alpha_n \to \alpha$. 对任何 $g \in C(E)$, 有 $f_n \in D(L)$ 使得 $\alpha_n f_n - Lf_n = g$. 由 i.3 推出 $\alpha_n\|f_n\| \leqslant \|g\|$, 这蕴含 $\{\|f_n\|\}$ 有界. 任取 n, m, 有

$$\alpha_n(f_n - f_m) - L(f_n - f_m) = (\alpha_m - \alpha_n)f_m.$$

再由 i.3 推出

$$\alpha_n\|f_n - f_m\| \leqslant |\alpha_m - \alpha_n|\|f_m\|.$$

因此 $\{f_n\}$ 是 Cauchy 列, 有极限 f. 由 $\alpha_n f_n - Lf_n = g$ 推出 Lf_n 有极限 $\alpha f - g$, 因此由 i.4 推出 $\alpha f - Lf = g$, 即 $\alpha \in A$. 这样也就是说 A 既开又闭, 必然 $A = (0, +\infty)$. □

上面的引理实际上给出了生成算子的另外一种刻画, 称为 Lumer-Phillips 定理 (参考 [38] 第一章定理 4.3): 算子 $(L, D(L))$ 是 Banach 空间上强连续压缩半群的生成算子当且仅当 L 稠定, 耗散且存在 $\alpha > 0$ 使得 $\alpha - L$ 满.

推论 5.3.3 有界的预生成子总是生成子.

证明. 设预生成子 L 有界. 要验证对任何 $g \in C(E)$, 存在 $f \in C(E)$ 使得 $(\alpha - L)f = g$. 形式上,

$$f = (\alpha - L)^{-1}g = \alpha^{-1}\sum_{n\geqslant 0}\alpha^{-n}L^n g.$$

当 α 很大时, 右边是收敛的. 由上面引理知 L 是生成子. □

从以上结果看到, 构造一个 Feller 过程等价于构造一个生成子 L, 要得到一个这样的 L, 只需完成下面两步:

(1) 构造一个预生成子;

(2) 证明 $(\alpha - L)D(L)$ 对某个正 α 是稠密的.

例 5.3.2 设有 E 上的一个核 $Q(x, dy)$, 满足 $Q(x, \{x\}) = 0$. 形式地定义

$$Lf(x) = \int_E (f(y) - f(x))Q(x, dy),\ f \in D(L) \subset C(E).$$

第一个问题是, 在什么条件下, 可以为 L 找到一个稠的定义域 $D(L)$? 这时 L 是一个预生成子. 例如, 如果

$$\sup_{x\in E} Q(x, E) < \infty,$$

那么 L 是有界算子, 因此也是生成子. 这时定义

$$c(x) := Q(x, E),\ P(x, dy) := Q(x, dy)/c(x),\ x, y \in E.$$

这是一个典型的非局部算子, 对应的过程是阶梯过程, 它在 x 滞留参数为 $c(x)$ 的指数分布时间, 然后按照分布 $P(x, dy)$ 选择下一个点 y. 也就是说, $Q(x, dy)$ 描述了该过程的运动模式, 通常称为速率函数, 在具体的空间上探索使得 L 是一个生成子的其他一般条件是个很重要的问题. ∎

例 5.3.3 $E = [0, 1]$, $L = \dfrac{d^2}{dx^2}$,

$$D(L) = \{f \in C^2(E) : f(0) = f(1) = 0\}.$$

容易看出这是一个可闭的预生成子, 用二阶常系数线性常微分方程理论可以证明 $(I - \lambda L)$ 是在 $C(E)$ 中稠密的, 所以 L 的闭包是 Markov 生成子. 上面的边界条件 $f(0) = f(1) = 0$ 称为 Dirichlet 边界条件, 对应的过程是边界被吸收的 Brown 运动. 可以将边界条件用 Neumann 边界条件 $f'(0) = f'(1) = 0$ 代替, 其闭包仍然是一个生成子, 对应的过程是在边界反射的 Brown 运动. ∎

例 5.3.4 设 $x_n = n^{-1}$, $E = \{x_1, \cdots, x_n, \cdots, 0\}$, 则 $f \in C(E)$ 当且仅当 $f(x_n) \to f(0)$. 取非负数列 $\{a_n\}$, $\{b_n\}$, 其中 $a_1 = 0$. 定义算子

$$Lf(x_n) = a_n(f(x_{n-1}) - f(x_n)) + b_n(f(x_{n+1}) - f(x_n)),\ n \geqslant 1,\ Lf(0) = 0,$$

$$D(L) = \{f \in C(E): 当\ n\ 充分大时, f(x_n) = f(0)\}.$$

显然 $L[D(L)] \subset D(L)$, 且 L 是预生成子, 因为 $D(L)$ 是稠密的.

下面我们证明 L 的闭包是生成子, 只需验证当 $\lambda > 0$ 充分小, $(I - \lambda L)D(L)$ 在 $C(E)$ 中稠密. 实际上, 任取 $g \in C(E)$. 对任何 n, 取函数 $f_n \in D(L)$ 满足 $k > n$ 时, $f(x_k) = f(0)$, 其他值由线性方程

$$(I - \lambda L)f_n(x_k) = g(x_k),\ 1 \leqslant k \leqslant n$$

唯一决定 (当 λ 充分小时, 它有唯一解). 令 $h_n = (I - \lambda L)f_n \in D(L)$. 那么当 $k \leqslant n$ 时, 有 $h(x_k) = g(x_k)$; 当 $k > n$ 时, 有 $h_n(x_k) = f_n(x_k) = f(x_n) = g(x_n)$. 因此, $\lim_n h_n = g$, 即断言成立.

关于状态 0, 这里有几个有趣的问题:

1. 0 是可达的吗?

2. 0 是吸收的吗?

3. $p_t(0,0) \to 1$?

可以作为习题思考一下. ∎

5.3.2 粒子系统的构造

下面我们考察配置空间. 设 S 是一个可数集, 通常会有一个自然的距离诱导离散拓扑, W 是一个紧可分度量空间. $E = W^S$ 即 S 到 W 的映射全体, 也是一个紧可分度量空间. 通常 S 中的元素用 x, y 等表示, W^S 中的元素用 η, ξ, ζ 等表示, 用 $\rho(\cdot,\cdot)$ 表示 W 上的度量, 它有界, 不妨设它不超过 1. 取一个严格正函数 $\{a(x): x \in S\} \in \ell^1(S)$, 那么如下定义的量

$$d(\eta, \zeta) := \sum_{x \in S} a(x)\rho(\eta(x), \zeta(x))$$

是 W^S 上的一个相容于拓扑的度量.

通常 $x \in S$ 看成位置, W^S 中的点 η 在每个点 x 的值 $\eta(x) \in W$ 看成一个位于 x 的粒子的状态. 描述所有位置上粒子随时间的演变的随机规则称为是一个粒子系统, 一个点 $\eta \in E$ 是粒子系统的一个系统态. 如果每个位置的粒子演变依赖于其他

位置的粒子状态, 这样的粒子系统被称为交互粒子系统, 否则称为独立粒子系统. 例如上一节 Blackwell 的例子所描述的就是一个独立的粒子系统.

交互粒子系统通过速率函数描述, 直观地说, 给定粒子系统的一个状态 $\eta \in E$, 系统以某种方式确定有限个位置上粒子状态的变化. 稍微确切地说, 对 S 的有限子集 T, 以及 $\xi \in W^T$, 系统以速率函数 (按照马氏链中的习惯) $c_T(\eta, d\xi)$ 将 η 的位置 T 上的粒子状态变成 ξ. 严格地说, c_T 是一个核, 固定 $\eta \in W^S$ 时, $c_T(\eta, \cdot)$ 是 W^T 上的有限测度, 固定 W^T 的可测子集 A, $c_T(\cdot, A)$ 是 W^S 上的可测函数. 定义

$$\eta_T^\xi(x) := \begin{cases} \eta(x), & x \notin T, \\ \xi(x), & x \in T, \end{cases}$$

把 η 中 T 位置上的值用 ξ 的对应位置的值代替而得到的系统态. 现在我们可以形式地定义

$$Lf(\eta) = \sum_{T \subset S} \int_{W^T} (f(\eta_T^\xi) - f(\eta)) c_T(\eta, d\xi), \ f \in D(L), \ \eta \in W^S.$$

从非局部算子, 或者上一节马氏链的直觉, 这相当于说, 系统将以速率 $c_T(\eta, W^T)$ 从状态 η 改变, 只涉及集合 T 指定的有限个位置, 以分布 $c_T(\eta, d\xi)/c_T(\eta, W^T)$ 变为 η^ξ. 现在的问题是, 什么条件下, L 定义一个生成子? 在研究这个问题之前, 先看几个例子.

在很多粒子系统中, W 仅含有两个状态, 简单地说它们互为对立状态.

例 5.3.5 第一个例子是 Blackwell 的例子, 例 5.2.2, 其中 $S = \mathbf{N}$, $W = \{0, 1\}$. 配置空间 W^S 同胚于 $[0, 1]$. 对 $i \in S$, 马氏链 $\{X_i(t)\}$ 的 Q- 矩阵是

$$\begin{bmatrix} -b_i & b_i \\ d_i & -d_i \end{bmatrix},$$

它代表此处粒子的演变, 粒子的演变互相独立. 对应的算子

$$Lf(\eta) = \sum_i (f(\eta^i) - f(\eta)) c_i(\eta), \ \eta = (\eta(i)) \in W^S,$$

其中 η^i 是仅将 η 的 i 处粒子状态转变为其对立状态所得到的系统态, 且

$$c_i(\eta) = \begin{cases} b_i, & \eta(i) = 0, \\ d_i, & \eta(i) = 1. \end{cases}$$

可以看到, i 处状态的变化只依赖于 i 处本身的状态, 与其他位置无关, 说明系统其实没有交互. ∎

如果一个粒子系统中粒子的演变每次只涉及一个位置, 且每个位置只有两个状态, 即速率函数当 $|T|>1$ 时为零且 $|W|=2$, 这样的系统称为自旋系统. 自旋系统是最简单也最常见的交互粒子系统. 自旋系统的一般形式是

$$Lf(\eta)=\sum_{x\in S}c_x(\eta,\eta^x)(f(\eta^x)-f(\eta)),$$

其中 η^x 是将系统态 η 在 x 位置的粒子状态变成其对立状态而其他位置粒子状态保持不变所得到的系统状态. 这时, 简单地把 $c_x(\eta,\eta^x)$ 用 $c_x(\eta)$ 表示, 也就是说, 系统以速率 $c_x(\eta)$ 从状态 η 变成 η^x.

例 5.3.6 (随机 Ising 模型) 随机 Ising 模型是一个自旋系统. 设 $\beta\geqslant 0$, $S=\mathbf{Z}^d$, $W=\{-1,1\}$. 对 $x\in S$, 定义速率函数

$$c_x(\eta)=\exp\left(-\beta\sum_{y:|y-x|=1}\eta(x)\eta(y)\right),\ \eta\in W^S.$$

这表明 x 处的演变与其邻居 y 有关, 是一个交互粒子系统. ∎

例 5.3.7 设 S 是局部有限图 (即每个点的邻居是有限的), $y\sim x$ 表示相邻位置, $W=\{0,1\}$. 下面两个模型也是自旋系统.

1. (投票模型) 当 $|T|>1$ 时, $c_T=0$; 对 $\eta\in W^S$, $x\in S$, 定义速率函数

$$c_x(\eta)=\frac{1}{d(x)}\sum_{y\sim x}1_{\{\eta(y)\neq\eta(x)\}},$$

其中 $d(x):=|\{y:y\sim x\}|$, x 的度. 如果把 S 看作人的集合, W 看作左右两种倾向, 那么这个速率函数直观表示人的倾向改变为对立倾向的速率与周边人的对立倾向人数成比例.

2. (接触过程) 当 $|T|>1$ 时, $c_T=0$; 对 $x\in S$, 定义速率函数

$$c_x(\eta)=\begin{cases}\lambda\sum_{y\sim x}\eta(y), & \eta(x)=0,\\ 1, & \eta(x)=1,\end{cases}$$

其中 $\lambda > 0$. 在这个模型中, S 同样看作人的集合, 1, 0 分别表示生病与健康两个态. 如果 x 健康, 那么他以与周边生病人数成比例的速率染病; 如果他生病, 那么他总是以速率 1 恢复健康.

这两个模型显然也是交互的. ∎

当 S 是有限且 W 是可数时, W^S 是可数的, 粒子系统是马氏链. 当 S 是无限时, 本质上, 因为 $\{0,1\}^S$ 同构于 $[0,1]$, 所以自旋系统同构于区间 $[0,1]$ 上的一个纯跳马氏过程, 这里所谓的纯跳只是一种直观, 因为我们从来没有定义过纯跳. 再举一个不是自旋的粒子系统的例子.

例 5.3.8 (排斥过程) 设 S 是可列的, $W = \{0,1\}$. 对 $\eta \in W^S$, $T = \{x,y\}$, 当 $\eta(x) = 1$, $\eta(y) = 0$ 时, $c_T(\eta, d\xi)$ 在单点集 $\{\xi : \xi(x) = 0, \xi(y) = 1\}$ 测度为 $p(x,y)$, 它满足 $\sum_y p(x,y) = 1$. 其他情况 c_T 皆为零.

直观上, 如果 x 处状态是 1, y 处状态是 0, 那么系统以速率 $p(x,y)$ 同时将两个位置的状态向对立状态转变. 排斥过程不是自旋系统. ∎

现在我们开始讨论交互粒子系统的存在性. 首先要找到 $C(W^S)$ 上的适当的稠子空间, 以及速率函数需满足什么条件才能使得 L 在此空间上可以定义.

对任何 $f \in C(W^S)$, $x \in S$, 对于 $\eta, \zeta \in W^S$, 记号 $\eta = \zeta \text{ off } x$ 表示当 $y \neq x$ 时, $\eta(y) = \zeta(y)$. 定义

$$\Delta_f(x) := \sup\{f(\eta) - f(\zeta) : \ \eta = \zeta \text{ off } x\}.$$

如果 $\eta = \zeta \text{ off } x$, 那么当 $x \to \infty$ 时,

$$d(\eta, \zeta) = \alpha(x)\rho(\eta(x), \zeta(x)) \leqslant \alpha(x) \to 0,$$

由 f 的连续性且 W^S 的紧性推出 f 一致连续, 所以

$$\lim_{x \to \infty} \Delta_f(x) = 0.$$

现在, 我们利用 Δ_f 来定义 $C(W^S)$ 上的一个新的泛函

$$\|f\|_\Delta := \sum_{x \in S} \Delta_f(x),$$

$$D(W^S) := \{f \in C(W^S) : \|f\|_\Delta < \infty\}.$$

这个泛函实际上是一个半范数, 除了 $\|f\|_\Delta = 0$ 只能推出 f 是个常数外, 它满足范数的其他条件. 它是用来表达 f 的变化的. 显然, 如果 f 在 η, ζ 处分别达到最大与最小, 则

$$f(\eta) - f(\zeta) \leqslant \|f\|_\Delta.$$

因此, $\|f\|_\Delta < \infty$ 蕴含 f 的变化小, 故而这样的函数简称为光滑函数.

例 5.3.9 设 $S = \mathbf{N}$, $W = \{0,1\}$. W^S 同胚于 $[0,1]$, $\eta \in W^S$ 看成二进制表示

$$\eta = \sum_{n\in S} \frac{\eta(n)}{2^n} \in [0,1].$$

对于 $f \in C(W^S) = C([0,1])$, $\Delta_f(n)$ 是什么呢? 按定义它是 f 仅在第 n 位小数不同的两个数 η 与 ζ 之间的差距的上确界. 把区间分成两部分 $A_n = \{\eta \in [0,1] : \eta(n) = 0\}$ 和 $B_n = \{\eta \in [0,1] : \eta(n) = 1\}$, $\eta \in A_n$ 当且仅当 $\eta + 2^{-n} \in B_n$, 则

$$\Delta_f(n) = \sup\{|f(\eta) - f(\eta + 2^{-n})| : \eta \in A_n\},$$

因此 f 连续当且仅当 $\Delta_f(n) \to 0$. 那么条件 $\sum_n \Delta_f(n) < \infty$ 又意味着什么呢? 实际上, 这意味着某种意义上的 Lipschitz 连续性. 如果用 $\Delta_f(n)$ 来定义 W^S 上的度量

$$d_1(\eta,\zeta) - \sum_{n\in S} |\eta(n) - \zeta(n)|\Delta_f(n),$$

那么

$$|f(\eta) - f(\eta + 2^{-n})| \leqslant \Delta_f(n) = d_1(\eta, \eta + 2^{-n}).$$

尽管这个看法有点牵强, 但还是可以说明一点问题. ∎

引理 5.3.4 $D(W^S)$ 在 $C(W^S)$ 中稠密.

证明. 由 Stone-Weierstrass 定理, 只需证明 $D(W^S)$ 是包含常数且区分点的代数. 包含常数是显然的. 下面的不等式不难验证: 对 $f \in D(W^S)$, $x \in S$,

$$\Delta_{f^2}(x) \leqslant 2\|f\| \cdot \Delta_f(x),$$

推出 $D(W^S)$ 是一个代数. 最后来验证它区分点. 事实上, 设 η_1, η_2 是 W^S 中的两个不同点, 则存在 $x \in S$, 使得 $\eta_1(x) \neq \eta_2(x)$. 取 W 上区分 $\eta_1(x)$ 与 $\eta_2(x)$ 的连续函数 g, 定义

$$f(\eta) = g(\eta(x)),\ \eta \in W^S.$$

不难验证 $\|f\|_\Delta = \Delta_f(x)$, 且 f 区分点 η_1 与 η_2. □

其实对于 $f \in C(W^S)$, 逼近 f 的序列可以直接构造. 固定 $\eta \in W^S$, 对任何有限的 $T \subset S$, 定义 W^S 上的函数 $f_T(\zeta) = f(\eta_T^\zeta)$, 其中

$$\eta_T^\zeta(x) = \begin{cases} \zeta(x), & x \in T, \\ \eta(x), & x \notin T. \end{cases}$$

那么当 $x \in T$ 时, $\Delta_{f_T}(x) \leqslant \Delta_f(x)$; 否则 $\Delta_{f_T}(x) = 0$. 因此 $f_T \in D(W^S)$. 最后, 当 $T \uparrow S$ 时, $|f(\zeta) - f_T(\zeta)| = |f(\zeta) - f(\eta_T^\zeta)|$ 趋于零, 因为 f 一致连续且这时

$$d(\zeta, \eta_T^\zeta) \leqslant \sum_{x \in T^c} a(x)$$

趋于零.

我们期望 L 可以定义在 $D(W^S)$ 上. 回顾

$$Lf(\eta) = \sum_{T \subset S} \int_{W^T} (f(\eta^\xi) - f(\eta)) c_T(\eta, d\xi).$$

设 $f \in D(W^S)$. 首先要寻找条件使得 $Lf \in C(W^S)$. 第一个要求是对任何 T, 映射

$$\eta \mapsto \int_{W^T} c_T(\eta, d\xi)(f(\eta^\xi) - f(\eta))$$

是连续的, 这就需要对任何 $g \in C(W^T)$,

$$\int_{W^T} c_T(\eta, d\xi) g(\xi) \in C(W^S).$$

我们称之为条件 A.

第二个要求是右边的连续函数级数是一致收敛的, 这只需要连续函数范数和收敛就足够了. 对 $\eta \in W^S$ 及 $\xi \in W^T$, 有不等式

$$|f(\eta^\xi) - f(\eta)| \leqslant \sum_{x \in T} \Delta_f(x),$$

记连续函数 $c_T(\cdot, W^T)$ 的范数为 c_T, 即

$$c_T = \sup_{\eta \in W^S} c_T(\eta, W^T),$$

因此推出

$$\sum_{T \subset S} \sup_{\eta \in W^S} \left| \int_{W^T} (f(\eta^\xi) - f(\eta)) c_T(\eta, d\xi) \right|$$

$$\leqslant \sum_T \sup_\eta c_T(\eta, W^T) \sum_{x\in T} \Delta_f(x)$$
$$= \sum_{x\in S}\sum_T c_T \Delta_f(x) 1_{\{x\in T\}}$$
$$= \sum_{x\in S}\Delta_f(x) \sum_{T:x\in T} c_T \leqslant \left(\sup_{x\in S}\sum_{T\ni x} c_T\right) \|f\|_\Delta.$$

由此得到, 当条件 B:

$$\sup_{x\in S} \sum_{T:x\in T} c_T < \infty$$

也成立时, $Lf \in C(W^S)$, 因此我们设 $D(L) = D(W^S)$. 这样, 我们实际上证明了 L 是一个预生成子. 进一步, 如果更强的条件 B+: $\sum_T c_T < \infty$ 成立 (例如 S 是有限集时), 那么 L 是有界线性算子, 自动成为生成子.

定理 5.3.5 **当条件** A, B **成立时,** $(L, D(L))$ **是一个预生成子.**

从前面的例子来看条件 B. 对于 Blackwell 的例子, 测度 $c_{\{i\}}(\eta,\cdot)$ 由 $\eta(i)$ 的值确定, $c_{\{i\}} = \sup_\eta c_{\{i\}}(\eta, W^i) = b_i \vee d_i$, 故条件 B 是

$$\sup_{x\in S}\sum_{T\ni x} c_T = \sup_{i\geqslant 1} b_i \vee d_i < \infty.$$

看 Ising 模型, 这时, 当 $|T| > 1$ 时, $c_T = 0$; 而

$$c_{\{x\}} = \sup_\eta \exp\left(-\beta \sum_{y\sim x}\eta(x)\eta(y)\right) = \mathrm{e}^{2d\beta},$$

故条件 B

$$\sup_{x\in S}\sum_{T\ni x} c_T = \mathrm{e}^{2d\beta} < \infty$$

自动成立, 但条件 B+ 不成立, 因为

$$\sum_T c_T = \sum_{x\in S} \mathrm{e}^{2d\beta} = +\infty.$$

同样, 对于选举模型, 接触过程还有排斥过程, 条件 B 是自动成立的. 对于自旋系统, 条件 B 等价于

$$\sup_{x\in S}\sup_{\eta\in W^S} c(x,\eta) < \infty.$$

下一步是问, 再需要什么条件使得 L (实际上是它的闭包) 成为一个生成子? 即何时存在 $\lambda>0$ 使得 $(I-\lambda L)D(L)$ 在 $C(W^S)$ 中稠密? 这是一个更困难的问题, 我们先来推导一个重要的先验估计. 先定义几个符号, 对于 $u\in S$ 及有限的 $T\subset S$,

$$c_T(u):=\sup\{\|c_T(\eta_1,d\xi)-c_T(\eta_2,d\xi)\|_{\mathsf{tv}}:\eta_1=\eta_2 \text{ off } u\},$$

其中 $\|\cdot\|_{\mathsf{tv}}$ 指符号测度的全变差. 对于 $x,u\in S$, 再定义

$$r(x,u)=\begin{cases}\displaystyle\sum_{T\ni x}c_T(u), & u\neq x,\\ 0, & u=x.\end{cases}$$

对于 $f\in D(W^S)$, $\sum_{x\in S}\Delta_f(x)<\infty$, 即

$$(\Delta_f(x))_{x\in S}\in\ell^1(S),\ \|f\|_\Delta=\|\Delta_f\|_{\ell^1(S)}.$$

当矩阵 $(r(x,u):x,u\in S)$ 满足条件 C:

$$M:=\sup_x\sum_u r(x,u)<\infty$$

时, 它定义 $\ell^1(S)$ 上有界线性算子

$$\Gamma b(u)=\sum_{x\in S}b(x)r(x,u),\ b=(b(x))\in\ell^1(S),$$

其范数恰是 $\|\Gamma\|_1=M$.

引理 5.3.6 **设** $f\in D(W^S)$, $g=(I-\lambda L)f$ **且条件** A, B **成立**.

1. **对** $u\in S$, $\lambda>0$ **有** $\Delta_f(u)\leqslant\Delta_g(u)+\lambda(\Gamma\Delta_f)(u)$.

2. **设** $f,g\in D(W^S)$, **且条件** C **成立, 则当** $\lambda M<1$ **时, 对任何** $u\in S$,

$$\Delta_f(u)\leqslant(I-\lambda\Gamma)^{-1}\Delta_g(u).$$

此时, $(I-\lambda\Gamma)^{-1}$ **是** $\ell^1(S)$ **上的有界线性算子**.

证明. 对于结论 1, 因为 W^S 紧, 存在 $\eta_1,\eta_2\in W^S$, 相异但 $\eta_1=\eta_2$ off u, 使得

$$\Delta_f(u)=f(\eta_1)-f(\eta_2).$$

由此推出下面的不等式

$$\Delta_f(u) - \lambda(Lf(\eta_1) - Lf(\eta_2)) = g(\eta_1) - g(\eta_2) \leqslant \Delta_g(u).$$

现在看

$$Lf(\eta_i) = \sum_T \int_{W^T} c_T(\eta_i, d\xi)(f(\eta_i^\xi) - f(\eta_i)),\ i = 1, 2.$$

分两种情形, 情形 1: $T \not\ni u$. 这时, 显然有

$$f(\eta_1^\xi) - f(\eta_2^\xi) \leqslant f(\eta_1) - f(\eta_2),$$

推出

$$f(\eta_1^\xi) - f(\eta_1) \leqslant f(\eta_2^\xi) - f(\eta_2).$$

情形 2: $T \ni u$. 这时, 对 $i = 1, 2$,

$$f(\eta_i^\xi) - f(\eta_i) = f(\eta_i^\xi) - f(\eta_i^{\xi(u)}) + f(\eta_i^{\xi(u)}) - f(\eta_i),$$

其中 $\eta_i^{\xi(u)}$ 表示位置 u 用 $\xi(u)$ 代替, 故

$$f(\eta_2) \leqslant f(\eta_i^{\xi(u)}) \leqslant f(\eta_1).$$

另外, 因为 $u \in T$, 且 η_1, η_2 仅在 u 处不同, 故 $f(\eta_i^\xi) - f(\eta_i^{\xi(u)})$ 与 i 无关且

$$|f(\eta_i^\xi) - f(\eta_i^{\xi(u)})| \leqslant \sum_{x \in T, x \neq u} \Delta_f(x).$$

有了上面这些准备工作, 我们来估计 $Lf(\eta_1) - Lf(\eta_2)$,

$$\begin{aligned}
Lf(\eta_1) - Lf(\eta_2) \leqslant& \sum_{T \not\ni u} \int_{W^T} (c_T(\eta_1, d\xi) - c_T(\eta_2, d\xi))(f(\eta_2^\xi) - f(\eta_2)) \\
&+ \sum_{T \ni u} \int_{W^T} (c_T(\eta_1, d\xi) - c_T(\eta_2, d\xi))(f(\eta_2^\xi) - f(\eta_2^{\xi(u)})) \\
&+ \sum_{T \ni u} \int_{W^T} \Big[c_T(\eta_1, d\xi)(f(\eta_1^{\xi(u)}) - f(\eta_1)) - c_T(\eta_2, d\xi)(f(\eta_2^{\xi(u)}) - f(\eta_2))\Big] \\
\leqslant& \sum_{T \not\ni u} c_T(u) \sum_{x \in T} \Delta_f(x) + \sum_{T \ni u} c_T(u) \sum_{x \in T, x \neq u} \Delta_f(x) \\
&- \sum_{T \ni u} \int_{W^T} \Big[c_T(\eta_1, d\xi)(f(\eta_1) - f(\eta_1^{\xi(u)})) + c_T(\eta_2, d\xi)(f(\eta_2^{\xi(u)}) - f(\eta_2))\Big]
\end{aligned}$$

$$\leqslant \sum_{x \in S} \Delta_f(x) \sum_T c_T(u) 1_{\{x \in T, x \neq u\}} \Delta_f(u).$$

由此立刻得到所需估计.

结论 2 的证明是简单的, 先把 1 中的估计写成算子形式

$$\Delta_f \leqslant \Delta_g + \lambda \Gamma \Delta_f.$$

然后迭代得

$$\Delta_f \leqslant \sum_{k=0}^{n-1} \lambda^k \Gamma^k \Delta_g + \lambda^n \Gamma^n \Delta_f,$$

再由条件 C 推出

$$\Delta_f \leqslant \sum_{k=0}^{\infty} \lambda^k \Gamma^k \Delta_g = (I - \lambda\Gamma)^{-1} \Delta_g.$$

完成引理证明. □

最后, 我们证明交互粒子系统存在的充分性定理. 证明的思想是取有限子集列 $S_n \uparrow S$, 用有限位置 S_n 上的交互系统去逼近 S 上的交互系统.

定理 5.3.7 **假设条件** A,B,C **都成立, 则** L **的闭包是一个生成子.**

证明. 只需验证 $(I - \lambda L)D(L)$ 在 $D(L)$ 中稠密, 即取 $g \in D(L) = D(W^S)$, 寻找 $f_n \in D(L)$ 使得

$$(I - \lambda L) f_n \to g.$$

对任何 n, 定义

$$c_T^{(n)}(\eta, d\xi) = \begin{cases} c_T(\eta, d\xi), & T \subset S_n, \\ 0, & \text{否则}, \end{cases}$$

以及它定义的算子 $L^{(n)}$ 与矩阵 $(r^{(n)}(x, u))$, 那么

$$c_T^{(n)}(u) = c_T(u) 1_{\{T \subset S_n\}}.$$

容易验证下面的性质.

1. $c_T^{(n)} \leqslant c_T$, $r^{(n)}(x, u) \leqslant r(x, u)$.

2. 对于 $f \in D(L)$, $L^{(n)} f \to Lf$.

3. $\sum_T c_T^{(n)} = \sum_{T \subset S_n} c_T < \infty$.

4. $\sum_{x,u} r^{(n)}(x,u) < \infty$.

第 4 点的证明如下: 由条件 C,

$$\infty > \sup_x \sum_u \sum_{T \ni x} c_T(u) = \sup_x \sum_{T \ni x} \sum_u c_T(u),$$

然后

$$\begin{aligned}\sum_{x,u} r^{(n)}(x,u) &= \sum_{x,u} \sum_{T \subset S_n, T \ni x} c_T^{(n)}(u) \\ &= \sum_{T \subset S_n} \sum_{x \in T} \sum_u c_T(u) = \sum_{T \subset S_n} |T| \sum_u c_T(u) < \infty.\end{aligned}$$

由性质 3 推出 $L^{(n)}$ 是有界线性算子. 故存在 $f_n \in C(W^S)$ 使得

$$(I - \lambda L^{(n)}) f_n = g.$$

那么有估计

$$\Delta_{f_n}(u) \leqslant \Delta_g(u) + \lambda \sum_{x \in S} r^{(n)}(x,u) \Delta_{f_n}(x).$$

由性质 4 以及 $(\Delta_{f_n}(x) : x \in S)$ 有界可推出 $f_n \in D(W^S)$. 然后, 我们可以定义

$$g_n := (I - \lambda L) f_n.$$

现在取 $0 < \lambda < M^{-1}$, 因为性质 1, $\Gamma^{(n)} \leqslant \Gamma$, 所以

$$\Delta_{f_n} \leqslant (I - \lambda \Gamma^{(n)})^{-1} \Delta_g \leqslant (I - \lambda \Gamma)^{-1} \Delta_g.$$

最后要证明, $g_n \to g$. 事实上,

$$\begin{aligned}\|g_n - g\| &= \|\lambda (I - L^{(n)}) f_n\| \\ &\leqslant \lambda \sum_{T \not\subset S_n} c_T \sum_{x \in T} \Delta_{f_n}(x) \\ &\leqslant \lambda \sum_{T \not\subset S_n} c_T \sum_{x \in T} [(I - \lambda \Gamma)^{-1} \Delta_g](x) \\ &\leqslant \lambda \sum_{x \in S} [(I - \lambda \Gamma)^{-1} \Delta_g](x) \sum_{T \ni x, T \not\subset S_n} c_T,\end{aligned}$$

因为 T 有限, 故当 n 充分大时, $T \subset S_n$, 因此

$$\lim_n \sum_{T \ni x, T \not\subset S_n} c_T = 0,$$

再由控制收敛定理以及 $(I-\lambda\Gamma)^{-1}\Delta_g \in \ell^1(S)$, 推出最后的无穷和趋于零. □

看前面的几个例子, 对于 Blackwell 例子, Ising 模型, 选举模型及接触过程, 当 $|T|>1$ 时, $c_T=0$, 故

$$r(x,u) = c_{\{x\}}(u) 1_{\{u \neq x\}}.$$

对这些模型来说, 测度 $c_{\{x\}}(\eta,\cdot)$ 集中在 $\eta(x)$ 的对立状态中. 对 Blackwell 的例子, 该测度值也只依赖 $\eta(x)$, 故 $c_T(u)=0$, 满足条件 C. 对于其他模型, 测度值会依赖 x 的邻居. 只有当 $u \sim x$ 时, $c_{\{x\}}(u)$ 才有可能非零. 用 Ising 模型来说明.

例 5.3.10 考虑 Ising 模型, 当 $|T|>1$ 时, $c_T=0$, 所以 $c_T(u)=0$. 当 $T=\{x\}$ 时, 因为只有 x 的邻居粒子状态才会影响到测度 $c_T(\eta,\cdot)$, 故若取 $u \in S$, $\eta_1=\eta_2$ off u, 则测度 $c_T(\eta_1,\cdot)$ 与 $c_T(\eta_2,\cdot)$ 当且仅当 $u \sim x$ 时才有可能不同. 当 u 与 x 不是邻居时, $c_T(u)=0$, 而当 $u \sim x$ 时,

$$\|c_T(\eta_1,\cdot) - c_T(\eta_2,\cdot)\|_{\mathsf{tv}} = \mathrm{e}^{-\beta \sum_{y \sim x} \eta_1(y)\eta_1(x)} \left|1 - \mathrm{e}^{-\beta(\eta_2(u)-\eta_1(u))}\right|,$$

即 $c_T(u) = \mathrm{e}^{2\beta d}(1-\mathrm{e}^{-2\beta})$. 从而推出

$$M = \sup_x \sum_{u \sim x} c_{\{x\}}(u) = 2d\mathrm{e}^{2\beta d}(1-\mathrm{e}^{-2\beta}).$$

Ising 模型满足条件 C.

习 题

1. 设 $W=\{0,1\}$. S 上的一个严格正可和函数 $a=(a(x))$ 定义 W^S 上的一个度量 ρ_a:

   $$\rho_a(\eta,\zeta) = \sum_{x \in S} a(x)|\eta(x)-\zeta(x)|,$$

   证明: $f \in D(W^S)$ 当且仅当存在这样的 a (依赖于 f) 使得 f 关于对应的 ρ_a 是 Lipshitz 连续的.

2. 证明: 选举模型, 接触过程, 排斥过程都满足条件 A, B, C.

3. (可逆最近粒子系统) 设有自旋系统, $S=\mathbf{Z}$, $W=\{0,1\}$. 定义

$$c(x,\eta)=\begin{cases}1, & \eta(x)=1,\\ =\lambda\left(\frac{1}{l(x,\eta)}+\frac{1}{r(x,\eta)}\right)^p, & \eta(x)=0,\end{cases}$$

其中 $\lambda>0$, $p>0$, $l(x,\eta)$ 与 $r(x,\eta)$ 分别是 x 的左与右两边离 x 最近的 1 的距离, 即

$$l(x,\eta)=x-\sup\{y<x:\eta(y)=1\},$$
$$r(x,\eta)=\inf\{y>x:\eta(y)=1\}-x.$$

问系统是否满足条件 A,B,C?

5.4 对称马氏过程与 Dirichlet 形式

马氏过程和转移半群对应, 好的转移半群得到好的马氏过程. 有些转移半群甚至可以用无穷小算子来刻画, 例如前面提到的粒子系统构造, 就是应用 Feller 半群理论. 相对于半群, 无穷小算子更简单直观, 但也有缺点, 首先, 适用的范围不广, 除了 Feller 过程外的大部分马氏过程无法应用无穷小算子刻画; 其次, 无穷小算子的定义域很难写清楚, 所以实际问题限制了无穷小算子的作用.

Dirichlet 形式是类似于无穷小算子的一种研究马氏过程的手段. 它适用于关于状态空间上某个测度对称的马氏过程, 这时, 马氏过程可以通过 Hilbert 空间上的一个对称二次形式来刻画. 除了需要对称性, 它的适用范围比无穷小算子更广, 也比无穷小算子有更好的性质以及工具, 但代价是, 用 Dirichlet 形式得到的结果通常是几乎处处决定而不是像 Feller 过程那样可以精确到点, 原因是 L^2 空间上的 Dirichlet 形式决定的是算子半群, 而不是转移函数, 因此对应的马氏过程是一个等价类, 就如同 L^2 中的函数也是一个等价类一样.

5.4.1 Hilbert 空间上的闭对称形式

我们从 Hilbert 空间上的一个对称形式开始. 设 H 是 Hilbert 空间, 内积和范数分别用 $\langle\cdot,\cdot\rangle_H$ 和 $\|\cdot\|_H$ 表示, 有时候省略 H.

定义 5.4.1 H **上的对称形式是指** H **上一个稠定的 (即定义域稠密) 且非负定的对称二次形式** $(\mathscr{E}, D(\mathscr{E}))$. **说对称形式** $(\mathscr{E}, D(\mathscr{E}))$ **闭, 如果它满足闭性:** $D(\mathscr{E})$ **在内积 (固定** $\alpha > 0$**)**

$$\mathscr{E}_\alpha(f,g) := \mathscr{E}(f,g) + \alpha\langle f,g\rangle_H, \ f,g \in D(\mathscr{E})$$

之下是 Hilbert 空间.

由这个内积诱导的范数, 对于不同的 $\alpha > 0$ 是等价的, 用 $\|\cdot\|_{\mathscr{E}_\alpha}$ 表示, 称为 $\mathscr{E}_\alpha$ 范数. 当 $\alpha = 0$ 时, 即 $\mathscr{E}$ 本身, 是一个半范数. 如果一个稠定的且非负定的对称二次形式 $(\mathscr{E}, D(\mathscr{E}))$ 关于 $\|\cdot\|_{\mathscr{E}_\alpha}$ 的完备化仍然是 H 的子空间, 则说 $\mathscr{E}$ 是可闭的. 实际上, $\mathscr{E}$ 可闭当且仅当对任何 $\mathscr{E}_1$-Cauchy 列 $\{f_n\}$, 若 $f_n \to 0$, 则

$$\lim \mathscr{E}(f_n, f_n) = 0.$$

这个条件保证 $\mathscr{E}$ 在 Cauchy 列极限上的扩张与 Cauchy 列的选择无关.

在 Hilbert 空间上, Hille-Yosida 定理断言, 自共轭负定算子 $(L, D(L))$ 的集合, 强连续对称压缩半群 $(T_t : t > 0)$ 的集合以及强连续对称压缩预解族 $(R^\alpha : \alpha > 0)$ 的集合是以如下方式一一对应的

$$\begin{aligned}
&Lf = \lim_{t\to 0} \frac{T_t f - f}{t}, \ f \in D(L),\\
&(\alpha - L)^{-1} = R^\alpha, \ \alpha > 0,\\
&R^\alpha = \int_0^\infty \mathrm{e}^{-\alpha t} T_t dt,
\end{aligned}$$

其中负定算子是指对任何 $f \in D(L)$ 有 $\langle f, -Lf\rangle_H \geqslant 0$. 下面我们证明它们和闭对称形式的全体也是一一对应的.

定理 5.4.2 H **上的闭对称形式全体与自共轭负定算子全体 (强连续对称压缩半群全体, 强连续对称压缩预解全体) 一一对应.**

定理的证明以及对应方式由下面三个引理给出.

引理 5.4.3 给定一个稠定的对称负定算子 $(L, D(L))$, **定义**

$$\mathscr{E}(f,g) = \langle -Lf, g\rangle, \ f,g \in D(\mathscr{E}) = D(L),$$

则它是可闭的对称形式, 其闭包是闭对称形式, 仍然用上面的符号表示.

证明. 设 $\{f_n\}$ 是 $\mathscr{E}$-Cauchy 列且 f_n 趋于零. 需要验证 $\mathscr{E}(f_n,f_n)$ 趋于零. 事实上, 首先由三角不等式, $\{\mathscr{E}(f_n,f_n)\}$ 也是 Cauchy 列, 所以极限存在是非负的, 记为 a. 其次, 对任何 $\varepsilon>0$, 当 n,m 充分大时, $\mathscr{E}(f_n-f_m,f_n-f_m)<\varepsilon$. 由对称性,

$$\mathscr{E}(f_n-f_m,f_n-f_m)=\mathscr{E}(f_n,f_n)-2\langle -Lf_n,f_m\rangle+\mathscr{E}(f_m,f_m),$$

现在, 先让 m 趋于无穷, 右边最后一项极限是 a, 中间项极限是零; 再让 n 趋于无穷, 推出 $2a\leqslant\varepsilon$, 因此 $a=0$. □

给定一个强连续对称压缩半群 (T_t), 对任何 $t>0$, 定义形式

$$\mathscr{E}^{(t)}(f,g)=\frac{1}{t}\langle f-T_tf,g\rangle,\ f,g\in H.$$

由对称性和压缩性得

$$\langle f-T_tf,f\rangle=\|f\|-\|T_{t/2}f\|\geqslant 0,$$

故 $\mathscr{E}^{(t)}$ 是 H 上定义的闭对称形式, 且压缩性还蕴含对任何 $f\in H$, $\mathscr{E}^{(t)}(f,f)$ 是递减的. 下面的引理说明强连续对称压缩半群直接诱导一个闭对称形式.

引理 5.4.4 设自共轭负定算子 $(L,D(L))$ 对应的强连续半群是 (T_t), 定义

$$D(\mathscr{E})=\{f\in H:\sup_t\mathscr{E}^{(t)}(f,f)<\infty\};$$
$$\mathscr{E}(f,g)=\lim_{t\to0}\mathscr{E}^{(t)}(f,g),$$

则 $\mathscr{E}$ 是闭对称形式且当 $f\in D(L)$, $g\in H$ 时,

$$\mathscr{E}(f,g)=\langle -Lf,g\rangle.$$

因此由半群和由无穷小算子诱导的闭对称形式一致.

证明. $\mathscr{E}$ 是对称形式以及最后的等式都是显然的, 我们只需验证闭性. 设 $\{f_n\}$ 是 $\mathscr{E}_1$-Cauchy 列, 则 f_n 在 H 中极限存在, 记为 $f\in H$. 因为 $\mathscr{E}^{(t)}(g,g)$ 对任何 $g\in H$ 递减, 故

$$\mathscr{E}^{(t)}(f,f)=\lim_n\mathscr{E}^{(t)}(f_n,f_n)\leqslant\lim_n\mathscr{E}(f_n,f_n)<\infty,$$

推出 $f\in D(\mathscr{E})$. 然后, 由 f_n 强收敛于 f 得

$$\mathscr{E}^{(t)}(f_n-f,f_n-f)=\lim_m\mathscr{E}^{(t)}(f_n-f_m,f_n-f_m)$$

$$\leqslant \lim_m \mathscr{E}(f_n - f_m, f_n - f_m),$$

和上一个引理证明中类似的 ε 语言推出 $\mathscr{E}(f_n - f, f_n - f)$ 的极限是零. □

反之, 设 $(\mathscr{E}, D(\mathscr{E}))$ 是个闭对称形式, 我们看看怎么得到强连续对称预解族. 上面已经知道与无穷小算子的对应

$$\mathscr{E}(f,g) = \langle -Lf, g\rangle,\ \ f \in D(L), g \in D(\mathscr{E}).$$

因此

$$\mathscr{E}_\alpha(f,g) = \langle (\alpha - L)f, g\rangle,$$

令 $(\alpha - L)f = h$ 或者 $f = R^\alpha h$, 有 $\mathscr{E}_\alpha(R^\alpha h, g) = \langle h, g\rangle$. 这个表达式提示我们怎么绕过无穷小算子得到预解. 固定 $h \in H$, 因为对任何 $\alpha > 0$, $g \in D(\mathscr{E})$ 有

$$|\langle h, g\rangle| \leqslant \|h\| \cdot \|g\| \leqslant \|h\| \cdot \alpha^{-1} \|g\|_{\mathscr{E}_\alpha},$$

所以 $g \mapsto \langle h, g\rangle$ 是装备内积 $\mathscr{E}_\alpha$ 的 Hilbert 空间 $D(\mathscr{E})$ 上的有界线性泛函. 因此, 由 Riesz 表示定理, 在 $D(\mathscr{E})$ 中存在唯一的点, 记为 $R^\alpha h$, 使得对任何 $g \in D(\mathscr{E})$ 有

$$\mathscr{E}_\alpha(R^\alpha h, g) = \langle h, g\rangle.$$

引理 5.4.5 **这样得到的** (R^α) **是强连续压缩预解.**

证明. 先证明压缩性. 因为

$$\alpha \|R^\alpha h\|^2 \leqslant \|R^\alpha h\|_{\mathscr{E}_\alpha} = \langle h, R^\alpha h\rangle \leqslant \|h\| \cdot \|R^\alpha h\|,$$

所以 $\alpha\|R^\alpha h\| \leqslant \|h\|$, 即压缩性. 再证明强连续性. 用同样的方法,

$$\begin{aligned}\alpha\|h - \alpha R^\alpha h\|^2 &\leqslant \|h - \alpha R^\alpha h\|^2_{\mathscr{E}_\alpha} \\ &= \mathscr{E}(h,h) + \alpha^2 \langle h, R^\alpha h\rangle - \alpha\langle h, h\rangle \leqslant \mathscr{E}(h,h),\end{aligned}$$

最后的不等式源于压缩性, $\alpha\langle h, R^\alpha h\rangle \leqslant \langle h, h\rangle$. 随后推出

$$\|h - \alpha R^\alpha h\|^2 \leqslant \alpha^{-1}\mathscr{E}(h,h) \to 0.$$

最后证明预解方程成立. 对任何正数 α, β, 以及 $g \in D(\mathscr{E})$,

$$\mathscr{E}_\alpha(R^\alpha h, g) = \langle h, g\rangle = \mathscr{E}_\beta(R^\beta h, g)$$

$$
\begin{aligned}
&= \mathscr{E}_\alpha(R^\beta h, g) + (\beta - \alpha)\langle R^\beta h, g\rangle \\
&= \mathscr{E}_\alpha(R^\beta h, g) + (\beta - \alpha)\mathscr{E}_\alpha(R^\alpha R^\beta h, g),
\end{aligned}
$$

因此推出预解方程. □

5.4.2 L^2 空间上的 Dirichlet 形式

上一节的半群预解对称形式之间的对应理论建立在抽象的 Hilbert 空间的框架下, 是非常一般的理论, 实际上是 Hille-Yosida 理论的特别情形. 怎么和马氏过程联系呢?

设 $X = (X_t, \mathbb{P}^x)$ 是 Polish 空间 E 上的一个 Borel 右过程, 具有转移半群 (P_t) 和预解 (U^α), m 是 $(E, \mathscr{B}(E))$ 上的一个支撑在整个 E 上的 σ-有限测度. 令 $H = L^2(E, m)$ 是平方可积函数全体组成的 Hilbert 空间, 内积为

$$
\langle f, g\rangle := \int_E f(x)g(x)m(dx).
$$

这时, $L^2(E, m)$ 可能不包含非平凡连续函数.

定义 5.4.6 说马氏过程 X 或者等价地, 半群 (P_t), 关于测度 m 对称, 是指对任何非负可测函数 f, g 有

$$
\langle P_t f, g\rangle = \langle f, P_t g\rangle.
$$

说马氏过程对称, 是指它关于某个测度对称.

Brown 运动和对称 Lévy 过程关于 Lebesgue 测度对称. 一个马氏链关于某个测度对称当且仅当 Kolmogorov 圈测试成立: 对于任何的 $0 = t_0 < t_1 < t_2 < \cdots < t_n = t$, 与形成圈的点 $x_0, x_1, \cdots, x_n = x_0$, 沿着时间路线

$$
(0, x_0) \to (t_1, x_1) \to \cdots \to (t_{n-1}, x_{n-1}) \to (t, x_0)
$$

转圈的转移概率等于时间路线逆向

$$
(0, x_0) \to (t - t_{n-1}, x_{n-1}) \to \cdots \to (t - t_1, x_1) \to (t, x_0)
$$

转圈的转移概率. 从这个意义我们可以把对称马氏过程称为可逆马氏过程. 对于一个一般马氏过程来说, 对称测度 m 不一定存在, 存在也不一定唯一, 这里唯一性是在忽略常数倍的意义下. 定理 4.5.17 说明当 X 是精细不可分时, 其对称测度如果存在则必定唯一.

现在假设马氏过程 X 或者等价地, 半群 (P_t), 关于测度 m 对称. 我们要证明这样一个对称马氏过程诱导 Hilbert 空间 $H = L^2(E,m)$ 上的一个强连续对称压缩算子半群 (T_t), 从而诱导一个 Dirichlet 形式. 马氏过程的性质可以通过由其诱导的 Dirichlet 形式来研究. 我们用不同的符号表示转移半群和对应的算子半群的原因是转移半群可以诱导算子半群, 但反过来在 L^2 空间中, 算子半群一般不能还原转移半群, 需要其他条件.

定理 5.4.7 **存在 $L^2(E,m)$ 上的一个强连续对称压缩半群 (T_t), 满足对任何 $t > 0$, 与 $f \in \mathscr{B}(E) \cap L^2(E,m)$, 有**

$$T_t f = P_t f,\ m - \text{a.e.}$$

证明. 首先, 由 Cauchy-Schwarz 不等式,

$$(P_t f(x))^2 = \left(\int_E P_t(x,dy)f(y)\right)^2 \leqslant P_t(f^2)(x),$$

因此,

$$\|P_t f\|^2 \leqslant \langle P_t(f^2), 1\rangle = \langle f^2, P_t 1\rangle \leqslant \|f\|^2,$$

这证明了压缩性. 下面证明强连续性. 假设 $L^2(E,m)$ 有一个由有界可积函数组成的稠密子集 D, 使得当 $f \in D$ 时, $t \mapsto f(X_t)$ 右连续. 则当 t 趋于零时, 对任何 $x \in E$, $P_t f(x) = \mathbb{E}^x[f(X_t)] \to f(x)$, 从而

$$\|P_t f - f\|^2 = \|P_t f\|^2 + \|f\|^2 - 2\langle f, P_t f\rangle \leqslant 2(\|f\|^2 - \langle f, P_t f\rangle),$$

由假设 $|f| \cdot m$ 是有限测度, 所以由控制收敛定理得 $\langle f, P_t f\rangle$ 的极限是 $\|f\|^2$, 即有强收敛性. 再因为 D 的稠密性, (P_t) 可以唯一地延拓为 $L^2(E,m)$ 上的强连续对称压缩半群 (T_t).

下证 D 存在. 因为对于任何 Borel 可测的非负平方可积函数 h, $f = U^1 h$ 是 1-过分函数, 所以它精细连续, 即 $t \mapsto f(X_t)$ 右连续. 故只需证

$$D = U^1(L^2(E,m) \cap b\mathscr{B}(E))$$

在 $L^2(E,m)$ 中稠密. 实际上, 证明 D 的正交补是零就足够了. 取与 D 正交的 $g \in L^2(E,m)$, 即对任何 $h \in L^2(E,m)$ 有 $\langle g, U^1 h\rangle = 0$. 这等价于 $(g \cdot m)U^1 = 0$, 参考定理 4.4.35, 推出 $g \cdot m = 0$, 即 $g = 0$ a.e.-m. □

从这个定理看出, 转移半群唯一决定算子半群, 但是算子半群只能几乎处处决定转移半群, 即如果有两个转移半群 (P_t) 与 (P'_t) 诱导同一个算子半群 (T_t), 那么对任何 $f \in \mathscr{B}(E) \cap L^1(E,m)$, 对 m 几乎所有的 x 有

$$P_t f(x) = P'_t f(x).$$

如果两者是 Feller 半群, 且 m 是 Radon 测度, 那么我们取 $f \in C_0(E)$, 由于 m 支撑在整个 E 上, 故上式对所有 x 成立, 即 (P_t) 与 (P'_t) 是一致的.

推论 5.4.8 算子半群几乎处处决定转移半群, 但当 m 是 Radon 测度时唯一决定 Feller 半群.

下面我们介绍使得 Dirichlet 形式与马氏过程相对应的最关键的性质. 注意, 因为 $P_t 1 \leqslant 1$, 所以这样诱导的半群 (T_t) 还有一个性质叙述如下, 称为 Markov 性: 对任何 $f \in L^2(E,m)$, $0 \leqslant f \leqslant 1$ a.e., 有

$$0 \leqslant T_t f \leqslant 1, \text{ a.e.}$$

这个性质用该半群对应的预解 (R^α) 上的刻画是类似的对任何 $f \in L^2(E,m)$, $0 \leqslant f \leqslant 1$ a.e., 有

$$0 \leqslant \alpha R^\alpha f \leqslant 1, \text{ a.e.}$$

现在的问题是, 这个性质怎么在该半群对应的闭对称形式上刻画? 让我们回到逼近形式: 对 Borel 可测的平方可积函数 f,

$$\mathscr{E}(f,f) = \sup \mathscr{E}^{(t)}(f,f).$$

由对称性推出

$$P_t(x,dy)m(dx) = P_t(y,dx)m(dy),$$

现在, 容易得到下面的表达式,

$$\langle f - P_t f, f \rangle = \frac{1}{2}\int_{E^2} [f(x)-f(y)]^2 P_t(x,dy)m(dx) + \int_E f(x)^2(1-P_t 1(x))m(dx).$$

我们暂时把这个分解称为逼近形式分解, 它非常重要, 告诉我们闭对称形式的定义域有很好的稳定性, 这正是无穷小算子所缺少的. 为了描述此性质, 上面的分解提示我们引入正规收缩的概念, 设 E 上有两个函数 f,g, 说 g 是 f 的正规收缩, 是指对任何 $x,y \in E$ 有

$$|g(x)| \leqslant |f(x)|, \ |g(x)-g(y)| \leqslant |f(x)-f(y)|.$$

进一步, 设 $f, g \in L^2(E, m)$, g 是 f 的正规收缩, 如果 g 的一个 Borel 可测版本是 f 的一个 Borel 可测版本的正规收缩. 正规收缩通常由收缩函数诱导, 一个函数 ψ 称为收缩函数是指它满足 $\psi(0) = 0$, 且对任何实数 x, y 有

$$|\psi(x) - \psi(y)| \leqslant |x - y|.$$

如果 ψ 是收缩函数, 那么 $\psi(f)$ 是 f 的正规收缩. 函数 $\psi(x) = |x|, x^+, x \wedge a, \sin x, \cdots$ 都是收缩函数, 函数 $\psi(x) = 0 \vee x \wedge 1$ 称为单位收缩 (函数).

定义 5.4.9 设有 $L^2(E, m)$ 上的对称形式 $(\mathscr{E}, D(\mathscr{E}))$.

1. 如果对任何 $f \in D(\mathscr{E})$ 以及它的正规收缩 $g \in L^2(E, m)$, 有

$$g \in D(\mathscr{E}),\ \text{且}\ \mathscr{E}(g, g) \leqslant \mathscr{E}(f, f), \tag{5.4.1}$$

   那么说正规收缩在 $\mathscr{E}$ 上可操作. 这时说该形式具有 Markov 性.

2. 如果对单位收缩 ψ 及任何 $f \in D(\mathscr{E})$, $g = \psi(f)$ 有 (5.4.1) 成立, 那么说单位收缩在 $\mathscr{E}$ 上可操作.

3. 具有 Markov 性的闭对称形式称为 Dirichlet 形式.

注意形式的 Markov 性对应于半群作为核的 Markov 性, 与过程的马氏性不同. 另外, 当 $(\mathscr{E}, D(\mathscr{E}))$ 是 Dirichlet 形式时, 其定义域 $D(\mathscr{E})$ 习惯用另外一个符号 $\mathscr{F}$ 表示.

定理 5.4.10 设有闭对称形式 $(\mathscr{E}, D(\mathscr{E}))$, 则下面的命题等价.

1. $\mathscr{E}$ 是 Markov 的.

2. 单位收缩在 $\mathscr{E}$ 上可操作.

3. 对应预解 (R^α) 是 Markov 的.

4. 对应半群 (T_t) 是 Markov 的.

证明. 3 与 4 的等价及 1 推 2 是显然的. 现证 4 推 1. 假设半群是 Markov 的且 g 是 f 的正规收缩. 为了简单起见, 假设上面的逼近形式分解成立, 则显然有

$$\langle g - T_t g, g\rangle \leqslant \langle f - T_t f, f\rangle,$$

由此推出 $\mathscr{E}$ 的 Markov 性.

注意, 即使 (T_t) 不是由转移半群诱导的, 也可以证明 Markov 性成立. 事实上, 如果空间是局部紧可分度量空间, T_t 有类似的表示, 简单叙述如下 (详情参见 [16]): 存在 $E \times E$ 上的 Radon 测度 σ_t 使得对任何 Borel 可测函数 $f \in L^2(E, m)$ 有

$$\langle f, T_t f \rangle = \int_{E \times E} f(x) f(y) \sigma_t(dxdy). \tag{5.4.2}$$

更一般地, 可参考 [47] 的 §4.1.

再证 2 推 3. 设单位收缩在 $\mathscr{E}$ 上可操作. 取 $f \in L^2(E, m)$, $0 \leqslant f \leqslant 1$. 需证明

$$0 \leqslant \alpha R^\alpha f \leqslant 1,$$

等价地, $0 \vee R^\alpha f \wedge \alpha^{-1} = R^\alpha f$. 为节约符号, 记左边为 u. 因为 αu 是 $\alpha R^\alpha f$ 的单位收缩, 故 $u \in D(\mathscr{E})$ 且

$$\mathscr{E}(u, u) \leqslant \mathscr{E}(R^\alpha f, R^\alpha f).$$

因此有

$$\begin{aligned}
\mathscr{E}_\alpha(R^\alpha f - u, R^\alpha f - u) &= \mathscr{E}_\alpha(R^\alpha f, R^\alpha f) + \mathscr{E}_\alpha(u, u) - 2\mathscr{E}_\alpha(R^\alpha f, u) \\
&\leqslant \mathscr{E}_\alpha(R^\alpha f, R^\alpha f) + \mathscr{E}(R^\alpha f, R^\alpha f) + \alpha\langle u, u\rangle - 2\langle f, u\rangle \\
&= 2\mathscr{E}_\alpha(R^\alpha f, R^\alpha f) + \alpha\langle u, u\rangle - \alpha\langle R^\alpha f, R^\alpha f\rangle - 2\langle f, u\rangle \\
&= 2\langle R^\alpha f, f\rangle + \alpha\langle u, u\rangle - \alpha\langle R^\alpha f, R^\alpha f\rangle - 2\langle f, u\rangle \\
&= \alpha\left(\langle u, u\rangle - 2\langle \frac{f}{\alpha}, u\rangle - \left(\langle R^\alpha f, R^\alpha f\rangle - 2\langle \frac{f}{\alpha}, R^\alpha f\rangle\right)\right) \\
&= \alpha\left(\left\|u - \frac{f}{\alpha}\right\|^2 - \left\|R^\alpha f - \frac{f}{\alpha}\right\|^2\right) \leqslant 0,
\end{aligned}$$

这蕴含 $R^\alpha f = u$. 上面最后的不等号需要作一点解释. 实际上, 因为 f 在 0,1 之间, 且当 $R^\alpha f \in [0, 1/\alpha]$ 时, $u = R^\alpha f$, 所以在整个 E 上有

$$\left|u - \frac{f}{\alpha}\right| \leqslant \left|R^\alpha f - \frac{f}{\alpha}\right|, \tag{5.4.3}$$

因此最后的不等号成立. □

构造 Dirichlet 形式通常从一个可闭的对称形式出发, 什么条件可以保证其闭包是个 Dirichlet 形式呢? 下面的定理断言只需要光滑收缩可操作就够了.[3] 这里所谓

[3]这个以及本节与下一节的几个定理是作者的结果, 这里不再一一说明.

光滑收缩在 $\mathscr{E}$ 上可操作, 是指对任何光滑收缩函数 ψ 以及 $f \in D(\mathscr{E})$, $g = \psi(f)$, 有 (5.4.1) 成立.

定理 5.4.11 设 $(\mathscr{E}, D(\mathscr{E}))$ **是一个可闭的对称形式. 如果光滑收缩在该形式上可操作, 则其闭包是 Dirichlet 形式.**

证明. 首先证明对于闭对称形式, 光滑收缩可操作蕴含单位收缩可操作. 设 $\mathscr{E}$ 是闭对称形式且光滑收缩可操作. 取单位收缩 $\psi(x) = 0 \vee x \wedge 1$ 与一致收敛于 ψ 的光滑收缩列 ϕ_n 以及 $f \in D(\mathscr{E})$, 则有 $\psi_n(f) \in D(\mathscr{E})$, $\psi_n(f)$ 点点收敛于 $\psi(f)$ 且

$$\mathscr{E}_1(\psi_n(f), \psi_n(f)) \leqslant \mathscr{E}_1(f, f).$$

由 Banach-Alaoglu 定理, 范数有界的序列是弱紧的, 与 Banach-Saks 定理, 弱收敛的序列有一个子列的 Cesaro 平均强收敛, 推出存在 $\psi_n(f)$ 的子列, 其 Cesaro 平均 $\mathscr{E}_1$-收敛于 $\psi(f)$, 因此 $\psi(f) \in D(\mathscr{E})$ 且

$$\mathscr{E}(\psi(f), \psi(f)) \leqslant \mathscr{E}(f, f).$$

因此单位收缩可操作.

现在设 $(\mathscr{E}, D(\mathscr{E}))$ 是可闭的, 只需验证光滑收缩在闭包 $(\overline{\mathscr{E}}, D(\overline{\mathscr{E}}))$ 上可操作即可. 取光滑收缩 ψ 和 $f \in D(\overline{\mathscr{E}})$. 存在 $D(\mathscr{E})$ 中的序列 $\{f_n\}$, $\mathscr{E}_1$-收敛于 f. 由条件, $\psi(f_n) \in D(\mathscr{E})$ 且

$$\mathscr{E}_1(\psi(f_n), \psi(f_n)) \leqslant \mathscr{E}_1(f_n, f_n).$$

因为 $\{f_n\}$ 是 $\mathscr{E}_1$-收敛的, 故 $\mathscr{E}(f_n, f_n)$ 关于 n 有界. 由 Banach-Alaoglu 定理与 Banach-Saks 定理, 推出存在 $\psi(f_n)$ 的子列, 其 Cesaro 平均 $\mathscr{E}_1$-收敛于 $\psi(f)$, 推出 $\psi(f) \in D(\overline{\mathscr{E}})$ 且

$$\overline{\mathscr{E}}(\psi(f), \psi(f)) \leqslant \overline{\mathscr{E}}(f, f),$$

即光滑收缩在 $\overline{\mathscr{E}}$ 上可操作. 完成证明. □

Markov 性使得 Dirichlet 形式的定义域有类似于格的性质, 也使得定义域对乘法封闭, 是一个代数. 记 $\mathscr{F}_b = \mathscr{F} \cap L^\infty(E, m)$, 则对任何 $f \in \mathscr{F}_b$, $x, y \in E$, 有

$$\begin{aligned} &|f^2(x)| \leqslant \|f\|_\infty |f(x)|, \\ &|f^2(x) - f^2(y)| \leqslant 2\|f\|_\infty |f(x) - f(y)|, \end{aligned}$$

这说明 f^2 的某个常数倍是 $2\|f\|_\infty f$ 的一个正规收缩. 因此有下面的推论.

推论 5.4.12 **设** $(\mathscr{E},\mathscr{F})$ **是** Dirichlet **形式**, $f \in \mathscr{F}_b$. **则** $f^2 \in \mathscr{F}$, **即** $\mathscr{F}_b$ **是个代数, 在** $\mathscr{F}$ **中稠密且**

$$\mathscr{E}(f^2, f^2) \leqslant 4\|f\|_\infty^2 \mathscr{E}(f,f).$$

只需验证 $\mathscr{F}_b$ 在 $\mathscr{F}$ 中稠. 事实上, 对任何 $f \in \mathscr{F}$, 取 $f_n = (-n) \vee f \wedge n$, 则 $f_n \in \mathscr{F}_b$, f_n 点点收敛于 f 且由 Markov 性,

$$\mathscr{E}_1(f_n, f_n) \leqslant \mathscr{E}_1(f,f),$$

即范数有界, 因此由 Banach-Alaoglu 和 Banach-Saks 定理推出 f_n 的一个子列的 Cesaro 平均 $\mathscr{E}_1$-收敛于 f.

因为 $\mathscr{F}_b$ 是代数, 所以有子代数和理想. 有意思的是, 如果 $\mathscr{G}$ 是代数 $\mathscr{F}_b$ 中的理想, 那么存在 $F \subset E$ 使得 $\mathscr{G}$ 在 $\mathscr{E}_1$-范之下的闭包

$$\overline{\mathscr{G}} = \{f \in \mathscr{F} : \text{在 } F \text{ 上 } \widetilde{f} = 0 \text{ a.e.}\},$$

其中 $\widetilde{f}$ 是 f 的 (拟) 连续版本, 不作详细解释. 粗略地说, 理想的闭包是 $\mathscr{F}$ 在 E 的某个子集合上的限制, 对应过程的 Killing 变换. 这是 M. Silverstein 的结果 (参考 [42]). 那么, $\mathscr{F}_b$ 的子代数的闭包会有什么性质呢? 下面的定理把代数性质和马氏性结合了起来.

定理 5.4.13 **记** $\mathscr{F}_b$ **的子代数** $\mathscr{A}$ **在** $\mathscr{E}_1$**-范之下的闭包为** $\mathscr{F}'$, **则光滑收缩在** $\mathscr{F}'$ **上可操作.**

证明. 需要验证对任何 $f \in \mathscr{F}'$ 以及光滑收缩 ψ, 有 $\psi(f) \in \mathscr{F}'$.

先假设 $f \in \mathscr{A}$. 因为 $\mathscr{A}$ 是代数, 所以对任何多项式 p 有 $p(f) \in \mathscr{A}$. 另外, 由中值定理, 对任何 $x, y \in E$,

$$|p(f(x)) - p(f(y))| \leqslant \|p'\|_f |f(x) - f(y)|,$$

其中 $\|p'\|_f$ 是 p' 在 f 的值域范围内的一致范. 因此, 由马氏性得

$$\mathscr{E}(p(f), p(f)) \leqslant \|p'\|_f^2 \mathscr{E}(f,f).$$

然后取多项式序列 $\{p_n\}$ 使得

$$\lim_n \|p_n - \psi\|_{f,C^1} = 0,$$

其中 $\|\cdot\|_{f,C^1}$ 表示在 f 的值域范围内的 C^1-范. 这样上面定理证明中的 Banach-Alaoglu 和 Banach-Saks 定理的论证模式同样可以证明 $\psi(f) \in \mathscr{F}'$.

再假设 $f \in \mathscr{F}'$, 那么存在 $f_n \in \mathscr{A}$ 以 $\mathscr{E}_1$-范收敛于 f. 则由上面结论得 $\psi(f_n) \in \mathscr{F}'$ 且

$$\mathscr{E}(\psi(f_n), \psi(f_n)) \leqslant \mathscr{E}(f_n, f_n),$$

再类似地应用 Banach-Alaoglu 和 Banach-Saks 定理可以证明 $\psi(f) \in \mathscr{F}'$. □

5.4.3 正则性与 Dirichlet 形式的扩张

定理 5.4.10 告诉我们从一个 Borel 右马氏过程出发可以得到一个 Dirichlet 形式. 反过来, 一个 Dirichlet 形式是不是一定这样对应于一个 Borel 右马氏过程? 这个问题非常重要, 一般是不对的. M. Fukushima 在 1980 年给出正则性条件, 可以保证存在一个 Hunt 过程对应. 马志明等在 1992 年左右给出了拟正则性, 这是一个保证 Borel 右马氏过程对应的充分必要条件, 对此有兴趣的读者可以参考 [36]. 正则性虽然仅仅是个充分条件, 但是非常简洁, 而且离必要条件很接近. 拟正则性的叙述需要利用 Dirichlet 形式的容度理论, 比较复杂, 这里不展开.

设 E 是局部紧可分度量空间, m 是 Radon 测度, $(\mathscr{E}, \mathscr{F})$ 是一个 Dirichlet 形式.

定义 5.4.14 **如果存在 $C \subset C_0(E) \cap \mathscr{F}$ 在 $C_0(E)$ 中按照一致范稠密且在 $\mathscr{F}$ 中按照 $\mathscr{E}_1$ 范稠密, 那么我们说该 Dirichlet 形式是正则的, 或者特别地说它在 E 上正则, 其中 C 称为一个核心.**

显然, $(\mathscr{E}, \mathscr{F})$ 在 E 上是正则的当且仅当 $C_0(E) \cap \mathscr{F}$ 本身是一个核心, 也等价于 $C_\infty(E) \cap \mathscr{F}$ 是一个核心, 其中 $C_\infty(E)$ 是无穷远处趋于零的连续函数全体.

直观地说, 正则性是指 Dirichlet 形式的定义域中有很多连续函数, 多到可以应用 Riesz 表示定理来构造一个由 Markov 核组成的转移半群. 要注意的是 $L^2(E, m)$ 中的空间 E 可以改变, 例如如果 N 是零测集, 则 $L^2(E, m) = L^2(E \setminus N, m)$. 但是, 因为正则性涉及连续函数, 所以正则性要求使得 E 不能随意改变. 例如下面的例 5.4.6 中的 $(\mathscr{E}, \mathscr{F})$ 是 $L^2([0, 1])$ 上以及 $L^2((0, 1))$ 上的 Dirichlet 形式, 但是放在 $L^2([0, 1])$ 上正则, 而放在 $L^2((0, 1))$ 上就不再是正则的. 因此, 如果必要, 我们需要强调在哪个状态空间上正则. 下面的定理是介绍性的, 不进行证明.

定理 5.4.15 (Fukushima) **如果 $(\mathscr{E}, \mathscr{F})$ 是正则 Dirichlet 形式, 那么存在关于 m 对称的 Hunt 过程 X 使得由它诱导的 Dirichlet 形式是 $\mathscr{E}$, 简单地说对应于 $\mathscr{E}$.**

这结果是说正则的 Dirichlet 形式对应一个对称马氏过程, 这是个充分条件. 下面我们定义正则表示并断言 Dirichlet 形式总有正则表示, 细节参考 [17] 的附录.

定义 5.4.16 当 $(\mathscr{E},\mathscr{F})$ 是 $L^2(E,m)$ 上的 Dirichlet 形式时, 把 $(E,m,\mathscr{E},\mathscr{F})$ 作为一个形式整体. 两个形式整体 $(E,m,\mathscr{E},\mathscr{F})$ 与 $(\widetilde{E},\widetilde{m},\widetilde{\mathscr{E}},\widetilde{\mathscr{F}})$ 称为等价, 如果存在从 $\mathscr{F}_b$ 到 $\widetilde{\mathscr{F}_b}$ 的代数同构 Φ 满足: 对任何 $u\in\mathscr{F}_b$ 有

$$\|u\|_\infty=\|\Phi(u)\|_\infty,\ \|u\|_{L^2(E)}=\|\Phi(u)\|_{L^2(\widetilde{E})},\ \mathscr{E}(u,u)=\widetilde{\mathscr{E}}(\Phi(u),\Phi(u)).$$

进一步地, 如果形式整体 $(\widetilde{E},\widetilde{m},\widetilde{\mathscr{E}},\widetilde{\mathscr{F}})$ 是正则的, 那么我们说它是 $(\mathscr{E},\mathscr{F})$ 的一个正则表示.

定理 5.4.17 (Fukushima) 如果 $(\mathscr{E},\mathscr{F})$ 是 $L^2(E,m)$ 上的 Dirichlet 形式, 那么它有正则表示.

因此正则性是非常重要的概念. 在正则性之下, $C_0(E)\cap\mathscr{F}$ 是一个代数, 取它的一个区分点的子代数 $\mathscr{A}$, 由 Weierstrass 定理, 它在 $C_0(E)$ 中稠密, 再记 $\mathscr{A}$ 在 $\mathscr{E}_1$-范之下的闭包为 $\mathscr{F}'$, 由定理 5.4.13, $(\mathscr{E},\mathscr{F}')$ 也是一个 $L^2(E,m)$ 上的 Dirichlet 形式, 而且是正则的. 我们把这个结果叙述为下面的定理.

定理 5.4.18 设 $(\mathscr{E},\mathscr{F})$ 是 $L^2(E,m)$ 上的正则 Dirichlet 形式, 记 $C_0(E)\cap\mathscr{F}$ 的一个区分点的子代数 $\mathscr{A}$ 在 $\mathscr{E}_1$-范之下的闭包为 $\overline{\mathscr{F}}$, 则 $(\mathscr{E},\overline{\mathscr{F}})$ 也是 $L^2(E,m)$ 上的正则 Dirichlet 形式.

一个自然的问题是 $\overline{\mathscr{F}}$ 与 $\mathscr{F}$ 有什么关系? 它们是不是一样的? 不一样的话, 怎么刻画 $\overline{\mathscr{F}}$ 及其对应的 Markov 过程? 这些问题还远远没有解决. 在此, 我们简单地介绍 Dirichlet 形式扩张所涉及的几个概念.

定义 5.4.19 设 $(\mathscr{E},\mathscr{F}),(\mathscr{E}',\mathscr{F}')$ 是 $L^2(E,m)$ 上的两个 Dirichlet 形式.

1. 如果 $\mathscr{F}'\supset\mathscr{F}$, 且 $\mathscr{E}'$ 在 $\mathscr{F}$ 上与 $\mathscr{E}$ 一致, 那么我们称 $(\mathscr{E}',\mathscr{F}')$ 是 $(\mathscr{E},\mathscr{F})$ 的 Dirichlet 扩张, 简称为扩张.

2. 如果 $(\mathscr{E}',\mathscr{F}')$ 是 $(\mathscr{E},\mathscr{F})$ 的扩张, 且 $\mathscr{F}_b$ 是 $\mathscr{F}'_b$ 的理想, 那么称前者是后者的 Silverstein 扩张.

3. 如果 $(\mathscr{E}',\mathscr{F}')$ 和 $(\mathscr{E},\mathscr{F})$ 都是正则的 (在 E 上正则), 且前者是后者的扩张, 那么称前者是后者的 Fukushima 扩张 (也称为正则扩张).

在上面三种情况下, 后者也称为前者的相应子空间.

设 $(\mathscr{E}',\mathscr{F}')$ 是 $(\mathscr{E},\mathscr{F})$ 的扩张. 因为 Dirichlet 形式有正则化空间, 所以不妨设 $(\mathscr{E},\mathscr{F})$ 是正则的, 且 $(\mathscr{E}',\mathscr{F}')$ 的正则化空间是 $\widetilde{E}$, 它包含 E. 下面是三个注释:

1. 如果 $\mathscr{E}'$ 是 $\mathscr{E}$ 的 Silverstein 扩张, 那么由理想的性质推出 $\mathscr{F}$ 是

$$\{f \in \mathscr{F}' \cap C_0(\widetilde{E}) : f(x) = 0,\ x \in \widetilde{E} \setminus E\}$$

   的 $\|\cdot\|_{\mathscr{E}_1'}$-范闭包. 因此 $\mathscr{E}$ 的一个既是 Silverstein 又是 Fukushima 的扩张只能是 $\mathscr{E}$ 自己. 关于 Silverstein 扩张及其结论, 可参考 [42].

2. 一个扩张可唯一地分解为 Silverstein 扩张和 Fukushima 扩张. 当然也可以反过来说, 一个 Dirichlet 子空间可唯一地分解为 Silverstein 子空间和 Fukushima 子空间. 为了说明这一点, 我们设 $(\mathscr{E}',\mathscr{F}')$ 是 $(\mathscr{E},\mathscr{F})$ 的 Dirichlet 扩张. 不失一般性地假设 $(\mathscr{E},\mathscr{F})$ 是正则的. 再假设 $\mathscr{F}' \cap C_b(E)$ 在 $\mathscr{F}'$ 中关于范数 $\mathscr{E}_1'$ 稠密, 这可以保证空间 E 可以嵌入为 E' 的子空间. 记 $\mathscr{F}' \cap C_0(E)$ 在 $\|\cdot\|_{\mathscr{E}_1'}$-范下的闭包为 $\mathscr{F}^o$, $\mathscr{E}^o$ 是 $\mathscr{E}'$ 在 $\mathscr{F}^o$ 上的限制, 则 $(\mathscr{E}^o,\mathscr{F}^o)$ 是 $L^2(E,m)$ 上的正则 Dirichlet 形式, 且 $(\mathscr{E}',\mathscr{F}')$ 是 $(\mathscr{E}^o,\mathscr{F}^o)$ 的 Silverstein 扩张而后者又是 $(\mathscr{E},\mathscr{F})$ 的 Fukushima 扩张. 这样的分解是唯一的 (参考 [23]).

3. 一个 Silverstein 子空间对应于 Killing 变换, 其结构是清晰的. 但 Fukushima 子空间与扩张的存在性与刻画是非常困难的, 到现在为止, 仅有一些特殊情况有答案, 有兴趣的读者可参考 [23].

5.4.4 Beurling-Deny 分解

例 5.4.8 中的形式分成三个部分, 第一个部分是椭圆型微分算子, 第二个部分是类似差分, 第三个部分是积分. 在一般情况下是否也可以这样来区分呢? 答案是肯定的, 这个结果就是下面要介绍的 Beurling-Deny 分解. 为了介绍这个定理, 我们首先要引入局部性的概念. 回忆一个连续函数的支撑是其非零点集合的闭包, 一个函数 $f \in L^2(E,m)$ 因为版本不确定而不能直接定义支撑, 但可以通过测度来定义, 即函数 f 的支撑 $\mathrm{supp}\,[f]$ 定义为测度 $f\cdot m$ 的支撑 $\mathrm{supp}\,[f\cdot m]$, 它与 f 的版本无关. 当 f 连续时, 两种定义等价.

定义 5.4.20 **一个对称形式** $(\mathscr{E},D(\mathscr{E}))$ **是局部的, 如果对任何不交紧支撑的函数** $f,g \in D(\mathscr{E})$, **有** $\mathscr{E}(f,g)=0$; **是强局部的, 如果对任何具紧支撑的** $f \in D(\mathscr{E})$ **和在** $\mathrm{supp}\,[f]$ **的一个邻域上等于常数的函数** $g \in D(\mathscr{E})$, **有** $\mathscr{E}(f,g)=0$.

强局部一定是局部的. 利用局部性可以区分例 5.4.8 的形式中的几个部分, 第一部分是强局部的, 第三部分是局部但非强局部, 第二部分是非局部.

定理 5.4.21 (Beurling-Deny) **设** $(\mathscr{E},\mathscr{F})$ **是正则的** Dirichlet **形式, 则对于** $f \in C_0(E)\cap\mathscr{F}$,

$$\mathscr{E}(f,f) = \mathscr{E}^{(c)}(f,f) + \int_{E\times E\setminus d}(f(x)-f(y))^2 J(dxdy) + \int_E f(x)^2 k(dx),$$

其中, $\mathscr{E}^{(c)}$ **是强局部的,** J **是** $E\times E\setminus d$ **上的对称** Radon **测度,** k **是** E **上** Radon **测度. 这三者被** $\mathscr{E}$ **唯一决定.**

证明. 定理中的分解是极化形式, 一般地, 对 $f,g\in C_0(E)\cap\mathscr{F}$,

$$\begin{aligned}\mathscr{E}(f,g) = &\mathscr{E}^{(c)}(f,g) + \int_{E\times E\setminus d}(f(x)-f(y))(g(x)-g(y))J(dxdy)\\ &+ \int_E f(x)g(x)k(dx),\end{aligned}$$

关于唯一性. 取支撑不交的 $f,g\in C_0(E)\cap\mathscr{F}$, 得

$$\mathscr{E}(f,g) = -2\int_{E\times E\setminus d} f(x)g(y)J(dxdy).$$

需证明这样的函数足够决定 J 就可以了.

下面的引理说明这样的函数可以找到并且足够多, 足以决定测度 J.

引理 5.4.22 **对任何** $f\in C_0(E)$, $\varepsilon>0$, **存在** $f_\varepsilon\in C_0(E)\cap\mathscr{F}$, **使得** $\mathrm{supp}\,[f_\varepsilon]\subset\mathrm{supp}\,[f]$ **且** $\|f_\varepsilon - f\|_\infty < 2\varepsilon$.

实际上, 由正则性, 存在 $u\in C_0(E)\cap\mathscr{F}$ 使得 $\|f-u\|_\infty<\varepsilon$. 显然, 当 $f(x)=0$ 时, $|u(x)|<\varepsilon$. 令 $f_\varepsilon = u-(-\varepsilon)\vee u\wedge\varepsilon$. 容易看出以下三点并证明了该引理.

1. $\|f_\varepsilon - u\|_\infty < \varepsilon$, 因此 $\|f_\varepsilon - f\|_\infty < 2\varepsilon$.

2. $f(x)=0$ 蕴含 $f_\varepsilon(x)=0$, 即有 $\mathrm{supp}\,[f_\varepsilon]\subset\mathrm{supp}\,[f]$.

3. 由 Markov 性: $f_\varepsilon\in C_0(E)\cap\mathscr{F}$.

现在 J 已经被唯一确定了. 我们取 $f,g\in C_0(E)\cap\mathscr{F}$, 且 g 在 f 的支撑的一个邻域上恒等于 1. 那么由强局部性得

$$\mathscr{E}(f,g) = \int_{E\times E-d}(f(x)-f(y))(g(x)-g(y))J(dxdy) + \int_E f(x)k(dx).$$

同样可以证明这样的函数足够决定 k, 因此也唯一决定 $\mathscr{E}^{(c)}$.

下面我们简述存在性的证明. 回忆逼近形式, 由 (5.4.2), 对 $f,g\in L^2(E,m)$,

$$\begin{aligned}\mathscr{E}^{(t)}(f,g)=&t^{-1}\langle f-T_tf,g\rangle\\&=t^{-1}\frac{1}{2}\int_{E\times E}(f(x)-f(y))(g(x)-g(y))\sigma_t(dxdy)\\&+t^{-1}\int_E f(x)g(x)(1-T_t1(x))m(dx).\end{aligned}$$

取支撑不交的 $f,g\in C_0(E)\cap\mathscr{F}$, 有

$$\lim_{t\to 0}\int_{E\times E}f(x)g(y)t^{-1}\sigma_t(dxdy)=-\mathscr{E}(f,g).$$

由此推出测度族 $\{\frac{1}{2}t^{-1}\sigma_t:t>0\}$ 在与对角线不交的紧集上有界, 这可以证明存在 $E\times E-d$ 上的测度 J 使得该测度族沿着某个 t 的一个趋于零的子列 $\{t_n\}$ 弱收敛于 J.

现在取 E 的相对紧开子集 G, 以及支撑包含于 G 的 $f\in C_0(E)\cap\mathscr{F}$, 则

$$\begin{aligned}\mathscr{E}^{(t)}(f,f)=&t^{-1}\frac{1}{2}\int_{E\times E}(f(x)-f(y))^2\sigma_t(dxdy)\\&+t^{-1}\int_E f(x)^2(1-T_t1(x))m(dx).\end{aligned}$$

逼近形式收敛, 故推出测度族 $\{1_G(x)(1-T_t1(x))\cdot m(dx):t>0\}$ 在 G 的任何紧子集上一致有界. 因此存在 Radon 测度 k, 使得该测度族在任何紧集上沿着 t 的某个子列, 仍然记为 $\{t_n\}$, 弱收敛于 k. 这样得到了 k.

接下去, 取 E 上一个相容于拓扑的度量 ρ, $f,g\in C_0(E)\cap\mathscr{F}$, 任取 $\delta>0$,

$$\begin{aligned}\mathscr{E}(f,f)=&\lim_n\mathscr{E}^{(t_n)}(f,f)\\=&\lim_n t_n^{-1}\frac{1}{2}\int_{\rho(x,y)\leqslant\delta}(f(x)-f(y))^2\sigma_{t_n}(dxdy)\\&+\int_{\rho(x,y)>\delta}(f(x)-f(y))^2J(dxdy)+\int_E f(x)^2k(dx).\end{aligned}$$

让 $\delta\downarrow 0$, 得

$$\mathscr{E}(f,f)=\mathscr{E}^{(c)}(f,f)+\int_{\rho(x,y)>0}(f(x)-f(y))^2J(dxdy)+\int_E f(x)^2k(dx),$$

其中

$$\mathscr{E}^{(c)}(f,f)=\lim_{\delta\to 0}\lim_{n}t_n^{-1}\frac{1}{2}\int_{\rho(x,y)\leqslant\delta}(f(x)-f(y))^2\sigma_{t_n}(dxdy).$$

容易验证 $\mathscr{E}^{(c)}$ 是具有 Markov 性和强局部性的对称形式. □

如果一个 Hunt 过程 X 的 Dirichlet 形式有如上分解, 那么

1. J 是用来刻画过程 X 在 E 内部的跳, 称为跳测度, 即对于 $f\in C_0(E\times E\setminus d)$ 有

$$J(f)=\lim_{t\downarrow 0}\frac{1}{t}\mathbb{E}^m\left[\sum_0^t f(X_{s-},X_s)\right];$$

2. k 是用来刻画过程 X 从 E 内部 (即 $X_{\zeta-}\in E$) 跳到坟墓点的测度, 称为 Killing 测度, 即对于 $f\in C_0(E)$, 有

$$k(f)=\lim_{t\downarrow 0}\frac{1}{t}\mathbb{E}^m\left[f(X_{\zeta-}),\zeta<t\right];$$

3. $J=0$, $k=0$ 当且仅当 X 的几乎所有轨道是连续的, 即是一个扩散过程, 一个扩散过程总是走到坟墓点的, 即 $X_{\zeta-}=X_\zeta=\Delta$.

实际上, 生命时 ζ 也是死亡时间, 可以分解成两部分: 一部分是完全不可知的, 从内部跳到坟墓, 如同意外的死亡, 另外一部分是可料的, 属于自然死亡. 前一部分通过 Killing 测度刻画, 后一部分通过边界条件刻画, 或者说通过定义域刻画.

5.4.5 例

回忆 C_0, C_∞ 表示紧支撑和无穷远点趋于零的连续函数全体, C^∞ 表示无穷次可导的函数全体, C_0^∞ 表示紧支撑无穷次可导函数全体.

例 5.4.1 直线 $\mathbf{R}$ 上的 Lebesgue 测度 $m(dx)=dx$. 对任何 $f\in C_0^\infty(\mathbf{R})$, 定义

$$\mathscr{E}(f,f)=\int(f'(x))^2dx,$$

注意, 习惯地, 积分前面应该有一个系数 1/2, 后面几个例子也一样, 但是为了简单, 我们暂时忽略这个常数. 然后 $\mathscr{F}$ 是 $C_0^\infty(\mathbf{R})$ 在 $\|\cdot\|_{\mathscr{E}_1}$ 下的闭包, 即 Sobolev 空间

$$\mathscr{F}=H^1(\mathbf{R})=\{f\in L^2(\mathbf{R}):f\ \text{绝对连续且}\ f'\in L^2(\mathbf{R})\}.$$

这是 $L^2(\mathbf{R})$ 上的正则 Dirichlet 形式. 对应于一维 Brown 运动. 事实上, 首先证明 $\mathscr{F}$ 是完备的. 取一个关于范数 $\|\cdot\|_{\mathscr{E}_1}$ 的 Cauchy 列 $g_n \in \mathscr{F}$, 那么存在 $g \in L^2(\mathbf{R})$ 使得 $\lim\|g_n - g\|_{L^2} = 0$, 且存在 $f \in L^2(\mathbf{R})$ 使得

$$\lim_n \int (g_n' - f)^2 dx = 0.$$

由 L^2-收敛性推出 g_n 有一个子列是几乎处处收敛的, 对 $\mathbf{R}$ 的一个零测集 N 外的所有 x, y, 有

$$\begin{aligned} g(y) - g(x) &= \lim_n (g_n(y) - g_n(x)) \\ &= \lim_n \int_x^y g_n'(u)du = \int_x^y f(u)du, \end{aligned}$$

因此 g 在一个零测集外是一致连续的, 它有一个连续版本, 仍然记为 g, 它绝对连续且 $\widetilde{g}' = f$. 说明 $g \in \mathscr{F}$. 下面证明 $C_0^\infty(\mathbf{R})$ 在 $\mathscr{F}$ 中稠密. 只需验证对给定的 $f \in \mathscr{F}$, 如果对任何 $g \in C_0^\infty(\mathbf{R})$ 有

$$\int f'g'dx + \int fgdx = 0,$$

则 $f = 0$. 由该等式应用分部积分公式得

$$\int f(-g'' + g)dx = 0.$$

对任何 $h \in C_0^\infty(\mathbf{R})$, 定义

$$g(x) := \int_0^\infty \mathrm{e}^{-t}dt \int_{\mathbf{R}} p_t(x-y)h(y)dy,$$

因为热核 $u(t, x) = p_t(x)$ 是热方程

$$\frac{\partial u}{\partial t} = u''$$

的基本解, 所以容易验证 $-g'' + g = h$, 因此对任何 $h \in C_0^\infty(IR)$ 有 $\int fhdx = 0$, 从而 $f = 0$.

例 5.4.2 设 $a, b \in \mathbf{R}$, $a < b$, $I = (a, b)$. 取区间 I 上的 Lebesgue 测度 $m(dx) = dx$. 对任何 $f \in C_0^\infty(I)$ 定义

$$\mathscr{E}(f, f) = \int_I (f'(x))^2 dx,$$

然后 $\mathscr{F}$ 是 $C_0^\infty(I)$ 在 $\|\cdot\|_{\mathscr{E}_1}$ 下的闭包, 即 Sobolev 空间

$$\mathscr{F}=H_0^1(I)=\{f\in L^2(I): f \text{ 绝对连续且 } f'\in L^2(I),\ f(a)=f(b)=0\}.$$

这是 $L^2(I)$ 上的正则 Dirichlet 形式. 证明仿照例 5.4.1. 所对应的过程称为吸收边界的 Brown 运动.

上面两个例子给出的形式最早称为能量形式, Dirichlet 形式的理论正是由此抽象而来.

例 5.4.3 设 $a,b\in\mathbf{R}$, $a<b$, $\overline{I}=[a,b]$. 取区间 $\overline{I}$ 上的 Lebesgue 测度 $m(dx)=dx$. 对任何 $f\in C^\infty(\overline{I})$, 其中的函数在端点处要求单侧的无穷次可导, 定义

$$\mathscr{E}(f,f)=\int_I (f'(x))^2dx,$$

然后 $\mathscr{F}$ 是 $C^\infty(\overline{I})$ 在 $\|\cdot\|_{\mathscr{E}_1}$ 下的闭包, 即 Sobolev 空间

$$\mathscr{F}=H^1(\overline{I})=\{f\in L^2(I): f \text{ 绝对连续且 } f'\in L^2(I)\}.$$

这是 $L^2(\overline{I})$ 上的正则 Dirichlet 形式. 事实上, 容易验证 $(\mathscr{E},\mathscr{F})$ 是闭的, 只需验证 $C^\infty(\overline{I})$ 在 $\mathscr{F}$ 中稠密. 任取 $f\in\mathscr{F}$, 令

$$f_0(x):=f(x)-\left(\frac{f(b)-f(a)}{b-a}(x-a)+f(a)\right),$$

则 f_0 属于上例中的 $\mathscr{F}$, 对任何 $\varepsilon>0$, 存在 $g_0\in C_0^\infty(I)$ 使得 $\|f_0-g_0\|_{\mathscr{E}_1}<\varepsilon$, 即

$$\|f-g\|_{\mathscr{E}_1}<\varepsilon,$$

其中

$$g(x)=g_0(x)+\left(\frac{f(b)-f(a)}{b-a}(x-a)+f(a)\right)\in C^\infty(\overline{I}).$$

该 Dirichlet 形式所对应的过程称为反射边界的 Brown 运动.

例 5.4.4 考虑一个一般的例子, 将上面几个例子作为特殊情况. 设 $-\infty\leqslant r_1<r_2\leqslant+\infty$, $I=(r_1,r_2)$. 换一个测度, 取区间 I 上的一个满支撑的 Radon 测度 $m(dx)$, $L^2(m)=L^2(I,m)$, $L^2(I)$ 是关于 Lebesgue 测度的 L^2-空间. 定义

$$\begin{aligned}\mathscr{G}&:=\{f: f \text{ 绝对连续且 } f'\in L^2(I)\},\\ \mathscr{F}&:=\mathscr{G}\cap L^2(m),\end{aligned}$$

$$\mathscr{E}(f,f):=\int_I (f'(x))^2dx=\|f'\|^2_{L^2(I)},\ f\in\mathscr{G}.$$

首先验证 $(\mathscr{E},\mathscr{F})$ 是一个 Dirichlet 形式, 只需要验证 $\mathscr{F}$ 在范数

$$\|\cdot\|_{\mathscr{E}_1}=\|\cdot\|_{L^2(I)}+\|\cdot\|_{L^2(m)}$$

下是完备的.

我们从 $\mathscr{G}$ 开始考虑. 对任何 $a,b\in I$, $u\in\mathscr{G}$, 由 Cauchy-Schwarz 不等式得 Poincaré 不等式

$$|u(a)-u(b)|\leqslant\left|\int_a^b u'(x)dx\right|\leqslant\sqrt{\mathscr{E}(u,u)(b-a)}.$$

设 $\{f_n\}\subset\mathscr{G}$ 是 $\mathscr{E}$-Cauchy 列, 那么 f_n' 在 $L^2(I)$ 中有极限 g. 对 $u=f_n-f_m$ 应用 Poincaré 不等式推出, 如果 f_n 在 I 的某个点处收敛, 则 $\{f_n\}$ 至少一个子列在 I 上按照一致范是 Cauchy 的, 因此存在 I 上的连续函数 f 使得 f_n 在 I 的任何有界子区间上一致收敛于 f. 再对于任何 $\phi\in C_0^\infty I$,

$$\int_I f\phi'dx=\lim\int_I f_n\phi'dx=-\lim\int_I f_n'\phi dx=\int_I g\phi du,$$

这说明 f 绝对连续, $f'=g\in L^2(I)$, 故 f_n 按次范数 $\|\cdot\|_{\mathscr{E}}$ 收敛于 f 且 $f\in\mathscr{G}$.

现在取 $\mathscr{F}$ 中的 $\mathscr{E}_1$-Cauchy 列 $\{f_n\}$, 则 f_n 一定在某个点处收敛, 因此存在 $f\in\mathscr{G}$, 使得 $\lim\|f_n-f\|_{\mathscr{E}}=0$ 且 f_n 在 I 的任何有界子区间上一致收敛于 f, 当然也是以 $L^2(m)$ 中的范数收敛, 因此 $f\in L^2(m)$, 即 $f\in\mathscr{F}$ 且 $\lim\|f_n-f\|_{\mathscr{E}_1}=0$. 说明 $(\mathscr{E},\mathscr{F})$ 是闭的. 但 $(\mathscr{E},\mathscr{F})$ 在 I 上一般不是正则的.

第一种情况: I 是有界区间且 $m(I)<\infty$. 这时 $(\mathscr{E},\mathscr{F})$ 在闭区间 $\overline{I}$ 上正则. 事实上, 由 Poincaré 不等式, $\mathscr{G}$ 中的函数在 I 上是一致连续的, 所以可以扩张为 $\overline{I}$ 上的连续函数, 还是用 u 表示, 因此 $\mathscr{G}\subset L^2(m)$, 即 $\mathscr{G}=\mathscr{F}\subset C(\overline{I})$. 因为 $\mathscr{F}$ 中包含常数与函数 $f(x)=x$, 故 $\mathscr{F}$ 包含多项式全体, 因此 $\mathscr{F}$ 在 $C(\overline{I})$ 中稠密.

在这种情况下, 令 $\mathscr{F}^0:=\{f\in\mathscr{F}:f(r_1)=f(r_2)=0\}$. 显然 $(\mathscr{E},\mathscr{F}^0)$ 还是一个 Dirichlet 形式. 我们来验证它在 I 上正则. 首先, $C_\infty(I)\cap\mathscr{F}^0=\mathscr{F}^0$, 故需验证 $\mathscr{F}^0$ 在 $C_\infty(I)$ 中稠密. 而这是显然的, 因为 $C_0^\infty\subset\mathscr{F}^0$. 一个遗留的问题是 $\mathscr{F}^0$ 是否就是 $C_0^\infty(I)$ 的闭包?

任取 $h\in\mathscr{F}^0$, 使得

$$\int_I h'\phi'dx+\int_I h\phi dm=0,\ \forall\phi\in C_0^\infty(I).$$

由广义函数性质, h' 是有界变差的, 且测度 dh' 恰好是 hm, 即

$$-dh' + hm = 0, \text{ 或者 } \frac{d}{dm}\frac{dh}{dx} = h.$$

(实际上, $\dfrac{d}{dm}\dfrac{d}{dx}$ 就是形式对应的无穷小算子.) 这样的函数 h 称为 1-调和函数. 接着, 算 h 的 $\mathscr{E}_1$-范数, 任取 I 中的 $a<b$,

$$\int_a^b (h')^2 dx + \int_a^b h^2 dm = h'(b)h(b) - h'(a)h(a).$$

参考 [28] §4.6, 我们知道在现在的情况下, h' 在两个端点上是有限的, 所以当 $(a,b)\uparrow I$ 时, 得 $\mathscr{E}_1(h,h)=0$, 推出 $h=0$. 因此 $C_0^\infty(I)$ 在 $\mathscr{F}^0$ 中稠密.

第二种情况: I 是有界区间且 m 在 I 的两端都是无穷. 这时 $(\mathscr{E},\mathscr{F})$ 在 I 上正则. 事实上, 因为 $\mathscr{G}\subset C(\bar{I})$, 且 m 在两端无限, 故

$$\mathscr{F}\subset\{f\in\mathscr{G}: f(r_1)=f(r_2)=0\}\subset C_\infty(I).$$

这样, 我们只需验证 $\mathscr{F}$ 在 $C_\infty(I)$ 中稠密. 但这是显然的, 因为 $C_0^\infty(I)\subset\mathscr{F}$ 且 $C_0^\infty(I)$ 在 $C_\infty(I)$ 中稠密.

第三种情况: $I=\mathbf{R}$. 这时 $(\mathscr{E},\mathscr{F})$ 在 $\mathbf{R}$ 上正则. 为了证明它, 只需证明 $C_\infty(\mathbf{R})\cap\mathscr{F}$ 在 $\mathscr{F}$ 和 $C_\infty(\mathbf{R})$ 中稠. 因为 $C_0^\infty(\mathbf{R})$ 在 $C_\infty(\mathbf{R})$ 中稠, 且 $C_0^\infty\subset C_\infty(\mathbf{R})\cap\mathscr{F}$, 故后者在 $C_\infty(\mathbf{R})$ 中稠. 现在验证它在 $\mathscr{F}$ 中稠密. 对任何 $n\geqslant 1$, 定义

$$g_n(x):=\begin{cases}1, & |x|\leqslant n,\\ \frac{1}{n}(-|x|+n)+1, & n<|x|<2n,\\ 0, & |x|\geqslant 2n.\end{cases}$$

取任何 $f\in\mathscr{F}$, 不妨假设 f 有界 $\|f\|_\infty<\infty$, 因为 $\mathscr{F}$ 中有界的函数全体在 $\mathscr{F}$ 中稠密. 容易验证 $fg_n\in C_\infty(\mathbf{R})\cap\mathscr{F}$, 且

$$\|fg_n - f\|_{L^2(m)}\leqslant\int_{|x|>n}|f|^2 dm\to 0,$$

再有

$$\begin{aligned}\|fg_n - f\|_{\mathscr{E}} &= \|(fg_n)' - f'\|_{L^2(\mathbf{R})}\\ &\leqslant \|f'(g_n-1)\|_{L^2(\mathbf{R})} + \|fg_n'\|_{L^2(\mathbf{R})}\end{aligned}$$

$$\leqslant \|f' 1_{\{|x|>n\}}\|_{L^2(\mathbf{R})} + \|f\|_\infty \frac{2n}{n^2} \to 0.$$

因此 fg_n 以 $\mathscr{E}_1$-范数收敛于 f.

我们可以用下面两种方式来综合地叙述上面得到的结论. 说端点 r_i 是正则的, 如果 $r_i \in \mathbf{R}$, 且 m 在 r_i 的一个邻域上是有限的. 定义

$$\mathscr{F}^0 = \{f \in \mathscr{F} : f(r_i) = 0,\ \text{如果}\ r_i\ \text{正则}\},$$

则综合上面的结论, 我们可以说 $(\mathscr{E}, \mathscr{F}^0)$ 在 I 上正则.

或者我们修改区间 I 的定义, 写 $I = \langle r_1, r_2 \rangle$, 它是端点为 r_1, r_2 的区间, 但是端点是否包含在 I 中依赖于 r_i 是否是正则点. 当 r_i 是正则点时, 即 $r_i \in \mathbf{R}$ 且 m 在 r_i 的邻域上测度有限, 则 $r_i \in I$, 否则 $r_i \notin I$. 这时, 我们可以说 $L^2(m)$ 上的 Dirichlet 形式 $(\mathscr{E}, \mathscr{F})$ 在 I 上正则.

例 5.4.5　更一般地, 区间 $I = (r_1, r_2)$ 上除了 Radon 测度 m 外, 再假设有一个严格递增的连续函数 s. 令 $J = s(I) = (s(r_1), s(r_2))$, 其中

$$-\infty \leqslant s(r_1) < s(r_2) \leqslant +\infty.$$

考虑一般情况, s 是 E 到另外一个 LCCB 空间 F 的同胚, 即 s 是一一对应且 s 与逆映射 s^{-1} 连续, 那么 K 是 E 的紧子集当且仅当 $s(K)$ 是 F 的紧子集, 所以 $C_\infty(E) = C_\infty(F)$. 定义 $m' = m \circ s^{-1}$, 那么 $g \in L^2(F, m')$ 当且仅当 $g \circ s \in L^2(E, m)$.

设 $(\mathscr{E}', \mathscr{F}')$ 是 $L^2(F, m')$ 上的正则 Dirichlet 形式. 它可以通过 s 拉回到 E 上成为 $L^2(E, m)$ 上的正则 Dirichlet 形式. 定义

$$\begin{cases} \mathscr{F} := \{g \in L^2(E, m) : g \circ s^{-1} \in \mathscr{F}'\}, \\ \mathscr{E}(g, g) := \mathscr{E}'(g \circ s^{-1}, g \circ s^{-1}). \end{cases}$$

不难验证 $(\mathscr{E}, \mathscr{F})$ 是 $L^2(E, m)$ 上的正则 Dirichlet 形式. 如果说 $(\mathscr{E}', \mathscr{F}')$ 对应的对称马氏过程是 $X' = (X'_t : t \geqslant 0)$, 状态空间是 F, 半群是 (P'_t). 过程 $X_t := s^{-1}(X'_t)$ 是 E 上的对称马氏过程, 半群为

$$P_t g(x) = \mathbb{E}^{s(x)}[g(s^{-1}(X'_t))] = P_t(g \circ s^{-1})(s(x)),$$

其中 $x \in E$, g 是 E 上的非负可测函数. 类似地, $L^2(E, m)$ 上的正则 Dirichlet 形式也可以通过 s 推送成为 $L^2(F, m')$ 上的正则 Dirichlet 形式.

回到区间的情况. $I = \langle r_1, r_2 \rangle$, 令 $J = s(I)$,

$$\begin{aligned}\mathscr{G}' &:= \{f : f \text{ 绝对连续且 } f' \in L^2(J)\},\\ \mathscr{F}' &:= \mathscr{G}' \cap L^2(m\circ s^{-1}),\\ \mathscr{E}'(f,f) &:= \int_J (f'(x))^2 dx = \|f'\|^2_{L^2(J)},\ f \in \mathscr{G}.\end{aligned}$$

称端点 r_i (关于 s, m) 是正则的, 如果 $s(r_i)$ (关于 m) 是正则的, 即 $s(r_i) < \infty$ 且 $m\circ s^{-1}$ 在 $s(r_i)$ 的邻域上有限. 后者等于说 m 在 r_i 的邻域上有限. 因此 r_i (关于 s, m) 是正则的, 是指 $s(r_i) < \infty$ 且 m 在 r_i 的邻域上有限. 现在我们认为 $r_i \in I$ 当且仅当 r_i 是正则的. 这样 s 把 $(\mathscr{E}', \mathscr{F}')$ 拉回到 $L^2(E, m)$ 上的 Dirichlet 形式 $(\mathscr{E}, \mathscr{F})$ 是正则的, 而且

$$\begin{aligned}\mathscr{G} &= \{g : g\circ s^{-1} \in \mathscr{G}'\},\\ \mathscr{F} &= \mathscr{G} \cap L^2(E, m),\\ \mathscr{E}(g,g) &= \mathscr{E}'(g\circ s^{-1}, g\circ s^{-1}) = \int_J \left((g\circ s^{-1})'(x)\right)^2 dx.\end{aligned}$$

实际上 $g \in \mathscr{G}$ 当且仅当存在 $f \in \mathscr{G}'$ 使得 $g = f\circ s$. 这推出 g 关于 s 绝对连续且

$$\frac{dg(x)}{ds(x)} = f'\circ s(x).$$

因此

$$\begin{aligned}\mathscr{E}(g,g) = \int_J (f'(y))^2 dy = \int_I (f'\circ s(x))^2 ds(x) = \int_I \left(\frac{dg(x)}{ds(x)}\right)^2 ds(x),\\ \mathscr{F} = \{g \in L^2(I, m) : g \text{ 关于 } s \text{ 绝对连续且 } \frac{dg}{ds} \in L^2(I, ds)\}.\end{aligned}$$

最后 $(\mathscr{E}, \mathscr{F})$ 在 $L^2(I, m)$ 上是正则的 Dirichlet 形式.

设 X 是 I 上的扩散过程, 其尺度函数是 s, 速度测度是 Lebesgue 测度 $m(dx)$. 那么我们知道 X 与 J 上的 Brown 运动 $B = (B_t)$ 的空间变换

$$s^{-1}(B) = (s^{-1}(B_t) : t \geqslant 0)$$

的时间变换 $(s^{-1}(B_{\tau_t}) : t \geqslant 0)$ 同分布, 其中 (τ_t) 是 Revuz 测度为 $m\circ s^{-1}$ 的连续正加泛函的右连续逆. 令 $\widetilde{B}_t := B_{\tau_t}$, 则 $\widetilde{B}$ 是 J 上 Brown 运动的时间变换, 它的 Dirichlet 形式是 $(\mathscr{E}', \mathscr{F}')$, 然后 X 的 Dirichlet 形式是 $(\mathscr{E}, \mathscr{F})$.

现在设 $I = \langle r_1, r_2\rangle$, 这表示当区间的端点是有限时, 它们可以在也可以不在 I 中, m 是 I 上的 Radon 测度, $(\mathscr{E},\mathscr{F})$ 是 $L^2(I,m)$ 上的强局部正则且不可分的 Dirichlet 形式.

例 5.4.6 设 $E=[0,1]$, $m(dx)=dx$,

$$\mathscr{E}(f,g)=\frac{1}{2}\int_0^1 f'g'dx,\ f,g\in D(\mathscr{E}).$$

如果取 $D(\mathscr{E})=C_0^\infty((0,1))$, 那么 $\mathscr{E}$ 是可闭的, 其闭包是

$$\mathscr{F}=\{f\in L^2(E,dx): f \text{ 绝对连续且 } f'\in L^2,\ f(0+)=f(1-)=0\}.$$

这时候, 其闭包在 $L^2((0,1),m)$ 上正则, 所对应的过程是在 $(0,1)$ 上被边界吸收的 Brown 运动, 但在 $L^2([0,1],m)$ 上不是正则的.

取 $D(\mathscr{E})=C_0^\infty(E)$. 这时 $\mathscr{E}$ 也是可闭的, 闭包是

$$\mathscr{F}=\{f\in L^2(E,dx): f \text{ 绝对连续且 } f'\in L^2\}.$$

Dirichlet 形式在 $L^2(E,m)$ 上正则. 对应的过程是 $[0,1]$ 上边界反射的 Brown 运动, 记为 X.

前者对应边界吸收 Brown 运动, 后者对应边界反射 Brown 运动. 在这个特殊的例子中, 我们看到 $\mathscr{F}\subset C[0,1]$, 实际上, 根据推论 5.4.12 知 $\mathscr{F}$ 是一个代数. 现在, 如果 $\mathscr{F}'$ 是 $\mathscr{F}$ 的一个理想, 那么存在闭集 $F\subset[0,1]$ 使得

$$\mathscr{F}'=\{f\in\mathscr{F}: f(x)=0,\forall\ x\in F\}.$$

它是 $(\mathscr{E},\mathscr{F})$ 在 F^c 上的限制, 在 $L^2(F^c,dx)$ 上正则, 对应的过程是 X 在离开 F^c 时被吸收所得到的过程.

用 $\mathscr{F}'$ 表示 $\mathscr{F}$ 的任何区分点的一个子代数 $\mathscr{A}$ 在 $\mathscr{E}_1$-范之下的闭包. 根据定理 5.4.13 和 Weierstrass 定理, $(\mathscr{E},\mathscr{F}')$ 是 $(\mathscr{E},\mathscr{F})$ 的正则 Dirichlet 子空间. 关键的问题是其中有没有或者哪些是非平凡的.

我们再就反射的例子来看看非平凡正则 Dirichlet 子空间的存在性. 取一个严格递增函数 $s\in\mathscr{F}$, 即绝对连续且密度平方可积. 一个函数 f 关于 s 绝对连续是指存在关于测度 ds 可积的函数 g 使得

$$f(x)-f(0)=\int_0^x g(u)ds(u),\ x\in[0,1].$$

用 $\mathscr{F}_0$ 表示 $\mathscr{F}$ 中关于 s 绝对连续的 f 全体, 则 $(\mathscr{E},\mathscr{F}_0)$ 是 $(\mathscr{E},\mathscr{F})$ 的正则 Dirichlet 子空间. 它实际上是由 s 的多项式全体组成的代数

$$\mathscr{G}=\{p(s):\ p\text{ 是多项式}\}$$

在 $\mathscr{E}_1$-范之下的闭包. 事实上, 假设 f 在 $\mathscr{G}$ 的闭包中, 则存在多项式序列 p_n 使得 $p_n(s)$ 以 $\mathscr{E}_1$-范趋于 f. 当然 $f\in\mathscr{F}$, 且 $\{p_n'(s)\}$ 是 $L^2((s')^2dx)$-Cauchy 列, 因此存在 $g\in L^2((s')^2dx)$ 使得

$$\int_0^1|p_n'(s(x))-g(x)|^2(s'(x))^2dx\longrightarrow 0.$$

这蕴含

$$\int_0^1|(p_n(s(x)))'-g(x)s'(x)|^2dx\longrightarrow 0,$$

推出 $f'=gs'$ a.e., 即 $f\in\mathscr{F}_0$.

反之假设 $f\in\mathscr{F}_0$, 则 $f\in\mathscr{F}$ 且存在 $g\in L^2((s')^2dx)$ 使得 $f'=gs'$. 这时 $\mu(dx)=(s'(x))^2dx$ 是有限测度, 我们可以取多项式列 $\{q_n\}$ 使得

$$\int_0^{s(1)}\left(q_n(x)-g(s^{-1}(x))\right)^2\mu\circ s^{-1}(dx)\longrightarrow 0.$$

定义

$$p_n(x):=\int_0^x q_n(u)du+f(0),$$

也是多项式列且 $\mathscr{E}(p_n(s)-f,p_n(s)-f)\longrightarrow 0$. 再由 Poincaré 不等式: 对任何 $g\in\mathscr{F}$,

$$|g(b)-g(a)|=\left|\int_a^b g'(x)dx\right|\leqslant\mathscr{E}(g,g)$$

推出 $p_n(s)$ 一致收敛于 f, 也 $L^2(E)$ 收敛.

现在, 我们给出 $\mathscr{F}_0$ 是 $\mathscr{F}$ 的真子空间的刻画. 令 $K=\{x\in[0,1]:s'(x)=0\}$.

断言: $\mathscr{F}_0=\mathscr{F}$ 当且仅当 $|K|=0$.

首先, 若 $|K|>0$, 则 $\mathscr{F}_0$ 中的所有函数在一个正测度集上导数为零, 而这对 $\mathscr{F}$ 是不可能的. 现在设 $|K|=0$. 令 $i(x)=x,\ x\in[0,1]$, 那么 $(s')^{-1}\cdot s'=1$ a.e. dx, 且

$$x=\int_0^x du=\int_0^x(s')^{-1}s'du,$$

这意味着 i 关于 s 绝对连续, 即 $i\in\mathscr{F}_0$. 这蕴含 $\mathscr{F}_0=\mathscr{F}$. ∎

例 5.4.7 设 $E=\mathbf{R}^d$, 对于 $f,g\in D(\mathscr{E})=C_0^\infty(\mathbf{R}^d)$, 定义

$$\mathscr{E}(f,g)=\frac{1}{2}D(f,g)=\frac{1}{2}\int\nabla f\cdot\nabla gdx,$$

其中 ∇ 是梯度算子. 这显然是 $L^2(\mathbf{R}^d,dx)$ 上的一个对称形式, 而且光滑收缩可操作. 它还是可闭的. 实际上, 让 $d=1$, 取 $f_n\in D(\mathscr{E})$, 它 L^2-趋于零, 且 f_n' 是 L^2-Cauchy 列, 那么存在 $g\in L^2(\mathbf{R}^d)$ 使得 $f_n'\xrightarrow{L^2}g$. 任取 $h\in D(\mathscr{E})$, 有

$$\int ghdx=\lim_n\int f_n'hdx=-\lim_n\int f_nh'dx=0.$$

推出 $g=0$.

紧支撑无穷可微函数空间 $D(\mathscr{E})$ 关于 $\mathscr{E}_1$ 的闭包实际上是 Sobolev 空间 $H^1(\mathbf{R}^d)$. 对应的无穷小算子是 Laplace 算子, 对应的半群是热半群, 对应的马氏过程是标准 Brown 运动. ∎

例 5.4.8 设 D 是 $\mathbf{R}^n$ 的一个区域, 定义

$$\begin{aligned}D(\mathscr{E})=&C_0^\infty(D),\\ \mathscr{E}(f,f)=&\sum_{i,j=1}^n\int_D\frac{\partial f}{\partial x_i}\frac{\partial g}{\partial x_j}\nu_{ij}(dx)\\ &+\int_{D\times D\setminus d}(f(x)-f(y))(g(x)-g(y))J(dxdy)+\int_D f(x)g(x)k(dx),\end{aligned}$$

是 $L^2(D,m)$ 上 Markov 的对称形式, 其中 m 是一个全支撑的 Radon 测度, 且

(1) $(\nu_{ij})_{1\leqslant i,j\leqslant n}$ 是一个由 Radon 测度组成的非负定对称矩阵;

(2) J 是 $D\times D\setminus d$ 上的对称 Radon 测度, 其中 d 是对角线, 满足

$$\int_{D\times D\setminus d}(|x-y|^2\wedge 1)J(dxdy)<+\infty;$$

(3) k 是 D 上的 Radon 测度.

上面的条件恰好使得形式在 $D(\mathscr{E})$ 上有限, 条件 (2) 中的可积性条件是保证当 $f\in D(\mathscr{E})$ 时 $\mathscr{E}(f,f)$ 中重积分有限的充分必要条件. 容易验证它是一个对称形式, 而且光滑收缩在其上可操作. 但是它不一定可闭, 如果可闭, 则闭包是正则的 Dirichlet 形式. ∎

上例中所说的形式有相当的一般性. $L^2(D,m)$ 上一个以 $C_0^\infty(D)$ 为核心的正则的 Dirichlet 形式一定可以写成上面的形式. 研究它在什么条件下可闭是一个重要问题. 例如 $n=1$, $D=\mathbf{R}$, $m(dx)=dx$, $J=0, k=0$ 时.

定理 5.4.23 (Hamza) **对称形式**

$$\mathscr{E}(f,g)=\int_{\mathbf{R}} f'g'\nu(dx),\ D(\mathscr{E})=C_0^\infty(\mathbf{R})$$

可闭当且仅当

1. $\nu(dx)=a(x)dx$;

2. $a=0$ **在** $S(a)$ **上几乎处处等于零, 其中**

$$S(a)=\left\{x\in\mathbf{R}:\ \text{对任何}\ \delta>0,\int_{x-\delta}^{x+\delta}\frac{1}{a(y)}dy=\infty\right\},$$

   a **的奇异点集**.

但是高维情形还远没有得到完美的解决.

我们再借用这例子解释一下对称性的问题. 形式对称是指

$$\mathscr{E}(f,g)=\mathscr{E}(g,f),\ f,g\in D(\mathscr{E}),$$

它与过程的对称测度 m 并不是直接相关的. 上面的对称形式

$$\mathscr{E}(f,g)=\int_{\mathbf{R}} f'g'\nu(dx),\ D(\mathscr{E})=C_0^\infty(\mathbf{R})$$

既可以看成 $L^2(\mathbf{R},dx)$ 上的对称形式, 这时对称算子是 $Lf=(af')'$, 也可以看成 $L^2(\mathbf{R},a(x)dx)$ 上的对称形式, 这时对称算子是

$$Lf=f''+\frac{a'}{a}f'.$$

注意, 对称形式总是良定义的, 算子形式的良定义依赖于 a 的光滑程度. 这也是对称形式相对于算子形式的一个优点. 当它们都可闭时, 在不同 L^2 空间上的闭包一般是不同的.

习 题

1. 设马氏过程 X 关于 m 对称, 证明: 对 $0 < t_1 < t_2 < \cdots < t_{n-1} < t_n = t$, 有下面的圈测试:

$$
\begin{aligned}
& m(dx)P_{t_1}(x, dx_1)P_{t_2-t_1}(x_1, dx_2)\cdots P_{t-t_{n-1}}(x_{n-1}, dy) \\
& = m(dy)P_{t-t_{n-1}}(y, dx_{n-1})P_{t_{n-1}-t_{n-2}}(x_{n-1}, dx_{n-2})\cdots P_{t_1}(x_1, dx).
\end{aligned}
$$

2. 如果对任何有界可测函数 f 有 $U^\alpha f$ 连续, 则称该马氏过程是强 Feller 的. 若 X 是不可约的且满足强 Feller 性, 证明: X 是精细不可约的.

3. 设 $E = [0, 1]$, $m(dx) = dx$,

$$\mathscr{E}(u, v) = \frac{1}{2}\int_0^1 u'v'dx,\ u, v \in D(\mathscr{E}),$$

其中 $D(\mathscr{E}) = \{u \in C^\infty(E) : u(0) = u(1) = 0\}$, 证明: $\mathscr{E}$ 是可闭的, 写出其闭包 $\mathscr{F}$, 再证明 Dirichlet 形式 $(\mathscr{E}, \mathscr{F})$ 放在 $L^2((0, 1), m)$ 上是正则的, 但在 $L^2(E, m)$ 上不是正则的.

4. 证明: 一个局部的可闭对称形式的闭包也是局部的.

5. 设 $(\mathscr{E}, \mathscr{F})$ 是正则的 Dirichlet 形式, 且 $\mathscr{A}$ 是 $C_0(E) \cap \mathscr{F}$ 的一个没有固定零点且区分点的子代数. 用 $\mathscr{F}'$ 表示 $\mathscr{A}$ 的 $\mathscr{E}_1$-闭包. 证明: $(\mathscr{E}, \mathscr{F}')$ 也是个正则的 Dirichlet 形式.

6. (扩展 Dirichlet 空间) 设 $(\mathscr{E}, \mathscr{F})$ 为 $L^2(E; m)$ 上的 Dirichlet 形式, 用 $\mathscr{F}_e$ 表示满足下列条件的 E 上可测函数全体:

$$|f| < \infty \text{ a.e.},\ \ \exists\{f_n\} \subset \mathscr{F},\ \lim_{n, n' \to \infty} \|f_n - f_{n'}\|_{\mathscr{E}} = 0,\ \lim_n f_n = f \text{ a.e.}, \tag{5.4.4}$$

称为 $(\mathscr{E}, \mathscr{F})$ 的扩展空间. 称上面的 $\{f_n\} \subset \mathscr{F}$ 为 $f \in \mathscr{F}_e$ 的**近似列**. 特别地, 当 $(\mathscr{E}, \mathscr{F})$ 是 $L^2(E; m)$ 上的 Dirichlet 形式时, 称 $\mathscr{F}_e$ 为**扩展 Dirichlet 空间**. 证明:

(a) 对于 $f \in \mathscr{F}_e$ 及任意近似列 $\{f_n\} \subset \mathscr{F}$, 存在

$$\mathscr{E}(f,f) := \lim_n \mathscr{E}(f_n, f_n),$$

其右边与 $\{f_n\}$ 的选取无关;

(b) 任意的正规收缩可操作于 $(\mathscr{F}_e, \mathscr{E})$, 即对任意正规收缩的实函数 φ, $f \in \mathscr{F}_e$, 有

$$g := \varphi \circ f \in \mathscr{F}_e, \text{ 且 } \mathscr{E}(g,g) \leqslant \mathscr{E}(f,f);$$

(c) $\mathscr{F} = \mathscr{F}_e \cap L^2(E; m)$.

参考文献

[1] Bauer, H., PROBABILITY THEORY AND ELEMENTS OF MEASURE THEORY, Academic Press, 1981

[2] Bertoin, J., LÉVY PROCESSES, Cambridge University Press, 1996

[3] Billingsley, P., PROBABILITY AND MEASURE, John Wiley & Sons, 1986

[4] Berg, C., Forst, G., POTENTIAL THEORY ON LOCALLY COMPACT ABELIAN GROUP, Springer-Verlag, 1973

[5] Blumenthal, R. M., Getoor, R. K., MARKOV PROCESSES AND POTENTIAL THEORY, Academic Press, 1968

[6] Chung, K.L., LECTURES FROM MARKOV PROCESSES TO BROWNIAN MOTION, Springer-Verlag, New York Heidelberg Berlin, 1982

[7] Chung, K.L., A COURSE IN PROBABILITY THEORY, Academic Press, New York, 1974

[8] Chung, K.L., Walsh, J.B., MARKOV PROCESSES, BROWNIAN MOTION AND TIME SYMMETRY, Springer, 2005

[9] Chung, K.L., Williams, R.J., INTRODUCTION TO STOCHASTIC INTEGRATION, Birkhäuser Boston, Inc., 1983

[10] Dellacherie, C., Meyer, P. A., PROBABILITIES AND POTENTIAL VOL.A, B,C, North-Holland, 1982

[11] Doob, J.L., Stochastic Processes, Wiley, New York, 1953

[12] Doyle, P.G., Snell, J.L., Random Walks and Electric Networks, Mathematical Association of America, Washington, DC, 1984

[13] Dynkin, E.B., Theory of Markov Processes, Springer, Berlin Heidelberg New York, 1965

[14] Ethier, S.N., Kurtz, T.G., Markov Processes: Characterization and Convergence, John Wiley & Sons, 2005

[15] Feller, W., An Introduction to Probability Theory and Its Applications, Vol. 1(1959), 2(1970), Wiley & Son

[16] Fukushima, M., Dirichlet Forms and Markov Processes, Kadansha and North Holland, 1980

[17] Fukushima, M., Oshima, Y., Takeda, M., Dirichlet Forms and Symmetric Markov Processes. Walter de Gruyter & Co., Berlin 2011

[18] Getoor, R.K., Markov Processes: Ray Processes and Right Processes, Lecture Notes in Math 440, Springer-Verlag, Berlin Heidelberg New York, 1975

[19] Getoor, R.K., Transience and recurrence of Markov processes, Lecture Notes in Math., No. 784, 397-409, Springer-Verlag, Berlin Heidelberg New York, 1975

[20] Getoor, R.K., Excessive Measures, Birkhäuser, 1990

[21] Getoor, R.K., Glover, Constructing Markov processes with random times of birth and death, Seminar on Stochastic Processes 1986, 35-69

[22] He, P., Ying, J. Fine irreducibility and uniqueness of stationary distribution. Osaka J. Math. 50 (2013), no. 2, 417-423.

[23] He, P., Ying, J. Silverstein Extension and Fukushima Extension. Proceeding of International conference on Dirichlet Forms and Related Topics 2022, 161-173

[24] He, J., Ying, J., Irreducibility and uniqueness of symmetric measure for Markov processes, Tohoku Math. J. (2) 75 (2023), no. 1, 57-66

[25] Hunt, G.A., Markoff processes and potentials I, Illinois J. Math. 1(1957), 44-93

[26] Ikeda, N., Watanabe, S., STOCHASTIC DIFFERENTIAL EQUATIONS AND DIFFUSION PROCESSES, North-Holland, 1981

[27] Itô, K., LECTURES ON STOCHASTIC PROCESSES, Tata Institute, Bombay 1961

[28] Itô, K., Mckean Jr., H. P., DIFFUSION PROCESSES AND THEIR SAMPLE PATHS, Springer-Verlag, 1965

[29] Kallengberg, O., FOUNDATION OF MODERN PROBABILITY, Springer-Verlag, 2001

[30] Karlin, S., Taylor, H. M., A FIRST COURSE IN STOCHASTIC PROCESSES, Academic Press, 1975

[31] Kolmogorov, A.N., FOUNDATIONS OF THE THEORY OF PROBABILITY, 1933

[32] Laha, R.G., Rohatgi, V.K., PROBABILITY THEORY, John Wiley & Sons, 1979

[33] Liggett, T.M., CONTINUOUS-TIME MARKOV PROCESSES, Graduate Studies in Mathematics, v113, American Mathematical Society, Providence, Rhode Island, 2010

[34] Liggett, T.M., INTERACTING PARTICLE SYSTEMS, Spring-Verlag, 1985

[35] Lyons, R., Peres, Y., PROBABILITY ON TREES AND NETWORKS, Cambridge Series in Statistical and Probabilistic Mathematics, Series Number 42, Cambridge University Press, 2017

[36] Ma, Z.M., Röckner, M., INTRODUCTION TO THE THEORY OF DIRICHLET FORMS, Springer-Verlag, 1992

[37] Parthasarathy, K.R., PROBABILITY MEASURES ON METRIC SPACES, Academic Press, New York, 1967

[38] Pazy, A., SEMIGROUPS OF LINEAR OPERATORS AND APPLICATIONS TO PARTIAL DIFFERENTIAL EQUATIONS, Springer-Verlag, 1983

[39] Revuz, D., Yor, M., CONTINUOUS MARTINGALES AND BROWNIAN MOTION, Springer, 1991

[40] Rogers, L.C.G., Williams, D., DIFFUSIONS, MARKOV PROCESSES AND MARTINGALES, VOL. 1,2, Eddition II, Cambridge University Press, 2000

[41] Sharpe, M.J., GENERAL THEORY OF MARKOV PROCESSES, Academic Press, Inc., 1990

[42] Silverstein, M., SYMMETRIC MARKOV PROCESSES, Lecture Notes in Math 426, Springer, 1974

[43] van der Vaart, MARTINGALES, DIFFUSIONS AND FINANCIAL MATHEMATICS, unpublished notes

[44] Ying,J., Bivariate Revuz measures and the Feynman-Kac formula Ann. Inst. H. Poincaré Probab. Statist. 32 (1996), no. 2, 251-287

[45] Ying, J., Zhao, M., The uniqueness of symmetrizing measure of Markov processes, Proc. Amer. Math. Soc. 138 (2010), no. 6, 2181-2185

[46] Yosida, K., FUNCTIONAL ANALYSIS, Springer-Verlag, 1980

[47] 福岛正俊, 竹田雅好, 马氏过程 (何萍, 应坚刚译自日文版), 科学出版社, 2011

[48] 何声武, 汪嘉冈, 严加安, 半鞅与随机分析, 科学出版社, 1995

[49] 李漳南, 吴荣, 随机过程教程, 高等教育出版社, 1987

[50] 任佳刚, 随机过程教程, 科学出版社, 2022

[51] 汪嘉冈, 现代概率论基础, 复旦大学出版社, 1988

[52] 王梓坤, 生灭过程与马尔科夫链, 哈尔滨工业大学出版社, 2017

[53] 夏道行, 吴卓人, 严绍宗, 舒五昌, 实变函数论与泛函分析 (上下册, 第二版), 高等教育出版社, 1985

[54] 严加安, 测度论讲义, 科学出版社, 1998

[55] 应坚刚, 何萍, 概率论, 复旦大学出版社, 2005

图书在版编目(CIP)数据

随机过程基础/应坚刚编著. —3 版. —上海：复旦大学出版社，2024. 2
ISBN 978-7-309-17073-3

Ⅰ. ①随… Ⅱ. ①应… Ⅲ. ①随机过程 Ⅳ. ①O211. 6

中国国家版本馆 CIP 数据核字(2023)第 225820 号

随机过程基础(第三版)
应坚刚 编著
责任编辑/陆俊杰

复旦大学出版社有限公司出版发行
上海市国权路 579 号 邮编：200433
网址：fupnet@fudanpress. com http://www. fudanpress. com
门市零售：86-21-65102580 团体订购：86-21-65104505
出版部电话：86-21-65642845
上海盛通时代印刷有限公司

开本 787 毫米×960 毫米 1/16 印张 28. 75 字数 480 千字
2024 年 2 月第 3 版第 1 次印刷

ISBN 978-7-309-17073-3/O · 739
定价：98. 00 元